DATA MINING
Where Theory Meets Practice

数据挖掘的应用与实践

——大数据时代的案例分析

李涛 等 著

厦门大学出版社 XIAMEN UNIVERSITY PRESS
国家一级出版社
全国百佳图书出版单位

内容简介

本书以笔者所带领团队的数据挖掘工作为基石，架设起研究和应用的桥梁，帮助读者们从应用实例中学习数据挖掘。

本书的宗旨是以各个领域的实际应用为导向，始终以实际案例来讲解应用之下的技术和理论。具体而言，本书对每个案例都有详细的解析，全面介绍了如何将一个实际问题抽象和转化为数据挖掘的问题，然后利用数据挖掘的理论和方法加以解决，让读者明白来龙去脉。目的是切实指导数据挖掘的应用实践，建立起研究和应用的桥梁。

本书注重原理和思想，不过多纠缠技术细节，尽量简化数学公式和模型，强调其背后的基本思想和出发点。本书不按理论和技术来划分章节，而是以实际的应用案例来贯穿始终，通过数据挖掘应用的实例来介绍如何应用和学习数据挖掘技术。

本书包括16 个章节，第一章对数据挖掘做一个简单的介绍，其余的15 章分为四个部分：

1. 第一部分：数据挖掘在计算机系统方面的应用，包括系统日志和事件的挖掘、数据挖掘在云计算中的应用、恶意软件智能检测；
2. 第二部分：数据挖掘在社会服务方面的应用，包括社交媒体挖掘、推荐系统、智能广告、灾难信息管理；
3. 第三部分：不同的数据类型下的典型应用，包括文本挖掘、多媒体数据挖掘、空间数据挖掘；
4. 第四部分：数据挖掘的一些综合应用，包括生物信息学和健康医疗、数据挖掘在建筑业中的应用、数据挖掘在高端制造业的应用、数据挖掘在可持续发展的应用和在专利领域中的应用。

本书各章相对独立，用户可以直接阅读跟自己具体应用领域相关的部分，而不用按照顺序进行阅读。值得一提的是，本书中的绝大部分内容是基于笔者团队的科研项目和研究积累。我们尽量提供书中涉及到原始数据和开源的软件平台，方便读者学习和使用。对笔者来说，本书既是一个阶段性的研究和应用工作总结，也是对未来大数据应用研究的铺垫。我可以无愧地说，写这本书是很严肃和很有诚意的。

内容简介

前言

笔者长期从事数据挖掘研究和教学工作，经历了从最初数据挖掘基础研究的兴起到如今数据挖掘应用百花齐放这样一个时代的变迁，深刻体会到研究和应用两者间不可分割的联系：数据挖掘研究源于实践中的实际应用需求，用具体的应用数据作为驱动，以方法、工具和系统作为支撑，最终将发现的知识和信息运用到实践中去，从而提供量化的、合理的、可行的，并且能够产生巨大价值的信息。数据挖掘是理论技术和实际应用的完美结合，所以，数据挖掘践行者们都要时刻坚定——**应用是检验研究的最高标准**这样的理念。

数据挖掘是大数据中最关键和最有价值的工作

国际知名的行业战略咨询公司麦肯锡（McKinsey & Company）在其2011 的大数据研究报告中明确指出，在诸如卫生保健、公共部门管理、个人位置信息服务等领域，有效利用大数据能够带来每年超过千亿美元的经济价值。同时，在零售、制造等行业应用大数据解决方案，能够给企业带来相当巨大的资金效率和生产效率提升。IBM、谷歌、微软、阿里巴巴等IT 巨头也将大数据描述成一种颠覆性的技术，其力量在将来足以影响和改变我们每一个人，甚至一个行业和一个国家。充分发挥大数据的巨大潜力，数据的产生和收集是基本，数据挖掘（知识发现）是工具和手段,是大数据中最关键和最有价值的工作。

在大数据时代，利用数据挖掘提升竞争力已成为各行各业都在追逐和挑战的目标，精彩的故事也层出不穷。在2012年美国总统大选中，奥巴马最终连任，其大数据挖掘与分析团队居功至伟。该团队利用两年时间收集、处理与整合了海量数据，将以往选举数据、居民基本信息、社交网络等数据整合在一个数据仓库中，利用数据挖掘算法与统计模型，预测有效选民、进行精准广告投放、优化资源配置，最终帮助奥巴马团队募集到10 亿美金资金且最终赢得选举。

实践出真知

了解和学习数据挖掘，可以让我们为迎接大数据时代的激烈竞争作好准备。在长期的数据挖掘研究和教学工作中，笔者发现学习数据挖掘主要有两大难点：其一是数据挖掘是一个交叉学科，融合了统计分析、模式识别、机器学习、信息检索、数据库、信息论和最优化算法等领域的学术思想，所以其技术理论基础比较多并且分散。初学者往往很难把握数据挖掘的整个脉络，将技术理论的众多知识点系统有机地联系起来。其二是技术理论和应用实践容易脱节，初学者往往不能很好地将两者相结合。数据挖掘的应用性很强，包括诸如关联规则挖掘、时间序列模式挖掘、分类预测、聚类分析、链接分析和异常检测等多种功能。与此同时，不同的功能通常有不同的理论和技术基础，而每一个具体的应用案例往往涉及多个不同的功能。对于有兴趣进行数据挖掘应用实践的读者们来说，他们常常有这样的困惑，如何将实际问题和已经学到的方法原理联系起来，如何将数据挖掘技术有效地运用在实际应用中，给使用者带来价值。

现今市面上已经有书籍全面地介绍数据挖掘的技术理论基础，详细解析各种挖掘算法的原理和细节。同时还有书籍专门介绍各种数据挖掘算法的实现和相关工具的使用。但这些书籍侧重于介绍单个数据挖掘功能及其相关算法原理，并没有涉及如何将数据挖掘应用到具体实践。目前，关于数据挖掘技术的应用案例分析都零星分散在一些会议论文、期刊和报告之中，并没有专门的书籍来详述。

鉴于此，笔者希望本书能填补这个空白。 本书以笔者所带领团队的数据挖掘工作为基石，架设起研究和应用的桥梁，帮助读者们从应用实例中学习数据挖掘。具体而言，本书以各个领域的实际应用为导向，始终以实际案例来讲解应用之下的技术和理论。本书对每个案例都有详细的解析，全面介绍了如何将一个实际问题抽象和转化为数据挖掘的问题，然后利用数据挖掘的理论和方法加以解决，让读者明白来龙去脉。目的是切实指导数据挖掘的应用实践，建立起研究和应用的桥梁。

在编写本书时，笔者制订了两个原则。首先是内容要尽量全面，即覆盖当前数据挖掘的主要应用。在介绍每个应用案例时，详细阐述应用的背景，该领域中数据的来源和特点，数据采集与预处理方式，应用领域中数据挖掘的任务和实施数据挖掘技术的难点。同时提供相应的数据挖掘算法分析、工具设计以及系统实现。其次是要条理清晰、便于理解。一方面本书主要面向的是热爱和关心数据挖掘技术的学术界和工业界读者，帮助他们更好地理解研究的目的和应用的基础；另一方面，笔者也争取让没有太多相关技术背景的读者可以通过阅读本书了解数据挖掘的意义和价值，可以看出数据挖掘是如何被广泛地应用于实际案例并成为解决各种问题的核心工具。

笔者希望这是一本既通俗易懂，适合不同背景的读者阅读，同时又比较全面，且融入最新前沿技术和应用的数据挖掘书籍，也欢迎各大高校的师生把此书作为数据挖掘和机器学习课堂的实践教材和参考书籍。

致谢

本书中涉及的数据挖掘研究项目得到了美国佛罗里达国际大学计算机学院(School of Computer Science, Florida International University)、美国国家自然科学基金(National Science Foundation，NSF)、美国国土安全部(Department of Homeland Security，DHS)、美国军方研究实验室（Army Research Office，ARO）、中国国家自然科学研究基金、中国福建省自然科学基金、美国国际商业机器公司研究中心（IBM Research）、日本电气股份有限公司研究中心（NEC Research）、美国施乐公司研究中心（Xerox Research）、中国四川长虹电子集团公司、中国福建省厦门人才市场、中国福建省厦门市信息技术中心的资助。厦门大学信息科学与技术学院和厦门理工学院计算机与信息工程学院对本书的编写和出版给予了大力支持，在此一并致谢！

关于作者

笔者2004年7月毕业于美国罗彻斯特大学（University of Rochester），获计算机科学博士学位。现为美国佛罗里达国际大学（Florida International University，FIU）计算机学院终身教授，数据挖掘实验室主任，是国内多家高校的客座教授。笔者长期从事关于大数据分析、数据挖掘和信息检索等方面的研究，在基于矩阵方法的数据挖掘和学习，智能推荐系统，音乐信息检索，系统日志数据挖掘，数据挖掘的各种应用等方面做出了有影响力的工作，在国际著名会议及期刊上已发表超过两百篇文章。同时，笔者是数据挖掘和知识发现的国际权威期刊ACM Transactions on Knowledge Discovery from Data (ACM TKDD), IEEE Transactions on Knowledge and Data Engineering (IEEE TKDE), 和Knowledge and Information Systems（KAIS）的副主编。

从2005年至今，笔者作为独立的项目承担人，申请到超过230 万美金的科研项目（包括五项美国自然科学基金项目以及两项美国军方实验室科研项目），作为重要的项目承担人和合作者，申请到超过1000万美金的科研项目。于2006年获美国自然科学基金委颁发的杰出青年教授奖（NSF CAREER Award，2006-2010），并多次获得IBM学院研究奖(IBM Faculty Research Awards) 和2010 IBM大规模数据分析创新奖（2010 IBM Scalable Data Analytics Innovation Award）。

本书由笔者的数据挖掘团队成员执笔编写，欢迎读者积极反馈。各个章节的作者如下：

- 系统日志和事件的挖掘（唐良，李涛）
- 数据挖掘在云计算中的应用（姜页希，李涛）
- 数据挖掘在恶意软件检测中的研究与应用（叶艳芳，李涛）
- 社交媒体挖掘（李晶轩，李涛）
- 推荐系统（李磊，郑思婷，姜姗，洪文兴，李涛）
- 智能广告（李磊，李涛）
- 灾难信息管理（郑理，李涛）
- 文本挖掘（沈超，李涛）
- 多媒体数据挖掘（陆文婷，李晶轩，李涛）
- 空间数据挖掘（周武柏，李泓泰，朱顺痣，李涛）
- 数据挖掘在生物信息和健康医疗中的应用（曾而良，李涛）
- 数据挖掘在建筑业中的应用（周绮凤，杨帆，李涛）
- 数据挖掘在高端制造业的应用（曾春秋，郑理，李磊，李晶轩，李涛）

- 数据挖掘在可持续发展的应用（薛维，李涛）
- 数据挖掘在专利领域中的应用（张龙晖，李涛）

网站和联系方式

与本书配套的网站地址是: http://bigdata-node01.cs.fiu.edu/dm-book （美国网站）和http://bigdata.xmu.edu.cn/dm-book （中国网站）。该网站不仅收录了多个相关资源的链接，还提供了一些相关数据、程序和工具给大家下载使用。我们也欢迎大家将更多的反馈意见和修改建议发邮件到towerlee@xmu.edu.cn。

李涛

2013年09月16日

目 录

第一章　数据挖掘简介

§1.1 大数据时代的数据挖掘

大数据（Big Data）一词，经常被用以描述和定义信息爆炸时代产生的海量信息。2012年3月底，美国政府发布了大数据研发专项研究计划(Big Data Initiative)，拟投入2亿美元用于研究开发科学探索、环境和生物医学、教育和国家安全等重大领域和行业所需的大数据处理技术和工具，把大数据研究上升为国家战略。中国计算机学会于2012年10月成立大数据专家委员会，并在2012年12月发布调研报告，说明数据科学的热点问题和发展趋势。由此可见，我们已经处在大数据时代，大数据已经成为当前计算机科学领域最重要、最前沿的研究问题之一。

在大数据时代里，数据的产生和收集是基础，数据挖掘是关键。数据挖掘是大数据中最关键也是最基本的工作。通常来讲，数据挖掘（Data Mining）（或知识发现（Knowledge Discovery））泛指从大量数据中挖掘出隐含的、先前未知但潜在的有用的信息和模式的一个工程化和系统化的过程。

1.1.1 数据挖掘

不同的学者对数据挖掘可能有着有不同的理解，笔者认为数据挖掘可以用下面的四个主要特性来总结和概括：

1. 应用性（A Combination of Theory and Application）：数据挖掘是理论算法和应用实践的完美结合。数据挖掘源于实际生产生活中应用的需求，挖掘的数据来自于具体应用，同时通过数据挖掘发现的知识又要运用到实践中去，辅助实际决策。所以，数据挖掘来自于应用实践，同时也服务于应用实践。数据是根本，数据挖掘应该以数据为导向。理论算法的设计和开发都会考虑到实际问题的需求，然后针对此问题进行抽象和泛化。同时，好的算法是能够运用在实际中的，能在实际应用中得到检验。

2. 工程性（An Engineering Process）：数据挖掘是一个由多个步骤组成的工程化过程。数据挖掘的应用特性决定了数据挖掘不仅仅是算法分析和应用，而是一个包含数据准备和管理（Data Preparation and Management）、数据预处理和转换(Data Preprocessing and Transformation)、挖掘算法开发和应用(Mining Algorithm)、结果展示和验证(Results Interpretation and Evaluation) 以及知识积累和使用(Knowledge Representation)的完整过程。而且在实际应用中，典型的数据挖掘过程还是一个交互和循环的过程。

3. 集合性（A Collection of Functionalities）：数据挖掘是多种功能的集合。常用的数据挖掘功能包括：数据探索分析（Data Exploration）、关联规则挖掘（Association Mining）、时间序列模式挖掘(Sequential Pattern Mining)、分类预测(Classification and Prediction)、聚类分析(Clustering Analysis)、异常检测(Anomaly Detection)、数据可视化(Data Visualization) 和链接分析（Link Analysis）等等。一个具体的应用案例往往涉及多个不同的功能。不同的功能通常有不同的理论和技术基础，而且每一个功能都有不同的算法支撑。

4. 交叉性（An Interdiscplinary Field）：数据挖掘是一个交叉学科，它利用了来自统计分析（Statistics）、模式识别(Pattern Recognition)、机器学习(Machine Learning)、人工智能(Artificial Intelligence)、信息检索(Information Retrieval)、数据库(Database)等诸多不同领域的研究成果和学术思想。同时一些其他领域如随机算法（Randomized Algorithm）、信息论(Information Theory)、可视化(Visualization)、分布式计算(Distributed Computing)和最优化(Optimization) 也对数据挖掘的发展起到重要的作用。数据挖掘与这些相关领域的区别可以由前面提到的数据挖掘的三个特性来总结，最重要的是它更侧重于应用。

综上所述，应用性是数据挖掘非常关键的一个特性，是它和其他学科的一个重要区别。同时数据挖掘的应用特性和它的其他特性相辅相成，这些特性从一定程度上决定了数据挖掘的研究和发展，同时也为如何学习和掌握数据挖掘提出了指导性的意见。

从研究发展上来看，实际应用的需求是数据挖掘领域很多方法提出和发展的根源。从最开始的顾客交易数据分析（Market Basket Analysis）、多媒体数据挖掘（Multimedia Data Mining）、隐私保护数据挖掘（Privacy-preserving Data Mining）到文本数据挖掘（Text Mining）和Web 挖掘（Web Mining），再到社交媒体挖掘（Social Media Mining）都是由应用推动的。工程性和集合性决定了数据挖掘研究内容和方向的广泛性。其中，工程性使得整个研究过程里的不同步骤都属于数据挖掘的研究范畴。而集合性使得数据挖掘有多种不同的功能，而如何将多种功能联系和结合起来可以说从一定程度上影响了数据挖掘研究方法的发展。比如说，90年代中期数据挖掘的研究主要集中在关联规则和时间序列模式的挖掘。20世纪90年代末，研究人员开始研究基于关联规则和时间序列模式的分类算法（比如CBA：Classification based on Association），将两种不同的数据挖掘功能有机的结合起来。20世纪初，一个研究的热点是半监督学习（Semi-supervised Learning）和半监督聚类（Semi-Supervised Clustering），也是将分类和聚类这两种功能有机结合起来。近年来的一些其他研究方向如子空间聚类（Subspace Clustering）(特征抽取和聚类的结合)和图分类（Graph Classification）（图挖掘和分类的结合）也是将多种功能联系和结合在一起。最后，交叉性导致了研究思路和方法设计的多样化。

数据挖掘的特性也对如何能学习和掌握数据挖掘提出了指导性意见。应用性使得在进行数据挖掘时需要熟悉应用业务和把握应用需求。需求是数据挖掘的目的。业务和算法技术的紧密结合非常重要。了解了业务，把握了需求，才能有针对性地对数据进行分析，挖掘出其价值。工程性决定了要掌握数据挖掘的条件。一个好的数据挖掘工作人员应该首先是一个工程师，有很强的处理大规模数据和开发原型系统的能力。集合性使得在具体应用数据挖掘时，要综合集成不同功能，使用多种算法。交叉性决定了在学习数据挖掘时，要主动了解和广泛吸收来自相关领域的思想和技术。

1.1.2 从数据挖掘应用的角度看大数据

众所周知，大数据具有如下的特征：数据量大，类型多样，数据变化快，时效性强，以及价值密度低。有很多文献指出，这些特征对数据挖掘在理论和算法研究的方面，提出了新的要求和挑战。大数据是现象，核心是要挖掘数据的价值。在这里，我们结合数据挖掘的各种特性，尤其是其应用性，从应用业务的角度，对大数据提出如下两点的认识。

首先，大数据是“一把手工程”。在一个企业里，大数据通常涉及多个业务部门，业务逻辑复杂。一方面，要对大数据进行收集和整合，需要业务部门的配合和沟通以及业务人员的大力参与，这些需要企业高层的重视和认可，提供必要的资源调配和支持。另一方面，要对数据挖掘的结果进行验证和运用，更离不开领导的拍板。数据挖掘的结果大多是相关关系，而不是因果关系，这些结果还可能有很大的不确定性。另外，有时候数据挖掘的结果可能与企业运作的常识不一致，甚至相悖。所以，要利用数据挖掘，必然离不开领导的决定。

其次，大数据需要数据导入，整合和预处理。很多时候，企业在应用数据挖掘时，可能并不清楚要挖掘和发现什么。尤其是当数据量很大，还有很多不同数据源的时候，具体业务逻辑复杂，数据之间的关系琐碎，导致企业的业务流程和数据流程很难理解，对数据挖掘到底能帮助企业做什么并没有直观和清楚的认识。所以，很多时候都不可能先把数据事先规划好和准备好，这样在具体的数据挖掘中，就需要在数据的导入、整合和预处理上有很大的灵活性，只有通过业务人员和挖掘人员的配合，不断尝试，才能有效地将企业的业务需求与数据挖掘的功能联系起来。

§1.2 数据挖掘技术发展和历史

数据挖掘的主要任务是从数据中提取可用的知识，其技术的根源可以追溯几个世纪之前的应用数学的启蒙和发展。

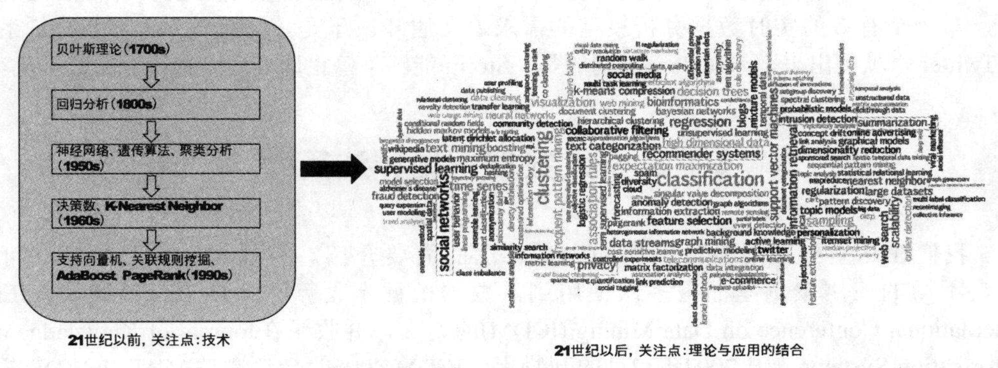

图 1.1 数据挖掘发展的时间轴

图1.1的左边展示的是现在重要的数据挖掘算法的发源时间轴。如发源时间轴所示，分类算法中朴素贝叶斯(Naive Bayes)的理论在1700s年代就已经诞生。1800s初期，高斯通过最小二乘法(least squared error)去估计小行星谷神星的运行轨迹，就是一个典型的数据挖掘应

用。从时间轴上可以看出，早起的技术和算法萌芽主要来至于应用数学的进步。应用数学的启蒙和初期发展大多集中在1600s–1800s(微积分诞生于1600s)。应用数学为数据分析技术提供了很好理论的铺垫。现代数据技术发展更多来源于1950s后，一大主要原因是计算机科学和数字设备的广泛应用是在1950s开始起步。当计算机，个人电脑，数字设备（包括数字网络、手机、数控机床等等）逐步普及之后，“计算”和“数据”逐步变得廉价，因此20世纪后半期是数据挖掘技术发展的一个迅猛时期。从时间轴上可以看到大部分前沿的算法都在这个时间段内诞生。

图1.1的右边（来源于http://www.kdd.org/kdd2013）是ACM SIGKDD 会议对过去10年的论文研究关键字的可视化总结。期中，颜色越深，代表年代越近。近年来受到广泛关注的社交网络(social network)、推荐算法(collaborative filtering)等等以较大的尺寸显示在图中并被渲染成深色。细心的读者可以对比图1.1的左右两边发现，21世纪以前的数据挖掘研究主要集中在数据挖掘技术、理论、和广义的挖掘任务上，例如分类、聚类或者关联规则挖掘的算法。但是在进入21世纪之后，随着数字设备逐步深入人类的生活，数据挖掘研究更多地由实际应用来驱动。各类实际应用成为了数据挖掘领域的热门关键词。在新的应用领域下，人们对于过去传统算法提出了新的需求和新的任务。因此，数据挖掘领域也开始出现各种针对不同目的、不同手段，甚至不同数据结构的新算法和新应用。一句话概括，21 世纪以前数据挖掘关注的是技术和理论，进入21世纪以后，数据挖掘聚焦于应用实践与理论的结合。

值得注意的是，伴随着数据挖掘理论结合实践的发展步伐，大数据（Big Data）跃入了人们的视野，对传统的数据挖掘技术提出了挑战。为了应对大数据时代“数据丰富而知识匮乏”的问题，众多的大数据处理架构方案被提出来，用来协助将传统的数据挖掘方法部署至专注于大数据分析的系统中。MapReduce（作者是Dean和Ghemawat，发表于OSDI 2004）无疑是“个中翘楚”。而基于MapReduce 的开源实现Hadoop[1]（擅长批处理）成为了大数据分析领域的王者。为了能够充分发挥Hadoop的潜力，Hadoop 的众多“子女”经由开源社区涌现了出来。典型的例子有Hive[2]（数据仓库）、HBase[3]（结构化数据存储系统）、Mahout[4]（机器学习和数据挖掘系统）等等。在Hadoop等批处理模型大行其道的同时，人们意识到，除了海量的静态数据以外，每分每秒都有高度动态的实时信息涌现出来，对一个有效的实时数据分析模型的需求迫在眉睫。于是，处理流数据的Storm[5]系统被Twitter 贡献了出来。与Hadoop不同的是，Storm 能够不停止地处理没有终点的数据流。

§1.3 十大数据挖掘算法简介

我们在这里给出对数据挖掘的十大算法的简要介绍。有些比较常用的算法可能会在不同的应用案例里面被多次使用到。数据挖掘十大算法源自于一篇发表在IEEE International Conference on Data Mining (ICDM)的论文，并收录在Journal of Knowledge and Information Systems 杂志2007年12月的刊物上。ICDM 2006的会议邀请ACM SIGKDD发明奖得主和IEEE ICDM研究贡献奖得主作为数据挖掘十大算法提名委员会专家。十大数据挖

[1] http://hadoop.apache.org/
[2] http://hive.apache.org/
[3] http://hbase.apache.org/
[4] http://mahout.apache.org/
[5] http://storm-project.net/

掘算法首先经过委员会专家的提名，然后再查阅其引用次数（要求至少50 次以上），选出18个算法。最后再邀请ACM SIGKDD 2006、IEEE ICDM 2006、SIAM DM 2006 三个国际会议的程序委员会委员投票选出前十大数据挖掘算法。这十大算法依次列出在表1.1。

表 1.1 十大数据挖掘算法

排名	算法	简单说明
1	C4.5	决策树分类
2	K-means	K均值聚类
3	Support Vector Machine (SVM)	支持向量机分类
4	Apriori	关联规则挖掘
5	Expectation Maximization (EM)	最大期望算法
6	PageRank	链接分析
7	AdaBoost	集成算法
8	K-Nearest Neighbors (KNN)	K近邻分类
9	Naive Bayes	朴素贝叶斯分类
10	CART	分类和回归

这里，笔者只简述这十大算法的思想。关于这十大算法的详细介绍读者们可以在数据挖掘和机器学习的正规教科书上查阅。另外，*Machine Learning in Action* 这本书也针对这十大算法的实现做了详细的代码讲解。十大数据挖掘算法里面，K-Nearest Neighbors，C4.5, Support Vector Machine, AdaBoost, CART, Naive Bayes都是分类作为目的的算法。K-means是最常见的聚类算法。Apriori是关联规则挖掘算法。Expectation Maximization是一种估计概率模型参数的算法。PageRank是一种链接分析的算法，主要用于图数据里，对结点重要性进行排名。

K-Nearest Neighbor算法的思想是通过找事物属性上的相似去揣测类别上的相同，简单来说就是类比法。K-Nearest Neighbor从训练数据集里面找出和待分类的数据对象最相近的K个对象。这K个对象中出现次数最多的那个类别，就可以被当做这个待分类的数据对象的类别。例如，我们对一个植物样本进行分类的时候，通过对比这个样本和实验室的标本之间的各个特征，例如长度、直径、颜色等属性，然后找到最相似的几个标本。这几个标本的类别就应该是我们手上这个植物样本的类别。如果这几个标本的类别也不同，我们取里面出现次数最多的那个类别。

C4.5和CART (Classification and Regression Tree) 都是基于决策树的分类算法。决策树本质上是一个对训练数据进行划分的数据结构。决策树中每个结点代表一个关于属性的问题。对这个问题的不同回答决定了一个数据对象被分到树的不同分支。最终所有的训练数据都会被塞入到某个叶子结点。这和常见的二分搜索树，B+树等数据结构没有本质的区别。与其他树的数据结构用途不同的是，决策树最终的目的是要回答一个数据对象的类别。一个未知类别的数据对象被决策树划分到某个叶子结点，这个叶子结点内的数据类别就可以被当做这个数据的类别。如果叶子结点的数据有几个不同的类别，与K-Nearest Neighbor一样，我们取出现次数最多的那个类别。为了尽可能保持回答的一致性，我们希望每个叶子结点内的数据类别尽量保持一致。直观来说，这样决策树在回答一个数据类别的时候，就更加有把握一些。因此，我们希望决策树每个叶子结点的类别的分布越纯越好(或越单调越好)。当一个结点内所有数据的类别都一致的时候，这样纯度最高。当一个结点所有数据的类别都两两不相同的时候，这个纯度最低。纯度可以用不同的指标来测量，常见的两个纯度指标是熵(Entropy)和基尼指数(Gini Index)。一个结点的纯度越高，熵(Entropy)和基尼指数(Gini Index)就越小。C4.5 （或CART）的训练算法利用如何让熵(或者基尼指数)减得更多(纯度增加得更大）来决定如何构造这个决策树。C4.5还考虑了如何避免过度拟合(Overfitting)等问题。

Naive Bayes是通过贝叶斯定律来进行分类的。朴素贝叶斯将数据的属性和数据的类别看做两个随机变量（X 和Y），然后问题转换成为找出一个给定属性X，哪个Y出现的概率最大，也就是贝叶斯定律中的后验概率$P(Y|X)$。在贝叶斯定律里面，一个数据的产生，是有了这个数据的类别，然后再产生这个数据的各个属性。因此，$P(Y)$被叫作先验概率。给定了数据的属性，再反过来去推测其类别就是后验概率，$P(Y|X)$。根据贝叶斯定律，后验概率可以由先验概率和条件概率计算出来。而先验概率和条件概率可以由训练数据统计而得。朴素贝叶斯之所以叫朴素，因为这个算法假设给定数据对象的类别Y，不同属性的出现是互相独立的(Conditional Independent)。

Support vector machine（SVM）是近年来使用得最广的分类算法，因为它在高维数据，例如图像和文本上的表现都好过其他很多算法。与Naive Bayes不同之处在于，它不关心这个数据是如何产生的，它只关心如何区分这个数据的类别。所以大家也称这种分类算法是discriminative的。在SVM算法内，任何一个数据都被表示成一个向量，也就是高维空间中的一个点，每个属性代表一个维度。SVM和大多数分类算法一样，假设如果一堆数据的类别相同，那么他们的其他属性值也应该相近。因此，高维空间上，不同的类别数据应该处于不同的空间区域。SVM的训练算法就是找出区分这几个区域的空间分界面。能找到的分界面可能有很多个，SVM算法中选择的是两个区域之间最靠近正中间的那个分界面，或者说离几个区域都最远的那个分界面（maximum-margin hyperplane）。因为现实数据可能是有噪声的。有了噪声，一个数据可能会在观测空间位置的周围区域都出现。离几个区域最远的那个分界面能够尽量保证有噪声的数据点不至于从区域跳到另外一个区域去。这个最佳的分界面的寻找问题在SVM中被表示成一个有约束的优化问题(Constrained Optimization）。通过优化算法里的拉格朗日法可以求得这个最优的分界面。

Adaboost是一种集成学习算法。其核心思想是在同一个训练集上，通过考察上一次实验中每个样本的分类是否正确，以及总体分类的准确率，自适应地调整每个样本的权值，迭代地生成若干个不同的分类器(弱分类器)，最终将这些分类器组合起来，提升为一个强分类器。AdaBoost为了减少分错的情况，有意识专门针对分错的数据进行训练。这种思想就例如中学时期的试卷练习一样。同一份试卷的考题可以让学生做多次，但每次只需要重复上次学生做错的题。而上次做对了的题目，就不需要反复练习了。这样的练习可以突出重点，同时又节约时间。

K-means是最常见的聚类算法。Expectation Maximization是一种用来估计带有隐藏变量的模型参数的方法。K-means 背后的思想其实属于Expectation Maximization的一种。K-means先随机在数据集里面找k个簇中心点，然后把每个数据分到离它最近的中心所在的那个簇。然后再计算新的簇中心点。由此不断循环直到这个所有簇中心不再变化。在K-means里面，这个模型的参数就是k个簇的中心。隐藏的变量就是每个数据点的类标。如果我们知道每个数据点的类标，那么只需要针对每个簇的数据点求一下算数平均，就可以估计出这个簇的中心。但问题是，每个数据点的类标是隐藏的（未知的），所以我们无法直接估计出每个簇的簇中心。Expectation Maximization 算法就是专门来针对这种有隐藏变量的模型估计的。Expectation Maximization算法的估计是基于最大似然(Maximum Likelihood)，也就是找出模型参数使得这个模型最能够描述当前观察数据。换句话说，这个估计方法希望让观察的数据在这个估计的模型里面出现的概率是最高的。最大似然是一个原则。最大似然的估计方法是根据这个原则产生的，否则任何一个估计出来模型我们都可以说它好或者不好。至于为什么要用最大似然这个原则，这源于概率论与数理统计的一个直观假设: 我们观察到的事件总比没有观察到的发生的概率高；我们多次观察到的事件出现的概率总比很少观察到的高。Expectation Maximization算法是两个不同步骤的不断循环。一个步骤叫作Expectation，也就是固定当前模型的参数去估计最有可能隐藏变量的值。另外一个步骤叫作Maximization，既是通过当前估计隐藏变量的值去估计模型的参数。然后不断迭代，知道模型的参数不再变化即算法停止。Expectation和Maximization都是基于最大似然去找隐藏变量的值和模型的参数值。在K-means里面，把每个数据点塞进K个簇中，离簇中心最近那个步骤就是这里的Expectation。通过计算簇内所有数据点的算术平均得到簇的中心就是Maximization。K-means 的目的是让每个簇内的数据点尽量靠近簇中心。从最大似然的角度来看，一个数据点越靠近其簇中心，它出现的概率越高。因此在Expectation的时候，K-means把每个数据点塞给最近的那个簇中心的簇。Maximization步簇中心是通过算术平均求得的。算术平均就是最大似然的估计。

Apriori算法的最早提出是为了寻找关联规则。后来，因为Apriori算法有很清晰和简单的算法逻辑结构，所以Apriori逐步成为一种搜索算法思想，有点类似动态规划，贪心算法的概念。在很多相关论文里面，算法以Apriori-like来修饰，但是算法的目的跟关联规则挖掘并没有关系。关联规则通常表示成$\{A,B\} \rightarrow \{C\}$，意思是如果$A,B$出现了，那么$C$也很大可能出现。关联规则是通过历史数据求得。显然，我们不能因为历史数据中出现了一条数据同时包含A,B,C就认为$\{A,B\} \rightarrow \{C\}$成立。只有当有足够的数据记录都包含$A,B,C$,我们才认为这个规则有一定置信度的。所以，关联规则第一步就是找出频繁的项集。项就是指这里的A,B,C等。项集就是包含这些项的集合。在这个例子里面，$\{A,B,C\}$就是一个频繁的项集，A,B,C 属于一个项。如果数据库里面有n 个不同的项，那么总共可能有2^n个项集。显然我们不能一个一个去试，看其是否频繁。Apriori算法要解决的问题，就是如何快速找出频繁项集。Apriori 的核心思想就是认为如果$\{A,B,C\}$ 是频繁的，那么它的子集也必须是频繁的。这就是Apriori算法里面所描述的的anti-monotonic property(递减性质）。频繁的定义就是指出现的次数大于某个预先定义的阈值。因此，我们可以从只含一个项的集合开始搜索，然后剔除非频繁。然后再找只含2个项的集合，再剔除非频繁。如果把算法的搜索看做一个搜索树，那么每次的剔除都是剔除一个树的分支，所以就可以大大减小搜索空间。这也是为什么大部分Apriori-like 算法本质上都是搜索算法的原因。

PageRank因为谷歌搜索引擎而出名。满足一个关键词的网页通常很多很多，如何安排这些网页的显示的前后顺序呢？PageRank的想法就是，如果这个网页被很多其他网页引用，那么网页重要程度就很大，理应放得前面一些。如果一个网页只被很少网页引用甚至没有被引用，那么这个网页就不重要，可以放得靠后。这里的引用和论文之间的引用类似。我们评价一篇论文的好坏也是看其引用数量。在网页里面，引用可以是一个超链接。当然，PageRank 还可以用在其他图数据上，只要他们存在某种链接，就可以认为是这里的引用。除此之外，PageRank还认为，如果一个网页被重要的网页引用，那么这个网页肯定比被不重要网页引用更重要。如果把每个网页的重要分数看成一个未知变量，这2个直观的假设可以整理成一个线性方程。那么PageRank根据此方程解出每个网页的重要分数。最后网页的排名就是按照这个重要分数由大到小排列。换句话说, PageRank算法综合考虑链接的数量和网页的质量两个因素, 将二者结合起来对网页进行排序。需要特别指出的是, PageRank计算出的网页重要性排名,是完全基于链接结构的, 与用户输入的查询关键字是无关的。所以, 很多时候PageRank是可以离线计算的。

第二章　系统日志和事件的挖掘

§2.1 摘要

随着计算系统的架构不断复杂，规模不断扩大，庞大的信息系统的维护已经不是单纯靠人力可以有效完成的。大型分布式系统在真实生产环境下所产生的大量日志和系统事件数据是检查系统运行状态的唯一途径。应用数据挖掘技术针对这些海量日志和系统事件进行分析，能够帮助系统管理员有效地进行异常预警、故障诊断和系统优化。本章以实际的系统日志分析的目的为出发点，结合真实的系统数据日志形式，讲解如何利用数据挖掘来进行自动日志分析，异常检测和寻找故障根源，然后再介绍如何通过自动日志事件的总结算法帮助系统管理员去理解和查看海量日志数据。

§2.2 系统日志分析的目的

Automatic Computing(自动化计算)是指IT系统能够适应不同的商业业务逻辑和硬件环境的一种能力，其中包括计算系统的self-configuring(自动配置)、self-healing(自动修复)、self-optimizing(自动优化)和self-protecting(自动保护)[22]。在大型IT系统内，Automatic Computing 能够帮助企业节省大量系统管理成本。系统日志是记录生产设备运行过程中产生的记录数据。比如常见的Windows Event Logs和Linux System Logs，记录了操作系统运行状态中的各种异常事件，错误以及软件设置的更改。系统日志和事件的挖掘，是实现Automatic Computing的基础和关键。系统日志和事件的分析目的大概可以分成三类。

2.2.1 系统问题诊断

系统问题诊断通常也叫Problem Determination。它是指判定系统是否发生故障和故障发生的原因。系统故障的发生通常也有互相依赖性和传递性，找出故障的根源叫做故障根源分析(Root Cause Analysis)。在实时运行的生产机上，系统日志是最重要的系统监控和问题诊断数据来源之一。除了操作系统外，常见的其他软件系统，诸如数据库、Web 服务器、Hadoop 系统等，都附带了日志生成模块并产生大量日志数据以供系统管理员分析和监控。对于系统管理员而言，系统出现的各种系统错误和异常都是发生在过去。要解决这个过去发生的问题必然知道发生该问题的前后阶段系统在做什么，才能依次找出问题出现的原因。图2.1 显示了典型的系统管理员、服务器和用户之间的关系图。图中，服务器直接与用户的终端设备交互。系统管理员们所做的大部分事情是观察和监测服务器产生的日志，从而不断调整服务器的配置。以Web系统为例，现实中Web 系统管理员在解决一个页面无法访问的问题时，他首先是查看Web服务器的运行日志。如果发现Web 服务器日志里面出现数据库连接失败的错误记录，那么他会转向寻找数据库系统的运行日志。通过数据库的运行日志分析，他发现数据库在之前某个时刻宕机。要知道数据库宕机的原因，他进而继续查询那个宕机时间段之前数据库的SQL 日志记录，找到引发宕机的SQL 操作。

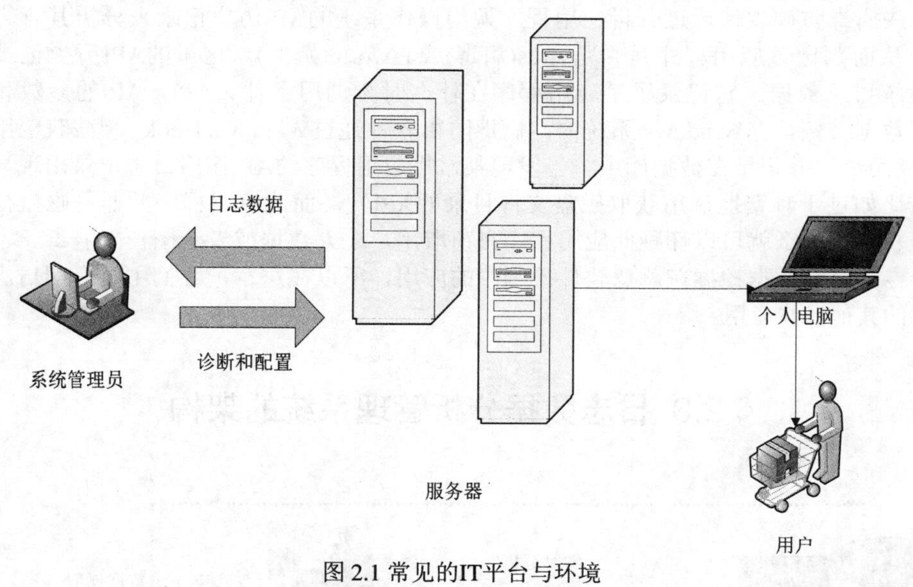

图 2.1 常见的IT平台与环境

2.2.2 调试与优化

除开生产机的诊断和监控，在软件开发和调试过程中，日志分析也是重要的手段之一。例如在多线程程序的调试，要重现一个共享资源访问引发的bug，通常需要重现之前的线程调度过程。然而线程的调度是操作系统根据当时的运行状态决定的，之后是很难重现完全一致的线程调度过程，更不用说传统的“单步跟踪”等方法了。实际大部分多线程开发最有效的调试手段都是软件开发人员主动嵌入日志，生成代码，然后通过生成的日志分析和揣测bug出现的原因。

通过日志记录来跟踪运行程序也被用于各种程序优化软件，比如JProfiler [7]。优化软件的目标是找出待优化程序的瓶颈所在。要找出瓶颈，常见的手段就是在待优化程序代码中主动嵌入可跟踪的日志产生代码。优化软件通过分析运行生成的日志，跟踪到待优化程序的每个执行函数消耗的运行时间及内存等参数，从而找到瓶颈。

2.2.3 系统安全维护

在系统安全维护方面，日志分析常用于被动攻击的分析和防御中。通过日志数据的分析，可以断定和寻找攻击源，从而找到有效的抵御措施。比如鉴别DoS(Denial of Service)攻击的最直接办法就是查看服务器的连接请求日志 [33] 。如果发现在某个时间段内出现大量异常的同一IP 地址或者客户端的连接请求，那么即可把此类行为归结为DoS攻击。某些软件系统会把除IP地址外其他更详细的连接请求信息记录在日志数据内。通过进一步的日志分析，还可以对此DoS(Denial of Service) 做更深入的剖析，比如找出对方使用的黑客软件或者经过的路由信息，从而找出有效抵御手段。除DoS攻击以外，Linux中用户操作命令和权限切换的记录日志也常用来判定某用户是否企图攻击该系统或试图获取更高的管理权限。

一些病毒防御软件通过分析应用程序调用操作系统的API历史记录来分析其行为是否正常，从而判定该应用程序是否是virus(病毒)或者worm(蠕虫)。这里的API历史记录也是一种系统日志数据。它记录了某应用程序在什么时刻调用了什么API，API的参数和返回结果等数据。例如在Windows 系统内，病毒防御软件通过Windows Hook [13]截获应用程序的API调用情况并记录在数据库中。当发现某常规应用程序的API调用日志记录出现异常的模式（比如过于频繁地调用获取磁盘文件目录的API），而此应用程序并非是磁盘扫描或者修复软件，那么就可以怀疑此应用程序在窃取用户个人数据或者企图植入病毒。本书第四章会专门介绍数据挖掘在恶意软件检测中的应用，所以在这章，我们主要介绍日志和事件挖掘的其他一些应用。

§ 2.3 日志数据分析管理系统的架构

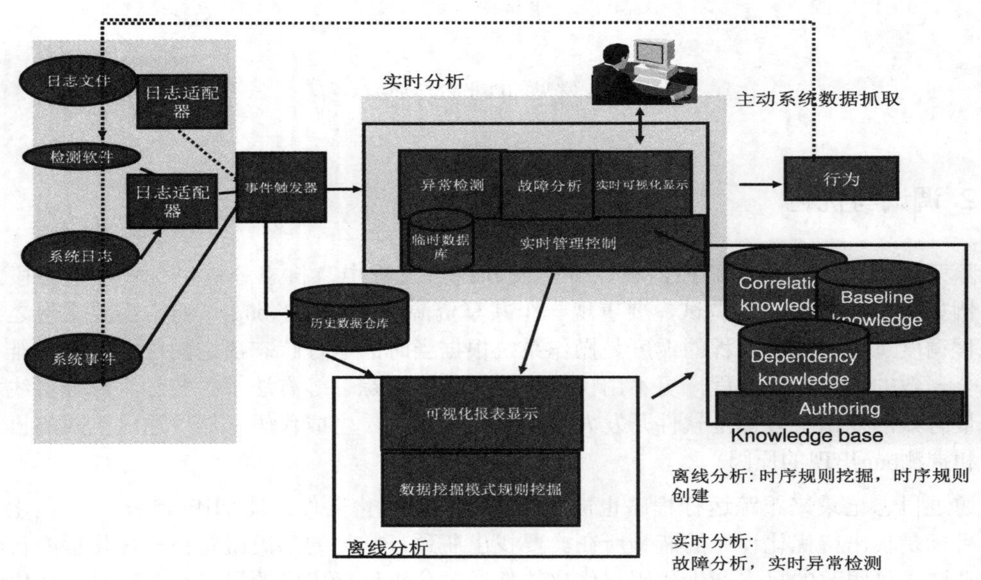

图 2.2 日志数据分析系统的架构示意图

在大型企业的IT管理里面，针对各个日志数据的分析通常不是某个IT管理人员单独完成。通常大型企业的IT服务架构里面，都依赖一个日志数据分析和管理的系统。日志数据分析管理系统通常是IT服务管理的核心系统架构。例如全球最大的IT服务提供商IBM，其业务核心系统就是基于IBM Tivoli Monitoring 日志事件监控系统。本章主要讲述的是数据挖掘技术在日志数据分析上的应用案例，因此这里我们只简单介绍一下系统的整体架构。后面介绍到的分析技术和算法通常被植入到该系统架构中的某个模块。虽然不同的企业IT服务架构大相径庭，但是针对日志数据的分析管理大致都如图2.2 [29,32]。该图主要分3个部分：(1)日志数据的收集和预处理；(2) 历史日志数据存储；(3)日志事件数据的分析以及对分析结果的展示和使用。

2.3.1 日志数据的收集和预处理

日志数据的收集可以是各种形式。例如常见的应用软件，Apache Tomcat之类，可以直接从其logs目录下复制catalina.log日志数据文件。还有一些监控软件可以主动地抓取一些系统状态信息并生成日志事件直接传递给后台服务器，不需要中间日志文件作为媒体。例如IBM Tivoli Monitoring [6]。通常日志数据的收集要求在不影响生产服务器的性能下完成。此外，对于何种数据需要收集，何种数据不需要收集，这在系统管理和网络监控领域也是研究的热点之一。

2.3.2 历史日志数据存储

通常历史日志数据都是海量形式。很多应用服务器的日志数据时时刻刻都在产生。因此，专门针对日志数据管理的很多数据仓库被用来存储系统历史数据。与常规数据库不同的是，这里的历史数据仓库以只读和导入操作为主，修改和删除的操作较少。很多企业，例如Splunk [12], AppFirst [3]也开始使用NoSQL等存储方式来建立日志数据仓库。

2.3.3 日志事件数据的分析和结果展示以及使用

本章主要介绍的是日志事件数据的分析方法。此部分的分析方法分实时和离线分析两类。通常基于数据挖掘的方法都是针对海量历史数据进行离线分析，然后将创建的模型用于实时的日志分析。例如异常检测里面，通过历史数据训练出一个分类模型，然后在实时收集日志数据过程中，用创建的模型去判断当前日志事件是否出现异常。需要注意的是，在系统管理和网络的研究领域里面，有一些异常检测故障追踪的方法，并不需要离线的数据分析。通常针对系统日志事件挖掘出来的结果以知识库(Knowledge base)的形式存储在管理系统内。系统管理员通常还需要查阅和审核以及修改知识库内的结果，才能真正部署在生产服务器上。因此，可视化的日志数据分析显示也是常见的一个功能模块。

§ 2.4 系统日志的数据形式

系统日志和事件的数据存储形式主要有两类。一类是无结构的日志数据，例如日志文件。常见的Linux日志、Apache服务器日志、Hadoop日志等的日志数据都是记录在一个纯文本日志文件中。每条日志或者事件都以一条文本消息或者短文的形式存储在日志文件内。另外一类是结构化或者半结构化的日志事件数据，比如Windows Event Logs、数据库历史查询记录日志以及IBM Tivoli Monitoring [6] 监测事件等等。每条数据库记录代表一个日志或者事件。每条记录会将该日志事件的各个属性分开存储到表的各个字段内。常见的字段包括日志产生的时间、机器名、进程名、错误代码、异常详细描述等等。

2.4.1 无结构的日志数据

图2.3是一个Hadoop平台下datanode的日志文件。

```
2011-01-26 10:38:49,914 INFO org.apache.hadoop.hdfs.server.datanode.DataNode: STARTUP_MSG:
2011-01-26 10:38:50,059 ERROR org.apache.hadoop.hdfs.server.datanode.DataNode:
java.lang.NullPointerException
2011-01-26 10:38:50,059 INFO org.apache.hadoop.hdfs.server.datanode.DataNode: SHUTDOWN_MSG:
2011-01-26 10:39:15,144 INFO org.apache.hadoop.hdfs.server.datanode.DataNode: STARTUP_MSG:
2011-01-26 10:39:15,221 ERROR org.apache.hadoop.hdfs.server.datanode.DataNode:
java.lang.NullPointerException
2011-01-26 10:39:15,221 INFO org.apache.hadoop.hdfs.server.datanode.DataNode: SHUTDOWN_MSG:
2011-01-26 10:49:59,728 INFO org.apache.hadoop.hdfs.server.datanode.DataNode: STARTUP_MSG:
2011-01-26 10:50:00,204 INFO org.apache.hadoop.hdfs.server.common.Storage: Storage directory
/hadoop-lclstore/hdfs/data is not formatted.
2011-01-26 10:50:00,204 INFO org.apache.hadoop.hdfs.server.common.Storage: Formatting ...
2011-01-26 10:50:00,348 INFO org.apache.hadoop.hdfs.server.datanode.DataNode:
Registered FSDatasetStatusMBean
2011-01-26 10:50:00,350 INFO org.apache.hadoop.hdfs.server.datanode.DataNode:
Opened info server at 50010
2011-01-26 10:50:00,351 INFO org.apache.hadoop.hdfs.server.datanode.DataNode:
Balancing bandwith is 1048576 bytes/s
2011-01-26 10:50:00,412 INFO org.mortbay.log: Logging to org.slf4j.impl.
Log4jLoggerAdapter(org.mortbay.log) via org.mortbay.log.Slf4jLog
2011-01-26 10:50:00,469 INFO org.apache.hadoop.http.HttpServer: Port returned by
webServer.getConnectors()[0].getLocalPort()
before open() is -1. Opening the listener on 50075
2011-01-26 10:50:00,469 INFO org.apache.hadoop.http.HttpServer: listener.getLocalPort()
returned 50075 webServer.getConnectors()[0].getLocalPort() returned 50075
2011-01-26 10:50:00,469 INFO org.apache.hadoop.http.HttpServer: Jetty bound to port 50075
2011-01-26 10:50:00,469 INFO org.mortbay.log: jetty-6.1.14
2011-01-26 10:50:00,725 INFO org.mortbay.log: Started SelectChannelConnector@0.0.0.0:50075
2011-01-26 10:50:00,730 INFO org.apache.hadoop.metrics.jvm.JvmMetrics: Initializing JVM
Metrics with processName=DataNode, sessionId=null
2011-01-26 10:50:00,749 INFO org.apache.hadoop.ipc.metrics.RpcMetrics: Initializing RPC
Metrics with hostName=DataNode, port=50020
2011-01-26 10:50:00,751 INFO org.apache.hadoop.ipc.Server: IPC Server Responder: starting
2011-01-26 10:50:00,752 INFO org.apache.hadoop.ipc.Server: IPC Server listener on 50020: starting
2011-01-26 10:50:00,752 INFO org.apache.hadoop.ipc.Server: IPC Server handler 0 on 50020: starting
2011-01-26 10:50:00,753 INFO org.apache.hadoop.ipc.Server: IPC Server handler 1 on 50020: starting
... ...
```

图 2.3 Hadoop datanode日志

每条日志大概分3个部分：(1)日志产生的日期和事件，(2)日志产生的Java类，(3)消息。消息部分的内容是Hadoop开发人员定义在Hadoop源代码内部。消息部分描述了当前程序在执行何种任务或者遇到何种错误异常。这些日志数据都是由标准Java logging工具(例如apache common logs, log4j等)生成的。例如，第一条记录表示，在2011-01-26 10:38:49这个时刻，该hadoop的DataNode类在执行STARTUP(启动)这个事件。第二条记录则是表示一个错误异常信息，NullPointerException(空指针异常)。第三条记录则是这个DataNode类主动发起SHUTDOWN_MSG(关闭)事件。直到第7条记录，该DataNode得以成功启动。整体来说，每条日志记录都是描述一个系统事件，且可以由一个标准事件的三元组构成(时间，地点，行为）。正因如此，本书里我们把系统事件和系统日志看做同一个概念。

很多应用程序并没有标准的日志格式。诸如一些Unix/Linux下开发的应用软件可能使用其他的日志生成代码。甚至在同一个软件系统内，不同模块的生成的日志格式也完全不一样，因为不同模块的开发可能是由不同开发团队或者公司完成的，且团队和公司之前并没有统一格式规范。另外由于日志功能需求上的不同，不同软件系统生成的日志格式也可能完全不一样。例如当开发人员十分注重一个软件的数据吞吐量的时候，他们会在日志中数据嵌入大量衡量数据吞吐量的标准。当开发人员更注重一个软件的业务逻辑和执行步骤的时候，它会更多在日志数据中嵌入业务逻辑的描述。总的说来，系统日志数据是千差万别的。在处理一个具体系统的日志时，分析方法可能也会千差万别。一个很现实的问题就是，大量开源软件和商业软件没有详尽关于日志数据的文档说明。这对于人工和自动的日志分析都是一大挑战。很多日志分析的工作都依赖于系统管理员在此领域的个人经验。在后面的章节里面，我们也会针对此问题介绍一些基于数据挖掘的算法来分析此类日志数据。

2.4.2 结构化与半结构化的日志数据

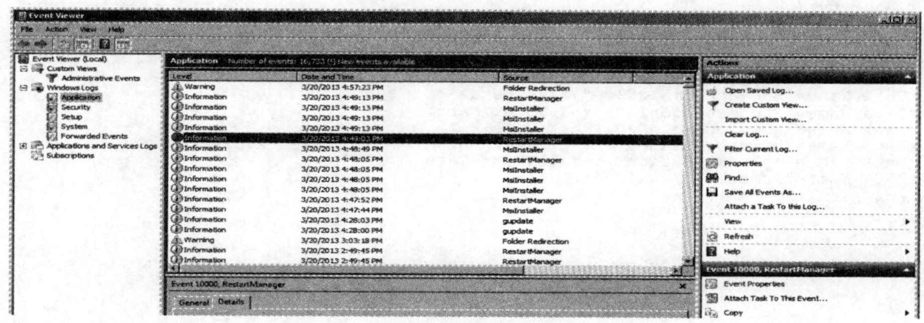

图 2.4 Windows Event Viewer

最常见的半结构化日志数据就是Windows Event Logs。图2.4是一个Windows 7的Event Viewer应用程序的截图。Event Viewer是Windows操作系统内查看Windows Event Logs数据的图形界面程序。Windows系统大致把其Event Logs分成5大类：Application、Security、Setup、System、Forwarded Events。Application大致是Windows 操作系统内的应用程序生成的日志数据。Security是安全相关的事件。比如Windows 自身的防火墙会阻挡某些外部TCP请求。这些被阻的TCP请求就会被记录在这部分的日志数据内。Setup主要是应用程序的安装以及Windows组件的安装卸载以及修改等事件，比如最典型的就是Windows Update补丁的安装记录。System 是系统内部运行状态的各种日志数据，比如某个服务被停止，某个服务进程被开启等等。

图2.5是一个原始XML的Security事件日志。通过XML的各个标签可以很清楚地看到这个事件发生的事件名、机器名、用户名、域名、进程名以及创建进程的执行文件路径。图中的机器名，域名和用户名被xxx 取代。此类日志数据可以通过常见的XML解析软件得到各个关键的事件属性，这对于自动化的日志数据分析来说是一大便利之处。

除Windows Event Logs外，很多系统监控系统，比如IBM Tivoli Monitoring [5], HP OpenView [4]生成的日志事件数据也是以半结构化的形式存储在关系数据库内。不同之处在于，专业监控系统可以通过管理员定制各种复杂的监控信息，产生各种不同的日志数据。以IBM Tivoli Monitoring为例，它可以让监控管理员监控硬件设备、操作系统内核，甚至到Web内部消息的所有信息。这些日志数据并不保存在服务器自身的文件系统，而是直接写入在海量数据中心的关系数据库或者NoSQL 数据库 [10] 内。系统管理员可以通过SQL语句查询他比较关注的某些日志事件。有效管理海量系统日志属于数据库和数据挖掘领域的一个交织应用领域。在工业界，除IBM、HP 等大企业外，也有很多专门的企业和商业软件提出各种不同的体系架构和解决方案，比如Splunk [12]、AppFirst [3]。

```xml
<Event xmlns="http://schemas.microsoft.com/win/2004/08/events/event">
  <System>
      <Provider Name="Microsoft-Windows-Security-Auditing"
      Guid="{54849625-5478-4994-A5BA-3E3B0328C30D}" />
      <EventID>4688</EventID>
      <Version>0</Version>
      <Level>0</Level>
      <Task>13312</Task>
      <Opcode>0</Opcode>
      <Keywords>0x8020000000000000</Keywords>
      <TimeCreated SystemTime="2013-03-20T23:57:55.041596500Z" />
      <EventRecordID>143709145</EventRecordID>
      <Correlation />
      <Execution ProcessID="4" ThreadID="68" />
      <Channel>Security</Channel>
      <Computer>xxx</Computer>
      <Security />
 </System>
 <EventData>
      <Data Name="SubjectUserSid">S-1-5-21-152160328-3562513976-1843293847-19524</Data>
      <Data Name="SubjectUserName">xxx</Data>
      <Data Name="SubjectDomainName">xxx</Data>
      <Data Name="SubjectLogonId">0x834f9da</Data>
      <Data Name="NewProcessId">0x17b4</Data>
      <Data Name="NewProcessName">C:\CTEX\MiKTeX\miktex\bin\latex.exe</Data>
      <Data Name="TokenElevationType">%%1936</Data>
      <Data Name="ProcessId">0x1bd4</Data>
 </EventData>
 </Event>
```

图 2.5 XML形式的Windows Event Logs

2.4.3 非结构化数据的转换

很多数据挖掘的分析算法都是建立在结构化的事件上，但是有很多日志数据是半结构或者无结构化的文本。在进行分析之前，我们需要将这种文本数据转换成为结构化的事件[31]。在传统的自然语言处理领域，这个任务就是典型的信息抽取。信息抽取有基于规则的，也有基于统计模型的。基于规则的方法比较简单，也比较实用。在学术界内，大家更多研究基于统计模型的，例如Conditional Random Field[28]等等。对于系统日志数据来说，格式和变化相对于人类语言其实很小，无论是用基于规则还是基于Conditional Random Field 的方法都完全可以取得很高的精确度，而且比一般自然语言处理的文本的处理结果更可靠。

在没有训练数据的情况下，无结构的日志数据转换还可以通过分析其日志生成的源代码完成[52]。现在很多软件都有专门的日志生成工具包，例如java.util.logging和Apache Log4J[2]等标准库来规范化日志。换句话说，这些日志生成源代码并没有多大的变化，通过源代码文件中的字符串匹配就可以找到生成日志的函数代码。然后再对其进行类似形式语言的语法处理，就可以抽取出日志里面的常字符串和变量的组成。

很多商业软件系统的源代码并不是可以获取的。即便可以获取，也不一定是完整的，因为一个软件系统可能用了无数第三方的软件库或者工具包。再次，大型软件系统的源代码太庞大，除软件供应开发商外，其他任何机构来整理和分析都是一个浩大的工程。文献 [15]提出一种基于聚类算法将文本日志转换成为各种不同类型的事件。其中，每条日志文本的距离通过简单的逐词匹配获取。两条文本日志在每个位置上互相匹配的词越多，就认为这两条文本日志的距离越小。文献 [37]提出的是一种基于层次的聚类算法。每层抽取不同的日志文本格式信息来做聚类。这两类方法对于日志文本的格式一致性要求太高。如果两个日志文本长度不一样，或者说有些细节变化，都将导致日志文本完全归为不同类别。文献 [44]针对文本日志提出一种基于短语标签(signature)的方式来进行聚类。这里的短语标签可以看成一类日志事件最具特色的短语结构。例如，“database tablespace”、”paging switch”。日志文本通常很短，一旦出现这类短语，就能足够准确地将该日志文本进行分类。短语标签的提出思想来自于最长公共子串问题(Multiple Longest Common subsequence) [36]。需要注意的是，在一般算法教程里面介绍动态规划的时候，都是用2个串来寻找最长公共子串。这里的Multiple Longest Common subsequence是一个扩展问题，假设我们有n个串，问最长的共同子串是什么。公共子串不要求一定是连续的词组成，所以它的鲁棒性比前面的方法都更强。但是n个串的最长公共子串问题是一个著名的NP-Hard问题 [44]。基于短语标签的聚类算法的目标就是将所有的日志文本集分成k 个簇，并从每个簇找出一个短语标签，然后试图让簇内的日志文本尽量和这个短语标签匹配。与最长公共子串问题不同的是，这里并不要求短语标签被所有的簇内日志文本所包含，而是计算一个匹配度的量化指标。但是这个问题依然可以被证明和n个串的最长公共子串问题的难度是等价的。具体的近似算法可以参考文献 [44]。

§ 2.5 基于日志数据的异常检测

从数据挖掘技术的角度分析，利用日志数据进行异常检测的方法大致分两类。一类是基于监督的，另一类是基于无监督的。

2.5.1 基于监督学习的异常检测

基于监督学习的方法就是分类。对于系统异常检测问题，这里的类别一般就两类：“正常”和“异常”。其本质问题就是，判定一个事件，一个用户或者一个操作是“正常”还是“异常”。例如文献 [40]介绍的一种基于SVM的分类学习算法来判定Insider Threat。这里Insider Threat 是指极少数异常并企图攻击内部系统的用户。在大型企业、学校以及政府的开放服务器系统内，通常都有几十甚至到几百的用户数量。这些用户来自不同的部门甚至有可能是外部公司的用户，所以并非每个用户都是可靠的使用者。极少数的用户会试图跨越本身用户等级，获取系统更高层的权限和秘密的数据。这类用户就被称之为Insider Threat。通常Unix系统和Windows 系统都会记录每个用户操作，包括系统调用、执行命令。文献 [40]通过收集正常用户和异常用户(Insider Threat) 的用户日志数据，创建有类别的训练数据。这里的类别就是“正常”和“异常”。然后利用SVM 训练算法训练得到一个SVM 分类器，来对其他未知用户进行判定。

在结构化的日志数据里，训练数据的属性就是一个日志事件的字段信息。在非结构化的日志数据里面，可以把一条日志消息当做一段文本，利用文本分类的方法来训练分类模型。整体来说，基于监督学习的异常检查都可以归纳为学习一个分类函数:

$$y = f(x), \tag{2.1}$$

其中x是一个(或者一段)日志事件，$y \in \{0,1\}$，$y = 0$表示“正常”，$y = 1$表示”异常”。下面我们以朴素贝叶斯分类器为例，分别以结构化和无结构化的日志事件的例子来描述如何判定异常的系统日志事件。

1.结构化的日志事件

假如x是一个结构化的系统日志事件，且有如下若干属性:

```
process = 'rtvscan.exe'
cputime > 99%
memory > 256M
...
```

在贝叶斯学习里面，分类函数$f(x)$是用条件概率模型来表达，$f(x)=p(y|x)$。$p(y)$ 是先验概率，$p(y|x)$是后验概率。在朴素贝叶斯里面，给定y，x被表示成若干独立不相干的属性集合[43]，因此

$$p(y|x)=\frac{p(y)\cdot p(process=\text{'}rtvscan.exe\text{'}|y)\cdot p(cputime>99\%|y)...}{p(x)}, \tag{2.2}$$

这里x是给定的，所以$p(x)$是常量。各个属性的值，诸如$process_name$、$cpu\_utilization$ 等等也是给定了。唯一的变量就是y，y可以是0或者1。分子里面的各个概率，$p(y=0), p(y=1), p(process=\text{'}rtvscan.exe\text{'}|y=0), p(process=\text{'}rtvscan.exe\text{'}|y=1)$等在训练数据里面计算得到。最终分类的结果看$p(y=1|x)$ 和$p(y=0|x)$的值谁更大。如果$p(y=1|x)>p(y=0|x)$，那么就断定x 是异常的。

2.无结构化的日志事件

无结构化的日志事件分析方法主要来源于传统的文本挖掘技术。文本挖掘和信息检索主要研究如何处理文本数据。针对文本数据的模型建立方法千差万别。这里所谓模型的建立，在分类问题上，就是指如何构造分类的属性空间(feature space)。例如信息检索里面提出Bag-Of-Word 模型[42] 将每个词看做一个属性(feature)，那么分类模型的属性空间就是一段日志数据中出现所有的词。我们以下图2.6显示一段PVFS2[11]运行日志为例。

```
[D 04/27 05:04] [alt-aio]: pthread_create completed: id: 0, thread_id: 0x9527208
[D 04/27 05:04] issue_or_delay_io_operation: lio_listio posted 0x952aaf0 (handle
9223372036854775263, ret 0)
[D 04/27 05:04] flowproto-multiqueue trove_write_callback_fn, error_code: 0, flow: 0x9528538.
```

图 2.6 PVFS2运行日志

假设我们以这3条日志数据看做一个事件，那么这个事件表示成为一堆词(或者token):

```
alt-aio, pthread_create,completed,id,0,
thread_id,issue_or_delay_io_operation,lio_listio,
...
```

用朴素贝叶斯分类函数可以表示为

$$p(y|x)=\frac{p(y)\cdot p(\text{'alt-aio'}|y)\cdot p(\text{'pthread\_create'}|y)\cdot p(\text{'completed'}|y)...}{p(x)},$$

其中$p(w|y)$, 表示词w在y类别的日志事件内出现的概率。它是从历史数据中计算而得到的。直接使用朴素贝叶斯的方法通常还比较粗糙。比如说，日志里面出现的大量数字等词通常只出现一次，比如这里的线程ID号，0x9527208，是随机产生的。历史数据里面的ID号不一定会在未来数据里面出现，所以贝叶斯模型里面计算这个词的条件概率并没有意义。通常的处理手法是预先过滤掉频率极低的词，例如只出现1次或者2 次的词。这些低

频词可以当做分类模型的噪声数据。除开ID号，有些定量的观测值也是有意义的，比如一个I/O吞吐量。当我们观察到I/O 吞吐量异常变大的时候，系统肯定是有异常事件发生。但是具体的I/O吞吐量的数值可能不会在历史数据里面出现。对于贝叶斯分类模型来说，所有的属性都是离散的，那么解决方法就是将这些具体数值离散化。比如，我们可以将I/O 吞吐量划分成3个区间："高"、"中"、"低"。如果历史数据中，每次出现高吞吐量都意味着异常事件发生，那么未来运行出现高吞吐量，我们就可以加重异常发生概率的估计。至于如何划分区间，这个涉及到数据预处理和人工干预的部分，我们不在此详细讨论。

朴素贝叶斯的方法虽然十分简单粗糙，但是在很多运行日志分析里面符合人类的直观分析经验的。例如我们人工扫描PVFS2的运行日志寻找系统的异常时，我们通常会很快过滤掉大量pthread 线程操作，或者磁盘I/O的统计信息。如果查看到某次日志出现exception、error等相关的词，通常经验就告诉我们这里极可能是问题所在。同理，虽然贝叶斯算法并不知道这些pthread 线程操作的函数和磁盘I/O函数的具体意义，但是历史数据统计出这些词出现的时候，异常出现的概率极低，而当出现exception、error 等相关词，异常出现的概率陡增。

2.5.1.1 非平衡数据的分类

异常检测的分类数据通常都是非平衡的。非平衡的意思就是绝大部分样本是"正常"，只有极少数是"异常"。很多分类算法都是从整体分类的结果评估精度，所以极少数"异常"样本会被忽略。例如上节所述的朴素贝叶斯，因为$p(y=\text{“异常”})$的先验概率太低了，所以即便出现了异常情况的几个词，分类算法还是有可能将这个事件归为" 正常"。又如SVM分类器，它的优化模型是最小化整体的训练错误个数，但是不具体区分到底是哪一类的错误。由于"正常"样本的数量远大于"异常"样本的数量，SVM最终得出的分类平面会更偏向于"异常"的区间，因为这样即便" 异常"样本容易被分错，但是对于整体的训练错误个数来说是相对较小的。但是如果SVM 最终的分类平面偏向于"正常" 的区间，那么一旦出错，就有可能是错一大片的样本。人们对待"正常" 和"异常 "事件的重视度是相反的。当正常事件被误报为"异常"，对于系统影响不大。但是"异常" 事件被忽略掉，引发的后续系统问题可能很严重。

非平衡数据下的分类问题大致有两类解决办法。第一个类是通过采样的方法让训练数据集平衡，以SMOTE算法[17]为代表。具体的采样方案可以是under-sampling和over-sampling。under-sampling就是只取一小部分的"正常"样本，减少"正常"样本的数量。over-sampling则是重复采样"异常"样本，增加"异常"样本的数量。最终得到一个平衡的训练样本集，虽然里面可能有很多重复的样本，但是可以避免分类算法的偏差。under-sampling的方法适合于"正常"样本和"异常"样本的绝对数量都大的时候。在实际的系统日志训练样本集里面，很可能" 异常"的样本数量极少到只有几十个甚至几个。采用under-sampling来维持数据集的平衡的话，最后得到的训练样本集就极少，因此大大丢失了很多数据信息，所以此方法并不可取。直接的over-sampling会增加整体训练数据集的大小，同时重复采样的"异常"样本，并导致分类模型在描述"异常"样本区间的时候发生过度拟合。SMOTE算法采用的over-sampling会在重复采样的"异常"样本上增加一些属性上的细微变化[17]。over-sampling的缺点是让训练数据集增大，特别是在多类别的分类数据集上。

第二类办法加入样本的权重值，计算带权值的分类模型的分类函数$f(x)$。例如Cost-Sensitive SVM 可以指定每类样本的权值。最终优化的目标函数改成一个错误样本的加权求和。因此，只要让"异常"样本的权值大于"正常"样本的权值，即便"异常"样本数量少，也不会被忽略。常见的SVM 算法包，例如LibSVM [8] 和SVMLight [9]都带有权值的设置。样本加权的优点是，不用改变训练数据集，不会增大或者丢失原始训练数据。但是它的缺点是权值的调整通常是很困难的。需要注意的是，在很多分类模型里面，权值并不直接反应其类别的样本的实际重要性，它还依赖于分类模型和数据集的分布。如果用户对于原始数据集的分布不了解，通常唯一的办法是不断改变权值来测试SVM的效果(cross-validation)。

2.5.2 基于无监督学习的异常检测

无监督的学习的异常检测指不需要提供标注的训练数据集进行的检测方法。标注的训练数据集通常很难收集，而且还有上述的非平衡数据集问题，所以基于无监督的学习方法应用更加广泛。简单来说，基于无监督学习的异常检测是异常点的判定。大致方法是通过数据挖掘里面的聚类分析找出远离类簇的数据点。基于此类方法的异常检测都有一个大前提假设：**异常的日志事件出现的概率远小于正常的日志事件**。

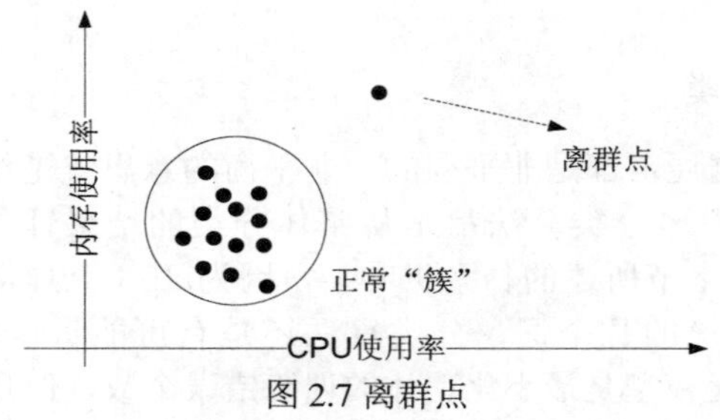

图 2.7 离群点

下面我们以一个简单的例子来说明一下如何利用聚类分析中的离群点来判定异常的日志事件。假设我们现在要分析的日志数据是一个检测进程的结构化日志。每个日志包含两个属性，CPU使用率和内存使用率。图2.7显示出收集到的数据样本分布。正常情况下，CPU 和内存使用率都是居中或者呈现一个正态分布，如图中的"簇"显示。图右上角的离群点代表着一个高CPU利用率、高内存利用率的日志事件。这个离群点远离常规的数据分布，因此可以断定此事件是个异常。在数据挖掘技术里面，离群点分析依赖聚类算法。我们可以先调用常见的聚类算法，比如K-means [43]、DBScan [18]等算法先找到聚簇。然后遍历每个数据点，计算其到最近一个聚簇的距离。如果这个距离值远大于其他大部分点，那么这个数据点即可被判定为离群点。

当然现实世界里面的实际系统不可能那么简单。主要的难点在于，离群点可能并不是如图2.7显示的那么明显。高维度的数据集内，数据点的分布可能都十分稀疏（curse of dimensionality [43]）。离群点的寻找还需要从子空间内(subspace)进行。文献 [52]介绍了一种利用主成分分析PCA(Principal Component Analysis [43]) 寻找子空间，并通过子空间的离群点来判定系统异常的方法。

如 图2.8展 示 的 是 磁 盘I/O的 日 志 事 件 分 布 。 这 里 只 抽 取 了 事 件 的2 个 维度，Active的I/O进程数量和I/O 操作提交的速率。I/O 进程数量和提交操作的数量是根据当前系统运行业务逻辑决定的，所以我们不能单看这两个指标的大小来判定异常情况。但是，正常情况下，两个指标却有明显的线性关系。显然，正常情况下，I/O 进程越多，提交的操作也相应越多。从图上可以看出，这个数据分布很难找到一个簇去概括所有正常数据点。但是，当把数据线性变换到一个子空间S 之后(投影到S 的法线)就会发现其实大

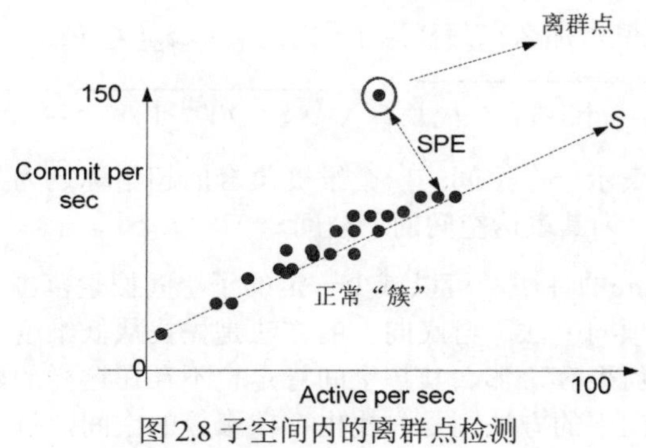

图 2.8 子空间内的离群点检测

部分数据落在S直线上。从S的法线角度去看，这些正常数据都落在法线上的一个一维的簇内。原始数据空间是2 维的，它的子空间则是1维或者0维度的。1维空间表现是一条直线，0 维空间表现是一个点。如图2.8，最上面的离群点明显偏离子空间S，因此它被判定成为离群点（异常事件）。而这个离群点到正常子空间S的距离（SPE）则用来度量其异常的置信度。显然SPE 越大，其事件的异常可能性越大。

2.5.2.1 子空间聚簇分析

文献 [52]利用PCA的方法寻找子空间S是基于如下的大前提假设：大部分运行日志事件都是正常情况，只有极少数的事件是异常。PCA试图找到最大k个子空间去表达全部原始数据。因为异常数据点极少，那么这k个表达全体数据集的子空间也近似于表达全部“正常”数据点的子空间。在实际的应用环境下，有个具体的问题就是如何知道哪些子空间能很好地适合给定的一个数据集。在日志异常事件的分析里面，很多工作都是因为分析人员已经有此类的先验经验，然后通过各种子空间具体测试得出结论。

在数据挖掘领域，也有一些自动的方法去寻找合适的子空间聚簇，例如GPCA、K-subspace [50]、CLIQUE [14]、SUBCLU [27] 等等算法。这些算法还可以允许空间内有多个子空间去描述一类数据，例如图2.8可以有多个直线空间去描绘正常的数据点。在高维度的原始数据下去寻找合适的子空间却并非容易。在数据挖掘里面，子空间的聚类分析大致可以分为两种情况。

一种是假定子空间的坐标轴是跟原始坐标轴并行的，即是垂直投影可以获取的子空间。假设原始数据空间是d维的，那么任意$\{1, 2, ..., d\}$的子集都可以构成一个子空间，总共有2^d个子空间的可能性。当d很大的时候，拿每个子空间来做投影变换在做聚类分析，至少要做2^d次，显然是很低效的做法。大部分针对此类问题的算法都利用一种叫做downward-closure 的性质:

给定任意一个空间T，T包含一个聚簇，所有T的子空间S, $S \subseteq T$也必然包含该聚簇。

换句话说，当我们在高维度的空间内找到一个聚簇，那么无论怎么并行投影到一个子空间内，这个聚簇内的数据点在子空间内依旧是一个聚簇。从欧氏距离计算也可以很好解释这一性质。假设当前空间T是d维度的，任意两个点$x = (x_1, ..., x_d)^T$和$y = (y_1, ..., y_d)^T$如果在一个聚簇内，既满足

$$\sqrt{(x_1 - y_1)^2 + ... + (x_d - y_d)^2} \le \epsilon,$$

其中ϵ是簇内距离最大阈值，那么在其任意子空间$\{i_1, ..., i_p\} \subseteq \{1, ..., d\}$内，也存在

$$\sqrt{(x_{i_1} - y_{i_1})^2 + ... + (x_{i_p} - y_{i_p})^2} \leq \sqrt{(x_1 - y_1)^2 + ... + (x_d - y_d)^2} \leq \epsilon,$$

这里我们用维度集合来表示一个空间。一个维度集合的超集称之为其表达空间的超空间；一个维度集合的子集称之为其表达空间的子空间。

通过downward-closure的性质，可以减少一定的子空间搜索范围。子空间的搜索算法大致有分自底向上法和自顶向下法。自底向上的方法是先找从低维度空间找聚簇。如果一个低维子空间内不存在任何聚簇，那么其超空间肯定也不存在这样的聚簇，因此算法就不用再搜索其超空间。自顶向下的方法则是先找出存在聚簇的空间，排出这些空间（因为其子空间肯定也存在聚簇），然后继续寻找不存在聚簇的空间的子空间集。这些算法和基于关联规则挖掘与基于Apriori性质的频繁子集挖掘类似[43]。

另外一种是严格按照线性代数描述的线性子空间(Linear Subspace)。这种线性子空间可以由任意一个线性变换矩阵得到。例如原始d维空间内的一个数据点$\mathbf{x} = (x_1, x_2, ..., x_d)^T$，$\mathbf{P}$是一个$p \times d$矩阵，$1 \leq p \leq d$，那么$\mathbf{x}$投影到子空间内就是$\mathbf{Px}$。$\mathbf{Px}$是一个$p$维的数据点。因为矩阵$\mathbf{P}$可以有无穷个，所以这种线性子空间的数量是无穷个。在子空间聚类分析里面，人们通常还加入一些其他的约束条件或者启发式的规则去限制可能的线性子空间。GPCA(Generalized Principal Analysis)是一个典型的线性子空间寻找算法[49]。GPCA是一种扩展形式的PCA方法。PCA是寻找一个k维度$(k \leq d)$的子空间，并使其所有数据点的落在这个子空间内。GPCA则是找多个k维度$(k \leq d)$ 的子空间，并让所有数据点落在其中某个子空间内。GPCA的算法的思想十分简单。因为一个线性子空间在原始空间内就是一个线性方程所表达，那么n个线性子空间则表示成n个线性方程: $\mathbf{b}_i^T\mathbf{x} = 0$, $i = 1, ..., n$，其中$\mathbf{b}_i$是一个k 元的系数。如果一个数据点$\mathbf{x}$ 落在某一个子空间，则这个数据点满足:

$$p_n(\mathbf{x}) = \prod_{i=1}^{n} \mathbf{b}_i^T \mathbf{x} = 0.$$

GPCA算法的目标就是求出系数$b_1, ..., b_n$。显然，数据点不可能完全恰好落在某个平面，那么问题则变换成一个最小化的问题：寻找k元系数$b_1, ..., b_n$，使其能够最小化

$$\sum_{\mathbf{x} \in D} |p_n(\mathbf{x})|^2 = \sum_{\mathbf{x} \in D} |\prod_{i=1}^{n} \mathbf{b}_i^T \mathbf{x}|^2,$$

其中D是给定数据点集。具体的近似优化算法可以参考文献 [47–49]。

2.5.2.2 小结讨论

本小节主要讨论基于无监督学习的日志异常检测方法。值得注意的是，无论任何一种方法，所有找出的离群点并非就一定是异常。例如系统启动的时候通常会产生一些非常见的日志信息。这些日志信息虽然不常见且远离数据分布的簇，但不一定就是异常。本章在此讨论利用聚类分析中的离群点判定异常的方法都是启发式的。前面说过，基于离群点的异常检查都有一个大前提就是，异常的日志事件在整体数据上是比较罕见的。如果一个系统被错误地配置，从一开始启动到运行故障一直都产生错误异常的日志，那么这个假设的大前提就不成立。用离群点的办法进行判断，有可能找出的离群点反倒是正常的日志事件。

因为非监督的学习方法没有一个黄金标准可以断定异常。某种启发式判定准则在另外一个应用系统或者日志数据内就一定有效。我们以聚类分析的离群点来讨论是因为这个启发式规则是具有一定普遍性规则，但并非绝对性。

§ 2.6 系统故障根源跟踪

系统日志分析除了找出异常和故障的系统日志及事件外，还要找出故障出现的根源。只有当系统维护人员了解故障根源，才能对症下药，彻底解决这个问题。

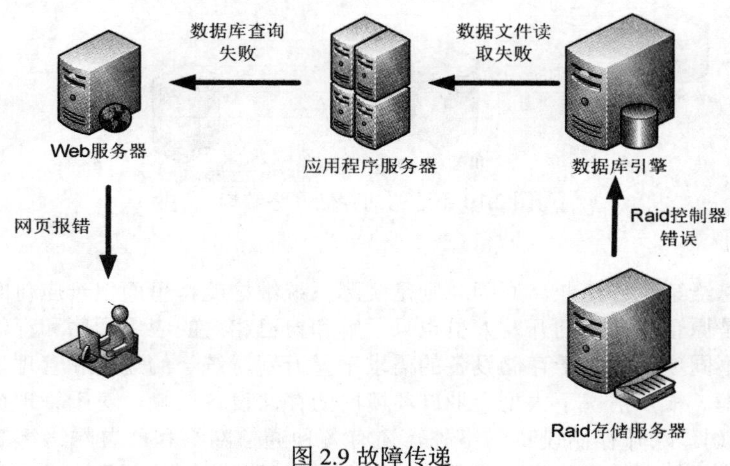

图 2.9 故障传递

在实际的大型企业信息环境下，信息平台通常架构于多层系统且每一层可能也有多个并行计算的服务器。图2.9 显示了一个典型的企业多层信息系统架构。这个架构包含了4层的服务器：Web服务器、应用程序服务器、数据库引擎和存储服务器。前一层的服务器依赖于后一层。后一层的服务器出现故障的时候，前面一层服务器也可能产生相应的故障提示。如图2.9所示，如果Raid存储发生故障，其依赖的数据库引擎会因为数据文件无法读取报异常。应用服务器依赖数据库系统查询和存储各种企业信息读取也因此无法完成，同时导致Web服务器的响应无法正常返回。最终表现给用户的就是网页上的错误提示。

网页上的报错可能是这4层服务器中任意一层出现的故障导致的。要找出故障根源，显然在实际运行系统中不可能花大量时间去排除每一层服务器上的硬件和软件问题。系统日志可以提供高效且有力的故障根源跟踪。例如当我们知道日志事件A会触发事件B，然后事件B 会触发C，以此类推，我们从观察日志数据事件发生的链条即可知道故障的根源是由哪个事件触发的。然后，在实际复杂和动态的系统内，要知道各种系统模块和日志事件之间的相互依赖关系并不容易。以企业存储系统的配置为例，通常一个大型应用程序要访问的数据源都不只包含一个存储设备。比如客户关系数据会保存在关系数据库内，海量历史操作数据会保存在分布式文件系统内（如HDFS [1]），多媒体数据保存在专用的EMC 并行存储设备等等。不同应用程序的数据源各自不同，可能会有交织也可能完全独立。

实际大型企业的应用程序和数据源部署网络通常十分复杂，而且变化不断，对于系统管理员来说在很多情况下并是不透明的。原因一是涉及到软件系统和数据的隐私问题。现实世界里面很多系统维护(IT Service)都是外包给第三方企业来做。原企业不一定愿意公开

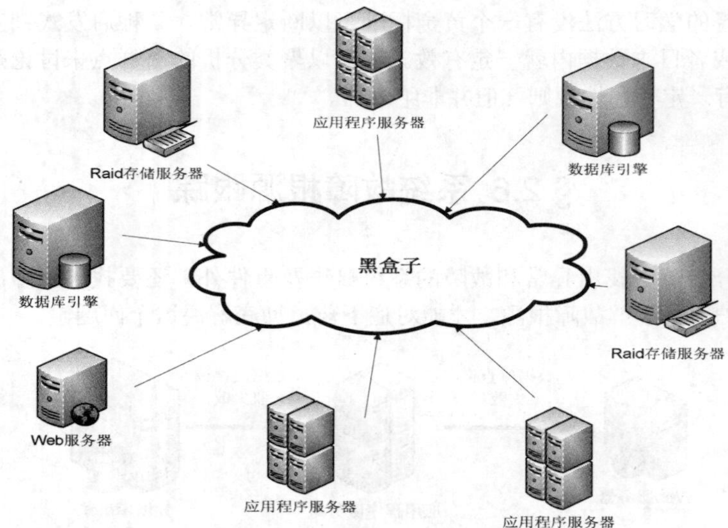

图 2.10 不透明的存储网络结构

所有的内部信息给第三方企业。原因二则是实际系统维护流程里面很难应付时刻变化的存储网络，即便是原企业自己的开发人员也只了解和自己相关的应用程序和存储设备之间关系。不同部门不同项目组对于存储设备的需求千差万别，统一的规划和管理反而限制各个部门的运行效率。很多情况下大型企业IT环境内的存储设备依赖，对于管理员来说是一个黑盒子(如图2.10)。除开存储设备网络外，还有各种通信网络和部署网络等等也有类似的问题。因此，这样的环境下如果出现系统故障，追溯故障根源并不是一件容易的事情。本节将介绍通过数据挖掘技术分析系统运行日志，来揣测不同设备和系统模块之间的依赖关系。

2.6.1 日志事件的依赖性挖掘

2.6.1.1 关联、相关、因果与依赖

在数理统计上，随机变量具有依赖性和具有相关性是两个不同的概念。依赖性可以理解为在物理上，两个随机变量的取值具有某种内在联系。这种内在联系的对象是观察物体，而不是随机变量采样的取值。相关性则是随机变量取值上的某种关系。确切来说，相关性就是指这些随机变量的联合分布上具有同高同低的或者对立相反的现象。有相关性的两个随机变量不一定有依赖性，因为它们也可能是巧合导致的。有依赖性的随机变量也不一定具有相关性，因为这种依赖关系并不一定导致两个随机变量在联合概率分布有特别的表现特征。关联性就是指依赖性，不是独立的。因此，关联性并不是指相关性。因果关系是这种依赖性的一种具体形式。例如日志事件A 的产生导致了日志事件B的发生。但是现实世界里面并不只有因果关系的依赖，也可能有其他关系的依赖，比如刚提到的两个随机变量同时产生但有互相牵制和抵触的依赖关系。

事件的相关性并不代表事件的依赖关系或者因果关系。例如在日志数据上，事件A和事件B具有相关性，并不代表事件A引发事件B，或者事件B引发事件A。有可能是一个未知的事件C 同时引发事件A 和B，也或许事件A和事件B的相关性纯属巧合引发。本章节涉

及的算法都有一个大前提假设，那就是具有相关性的事件很有可能是具备依赖性或者因果性。因此，通过找相关性来寻找依赖或者因果关系，是一种缩小搜索范围的办法，而并非一种判定依赖和因果的准则。对于数据挖掘算法来说，能够分析的仅仅是观察得到的数据。计算机的输入也只能是数据，而无法真正了解实际产生数据背后的物理规律，因此也无法真正判定产生数据的随机变量们是否真的具有关联。所以在实际问题的分析当中，依然需要人工去对找出的结果做进一步的判定。本章节后面介绍的各种日志事件的关联和依赖的挖掘算法，都是停留在对数据分布的表现上，而不是真正对产生日志的系统模块之间是否具有依赖性下定论。

2.6.1.2 离散型和连续性的相关性

数据挖掘中寻找相关性的办法大部分都是基于大量事件的观察。系统日志事件的相关性分析方法根据数据类型分两种办法。一种是基于时序数据(Time Series)的相关性，另外一种是离散数据的相关性。在系统日志事件里面，有很多系统测量值，诸如CPU使用率、磁盘使用率、虚拟内存交换速率等等，都是很重要的连续观察值。值得注意的是，存储在计算机内的数据都是离散的值。我们这里指的连续值是指一个测量值的数据类型。离散数据可以表示一个事件或者一个现象是否出现以及它的类别等等。例如，当Java 应用程序抛出一个异常(Exception)，这个观察现象就可以用离散值来表示。

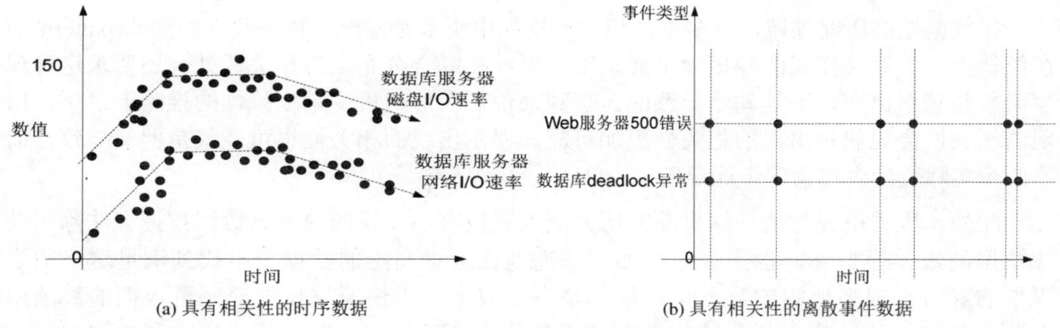

(a) 具有相关性的时序数据　　(b) 具有相关性的离散事件数据

图 2.11 相关性的日志数据

图2.11a是一个典型的时序数据上的相关性展示。图中有两个时间序列的数据：数据库服务器的磁盘I/O速率和网络I/O速率。因为数据库的数据消费者和生产者都来自于应用服务器，所以大部分数据库服务器的主要任务就是读写硬盘和传输数据，因此这两个时序数据具有很强的相关性。当数据库忙碌的时候，两个序列的值都同时变高；当数据库空闲的时候，两个序列的值都同时变低。如之前讨论的异常检测，这种相关性也常被用来做异常检测的判定。

图2.11b显示的是一个离散型的时间相关性，图中Y轴代表事件的类型，X轴代表发生时间。通过日志抽取，可以发现数据库deadlock的日志事件和Web服务器的500异常错误事件始终同时出现，从而可以揣测Web服务器的500错误主要是由于数据库deadlock导致。离散的日志事件可视化到一个二维坐标图里面就是一系列点，每个点代表一个事件的发生。

2.6.1.3 相关性的评估

离散型的日志事件相关性挖掘目标不是数值上的相关性，而是对于事件发生的时间前后做相关性的分析。在数理统计与概率论中，相关性的定义通常是指两个或者多个随机变量之间分布的关系。例如现在有两个随机变量X和Y，常用的Pearson相关性度量：

$$\mathrm{corr}(X,Y)=\frac{\mathrm{cov}(X,Y)}{\sigma_X\sigma_Y}=\frac{E[(X-\mu_X)(Y-\mu_Y)]}{\sigma_X\sigma_Y},$$

其中$cov(X,Y)$表示X和Y的协方差(covariance)，σ_X，σ_Y是X，Y的标准方差，μ_X，μ_Y是X，Y的数学期望。$E(\cdot)$表示求数学期望。那么为什么Pearson相关性要这么计算呢？假设X和Y的独立分布都是已经给定的，那么σ_X和σ_Y都是固定值。唯一可以决定相关性大小的则是$E[(X-\mu_X)(Y-\mu_Y)]$。通过排序不等式，我们知道

$$顺序和\geqslant乱序和\geqslant逆序和.$$

反映到(X,Y)的联合分布的时候就是：当X和Y同时取大取小的时候，$E[(X-\mu_X)(Y-\mu_Y)]$的值是最大的(顺序和)，当X取大但Y取小的时候(乱序和)，$E[(X-\mu_X)(Y-\mu_Y)]$则较小。所以，当$E[(X-\mu_X)(Y-\mu_Y)]$较大的时候，意味着X和Y大多数时候是同时取大取小，因此这个时候X和Y就有直观意义上的相关性。在离散型的日志事件里面，定义的随机变量可以看做只有两个值，0和1。0表示这个事件没有发生，1表示这个事件有发生。不同的事件类型用不同的随机变量表示，但是取值都只有0和1。传统的Pearson度量方法在此依然可用。

2.6.1.4 事件依赖挖掘

在数据挖掘研究领域，很多事件相关性挖掘中更多是发现一种关联性的模式(pattern)。在统计上，关联性模式的挖掘除了要求不同事件在联合分布上的相关性外，还要求这种观察现象是频繁出现，不是偶然导致的。直观来说，在对随机变量依赖性的推测上，频繁出现的相关性会比偶尔出现的相关性更加可靠。偶尔出现的相关性很可能就是偶然导致，而非两个实际变量内在物理牵连导致。

此外，数据挖掘与统计学里面的研究侧重点也有不一样的地方。数据挖掘算法除了关注挖掘的数学模型外，也十分关注如何快速地在大量高维的数据集中找到满足这个数学模型的参数。很多现实的数据集通常都是海量数据。“快速”在处理海量数据的算法中不单单是快几秒钟或者几分钟的意义，更多是决定了一个分析任务能够顺利完成与否。例如一个$O(N\log N)$算法是恰好1秒钟运行完成，$N=10^9$，而$O(N^2)$的算法运行时间则是$10^9/\log(10^9)$个1秒，可能需要超过30多年才能完成。因此，本章节后面提到的各种针对日志数据的挖掘算法都涉及到从算法运行效率上的考虑。

最早分析序列数据上的事件依赖模式的论文出之于1995年KDD的[38]。算法寻找的目标就是寻找频繁出现在一起的事件类型集合。该算法的大致思想是将序列数据按照事件分成多个可以重叠的时间窗口。如果事件A和事件B经常出现在同一个时间窗口，则可以认定事件A和事件B是频繁出现的事件类型集合，从而揣测他们可能具有一定依赖性。其中，频繁的度量是

$$fr(\varphi,S,w)=\frac{|\{W\in aw(S,w),|W|=\varphi\}|}{|aw(S,w)|},$$

φ是事件类型集合，S是序列数据，w是时间窗口的长度，$aw(S,w)$是S所有的时间窗口的集合，$\{W\in aw(S,w),|W|=\varphi\}$则表示所有时间窗口里面包含$\varphi$的子集。算法需要用户给定一个阈值$min_{fr}$。当频率大于等于这个阈值的时候，这个$\varphi$才能成为频繁事件的集合。算法主要要解决的问题是当事件类型组合很多的情况下，需要计算的φ则会很多。算法直接利用关联规则挖掘的Apriori性质来做搜索剪枝[43]：当一个φ不是频繁的，则其超集也不可

能是频繁。

2.6.1.5 时间窗口

后来针对序列数据的研究者提出了不同的改进算法。例如，频繁出现在一起的事件并不意味着有依赖性。例如在日志数据里面，周期性的状态显示日志事件肯定是频繁出现，它可能跟任何一个频繁事件形成频繁事件的集合。但是，它们两者并没有依赖性。因此，通常还需要引入其它指标来判定找出的模式是否真的具有一定意义。人们后来逐步用lift和Peason相关度量等其它指标(除支持度和置信度）来评判频繁集合。此类的改进方法与后来对关联规则挖掘算法的改进基本没有太大区别。在序列数据挖掘中，时间窗口这个概念是与普通关联挖掘算法最大的不同之处。文献 [38] 要求用户给定这个时间窗口的长度，然后有可能用户并不知道合适窗口宽度。如果时间窗口宽度过小，有可能会丢掉真正的依赖性模式；如果时间窗口过大，有可能找到大量无意义的相关事件模式[45]。

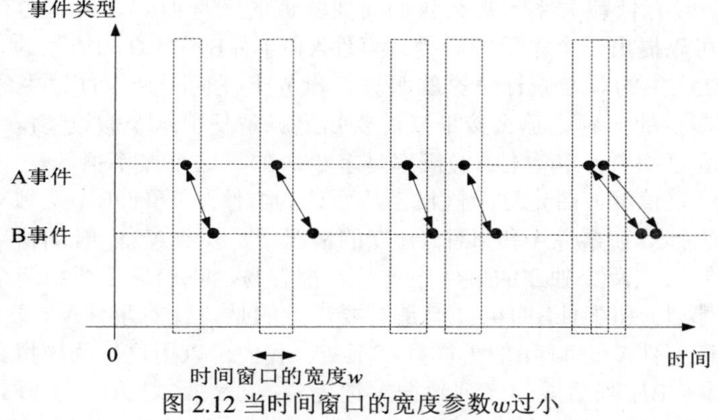

图 2.12 当时间窗口的宽度参数w过小

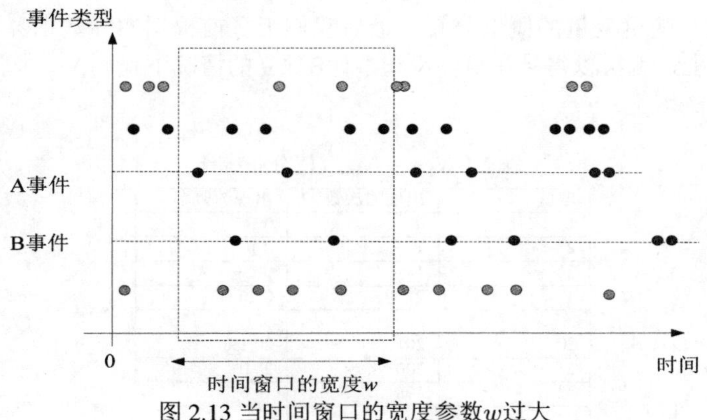

图 2.13 当时间窗口的宽度参数w过大

图2.12显示的是一个时间窗口的宽度过小的例子。抛开时间窗口，可以明显看出图2.12中的事件A和事件B 具有一定的相关性。然而当时间窗口的宽度w过小，任何一个时间窗口都无法同时包含一个事件A和一个事件B，于是按照之前的算法，事件A和事件B 的相关性就会被丢失。图2.13显示的是一个时间窗口的宽度过大的例子。图中除了事件A和事件B外，还有其他一些分布在时间轴上的不相关事件。然后，当w过大，包含事件A的窗口

几乎都包含了至少一个其他类型事件在内。于是按照之间的算法，任意两个事件都会被判定为相关的。一个极端的例子就是让w无穷大的时候，无论数据内的各类事件怎么分布，任意一个事件类型的集合都会被判定成为具有相关性的。

寻找合理时间窗口的首要问题是判定一个给定的时间窗口是否合理，其次再是如何寻找。文献 [35]介绍一种基于统计检验的方法，后来被很多人采用。文献 [35] 认为单看时间窗口的宽度是没有意义的。时间窗口是否合理还需要看定义的阈值min_{fr}大小。直观来说，当窗口很大的时候，无论两个事件是否有依赖性，同时包含两个事件的窗口个数都会增多，因此这个min_{fr}应该设置更大一些；当窗口很小的时候，无论两个事件是否依赖，包含两个事件的窗口个数都会减小，那么min_{fr} 应该设置更小一些。因此，我们需要观测的是(w, min_{fr})这个两个参数的组合是否合理。

给定一个时间窗口，宽度为w，和一个阈值min_{fr}。通过上述的算法，我们找到N_{co}个时间窗口同时包含了事件A 和事件B，$N_{co} \geqslant min_{fr}$。按照之前的算法逻辑，事件A和事件B可以被认定是具有依赖关系。那么我们需要验证的就是他们是否真的有统计意义上的依赖关系。我们可以提出一个相反的假设：事件A和事件B不是真的依赖的。那么事件A 和事件B其实是独立产生的。在统计学家的眼里，世界上任何一个事件发生的可能性都是存在的，只是概率多少的问题。那么接下来需要知道就是基于这个假设情况下，找到N_{co} 个时间窗口同时包含了事件A 和事件B的概率是多少。如果这个概率很低，比如小于5%，那么我们就有信心（置信度）否定这个假设，从而认为事件A和事件B不是独立产生。于是，问题转换成如何去计算在事件A 和事件B独立的情况下，找到N_{co}个时间窗口同时包含了两个事件的概率。要产生两个独立的事件序列其实很容易，我们只需要用两个独立的随机变量不断模拟生成事件A和事件B即可。但是需要注意的是，针对事件A和事件B模拟生成的序列数据需要保证事件A和事件B的采样频率不变。我们可以用这样的模拟方法生成很多条独立的事件A和事件B序列组成的序列数据，记为$S_1, ..., S_m$。对第i个模拟数据序列，我们算出有N_i个时间窗口同时包含事件A 和事件B(在时间窗口宽度为w的情况下)。于是我们得到了一堆数值$N_1, ..., N_m$。这m个数值是看做另外一个随机变量产生的，那么通过这m个数值可以拟合出这个随机变量的概率分布。最后我们把之前根据实际数据算出来的N_{co}映射到这个概率分布上，就可以得到在事件A 和事件B独立的情况下找到N_{co} 个时间窗口同时包含了两个事件的概率。

表 2.1 $N_1, ..., N_m$取值分布统计

取值	出现的次数	出现的概率
1	0	0%
2	1	0.1%
3	1	0.1%
4	2	0.2%
...	...	...
20	201	20.1%
21	200	20.0%
22	198	19.8%
...	...	...
105	2	0.2%
106	0	0%

如表2.1显示的就是一个$N_1, ..., N_m$的取值分布例子。如果$N_{co} = 20$，对应的概率就是20.1%，大于5%，所以我们就不能否定这个假设的存在。换句话说，我们没有把握确定事件A和事件B是不是有依赖关系的，因为即便在独立情况下，出现$N_{co} = 20$的概率也高达20.1%。如果$N_{co} = 105$，对应的概率就只有0.2%。换句话说，在独立的情况下，不大可

能出现$N_{co} = 20$，所以我们在$1 - 0.2\% = 99.8\%$的置信度情况下，可以认为这个独立的假设是不成立的，即是事件A和事件B是存在依赖关系的。

在实际计算的时候，我们可能需要产生很多模拟独立的序列才能产生完整的$N_1, ..., N_m$的概率分布，否则某些整数取值可能没有覆盖到，于是出现的次数都是0，但是并不代表其概率应该是0。文献 [35] 实际使用的是通过χ方检验的方法，计算一个统计变量X^2，

$$X^2 = \frac{(N_{co} - NP)^2}{NP(1 - P)}, \tag{2.3}$$

其中N是时间窗口的个数，P是事件A和事件B独立情况下，一个时间窗口同时包含A和B的概率。χ方检验中X^2是满足χ^2分布。而χ^2分布是已知的，所以我们只需要计算出X^2的值然后查χ^2分布表就可以知道之前假设发生的概率。

还有一些情况不需要要求两个关联的事件都同时在一个时间窗口。例如我们描述："事件B通常都发生在事件A之后的5–10秒内"。那么，这个时间窗口并不需要同时包含住事件A和事件B。它只需要包含住每个事件发生之后的5–10秒即可，然后观测初始事件是不是事件A，而不是观测整个连续10秒钟内是否同时包含事件A 和事件B。如果把时间窗口设置成连续的10 秒钟，虽然能够同时包含互相关联的事件A和事件B，但是如上所述，过宽的时间窗口会导致大量的假关联。如果用统计检验的办法，就需要提高阈值min_{fr}，那么这个阈值并不反映5—10秒这5秒钟的实际情况。

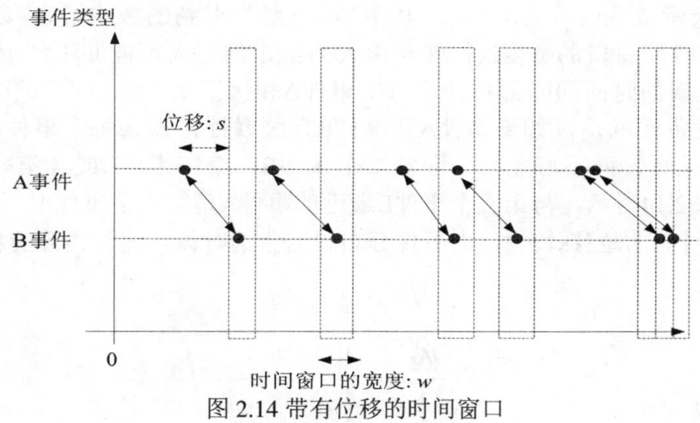

图 2.14 带有位移的时间窗口

如图2.14所示的时间窗口除了有个宽度参数w外，还有一个位移参数s。所描述的时间窗口就是$[s, s + w]$，表示事件B会在事件A之后的s 到$s + w$个时间单位内发生。这里我们以$A \rightarrow_{[s,s+w]} B$来表示这种关系。如果A=B，那么这里的$[s, s + w]$就是事件A发生周期。之前的各种数据挖掘的文献里面针对时序数据和事件数据提出了各种不同的事件发生模式。一个有趣的现象是，当我们对这里的时间窗口加以一定约束，会发现大部分这些事件模式都可以划归到一个简单的事件依赖关系和一个带约束的时间窗口（如表2.2所示）。

给定一个时间窗口的参数w，我们通过上述统计检验的方法可以找到一个合理的阈值min_{fr}。但是参数s、w的取值范围通常都很大。在最坏的情况下，s、w 的取值个数都是$O(n^2)$，其中n是总共数据集内时间戳的个数[45]。那么s和w的组合情况个数就高达$O(n^4)$了。显然，我们不可能一个一个去测试所有的组合情况。通常在系统日志数据内，记录的事件集都是相当庞大了。很多生产机在运行的时候，除了异常事件生成日志外，各种状态变化，甚至Web请求都会引发日志事件的产生。在这种大数据集的情况下，

表 2.2 事件模式的定义与时间窗口的关系

事件模式	实际例子	等价的依赖关系与时间窗口
Mutually dependent pattern(互相依赖模式) [34]	$\{A, B\}$	$A \to_{[0,\delta]} B, B \to_{[0,\delta]} A$
Partially periodic pattern(部分周期模式) [35]	周期为p关于time tolerance 为δ的事件A	$A \to_{[p-\delta,p+\delta]} A$
Frequent episode pattern(频繁情节模式) [39]	关于时间窗口长度为p的$A \to B \to C$	$A \to_{[0,p]} B, B \to_{[0,p]} C$
Loose temporal pattern(宽松时序模式) [30]	B在A发生之后t时间内发生	$A \to_{[0,t]} B$
Stringent temporal pattern(严格时序模式) [30]	B在A发生之后大于t时间（关于time tolerance δ)	$A \to_{[t-\delta,t+\delta]} B$

一个一个的组合测试方法是不可行的。文献 [30]介绍一种基于时间间隔的聚类算法。给定两个事件类型A 和B，通过扫描数据序列，找到每个事件A和事件A之后第一个时间B之间的时间间隔，记为$interval_i$，其中i是事件A的序号，$i = 1, 2, ...$。如果事件A 和事件B有关联性，那么其合理的时间窗口$[s, s + w]$必然能够包含大量的时间间隔：

$$interval_i \in [s, s + w], i = 1, 2, ...$$

一个直观的办法就是通过对$interval_1$，$interval_2$，... 进行聚类分析，找出比较大的聚簇，然后通过这个簇中心找到$[s, s + w]$。文献 [30]引入一个用户定义参数ϵ来控制窗口的宽度，其时间窗口则表示成为$[\lambda - \epsilon, \lambda + \epsilon]$，其中$\lambda$就是聚类得到的簇中心，$\epsilon$是簇的半径。文献 [30]的方法中时间窗口的宽度$2\epsilon$依然是由人为给定的。人可能并不知道合适的$\epsilon$取值。另外，此方法生成的时间间隔都是计算每个事件A和接下来一个事件B的时间间隔。这里依赖的一个假设条件就是，如果事件A和事件B有关联性，那么每个事件A仅仅有可能与下一个事件B有关系，而不可能与下面第二个事件B，第三事件B或者第k个事件B发生关联，$k > 2$。如图2.14所示，与第五个事件B最近的事件A是第六个事件A，而不是对应的第五个事件A。当时间的位移s较大，而事件分布较密集的时候，这种错开的相关性是很普遍的。

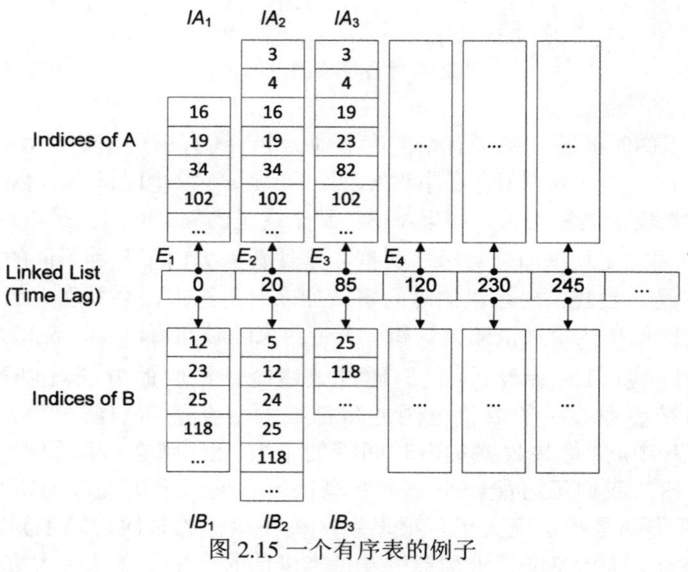

图 2.15 一个有序表的例子

文献 [45]介绍了一种无人工参数的时间窗口寻找方法。虽然s和w的组合个数高达$O(n^4)$，但是通过有效的数据结构，可以避免重复多次扫描序列数据。图2.15显示的就是扫描事件A和事件B的一个Sorted Table(有序表)。这个表的中间是一个Linked List(链接表）构成，其中每个节点的值表示一个可能的时间间隔。这里的时间间隔并不要求是相邻两个事件A和B。在扫描序列数据的同时，算法也记录下拥有这个时间间隔E_i的事件A和事件B的index(序号），并保存到图中对应的IA_i 和IB_i数列中。扫描序列数据并生成Sorted Table表需要$O(n^2)$的时间复杂度。在Sorted Table创建之后，任意一个可能的时间窗口$[s, s+w]$就可以由图中E_1E_2...的一个子串来表示。如$[s, s+w] = [20, 120]$可以表示成$E_2E_3E_4$。那么，要知道有多少事件A和事件B被$[20, 120]$包含，就只需要合并IA_2, IA_3, IA_4和IB_2, IB_3, IB_4。因为IA_i和IB_i是有序的数列，可以很快得到合并之后的事件A和B 的序号集。在初始化生成这个Sorted Table的时候，依然需要时间复杂度为$O(n^2)$的扫描。文献 [45]针对此问题做过时间复杂度的分析，证明可以将著名的3SUM问题 [19]划归到这个问题。如果这个问题存在$O(n^2)$的解法，那么著名的3SUM 问题也存在$O(n^2)$的解法。3SUM是一个十分经典的算法问题：

给定n个整数，是否存在三个数a，b和c满足$a + b = c$？

3SUM问题的历史几乎跟计算机科学的历史相等。到目前为止，人类还没有发现一个$O(n^2)$的算法。所以我们可以说，现在还不存在$o(n^2)$的算法能够彻底解决序列数据中两个关联事件的时间窗口问题。当然，快速的近似算法还是值得研究和发现的。另外一个问题是关于Sorted Table 的空间复杂度的问题。完整的Sorted Table空间复杂度是$O(n^2)$。文献 [45]也提出了一个针对Sorted Table 空间复杂度的改进的算法。其实扫描Sorted Table 和构建Sorted Table两个步骤是可以同时进行的。我们并不需要等所有的Time Lag(时间间隔）都填到Sorted Table 之后才开始扫描。另外一方面，扫描Sorted Table是顺序扫，不需要回溯，所以扫描完前面一部分的时候，就可以删除再创建下面一部分的内容。因此空间复杂度可以控制在$O(w_{max} \cdot n)$以内，w_{max}是w可取的最大值。当$w > w_{max}$的时候，即便所有的事件A和事件B都被这个时间窗口包含，根据统计验证也不能把事件A 和事件B 判定为具有相关性。但是，w_{max}其实并不是一个关于n的函数，而是一个关于序列数据采样率和统计验证的p-value的常数，其具体证明可以参考文献 [45]。

图2.16对比了文献 [30]的聚类算法($inter-arrival$)、时间窗口穷举法($brute-force$)、基于Sorted Table的算法($STScan$)三种方法的实际运行效率。数据集是人工产生，并混入了预先定义好几个的关联事件与时间窗口。因为这里的正确结果是人工预先定义的，所以判定算法的有效性就是直接看找出来的关联事件与时间窗口是否和预定义的一致与否。其中$brute-force^*$和$STScan^*$利用了w_{max}作为w 搜索上界的算法。可以看出$inter-arrival$明显比各种算法快几个数量级，实际发现$inter-arrival$ 并不能总是找到正确的时间窗口。

表2.3显示的结果是在两个真实的IT运行环境数据集中分析得到的事件依赖性以及时间窗口。使用的日志事件都是收集来自于IBM的Tivoli Monitoring系统 [6]针对真实的IBM客户IT环境生成的。其中$MSG_Plat_APP \rightarrow_{[3600,3600]} MSG_Plat_APP$ 表示MSG_Plat_APP这个事件发生之后[3600,3600]秒钟之后，会有另外一个MSG_Plat_APP事件生成。其中[3600,3600]就是找到的时间窗口。MSG_Plat_APP是一个IBM Tivoli Monitoring 系统事件类型。图2.17 显示的是一部分Tivoli monitoring在第二个数据集下的时间分布图，其中X轴表示时间。从表2.3可以看出，不同的事件依赖关系的时间窗口差别很大。小的时间

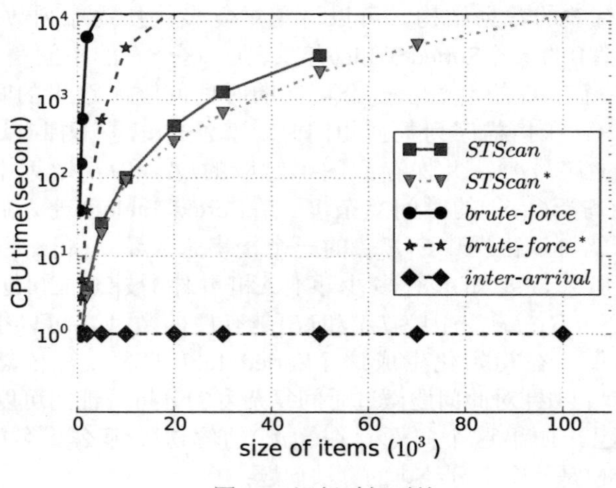

图 2.16 运行时间对比

表 2.3 在生产机的系统日志数据内找到的依赖关系以及时间窗口

数据集	依赖关系	χ_r^2	support
数据集1	$MSG\_Plat\_APP \rightarrow_{[3600,3600]} MSG\_Plat\_APP$	大于1000.0	0.07
	$Linux\_Process \rightarrow_{[0,96]} Process$	134.56	0.05
	$SMP\_CPU \rightarrow_{[0,27]} Linux\_Process$	978.87	0.06
	$AS\_MSG \rightarrow_{[102,102]} AS\_MSG$	大于1000.0	0.08
数据集2	$TEC\_Error \rightarrow_{[0,1]} Ticket\_Retry$	大于1000.0	0.12
	$Ticket\_Retry \rightarrow_{[0,1]} TEC\_Error$	大于1000.0	0.12
	$AIX\_HW\_ERROR \rightarrow_{[25,25]} AIX\_HW\_ERROR$	282.53	0.15
	$AIX\_HW\_ERROR \rightarrow_{[8,9]} AIX\_HW\_ERROR$	144.62	0.24

窗口几乎可以当做同时发生，例如$Ticket_Retry$；大的时间窗口要相隔一个小时才发生，例如MSG_Plat_APP。所以人工去定义时间窗口往往是不准确的。

2.6.2 基于依赖关系的系统故障追踪

复杂系统内的故障跟踪方法大多都基于系统组件的依赖关系图(Dependency Graph) [24] [16] [21]。如果用户对于系统内部架构十分清楚，依赖关系图可以是人工创建的。如果系统内部十分复杂且不断变化，那么可以通过上一章节介绍的各种数据挖掘算法，根据日志数据来自动创建依赖图。上一章节介绍的依赖关系挖掘，主要涉及系统组件两两之间的关系。当把所有找到的两两依赖关系汇总，就得到了一个整体系统的依赖关系图。假设一个组件出现故障后，其依赖的组件也应该出现某种故障，如同Java 程序里面的Exception抛出一样，我们可以根据一层一层的依赖关系来推测最深层出现故障的组件，并可以认定这个组件就是故障的根源。实际系统内，一个组件出现的故障事件可能并非是由其依赖的上一层组件的故障导致，也有可能是上一层的组件某些异常指标导致了当前组件的故障。我们可以将故障，异常等观察现象用一个组件的状态的集合来描述。相互依赖的组件互相的关系可以由一个条件概率分布来表达。例如$node2$依赖于$node1$。假设我们有2个状态$\{A, B\}$，那么$P(node2 = A|node1 = B)$表达了当$node1$状态是B的时候，$node2$状态是A的条件概率。在已知的系统依赖图基础上，我们就可以如此创建出贝叶斯网络 [43]，然后观察对于其中出现的某些组件的日志事件数据得到那些组件的当前状态。当故障出现之

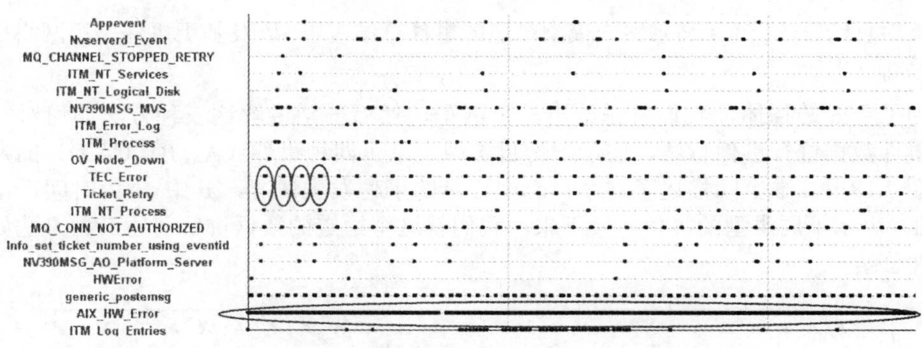

图 2.17 数据集2中事件随时间的分布图

后，利用其前后的日志数据得到该贝叶斯网络中某些节点的当前状态，再通过此贝叶斯网络估计其它未观测到的组件最有可能的状态，即可知道故障根源的组件。

§ 2.7 日志事件总结

在某些时候，系统管理员并不需要了解待分析日志中的事件依赖关系的详细信息。此外，当日志文件过大且其内部事件依赖十分复杂时，通过一般数据挖掘方法会得到大量的管理人员所不关心的细节，因此不适用于系统管理员从全局的观点进行分析。为了解决这一个问题，研究人员提出了事件总结的（Event Summarization）的方法从宏观的角度展现整个日志中事件的关系 [41]。具体来说，日志事件总结是一种辅助的数据挖掘方法，其目的是为了通过对给定系统日志进行总结，粗略地展现出日志中事件的关联。相较于一般的基于时序关联的数据挖掘方法，事件总结可以呈现给系统管理员一个更加简略且容易把握的分析结果，使得系统管理员可以快速地了解系统的大致状况。

2.7.1 事件总结算法基本要求及相关工作

针对传统的模式挖掘算法的缺点，Kiernan [25]等人提出了事件总结挖掘算法的四个基本要求：

1. **简洁并准确**。相较于一般的模式挖掘算法，事件总结算法需要产生更短的并且精确的关于数据的描述。

2. **能够从宏观描述数据**。事件总结算法需要能够描述整个日志记录事件的变化趋势。

3. **能够描述局部数据的特点**。除了宏观描述事件，事件总结算法需要同时对局部事件的变迁进行描述。系统分析员可以仅仅通过观察事件总结结果，大致了解系统的运行情况。

4. **尽量少的算法参数**。事件总结算法应该尽量减少系统分析员设置参数的工作量，使其主要精力放在分析事件总结的结果上，而不是反复调节算法参数。

为了尽可能满足如上要求，从事于事件挖掘的研究人员提出了若干关于事件总结的解决方案。在本节中，我们主要介绍三种最主要的解决方案，即：基于事件发生频率变迁描

述的事件总结 [25]，基于马尔科夫模型描述的事件总结 [51]，以及基于事件关系网络描述的事件总结 [23]。

为了更好的描述，我们首先给出一个例子，然后分别讲解这三种方法如何对给定的示例事件数据进行事件总结。假设一份日志中记录了四种事件（A，B，C，D）的发生情况，图 2.18用二维空间描述了这个日志中记录的事件发生情况，其中x轴为时间，不同行（y 轴）表示不同类型的事件。接下来，我们就这个给定的数据讲解前述三种方法如何进行事件总结。

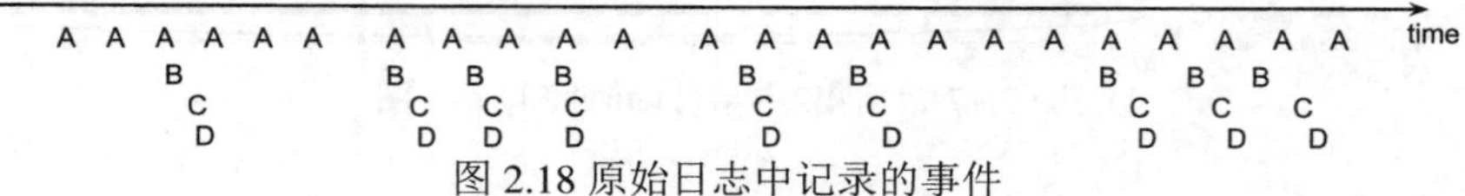

图 2.18 原始日志中记录的事件

2.7.2 基于事件发生频率变迁描述的事件总结

在Kiernan [25]等人提出的方法从各个事件出现频率的变化来总结事件的变迁。其基本思想为对整个事件序列从时间维度按照某种策略进行分段，然后对于每一段的事件根据其发生频率进行聚类。如图 2.19所示，对于前述给定数据，该方法首先把整个事件序列从时间维度分割成了4段，之后，对于每一段，该方法通过事件发生的频率进行了聚类。例如对于示例数据，该方法把每一段聚成了两个簇，其中事件A单独为一个簇，事件B、C和D被聚成一个簇。这样的聚类结果是由于在每一段中，事件A的发生频率和其他事件相差较大，而事件B、C和D发生的频率几乎总是相近。

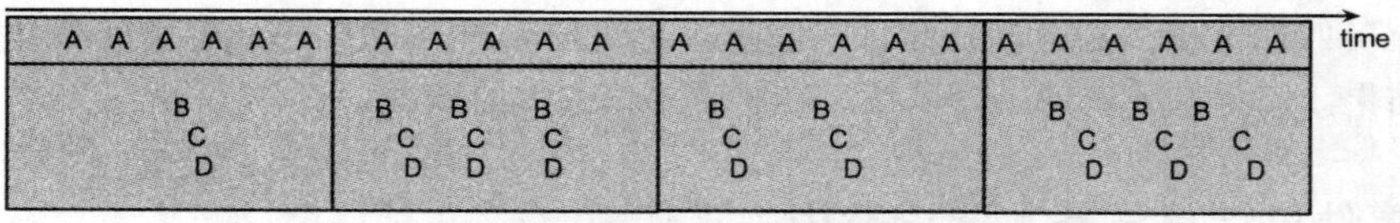

图 2.19 通过事件发生频率变迁描述的事件总结

为了对事件序列进行分段，Kiernan等人提出了基于最小描述长度（Minimum Description Length，也即MDL） [20]原则的事件总结模型，该模型通过二段编码的原则分别对事件段以及事件段中的各个事件发生频率进行编码，该模型从信息论的角度描述了需要使用多少比特来表示事件模型以及需要使用多少比特来基于模型描述事件。然后，Kiernan等人提出基于动态规划的方法来寻找基于该模型的最佳事件总结描述。关于该方法的详细描述，可以参考文献 [25,26]。

2.7.3 基于马尔科夫模型描述的事件总结

Kiernan提出的方法产生的事件结果可以给系统管理员一个粗略的事件总结，但是该方法在总结事件的同时丢失了时序信息。为了解决时序信息丢失的问题，Peng [51]等人提出了基于马尔科夫模型的事件总结方法。图 2.20显示了该方法如何对示例数据进行事件总结。由图可知，在Kiernan等人方法的基础上，该方法对不同事件段之间的状态变迁进行了额外的描述。例如，图中整个时间序列被分为了4段，其中第一段与第四段事件发生频

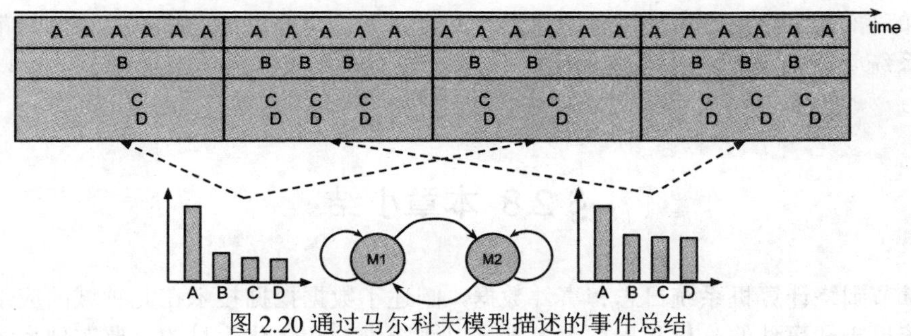

图 2.20 通过马尔科夫模型描述的事件总结

率的分布情况相似，因此它们可以使用同一个状态（$M1$）描述，同理，第二段与第四段事件的发生频率也相似，因此它们也可以用同一个状态（$M2$）描述。此外，该方法可以通过对日志的分析发现事件段之间的状态变迁（图中用箭头表示状态的转移），从而为系统分析员提供更多的关于系统运行状况的动态信息。关于该方法的详细描述，可以参考文献 [51]。

2.7.4 基于事件关系网络描述的事件总结

通过马尔科夫模型描述的事件总结方法从一定程度上保留了事件日志的时序信息，但是仍然丢失了具体信息，因此不能很好地满足本节最开始提出的第三点要求，即“能够描述局部数据的特点”。此外，前述介绍的两种方法引入了过多的数学模型来抽象地对事件进行总结，例如基于事件频率的总结方法使用概率模型来描述事件总结，基于马尔科夫模型的总结方法使用马尔科夫状态变迁来描述事件总结，这些模型对于系统分析员来说过于晦涩，因此普适性不高。

为了解决上述两个问题，Jiang [23]等人提出了基于事件关系网络（Event Relationship Network）作为模型来对事件日志进行总结。事件关系网络 [46]是IBM公司提出的用于事件管理的通用模型，它使用通俗易懂的状态转换方式来描述事件的变迁。相较于数学模型，事件关系网络的描述方式使得系统管理员更容易了解事件总结的内容。

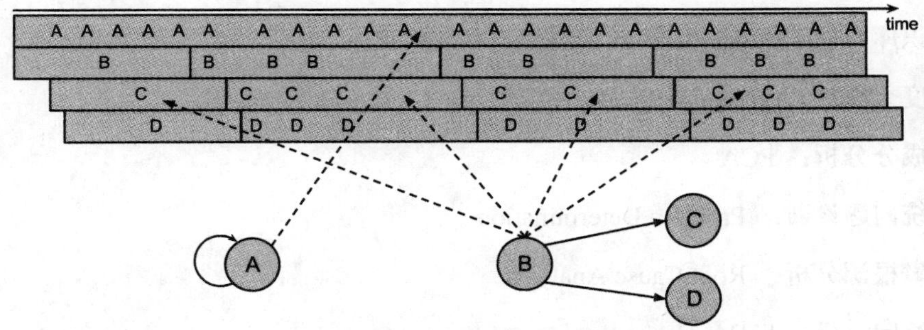

图 2.21 通过事件关系网络描述的事件总结

图 2.21描述了该方法对示例数据的事件总结结果。由图可知，该方法直接从事件的时序模式这种更加直接的描述角度来对日志进行总结。相较于描述事件单纯频率的变化，该方法通过分段来表示事件频率的变化，以及通过事件关系网络来表示时间间的具体关联，

从宏观和局部两个角度对事件进行了总结。并且，无论是分段还是事件关系网络都简单明了地给系统管理员呈现出了系统的运行状况。关于该方法的具体实现细节，可以参考文献 [23]。

§2.8 本章小结

本章节围绕计算机系统日志和事件数据，阐述了数据挖掘技术在此领域的应用案例。针对系统日志和事件的分析和挖掘大多都是以系统维护和优化为目的。要实现系统维护和优化，首先就需要让系统管理员对于系统内部的依赖关系和状态变化有充分的了解。在早期的计算系统内，系统管理员通常也是开发人员，并且计算系统相对单一简单，所以人工分析日志数据是可行的。但是，在大型分布式系统内，系统模块之间的关系错综复杂，管理人员不一定是系统架构人员，系统架构人员也不一定是系统开发人员。而且系统产生的日志数据都是海量。因此，能够自动化分析日志的数据挖掘技术在此领域能发挥所长。此领域涉及到的挖掘算法主要是事件关联和依赖的分析以及文本挖掘的技术。关联和依赖分析的算法能够通过日志和事件数据揭示内部系统模块之间的耦合和依赖关系。文本挖掘的技术能够让这些算法准确地将半结构化的日志数据转换成独立的事件数据。

§2.9 中英文术语对照表

1. **自动化计算：** Automatic Computing
2. **关联规则：** Association Rule
3. **贝叶斯定律：** Bayesian Theorm
4. **条件随机场：** Conditional Random Field
5. **关系依赖图：** Dependency Graph
6. **IBM监控系统：** IBM Tivoli Monitoring
7. **知识库：** Knowledge Base
8. **过度采样：** Over-sampling
9. **主成分分析：** PCA
10. **系统问题诊断：** Problem Determination
11. **故障根源分析：** Root Cause Analysis
12. **支持向量机：** SVM
13. **时间序列：** Time-series
14. **过疏采样：** Under-sampling
15. **Windows系统钩子：** Windows Hook

参考文献

[1] *Apache Hadoop Project: open-source software for reliable, scalable, distributed computing*. http://hadoop.apache.org/.

[2] *Apache Log4J: A logging library for Java*. http://logging.apache.org/log4j/1.2/.

[3] *AppFirst: A commercial log data analystics platform*. http://www.appfirst.com/.

[4] *HP OpenView : Network and Systems Management Products*. http://www8.hp.com/us/en/software/enterprise-software.html.

[5] *IBM Tivoli : Integrated Service Management software*. http://www-01.ibm.com/software/tivoli/.

[6] *IBM Tivoli Monitoring*. http://www-01.ibm.com/software/tivoli/products/monitor/.

[7] *JProfiler: A Java Profiler for resolving performance bottlenecks*. http://www.ej-technologies.com/products/jprofiler/overview.html.

[8] *LIBSVM – A Library for Support Vector Machines*. http://www.csie.ntu.edu.tw/ cjlin/libsvm/.

[9] *LightSVM Support Vector Machines*. http://svmlight.joachims.org/.

[10] *NoSQL: Next Generation Databases mostly addressing some of the points: being non-relational, distributed, open-source and horizontally scalable* . http://nosql-database.org.

[11] *PVFS2 : The state-of-the-art parallel I/O and high performance virtual file system*. http://pvfs.org.

[12] *Splunk: A commercial machine data managment engine*. http://www.splunk.com/.

[13] *Windows Hook: Windows system message-handling mechanism* . http://msdn.microsoft.com/en-us/library/windows/desktop/ms632589(v=vs.85).aspx.

[14] R. Agrawal, J. Gehrke, D. Gunopulos, and P. Raghavan. *Automatic subspace clustering of high dimensional data for data mining applications*. In Proceedings of ACM SIGMOD Conference, pages 94~105, Seattle, Washington, USA, June 1998. ACM.

[15] M. Aharon, G. Barash, I. Cohen, and E. Mordechai. *One graph is worth a thousand logs: Uncovering hidden structures in massive system event logs*. In Proceedings of ECML/PKDD, pages 227~243, Bled, Slovenia, September 2009.

[16] M. Brodie, I. Rish, and S. Ma. *Intelligent probing: A cost-effective approach to fault diagnosis in computer networks*. IBM SYSTEMS JOURNAL, 41:2002, 2002.

[17] N. V. Chawla, K. W. Bowyer, L. O. Hall, and W. P. Kegelmeyer. *Smote: Synthetic minority over-sampling technique*. Journal of Artificial Intelligence Research, 16:321~357, 2002.

[18] M. Ester, H.-P. Kriegel, J. Sander, and X. Xu. *A density-based algorithm for discovering clusters in large spatial databases with noise*. In Proceedings of ACM KDD, pages 226~231, 1996.

[19] A. Gajentaan and M. H. Overmars. *On a class of $O(n^2)$ problems in computational geometry*. Computational Geometry, 5:165~185, 1995.

[20] P. D. Grunwald. The Minimum Description Length Principle. MIT Press, 2007.

[21] B. Gruschke. *Integrated event management: Event correlation using dependency graphs*. In Proceedings of DSOM workshop, 1998.

[22] IBM. A Practical Guide to the IBM Autonomic Computing Toolkit. IBM redbooks. IBM Corporation, International Technical Support Organization, 2004.

[23] Y. Jiang, C.-S. Perng, and T. Li. *Natural event summarization*. In CIKM, 2011.

[24] E. Kiciman and A. Fox. *Detecting application-level failures in component-based internet services*. IEEE Transactions on Neural Networks, 16(5):1027~1041, 2005.

[25] J. Kiernan and E. Terzi. *Constructing comprehensive summaries of large event sequences*. In KDD, 2008.

[26] J. Kiernan and E. Terzi. *Constructing comprehensive summaries of large event sequences*. ACM Transactions on Knowledge Discovery from Data, 2009.

[27] P. Kroger, H.-P. Kriegel, and K. Kailing. *Density-connected subspace clustering for high-dimensional data.* In Proceedings of SIAM Conference on Data Mining, Orlando, Florida, USA, April 2004.

[28] J. D. Lafferty, A. McCallum, and F. C. N. Pereira. *Conditional random fields: Probabilistic models for segmenting and labeling sequence data.* In Proceedings of ICML, pages 282∼289, 2001.

[29] T. Li, F. Liang, S. Ma, and W. Peng. *An integrated framework on mining logs files for computing system management.* In KDD, 2005.

[30] T. Li and S. Ma. *Mining temporal patterns without predefined time windows.* In Proceedings of ICDM, pages 451∼454, November 2004.

[31] T. Li, W. Peng, and S. Ma. *Mining log files for data-driven system management.* KDD Explorations, 2005.

[32] T. Li, W. Peng, C.-S. Perng, S. Ma, and H. Wang. *An integrated data-driven framework for computing system management.* IEEE Transactions on Systems, Man, and Cybernetics, 2010.

[33] G. Loukas and G. Öke. *Protection against denial of service attacks: A survey.* The Computer Journal, 53(7):1020∼1037, 2010.

[34] S. Ma and J. L. Hellerstein. *Mining mutually dependent patterns.* In Proceedings of ICDE, pages 409∼416, 2001.

[35] S. Ma and J. L. Hellerstein. *Mining partially periodic event patterns with unknown periods.* In Proceedings of ICDE, pages 205∼214, 2001.

[36] D. Maier. *The complexity of some problems on subsequences and supersequences.* Journal of the ACM, 25:322∼336, April 1978.

[37] A. Makanju, A. N. Zincir-Heywood, and E. E. Milios. *Clustering event logs using iterative partitioning.* In Proceedings of ACM KDD, pages 1255∼1264, Paris, France, June 2009.

[38] H. Mannila, H. Toivonen, and A. I. Verkamo. *Discovering frequent episodes in sequences.* In ACM KDD, pages 210∼215, 1995.

[39] H. Mannila, H. Toivonen, and A. I. Verkamo. *Discovery of frequent episodes in event sequences.* Data Mining and Knowledge Discovery, 1(3):259∼289, 1997.

[40] P. Parveen, Z. R. Weger, B. M. Thuraisingham, K. W. Hamlen, and L. Khan. *Supervised learning for insider threat detection using stream mining.* In Proceedings of IEEE International Conference on Tools with Artificial Intelligence, pages 1032∼1039, 2011.

[41] W. Peng, C.-S. Perng, T. Li, and H. Wang. *Event summarization for system management.* In KDD, 2007.

[42] G. Salton and M. McGill. Introduction to Modern Information Retrieval. McGraw-Hill, 1984.

[43] P.-N. Tan, M. Steinbach, and V. Kumar. Introduction to Data Mining. Addison Wesley, 2005.

[44] L. Tang, T. Li, and C. Perng. *LogSig: Generating system events from raw textual logs.* In Proceedings of ACM CIKM, 2011.

[45] L. Tang, T. Li, and L. Shwartz. *Discovering lag intervals for temporal dependencies.* In Proceedings of ACM SIGKDD, pages 633∼641, 2012.

[46] D. Thoenen, J. Riosa, and J. L. Hellerstein. *Event relationship networks: a framework for action oriented analysis in event management.* In Integrated Network Management Proceedings, 2001 IEEE/IFIP International Symposium on, pages 593∼606. IEEE, 2001.

[47] R. Vidal and R. I. Hartley. *Motion segmentation with missing data using powerfactorization and gpca.* In Proceedings of IEEE Computer Society Conference on CVPR, pages 310∼316, Washington, DC, USA, June 2004. IEEE.

[48] R. Vidal, Y. Ma, and J. Piazzi. *A new gpca algorithm for clustering subspaces by fitting, differentiating and dividing polynomials.* In Proceedings of IEEE Computer Society Conference on CVPR, pages 510∼517, Washington, DC, USA, June 2004. IEEE.

[49] R. Vidal, Y. Ma, and S. Sastry. *Generalized principal component analysis.* In Proceedings of IEEE Computer Society Conference on CVPR, pages 621∼628, Madison, WI, USA, June 2003. IEEE.

[50] D. Wang, C. H. Q. Ding, and T. Li. *K-subspace clustering.* In Proceedings of Machine Learning and Knowledge Discovery in Databases, European Conference, pages 506∼521, Bled, Slovenia, September 2009.

[51] P. Wang, H. Wang, M. Liu, and W. Wang. *An algorithmic approach to event summarization.* In SIGMOD, 2010.

[52] W. Xu, L. Huang, A. Fox, D. A. Patterson, and M. I. Jordan. *Detecting large-scale system problems by mining console logs.* In Proceedings of ACM SOSP, pages 117～132, 2009.

第三章　数据挖掘在云计算中的应用

§ 3.1 摘要

随着互联网技术和虚拟机技术的发展，以及人们日常处理的数据规模日益增加，云计算技术在近几年开始引起大众的推崇。伴随着广阔的发展前景及商机，云计算技术兴起的同时也带来了技术上的难题。

本章从数据挖掘的角度展开探讨，讲解如何有效地提高云计算平台的服务质量以及使用效率。首先，本章对云计算技术进行一个大致的介绍，使读者对其有一个初步的了解。然后，本章对一些现存的使用数据挖掘技术提升云计算服务质量的应用进行一些讨论。之后，本章从两个具体的数据挖掘应用：容量规划与虚拟机储备进行详细介绍，并且给出相应的解决方案及测试评估。

§ 3.2 云计算背景介绍

云计算(Cloud Computing)是基于互联网的一种并行计算方式。通过这种方式，用户可以最大程度地共享及按需获取计算资源。这种资源按需所取的模式使得计算资源从过去的购买模式变为租赁模式，从而使得计算资源的维护成本大大降低。因此云计算的出现，极大地降低了用户获取海量计算资源的门槛。

随着虚拟机技术的进步，云计算及相关服务的应用大量涌现。在过去的几年中，越来越多的服务供应商开始逐渐把它们的IT服务从传统方式转移到云中。由于云计算平台的灵活性、便捷性以及相对低廉的价格，云计算服务逐渐成为了当前服务及计算的IT解决方案的不二选择。其基础设施即服务(IaaS)、平台即服务(PaaS)、软件即服务(SaaS)等多种模式针对不同需求的用户提供了合适的服务。

图3.1展示了一个云计算平台的拓扑结构示意图。如图所知，一个云从下至上可以分为如下层次：

1. 数据中心与配套设施。作为云计算平台的最底层，数据中心存放着云的物理实体。除了设备存放空间外，所有为云物理实体服务的设施也被归为这一层，例如：供电设施、温控设施、水冷设施、灾备设施，以及网络布线等。

2. 物理服务器与周边设备。云计算平台的主体本质上由大量的服务器组成，这些服务器为云计算平台提供实体计算资源。此外，连接服务器、数据中心以及云与外部数据通信的网络设备对云计算平台也起着关键的作用。

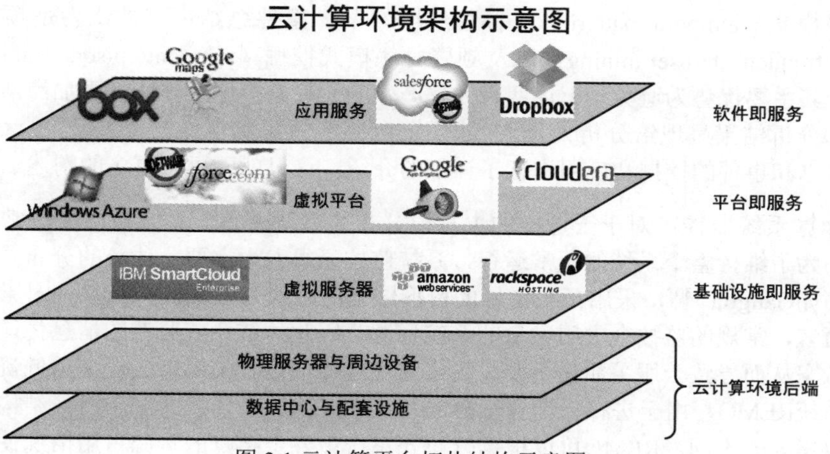

图 3.1 云计算平台拓扑结构示意图

3. 虚拟服务器。在实体服务器上一层，计算资源被虚拟化管理程序(hypervisor)整合并重新划分成为虚拟机(virtual machine)。云计算的所有计算工作都由虚拟机承担。对于使用基础设施即服务(IaaS)模式以及监控即服务(Monitoring-as-a-Service) [32–34]的用户来说，虚拟机是可见的并且是可操作的。

4. 虚拟平台。虚拟平台是构建在虚拟资源上面的已部署的虚拟软件开发环境。在平台即服务(PaaS)的服务模式中，用户可以方便地获取服务提供商定制的虚拟软件开发环境，并且按需使用近乎无穷的计算资源。

5. 应用服务。应用服务层为云计算平台高度抽象的一层。该层直接为用户提供各种直接的软件服务。从用户的角度来看，云计算平台对他们来说是透明的，因此他们并不知道当前所使用的应用是部署在云计算平台中还是在一般的服务器上。所有基于软件即服务的服务都是建立在该层上。

云计算的兴起极大地激发了用户关于虚拟资源的需求量。伴随着良好的商业前景，这些增加的需求同时也带来了很多技术层面上的新挑战。由于本章着眼于讨论如何使用数据挖掘的方法来解决云计算相关的技术问题，因此关于云计算的更多细节不再赘述。有兴趣的读者可以参阅云计算相关专著。

§3.3 数据挖掘在云计算中的应用

数据挖掘广泛应用于云计算环境的每一个层次。应用数据挖掘的主要目的是使云计算服务提供者更加有效地管理及维护云计算环境，其具体使用场景主要在如下几个方面：

1. **系统日志和事件分析**：系统日志和事件分析可以帮助管理人员了解系统的内部运行状况，同时进行系统的故障检测。[27–29]等文献提出了如何运用文本数据挖掘的方法来帮助管理人员了解当前系统潜在问题。值得一提的是，当系统规模过大时，系统产生的日志文件包含的海量信息会使得人工审阅变得不切实际，因此管理人员需要借用数据挖掘中事件总结（event summarization）的方法来对系统日志中的时序模式（temporal pattern）进行总结[22,23,37]。事件总结可以被认为是频繁项集挖掘（frequent itemset mining）以及频繁时序模式挖掘（frequent episode mining）的扩展，其主要优势为避免了上述两种方法产生的大量分析结果，通过更加简洁的方式将日志分析结果呈现给分析人员[15,38]。由于"系统日志和事件的挖掘"这一章专门对系统日志和事件的挖掘和应用进行了详细的介绍，这里就不再做更多的阐述。

2. **云计算系统监控**：对于云这样的大规模分布式系统而言，系统故障是时常发生的事情。为了维持整个系统的正常运行，系统监控显得尤为重要。传统的分布式系统监控程序如Ganglia [30]，采用预先定好的树形结构的方式来收集监控信息，对于云计算平台而言，常规的监控会占用大量的系统资源，因此传统系统监控的消息传递会导致网络带宽从而导致云服务质量下降。为了避免这个问题，文献 [32]提出了低资源消耗监控系统REMO，用于进行云计算平台的系统级监控。与传统的静态树形结构的监控信息收集方式不同，REMO可以根据分布式系统中各个结点的资源占用情况使用动态优化的方法来动态搭建消息传递树。这种方法可以很好地满足云计算系统各个结点间的负载均衡，从而一定程度上减小系统的监控负担。在某些情况下，即使使用REMO，系统总体负担仍然可能过大，因此监控信息经常会由于网络拥塞导致出现信息丢失的情况。为了应对信息丢失，文献 [31] 提出了具有容错功能的系统检测方案Volley。该方案允许在部分监控结点数据丢失的情况下依然估计出这些结点的潜在系统故障。当某个结点当前监控信息丢失时，该系统通过学习云中该结点的历史监控数据来计算违反似然度(Violation Likelihood)，然后通过违反似然度来判断该结点是否发生故障。

3. **云计算资源储备**：云计算储备通过预先准备云计算服务所需要的各种资源来达到加快服务速度的目的。对于云计算资源储备，数据挖掘可以用在预测以及资源调整这两个方面。前者通过事先对云计算资源储备进行调整来应对即将到来的请求，后者通过事后调整来应对将来的请求。对于资源预测，文献 [17–19]通过对用户行为分析来对云计算资源的需求量进行预测，其预测方法综合运用了多个时间预测分析方法产生的结果来进行集成学习预测。文献 [16]提出了ASAP系统来解决IaaS类型云计算服务的虚拟机储备问题。该系统可以通过学习过往虚拟机请求来预测未来虚拟机请求，从而从很大程度上减少用户等待请求的时间。从宏观上讲，该系统使用集成学习（ensemble learning）的预测方法结合多种预测模型的结果来预测每一种虚拟机将来的需求量，并同时利用请求行为相似的虚拟机类型的关联信息来进一步调整预测结果。实验证明该系统可以有效降低用户请求的等待时间。对于资源调整，文献 [40]提出互补于预测方法的错误纠正方法CloudScale。该方法可以在预测方法的基础上根据当前情况对预测错误进行调整，从而降低因预测错误带来的损失。具体来讲，每当预测与当前请求状况不同时，CloudScale会使用类似于信号处理的方法来从请求时间序列中抽取出突增模式(burst pattern)，然后根据这些模式对资源储备进行调整。除了预测与调整这两种方法，文献 [11]提出AutoScale策略来进行云计算平台容量规划。该策略没有使用基于预测或者调整的方法，而是提出滞后关闭虚拟机的方式来实现虚拟机储备。实验证明该方法可以有效应对虚拟机请求突增的情况。

4. **服务检索以及复杂服务配置组合**：随着云计算服务的兴起，越来越多的用户开始从传统的服务转向云计算服务，同时，越来越多的服务商开始提供云计算服务。为了便于用户快速高效地从大量的服务选择中找到能够满足要求的服务，服务检索成为了一种必要的方式。亚马逊的AWS Marketplace [1]为EC2的用户提供了方便的门户，使得用户可以迅速从大量的亚马逊所提供的云计算服务中找出满足要求的服务。IBM公司以及惠普公司也提出了相应的服务集市（Service Marketplace）。此外，文献 [20]提出了支持交互的服务检索系统CSM（Cloud Services Marketplace），该系统使用语义网络的方式使用特定的本体（ontology）来描述所有关于云计算服务的知识，然后其通过与用户的交互逐渐了解用户的意图，并且有效地帮助用户选定并配置合适的云计算服务。为了尽量避免人工进行复杂的服务配置，CSM还提出了多种关于服务配置组合的自动化或半自动化的方法。文献 [24]提出了一种基于抽象(abstraction)与细化(refinement)的半自动化服务配置组合方案。该方案首先用服务行为(behavioral description)来表述每一个可用服务，使用服务目的(goal)来抽象最终的组合服务需要完成的目标，然后采用近似计算的策略来创建一个协调者(coordinator)来控制可用服务来协调完成服务目的。关于近似计算策略的详细介绍，可以参考相关文献。

在下一节中，我们将给出两个具体的关于数据挖掘在云计算中的应用案例—**云计算容量规划**以及**虚拟机储备**，并且针对这两个案例具体讲解如何利用数据挖掘的技术来解决实际问题。

§ 3.4 案例介绍及困难分析：容量规划与虚拟机储备

3.4.1 问题背景

在虚拟服务器层面上（参考图3.1），如何更有效地管理虚拟环境以及提供服务是云计算服务提供者需要关注的问题。利用数据挖掘及数据分析技术，这些问题可以有效地被解决。本节将给出两个应用案例并且讲解如何利用数据挖掘的方法来解决高效利用云计算资源（容量规划）以及快速提供虚拟服务器（虚拟机储备）这两个问题。由于本书的目的在于讲解数据挖掘的应用，因此本章将尽量避免关于数据挖掘理论的讲解。关于这两个应用的理论基础，有兴趣的读者可以参考文献 [19]。

3.4.1.1 如何更有效地利用云计算资源：容量规划

合理地准备云计算可用资源可以有效减少云计算平台运行成本。由于云计算基础架构的扩张，能源消耗问题引起了越来越多的关注。根据美国环境保护局（US Environment Protection Agent）的估计，云计算基础架构的电量消耗以每五年翻一番的速度增长。在2011年，云计算相关数据中心年消耗电量的费用达到了74亿美元 [13,36]。此外据相关统计，仅仅是维持服务器的运行，能源消耗已经占据这些数据中心均摊费用的23%。如果算上相关辅助设备如备用能源设备以及空调设备的能源消耗，数据中心的能源消耗已经占据均摊费用的42% [14]。

虽然从用户的角度来看云计算平台的资源是无限的，但实际上任何云计算平台都有一个所能提供资源的上限，该上限可以简单地认为由所有物理服务器的计算资源总和决定。随着时间的推移，云计算服务提供者会通过增加新的物理服务器来不断提高提供资源的上限。在实际情况中，由于用户的需求量不会总是达到云计算平台所能提供的最大值，因此

[1]https://aws.amazon.com/marketplace

云并不需要时刻满负载运行。为了降低运行成本，服务提供者会临时关闭一些处于闲置状态的设备（包括物理服务器以及相关辅助设备）。同时，为了保证服务质量，服务提供者会考虑到未来可能的资源需求而预留一些空余的资源。由于用户的计算资源需求是不断变化的，因此预留多少的计算资源成为了一个需要解决的问题（如图3.2所示）。

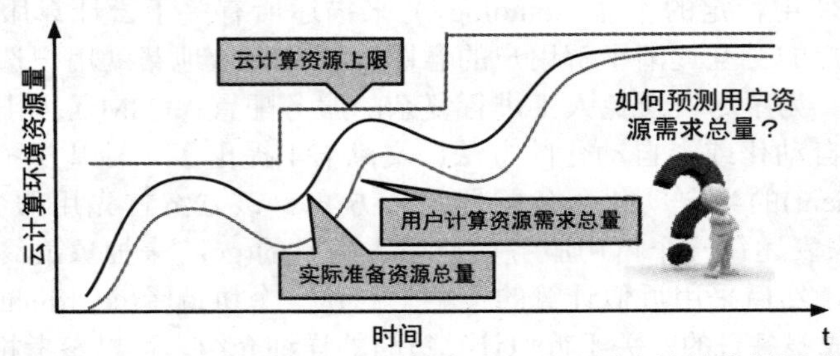

图 3.2 云计算资源上限、实际准备可用计算资源，以及用户计算资源需求总量的关系

3.4.1.2 如何更快地提供虚拟服务器：虚拟机储备

在基础设施即服务(IaaS)的服务模式中，每当用户申请新的计算资源（即虚拟机）时，云计算平台的管理系统会按需准备新的虚拟机。在当前技术情况下，准备一个可用的虚拟机需要几分钟到十几分钟的时间（包括创建虚拟机、安装操作系统、应用程序安装、补丁安装、安全检测、测试、信息验证等）。这样的准备时间在大多数情况下可以接受的，但是对于某些紧急程度较高的应用来说这是不可接受的。

从硬件以及软件技术的角度来看，虚拟机准备的时间很难立即显著减少。一些新技术例如流虚拟机[25]，虽然允许用户在虚拟机完全准备好之前就可以使用，但是利用该技术创建的虚拟机在一定比例的虚拟机内容准备好之前仍然无法供用户使用。Snowflock虚拟机快速拷贝技术 [26]可以通过虚拟机拷贝在数秒以内快速创建全新的副本虚拟机。但是，如前所述，给用户提供新的虚拟机不仅只有创建虚拟机这一步，还包含很多其它的耗时步骤。因此，除非所有步骤上的相关技术都能够极为快速地完成，否则很难实现实时虚拟资源供给。从非技术的角度上看，一个简单而有效的方法为询问所有用户关于计算资源的使用计划。然而有很多原因导致这种方案不现实。首先，用户没有义务而且在大多数情况下不愿意提供他们的使用计划。其次，用户自己可能也不知道什么时候需要什么数量的虚拟机。最后，即使服务提供者得到了来自用户的请求计划，实际的计算资源请求也可能会由于某些特殊原因而产生变动。

3.4.2 问题抽象与描述

容量规划和虚拟机储备这两个问题看似相互独立，但实际可以归纳为同一个数据挖掘问题：时间序列预测分析(time series prediction)。对于容量规划问题，一个可行的方法为根据所有用户的历史请求量来预测将来的请求量。对于虚拟机储备问题，一个可行的方法为预测出未来每一种虚拟机的使用量，然后云计算管理程序会事先准备相应数量的虚拟机作为储备。这样每当用户发送一个请求，云可以立即提供给用户事先准备好的虚拟机。

对于数据建模，这两种问题可以采用一个统一的预测模型来描述。一个较常用的模型为请求时间序列模型，该模型在文献 [17–19] 中均被使用。该模型使用虚拟机基本单位（VM Unit）来量化所需要准备的资源（关于其详细介绍，请参考文献 [19]）。简而言之，虚拟机基本单位可使用虚拟资源的最小单位，包括物理服务器资源如CPU频率、内存、外存存储空间，以及维护服务器相关均摊资源如耗电、人力成本等。在真实的云计算系统中，用户所能申请的虚拟资源必须是虚拟机基本单位的整数倍。例如，IBM的云计算产品Smartcloud Enterprise（SCE）[1]定义一个64位的虚拟机基本单位为主频为1.25 GHz的虚拟CPU、2G的内存以及60G的存储空间。用户可以申请基于虚拟机基本单位不同倍数的虚拟机例如Copper（1倍）、Bronze（2倍）、Silver（4倍）、Gold（8倍）以及Platinum（16倍）。本章的余下部分将统一用虚拟机基本单位来量化云计算资源。

在确定了量化基本单位后，请求时间序列模型用$v^{(t)}$来表示在某一未来时间点t所需要的虚拟资源量，以及用$\hat{v}^{(t)}$来表示所准备的虚拟资源。一个有效地进行容量规划以及虚拟机储备的预测为使得

$$E = \sum_t f(v^{(t)}, \hat{v}^{(t)}) \tag{3.1}$$

取得最小值的预测。在公式 3.1中，$f(\cdot,\cdot)$表示预测错误，它可以使用任意的代价函数来量化。一个有效的预测方法应该尽可能地减少预测错误。

3.4.3 预测结果评估

时间序列预测有很多传统的预测评估标准，例如平均绝对误差（Mean Absolute Error）、均方差（Mean Square Error）、平均绝对比率误差（Mean Absolute Percentage Error）等。这些评估标准有一个共性，那就是它们仅仅通过预测值与实际值的绝对误差来进行错误估计，而不区别对待过高预测（预测值高于实际值）以及过低预测（预测值低于实际值）。对于云计算虚拟资源预测这个问题，虚拟资源的过高预测以及过低预测具有不同的语义，而且预测误差所造成的代价也不同。因此，传统的预测评估标准不适用于云计算虚拟资源预测。

具体而言，如果预测的虚拟资源高于实际的需求，云计算用户并不会受到任何影响，但是云计算提供者需要为这些浪费的资源买单。相反，如果预测的虚拟资源低于实际的需求，云计算服务端质量会由于系统过载而下降。在这种情况下，服务等级协议（Service Level Agreement）很有可能被违反，云计算用户会因此受到影响。

对于容量规划这个问题，如果资源预测过高，云计算系统过多开启的物理资源会被闲置。这些闲置的设备不仅会造成资源浪费，还会引起云计算系统的提前扩容，产生不必要的设备购买成本。由于相同设备的成本会随着时间不断降低，过早购买的设备总是相较于晚购买的设备花费更多的开销。因此，过高预测对于云计算提供者来说浪费钱财。相反，资源预测过低会造成资源短缺。即使在发现资源短缺时立即采取措施，补救也很难在短期产生效果。如果短缺仅仅是由于开启的服务器不够，那么这种短缺现象可以在较短时间内解决。但如果资源短缺是由于云计算系统规模过小造成（严重的过低预测），资源短缺现象会持续很长时间。从用户的角度来看，资源短缺会造成大大延迟新资源申请的效率。当过低预测严重时，使用现有虚拟资源的服务质量也会严重下降。

对于虚拟机储备这个问题，如果资源预测过低且当用户发送资源申请时，云计算系统需要即时准备，从而造成用户的申请无法马上响应。这种情况下，服务等级协议往往会被

[1] IBM Smartcloud Enterprise. http://www-935.ibm.com/services/us/en/cloud-enterprise/

违反，从而造成关于协议违反的惩罚（对于企业级应用来说，这种协议违反会导致大额的惩罚金）。相反，如果所准备的某种虚拟机并没有被任何用户使用，那么该资源就被浪费了。此外，由于物理资源被该种虚拟机占用，这些实际资源无法被用于准备其他种类的虚拟机。如果这种预测错误严重的话，即使整个云计算的负载很高，其实际利用率仍然很低。

3.4.4 预测的困难性

一个简单的云计算资源预测解决方案是使用现有的预测评估标准来训练现有的时间序列分析模型，然后根据训练好的模型进行预测。然而通过前述的问题描述，通过对真实数据的分析，后续章节将显示这个方法并不可行。原因如下：

1. **过预测以及不足预测具有不同的错误代价。** 传统的预测评估标准例如平均绝对误差、均方差等都可以归结为对称评估标准。然而在云计算的场景中，虚拟资源的过预测以及不足预测具有不同的后果，且不同后果所产生的代价也不尽相同。传统的对称评估标准不能够很好的适用于这种非对称代价的场景。

2. **云计算平台具有高地动态性。** 这种情况是由两个因素造成的：不稳定的用户组成以及自由的资源获取方式。由于云计算的使用具有很低的门槛，因此用户的流动性很大。此外，由于云计算服务使用现收现付（pay-as-you-go）的收费方式，因此虚拟资源的请求以及销毁十分频繁。

§ 3.5 案例具体分析及解决

本节针对容量规划以及虚拟机储备问题对一个具体的IaaS云计算平台进行案例分析。该案例分析使用该平台近五个月的真实请求数据作为实验数据。这个数据集收集了从2011年3月至8月开始的所有关于虚拟资源申请的用户请求，其中包含了上百种虚拟资源种类（多种虚拟硬件配置、操作系统类型、以及中间件的不同组合）的数万个请求。

3.5.1 预测困难性的体现

由于云计算服务特有的现收现付（pay-as-you-go）的方式，从云计算服务提供者的角度来看，整个云计算平台的总资源需求呈现出变化的趋势。典型的时间序列预测方法如滑动窗口平均数预测、自回归分析、人工神经网络、支持向量回归机、基因表达式编程等往往固化了预测策略，而云计算平台资源需求的高度动态化使得这些传统方法难以应对。以往的测试实验表明，简单地使用这些时间序列预测方法很难准确预测云计算的资源需求。云计算平台资源需求的高度动态性使得如何有效地预测将来的需求成为一个有挑战的开放性问题[12,16]。接下来，本章将从不同的角度用数据来展现这种高度动态性。

图3.3[1] 显示了该云计算平台的总用户需求量变化趋势。其中X轴（Date）表示以天为单位的时间轴，Y轴（Capacity）表示云计算平台实际需求容量。从图中可以看出，从大的

[1]为了保护商业机密，我们隐藏了所有图示中的具体数量（Y坐标）而只是用图表体现数据的变化规律

趋势来看，云计算平台的容量随着时间的推移而逐渐增加。但是由于用户的随机性，其总需求并不是简单的单调递增，而是存在着一定程度的波动。例如，在第37天、第72天、以及第120天总容量都有较大下降。如果服务提供者简单地通过增加基础架构的规模以及全功率运行云计算平台，则会造成较大的资源浪费。如果把虚拟资源请求量按具体种类拆分，可以得到如图3.4的时间序列。其中X轴（Time）表示以天为单位的时间，Y轴（Demand）表示需求数量。由图可知，不同类型的虚拟资源的用户请求行为几乎没有共性，且单个类型虚拟资源行为模式与总虚拟资源申请行为模式也相去甚远。上述两图从虚拟资源的角度反映了对云计算平台容量以及对用户请求进行预测的困难。

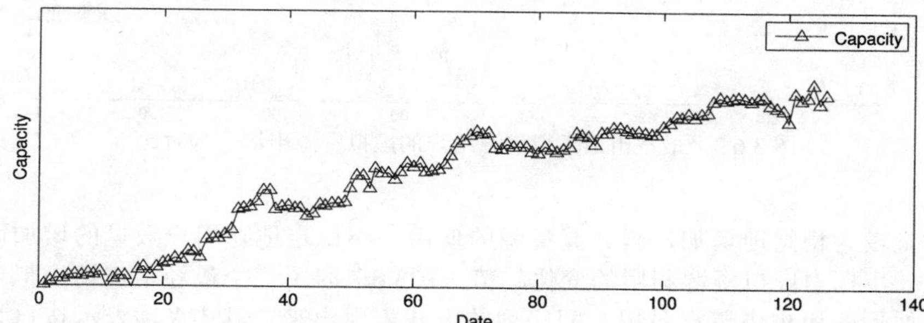

图 3.3 云计算平台容量变化趋势：从长期来看，其容量逐渐递增；从短期来看，其容量变化存在波动

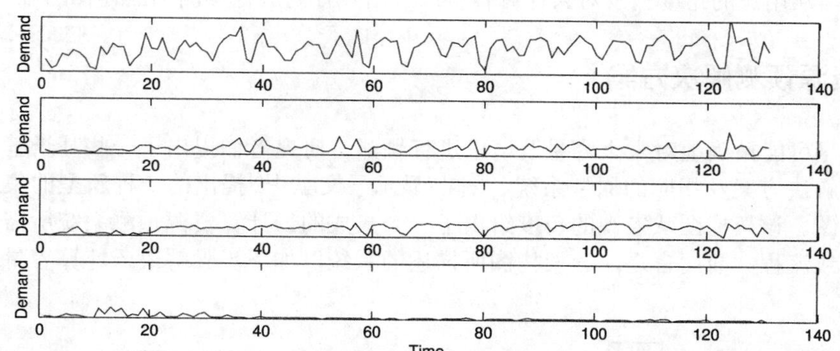

图 3.4 虚拟资源请求时间序列对比：最上面的时间序列为总共请求，下面三个时间序列分别为最常用的三种虚拟资源请求量

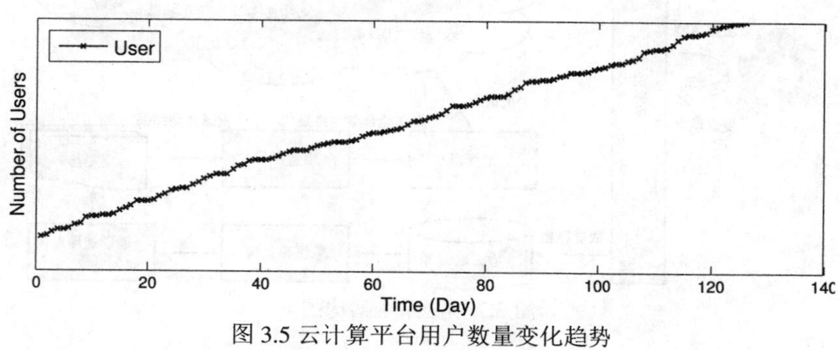

图 3.5 云计算平台用户数量变化趋势

图3.5从用户数量这个角度显示了该云计算平台的规模变化。其中X轴（Time）表示以天为单位的时间，Y轴（Number of Users）表示用户数量。由图可知，即使使用虚拟资源

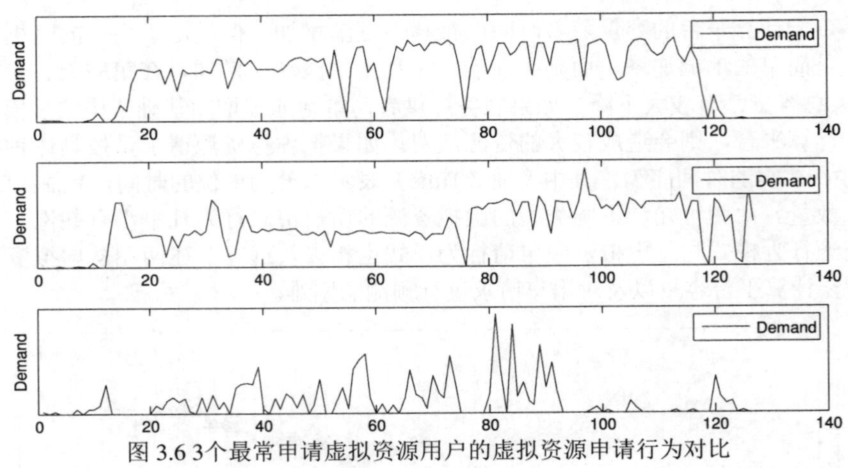

图 3.6 3个最常申请虚拟资源用户的虚拟资源申请行为对比

的用户数量较为稳定地增加，云计算资源的使用并不稳定地随用户数量的增加而增加。为了更进一步探索虚拟资源利用的变化趋势，图3.6选取了三个最经常申请虚拟资源的用户并且把他们的历史申请记录用时间序列的方式表现出来。其中X轴表示按日划分的时间，Y轴（Demand）表示需求量。由图可知，用户的资源请求行为同样相互独立，没有共性。因此，从用户的角度出发对云计算容量以及用户行为进行预测仍然存在困难。

3.5.2 资源预测解决方案

为了尽可能精确地对未来容量及请求进行预测，研究者们提出了一些基于基本预测方法改进的解决方案及相应的原型系统。图3.7显示了文献 [16]提出的一种新型的集成预测系统的架构图。该架构图从宏观的角度给出了一个集成的云计算资源预测系统所需要具备的功能及大致流程。简而言之，该架构图所描述的系统以如下步骤解决云计算容量规划及虚拟机储备。

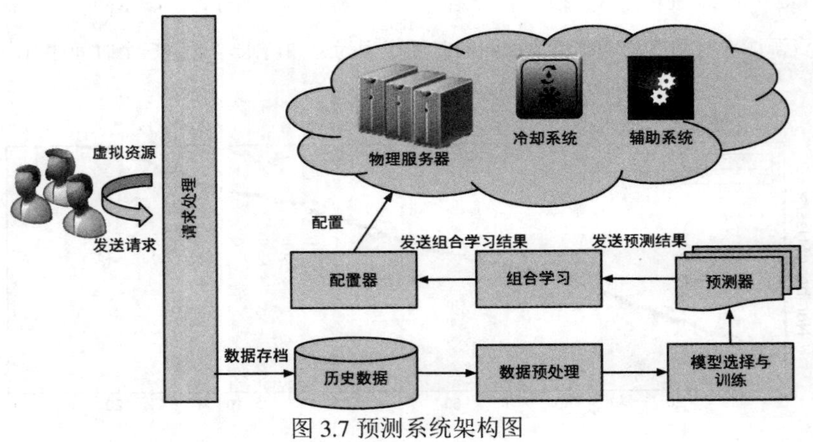

图 3.7 预测系统架构图

1. 对云计算平台的历史数据进行分析、转化以及预处理（Data preprocessing）。筛选掉无关数据及属性，并且把有用的原始数据转换为预测模型可用的格式。这一步骤主要由系统中数据预处理模块完成。

2. 根据数据特性进行模型选择及训练（Model selection & Training）。由于云计算平台高度动态的特性，模型选择及训练会使用最新的数据定期重复执行。当模型训练完成后，系统会保存所有模型的相关参数并且更新已有模型。

3. 使用训练好的单个模型对未来容量及请求进行预测并通过集成学习的方法（Ensemble Learning）降低预测结果的方差（Variance）。集成学习会使用所有可用模型进行预测，并且根据模型的历史预测记录决定每个模型的预测权重。此外，集成学习还会使用一些非时间序列分析的方法来进行预测校正。

4. 使用最终预测的结果来规划容量以预先准备虚拟资源。这个功能主要由系统中的云配置器（Cloud Configuration）完成。除了进行虚拟机储备，该模块同时负责云计算平台相关设施（包括冷却系统及电力系统）的容量规划。

在图3.7所示系统中，有两个部分值得注意: (1)数据预处理模块，这一部分由于不需要高深的数据分析技术往往容易被忽视。然而，如何选择数据属性以及如何正确预处理数据从根本上决定了预测模型的有效性。(2)集成学习中各个模型的权重衡量标准。由于云计算平台用户的特性，原有的时间序列预测衡量标准并不能良好地适用于该场景，因此需要使用具有针对性的错误衡量方法。下面将针对这两个问题提出详细的解决方案。

3.5.3 数据预处理问题

关于数据的选择，主要从三个方面考虑：属性的选取、时间序列的表现形式以及时间序列的时间粒度。对于虚拟机储备问题，还需要考虑虚拟机种类选取的问题。

3.5.3.1 属性选取

案例所使用的数据集包含有21个属性，包括虚拟机类型、用户信息、虚拟机申请时间、虚拟机获取时间、虚拟机申请数量、销毁请求申请时间、虚拟机持有时间等。对于时间序列预测，并不是所有这21个属性都有帮助。在本案例中，只有虚拟机类型，虚拟机申请时间，虚拟机申请数量，以及销毁请求时间这四个属性被使用。

3.5.3.2 时间序列种类选取

如何选择时间序列的表现形式会很大程度上影响时间序列分析模型的效果。总体来说，一般有三种时间序列：原始总量时间序列（original capacity time series，如图3.3所示）、容量变化时间序列（capacity change time series，如图3.8所示，其中X轴（Date）表示以天为单位的时间，Y轴（Demand）表示容量变化），以及资源请求/销毁请求时间序列（provision/deprovision time series，如图3.9所示，其中X轴（Date）表示以天为单位的时间，Y轴（Value）分别表示资源请求/销毁请求量）。

对于原始总量时间序列，很容易可以发现云计算平台的容量从长期来说是逐渐增加的。大多数的基于稳定时间序列假设的分析模型无法用来分析这种非平稳（non-stationarity）的时间序列。虽然有一些基于自回归模型的模型例如ARCH [7]模型可以处理这种非平稳的时间序列数据，但是ARCH对于云计算平台产生这种高度动态的时间序列数据仍然力不从心。此外，ARCH模型是基于对称错误代价函数的预测模型（symmetric cost

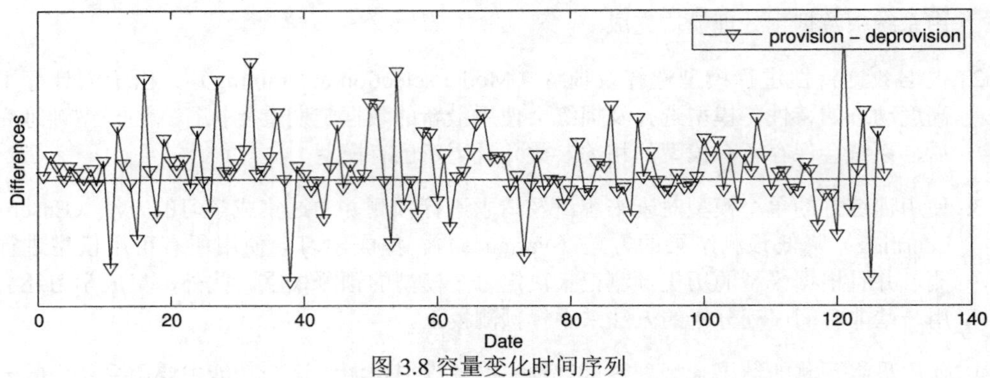

图 3.8 容量变化时间序列

function），这与专门针对云计算平台特性提出的非对称错误代价函数不兼容（关于非对称错误代价函数请参考 3.5.4）。因此，ARCH模型也不适用于原始的总量时间序列。

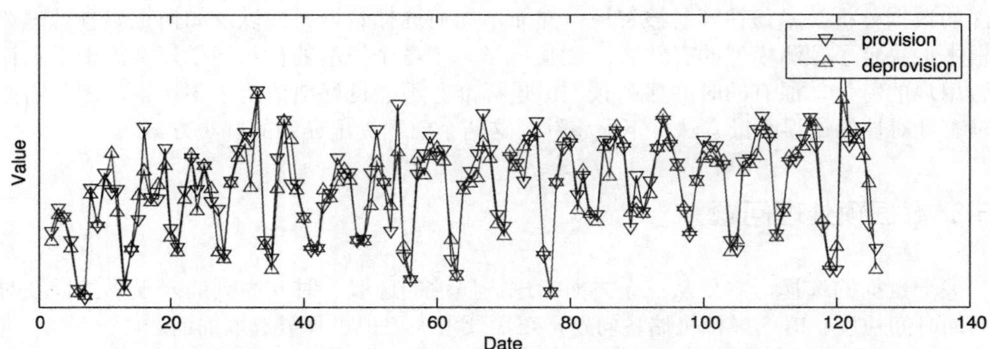

图 3.9 资源请求/销毁时间序列，其中波动较大时间序列为请求资源时间序列（provision time series），波动较小时间序列为资源销毁时间序列（deprovision time series）

容量变化时间序列是通过对原始的总量时间序列求导得出的时间序列。这种时间序列相对于原始的总量时间序列的优点是其体现出了稳定性。其时间序列的值域稳定在一个范围内，不随着时间的推移而变化。然而，虽然这种时间序列具有稳定性，但是直观来看仍然难以从其中发现任何规律。虽然时间序列分析方法能够通过学习从数据中学出复杂的规律，但是复杂的规律往往带来过于复杂的过学习模型，降低了模型的普适性（generalization）。因此，容量变化时间序列并不是用于分析的首选数据。

如果进一步把容量变化时间序列拆分成资源请求时间序列以及资源销毁请求时间序列（图3.9），可以很容易地发现该时间序列的周期模式，即拆分后的两个时间序列具有一个明显的以周为单位的周期。因此，在图3.7所示的系统中，数据预处理模块会把云计算平台的历史请求数据转化为资源请求及资源消耗请求时间序列，然后给后续各个时间序列分析模块提供训练数据。由于原始的容量时间序列被拆分成了两个时间序列，因此系统需要训练两套模型来分别预测资源请求以及资源销毁请求。当得到预测结果后，容量的变化可以通过$\delta_t = prov_t - deprov_t$来得到，而总容量可以通过$capacity_t = capacity_{t-1} + \delta_t$来得到。其中$\delta_t$为$t$时间点容量的变化值；$prov_t$以及$deprov_t$分别表示$t$时间点所预测的资源请求量及资源销毁请求量；$capacity_t$表示$t$时间点的容量。

3.5.3.3 时间粒度选取

除了时间序列的表现形式外，时间序列的时间粒度选取也是影响预测效果的一大因素。如前所述，时间序列是把原始数据集中的请求按照一定的时间粒度进行聚类再根据时间排序所得。时间粒度选取的不同会给时间序列预测带来不同的难度。图3.10显示了不同时间粒度聚类得到的时间序列。其中X轴表示不同的时间粒度，Y轴（requests）表示请求量。由图可知，时间粒度选取得越大，每个时间点上的请求量越大。对于大的时间粒度，由于基数的巨大，即使是小的预测偏差也可能使得预测的绝对误差巨大，从而造成较大的预测错误。此外，基于观察，云计算平台中绝大部分的虚拟资源持有时间少于一周，因此按周进行聚类的时间序列难以反映出真实的情况。

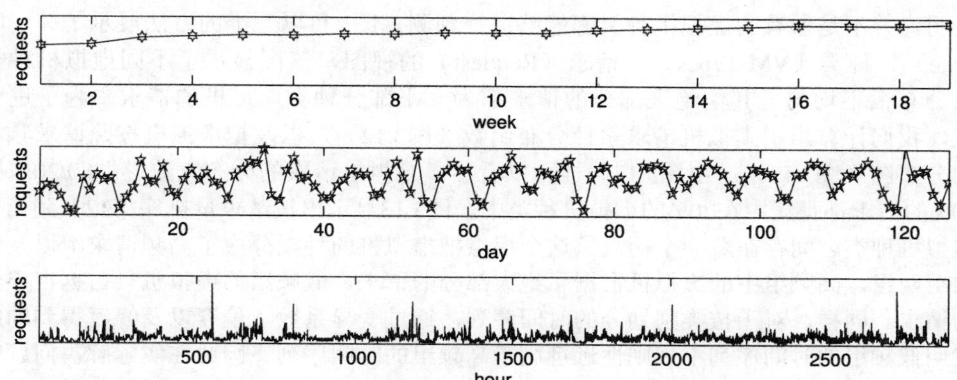

图 3.10 不同时间粒度的时间序列：从上到下分别为按周聚类，按天聚类以及按小时聚类（以上三种时间序列种类均为资源请求时间序列）

表 3.1 关于不同时间粒度聚类的时间序列的各项统计

度量	以周作为时间粒度	以天作为时间粒度	以小时作为时间粒度
变异系数（Coefficient of Variance）	0.1241	0.4048	0.7182
偏度（Skewness）	-0.5602	-0.2536	2.6765
峰度（Kurtosis）	2.7595	2.5620	20.5293

选取过小的时间粒度（按小时进行聚类）同样不适于进行时间序列分析。过小的时间粒度会使得每个时间点上的数据缺乏统计显著性（statistical significant）。另外，这样聚类出的时间序列在多项指标上显示出了不规则性。表3.1显示出了关于不同时间粒度聚类的各个时间序列的变异系数、偏度以及峰度。其中变异系数衡量了时间序列的易变性，变异系数值越高，则时间序列越容易随时间改变。偏度衡量了时间序列的不对称性，越大的偏度值表明时间序列越不对称。峰度衡量了时间序列的方差，越大的峰度表明时间序列的值的分布越不规则。由表可知，当以小时作为时间粒度时，时间序列的不规则性远远超过以周以及以天作为时间粒度的时间序列。

综上所述，根据观察以及初步分析，案例采用以天作为时间粒度的资源请求/销毁时间序列。

3.5.3.4 虚拟机种类选取

虚拟机选取问题仅针对于虚拟机储备问题。在进行虚拟机储备时，我们需要对特定种类的虚拟机进行请求预测，因此需要把关于所有请求按照种类进行归类。但是初步分

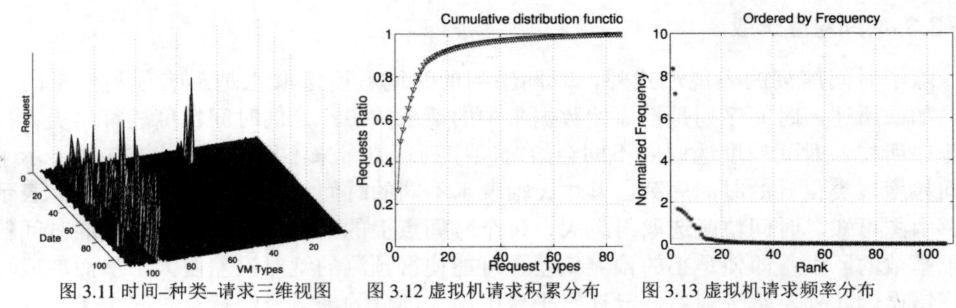

图 3.11 时间–种类–请求三维视图 图 3.12 虚拟机请求积累分布 图 3.13 虚拟机请求频率分布

析表明，并不是所有的虚拟机种类都能够进行预测。图3.11以三维的方法展示了关于时间（Date）、种类（VM Types）、请求（Request）的视图，该图显示了不同虚拟机种类的请求分布很不均匀，其中绝大部分的请求都为一小部分种类虚拟机的请求。为了进一步探究，我们计算出了虚拟机请求累计分布函数（图3.12），以及把虚拟机按照请求频率排列的分布图（图3.13）。由图3.12同样可以看出，虚拟机请求的分布大致遵循80/20原则，即80%的请求都是集中在20%的虚拟机种类中。图3.13显示出按请求量排序第12多到第13多的虚拟机种类之间存在着一个拐点。这个拐点把虚拟机的种类分成了高频请求组以及低频请求组两组，高频组中的虚拟机占据了绝大部分的请求，低频组的虚拟机只占据很小一部分的请求。同样，对于按类别划分的时间序列，通过变异系数、偏度以及峰度得到的结果也表明低频组的时间序列不规则性远远高于高频组的时间序列。因此在实际解决问题时，并不针对低频组的时间序列进行预测。由于这部分的请求量很小，一个通常的做法是对每一种低频请求组的虚拟机固定准备若干个备份。每当备份被使用完后再重新准备。

前述所讨论的数据预处理方案仅作为参考。从不同的云计算平台收集的数据可能不尽相同，读者需要根据本节所讨论的几个入手点进行具体分析，从而制定出有针对性的数据预处理方案。

3.5.4 预测评估标准选择

前面已经讲到，传统的时间序列分析方法使用的错误代价函数通常为均方差（MSE）、平均绝对误差（MAE）、平均绝对比率误差（MAPE）等。从本质讲，这些错误代价函数都是对称代价函数，即错误代价函数同等对待方法的过估计（over-estimation）及不足估计（under-estimation）。这些函数出发点是衡量时间序列分析方法的几何误差以及在训练时引导方法以几何误差最小的形式趋近真实值。这些函数从广义上来讲普适于大多数时间序列预测的问题，但是对于预测云计算资源这个应用场景来说，其具有一定局限性。这是由于资源的过估计和不足估计在这个场景里面具有不同的语义，并且会导致不同的代价。因此，现存的对称代价函数无法很好地适用于这种非对称的场景。

为了应付云计算资源资源准备这种特殊的预测应用场景，文献 [18]提出了一种叫Cloud Prediction Cost（CPC）的非对称错误代价函数来评估预测错误。Cloud Prediction Cost是一种非对称的异质错误代价函数，其由*SLA*违反代价以及剩余资源代价两种不同的代价构成。相应地，其使用$P(v(t),\hat{v}(t))$以及$R(v(t),\hat{t})$来量化这两种代价。总体来说，CPC衡量的

总代价C为

$$C = \beta P(v(t), \hat{v}(t)) + (1-\beta)R(v(t), \hat{v}(t)), \tag{3.2}$$

其中β是用于调整两种代价权重的参数。以云容量规划问题为例，如果当前云的负载（云的当前容量与最大容量的比例）比较低时，该评估函数可以适当增加β以加大*SLA*违反代价的权重。这样预测会更加偏向于减小SLA违反的几率（即以增加过预测为代价来减少不足预测），反之亦然。

CPC是一种泛化的错误代价函数，可以适用于云容量规划以及虚拟机储备两种具体的应用场景。此外，对于不同的云计算平台以及不同的预测目标，CPC的具体表现方式可以根据具体应用改变。基本上来说，具体定义的P函数和R函数仅仅需要满足非负性以及一致性两条属性。关于其具体定义，可以参考文献 [18]，这里不再赘述。

由于云资源过预测与不足预测后果的异质性，我们需要从不同的物理意义出发考虑如何定义*SLA*违反代价函数以及剩余资源代价函数。在本案例中，我们通过如下直观认识对*SLA*违反代价函数以及剩余资源代价函数进行定义。

1. *SLA*违反代价：*SLA*违反代价是用于量化用户满意度的一个重要指标。其大体上是由于云计算系统低估了用户的请求量而造成。为了便于讲解，使用请求完成时间被用于间接量化*SLA*违反代价。请求完成时间可以理解为从用户发送请求到用户得到服务所等待的时间。当准备的资源充足时（容量足够或者有合适的虚拟机储备），用户的请求可以立即得到满足。在这种情况下，当前资源充足时的代价使用T_{avail}来表示。当准备的资源不足以满足请求时，用户需要等待时间T_{delay}直到新的资源准备完成。通常情况下，用户的等待时间是不确定的，但是可以确定的是$T_{delay} \gg T_{avail}$。*SLA*违反代价（即P函数）的一个简单可行的定义为公式3.3。这个定义表明了SLA违反的代价正比于不足预测的程度。除了这个基本定义，也可以定义更为复杂的SLA违反函数，例如：SLA通常在某项指标（比如请求完成时间）超过某个阈值时才被违反，对于低于阈值的等待时间，其代价为0。

$$P(v(t), \hat{v}(t)) = min(v(t), \hat{v}(t))T_{avail} + max(0, v(t) - \hat{v}(t))T_{delay} \tag{3.3}$$

2. 剩余资源代价：剩余资源代价是由于资源过预测造成无法收回成本的代价。其包括服务器老化、耗材损耗，以及劳工费用等。剩余资源代价的一个简单的定义为公式3.4，其中R_{vm}为过预测一个单位虚拟机所带来的代价。这里使用虚拟机基本单位来量化不同类型的虚拟机。

$$R(v(t), \hat{v}(t)) = max(0, \hat{v}(t) - v(t))R_{vm} \tag{3.4}$$

综合公式3.3和3.4，可以得出关于CPC的一个具体衡量标准为

$$\begin{aligned} C &= f(v(t), \hat{v}(t)) = \beta P(v(t), \hat{v}(t)) + (1-\beta)R(v(t), \hat{v}(t)) \\ &= \begin{cases} \beta v(t)T_{avail} + (1-\beta)(\hat{v}(t) - v(t))R_{vm}, & \text{当}\hat{v}(t) \geq v(t) \\ \beta(\hat{v}(t)T_{avail} + (v(t) - \hat{v}(t))T_{delay}), & \text{当}\hat{v}(t) < v(t) \end{cases} \end{aligned} \tag{3.5}$$

由于不同的云计算平台对于不足预测以及过预测的偏向不同，β可以被用于自由调节*SLA*违反代价以及剩余资源代价的偏向。需要注意的是，以上关于CPC的衡量标准只是一个参照。根据具体的情况，云计算服务提供者可以在不违反前述两个属性的情况下自己定制具体的表达式。

3.5.5 集成学习策略

在前面我们提到云计算的应用场景中用户的行为具有高度的动态性，单个预测模型很难准确预测。因此，前述系统（图3.7）采用集成学习的策略结合不同的预测模型的预测能力对用户请求进行预测。集成学习的策略在数据挖掘的分类问题中已经被广泛应用。在分类问题中，数据样本被认为是独立同分布的（independent and identically distributed，i.i.d.），即样本被认为是从相同的分布中独立抽取的。然而对于时间序列分析问题，样本间存在强烈的时间维度的关联。此外，不同于分类问题，时间序列分析问题的类标（即需要预测的值）是连续值，因此没法使用类似于分类的投票机制来获取最终结果。对于时间序列分析集成学习，集成学习策略主要通过预测评估标准来更新每个预测器的权重。

在本案例中，我们使用前面所有提到的时间序列分析模型并且通过他们的结果来进行集成学习。特别需要指出的是，为了更加精确地进行预测，还可以对容量规划预测以及虚拟机储备预测进行更有针对性的改进。

1. 对于容量规划预测的改进。由前可知，我们使用的时间序列为资源请求/销毁时间序列。对于其中的资源销毁时间序列，我们可以使用更加有效的方法来进行预测。显而易见，未来的资源销毁量是小于当前云的容量的（云的资源销毁及回收量不可能多余当前所有的虚拟资源）。因此，可以利用这个更加直观的性质来对资源销毁时间序列进行预测: 由于可以获取资源请求及销毁的所有历史数据，我们可以估计出关资源持有时间的累计分布函数，然后通过资源当前持有时间来预测资源销毁的可能性。相较于单纯从资源申请/销毁时间序列表现型（时间序列的形态）的角度进行预测，这种方式的好处是预测模型可以用解释性更强的方法利用每一个具体请求进行更加深度的分析，这些信息是已经经过数据抽象的时间序列所表达不出来的。

2. 对于虚拟机储备的改进。对于虚拟机储备的预测，需要做的是对每一种类型的资源请求/销毁时间序列进行预测。因此我们需要把总的请求时间序列拆分成若干子时间序列。从图3.4可知，每个类型的虚拟机的时间序列表现出了较大的差异性，这样的差异性使得预测的难度更大。通过观察发现，相近类型的虚拟机往往存在着一定程度的相关性。例如，基于windows不同版本操作系统的虚拟机往往存在着很强的相关性，不同类型操作系统的虚拟机也存在这种关系。因此，为了使得预测更加可靠，除了预测模型的集成学习以外，还可以利用时间序列之间的相关性来辅助预测。

在这里，我们只是粗略介绍了改进的思路。对于这个案例，文献 [18,19]从理论及技术角度上给出了详细方案。此外，针对不同的具体场景，具体解决方案需要根据状况进行调整。

§3.6 案例分析结果

为了从多角度判断解决方案的有效性，我们在案例数据集上复现文献 [18, 19]中多组实验用以进行结果分析。关于预测结果评估，评估主要包含以下方面：资源请求时间序列预测结果分析，资源销毁时间序列预测结果分析，虚拟机储备时间序列预测结果分析，不同预测衡量标准之间的比较。

由于集成学习中所使用预测模型多为基于监督的学习（supervised learning），因此数据集被拆分为训练集及测试集两个部分。以最后一个月的数据作为测试集，以剩下的数据作为训练集。

3.6.1 资源请求时间序列预测结果分析

为了评估资源请求时间序列预测的有效性，我们复现了文献 [19]的对比实验。该对比试验使用多种预测方法来进行比较，其中包括随机预测、滑动平均、自回归预测、神经网络、基因表达式编程、支持向量回归机，以及集成学习。此外其使用CPC来进行错误评估。关于实验的详细设置，可以参考相关文献。这里仅通过实验结果展现集成学习的优越性。表3.2显示了各个预测方法基于CPC衡量的总预测代价值（在一个月的测试集上总的预测错误）。

从该表中我们可以得出集成学习的方法总是最优或接近最优这个结论。基于三个月测试数据的预测结果显示出，不同数据集中胜出的预测模型各不相同。但是集成学习的方法总是接近最优的那个模型。这是由于集成学习的预测策略总是倾向于通过先验经验增大表现最好的预测模型贡献比例，从而使得整个集成学习模型的表现趋近于最优模型。虽然本实验结果仅对前述具体案例有效，但是由于云计算平台高度动态性的这种特性，我们有理由相信，使用集成学习的方法总是可以带来更加准确且稳定的预测结果。

表 3.2 通过CPC衡量的各个时间序列分析方法的预测错误

时间序列预测模型	五月作为测试集	六月作为测试集	七月作为测试集	平均
随机预测	2281555	3507600	3080320	2956491
滑动平均	1295550	1293620	1293620	1294263
自回归预测	504912	760110	1047275	770765
神经网络	980780	1095102	1577127	1217669
基因表达式编程	866117	640405	1037705	848075
支持向量回归机	3746005	2199010	1147240	2364085
集成学习	538302	626585	1072840	**745909**

3.6.1.1 参数调整效果

如前所述，CPC中的β的变化可以调整预测的偏重。为了验证这一观点，我们同样复现了文献 [16]相关实验。图3.14显示了当β变化时集成学习训练模型的变化，其中左边Y轴表示SLA违反代价（使用用户请求等待时间降低的百分比来反映），右边Y轴表示剩余资源代价，X轴表示β值。从图中可以看出，当β值为0时，用户请求等待时间减少百分比与剩余资源代价都为最小值。这是由于在当前情况下，集成学习方法会最大程度地选择那些保守（不足预测）的预测器来确保过预测的错误代价最小。当β逐渐增大时，用户请求等待的时间逐渐降低（百分比增大），同时剩余资源的代价也越来越大。这是由于集成学习会逐渐倾向于选择激进（过预测）的预测器来降低SLA违反错误代价。当β值增加到1时，用户等待时间百分比降低以及剩余资源代价都达到了最大值。这时，集成学习方法会最大程度的选择那些最激进的预测器来确保不足预测的错误代价最小。

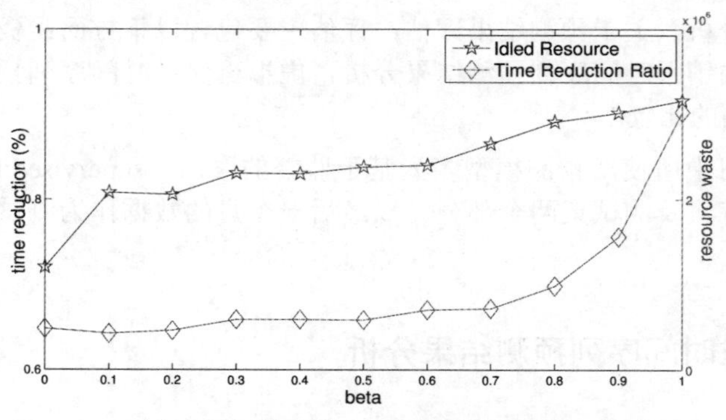

图 3.14 调整参数β对于预测的影响

从实验结论我们可以得到如下启示：对于不同的云计算平台，由于其具体SLA要求不尽相同，因此服务提供商可以根据具体SLA规约对β值进行调整。此外，服务提供商也可以根据当前云计算平台的负载来动态调节β值从而动态更改预测策略。例如，当云计算平台当前负载低时，可以适当增加β值来减少不足预测的可能性，从而提高服务质量。当云计算平台负载高时，可以适当减少β值以减少过预测的可能性，从而降低云计算平台负担。

3.6.2 资源销毁时间序列预测结果分析

对于资源销毁时间序列的预测，前面已经提到过通过估计虚拟机持有时间的累计分布函数来推断每一个虚拟机被销毁的概率的方法来预测。本组实验使用四种不同的累积分布函数生成方法来探究最好的预测方法。

1. Dist All: 该方法根据所有历史数据及所有类型的虚拟机来估计持有时间积累分布函数。然后对于每一天，其通过该积累分布函数来预测可能会被销毁的资源的期望值。最后根据该期望值来调整容量。

2. Dist 60: 该方法根据近60天的历史数据及所有类型的虚拟机来估计持有时间积累分布函数。其与第一个方法大致相同，唯一不同的是仅使用前60天的历史数据而不是全部历史数据作为训练集来训练模型。这样做的一个考虑是测试只使用部分训练数据是否能够达到同样的预测效果。

3. Dist Individual: 该方法对于不同种类虚拟机单独估计持有时间累积分布函数。其首先把总的请求量按照具体的虚拟机类型进行拆分，然后对于每一种虚拟机单独估计持有时间累计分布函数。这样做的意图是考察是否每一种单独的虚拟机有其自己独特的持有时间积累分布函数以及其是否有助于提高预测精度。

4. Dist Hybrid: 该方法同时估计种类无关的持有时间积累分布函数以及单独种类的持有时间累计分布函数。其综合了第一个和第三个方法，使用一种加权求和的方法来综合考虑种类无关的积累分布函数以及种类特定的积累分布函数。

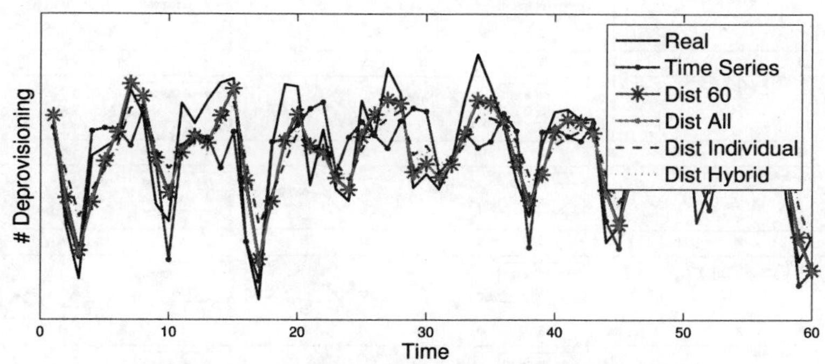

图 3.15 各个方法关于资源销毁时间序列的预测结果

图3.15显示了不同预测方法的预测结果，其中X轴（Time）表示以天为单位的时间，Y轴（Deprovisioning）表示资源销毁请求量。为了便于比较，该图也显示出了真实的时间序列以及使用集成学习的预测方法得到的时间序列。从图中可知，所有的预测方法都得到了较为准确的预测结果。同时可以发现，集成学习的预测方法在预测峰值时能力有限。此外，所有的四种基于持有时间积累分布函数的预测方法都得到了比集成学习预测方法更好的预测效果。这是由于这些方法利用了比集成学习更多的关于虚拟机请求的信息来提高预测精度。在所有这些方法中，Dist All的预测效果最好，这是由于Dist All利用了关于虚拟机持有时间的信息而又没有对于训练数据过拟合。

该实验结论给我们如下启示：(1) 对于资源销毁时间序列的预测，利用资源持有时间分布函数可以更精确的进行预测。(2) 在条件允许的情况下，使用尽量多的历史数据估计资源持有时间分布函数。

3.6.3 虚拟机储备时间序列预测结果分析

为了衡量关于虚拟机储备这个问题，本节复现了文献 [16]中的对比实验来评估不同预测方法的精度。除开CPC，该实验同时使用了均方差，平均绝对误差，平均绝对比率误差三种错误评估方法来评估各个预测器。如3.5.3.4所述，前12个最频繁（在拐点之前）的虚拟机类型的时间序列被选中用于对比测试。为了进行测试，这些请求数据本分成训练数据和测试数据（最后一个月的请求）。

表 3.3 前三种最频繁虚拟机种类的预测结果，最后一列表示所有频繁虚拟机类型的预测结果。缩写的含义, *MA*：滑动平均, *AR* ：自回归模型, *ANN* ：神经网络, *GEP*：基因表达式编程, *SVM*：支持向量回归机

预测器	第一频繁				第二频繁				第三频繁				平均
	MAE	MSE	MAPE	CPC	MAE	MSE	MAPE	CPC	MAE	MSE	MAPE	CPC	CPC
MA	40.3	2740.23	0.87	437305	51.53	4904.4	1.63	532132	7.23	88.5	1.67	76370	152402
AR	45.1	4034.57	1.52	300687	50.5	3893.63	5.32	391630	5.9	67.5	1.05	83292	137046
ANN	30.27	1203.07	0.67	388535	20.8	706.4	2.04	247085	4.97	29.57	2.14	37052	106113
GEP	17.37	1757.5	0.21	154440	54.77	5621.97	6.59	473347	4.1	27.63	1.59	33745	112149
SVM	68.03	5604.77	0.9	1010422	59.5	5578.37	2.89	890447	6.2	85.4	0.9	88737	234225
Ensemble	16.7	1212.1	0.21	158862	21.67	1057	2.04	254190	5.03	46.97	1.56	53327	88679

表3.3显示了所有预测器对于最频繁的三种虚拟机的测试结果, 分别是Red Hat Enterprise Linux 5.5 32-bit 、Red Hat Enterprise Linux 5.5 64-bit 、SUSE Linux Enterprise Server。同时，该表也列出了所有关于频繁虚拟机时间序列预测结果的CPC平均值。从表中可以看出，对

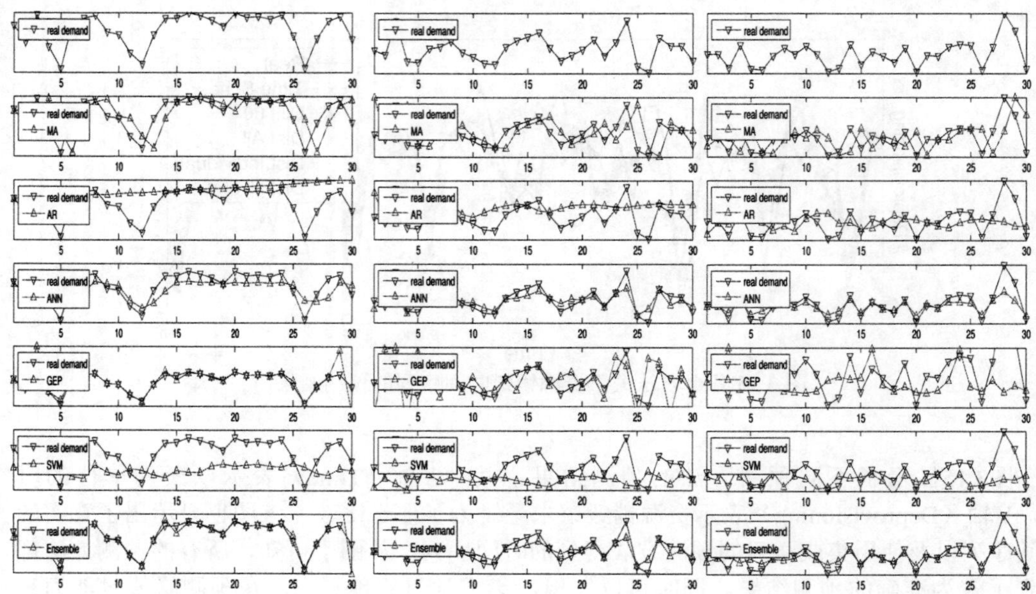

图 3.16 不同预测器在三个最频繁虚拟机类型时间序列的预测效果。每列图显示了不同预测器的预测效果，从上到下分别为：原始时间序列、滑动平均、自回归模型、神经网络、基因表达式编程、支持向量回归机以及集成学习

于不同的虚拟机种类，其预测结果最好的预测器都不同。例如对于最频繁的虚拟机类型（Red Hat Enterprise Linux 5.5 32-bit）最有效的预测器是基因表达式编程，对于第二频繁的虚拟机类型最有效的预测器是神经网络。可以看出，对于一种虚拟机类型表现最好的虚拟机在其他类型虚拟机的时间序列预测表现可能很差。例如，神经网络在最频繁虚拟机类型上表现很差。对于集成学习预测器，可以看出，虽然它不在任何一个虚拟机类型的预测上表现的最好，但它总是接近于表现最好的一个预测器。这种现象表明集成学习预测器对于时间序列预测具有很好的稳定性。平均来说，集成学习预测器的表现最好，图3.16显示了各个预测器对于三个最频繁的虚拟机类型时间序列的预测结果。从图中也可以看出，集成学习预测器的预测结果总是很接近最精确的预测器的结果。

从该实验的结果我们可以得出与3.6.1节类似的启示，即：在预测虚拟机储备时间序列时，基于集成学习预测比单个预测模型具有更好的精确性及稳定性。考虑到云计算平台的动态性，使用集成学习的预测方法更加稳妥。

§3.7 本章小结

在本章中，我们主要探讨了如何把数据挖掘以及数据分析的技术应用于云计算领域。第3.2节首先介绍了关于云计算的基本背景知识。然后第3.3节讨论了数据挖掘在云计算领域的应用。最后，第3.5节以及第3.6节从这些应用中选择了云容量规划以及虚拟机储备两个问题进行详细介绍并给出了案例分析。

§3.8 附录：时间序列分析模型介绍

对于时间序列预测，典型的解决方法就是利用滑动窗口平均数预测、自回归分析、人工神经网络、支持向量回归机、基因表达式编程。

3.8.1 滑动窗口平均数预测

滑动窗口平均数预测是最简单的时间序列预测方式。本质上讲，其为一种通过计算整个数据集中某一子集的平均数来进行分析的有限脉冲响应滤波器。在使用滑动窗口平均数预测时，往往需要设定一个固定长度为n的滑动窗口。简单地讲，设预测时间点为t，那么时间点t的预测值为

$$\hat{v}^{(t)} = MA_{t-1} = \frac{v^{(t-1)}, +v^{(t-2)} + \cdots + v^{(t-n)}}{n} \tag{3.6}$$

其中MA_{t-1}表示在时间点t的移动平均值。如果采用增量计算，那么滑动窗口平均数可以按照公式3.7计算。

$$\hat{v}^{(t)} = MA_{t-1} - \frac{v^{(t-n)}}{n} + \frac{v^{(t-1)}}{n} \tag{3.7}$$

滑动窗口平均数预测的优点是计算极其简便，但是如果时间序列的变化不稳定，其预测效果会大打折扣。此外，如何正确选择滑动窗口的长度也是一个困难的问题。如果n选择太大，则预测值变动会被低估，如果n选择太小，那么过往历史没有被充分利用。

3.8.2 自回归预测

自回归预测（Auto-Regressive）[43]又称为AR模型。它是统计上一种预测时间序列的方式。本质上讲，它是一种随机过程（stochastic process）[21]分析方法。自回归分析的一个基本假设是输出变量线性依赖于其过往历史值。其模型可以表示为

$$\hat{v}^{(t)} = c + \epsilon_t + \sum_{i=1}^{n} \phi_i v^{(t-i)} \tag{3.8}$$

其中c为一常数，ϵ_t为随机误差值，ϕ_t为自回归模型的参数。简单的讲，就是假设当前值与过往值存在一种自相关的关系，从而通过过往历史来预测当前值。通过公式3.6以及公式3.8可知，滑动窗口平均数预测模型实际上为自回归预测模型的一个特例，即该模型的所有参数都为$\frac{1}{n}$。

自回归预测的优点是模型容易理解，计算简单。但是它的缺点也相当明显。首先，时间序列数据必须存在线性关系或者能由线性关系近似。其次，其只能应用于受自身历史因素影响较大的时间序列，而不能普遍适用于所有类型的时间序列。

基于自回归模型进行改进的模型还有自回归移动平均模型（Auto-Regressive Moving Average - ARMA）[42]。自回归移动平均模型把移动平均模型（MA模型）以及自回归模型结合为一体。ARMA模型可以表示为$ARMA(p,q)$，其中p为AR模型的相关参数个数，q为MA模型的相关参数个数。例如$ARMA(n,m)$可以表示为公式3.9，其中ϕ_i为AR模型相关参数（一共有n项）；θ_i为MA模型相关参数（一共有m项）。

$$\hat{v}^{(t)} = \sum_{i=1}^{n} \phi_i v^{(t-i)} + \sum_{i=1}^{m} \theta_i \epsilon_{t-i} + c + \epsilon_t \tag{3.9}$$

除了ARMA模型，基于自回归预测模型还有差分自回归滑动平均模型（Auto-Regressive Integrated Moving Average - ARIMA）[3]、自回归条件异方差模型（Auto-Regressive Conditional Heteroskedasticity - ARCH）[8]等。这些模型在AR模型的基础上做了改进，使得模型在特定场合具有更高的准确性。

关于模型的训练，一个简单的方法为采用梯度下降算法来求出参数的最优组合。关于模型训练的更多细节，可以参考相关文献。

3.8.3 人工神经网络

如前所述，如果数据中存在复杂的非线性关系，自回归预测很难正确拟合出数据之间的关系。为了更加有效地对存在非线性关系的数据进行预测，人工神经网络（Artificial Neural Network）是合适的模型。

人工神经网络是一种模仿生物神经网络的数学模型，是一种能够找出数据输入输出之间复杂关系的数据挖掘算法。从结构上讲，人工神经网络是有一些“人工神经元”，这些神经元被分为若干层次并且相邻两层的神经元存在关联。一个典型的人工神经网络一般具有三种类型的层次：输入层（input layer）、隐层（hidden layer）以及输出层（output layer），其中隐层可以为0到多层。

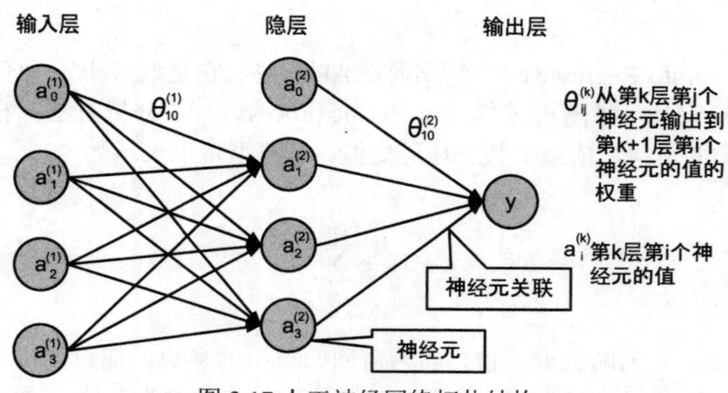

图 3.17 人工神经网络拓扑结构

图3.17展示了三层人工神经网络的拓扑结构，其中包括一层隐层。如图所示，每一层的神经元数量分别有四个、四个和一个，其中输入层和隐层分别包含一个偏差神经元[1]。其中θ_{ij}^{k}为从第k层第j个神经元输出到第$k+1$层第i个神经元的值的权重。$a_i^{(k)}$表示第k层

[1]偏差神经元的值固定为1。关于偏差神经元的数学及物理意义，有兴趣者可以参考相关文献 [35]。

第i个神经元的值。如果其为输入层，则该值直接由数据所得，否则该值由上一层神经元计算所得（偏差神经元除外）。设第$k+1$层计算神经元为$\boldsymbol{a^k}=[a_1^{(k+1)},\cdots,a_m^{(k+1)}]^T$，则其值可以根据公式3.10所得，其中$\boldsymbol{\theta^{(k)}}$为第$k$到第$k+1$层神经元权重的矩阵表示，$\boldsymbol{a^{(k)}}=[a_0^{(k)},a_1^{(k)},\cdots,a_2^{(k)}]^T$为第k层所有神经元的向量表示，$\theta_{(k)}=[\theta_0]^T$。例如，图中隐层的神经元可以由公式3.11所得。

$$\boldsymbol{a^{k+1}}=g(\boldsymbol{\theta^{(k)}a^{(k)}}) \tag{3.10}$$

$$\begin{aligned} a_1^{(2)} &= g(\theta_{10}^{(1)}a_0^{(1)}+\theta_{11}^{(1)}a_1^{(1)}+\theta_{12}^{(1)}a_2^{(1)}+\theta_{13}^{(1)}a_3^{(1)}) \\ a_2^{(2)} &= g(\theta_{20}^{(1)}a_0^{(1)}+\theta_{21}^{(1)}a_1^{(1)}+\theta_{22}^{(1)}a_2^{(1)}+\theta_{33}^{(1)}a_3^{(1)}) \\ a_3^{(2)} &= g(\theta_{30}^{(1)}a_0^{(1)}+\theta_{31}^{(1)}a_1^{(1)}+\theta_{32}^{(1)}a_2^{(1)}+\theta_{33}^{(1)}a_3^{(1)}) \end{aligned} \tag{3.11}$$

其中$g(z)=\frac{1}{1+e^{-z}}$表示变量z的Sigmoid函数。这个函数的作用是把值域为整个实数域的z转换为到$(-1,1)$的开区间。

假设图中所示为一个已经训练好的神经网络（所有神经元关联的权重值θ_{ij}已经通过对训练集的学习得到），那么其输出$\hat{y}$可以表示为

$$\hat{y}=g(z)=\frac{1}{1+e^{-z}}=\frac{1}{1+e^{-f(a^{(2)})}} \tag{3.12}$$

其中$z=f(\boldsymbol{a}^{(2)})=\theta_{10}^{(2)}a_0^{(2)}+\theta_{11}^{(2)}a_1^{(2)}+\theta_{12}^{(2)}a_2^{(2)}+\theta_{13}^{(2)}a_3^{(2)}$为从输出层得到的隐层的输出。而其中的每一个隐层神经元的值则通过公式3.11获得。

关于神经网络的学习，较常用的方法为梯度下降算法。设$J(\theta)$为具有K个输入神经元的神经网络的错误函数，其中θ为权重的矩阵表示，其目标函数如公式3.13所示，其中$y-\hat{y}$表示为真实值与预测值之间的差值。

$$J(\theta)=-\frac{1}{m}\sum_{i=1}^{m}(|y-\hat{y}|)^2 \tag{3.13}$$

但是由于神经网络拓扑结构的复杂性以及训练集的数据规模，采用一般的梯度下降算法效率低下，训练时间极长。原因是其需要在学习了整个训练样本集后对权重通过进行更新。为了加快速度，一个更加实用的方法为随机梯度下降（Stochastic Gradient Descent）[2]，这种方法可以通过每一个训练样本通过梯度下降进行权重更新。由于本章着重于各种时间序列分析方法的应用，关于神经网络的更多细节，不再赘述。有兴趣者可以参考相关著作[1]。

3.8.4 支持向量回归机

支持向量机（Support Vector Machine）[4]是一种精度很高的监督学习算法，它主要被

用于解决分类问题。在一个二类（训练集只具有正类和负类两类）分类问题中，它主要通过对训练样本进行分析从而得到具有良好划分功能的决策超平面。由于其总是倾向于寻找具有最大边距（margin）的决策超平面，使得其对测试样本也具有良好的普适性（generalization）。

支持向量回归机（Support Vector Regressor Machine）[6]是支持向量机的一个变种，它利用与支持向量机基本原则为：把训练机数据的特征通过非线性变换Φ（又称核函数）映射从原本的n维空间到更高维空间的m 维空间$\mathcal{F}$，然后再在该空间中做线性回归，其基本思想可以由公式3.14表示，其中$\boldsymbol{w} = [w_1, w_2, ..., w_m]^T$为原样本映射后的$m(m > n)$维空间中各个特征的权重，$b$为一阈值。若去掉该公式中的映射函数Φ，则其为一般的线性回归表达式。因此，在高维空间中的线性回归对应于低维空间(原样本的n维空间)中的非线性回归（如图3.18所示）。

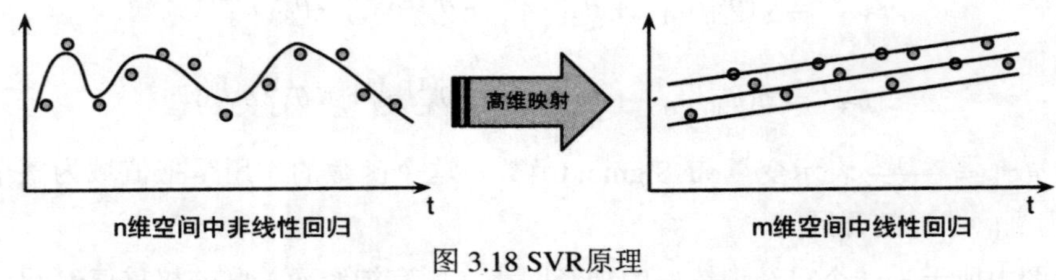

图 3.18 SVR原理

$$f(\boldsymbol{x}) = \boldsymbol{w}\Phi(x) + b,\ 且\Phi : \boldsymbol{R} \rightarrow \mathcal{F}, \boldsymbol{w} \in \mathcal{F} \tag{3.14}$$

给定一个训练好的支持向量回归机模型，预测值可以在$O(m)$的时间内被计算出来。例如，给定时间序列数据$\boldsymbol{v} = v^{(t-n)}, v^{(t-n+1)}, \cdots, v^{(t)}$（假设已经正规化到区间[-1,1]），则第$t+1$时间点的预测值$v^{(t+1)} = \boldsymbol{w} \cdot \Phi(\boldsymbol{v}) + b$。

关于模型的训练，其目标为在给定核函数的情况下最小化由公式3.15计算得到的预测错误，其中$\boldsymbol{x}_i$为训练样本，y_i为训练集中的实际值，$C(\cdot)$为代价函数，$\lambda||\boldsymbol{w}||^2$用于控制模型的复杂度，惩罚增加模型复杂度的过大的权重值。

$$R_{reg} = \sum_{i=1}^{l} C(f(\boldsymbol{x}_i - y_i)) + \lambda||\boldsymbol{w}||^2 \tag{3.15}$$

对于大多数的代价函数$C(\cdot)$，公式3.15可以通过Quadratic Programming [5]的方法来优化。关于代价函数，常见的候选为ϵ-intensitive代价函数 [41]以及Huber代价函数 [39]。关于它们原理的详细介绍，可以参考相关文献。

3.8.5 基因表达式编程

基因表达式编程（Gene Expression Programming） [9]是一种新型的仿生学算法，它起源于生物学领域，继承了传统的遗传算法（Genetic Algorithm）以及遗传编程（Genetic Programming）的优点。基因表达式编程对于未知先验经验的函数发现以及时间序列分析方面具有良好的表现。

不同于前述仅具有固定假设表达式（例如自回归模型的表达式为多元线性方程）的时间序列分析方法，基因表达式编程的假设空间允许具有任意类型的表达式。这使得基因表达式编程从理论中能够正确学习出任意复杂的预测模型。

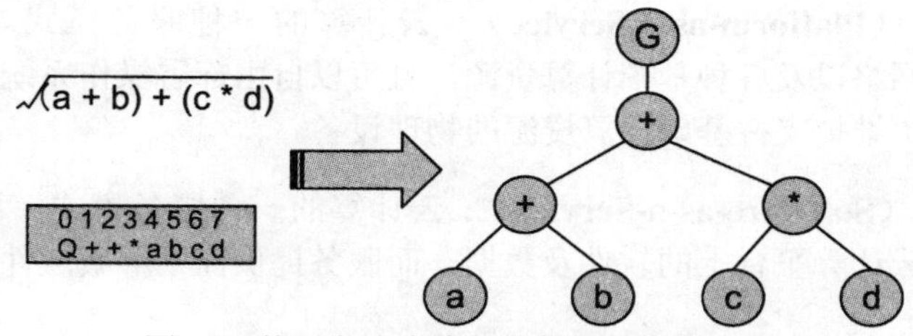

图 3.19 基因表达式编程的数组及树状表达

基因表达式编程之所以能够表达任意复杂的的表达式是由于其使用以“染色体”来对表达式进行编码。从结构上讲，一个“染色体”是由一个数组表示；而从逻辑上讲，一个“染色体”表达一个表达式树（Expression Tree）。图3.19显示了一个简单的表达式$\sqrt{(a+b)+(c*d)}$，以及对应的数组和表达式树。由图可知，“染色体”中的每一个“基因”（数组中一个元素，或者表达式树中一个结点）为一个操作符（operator）或者一个操作数（operand）。根据应用的具体需要，使用者可以自定义任意类型的操作符。这种强大的自定义功能赋予了“染色体”表达任意模型的能力。对于时间序列分析，基因表达式编程通过评估“染色体”的值与实际值的差距来度量预测误差。例如使用前4天的真实值来预测第5天的情况，假定学习出的最佳“染色体”为3.19中所示且前四天的数据分别为135、133、140、138，则第五天的预测值为$\sqrt{(135+133)+(140\times 138)}=139.95$。

对于模型的训练，基因表达式编程通过种群进化的模式来优化模型。一个种群往往具有大约40到100个“染色体”，这些“染色体”的表达式具有很强的多样性。种群中的染色体通过“复制”（replication）、“变异”（mutation）、“杂交”（recombination）、“反转”（inversion）等操作（如图3.20所示）在评估函数（Fitness Function）的引导下进行进化。关于如何根据评估函数进行进化，可以参考相关文献[10]，本文不再赘述。

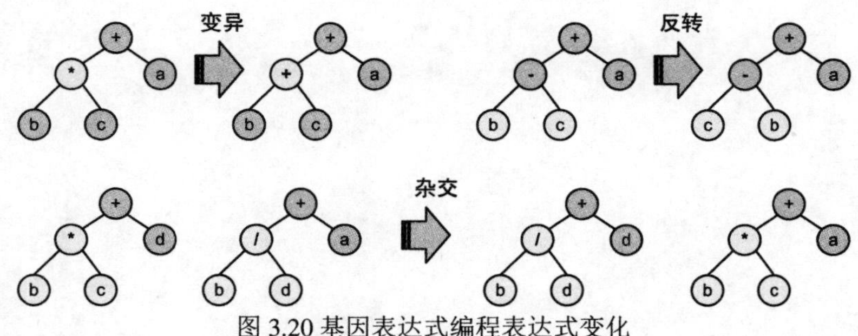

图 3.20 基因表达式编程表达式变化

§ 3.9 术语解释

1. 云计算（**Cloud Computing**）：一种基于互联网的分布式计算方式。旨在通过软硬件共享的方式来按需提供计算资源以及服务。

2. **基础设施即服务（Infrastructure-as-a-Service）：**云计算服务的一种模式。用户可以使用指定的开发环境及运行环境进行软件开发。云计算服务商则负责维护基础计算设施。

3. **平台即服务（Platform-as-a-Service）：**云计算的一种服务模式。用户可以使用计算、存储、网络以及各种基础计算资源，且可以自由部署操作系统以及软件。云计算服务商则负责维护支持基础计算资源的物理设备。

4. **软件即服务（Software-as-a-Service）：**云计算的一种服务模式。用户可以使用服务提供商搭建云计算平台上的软件及数据，而服务提供商则屏蔽软件层及以下的实现细节。

5. **虚拟机（Virtual Machine）：**真实机器的副本。在云计算的语义范畴里为通过虚拟化管理程序（Hypervisor）产生的对硬件进行模拟的程序。

6. **虚拟化管理程序（Hypervisor）：**特指用于产生虚拟机的软件、固件或者硬件。

7. **服务等级协议（Service Level Aggrement）：**服务协议的一部分，通常用于协定服务的性能以及服务响应时间。在某些情况下，其也被用于协定平均服务故障时间间隔、平均故障维修时间等。

8. **现收现付（pay-as-you-go）：**云计算服务的一种收费方式，即按照虚拟资源具体使用量进行收费。

参考文献

[1] C. Bishop. Neural Networks for Pattern Recognition. Oxford University Press, 1995.

[2] L. Bottou. *Large-scale machine learning with stochastic gradient descent*. In International Conference on computational statistics, 2010.

[3] G. Box and G. Jenkins. Time series analysis: Forecasting and control. San Francisco: Holden-Day, 1970.

[4] C. Cortes and V. Vapnik. *Support vector networks*. Machine Learning, pages 273~297, 1995.

[5] Z. Dostal. Optimal Quadratic Programming Algorithms: With Applications to Variational Inequalities. Springer, 2009.

[6] H. Drucker, C. J. C. Burges, L. Kaufman, A. Smola, and V. Vapnik. *Support vector regression machine*. In NIPS, 1997.

[7] R. Engle. *Autoregressive conditional heteroscedasticity with estimates of variance of united kindom inflation*. Econometrica, 1982.

[8] R. F. Engle. *Autoregressive conditional heteroscedasticity with estimates of variance of united kingdom inflation*. Econometrica, pages 987~1008, 1982.

[9] C. Ferreira. Gene Expression Programming: Mathematical Modeling by Artificial Intelligence. Springer, 2000.

[10] C. Ferreira. *Gene expression programming: A new adaptive algorithm for solving problems*. Complex System, 2001.

[11] A. Gandhi, M. Harchol-balter, R. Raghunathn, and M. A. Kozuch. *Autoscale: Dynamic, robust capacity management for multi-tier data center*. ACM Transactions on Computer Systems, 2011.

[12] Z. Gong, X. Gu, and J. Wilks. *Press: Predictive elastic resource scaling for cloud systems*. In CNSM, 2009.

[13] A. Greenberg, J. Hamilton, D. Maltz, and P. Patel. *The cost of a cloud: Research problems in data center networks*. In Computer Communication Review, 2009.

[14] J. Hamilton. *Cooperative expendable micro-slice servers: Low cost, low power servers for internet-scale services*. In CIDR, 2009.

[15] Y. Jiang, C.-S. Perng, and T. Li. *Natural event summarization*. In CIKM, 2011.

[16] Y. Jiang, C.-S. Perng, T. Li, and R. Chang. *Asap: a self-adaptive prediction system for instant cloud resource demand provisioning*. In ICDM, 2011.

[17] Y. Jiang, C.-S. Perng, T. Li, and R. Chang. *Intelligent cloud capacity management*. In NOMS, 2012.

[18] Y. Jiang, C.-S. Perng, T. Li, and R. Chang. *Self-adaptive cloud capacity planning*. In SCC, 2012.

[19] Y. Jiang, C.-S. Perng, T. Li, and R. Chang. *Cloud analytics for capacity planning and instant vm provisioning*. IEEE Transactions on Network and Service Management, 2013.

[20] Y. Jiang, C.-S. Perng, Y. Zhou, A. Sailer, I. Silva-Lepe, and T. Li. *Csm: Towards cloud services marketplace*. In Technic Report, IBM T. J Watson Research Center, 2012.

[21] S. Karlin and H. M. Taylor. An Introduction to Stochastic Modeling. Academic Press, 1998.

[22] J. Kiernan and E. Terzi. *Constructing comprehensive summaries of large event sequences*. In KDD, 2008.

[23] J. Kiernan and E. Terzi. *Constructing comprehensive summaries for large event sequences*. In ACM Transactions on Knowledge Discovery from Data, 2009.

[24] H. Kil, W. Nam, and D. Lee. *Automatic web service composition with abstraction and refinement*. In WWW Workshop, 2009.

[25] F. Labonte, P. Mattson, I. Buck, C. Kozyrakis, and M. Horowitz. *The stream virtual machine*. In ICPACT, 2004.

[26] H. A. Lagar-Cavilla, J. A. Whitney, A. Scannell, P. Patchin, S. M. Rumble, E. de Lara, M. Brudno, and M. Satyanarayanan. *Snowflock: Rapid virtual machine cloning for cloud computing*. In EuroSys, 2009.

[27] T. Li, F. Liang, S. Ma, and W. Peng. *An integrated framework on mining logs files for computing system management*. In KDD, 2005.

[28] T. Li, W. Peng, and S. Ma. *Mining log files for data-driven system management*. KDD Explorations, 2005.

[29] T. Li, W. Peng, C.-S. Perng, S. Ma, and H. Wang. *An integrated data-driven framework for computing system management*. IEEE Transactions on Systems, Man, and Cybernetics, 2010.

[30] M. Massie, B. Li, B. Nicholes, V. Vuksan, R. Alexander, J. Buchbinder, F. Costa, A. Dean, D. Josephsen, P. Phaal, and D. Pocock. Monitoring with Ganglia. O'Reilly, 2012.

[31] S. Meng, A. K. Iyengar, I. M. Rouvellou, and L. Liu. *Volley: Violation likelihood based state monitoring*. In ICDCS, 2013.

[32] S. Meng, S. R. Kashyap, C. Venkatramani, and L. Liu. *Remo: Resource-aware application state monitoring for large-scale distributed systems*. In ICDCS, 2009.

[33] S. Meng, A. K.Iyengar, I. M.Rouvellou, L. Liu, K. Lee, B. Palanisamy, and Y. Tang. *Reliable state monitoring in cloud datacenters*. In IEEE Cloud, 2012.

[34] S. Meng, T. Wang, and L. Liu. *Monitoring continuous state violation in datacenters: Exploring the time dimension*. In ICDE, 2010.

[35] T. Mitchell. Introduction to Machine Learning. McGraw Hill, 1997.

[36] D. Patnaik, M. Marwah, R. Sharma, and N. Ramakrishnan. *Sustainable operation and management of data center chillers using temporal data mining*. In KDD, 2009.

[37] W. Peng, C.-S. Perng, T. Li, and H. Wang. *Event summarization for system management*. In KDD, 2007.

[38] W. Peng, H. Wang, M. Liu, and W. Wang. *An algorithmic approach to event summarization*. In SIGMOD, 2010.

[39] P.J.Huber. *obust statistics: a review*. Ann. Statist., pages 1041~1067, 1972.

[40] Z. Shen, S. Subbiah, X. Gu, and J. Wilkes. *Cloudscale: Elastic resource scaling for multi-tenant cloud systems*. In Socc, 2011.

[41] V. Vapnik. The nature of statistical learning theory. Springer, 1995.

[42] P. Whittle. Hypothesis Testing in Time Series Analysis. English Universities Press, 1951.

[43] U. G. Yule. *On a method of investigating periodicities in disturbed series, with special reference to wolfer's sunspot numbers*. Philosophical Transactions of the Royal Society of London, pages 267~298, 1927.

第四章 恶意软件智能检测

§4.1 摘要

随着网络应用的发展和安全形势的变化，互联网安全需求也随之有了新的发展和变化。恶意软件的爆发式增长和传播速度使得以客户端为战场的传统杀毒模式已经不能适应新的安全需求，研究数据挖掘的相关方法，并将其应用于恶意软件智能检测中是具有挑战而又有实际意义的课题。

本章，我们将介绍数据挖掘在恶意软件智能检测中的应用背景（第4.2节），数据的采集与预处理（第4.3节），数据挖掘的算法与实现（第4.4节）。最后，我们展示了数据挖掘在恶意软件智能检测中的系统实现（第4.5节）。

§4.2 应用背景

随着技术的进步和Internet的普及，人们的生活越来越依赖于互联网：即时通信、电子邮件、电子商务、网上交易、电子银行、网络游戏等与人们的日常生活息息相关，与此同时，网络安全形势日益严峻：个人网上银行帐户可能被木马非法盗取，通讯帐号及密码也可能被恶意获取，通过即时通讯工具接收或传输的文件也可能是恶意软件，各种钓鱼欺诈无处不在。通过四通八达、无所不及的互联网，每一个使用计算机和网络的人们，都可能成为受害者，也有可能成为继续传播恶意软件（Malware）的施害者，种种危害不胜枚举。

爆发式的恶意软件的增长和传播速度使得以客户端为战场的传统杀毒模式已经不能适应新的安全需求。为了与庞大而成熟的黑色产业链进行对抗，各大安全厂商已经开始构建各自的“云安全”（Cloud Security）计划。“云安全”技术的主要特征是将查毒的大部分任务交付给互联网中的云计算中心，有效的改善了恶意软件样本的收集以及特征数据的更新效率。然而，在目前主流的“云安全”计划中，海量样本数据的自动分析普遍成为“云安全”实际应用的主要瓶颈。研究数据挖掘的相关方法，并将其应用于解决“云安全”面临的实际问题是数据挖掘领域，也是信息安全领域一个富有挑战性的问题。

本节首先介绍了互联网安全的现状，然后阐述了“云安全”计划及数据挖掘在恶意软件智能检测中的应用。

4.2.1 互联网安全现状

随着互联网的迅速发展和信息化进程的深入，人们的工作、学习和生活方式与互联网的结合越来越紧密，人们获取信息和相互沟通的效率大为提高，信息资源得到最大程度的共享。截至2012年6月，中国网民数量达到5.38亿，占世界网民数的四分之一，互联网普及率达到39.9% [14]。但必须看到，紧随信息化发展而来的信息安全问题日渐凸出：电子邮件带毒、即时通信工具带毒、网上下载和MP3带毒、网页被植入木马、以云存储为代表的网络存储和共享服务也开始被黑客利用藏毒传毒、微博等社交平台也成为木马传播的主要载体。可以说，只要计算机接入互联网，就会立刻面临恶意软件的包围，恶意软件已成为互联网安全最主要的威胁。近年来，恶意软件呈爆炸式增长，传播速度快，危害面广：2008年上半年，计算机病毒、木马等恶意软件的总数已经超过了其前五年的病毒数量的总和；2012年，据360安全中心数据显示，其共截获新增恶意程序样本13.7亿个（以MD5计算），较2011年增加29.7% [15]。由于经济利益的驱使，恶意软件的生产速度几乎达到了安全厂商检测和分析能力的极限。海量出现的新恶意软件和日益庞大的恶意特征库大大增加了安全厂商在恶意软件样本捕捉、处理方面的难度。传统杀毒软件主要通过特征码比对的方式 [48]（即用静态的、依赖领域专家个人能力的病毒特征提取：出现一种新的病毒后，要找到一个它的特征码并唯一区分它）拦截、查杀病毒，相关数据显示，每家安全厂商每天只能捕获新增病毒的10%左右 [12]。传统的杀毒模式已不适应新的网络安全形势，为了全面应对互联网安全形势的挑战，安全厂商迅速推出了一种着眼于整个互联网防御的安全体系即“云安全”。

4.2.2 “云安全”计划

爆发式的恶意软件的增长和传播速度让原来架设在用户终端的恶意特征库不堪重负。为了全面应对互联网安全形势的挑战，“云安全”应运而生。“云安全”是从“云计算” [42]的概念中衍生而来，是信息安全界根据自身现状总结出来的概念，它融合了并行处理、网格计算、未知病毒行为判断等新兴技术和概念，通过网状的大量客户端对网络中软件行为的异常监测，获取互联网中病毒、木马等恶意软件的最新信息，传送到服务端进行自动分析和处理，再把病毒和木马的解决方案分发到每一个客户端 [12]。利用“云安全”体系，识别和查杀恶意软件不再仅仅依靠本地硬盘中的恶意特征库，而是依靠庞大的网络服务，实时进行采集、分析以及处理。与传统的杀毒模式对比，“云安全”具有以下特点：（1）充分利用了互联网的优势，对抗的战场由客户端转向服务端（即云端）；（2）快速收集和捕获新的潜在的安全威胁：通过“云安全”体系，能够将众多客户端有效地集成起来，共享所有自愿加入用户所提交的安全威胁信息；（3）客户端查询的实时响应：众多服务器组成的强大的云端能够对收集的海量样本进行快速地分析和处理，在秒级完成查询，让客户端享受实时响应；（4）轻量级客户端：“云安全”体系把多数恶意特征库保存在云端，而在客户端只根据本节点自身的需要保持最低数量的特征。

4.2.3 数据挖掘在恶意软件智能检测中的应用

数据挖掘是一门有较强应用背景的学科，换句话说，正是实际应用的需要推动了数据挖掘的产生和发展 [1]。针对当前互联网的安全形势，面对收集的海量未知文件（据金山安全实验室数据，每天有50万左右的未知文件待检测），安全厂商经传统的特征码比对方式分析鉴定后，仍然存留数量相当大的无法识别的未知样本。为此，实现对海量未知样本自动、快速、准确的识别、分析和处理为数据挖掘提出了具有实际意义的需求，采用数据挖掘方法建立恶意软件智能检测系统是信息安全领域一项重要而又紧迫的研究课题，也是数据挖掘研究工作的新领域。

近年来，已有许多基于数据挖掘方法和机器学习技术来检测未知恶意软件的研究[7-21]：（1）分类（Classification）或者归纳学习（Inductive Learning）是一种有指导的学习，是数据挖掘领域最关注的学习问题之一 [2,40]。将分类方法应用于恶意软件检测，就是通过对已知恶意软件和正常文件样本数据的学习，采用合适的分类算法构建具有分类预测能力的模型，然后通过这个模型实现对未知文件的预测。在Windows平台上，从PE文件中抽取出来的Windows API函数调用序列 [52,61]、二进制代码序列 [48]、N-Gram序列 [16]、计算树谓词逻辑 [33]等可用于表示样本文件的特征；在此基础上，朴素贝叶斯算法 [48]、决策树算法 [60]、集成分类器Boosted J4.8 [34]、K近邻分类算法 [16]等分类方法已被应用于基于分类的恶意软件检测中。此外，研究人员还引入了ANN（Artificial Neural Network，人工神经网络）[53]、生物免疫算法 [37]等方法。（2）聚类是数据挖掘领域另一个被广泛研究的问题。聚类分析是把数据按照相似性归纳成若干类别，同一类中的数据彼此相似，而不同类中的数据相异 [2,40]。把数据挖掘技术中的聚类算法应用于恶意软件归类中，可以自动地把具有共性的恶意软件分成同一个簇，同时把差异较大的恶意软件区分开来。在文件的各种特征表示模型基础上，使用编辑距离 [26]、统计检验 [55]、距离函数 [18,28,38]等相似度度量方法，k-均值聚类 [38]和层次聚类 [18,28] 等常用的聚类方法已被引入到基于聚类的恶意软件检测中。

本章接下来将根据实际的应用，介绍恶意软件智能检测中数据采集和预处理的方法，并在此基础上阐述数据挖掘的算法和实现。

§ 4.3 数据采集与预处理

本节将首先概述恶意软件的定义、恶意软件的分类及特点，然后详细阐述恶意软件的特征表达方法。

4.3.1 恶意软件的定义

目前对恶意软件（Malware, Malicious Software）尚未有一个统一的定义 [19,27,31,41,50,59]。恶意代码（Malicious Code）[31]含义与恶意软件相近，区别在于所描述的粒度不同。恶意代码用于描述完成特定恶意功能的代码片段，恶意软件则指完成恶意功能的完整的程序集合。如无特殊指明，本章对恶意软件和恶意代码不作区分。McGraw [41]等将恶意软件定义为“恶意软件是指具有恶意功能的程序，如对计算机系统的安全构成威胁、破坏计算机系统或者在未经计算机用户授权许可的情况下获取计算机系统的敏感信息。”为描述方便，本章对恶意软件的定义沿用McGraw等在文献 [41]中的定义。

4.3.2 恶意软件的分类及特点

根据制作目的和传播方法的不同，恶意软件通常可以分为以下几类 [19,50]：

1. “计算机病毒”（Virus）：是依附于宿主文件，在宿主文件被执行的条件下跟随宿主文件四处传播并完成特定业务功能的一类恶意软件 [50,54]。

2. “蠕虫”（Worm）：是具有自我繁殖能力，无需用户干预便可自动在网络环境中传播的一类恶意软件 [50,54]。

3. “特洛伊木马”（Trojan Horse），简称“木马”（Trojan）：是伪装成合法程序以欺骗用户执行的一类恶意软件 [50,54]。

4. “后门”（Backdoor）：是运行在目标系统中，用以提供对目标系统未经授权的远程控制服务 [50]的一类恶意软件。

5. “RootKit”：是指用于帮助入侵者在获取目标主机管理员权限后，尽可能长久地维持这种管理员权限的一类恶意软件 [30]。RootKit的作用是要尽可能长久地维持对目标系统的远程控制 [7]。在实际应用中，RootKit通常直接包含了Backdoor的功能。

6. “恶意移动代码”（Malicious Mobile Code）：是一类从远程系统下载并以最小限度调用或以不需用户介入的形式在本地执行的恶意软件 [50]。

7. “组合恶意代码”（Combination Malware）：指包含两种或更多的上述类别的恶意代码以达到更强攻击目的的一类恶意软件。例如，加载后门模块的蠕虫，可以对被感染的计算机系统进行任意的操控。

此外，还有一类用于完成特定业务逻辑类的恶意软件如：“间谍软件”（Spyware）、“垃圾信息发送软件”（Spamware）、“垃圾广告软件”（Adware）等。事实上，对恶意软件类别的界定并不是严格的。在具体应用中，各类恶意软件的合理、综合应用，使得当前恶意软件形式日益多样化，功能日益强大。而且，随着各类恶意软件相关技术的日益成熟和互联网应用的发展，新一代恶意代码制作者已由过去的“损人不利己”、以炫耀技术为目的的攻击，变为趋利性攻击，越来越青睐于制作和传播带有信息窃取行为的新型恶意代码，并形成了以木马盗号为主要盈利模式的黑色产业链。

4.3.3 恶意软件的特征表达

运用数据挖掘方法实现对恶意软件的智能检测主要包括三方面的内容：（1）恶意软件的特征表达；（2）服务端（云端）恶意软件的识别检测；（3）客户端恶意软件的特征查杀。其中，对所收集文件进行处理并采用合适的方法进行特征的表达是数据挖掘方法成功应用于恶意软件智能检测的关键之一。由于PE（Portable Executable，可移植的执行体）文件在恶意软件中占据的比重最大：从著名的CIH、红色代码、蓝色代码、尼姆达、Sircam、杀手13、求职信、中国黑客、妖怪、Sobig、LoveGate到当今主流的木马程序都是PE文件。因此，本章以PE文件作为研究的对象。对恶意软件的特征表达通常有静态特征和动态特征两种表达方式：

1. 静态特征：指在不运行程序的情况下，将程序的指令、代码、控制流或其他特征抽取出来。该方法的优点是：样本覆盖率高，提取速度快；缺点是：对于一些采用变形或多态技术的恶意软件识别需要多角度分析。

2. 动态特征：将程序在真实环境或虚拟环境下运行起来，并监视其各种行为。该方法的优点是：能准确捕获运行程序的行为，对采用变形或多态技术的恶意软件具有较强的识别能力；缺点是：样本覆盖率低，特征提取速度慢。

文件特征表达的好坏对于恶意软件检测具有决定性影响，为了实现服务端对未知样本准确、有效的识别，特征表达应该满足如下条件[68]：

1. 特征的有效性：对文件所提取的特征应该在恶意软件及非恶意软件甚至在各类恶意软件之间能够很好地进行区分。

2. 特征提取的自动化程度：由于各种恶意软件自动生成工具的出现，恶意软件产生周期越来越短，靠手工提取特征已无法跟上恶意软件产生的速度，因此特征提取的自动化程度越高，越有利于恶意软件的检测和归类。

3. 检测的时空效率：所采取的特征表达方法用于恶意软件检测和归类的时间和空间效率应该要高，在不影响检测准确性的情况下，特征的维数应该尽可能地低。

对于大规模检测的样本，其特征提取一定要有效、自动、高效。相对于覆盖率较低、特征提取速度慢的动态特征，静态特征更适合于作为大规模样本识别的特征表达。常用的静态特征有：文件的Win API函数[52,61]、文件的字符串[64]信息、二进制代码序列[60]、N-Gram序列[16]、程序控制流图（CFG）[49]、计算树谓词逻辑[33]等。以下将详细介绍几种本章采用的恶意软件的特征表达方法。

4.3.3.1 文件Win API函数

由于文件的Win API（Windows Application Programming Interface，Windows应用程序编程接口）函数能够反映一个代码段的行为，对文件具有较强的表征能力，而且提取容易，是一种适合于恶意软件检测的特征表达方法。这里以作者分析过的网络游戏《QQ三国》的盗号木马“Sgdewg.dll”为例，通过其所调用的部分Win API函数来说明其反映的行为。

1. 通过调用“KERNEL32.DLL”中的“GetCurrentProcessId”和“GetModuleFileName-A”函数来获取当前木马文件所在的目录路径，以便读取相应的配置信息；

2. 通过调用“KERNEL32.DLL”中的“GetPrivateProfileStringA”函数读取指定的配置信息；

3. 通过调用“KERNEL32.DLL”中的“OpenProcess”函数打开游戏进程；

4. 通过调用“KERNEL32.DLL”中的“VirtualProtectEx”函数来改变游戏进程中内存区域的保护属性（可读可写）；

5. 通过调用“ws2_32.dll”中的“WSAStartup ”函数获得WinSock库的一些信息；

6. 通过调用“ws2_32.dll”中的“Socket”函数创建一个套接字socket，以便向网络发出请求或者应答网络请求；

7. 通过调用“ws2_32.dll”的“Connect”函数建立socket连线；

8. 通过调用“ws2_32.dll”中的“Send”函数来传送盗取的信息。

由此可见，完整的Win API函数可以反映一个恶意软件所做的行为。因此，PE文件所包含的Win API函数可以作为文件特征的很好的描述。输入函数（Import Functions），是指被程序调用但其执行代码又不在程序中的函数[11]，而引入表（Import Table, IT）[11]则保

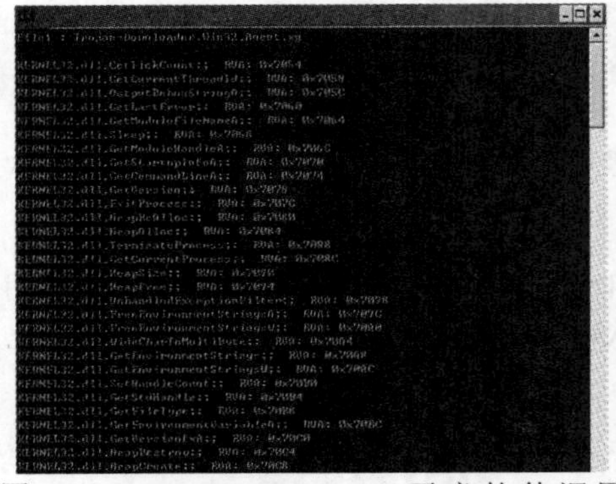

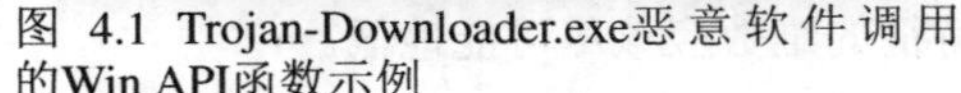

图 4.1 Trojan-Downloader.exe恶意软件调用的Win API函数示例

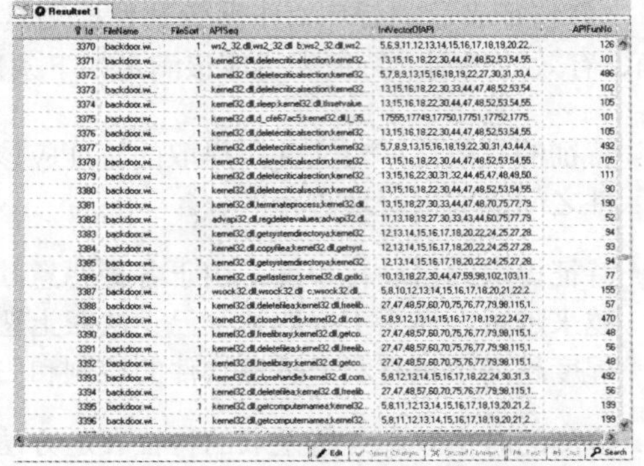

图 4.2 Win API函数特征数据库示例

存输入函数名和其驻留的DLL（Dynamic Link Library, 动态链接库）名等动态链接所需的信息 [11]。本章主要从引入表中静态提取PE文件所包含的Win API函数。具体提取步骤概括如下：

1. 校验文件是否是有效的PE。
2. 从DOS Header 定位到PE Header。
3. 获取位于OptionalHeader 数据目录地址。
4. 转至数据目录的第二个成员提取其VirtualAddress值。
5. 利用上值定位第一个IMAGE_IMPORT_DESCRIPTOR 结构。
6. 检查OriginalFirstThunk值：若不为0，沿着OriginalFirstThunk 里的RVA值转入RVA对应的数组；否则，改用FirstThunk 值。
7. 对每个数组元素，判断其元素值的最高二进位是否为1，若是，则函数是由序数引入的，可以从该值的低字节提取序数；若不等（即元素值的最高二进位为0），则可将该值作为RVA转入IMAGE_IMPORT_BY_NAME 数组，跳过Hint 就是函数名了。
8. 跳至下一个数组元素提取函数名一直到数组底部(以NULL结尾)。
9. 当遍历完一个DLL的引入函数，接下去处理下一个DLL：即跳转到下一个IMAGE_IMPORT_ DESCRIPTOR 并处理之，循环直到数组底部，（IMAGE_IMPORT_DESCRIPTOR 数组以一个全0域元素结尾）。

图4.1是一个Trojan-Downloader.exe恶意软件提取的Win API函数集合示例。本章将提取后的Win API 函数以整型向量的形式存储于特征数据库中，以备相应的数据挖掘算法进行分类模型训练。如图 4.2所示，用于训练的特征数据库共有六个字段：Id（文件序号），FileName（文件名称），FileSort（文件类别，“0”表示正常文件，“1”表示恶意软件），APISeq（文件所调用Win API函数集合），IntVectorOfAPI（文件的Win API函数集合所对应的整型向量），APIFunNum（文件调用的Win API函数的个数）。

4.3.3.2 文件字符串信息

除了Win API函数外，文件的字符串信息也具有丰富的表达能力。这里，文件的字符串特征指的是“PE文件中同一字符集的连续字符序列，其中，字符集包括：ASCII、GB2312、GBK、Big5和Unicode等”。文件的字符串信息对恶意软件也具有较强的表达能力。例如：

1. “<html><script language=‘javascript’> window.open(‘readme.eml’)”经常出现在蠕虫“Nimda”中，表示其试图去感染脚本文件
2. “&gameid=%s&pass=%s; myparentthreadid=%d; myguid=%s”经常出现在网游盗号木马中，表示攻击者试图盗取用户的网游帐号并发送到服务端；
3. “if exist ‘%s’ goto delete /tmp.bat”通常出现在恶意软件中。表示其在客户端安装成功后，试图通过建立bat文件进行自删除操作。

字符串的特征表达方法，使得恶意软件不容易绕过反恶意软件的查杀。因为，即便恶意软件作者通过重编译或者采用包括变形和多态的代码混淆技术 [52,61]，除非重写，否则其不容易改变恶意软件中所有的字符串信息。

本节所述的字符串，其提取方法：通过反汇编PE文件，从文件头开始读取文件连续的字符，直至遇‘0X00’或字符与前面的字符序列不在同一个字符集为止，这里的字符集包括：ASCII、GB2312、GBK、Big5和Unicode等。

4.3.3.3 文件资源信息

Windows程序的各种界面称为资源，包括加速键（Accelerator）、位图（Bitmap）、光标（Cursor）、对话框（Dialog Box）、图标（Icon）、菜单（Menu）、串表（String Table）、工具栏（Toolbar）、版本信息（Version Information）等。

资源用类似于磁盘目录结构的方式保存，目录通常包含3层。最上面的目录类似于文件系统的根目录。每一个根部下的目录条码总是在它自己权利下的一个目录。这些二级目录中的每一个对应于一个资源类型（字符串表、菜单、对话框、菜单等）。在每一个二级资源类型目录下，是第三级子目录。目录结构如图 4.3所示。

资源信息可以有效地描述部分恶意软件的特征。例如，著名的“熊猫烧香”恶意软件序列就具有相似的图标，如图 4.4所示。

本节按照资源的树状结构进行相应资源信息的提取。提取的资源信息主要有：cursor、bitmap、icon、menu、dialog、stringtable、fontdirectory、font、accelerators、RC_data、messagetable、groupcursor、groupicon、versioninformation、dialogdata、toolbar和unkownedresource等。提取后的资源信息，转换为整型向量，并存储于数据库中以便相应的分类算法进行学习。

4.3.3.4 文件指令信息

文件的指令信息是指将文件进行反汇编之后，从其代码段提取相应的汇编指令信息。本节对文件指令信息的提取以函数为单位，采用隔指定步长以指定片长进行切分的方式提取相应的指令序列信息。具体的做法是：首先将文件样本脱壳，之后将其反汇编，提取文件的汇编代码。为了保证特征的准确性，该方法将汇编代码中的操作数全部过滤，只

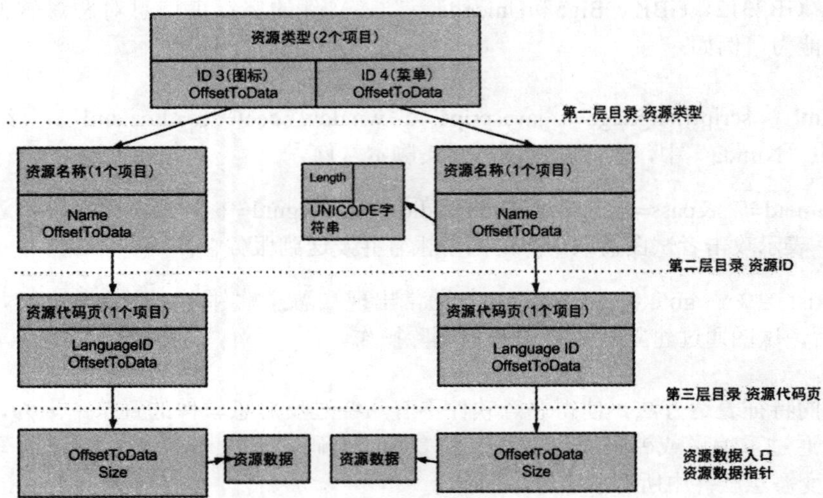

图 4.3 资源树的结构

图 4.4 "熊猫烧香"恶意软件序列资源图标示例

保留汇编指令。生成汇编指令后，从中提取文件中所包含的函数，之后，将这些函数使用N-Grams方法进行切片（根据经验值当N=5时，特征表达的效果最好），生成指令序列片段的集合。其中函数提取的主要过程描述如下：

1. 遍历所有可执行节，每个节从头到尾进行反汇编，找出所有call指令所调用的地址，认为这些地址是函数的起始地址，并且把这些地址保存起来。所有保存的地址放入数组中。

2. 把程序入口也保存进数组。每个节的节尾地址也保存进数组，作为“哨兵”，识别最后一个函数的节尾。

3. 因为一个函数可能会被多次调用，所以，数组中会有多个元素保存一个地址，过滤这些，使得一个地址只在一个元素中出现，并从小到大排序。

4. 遍历每个函数的指令。数组中保存所有函数的起始地址，从这些地址开始往下遍历。遍历到一些特殊的地方（如：ret返回指令，16进制00 00，16进制cc cc等），认为函数结尾。

由于每一种特征表达的方法对于整个数据集的表达能力是有限的，因此本章采用多种特征表达的方法以弥补单一特征表达的不足；此外，根据每一种特征数据的特点，本章在下一节将详细介绍相应的分类训练方法。

§4.4 数据挖掘的算法与实现

本节首先介绍了数据挖掘在恶意软件智能检测中的任务，然后分别介绍了分类学习方法、分类集成学习方法、聚类及聚类融合方法在恶意软件智能检测中的算法与实现。

4.4.1 数据挖掘的任务

分类（Classification）或者归纳学习（Inductive Learning）是一种有指导的学习，是数据挖掘领域最关注的学习问题之一[2,40]。将分类方法应用于恶意软件检测，就是通过对已知恶意软件和正常文件样本数据的学习，采用合适的分类算法构建具有分类预测能力的模型，然后通过这个模型实现对未知文件的预测。聚类是数据挖掘领域另一个被广泛研究的问题。目前，聚类分析方法已经在网页归类、文本挖掘、生物信息学等领域得到了成功的应用[2,40]。在恶意软件的智能检测中，一些新产生的恶意软件是在原有代码基础上修改生成的，因而这些恶意软件之间也是具有共性的。如果能将检测到的恶意软件快速、准确地进行归类（划分成不同的簇），对每一个恶意软件簇提取通用的特征，将有利于提高每个特征的查杀能力，缩小置放于客户端中恶意特征库的大小，达到“云安全”中通过轻量级客户端实现对恶意软件快速识别的目标。图 4.5显示了本章所介绍的数据挖掘方法在在恶意软件智能检测中的具体任务。

4.4.2 分类学习方法在恶意软件检测中的算法与实现

本小节将着重介绍四种分类学习方法在恶意软件智能检测中的算法与实现。

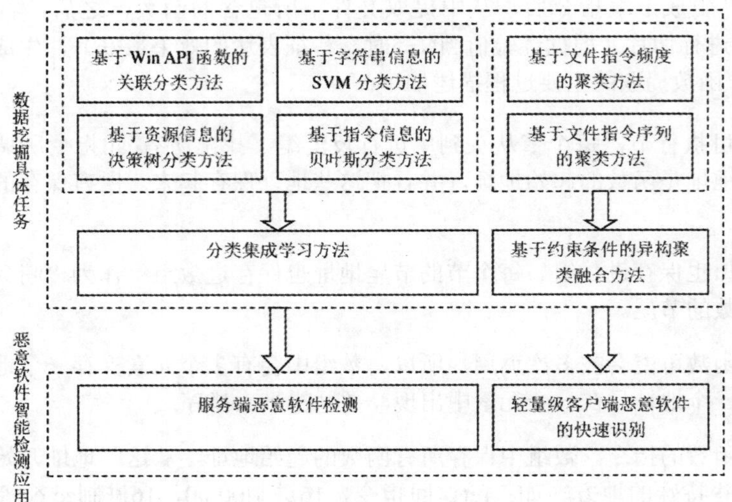

图 4.5 恶意软件智能检测若干方法的研究及其应用研究框架

4.4.2.1 关联分类算法与实现

目前已有许多分类方法应用于恶意软件检测中，而关联分类作为分类方法中的重要方法，具有规则可解释性和分类准确的特点，已逐渐被广泛应用于解决实际问题。由于文件的Win API函数能够反映一个代码段的行为，对文件具有较强的表征能力，本小节将基于文件的Win API函数特征数据集（如第 4.3.3.1节所述），对关联分类方法在恶意软件智能检测中的具体算法与实现进行介绍。

1.相关定义

在关联分类器构造的第一步是分类关联规则（Class Association Rule，CAR）挖掘。因此，在这里首先介绍分类关联规则的一些基本概念。

定义1 支持度及置信度： 令$I = \{i_1, i_2, \ldots, i_m\}$为数据库DB的一个项目集，规则的支持度$supp(I, Class)$和置信度$conf(I, Class)$定义如下：

$$supp(I, class) = os = \frac{count(I \cup \{Class\}, DB)}{|DB|} * 100\%$$

$$conf(I, class) = oc = \frac{count(I \cup Class, DB)}{count(I, DB)} * 100\%$$

其中，$count(I \cup \{Class\}, DB)$表示数据库DB中类标号为$Class$且包含项目集$I$的记录数；$|DB|$表示数据库DB的记录数；$count(I, DB)$表示数据库DB中包含项目集$I$的记录数。

定义2 频繁模式： 给定最小支持度mos，若项目集I对应规则的支持度$os \backslash mos$，则称项目集I为频繁模式/项集。

定义3 分类关联规则： 给定最小置信度moc，若项目集$I = \{i_1, i_2, \ldots, i_m\}$为一频繁模式，且其对应规则$I \rightarrow Class(os, oc)$的置信度$oc \backslash moc$，则称该规则为分类关联规则。

根据上述定义，分类关联规则的挖掘一般分为两个步骤：

(1) 找出所有频繁模式（项集）： 根据定义，这些项集出现的频繁性至少和预定义的最小支持计数一样。频繁模式/项集的搜索满足以下两个性质 [32]：

Apriori性质1： 频繁项集的所有非空子集都必须是频繁的。

Apriori性质2： 若一个项集是非频繁的，则其任一超集也都是非频繁的。即：若X是频繁的，$\forall Y \subset X, Y \neq \phi$，则Y也是频繁的。若X不是频繁的，$\forall Y \supset X, Y \subseteq I$，则Y也不是频繁的。这两个性质基于如下观察：根据定义，如果项集X不满足最小支持度阈值mos，则X不是频繁的，即$P(X) < mos$；如果项$I_k(I_k \subseteq I, I_k \not\subset X)$添加到X，则结果项集（即$X \cup I_k$）不可能比X更频繁出现。因此，$X \cup I_k$也不是频繁的，即$P(X \cup I_k) < mos$。

(2) 由频繁项集产生分类关联规则： 根据定义，这些规则必须满足最小支持度和最小置信度。第二步是直观容易的，所以分类挖掘关联规则的总体性能由第一步决定。

2.Apirori分类关联规则挖掘算法与实现

Apriori算法是由R.Agrawal和R.Srikant于1994年提出的为布尔关联规则挖掘频繁项集的原创性算法 [17]。由于分类关联规则挖掘满足Apriori的两个性质，因此Apriori算法可以有效应用于分类关联规则的挖掘。

以表4.1为例，假定：mos＝25%，moc＝65%，Class＝MALWARE

表 4.1 示例数据表

ID	样本文件所调用的API函数集合	样本类别
1	API_1, API_5	BENIGN
2	API_1, API_3	MALWARE
3	$API_1, API_2, API_4, API_5$	BENIGN
4	$API_1, API_2, API_3, API_4, API_5$	MALWARE
5	API_3, API_5	MALWARE
6	API_2, API_4	BENIGN
7	API_2, API_4, API_5	MALWARE
8	API_2, API_5	BENIGN

由Apriori_CAR产生的频繁项集L包括：$API_1, API_2, API_3, API_4, API_5, API_1, APT_3, API_2, APT_4, API_2, APT_5, API_3, APT_5, API_4, APT_5, API_2, API_4, APT_5$；对应的分类关联规则集CAR包括：

$$CAR\_1. \quad \{API_3\} \rightarrow Class = MALWARE(37.5\%, 100\%)$$

$$CAR\_2. \quad \{API_1, API_3\} \rightarrow Class = MALWARE(25\%, 100\%)$$

$$CAR\_3. \quad \{API_3, API_5\} \rightarrow Class = MALWARE(25\%, 100\%)$$

$$CAR\_4. \quad \{API_4, API_5\} \rightarrow Class = MALWARE(25\%, 66.7\%)$$

$$CAR\_5. \quad \{API_2, API_4, API_5\} \rightarrow Class = MALWARE(25\%, 66.7\%)$$

关联分类规则的挖掘尽管可以采用Apriori算法来实现，但由于Apriori算法：（1）在频繁项集搜索的过程中需要产生大量的候选频繁项集：例如，为发现长度为100的频繁模式，如$API_1, API_2, \ldots, API_{100}$，必须产生$2^{100} \approx 10^{30}$个候选项集；（2）需要重复扫描数据库：数据库的扫描次数通常要远大于频繁项集的个数，因此开销很大。尽管有许多算法采用Hash技术 [5,6]来对Apriori算法进行改进，但这种方法通常需要维护一个很大的Hash树，这也需要很大的时空开销。

Jiawei Han, Jian Pei和Yiwen Yin提出的FP-Growth（Frequent-Pattern Growth，频繁模式增长，简称FP增长）算法 [29]是一种本质上不同于Apriori算法的挖掘频繁模式的有效算法，它是一种在频繁项集挖掘过程中不产生候选的算法。文献 [3]通过引入被约束子树的概念，将FP-Growth算法的FP-树改成单向的，即不存在从树根到树叶的路径，使FP-Growth算法在挖掘频繁模式时不产生条件FP-树，从而提高挖掘的效率。关于该方法在病毒检测中应用的详情，读者可以参考文献 [67]。

本节从收集的样本库中抽取5,611个PE文件 [67]，其中包含3,394个恶意软件和2,217个正常文件，共提取24,488个Win API函数。在参数为：mos=0.294，moc=0.98的情况下，采用基于约束的FP-Growth算法 [3,67]得到273条分类关联规则。为进一步说明所提取的分类关联规则的含义，举例如下：

$$CAR\_1 :(2230, 398, 145, 138, 115, 17) \rightarrow$$

$$Class = MALWARE(os = 0.296739, oc = 0.993437)$$

将规则左边的Win API序号还原为相应的Win API函数后，得到规则：

$$CAR\_1 :(KERNEL32.DLL, OpenProcess; CopyFileA; CloseHandle;$$

$$GetVersionExA; GetModuleFileNameA; WriteFile;) \rightarrow$$

$$Class = MALWARE(os = 0.296739, oc = 0.993437)$$

根据这些Win API函数的功能，可以得出在抽取的样本集中有1,665个恶意软件包含了如下操作，而这些操作仅在11个正常文件中同时出现：

1. 打开一个已存在的进程对象,并返回进程的句柄；
2. 进行文件的复制操作；
3. 关闭一个已打开的进程对象；
4. 获取当前操作系统的版本信息；
5. 获取当前进程中的已装载模板的完整路径名称；
6. 进行文件的写操作。

类似这样的分类关联规则可用于构造相应的分类器以实现对未知文件的预测，同时具有可解释性的特点。

4.4.2.2 支撑向量机算法与实现

由于每一种特征表达的方法对于整个数据集的表达能力是有限的，因此本章采用多种特征表达的方法来弥补单一特征表达的不足；此外，根据每一种特征数据的特点，本章采用不同的分类训练方法进行训练。由于字符串特征要远比Win API函数特征的维度高得多，数据集的这种属性决定了关联分类的方法不适合于在这样的特征集上进行挖掘。统计理论中的支撑向量机（Support Vector Machines, SVM）和核方法对数据的维数和多变性不敏感，可以用于解决有限样本的学习问题，并且具有较好的分类精度和泛化能力[20,58]。SVM方法已被成功用于手写体识别、文本分类、人脸识别、垃圾邮件过滤及入侵检测等领域，并显示了其在分类预测应用中巨大的优越性。

将支撑向量机应用到恶意软件智能检测中，对于维度较高的数据集，支撑向量机有较强的处理能力和较高的分类正确率。恶意软件的检测可以看成是一个二分类的问题，对于分类问题，支撑向量机算法根据区域中的样本计算该区域的决策曲面，由该曲面确定该区域中样本的类别。根据数据的线性可分性和线性不可分性，支撑向量机主要分为：线性支撑向量机和非线性支撑向量机。由于在实际的恶意软件检测中，训练样本数量较大，为了平衡预测精度和计算量，建议采用线性支撑向量机分类器构造方法。

4.4.2.3 决策树分类器算法与实现

除了Win API函数和字符串信息两种特征表达方法外，资源信息也具有较为丰富的特征表达能力，尤其对于某些安装包文件具有很强的区分能力，因此，本小节将介绍基于资源信息的决策树分类器的构成与实现。

决策树学习[46]是以示例学习为基础的归纳推理算法，着眼于从一组无次序、无规则的事例中推理除决策树表示形式的分类规则。它采用自顶向下的递归方式，在决策树的内部节点进行属性值的比较并根据不同属性判断从该节点向下的分支，在决策树的叶节点得到结论。所以从根到叶节点就对应着一条合取规则，整棵树就对应着一组析取表达式规则。到目前为止决策树有很多实现算法，例如由Hunt等人提出的CLS学习算法[2]，1986年由Quinlan提出的ID3算法和1993年提出的C4.5 算法[43,44,46]，以及CART，C5.0（C4.5的商业版本），Fuzzy C4.5，SLIQ和SPRINT等[2]。多数决策树算法都分为建树和剪枝两个阶段，也有将建树和树的修剪集成在一起的，如，Rastogi等人提出的PUBLIC算法[2]。以下简要介绍本小节采用的决策树分类器构造方法。

1. 建树采用的主要方法

本小节采用IG（Information Gain，信息增益）[2]作为属性选择度量。该度量基于Shannon在研究消息的值的信息论方面的工作[2]。设节点N代表或存放划分D的元组。选择具有最高信息增益的属性作为节点N的分裂属性。对D中元组分类所需的期望信息为：

$$Info(D) = -\sum_{i=1}^{m} p_i \log_2^{(p_i)} \tag{4.1}$$

其中，p_i是D中任意元组属于类C_i的概率，并用$|C_i, D|/|D|$估计。Info(D)是识别D中元组的类标号所需要的平均信息量。将属性A划分到D中的元组所需要的信息量是：假设属性A将D划分为v个子集$D_1, D_2, \ldots, D_v$，

$$Info_A(D) = \sum_{j=1}^{v} \frac{|D_j|}{|D|} \times Info(D_j) \tag{4.2}$$

信息增益定义为原来的信息需求（即仅基于类比例）与新的需求（即对A划分之后得

到的）之间的差，即：

$$Gain(D) = Info(D) - Info_A(D) \tag{4.3}$$

根据上述计算方法：式(4.1)～式(4.3)，选择具有最高信息增益的属性作为节点N的分裂属性。

2. 剪枝采用的主要方法

过度拟合训练数据是决策树学习中的重要问题，因此简化规模过大的决策树对于避免决策树学习中的过度拟合是很重要的。另外，由于寻找最优的决策树被证明是NP-Hard问题，所以在现实中不可能找到绝对最小的决策树，只能通过分析那些使决策树变得过于庞大的原因，寻找一些技术来剪枝并优化决策树。目前，简化决策树的方法有很多，主要有决策树剪枝、修改测试属性空间、修改测试属性选择和采用其它数据结构等。其中，后剪枝方法的研究较多，并已在实际中得到了成功的运用。PEP方法 [45]被认为是当前决策树后剪枝方法中精度较高的算法之一。此外，其自顶向下的剪枝策略与其他方法相比效率更高，速度更快：这是因为，树中每棵子树最多需要访问一次，在最坏的情况下，它的时间复杂性也只和未剪枝的非叶子结点数成线性关系 [9]。因此，本章采用PEP（Pessimistic Error Pruning, 悲观错误剪枝）作为剪枝策略 [45]。

4.4.2.4 朴素贝叶斯分类器算法与实现

极度高维而且特征长度较长的N-Gram指令序列集上，本小节采用朴素贝叶斯分类方法构建相应的分类器。贝叶斯分类器是一种典型的基于统计方法的分类模型 [2]。贝叶斯决策理论是分类问题的基本理论，它把分类问题看作是一种不确定性决策问题。决策的依据是分类错误率最小或损失风险最小。朴素贝叶斯分类器（Naive Bayes Classifier, NBC）是贝叶斯分类器的一种，在“独立性假设”成立的情况下，是一种精确而高效的概率分类方法，其性能可与决策树、神经网络等算法相媲美，在某些领域中表现优异 [25,36]。贝叶斯推理提供推理的一种概率手段，它的基础是贝叶斯公式：

$$P(h|D) = \frac{P(D|h)P(h)}{P(D)} \tag{4.4}$$

贝叶斯分类器应用的学习任务中，每个实例x可由属性值的合取描述，而目标函数f(x)从某有限集合V中取值。学习器被提供一系列关于目标函数的训练样本以及新实例（描述为特征向量$< X_1, X_2, \ldots, X_n >$），然后要求预测新实例的目标值（即分类）。分类器在给定描述实例的属性值下计算最可能的目标值V_{map}，

$$V_{map} = \operatorname*{argmax}_{v_j \in V} P(v_j|X_1, X_2, \ldots, X_n) \tag{4.5}$$

用贝叶斯公式重写得：

$$V_{map} = \operatorname*{argmax}_{v_j \in V} P(X_1, X_2, \ldots, X_n)P(v_j) \tag{4.6}$$

朴素贝叶斯分类器基于一个简单的假定：在给定目标值时属性值之间相互条件独立，故有：

$$P(X_1, X_2, \ldots, X_n|v_j) = \prod_i P(X_i|v_j) \tag{4.7}$$

代入式(4.6)得:

$$V_{NBC} = argmax_{v_j \in V} P(v_j) \prod_i P(X_i|v_j) \tag{4.8}$$

式(4.8)就是朴素贝叶斯分类器所使用的方法。为避免的值为0，在恶意软件检测中的分类问题是一个二分类问题，因此，本小节采用如下变形公式：

$$V`_{NBC} = \sum_{i=1}^{n} \log \frac{Count_{|X_i,Class=Malware|}+1}{Count_{|X_i,Class=Benign|}+1} * \frac{Count_{|Class=Benign|}+1}{Count_{|Class=Malware|}+1}$$

$$+ \log \frac{Count_{|Class=Malware|+1}}{Count_{|Class=Benign|}+1}$$

其中，$Count_{|X_i,Class=Benign|}$表示$X_i$和$Class = Benign$同时出现的次数，$Count_{|X_i,Class=Malware|}$表示$X_i$和$Class = Malware$同时出现的次数，$Count_{|Class=Benign|}$表示训练集合中$Class = Benign$的记录数，$Count_{|Class=Malware|}$表示训练集合中$Class = Malware$的记录数。

4.4.3 分类集成学习在恶意软件检测中的算法与实现

数据挖掘的分类方法用于恶意软件检测的目标为：通过对已知样本的学习，建立一个具有较强泛化能力的恶意软件检测的通用模型以实现对未知文件的检测。而集成学习通过训练多个学习系统并将其结果按一定方式进行集成，显著地提高了学习系统的泛化能力。

4.4.3.1 集成学习的概念

集成学习（Ensemble Learning）[40]是用有限个学习器对同一个问题进行学习，集成在某输入示例下的输出由构成集成的各学习器在该示例下的输出共同决定。集成学习也被称为Committee、Classifier Fusion、Combination、Aggregation。从集成学习的定义可见集成由有限个学习器构成，这些学习器被称为个体学习器[40]（Component/Individual）。个体学习器可以是任何分类器和回归模型，如关联分类器、决策树、支持向量机（Support Vector Machine, SVM）等。用于集成的个体学习器如果采用相同的算法，称为同构集成[22,57,68]；用于集成的个体学习器如果采用不同的算法，称为异构集成[22,57,68]。

Thomas G. Dietterich分别从统计学角度、算法计算角度和表示法角度说明了集成学习有效的原因[22,23]。虽然集成学习可能取得更好学习效果的原因，但是并不是所有的集成学习方式都是有效的。集成比构成集成的任何一个个体(即单个学习器)有更好的预测效果的充要条件是[8,10,22,23]：**个体有较高的精度(Accuracy)并且个体是互不相同的(Diversity)**。这里，个体有较高的精度是指对一个新的数据进行函数逼近或分类，它的误差率比随机猜测要好，即个体的分类错误率要低于0.5；个体互不相同是指对于新的数据进行函数逼近或分类时，它们的错误是互不相关的[8,10,22,23]。

4.4.3.2 集成学习的方法

根据第 4.4.1节对集成学习概念的描述可知分类器集成学习的框架（如图 4.6所示）。

从图 4.6看出，集成学习主要有两个部分：（1）个体生成：就是通过一定的策略生成具有较高正确率与差异性的集成个体（分类器）；（2）结论生成：就是将不同个体（分类

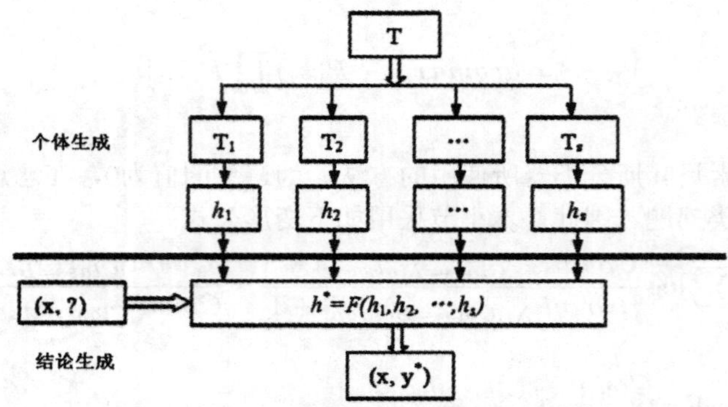

图 4.6 分类器集成学习框架图 [4]

器）的输出结果进行组合,这种组合方法既可以是线性的也可以是非线性的。以下我们将根据集成学习的两个部分来介绍集成学习的方法。

1. 个体生成方法

我们按照集成个体（分类器）之间的种类关系可以把集成学习方法划分为异态集成学习和同态集成学习两种 [68]：（1）异态集成学习是指使用各种不同训练算法的分类器进行集成 [8]；（2）同态集成学习是指集成的基本分类器都是同一种分类器，只是这些基本分类器之间的参数有所不同 [8]。

2. 结论生成方法

根据上述个体生成方法可以产生不同的集成个体，对于待测数据，每个集成个体根据相应的训练算法得到基本分类器的分类结果，但是如何对这些分类结果给出最终结论？本小节将简要介绍几种具有代表性的结论生成方法。

（1）基于简单投票的结论生成方法

简单投票的基本思想是多个基本分类器都进行分类预测，然后根据分类结果用某种投票的原则进行投票表决。按照投票原则的不同投票法可以有一票否决、一致表决、少数服从多数、阈值表决等 [8,62]。

（2）基于贝叶斯投票的结论生成方法

简单投票法假设每个基本分类器都是平等的，没有分类能力之间的差别，但是这种假设并不总是合适的。贝叶斯投票法 [8,22,62]是基于每一个基本分类器在过去的分类表现来设定一个权值，然后按照这个权值进行投票，其中每个基本分类器的权值基于贝叶斯定理来进行计算 [8,22,62]。虽然理论上贝叶斯投票法在假设空间所有假设的先验概率都正确的情况下能够获得最优的集成效果，但是实际应用中往往不可能穷举整个假设空间，也不可能准确地给每个假设分配先验概率 [8,22,62]。因此，在实际使用中其他结论生成方法可能会优于贝叶斯投票法。

（3）基于线性组合的结论生成方法

这种方法指的是使用各个基本分类器输出的线性组合作为分类结果。

（4）基于D-S证据理论的结论生成方法

D-S证据理论结论生成方法 [62]的基本思想是通过识别率、拒绝率等一系列参数计算出每个目标分类的信任范围，从而最终推断出分类结果 [8]。

4.4.4 聚类及聚类融合在恶意软件检测中的算法与实现

目前，已有许多将数据挖掘技术中的分类学习方法用于恶意软件检测的研究[7-21]，也有聚类方法在恶意软件归类中的研究 [18,26,38,55]。本小节将根据实际应用，介绍聚类及聚类融合方法在恶意软件归类中的应用与实现。

4.4.4.1 恶意软件归类中文件的特征表达方法

在研究恶意软件归类中，我们以文件指令作为样本特征，并从指令特征的两个角度来描述恶意软件样本，即：文件的指令序列特征和文件的指令频度特征。4.3.3节详细介绍了文件指令序列特征的具体提取过程，本小节将补充介绍文件指令频度特征的提取。

文件指令频度特征提取过程：首先解析恶意软件的所有指令，并统计每条指令在恶意软件样本中所出现的频度，然后根据文本聚类中常用的TF-IDF [21,35]概念，采用指令在恶意软件样本中出现的频率TF与逆向样本频率IDF对恶意软件样本集中出现的指令进行加权，从而构造指令频度向量来表征恶意程序样本，并存储于恶意程序特征库中。

指令频率TF是指对于给定的指令在该样本中出现的频率，对于第j个样本中的指令，其TF值定义如下：

$$TF_{i,j} = \frac{n_{i,j}}{\sum_k n_{k,j}} \tag{4.9}$$

其中，$n_{i,j}$是该指令t_i在样本j中出现的次数，而分母则是在样本j中所有指令出现的次数之和。

逆向样本频率IDF是一条指令普遍重要性的度量。一条指令的IDF值，定义如下：

$$IDF_i = \log \frac{|D|}{|\{d : t_i \in d\}|} \tag{4.10}$$

其中，$|D|$表示恶意软件样本集中的样本总数，$|\{d : t_i \in d\}|$表示包含指令t_i的恶意软件样本个数。

本章采用式(4.9)的指令频率TF及TF与IDF的乘积TFIDF来对样本j中的第i个指令t_i进行加权：

$$TFIDF_{i,j} = TF_{i,j} * IDF_i \tag{4.11}$$

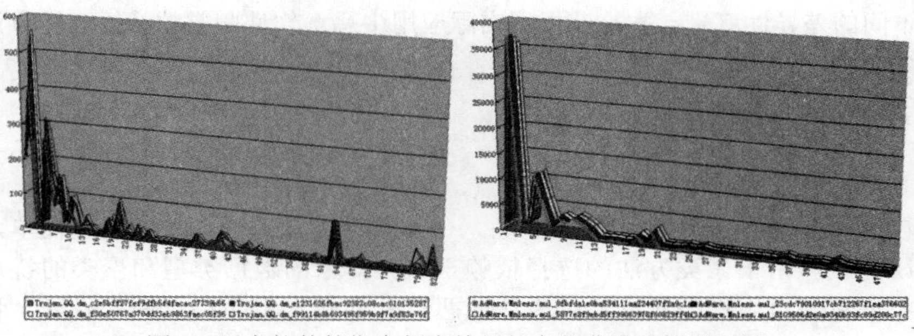

图 4.7 恶意软件簇指令频度特征的变化曲线比较示意图

文件指令频度特征和指令序列特征对同一个簇的恶意软件的变种具有较强的表达能力：事实上，许多恶意软件的变种文件其指令频度特征的变化曲线具有相同或相似的形状。如图 4.7所示，“Trojan.QQ.dm”恶意软件簇中的恶意软件样本其指令频度特征的变化曲线具有相似的形状；而“Trojan.QQ.dm”和“AdWare.Mnless.aul”两个不同的恶意软件簇，其指令频度特征的变化曲线形状具有很大的差异性。此外，属于同一个簇的恶意软件会基于函数单位共享相同的指令序列。如图 4.8所示，用于窃取QQ密码的“Trojan.QQ.dm”恶意软件簇基于函数为单位，许多指令序列是相同的。

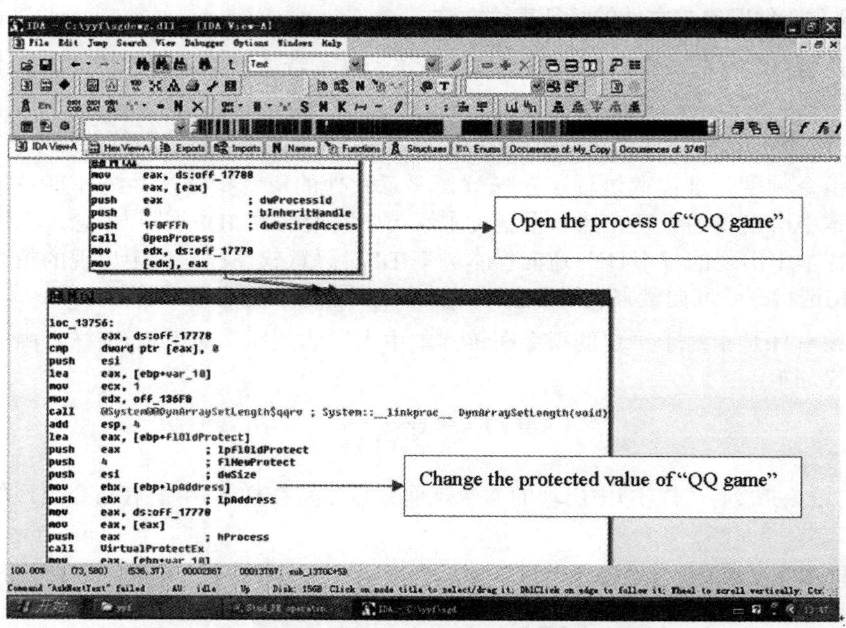

图 4.8 “Trojan.QQ.dm”恶意软件簇共享相似的指令序列

4.4.4.2 聚类方法在恶意软件归类中的应用

Bailey等在文献 [18]中采用本地哈希和层次聚类的方法实现对恶意样本文件的自动归类；Lee等在文献 [38]中采用k-medoids聚类方法实现对恶意软件的归类；还有一些通过计算不同恶意软件样本之间的差异度来实现检测和归类的目的，如：文献 [26]采用ED（Edit Distance，编辑距离）的方法来度量样本间的差异性，文献 [55]采用统计检验的方法实现恶意软件样本间的差异性度量。本小节根据实际应用中恶意软件归类的特征表达方法介绍相应的聚类算法。

1. 基于文件指令频度特征的聚类方法

层次方法和划分方法由于其显著的优点，是目前最常用的两种聚类方法：（1）层次方法可以较好地处理不规则形状的数据集；（2）划分方法算法高效，实现简单，并且能够产生紧凑的簇。由于聚类方法的选择依赖于研究对象的数据类型和聚类的特定目标，因此，本小节首先对用指令频度特征表达的恶意软件样本集的特点进行研究。我们从实时获取的1, 434个恶意软件中提取经tf-idf方法加权后的指令频度特征（共1,222维），然后用PCA（Principal Component Analysis）方法将特征进行变换，选取值最大的前2维和前3维做可视化展示。如图 4.9所示，恶意软件样本特征集数据较复杂，其几何形状是扭曲的，密度不均匀的。

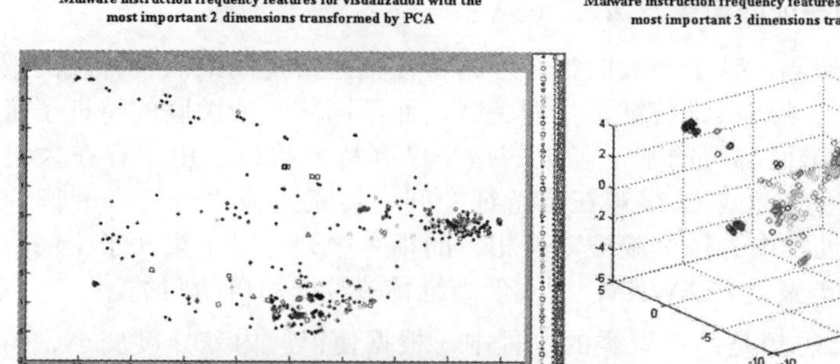

图 4.9 PCA转换后的恶意软件样本特征分布

因此，采用单纯的层次方法或划分方法不能获得好的聚类效果。为此，文献 [13]介绍了一种结合层次方法和划分方法优点且无需参数输入的层次与k-medoids的混合聚类方法PFHK（Parameter Free Hierarchical and K-medoids clustering algorithm）。PFHK算法 [13]在根据 4.4.4.1所述方法生成的恶意软件特征库上，采用Cosine距离度量方法衡量样本特征之间的差异度 [13]。为了实现无参聚类，文献 [13]在FS [63]指标的基础上进行改进，提出了NFS指标的度量方法来衡量聚类质量的好坏：

$$NFS=\sum_{i=1}^{c}\sum_{i=1}^{n_i}\|x_k-v_i\|^2-\sum_{i=1}^{c}|v_i-\bar{v}\|^2*(n_i-1) \tag{4.12}$$

其中，n_i表示第i个簇中样本的个数，c表示簇的个数，v_i表示第i个簇的中心点（簇的中心点是指距离本簇中所有数据点的距离之和最小的数据点），$\bar{v}$是数据集中全体数据点的中心点（即距离全局所有数据点的距离之和最小的数据点）。$\|x_k-v_i\|$表示第i个簇中的数据点x_k与该簇中心点v_i的距离，$\|v_i-\bar{v}\|$表示第i个簇的中心点到全局中心点$\bar{v}$的距离。函数$\sum_{i=1}^{c}\sum_{i=1}^{n_i}\|x_k-v_i\|^2$用来衡量簇内的紧凑度，值越小越紧凑；函数$\sum_{i=1}^{c}|v_i-\bar{v}\|^2*(n_i-1)$用来衡量类间的分离度，值越大，分离得越好。NFS指标与FS指标相比，在衡量类间分离度时，不考虑本簇与本簇之间的分离程度，有效地减少了大的簇对全局的干扰。NFS指标值越小，聚类结果越好。

PFHK算法在距离矩阵D（每两个恶意软件样本间的差异度矩阵）基础上进行聚类划分，算法主要思想：将每个恶意软件样本初始化为独立的簇，即从n（n为恶意软件样本集中样本的数量）个单独的簇开始，自底向上进行凝聚迭代，直到所有的样本聚合成一个大的簇或者直到分成预先设定好的簇数。其中，第k-1层的迭代优化过程如下：以上一层产生的k个簇为基础，根据Cosine距离度量方法选择最相似的两个簇（即簇中心点距离最小的两个簇）合并成新簇，并重新计算合并后新簇的中心点（即与同一个簇中所有样本点距离之和最小的样本点），然后利用k-medoids的全局优化技术进行迭代，直至所有簇的中心点不再变化，最终将所有恶意软件样本划分为合理的k-1个簇。在每一层迭代结束后，对聚类的结果采用NFS指标进行聚类结果的评价，评估该层的聚类质量。最后，通过比较各个层次的NFS指标值，找到NFS最小值所在的层，其划分的结果就是最后聚类的结果。

2. 基于文件指令序列特征的聚类方法

在恶意软件智能检测，基于函数的指令序列特征集通常是高维而且稀疏的数据。由于高维空间的簇往往只与某些低维特征子集相关联，而不同簇其所关联的特征子集也可能存在差异 [2,40]。对于高维而稀疏的基于函数的指令序列特征数据，由于存在大量不相关的指令序列片段，传统的聚类算法很难在全特征空间中搜索到被“淹没”的簇。为此，文献 [13]通过在聚类的过程中为每个簇搜索其相应的指令序列片段子集（子空间），即通过加权子空间的k-medoids聚类方法WKM [13]实现高维稀疏数据的自动归类。

WKM算法的主要思想是：在聚类的过程中，根据使得簇内差异度变小、而簇间分离度变大的准则动态地更新每个属性的权重值，从而发现隐藏在子空间中的簇。文献 [13]详细描述了WKM聚类算法的主要过程。

根据WKM算法得到的最终聚类结果，可以产生在本簇中高频出现、在其它簇中低频出现的属性（即指令片段集合）。这些指令片段如果在本簇中出现频率高于用户设定的高频值，而在其它簇中出现频率低于用户设定的低频值，并且能通过误报测试，即可作为恶意软件簇的“通杀”特征。这里，高频值和低频值可以由用户根据需要设定，比如，高频值为2/3，低频值为1/3等，但高频值一定是大于低频值的。一个簇的通杀特征可以是一个也可以是多个。例如，假设D中的5个样本点：*X1*=[1，2，3]，*X2*=[1，2，4]，*X3*=[1，2，3，5]，*X4*=[1，4，5]，*X5*=[1，4]，指定簇的个数k=2，经WKM算法进行聚类后，*X1*、*X2*和*X3*被分为一个簇，而X4和X5被分为另一个簇。重新统计每个指令片段（属性）在各个簇中出现的频率：簇1中各个指令片段的出现频率分别为：[1, 1, 0.67, 0.33, 0.33]，簇2：[1, 0, 0, 1, 0.5]。假设用户设定的高频值为0.67，低频值为0.33，则，簇1中2、3号指令片段可作为该簇的候选“通杀”特征，簇2中4号指令片段可作为该簇的候选“通杀”特征；最后，若这些候选“通杀”特征能通过误报测试，则其将成为对应恶意软件簇的“通杀”特征。

4.4.4.3 聚类融合方法在恶意软件归类中的应用

如果不事先对数据作出假设，那么从本质上说，就不会存在比随机猜测或其他任何算法更为优越的学习算法 [24]。聚类算法是一种无监督学习的算法，与分类学习算法不同，我们事先对数据集的分布缺少了解；而且对于相同的数据集，不同的聚类算法，甚至同一种聚类算法由于随机初始化等原因，也可能产生不同的聚类结果。融合方法就是将不同算法或者同一算法下使用不同参数得到的结果进行合并，从而得到比单一算法更为优越的结果。在分类算法和回归模型中，融合方法的使用已经比较成熟。但在聚类分析领域，聚类融合方法的研究在近几年才开始出现。A.Strehl等在文献 [51]中给出了聚类融合的定义：

聚类融合（Clustering Ensemble/Clustering Combination）是将多个一组对象进行划分的不同结果进行合并，而不使用对象原有的特征。其具体表达如下 [47]：

假设有n个数据点$X = \{x_1, x_2, \dots, x_n\}$，对数据集X用H次聚类算法得到H个聚类结果，$\lambda = \{\lambda_1, \lambda_2, \dots, \lambda_H\}$(又称为聚类成员)，其中$\lambda_k$（k=1, 2,…, H）是第k次算法得到的聚类结果。设计一种共识函数Γ，对这H个聚类成员的聚类结果进行合并，得到一个最终的聚类结果λ'，如图 4.10所示。

A.Topchy在文献 [56]中总结了聚类融合在以下几方面可以比单一的聚类算法取得更好的聚类效果 [47]：

1. 鲁棒性：在各领域和数据集中的平均性能更为优越；

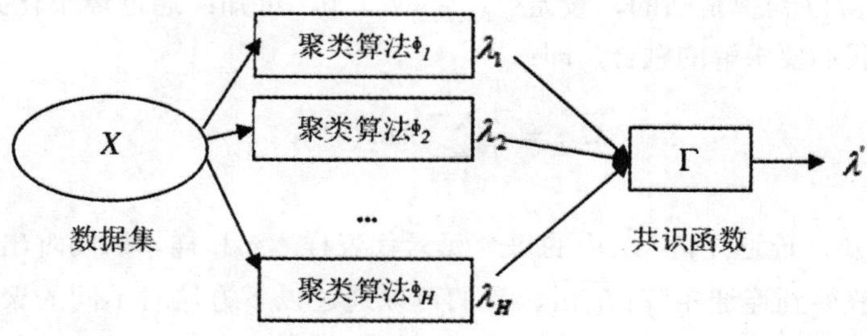

图 4.10 聚类融合示意图

2. 适用性：能找到单一聚类方法难以得到的聚类结果；

3. 稳定性：噪声、孤立点和抽样方法等对聚类结果的影响较小；

4. 并行性和可扩展性：能对数据子集进行并行聚类及合并，能对分布式数据源或数据属性的聚类结果进行合并。

目前的聚类融合研究主要是对同一算法下使用不同参数得到的聚类成员进行融合，对于不同算法的聚类融合研究较少。为此，本小节在 4.4.4.2节的基础上介绍一种对不同聚类算法进行融合的新方法CCE（Constraint available Cluster Ensemble）[65]，CCE聚类融合方法允许在融合的过程中加入用户定义的约束条件。

令$X = \{x_1, x_2, \ldots, x_n\}$表示由n个恶意软件样本构成的数据集，假设对数据集X有T种聚类结果$P = \{P^1, P^2, \ldots, P^T\}$，每一种聚类结果$P^t(t = 1, 2, \ldots, T)$ 包含K个簇$C^t = \{C_1^t, C_2^t, \ldots, C_k^t\}, X = \cup_{l=1}^k C_l^t$：（注意：K值在不同的聚类结果中可以不同）。我们定义每一种聚类P^t结果的连通（connectivity）矩阵如下：

$$M_{ij}(P^T) = \begin{cases} 1 & \text{若}x_i\text{和}x_j\text{属于同一个簇}C^t\text{；} \\ 0 & \text{其他。} \end{cases}$$

通过上式的连通矩阵，聚类结果P^a和P^b之间的距离定义如下：

$$\begin{aligned} d(P^a, P^b) &= \sum_{i,j=1}^{n} d_{i,j}(P^a, P^b) \\ &= \sum_{i,j=1}^{n} |M_{i,j}(P^a) - M_{i,j}(P^b)| \\ &= \sum_{i,j=1}^{n} |M_{i,j}(P^a) - M_{i,j}(P^b)|^2 \end{aligned} \tag{4.13}$$

注意：式(4.13)中在恶意软件归类应用中取值为0或1。

聚类融合中一种常用的方法是寻找一个最接近于给定的所有聚类结果的一致（consensus）的聚类结果P^*满足下式：

$$min_{P^*} J = \frac{1}{T}\sum_{t=1}^{T} d(P^t, P^*) = \frac{1}{T}\sum_{t=1}^{T}\sum_{i,j=1}^{n} [M_{ij}(P^t) - M_{ij}(P^*)]^2 \tag{4.14}$$

由于J在矩阵$M(P^*)$中是凸的，设定$\nabla_{M(P^*)}J=0$，可知：通过最小化式(4.14)得到的聚类结果P^*就是我们要求解的融合，即：

$$\widetilde{M_{ij}}=\frac{1}{T}\sum_{t=1}^{T}M_{ij}(P^t) \tag{4.15}$$

从式(4.15)可知，连通矩阵$\widetilde{M_{ij}}$中的每个元素代表样本x_i和样本x_j同时出现在同一个簇中的次数。在求解得到连通矩阵$\widetilde{M_{ij}}$后，我们可以通过以下方法对不同的聚类结果进行融合：（1）给定样本对(x_i,x_j)，如果其对应的连通矩阵$\widetilde{M_{ij}}$的值大于给定阈值，则将这两个样本点聚到同一簇中；如果这两个样本点在原先的聚类结果中属于不同的簇，则将其合并。（2）对于剩余的不能被聚到相应簇的样本点，单独形成一个新的簇。我们将上述聚类融合方法称为CCE聚类融合方法。CCE聚类融合方法无需指定簇的个数。以下我们将介绍融合过程中加入用户定义的约束条件。

由于聚类是一个无监督学习的方法，在恶意软件归类中，有时需要引入专家知识，定义相应的约束条件，例如：尽管样本x_i和样本x_j特征差异很大，但样本x_i可能是对样本x_j采用多态技术生成的变种，因此这两个样本应该被划分在同一个簇中；样本x_i和样本x_j特征相似，但其可能提取的是加壳特征，事实上这两个样本是不应该在同一个簇中。前者是等约束（Must-link）的一种情况；后者是不等约束（Cannot-link）的一种情况。以下我们对等约束（Must-link）和不等约束（Cannot-link）进行形式化表示：

（1）等约束（Must-link）

$$A=\{(x_{i1},x_{j1})\ldots,(x_{ia},x_{ja})\},a=|A| \tag{4.16}$$

其中，每一个样本对被认为是相近的，必须被划分到同一个簇。

（2）不等约束（Cannot-link）

$$B=\{(x_{p1},x_{q1})\ldots,(x_{pb},x_{qb})\},b=|B| \tag{4.17}$$

其中，每一个样本对被认为是相异的，不能被划分到同一个簇。上述约束经常用于半监督（semi-supervised）聚类[39]中，但在聚类融合中引入约束条件的研究较少。

为了将等约束（Must-link）和不等约束（Cannot-link）引入聚类融合中，我们需要解决以下问题：

$$min_{P^*}J==\frac{1}{T}\sum_{t=1}^{T}\sum_{i,j=1}^{n}[M_{ij}(P^t)-M_{ij}(P^*)]^2$$

$$s.t.\quad M_{ij}(P^*)=1,\text{若}(x_i,x_j)\in A;M_{ij}(P^*)=0,\text{若}(x_i,x_j)\in B \tag{4.18}$$

式(4.18)是线性约束的凸优化问题。令$C=A\cup B$表示所有约束的集合，则$c=|C|=|A|+|B|$。我们可以将所有的约束集表示成：

$$C=(x_{i1},x_{j1},b1),\ldots,(x_{ia},x_{ja},bc)$$

其中$s=1,\ldots,c$：如果$(x_{is},x_{js})\in A$，则$b_s=1$；如果$(x_{is},x_{js})\in B$，则$b_s=0$。从而，我们可以重新修改式(4.18)，得到：

$$min_{P^*}J==\frac{1}{T}\sum_{t=1}^{T}\sum_{i,j=1}^{n}[M_{ij}(P^t)-M_{ij}(P^*)]^2$$

$$s.t. \quad (e_{i_s})M(P^*)e_{j_s} = b_s, s = 1, 2, \ldots, c \tag{4.19}$$

其中，$e_{i_s} \in \Re^{n\times 1}$是一个仅第$i_s$个元素为1，而其它元素值为0的指示向量。我们引入Lagrangian乘数$\{a_i\}_{i=1}^{c}$并构建式(4.20)用于解决式(4.19)中的优化问题。

$$L = J + \sum_s a_s((e_{i_s})^T M(P^*)e_{j_s} - b_s) \tag{4.20}$$

注意，$(e_{i_s})^T M(P^*)e_{js} = M_{i_s j_s}(P^*)$。因此，我们可以将式(4.20)转化为：

$$M_{i_s j_s}(P^*) = \begin{cases} \frac{1}{T}\sum_{t=1}^{T} M_{ij}(P^t) & \text{若}i_s\text{和}j_s\text{不在C中；} \\ b_s & \text{其他。} \end{cases}$$

从上式可知，在融合的过程中加入用户定义的约束条件是本节提出的CCE聚类融合方法中的一个特例。

§4.5 系统实现

本章介绍的恶意软件检测和归类的方法，由于其高效的性能和准确的检测及归类结果，已在金山“云安全”体系中得到应用。本节主要介绍采用本章介绍的方法实现的恶意软件智能检测系统，包括：系统架构和系统的实际应用效果。

4.5.1 系统架构

通过本章介绍的恶意软件智能检测方法，我们收集的2,685,123个已知样本（其中恶意软件1,237,498个，正常文件1,447,625个）作为基础训练集，同时根据每日捕获的恶意软件和收集的正常文件，构建了恶意软件智能检测系统，其架构如图 4.11 所示。

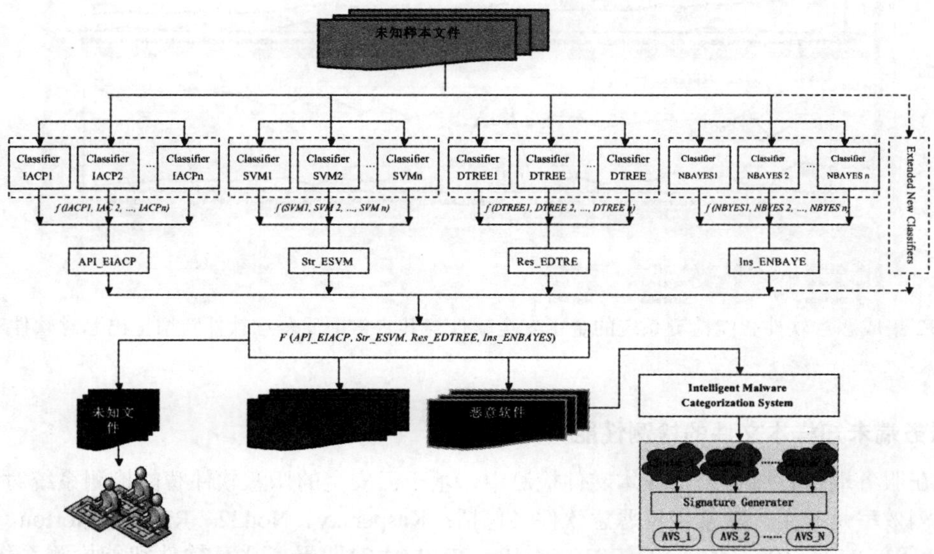

图 4.11 恶意软件智能检测系统架构图

如图 4.11所示，对于进入检测流程的未知样本文件：（1）首先经过第 4.4.2 节介绍的四种不同的分类器集成（集成个体的生成采用基于滑动窗口的不放回抽样方法 [13]）进行预测：基于Win API函数的关联分类器集成（EAC）、基于字符串特征的支撑向量机分类器集成（ESVM）、基于资源特征的决策树分类器集成（EDTREE）、基于指令特征的朴素贝叶斯分类器集成（ENBAYES）；（2）然后对这些基础分类器的预测结果采用 4.4.3 节提出的分类集成学习方法FC进行结论生成；（3）经上述预测环节，对于预测结果为“恶意软件”的样本文件经本文第 4.4.4节所述的方法进行恶意软件的归类，然后对于每一个恶意软件“簇”提取相应的通用特征发布到客户端；对于预测结果为“未知文件”的样本文件分流到人工鉴定环节。

4.5.2 系统实际应用效果与分析

本节主要从三个部分来介绍恶意软件智能检测系统的实际应用效果：

1. 服务端未知样本文件的检测效果

除了本章所介绍的基于四种文件特征构造的分类预测方法外，服务端已基于更丰富的特征表达方法，扩充到20余款基于不同文件特征表达方式构造的分类器。恶意软件智能检测系统对于收集的未知文件，相较其它常用反恶意软件（包括：Kaspersky、Nod32、Rising、Norton、Macfee等），每日检出的恶意软件是所有这些反恶意软件检出的1.2～1.3倍（即，可新增检出所有这些反恶意软件不能检测到的20% 30%的恶意软件）。图 4.12是恶意软件智能检测系统检测到常用反恶意软件在相同时间内未能检测到的恶意软件示例。

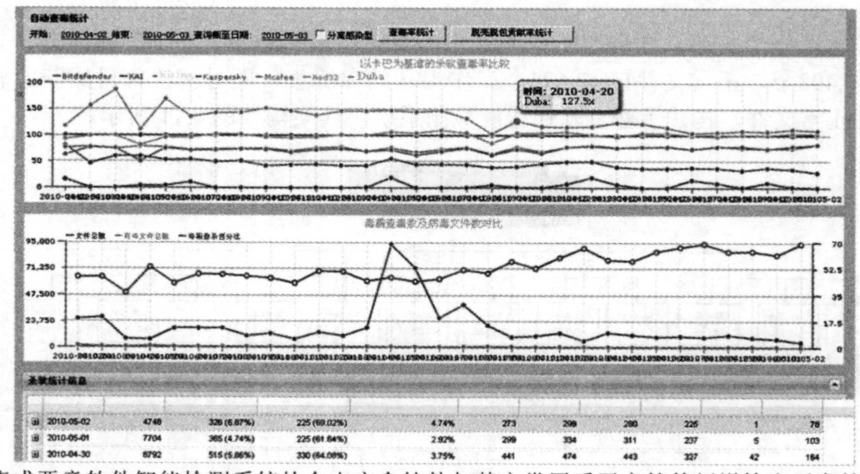

图 4.12 集成恶意软件智能检测系统的金山安全软件与其它常用反恶意软件新增检出恶意软件对比示例

2. 服务端未知样本文件的检测性能

在服务端每日海量未知样本文件检测中，基于云安全的恶意软件智能检测系统对样本的检测效率是常用几款常用反恶意软件（包括：Kaspersky、Nod32、Rising、Norton、Mcfee等）的2～3倍。图 4.13是2010-04-18～2010-04-21四天，恶意软件智能检测系统与常用反恶意软件对未知样本检测时间的对比。

2010-04-23 2010-04-22 2010-04-21 2010-04-20 2010-04-19 2010-04-18 2010-04-17

2010-04-18

流程\耗时	0-10秒	10-20秒	20-30秒	30-40秒	40-50秒	50-60秒	60秒以上	合计
杀软耗时	914(0%)	10649(5%)	13788(6%)	15504(7%)	18449(8%)	19003(8%)	147491(65%)	225798
鉴定器耗时	9051(4%)	2258(1%)	376(0%)	112(0%)	94(0%)	119(0%)	213788(95%)	225798

2010-04-19

流程\耗时	0-10秒	10-20秒	20-30秒	30-40秒	40-50秒	50-60秒	60秒以上	合计
杀软耗时	5272(3%)	20504(11%)	15612(8%)	18806(10%)	18035(10%)	15962(8%)	94122(50%)	188313
鉴定器耗时	29656(16%)	43207(23%)	19335(10%)	7684(4%)	3703(2%)	2156(1%)	82572(44%)	188313

2010-04-20

流程\耗时	0-10秒	10-20秒	20-30秒	30-40秒	40-50秒	50-60秒	60秒以上	合计
杀软耗时	6340(5%)	22119(17%)	14701(12%)	10106(8%)	6032(5%)	4563(4%)	62889(50%)	126750
鉴定器耗时	20052(16%)	37444(30%)	20401(16%)	9978(8%)	5515(4%)	4003(3%)	29357(23%)	126750

2010-04-21

流程\耗时	0-10秒	10-20秒	20-30秒	30-40秒	40-50秒	50-60秒	60秒以上	合计
杀软耗时	4321(3%)	24137(15%)	20478(12%)	14349(9%)	11903(7%)	8296(5%)	81664(49%)	165148
鉴定器耗时	23247(14%)	43294(26%)	18142(11%)	7272(4%)	3675(2%)	2566(2%)	68466(41%)	166662

图 4.13 与常用反恶意软件检测时间对比示例

注：0–10秒表示杀软或检测系统检测时间在10秒内的样本个数，其它列说明相同。该图给出了常用反恶意软件（杀软）和采用第 4.4.2和 4.4.3节介绍的方法构建的恶意软件检测系统（鉴定器）在每个检测耗时期间的样本数对比。

3. 客户端的查杀效果

对于预测结果为“恶意软件”的样本文件，恶意软件智能检测系统集成了第 4.4.4节所述的方法对恶意软件进行自动归类，然后对于每一个恶意软件“簇”提取相应的通用特征发布到客户端。图 4.14 是对归类后的恶意软件“簇”的描述举例示意；图 4.15是对归类后的恶意软件簇提取的“通杀”特征，用于置放到客户端进行快速查杀。

特征ID	病毒中文名	病毒类型	病毒信息	操作
70624190	PUBWIN插件	插件	网吧客户机的插件	编辑/删除
70637734	百度游戏大厅下载器	下载者	百度游戏大厅下载器	编辑/删除
69711941	QQ空间克隆器	误报	QQ空间克隆客户端	编辑/删除
70244025	fs2you上传器	误报	Peer.exe为fs2you上传用的,开机启动	编辑/删除
70704759	下载者	下载者	释放自身,并释放执行模块、下载模块的DLL到系统目录下	编辑/删除
69616555	万象秀插件	广告	释放用于收集信息、修改IE的DLL	编辑/删除
69578623	键盘记录器	RootKit	PS/2与USB的键盘过滤驱动	编辑/删除
69714885	网吧插件	误报	360论坛出现了同样的误报反馈	编辑/删除
67747836	一键关机	误报	关机误报	编辑/删除
70049489	wc98pp	误报	人工结果有冲突	编辑/删除
70678569	盗号木马附属驱动	RootKit	恢复SSDT	编辑/删除
70515942	盗号器	盗号木马	DLL劫持LPK.DLL,用来Load盗号的DLL模块	编辑/删除
70691415	盗号器	盗号木马	通过钩子挂接文件的打开操作,释放Deg32.Sys	编辑/删除
69793847	LSP劫持	网络劫持	永恒之塔外挂释放出来的,劫持LSP	编辑/删除
70691253	修改IE主页	广告插件	增加NameSpace:{FF5D0589-76A7-AF11-AB16-59306CC8D88E}	编辑/删除
70682936	修改IE主页	广告插件	添加桌面快捷方式、修改IE首页	编辑/删除
70255170	BHO	插件	无效PE	编辑/删除
68367553	一键关机	误报	快速关机程序	编辑/删除
70577576	QQ钓鱼	广告插件	VB编写QQ钓鱼木马	编辑/删除
69019156	魔兽世界盗号木马	盗号木马	魔兽世界盗号木马释放的驱动	编辑/删除

第1页 下一页 共8页

图 4.14 归类后的恶意软件簇的描述示例

注：特征ID表示采用第 4.4.4节介绍的方法对检测出的恶意软件归类后提取的通用特征的ID号，每一行表示该特征所能查杀的恶意软件“簇”对应的相关信息。

注：特征ID表示采用第 4.4.4节介绍的方法对检测出的恶意软件归类后提取的通用特征的ID号，文件个数表示该特征能查收的恶意软件数目。

图 4.16表明特征ID为“72237142”的恶意特征匹配到28,935个恶意软件样本。此外，Comodo File Verification Service [66]（一个即时的基于云的文件分析服务）在本章

特征ID	特征形式	病毒名	恶意软件簇	文件个数
72237142	KVS	Win32.Troj.YmdfiveT.xb.151557	1	28935
1073744708	KVS	Win32.LoaderCode.he.371200	2	18520
1073744704	KVS	Win32.InfeTrash.a.30720	3	18233
1073744707	KVS	Win32.LoaderHt.ht.371200	5	8046
1073744616	KVS	Win32.Parite.a.247770	6	6842
1073744686	KVS	Win32.InfeTrash.b.30720	1	5864
1073744698	KVS	Win32.LoaderTy.ty.371200	7	5216
1073744700	KVS	Win32.LoaderCode.wo.371200	8	5051
1073744581	KVS	Win32.LoaderKB.dz.371200	9	4463
1073744710	KVS	Win32.Loader.ij.1536	10	3685
1073744256	KVS	Win32.Parite.b.5756	4	2439
1073744252	KVS	Win32.Parite.b.5756	4	2306
1073744238	KVS	Win32.Parite.b.5756	4	2282
1073744685	KVS	Win32.InfeTrash.a.30720	3	1819
1073744711	KVS	Win32.PatchP.ye.1840	11	1778
1073744453	KVS	Win32.Virut.xf.57344	12	1648
1073744674	KVS	Win32.LoaderKB.ez.371200	13	1516
1073743667	KVS	Win32.Virut.q.10240	14	1503
1073744447	KVS	Worm.DLan.c.79872	15	1428
1073744688	KVS	Win32.LoaderCode.ju.371200	16	1207

第1页 下一页 共227页

图 4.15 归类后的恶意软件簇的提取“通杀”特征示例

The signature with id “72237142”:

```
[ScriptScan]
    mov Reg00, 0x00
    mov Reg01, 0x01
    mov Reg02, 0x02
    mov Reg03, 0x03
    mov Reg04, 0x04
    Call PE.GetImageBase Reg05
    ReturnIfFalse

    SetMatchBuffer NormalEntryBufferReg, NormalEntryBufferSizeReg
    mov SearchPosReg, 0xB9
    mov SearchLenReg, 0x20
    mov Reg06, 0x35FF
    SearchWORD Reg06
    ……
```

图 4.16 ID号为“72237142”的恶意特征

提出的方法的基础上进行了扩展和延伸，对于用户提交的样本文件，基于不同的特征提取方式构建了异构的分类器，并采用了集成学习的方法来实现对恶意软件的检测，其具体访问地址为：http://valkyrie.comodo.com/。

§ 4.6 本章小结

恶意软件的爆发式增长和传播速度使得以客户端为战场的传统杀毒模式已经不能适应新的安全需求，面对收集的海量未知文件，工业领域采用特征码比对方式分析鉴定后，仍然存留数量相当大的无法识别的未知样本。为此，实现对海量未知样本自动、快速、准确的识别、分析和处理为数据挖掘提出了具有实际意义的需求和挑战。本章对数据挖掘方法在恶意软智能件检测中实际的应用进行了概述，重点介绍了恶意软件的特征表达方法，分类及分类集成学习方法在服务端恶意软件检测中的应用，聚类及聚类融合方法在客户端恶意软件检测中的应用。进一步的深入研究可以查看相关的文献资料。

§ 4.7 中英文对照表

1. 恶意软件：Malicious Software, Malware
2. 恶意代码：Malicious Code
3. 计算机病毒：Virus
4. 蠕虫：Worm
5. 特洛伊木马：Trojan Horse, Trojan
6. 后门：Backdoor
7. 间谍软件：Spyware
8. 垃圾信息发送软件：Spamware
9. 垃圾广告软件：Adware
10. 云安全：Cloud Security
11. 分类：Classification
12. 归纳学习：Inductive Learning
13. 人工神经网络：Artificial Neural Network, ANN
14. 可移植的执行体：Portable Executable, PE
15. **Windows**应用程序编程接口：Windows Application Programming Interface, Win API
16. 输入函数：Import Functions
17. 引入表：Import Table, IT
18. 动态链接库：Dynamic Link Library, DLL
19. 分类关联规则：Class Association Rule, CAR
20. 频繁模式增长：Frequent-Pattern Growth, FP-Growth
21. 支撑向量机：Support Vector Machines, SVM
22. 信息增益：Information Gain, IG
23. 悲观错误剪枝：Pessimistic Error Pruning, PEP
24. 朴素贝叶斯分类器：Naive Bayes Classifier, NBC
25. 集成学习：Ensemble Learning
26. 聚类融合：Clustering Ensemble, Clustering Combination

参考文献

[1] 格罗思，侯迪，宋擒豹. 数据挖掘: 构筑企业竞争优势. 西安交通大学出版社, 2001.

[2] 韩家炜，坎伯等. 数据挖掘: 概念与技术. 北京：机械工业出版社, 2001.

[3] 范明，李川. 在*fp2* 树中挖掘频繁模式而不生成条件*fp2* 树. 计算机研究与发展, 40(8):1216∼1222, 2003.

[4] 张丽新. 高维数据的特征选择及基于特征选择的集成学习研究. PhD thesis, 北京: 清华大学, 2004.

[5] 吉根林，赵斌，孙志挥. 利用*hash* 树生成频繁项目集的新方法. 小型微型计算机系统, 25(10):1841∼1843, 2004.

[6] 李淑芝，郑剑. 一种基于*hash_tree* 的产生关联规则的方法. 南昌大学学报: 理科版, 28(2):197∼204, 2004.

[7] 卢浩，胡华平，刘波. 恶意软件分类方法研究. 计算机应用研究, 23(9):4∼7, 2006.

[8] 梁英毅. 集成学习综述[EB/OL]. PhD thesis, 2006.

[9] 王黎明. 决策树学习及其剪枝算法研究. PhD thesis, 武汉: 武汉理工大学, 2007.

[10] 刘天羽. 基于特征选择技术的集成学习方法及其应用研究. PhD thesis, 上海大学, 2007.

[11] 段钢. 加密与解密. 电子工业出版社, 2008.

[12] 金山毒霸反恶意软件实验室. *2009*年中国互联网安全情况整体分析*[R]*, 2009.

[13] 叶艳芳. 恶意软件智能检测若干方法的研究及其应用. PhD thesis, 厦门大学, 2010.

[14] 中国互联网络信息中心. 中国互联网络发展状况统计报告*[R]*, 2012.

[15] 360安全中心. *2012*年中国互联网安全报告*[R]*, 2012.

[16] T. Abou-Assaleh, N. Cercone, V. Keselj, and R. Sweidan. *Detection of new malicious code using n-grams signatures.* In PST, pages 193∼196, 2004.

[17] R. Agrawal, R. Srikant, et al. *Fast algorithms for mining association rules*. In Proc. 20th Int. Conf. Very Large Data Bases, VLDB, volume 1215, pages 487∼499, 1994.

[18] M. Bailey, J. Oberheide, J. Andersen, Z. M. Mao, F. Jahanian, and J. Nazario. *Automated classification and analysis of internet malware*. In Recent Advances in Intrusion Detection, pages 178∼197. Springer, 2007.

[19] M. Christodorescu, S. Jha, S. A. Seshia, D. Song, and R. E. Bryant. *Semantics-aware malware detection*. In Security and Privacy, 2005 IEEE Symposium on, pages 32∼46. IEEE, 2005.

[20] C. Cortes and V. Vapnik. *Support-vector networks*. Machine learning, 20(3):273∼297, 1995.

[21] F. Debole and F. Sebastiani. *Supervised term weighting for automated text categorization*. In Text mining and its applications, pages 81∼97. Springer, 2004.

[22] T. G. Dietterich. *Ensemble methods in machine learning*. In Multiple classifier systems, pages 1∼15. Springer, 2000.

[23] T. G. Dietterichl. *Ensemble learning*. The handbook of brain theory and neural networks, pages 405∼408, 2002.

[24] R. O. Duda, P. E. Hart, and D. G. Stork. *Pattern classification*. New York: John Wiley, Section, 10:l, 2001.

[25] N. Friedman, D. Geiger, and M. Goldszmidt. *Bayesian network classifiers*. Machine learning, 29(2-3):131∼163, 1997.

[26] M. Gheorghescu. *An automated virus classification system*. In Virus bulletin conference, pages 294∼300. Citeseer, 2005.

[27] R. Grimes. Malicious mobile code: Virus protection for Windows. O'reilly, 2001.

[28] I. Gurrutxaga, O. Arbelaitz, J. M. Perez, J. Muguerza, J. I. Martin, and I. Perona. *Evaluation of malware clustering based on its dynamic behaviour*. In Proceedings of the 7th Australasian Data Mining Conference-Volume 87, pages 163∼170. Australian Computer Society, Inc., 2008.

[29] J. Han, J. Pei, and Y. Yin. *Mining frequent patterns without candidate generation*. In ACM SIGMOD Record, volume 29, pages 1∼12. ACM, 2000.

[30] G. Hoglund and G. McGraw. Exploiting Software: How to break code. Pearson Education India, 2004.

[31] N. Idika and A. P. Mathur. *A survey of malware detection techniques*. Purdue University, page 48, 2007.

[32] S. Kim, C. Choi, J. Choi, P. Kim, and H. Kim. *A method for efficient malicious code detection based on conceptual similarity*. In Computational Science and Its Applications-ICCSA 2006, pages 567~576. Springer, 2006.

[33] J. Kinder, S. Katzenbeisser, C. Schallhart, and H. Veith. *Detecting malicious code by model checking*. In Detection of Intrusions and Malware, and Vulnerability Assessment, pages 174~187. Springer, 2005.

[34] J. Z. Kolter and M. A. Maloof. *Learning to detect malicious executables in the wild*. In Proceedings of the tenth ACM SIGKDD international conference on Knowledge discovery and data mining, pages 470~478. ACM, 2004.

[35] M. Lan, S.-Y. Sung, H.-B. Low, and C.-L. Tan. *A comparative study on term weighting schemes for text categorization*. In Neural Networks, 2005. IJCNN'05. Proceedings. 2005 IEEE International Joint Conference on, volume 1, pages 546~551. IEEE, 2005.

[36] P. Langley, W. Iba, and K. Thompson. *An analysis of bayesian classifiers*. In AAAI, volume 90, pages 223~228, 1992.

[37] H. Lee, W. Kim, and M. Hong. *Biologically inspired computer virus detection system*. In Biologically Inspired Approaches to Advanced Information Technology, pages 153~165. Springer, 2004.

[38] T. Lee and J. J. Mody. *Behavioral classification*. In EICAR Conference, 2006.

[39] T. Li, C. Ding, and M. I. Jordan. *Solving consensus and semi-supervised clustering problems using nonnegative matrix factorization*. In Data Mining, 2007. ICDM 2007. Seventh IEEE International Conference on, pages 577~582. IEEE, 2007.

[40] B. Liu and Y. Yu. Web 数据挖掘. 北京：清华大学出版社, 2013.

[41] G. McGraw and G. Morrisett. *Attacking malicious code: A report to the infosec research council*. Software, IEEE, 17(5):33~41, 2000.

[42] M. Miller. Cloud computing: Web-based applications that change the way you work and collaborate online. Que publishing, 2008.

[43] B. W. Porter, R. Bareiss, and R. C. Holte. *Concept learning and heuristic classification in weak-theory domains*. Artificial Intelligence, 45(1):229~263, 1990.

[44] J. R. Quinlan. *The effect of noise on concept learning*. Machine learning: An artificial intelligence approach, 2:149~166, 1986.

[45] J. R. Quinlan. *Simplifying decision trees*. International journal of man-machine studies, 27(3):221~234, 1987.

[46] J. R. Quinlan. C4. 5: programs for machine learning, volume 1. Morgan kaufmann, 1993.

[47] 阳琳赟，王文渊. 聚类融合方法综述. 计算机应用研究, 22(012):8~10, 2005.

[48] M. G. Schultz, E. Eskin, F. Zadok, and S. J. Stolfo. *Data mining methods for detection of new malicious executables*. In Security and Privacy, 2001. S&P 2001. Proceedings. 2001 IEEE Symposium on, pages 38~49. IEEE, 2001.

[49] M. Sharif, V. Yegneswaran, H. Saidi, P. Porras, and W. Lee. *Eureka: A framework for enabling static malware analysis*. In Computer Security-ESORICS 2008, pages 481~500. Springer, 2008.

[50] E. Skoudis. Malware: Fighting malicious code. Prentice Hall Professional, 2004.

[51] A. Strehl and J. Ghosh. *Cluster ensembles—a knowledge reuse framework for combining multiple partitions*. The Journal of Machine Learning Research, 3:583~617, 2003.

[52] A. H. Sung, J. Xu, P. Chavez, and S. Mukkamala. *Static analyzer of vicious executables (save)*. In Computer Security Applications Conference, 2004. 20th Annual, pages 326~334. IEEE, 2004.

[53] G. J. Tesauro, J. O. Kephart, and G. B. Sorkin. *Neural networks for computer virus recognition*. IEEE expert, 11(4):5~6, 1996.

[54] H. Thimbleby, S. Anderson, and P. Cairns. *A framework for modelling trojans and computer virus infection*. The Computer Journal, 41(7):444~458, 1998.

[55] R. Tian, L. M. Batten, and S. Versteeg. *Function length as a tool for malware classification*. In Malicious and Unwanted Software, 2008. MALWARE 2008. 3rd International Conference on, pages 69~76. IEEE, 2008.

[56] A. Topchy, A. K. Jain, and W. Punch. *A mixture model of clustering ensembles*. In Proc. SIAM Intl. Conf. on Data Mining. Citeseer, 2004.

[57] G. Valentini and F. Masulli. *Ensembles of learning machines*. In Neural Nets, pages 3~20. Springer, 2002.

[58] V. N. Vapnik. *An overview of statistical learning theory*. Neural Networks, IEEE Transactions on, 10(5):988~999, 1999.

[59] A. Vasudevan and R. Yerraballi. *Spike: Engineering malware analysis tools using unobtrusive binary-instrumentation*. In Proceedings of the 29th Australasian Computer Science Conference-Volume 48, pages 311~320. Australian Computer Society, Inc., 2006.

[60] J.-H. Wang, P. S. Deng, Y.-S. Fan, L.-J. Jaw, and Y.-C. Liu. *Virus detection using data mining techinques*. In Security Technology, 2003. Proceedings. IEEE 37th Annual 2003 International Carnahan Conference on, pages 71~76. IEEE, 2003.

[61] J.-Y. Xu, A. H. Sung, P. Chavez, and S. Mukkamala. *Polymorphic malicious executable scanner by api sequence analysis*. In Hybrid Intelligent Systems, 2004. HIS'04. Fourth International Conference on, pages 378~383. IEEE, 2004.

[62] L. Xu, A. Krzyzak, and C. Y. Suen. *Methods of combining multiple classifiers and their applications to handwriting recognition*. Systems, Man and Cybernetics, IEEE Transactions on, 22(3), 1992.

[63] R. Xu, D. Wunsch, et al. *Survey of clustering algorithms*. Neural Networks, IEEE Transactions on, 16(3):645~678, 2005.

[64] Y. Ye, L. Chen, D. Wang, T. Li, Q. Jiang, and M. Zhao. *SBMDS: an interpretable string based malware detection system using svm ensemble with bagging*. Journal in computer virology, 5(4):283~293, 2009.

[65] Y. Ye, T. Li, Y. Chen, and Q. Jiang. *Automatic malware categorization using cluster ensemble*. In Proceedings of the 16th ACM SIGKDD international conference on Knowledge discovery and data mining, pages 95~104. ACM, 2010.

[66] Y. Ye, T. Li, S. Zhu, W. Zhuang, E. Tas, U. Gupta, and M. Abdulhayoglu. *Combining file content and file relations for cloud based malware detection*. In Proceedings of the 17th ACM SIGKDD international conference on Knowledge discovery and data mining, pages 222~230. ACM, 2011.

[67] Y. Ye, D. Wang, T. Li, and D. Ye. *IMDS: Intelligent malware detection system*. In Proceedings of the 13th ACM SIGKDD international conference on Knowledge discovery and data mining, pages 1043~1047. ACM, 2007.

[68] S. Yu. *Feature selection and classifier ensembles: A study on hyperspectral remote sensing data*. United States: Scientific Literature Digital Library and Search Engine, 33, 2003.

第五章　社交媒体挖掘

§5.1 摘要

随着互联网技术，尤其是为用户提供交互功能的Web2.0技术的日益成熟与发展，社交媒体服务网站为人们的社交生活提供了极大的便利。这些便利的背后是数量惊人并且种类繁多的用户数据，而如何有效利用好这些数据则成为了工业界与学术界共同关心的热点问题。数据挖掘，作为一种结合了数据库管理、机器学习和统计等若干学科的新兴技术，为工程师和学者们了解、挖掘和分析社交媒体数据打开了一扇门；但是另一方面，社交媒体数据本身所携带的社交性信息、交流信息以及社交用户产生的大量文本、图像、音乐等内容为数据挖掘在其上的应用提出了挑战。在这一章中，我们着重于介绍如何应对社交媒体数据提出的挑战和数据挖掘在社交媒体数据中的六个典型应用：（1）在海量的社交媒体数据中寻找信息扩散的源头，并且预测信息扩散的未来走势；（2）为用户建立朋友或者粉丝关系提供帮助；（3）挖掘社交媒体中最具影响力的用户，并且分析这些用户的属性；（4）社交媒体上的搜索；（5）有效挖掘用户之间的信任关系；（6）挖掘社交用户生成的内容和内容中所包含的情感。

§5.2 社交媒体数据挖掘简介

近年来，伴随着互联网技术的飞速发展，特别是关注于用户交互的Web2.0技术的广泛应用，社交媒体网站（例如，Facebook、腾讯QZone、人人校内网、Twitter、新浪微博等等）如雨后春笋般出现在大众的视野中。过去，国内外的广大用户通常需要通过面对面的交谈，或者利用电话、书面信件、Email 和其他用户进行交流。而现如今，用户们可以轻松地利用手中的个人电脑、平板以及智能手机等设备登陆社交媒体网站或者应用与自己的家人、朋友、同事、业务伙伴轻松地取得联络。他们可以利用社交媒体洽谈业务，进行随意的交谈，分享自己喜欢的书籍、音乐或者电影，上传自己最近的状态更新等等。

这一类社交媒体网站通常会拥有数量惊人并且种类繁多的用户数据，包括用户的档案资料、交友记录、发表的博客、微博以及其他文章。假设所有数据里关于用户隐私的细节都可以被有效隐藏，那么这些数据无疑就是一座座金矿，足以在不侵犯用户隐私的前提下满足众多不同的应用需求。例如：用户档案的自动完善，新朋友的推荐，发现当前的热点文章以及热点话题，文章内容的总结等等。

社交网站及应用作为新兴媒体的代表已吸引了工业界与学术界的极大兴趣。一方面，工业界的专家利用社交媒体网站所拥有的海量数据学习或者预测用户的需求。另一方面，学术界的学者们希望藉由社交媒体上的数据来验证他们过去的科学发现，总结用户及其内容在社交媒体上表现出的不同特征，开发新的计算模型。

工业界和学术界都对社交媒体研究表现出兴趣，不仅在于它本身所包含的数据量非常丰富；更重要的是，社交媒体为学者们提供了更为广阔、新鲜和有趣的研究空间。我们不但可以就新兴的问题进行纯粹的科学研究，还可以将研究成果与发现直接应用于社交媒体这一实际的平台上。社交媒体为工业界和学术界提供了理论结合实际的沃土。

如之前章节所介绍的，数据挖掘是数据库知识发现中的一个步骤[29]。作为计算机科学下属的一门新兴交叉学科，它结合了数据库管理、机器学习、统计等学科的技术[38,54]，致力于从数据集中抽取重要的信息及模式，以达到深层次理解和总结数据本身，并将总结结果应用于对未来进行预测。数据挖掘的特长恰可以被用于从海量的社交媒体数据中抽取用户所关心的信息，帮助学者和工业界的数据业务专家总结出社交媒体数据的重要模式，并根据总结出的模式对社交媒体的未来进行相应的预测。

在本章接下来的内容中，我们将会首先对社交媒体上的典型应用进行简要的介绍，接着描述社交网络数据的过去和现在，然后逐一介绍如何将数据挖掘应用于解决不同的社交媒体问题，最后，为本章给出一个总结。

5.2.1 社交媒体分析的特点综述

社交媒体数据挖掘源于人们对社交媒体数据分析的需求。这里，我们对社交媒体数据分析的特点进行综述，旨在让读者更加清楚的理解两个问题：（1）为什么需要对社交媒体进行数据分析；（2）社交媒体数据分析与传统的数据分析有哪些异同。

不难发现，所有的社交媒体都有三大特点，或者说社交媒体都由三部分组成，就是“社会性”、“交流”和“内容”。社交媒体上的用户由于其本身的“社会属性”形成了在线的社会。在这个社会中，用户与用户之间发生很多不同类型的“交流”，包括一般的交谈、给予评价、分享自己的状态更新、对他人的分享和信息表示赞赏。如此一来，这些基于社交媒体交流便形成了丰富的“内容”。注意，文本是社交媒体交流中最常见的“内容”，不同于传统的文本（例如：新闻），社交媒体上的文本表现出一些有趣的特点。以当下美国火热的的社交媒体推特[1]上的文本（英文：Tweet）为例，它们通常很短，而且包含很多“噪音”信息、非标准的词汇（包括一些缩写、首字母缩写、表达情绪的符号、等等）[65]。

下面，我们针对社交媒体的三大组成部分分别进行介绍。

5.2.1.1 社会性

所谓人的社会性，即是人的社会属性中符合人类整体运行发展要求的基本特性，它主要包含了利他性、服从性、依赖性、以及更加高级的自觉性等。社交媒体数据中用户们的社会性决定了社交网络中的信息/数据流动完全依赖于用户和用户之间的互动。可以这么说，社交媒体中社会性导致的信息流动是与其他类型数据的最大不同。于是，读者难免会心存疑问：既然社会性导致了信息的流动，我们如何知道信息最终流向何处？基于以上问题，我们将会在后面的章节中介绍如何根据历史数据模拟出信息流动的规律，并通过信息流动的规律来预测信息最终的走势。

[1]https://twitter.com

5.2.1.2 交流

社交媒体数据中的用户发生众多不同类型的交流。一方面，这些交流的发生可能为用户与用户之间产生新的链接（例如，用户u转发了用户v的微博，用户u和v之间便产生了“转发”的链接）；另一方面，用户之间的链接也可以导致交流的发生（例如，用户u将用户v加为了好友，u自然可以接受到来自于v的更新。一旦u回复了v的一条更新，u和v的朋友链接导致了回复“交流”的发生）。现在的问题是：如何在社交网络中为用户推荐链接？如何预测社交网络中的链接？

5.2.1.3 内容

前文提到，社交媒体上的交流生成了许多内容，这些内容能够为我们带来什么呢？（1）分析内容的情感信息可以协助更加有效地了解社交用户；（2）分析主题的演变过程可以协助预测新的主题；（3）利用用户在社交媒体中生成的内容可以分析其“影响力”；（4）分析用户发表的内容还可以为社交推荐服务提供指导；（5）社交媒体上丰富的信息还可以帮助优化传统的搜索引擎。

5.2.2 社交媒体典型应用

当前，学术界进行着大量的社交媒体数据挖掘研究[38,61]，这些研究一方面代表了学者们研究兴趣的走势，另一方面也承载了工业界的希望。社交媒体数据来源于工业界，因此大量的应用需求也从工业界而来。比较典型的应用有：（1）在海量的社交媒体数据中寻找信息扩散的源头、并且预测信息扩散的未来走势；（2）为用户建立朋友或者粉丝关系提供帮助，例如向用户推荐一些志同道合的朋友；（3）挖掘社交媒体中最具影响力的用户，并且分析这些用户的属性：是否是少数领域或者单一领域的专家，是否能够协助市场营销和节省商业用户的广告开支，是否具有传播信息的能力，是否是新鲜主题的发起者；（4）搜索给人们的生活带来了无限的便捷，而社交媒体上的搜索同样可以给社交用户们提供帮助：帮助用户寻找其他用户（失散多年的老友、事业上的潜在合作伙伴，结交新的朋友），寻找一个专业的圈子（技术的、娱乐的、体育的、新闻的圈子），寻找关于某个主题的所有信息（例如关于该主题的所有博客、微博、新闻等）；（5）社交媒体以人为本，人与人之间的信任更是大家关注的一个主题，而如何有效挖掘用户之间的信任关系则可以为许多其他的应用而服务；（6）社交媒体上的内容由用户产生，挖掘那些用户的内容和内容中所包含的情感。

伴随着以上六个应用，读者们可以通过表5.1前瞻针对六个应用的不同方法。

§ 5.3 社交网络数据

提到社交媒体的应用，就不得不提如何利用现有技术解决社交媒体的应用问题。而利用现有技术去解决问题时，我们需要一个输入，这个输入即社交媒体的数据。社交媒体，可以被定义为一种传播和分享信息的渠道，而传播分享信息的用户以及被传播分享的信息自然地构成了社交网络。因此，所谓社交媒体数据也可以被看做社交网络数据。在接下来的段落中，我们将会交替地使用“社交媒体数据”和“社交网络数据”这两个词语来描述利用现有技术去解决问题的输入。

表 5.1 针对不同社交媒体数据应用的方法总结

应用	方法
信息扩散分析与预测	扩散分析：线性阈值模型，独立级联模型 [10,43]，线性影响模型 [73]； 扩散预测：线性回归模型 [70]
链接的预测	简单链接预测：Consine, Overlap, Matching, Dice and Jaccard coefficients, Maximum information path(MIP) [63]； 链接标记预测：逻辑回归分类 [46]； 链接强弱预测：逻辑回归、Bagging 决策树和朴素贝叶斯分类器 [41]
最具影响力用户挖掘	静态模型：度（Degree），接近性核心性，中介性核心性，PageRank [22]； 动态模型：独立级联模型和线性阈值模型 [43]， 基于连续时间马科夫过程的信息扩散模型 [47]
搜索	个性化社交搜索：社交个性化排序 [25]； 海量数据挖掘：Aardvark [39]，Twitter Search
信任	信任传播：Guha和其他作者的信任传播框架 [37]， 争议用户分析：MoleTrust [50]
社交内容与情感挖掘	内容挖掘：Probabilistic spatiotemporal model [61]， Single-pass incremental clustering algorithm [18]， TwitterMonitor系统 [51]，故事线生成模型 [49]； 情感挖掘：SVM，POMS [20]，Amazon Mechanical Turk (AMT)

社交网络的概念由来已久。在互联网高速发展之前，社交网络数据的收集一直都是比较困难的。通常，收集社交网络数据是需要耗费大量时间、人力和财力的，这也间接导致了所收集到的社交网络数据的局限性（和最新的社交网络数据相比，过去的社交网络数据通常只包含数量上或者地域上比较局限的样本 [57]）。现如今，有了互联网和Web2.0技术的帮助，社交网络数据的收集变得方便许多。一方面，我们可以通过编写爬虫去爬取网页，然后从网页中直接获取想要收集的信息。例如，我们希望能够对饮食社交网络中的用户和他们对餐馆、菜肴的评论进行情感分析（分析用户对餐馆和菜肴持有的态度）。在一些饮食社交媒体服务网站的帮助下，我们不再需要直接去对食客进行采访和调研，相反的，我们根据自己的信息需求，编写爬虫去著名的饮食社交网站—-Yelp[1]，或者大众点评网[2] 去收集想要获取的数据。另一当面，除了从网页直接爬取信息外，我们可以利用许多社交媒体服务网站开放的自主的应用程序接口去采集想要的数据。例如，当前众多的研究工作都是围绕Twitter[3]微博数据展开的，其中的一个原因是Twitter提供了便捷的接口[4]使得大家可以非常方便地收集数据。

由社交媒体服务形成的社交网络与传统社交网络有一些不同，主要体现在它很大程度上依赖网络用户的使用。考虑到当今网络的快速普及、网民数量的激增（参见图5.1[5]）、社交媒体服务用户数量的激增，通过互联网收集到的社交网络数据依然能够在一定程度上反应现实社交网络的状况。

§ 5.4 数据挖掘在社交媒体热点问题上的应用

在这一章节中，我们将会介绍数据挖掘在若干社交媒体热点问题上的应用。目标是将

[1] http://www.yelp.com/
[2] http://www.dianping.com/
[3] https://twitter.com/
[4] https://dev.twitter.com/docs
[5] http://data.worldbank.org/indicator/IT.NET.USER.P2

ITU Statistics (http://www.itu.int/ict/statistics)
Internet users per 100 inhabitants, 2001-2011*

	2001	2002	2003	2004	2005	2006	2007	2008	2009	2010	2011*
Developed	29.4	37.7	41.5	46.3	51.3	53.5	59.1	61.3	64.7	68.8	73.8
World	8.0	10.7	12.3	14.1	15.7	17.5	20.6	23.4	26.5	29.7	34.7
Developing	2.8	4.3	5.5	6.6	7.7	9.4	12.0	15.0	18.5	21.1	26.3

*Estimate

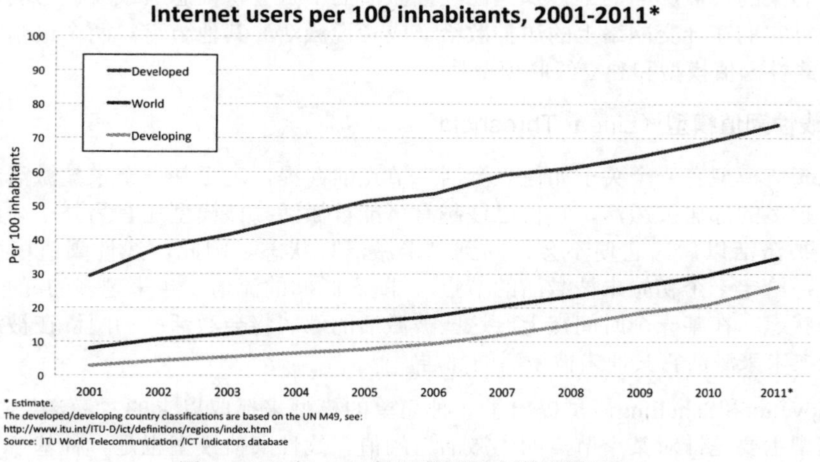

Internet users per 100 inhabitants, 2001-2011*

* Estimate.
The developed/developing country classifications are based on the UN M49, see:
http://www.itu.int/ITU-D/ict/definitions/regions/index.html
Source: ITU World Telecommunication /ICT Indicators database

图 5.1 2001年-2011年互联网用户激增图示

读者带入社交媒体数据挖掘的世界，认识这个世界里的问题，了解解决这些问题的方法，最终能够自主地发现社交媒体上的问题，并设计方法解决。或许我们无法在这一章节中覆盖所有的社交媒体数据挖掘问题，但我们将尽量为读者提供关于将数据挖掘应用于社交媒体的初步印象。

5.4.1 社交媒体数据挖掘需求

在之前的段落5.2.2中，我们简要罗列了社交媒体上的典型应用，这些应用与下面的一些问题息息相关：（1）谁最先在社交媒体上散布了信息？信息在未来将会扩散向谁？（2）谁最有可能成为在社交媒体上被某个特定用户添加为好友？（3）谁是社交网络中最具影响力的用户？谁是社交网络中关于某一主题的专家？（4）如何快速而有效地从海量的社交媒体数据中搜索出与关键词相关的信息？（5）对于某个特定用户，谁是社交网络中他/她最信任的人？（6）是否有必要阅读关于某一主题的所有社交媒体文章？如何区分不同社交内容所携带的情绪？以上这些问题的答案全部隐藏在社交媒体数据中。相应地，数据挖掘专家发明的算法和方法正可以被用于挖掘出这些问题的答案。在下面的段落中，我们将会逐一介绍如何利用数据挖掘技术来解决以上六个典型问题。

5.4.2 信息扩散分析（Information Diffusion）

社交网络上的用户生成信息，而信息又以社交网络为载体进行传播或者扩散。通过追溯信息传播的历史记录，我们可以很容易寻找到发布信息和散布信息的用户，但是，如何预测信息未来的扩散走向却并不容易。为了能够对信息的扩散进行准确的预测，我们首先可以对信息传播的模式进行建模[1,52,73]，然后利用建好的模型对信息的传播走势进行预测[2,5,70,72]。当然，在对信息进行建模并且进行预测时，我们需要了解特定信息在传播能力上的属性。例如，一些娱乐信息在网络上的传播生命比较短暂，而一些政治类的信息通常拥有较长的生命力[58]，等等。

传统的信息扩散模型[32,35,71]认为网络中的每一个节点都有一个属性标明它是否是被激活的（被感染的，被影响的），那些已经被激活的节点会将信息（或者说影响，疾病，传染病）通过它们在社交网络上的边扩散给（或者说激活）其他节点。两个最基本的信息扩散模型是线性阈值模型和独立级联模型[43]。

5.4.2.1 线性阈值模型（Linear Threshold）

线性阈值模型有一个关于如何“激活”节点的前提，对于某一个未被激活的节点，它在网络上越多的邻居被激活，它自己便越有可能被激活。该模型还有另外一个前提，一个节点一旦被激活以后，它便不会再回到“未激活”状态。因此，线性阈值模型所模拟的过程如下：给定一个初始未被激活的节点v，随着时间的流逝，越来越多的v的邻居转化为“激活”状态；在某一个时间点上，这些被激活的邻居将会激活v，并且v在被激活之后将有可能会在未来激活它其他未被激活的邻居。

Granovetter和Schelling最早提出了一种简单的模型来抓取以上的“激活”过程[35,62]，他们的模型主要是针对某个节点的“激活”阈值。线性阈值模型也是一种基于“激活”阈值的简单模型。在该模型中，一个未被激活的节点v被它的邻居们依据一定的权值$b_{v,w}$进行激活尝试。注意，这里的的重量满足以下条件：

$$\sum_{w\ neighbor\ of\ v} b_{v,w} \leqslant 1. \tag{5.1}$$

该模型的激活过程如下，每一个节点v从区间$[0,1]$中随机并且均匀地选择一个阈值θ_v，这个阈值表示激活v所需要激活的v的邻居的比例。给定随机选择出来的阈值，和一些最初被激活的节点集合A_0，扩散将会在离散时间上进行下去，在t时刻，所有在$t-1$时刻处于激活状态的节点都依然保持激活，并且任何一个达到激活阈值（定义如不等式4.2）

$$\sum_{w\ active\ neighbor\ of\ v} b_{v,w} \geqslant \theta_v. \tag{5.2}$$

的节点都将在该时刻被激活。激活过程将会进行下去直到所有节点都被激活。注意，随机地选择阈值是因为我们缺乏关于激活阈值的知识。如果可以正确估计激活阈值θ_v，模型将能够更加准确地模拟现实世界信息扩散的情况。

5.4.2.2 独立级联模型（Independent Cascading）

独立级联模型来源于概率论中的相互例子系统[35,48]。由Goldenberg，Libai，和Muller [32,33]提出。

与线性阈值模型类似，在独立级联模型中，我们有一个被激活的节点集合A_0。节点们在离散时间上依据如下的随机规则被激活：当一个节点v在t时刻首先被激活，它便被赋予了一个激活当前处于“未激活”的邻居w的机会；激活成功的概率是$p_{v,w}$。注意，如果w有多个刚被激活的邻居，他们的激活尝试将会被安排在一个任意的顺序上。如果这里v的尝试成功了，w将会在$t+1$时刻被激活。但是不论v是否能够成功，它将不能在未来的步骤中尝试激活w。与线性阈值模型类似，独立级联模型将会一直运行直到所有的节点都转为激活状态。值得指出的是，如果我们能够对激活成功概率$p_{v,w}$进行准确估计，该模型便能够更加精确地模拟节点激活的过程。

5.4.2.3 其他模型

从对线性阈值模型和独立级联模型的描述可以看出，信息扩散模型的关键在于参数的估计。对于线性阈值模型，我们需要估计θ_v；对于独立级联模型，我们需要估计$p_{v,w}$。而由于网络中节点的多相性和数据的稀疏本质，参数估计是具有挑战性的。近来，由于大规模社交网络及扩散数据为参数估计提供了便利，一系列的工作找到了对实际网络扩散模型进行参数估计的办法 [34,67]。但是为了将这些模型应用于现实世界的数据，我们通常需要以下几个假设：（1）完整的网络数据是准备好的；（2）信息只能通过网络上的边进行扩散；（3）网络结构本身是足以去解释所能够观察到的现象的。可惜的是，在许多情况下，网络数据是不完全的。同时，我们可以观察到的是网络中的哪些节点被激活（接受到信息），却无法得知是谁真正激活了它们。另一方面，许多情况下，我们无法确定被激活的节点是不是真的因为它们在网络上的邻居而转为激活状态。例如，网络中的用户可能是因为阅读了新闻，在搜索引擎中搜索到相关的信息而转为激活状态。因此，尽管我们认为信息的扩散是通过社交网络完成的，现有的信息扩散模型是有局限性的。

Yang和Leskovec [73]提出了一个简单的线性影响模型去模拟现实世界信息扩散的情况。在这个模型中，为了能够考虑到所有的“激活”情况，我们赋予每一个节点v以一个非负的影响方程$I_v(l)$。这个方程的含义是在v被激活之后那些在接下来的l 个时间单位里被激活的节点的数量。例如，$I_v(1)$表示那些在v被激活后的紧接着的一个时间单位里被v激活的节点的数量。我们用$V(t)$表示在t时刻，这个网络中所有已经被激活的节点的总数量。这样一来，V和I 可以使用如下等式来定义：

$$V(t+1) = \sum_{v} I_v(t - t_v), \tag{5.3}$$

这里的t_v表示早于t的所有时间点。

5.4.2.4 信息扩散预测

以上介绍的信息扩散模型都可以被用于对信息在未来影响到的节点数量进行预测。它们共同的特点是根据当前已经被激活的节点的数量来对未来可能转化为激活的节点数量进行计算。换句话说，它们是基于节点本身的。事实上，在网络中扩散的信息本身就有预测激活节点数量的能力。

Tsur和Rappoport [70]提出利用被传播信息本身的属性来预测最终信息会扩散到多少节点。在他们的工作中，他们主要关注了Twitter微博系统里Hashtag（Hashtag是Twitter系统中标识某些关键主题或者词语词组的信息）的传播。这里的激活可以被描述成为：对于某一个Hashtag，如果一个网络中的用户在其Tweet（Tweet即是Twitter用户所发布的微博）中使用了该Hashtag，我们认为这个用户就被激活了。为了能够预测被某一Hashtag影响到的用户数量，Tsur和Rappoport利用了数据挖掘中常用的线性回归模型。

在这个线性回归模型中，x_i表示关于$Hashtag_i$的特征向量，n_i表示受到$Hashtag_i$影响的用户的数量，y_i则表示$log(n_i)$。如果我们用Y表示所有的y_i，用X表示所有的x_i，那么如下的线性方程则是一种简单并且鲁棒的的方法[28]来表达Y在X上的依赖。

$$Y = b + \sum_j w_j^T X^j. \tag{5.4}$$

我们使用L1正规化来学习最优模型参数，如下所示：

$$L_r(b, w) = \frac{1}{2}\sum_i (y_i - (b + \sum_j w_j^T x_i^j))^2 + \frac{1}{2}\lambda\|w\|. \tag{5.5}$$

这里，i指代第i个训练样本，j指代x_i的第j个属性。正规化的引入是为了降低过度拟合的风险。如下的随机梯度下降算法可以被用于学习参数值。

$$\Delta b = \eta_t(y_i - (b + w^T x_i)) \tag{5.6}$$

$$\Delta w_i = \eta_t(y_i - (b + w^T x_i)x_i - \lambda w_i) \tag{5.7}$$

如前所述，为了能够学习回归模型，每一个Hashtag都会被表示成为一个二元的向量。其中有四种特征被定义出来：

1. Hashtag内容：可以从Hashtag本身去提取；
2. 全局Tweet特征：关于包含该Hashtag的Tweet的特征；
3. 全局拓扑特征：关于图拓扑和retweet（重复原始tweet的一个新tweet）统计信息的特征；
4. 全局时间特征：关于使用该Hashtag的时间模式的特征。

最终，线性回归模型可以被学习出来，而每一个Hashtag的扩散数量也能被相应地计算出来。

5.4.3 链接的预测（Link Prediction）

链接的预测[4,6,8]一直是社交网络中的传统问题。它的主要目的是根据用户的背景和交流信息来为不同的用户建立新的关系。通常，链接的预测会用于区分一对用户是否拥有一种关系，例如，它可以用于为用户推荐新的朋友。

由于在线社交媒体数据中包含了丰富的交流信息，针对在线社交网络的链接预测可能包含多种不同的问题：（1）预测一对用户之间具体的关系（朋友？敌人？其他？）；（2）预测一对用户之间的一种特定关系的强弱（很要好的朋友？一般的朋友？）。

我们在这一子章节中将会首先介绍预测一对用户是否拥有一种给定关系的简单方法。接着，我们会给出预测一对用户之间具体关系的方法。最后，我们将会讨论如何去预测用户之间关系的强弱。

5.4.3.1 简单链接预测

进行简单链接预测需要回答如下问题：给定一个特定类型的链接和一对用户，他们之间是否存在这个链接。

在Schifanella和其他合作者的工作中[63]，他们提出使用标记元数据（annotation metadata）来预测一对用户是否应该拥有一个链接。

首先他们对Flickr[1]和Last.fm[2] 的用户和那些用户的标签进行了分析。分析结果表明那些在使用标签上表达出相似主题兴趣的用户往往在社交网络上的距离也比较近。接着，他们提出了一个猜想：用户间的语义相似性是否可以被用于预测他们的朋友链接；并在Flickr和Last.fm两个数据集上对这个假设进行检验。

具体地说，他们给定了一系列语义相似性的衡量方法（主要是6个方法：consine，overlap，matching，Dice and Jaccard coefficients，maximum information path （MIP））来决定用户之间的距离。根据这些语义相似性的衡量方法得到的用户间相似性。接着，他们主要通过以下步骤来对提出的假设进行检验：

1. 从数据中选择出一组用户对；
2. 为每一对用户计算他们的语义相似性；
3. 那些拥有最高语义相似性的用户即是最有可能成为朋友的用户对，为他们添加链接。
4. 根据涉及到的用户的社交关系来验证上一步中添加的链接是否正确，并计算ROC（receiver operating characteristic）曲线。
5. Last.fm根据用户的音乐品味提供了“邻居推荐”的功能。基于第一步中得到的所有用户，计算“邻居推荐”得到的ROC曲线。
6. 计算$AUC(semantic)$和$AUC(neighborRecommendation)$（这里，$AUC$是“area under curve”的缩写。它指代ROC曲线图中处于曲线下方的区域），使用$\frac{AUC(semantic)}{AUC(neighborRecommendation)}-1$计算出利用语义相似性与“邻居推荐”两种方法的精确度的对比。如果对比结果为正，说明语义相似性比“邻居推荐”拥有更好的寻找新朋友的能力；考虑到实验结果的确为正，而“邻居推荐”已经得到Last.fm的用户肯定，足可见语义相似性的确可以用于预测朋友链接。

5.4.3.2 链接标记预测

前面我们介绍了如何判定一对用户是否拥有一种特定类型的链接，这里，我们将会介绍为用户预测多种类型链接的办法。具体来说，传统的工作，例如之前我们介绍的简单链接预测的方法。它着重于预测用户之间的正链接（例如是否为朋友，是否支持，是否肯定，是否信任）的。然而，真实的来自于社交媒体的社交网络中不止有正链接，还有很多的负链接。例如，维基百科[3]的用户会对管理员身份的选举候选人投出赞成票或者反对票；Epinions网站[4]上的用户会对其他用户表达信任或者不信任；Slashdot[5]的用户会将其他人标记为朋友或者敌人。

不同于简单链接预测的目标—判定两个用户之间是否存在一种特定关系（通常这种特定关系都是正关系），具体链接预测的目标是：给定一对用户，判定他们之间关系的正负

[1] http://www.flickr.com/
[2] http://www.last.fm/
[3] http://www.wikipedia.org/
[4] http://www.epinions.com/
[5] http://slashdot.org/

性。这种具体链接预测的直接优点是帮助社交媒体网站在设计朋友推荐系统时避免盲目推荐的可能性，例如误将敌人推荐成朋友。

近年，众多的研究工作尝试在社交媒体上挖掘负关系[23,24,44–46]。其中，Leskovec和其他合作者[46]将预测链接正负性的问题定义为：给定一个网络和除去目标链接以外的所有链接的标记（正或者负），预测目标链接的标记。接着，他们进一步给出了这个问题的机器学习的形式定义。

基本设定：给定一个有向图$G=(V,E)$以及每一条边上的标记（或正或负）。我们使用$s(x,y)$来表示边(x,y)之间的标记。当$s(x,y)=1$时，(x,y)的标记为正；而当$s(x,y)=-1$时，(x,y)的标记为负；当$s(x,y)=0$时，边(x,y)不存在。

涉及的特征：一共涉及两类特征。第一类特征是基于图上节点的标记度（signed degree），用于描述该点与图的剩余世界的关系。第二类特征是基于社会心理学中根据两个人与第三者分别的关系来决定这两者之间关系的原理。例如（如图5.2所示），有一个第三者w，他/她是否同时与两个人拥有正/负关系？或者w是否与其中一个人保持正关系，而与另外一个人保持负关系？

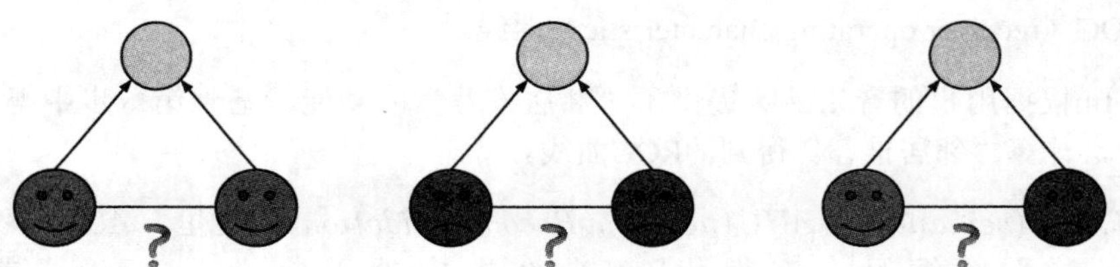

图 5.2 给定两个人与第三者分别的关系，如何来决定这两者之间关系？

模型：通过结合上一步中得到的两类特征，预测标记的问题可以被定义为一个逻辑回归分类问题。逻辑回归将会学习一个以下形式的模型：

$$P(+|x)=\frac{1}{1+e^{-(b_0+\sum_i^n b_i x_i)}},\tag{5.8}$$

这里，x是一个特征向量，$(x_1,...,x_n)$，而$b_0,...,b_n$是通过对训练数据集训练所得的系数。利用训练所得的模型我们就可以对缺失的边的标记进行预测。

5.4.3.3 链接强弱预测

到目前为止，我们已经简单介绍了简单链接预测和如何预测链接的标记。读者们将会看到另外一个有趣的问题，如何预测链接的强弱。这个问题之所以有趣，是因为区分强弱链接可以帮助我们更深入地理解用户之间的社交关系，从而为其他应用提供便捷。例如，在我们进行书籍推荐（豆瓣上的一个应用）时，通常会考虑推荐目标用户的朋友的收藏书籍给这个目标用户。问题是，如果我们在不清楚目标用户与其朋友间关系强弱程度的前提下进行推荐，很可能因为将其所有朋友的收藏书籍都推荐给他而引起他的反感。相反的，如果我们可以将他关系最好的朋友的收藏书籍推荐给他，很可能会取得成功。

Kahanda和Neville[41]在前人研究工作[36,64]的基础上提出了一种有监督学习的方法来根据用户的事务信息预测用户之间关系的强弱。他们的链接强弱预测问题的定义如下：给定一对社交网络上有链接的用户，预测这对用户之间的关系是否为强关系。接下来，我们来介绍解决这个二元（强、弱）链接预测问题的方法。

基本设定：给定一个网络图$G = (V, E)$，V表示图上的节点，E表示节点之间的边。每一条链接用户i和j的边e_{ij}都会关联一个权值l_{ij}。再给定一个有向多重图$T = T_k = (V_k, E_k)$，V_k与V相等，而$E_k \subseteq E$表示节点之间的事务关系。

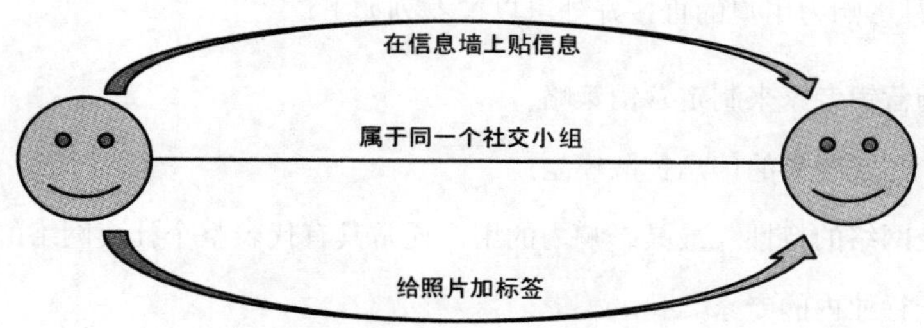

图 5.3 事物特征

涉及的特征：一共涉及四类特征：（1）基于属性的特征。主要包含一些单值属性（例如性别和关系状态）和一些多值属性（例如被一对用户同时分享的网络的数量）。（2）拓扑特征。主要包含那些衡量用户们在G上的链接性的特征。一部分是用于记录成对的用户之间的聚集系数（Clustering coefficient）；另一部分是用于衡量在G上分享的邻居的度和数量，包括Jaccard系数和Adamic/Adar系数（如下面公式所示）。

$$Jaccard_{ij} = \frac{|N(i) \cap N(j)|}{|N(i) \cup N(j)|} \tag{5.9}$$

$$Adamic/Adar_{ij} = \sum_{k \in N(i) \cap N(j)} \frac{1}{logN(k)} \tag{5.10}$$

（3）事务特征。主要包含用户间的事务信息，例如，在信息墙上贴信息，贴照片，是否属于同一社交小组等等（参见图5.3）。（4）全局事务特征。与事务特征类似，记录的是用户之间的事务信息，但是这里我们将会在整个事务图上来表达这种信息。例如，我们需要记录用户j在用户i的信息墙上所发表的信息的数量。我们不但会记录j到i的数量，还会记录j到其他用户的数量（$\frac{|posts_{ji}|}{\sum_{k \in V}|posts_{jk}|}$）。

方法：利用所有采集到的特征，三种不同的有监督学习算法会被用来预测用户之间边的权值是大还是小。这三种方法分别为逻辑回归、Bagging决策树和朴素贝叶斯分类器。其中。逻辑回归和上一节中介绍的方法是一样的；Bagging决策树基于10个决策树算法[21]；而朴素贝叶斯分类器在假设所有属性各自独立的前提下，使用每一个属性的条件分布来模拟目标类别（关系是强还是弱）的概率。

5.4.4 专家与关键人物的挖掘

社交媒体中的一个重要应用就是对于最具影响力的用户的挖掘[11,13]。这里的影响力可以根据特定需求拥有不同的定义。第一，我们可以简单地将那些拥有最多朋友或者追随者的用户定义为最具影响力的用户。最典型的这一类用户就是那些体育或者娱乐明星，他们通常拥有极大比例的粉丝或者追随者。第二，我们也可以针对社交网络中的信息传播情况来找出最具影响力的用户，例如，如果一个用户的信息经常被其他用户转发，我们认为这个用户有着比较高的影响力。

挖掘出最具影响力用户的直接好处可以被罗列如下：

1. 帮助市场营销专家来制定营销策略；
2. 帮助设计和发明新的信息扩散模型；
3. 总结社交网络的特性（最具影响力的用户通常具有代表整个社交网络的能力）；
4. 定位某一行业内的专家。

通常，最具影响力用户的挖掘方法可以被分为两类，一类是静态方法，另一类是动态方法。静态方法会将注意力集中在社交网络的静态属性和特征，而动态方法不但会利用社交网络本身的属性，而且会根据社交网络的实时变化来调整运算的目标。

5.4.4.1 静态挖掘

静态方法通常会假设当前的社交网络是稳定的，然后根据该社交网络的属性来定义其中用户的影响力，最终根据影响力大小来最终找出最具影响力的用户。由于社交网络上的用户有不同的交互方式，通过不同的交互方式我们可以定义不同的社交网络。例如，我们可以根据用户的朋友关系，回复关系（如回复其他用户的信息），传播关系（如传播其他用户提出的观点），提及关系（如在微博中提及其他用户的名字），和其他关系来定义不同类型的社交网络的边。

不论对于哪一种社交网络，最为简单的定义静态影响力的方法是社交网络图上的度（对于网络上的某一节点，它的度就是其邻接节点的数量）。例如，根据朋友关系得到的社交网络上的度即是某个用户在网络中的朋友数量，根据回复关系得到的度是某个用户在网络中回复其他用户的总数，根据传播关系得到的度是某个用户所转发的其他用户的总数，而根据提及关系得到的度则是某个用户在网络所提及的用户的总数。

和度类似的两种定义用户影响力的方法是接近性核心性和中介性核心性。首先，以下公式给出了接近性核心性的定义，

$$C(v) = \sum_{u \in U \setminus v} 2^{-d(v,u)}, \tag{5.11}$$

这里U指的是网络中所有的节点，而d指的是两个节点之间的距离。接近性核心性描述了一个节点在网络中到其他所有节点的距离。离所有其他节点越近的节点，其影响力就越大。其次，我们可以在以下公式中找到中介性核心性的定义，

$$B(v) = \sum_{s \neq v \neq t \in U} \frac{\sigma_{st}(v)}{\sigma_{st}}, \tag{5.12}$$

这里的σ_{st}指代从节点s到t的最短路径的数量，而$\sigma_{st}(v)$表示从节点s到t并且经过v的最短路径的数量。不难看出，中介性核心性描述了某个节点在网络中链接其他任意两个节点的能力。该能力越强，这个节点的影响力越大。

除了以上的三种定义静态影响力的方法，我们还可以沿用原本用于计算页面在因特网中重要性的PageRank来描述一个用户在社交网络中的影响力。考虑到因特网与社交网络之间的相似性，将PageRank运用于社交网络中也是自然的。PageRank是一种链接分析算法。它最早是被运用在Google的搜索引擎中。其定义如下，

$$P(v) = d \sum_{u \in neighbor(v)} \frac{P(u)}{L(u)} + \frac{1-d}{N}, \tag{5.13}$$

其中的$neighbor(v)$指代那些在网络中直接指向v的用户，$L(u)$指的是从u指出的链接数量，而N指的是网络中的用户总数。PageRank的值是根据网络得到的邻接矩阵的主要特征向量中的条目。

尽管这里所提及的四种方法为我们提供了描述用户在静态网络中影响力的方法，使得挖掘最具影响力用户成为可能，它们的缺点仍然是十分明显的。它们通常假设社交网络是静态的，很显然的是，社交网络是处于不停变化中的，因而通过静态方法挖掘到的信息只是针对某个时间点的，是片面的。

5.4.4.2 动态挖掘

为了解决静态挖掘方法涉及到的问题，将社交网络在时间轴上动态变化的属性考虑进来，一些动态挖掘用户影响力的方法被提了出来。这其中，有相当一部分的工作来源于对信息扩散模型的研究。例如，独立级联模型和线性阈值模型都可以被用于衡量用户在网络中的影响力，从而达到寻找最具影响力用户的目的。类似的，其他的信息扩散模型[59,60]也可以起到寻找最具影响力用户的目的。

然而，这些已有的信息扩散模型都有它们自身的缺点。

(1) 它们仍然致力于计算静态的扩散概率，而不是动态地获得不同时间点上的每一条图上的边的扩散概率和节点的激活阈值；

(2) 它们（例如：文献 [59,60]）继承了独立级联模型和线性阈值模型的优点，但是也继承了那两个模型需要将激活过程放置在一个个离散的轮回中的特点，这样一来，对于某一个特定节点来说，它就不能在任意时间点被激活了；

(3)一部分信息扩散模型是描述型模型，而非预测型模型。

读到这里，读者不免会提出疑问：是否存在一种可以克服以上缺点的动态挖掘用户影响力的方法呢？下面的“基于连续时间马科夫过程的信息扩散模型”正是这样一种方法。

1.基于连续时间马科夫过程的信息扩散模型

为了能够动态地在连续时间上挖掘信息传播的概率，并且切实地满足预测用户影响力的需求，笔者自主开发了一个基于连续时间马科夫过程（Continuous-Time Markov Process）的模型来模拟现实世界的信息扩散，并根据每个用户扩散信息的情况来预测他们在未来的信息扩散能力，从而达到预知他们在未来的影响力的目的。

在我们直接讨论这个基于连续时间的马科夫过程的影响力预知模型之前，不妨先看一下提供挖掘可能的数据：时间影响力社交网络。提出这个网络的最主要目的就是为了能准

确保留信息在时间轴上，在网络中的传播方向。因为这些信息对于预知用户的影响力是十分重要的。

传统的社交网络可以被表示为$G(V,E)$，其中V表示社交网络中的用户，而E表示用户之间如何相互影响。我们的时间影响力社交网络会考虑到连续时间上的信息/主题传播。因而，给定一个信息/主题，一组用户将会根据他们发表与该信息或者主题相关的文章/博客/微博的时间而被排序。请参看图5.4。

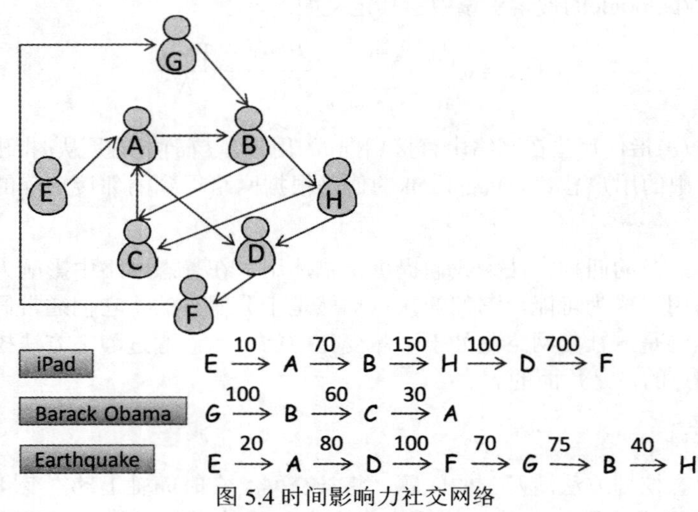

图 5.4 时间影响力社交网络

在图5.4中，读者可以看到三个在网络中传播的主题（为了方便阅读，我们无法将所有主题都放在图中，读者可以将这三个主题看做一个例子），针对这三个主题，一共有8个用户曾经在他们的文章/博客/微博中提到它们，箭头的指向正是信息传播的方向。注意，紧跟在每一个主题之后的是一行传播该主题的用户，而用户与用户之间的传播有时间的延迟，因此读者可以在每两个用户之间看到他们传播该信息间隔的时间。例如，用户E和A都提到了主题“iPad”，而用户A晚于用户E十个时间单位提及该主题。

有了这样一个社交网络之后，我们便可以介绍主角—基于连续时间的马科夫过程的影响力预知模型了。

(1)用户影响力

首先我们需要定义在我们的模型中，什么是所谓的用户影响力。用户影响力的定义千变万化，这里，我们将它定义为一个用户扩散一个主题或者信息的能力，换句话说，我们将使用被某个用户影响而发表一个主题的其他用户的数量来描述该用户在这一主题上的扩散能力。如果将这个主题推广到任意可能性的信息上，给定任意一个主题，如果我们可以让网络中最具影响力的用户来发表这个主题，我们就有把握让这个主题扩散到最多的其他用户那里。

(2)马科夫过程

假设$X(t)$代表了一个t时间点上针对某一个主题/信息的时间影响力社交网络的状态。它包含了在时间点t上发表关于该主题的文章/博客/微博的用户和其他的用户。$X = X(t), t \geq 0$则构成了一个连续时间的马科夫过程[15]。在这个过程中，一个用户在文章中提及一个主题的可能性依赖于这个主题在整个历史上传播的情况，而这个可能性事实上仅仅依赖于在历史上最近的提及此主题的用户。这样的性质即是所谓的马科夫属性，可以由如下公式来定义：

$$P_{ij}(t) = P\{X(t+\gamma) = j | X(\gamma) = i, X(\mu) = x(\mu), 0 \le \mu < \gamma\}, \tag{5.14}$$

$$P_{ij}(t) = P\{X(t+\gamma) = j\}, \tag{5.15}$$

这里，$P_{ij}(t)$是在时间t内从用户i到j的传递概率。我们可以将i看做当前讨论该主题的用户，而j则是紧接着i的下一个将要讨论该主题的用户。$x(\mu)$代表着先于时间点γ的主题传播的历史。我们假设传递概率$P_{ij}(t)$并不依赖于整个主题传播过程的真正的起始时间，那么基于连续时间的马科夫过程的影响力预知模型就是时间齐次的了，参看如下公式：

$$P_{ij}(t) = P\{X(t+\gamma) = j | X(\gamma) = i\} = P\{X(t) = j | X(0) = i\}. \tag{5.16}$$

(3)基于马科夫过程的用户影响力定义

给定一个时间窗口t，为了能够估计某一个用户i在t中的主题扩散能力，我们需要计算或者估计该用户i到其他所有用户的传递概率，或者说扩散概率。有了这个概率，我们才能最终预测该用户可以将主题推广到多少其他用户。对于用户i而言，他在时间窗口t中的最终推广数量可以由如下公式来定义。

$$DS_{i,t} = \sum_{j} P_i j(t) \cdot n_i. \tag{5.17}$$

这里n_i指代了用户i在时间窗口t中可能出现的次数。这个参数可以简单地使用根据时间窗口t线性递增估计的办法来得到，同时，我们也可以根据用户i在历史上不同大小的时间窗口的出现次数来使用回归模型计算得到。然而，给定任意无限种可能性的t，估计传递概率矩阵$P(t)$是不现实的。因此，我们选择首先计算传递速率矩阵Q，然后通过Q来估计$P(t)$，而不是直接计算$P(t)$。

(4)传递速率矩阵的计算

传递速率矩阵Q又被称为连续时间马科夫过程的无穷小生成元。它被定义为t无限逼近于0时$P(t)$ 的导数，如以下公式所示：

$$q_{ij} = \lim_{t \to 0} \frac{P_{ij}(t)}{t} = P'_{ij}(0) \quad (i \neq j). \tag{5.18}$$

在Q中，每一个条目q_{ij}都指代将一个主题或者信息从用户i传递到用户j的速率。Q的每一行的和都是0，而每一行均满足下式：

$$\sum_{j, j \neq i} q_{ij} = -q_{ii}. \tag{5.19}$$

注意，q_{ij}反映了从用户i到j的传递概率的变化。另一方面，q_i，一个与$-q_{ii}$相等的参数，指代了用户i传递任意主题到任何其他用户的速率。读者可以发现，q_i的计算将会帮助我们计算其他的参数。因此，为了能够计算q_i，我们假设用户i传递一个主题到所有其他用户的时间服从一个指数分布（该指数分布的速率参数正是q_i）[67]。一个服从指数分布（以q_i为参数）的随机变量T_i（在我们的设定里，这个随机变量指代用户i传递主题的时间）的期望值是可由如下公式给出：

$$E[T_i] = \frac{1}{q_i}. \tag{5.20}$$

根据连续时间马科夫过程的理论，用户i到用户j的传递速率可以用如下公式来估计：

$$q_{ij} = \sum_m q_i^2 \cdot exp(-q_i \cdot t_{ij}^m). \tag{5.21}$$

这里，m指代历史上从用户i传递到用户j的主题的数量，而t_{ij}^m表示第m个主题从用户i到用户j的传递时间。

(5)传递概率矩阵的计算

在获得了Q矩阵后，我们便可通过Q获取传递概率矩阵$P(t)$。根据柯尔摩高罗夫向后方程 [30]。

$$P'_{ij}(t) = q_i \times \sum_{i \neq k} P_{ik}(t) \times P_{kj}(t) - q_i \times P_{ij}(t). \tag{5.22}$$

通过代数变换，以上的公式可以转化为如下的矩阵形式：

$$P'(t) = QP(t). \tag{5.23}$$

而这一方程的一般解法是由如下公式给出的：

$$P(t) = e^{Qt}. \tag{5.24}$$

由于$P(t)$是一个不可约的随机矩阵，我们可以使用泰勒扩展来近似它。所以，$P(t)$可以用如下公式来估计：

$$P(t) = e^{Qt} = \lim_{n \to \infty} (I + Qt/n)^n. \tag{5.25}$$

我们将$(I + Qt/n)$的指数升至一个足够大的n。

得到$P(t)$矩阵后，我们便可以使用计算所有用户的影响力了。根据他们的影响力排序，我们最终能够获取最具影响力的用户。以上段落简介了如何通过Q矩阵来得到$P(t)$矩阵，并最终得到用户的影响力，图5.5中给出了一个简单例子描述这一过程。

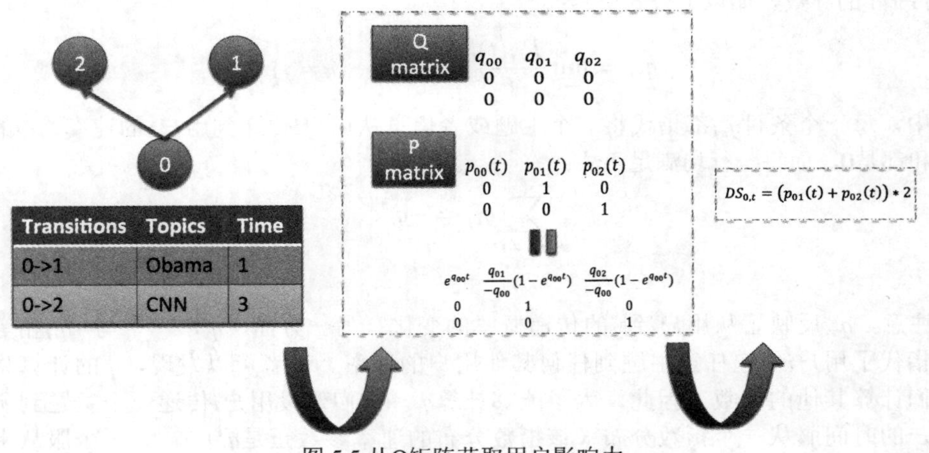

Transitions	Topics	Time
0->1	Obama	1
0->2	CNN	3

图 5.5 从Q矩阵获取用户影响力

(6)预测结果对比

为了检验这一新提出的模型是否真的拥有预测用户影响力的能力，我们将该模型与真实的数据结果和两个基准模型进行对比，并抽取了排名最高的五个用户和随机的五个用户进行结果对比。具体来说，我们一共获取了22天的Twitter数据，并利用前12天的数据对两个基准模型和我们提出的模型进行建模。然后将后10天的数据用于抽取真实结果以及模型验证。

真实的结果即是用户在后10天的数据当中所传递到其他用户数量。两个基准模型分别是统计学和经济学领域经常用于拟合与预测时间序列数据的差分自回归滑动平均模型（ARIMA）[53]和段落5.4.2.2中介绍的独立级联模型。

读者可以在图5.6中找到真实结果与三个模型的对比。

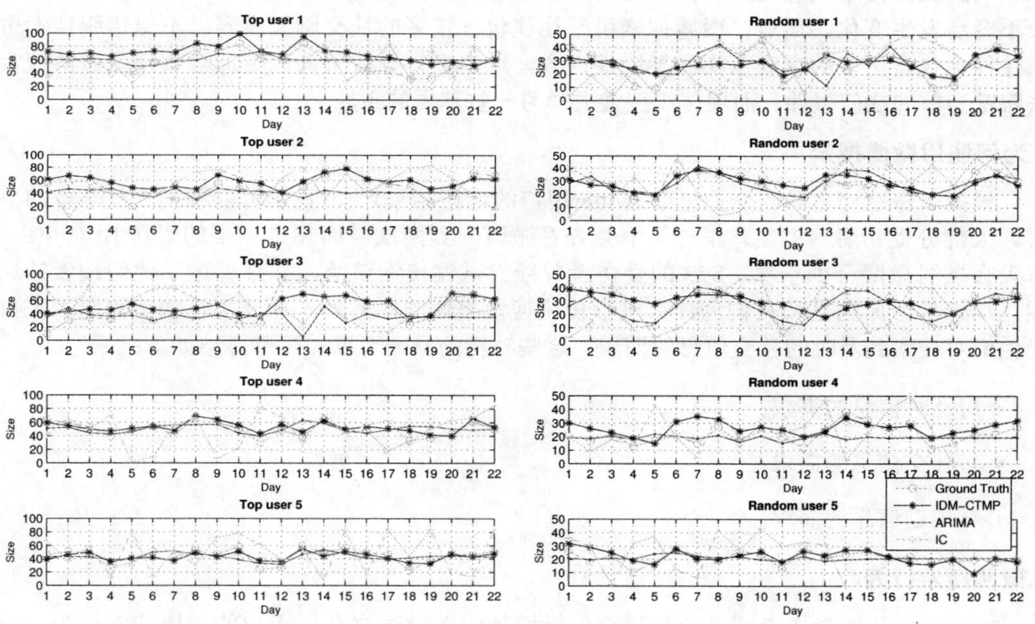

图 5.6 对比结果展示

从对比结果中，我们可以看出，尽管新提出的模型无法完全匹配真实的结果，但是大部分的预测曲线已经与真实的曲线非常接近了。特别要指出的是，大部分的“峰”（图上曲线的至高点）和“谷”（图上曲线的至低点）都可以被新模型预测到。相反，ARIMA和独立级联模型做得并不好，错过了很多真实的“峰”和“谷”。

5.4.5 搜索

搜索历来都是互联网的一个重要应用。如今的在线社交媒体服务涉及到海量的数据，如何有效利用社交媒体的特点（包含大量用户之间的交互）来设计有效的搜索办法成为了工业界和学术界的共同课题[7]。在这一节中，我们首先将会简单介绍社交媒体搜索与传统搜索的区别，然后介绍如何建立针对不同社交用户的个性化搜索。

5.4.5.1 与传统搜索的对比

社交媒体搜索与传统搜索的不同之处主要是由用户的搜索行为来体现的。为了能够让读者切实地感受到用户搜索行为的区别，这里，我们围绕着Teevan和其他合作者[69]在对比微博搜索和传统搜索的工作来介绍。

微博无疑是当今最火热的社交媒体之一。通过观察用户在微博上的搜索行为习惯，我们自然可以管窥用户们在社交媒体上的搜索行为。首先可以观察到的是用户在微博搜索内容上的迥异。用户在微博上进行搜索时一方面通常都会关注那些与时间联系比较紧密的信息，例如，爆炸性的新闻，实时的更新，受欢迎的流行语等。另一方面，他们会关注与人相关的信息，例如，与朋友兴趣相关的信息，他人的情感和主张，等等。接着，我们还可以观察到微博搜索关键词的特性。它们通常比传统搜索关键词更短，更加受欢迎，并且比较不容易发生变化。最后，微博搜索引擎往往包含较多的社交聊天内容，不似传统搜索引擎往往会包含更多的客观事实和导向性内容。这也直接导致了人们更加喜欢使用微博搜索去跟踪当前的热门事件，而用传统搜索去学习一些基本的主题。

1.为何使用微博搜索

根据一份对54名微软企业里的Twitter用户的调研结果[69]，我们可以看到一些基本的事实。大部分受访者（83%）在一天中会查看微博一到两次，而超过一半的受访者（59%）每天会撰写微博至少一次。87%的受访者曾经尝试过搜索微博，并且讲述了他们搜索的原因。尽管部分原因是和人们为什么进行传统搜索类似的，另外一部分比较独特的原因来自于他们对搜索到及时的社交信息的期望。这些独特的原因可以被简单总结如下：

- 对及时信息的需求；
- 对社交信息的需求；
- 对主题信息的需求。

2.微博搜索行为

Teevan和其他合作者通过分析用户的微博搜索关键词来分析用户的微博搜索行为。出于分析的目的，他们收集了来自于数百万用户的数据。经过对垃圾信息和机器人信息的过滤，他们采集了来自于33405 个美国用户的126316个发送给Twitter的搜索关键词。同时，他们采集了来自于同样的33405个美国用户的发送给Bing，Google，和Yahoo！的在同一时间段内的普通搜索关键词。

首先我们可以看一下Twitter微博搜索关键词和传统搜索关键词以及横跨这两个领域的搜索关键词在文本特点上的差别（罗列在表格5.2中）。

注意，在统计搜索关键词文本特点上的差别时，停用词、空格和标点都需要清除。表格中所有的差别都是显著的（$p<0.1$，双尾对偶t检验）。从表格中我们可以观察到，微博搜索关键词会比传统的更短。

除了统计搜索关键词在文本特点上的差别，我们还可以看一下在数据集中被最多独立用户发送的搜索关键词（参见表5.3）。尽管只是排名最高的十个搜索关键词，我们还是可以观察到，一些关键词是与时间紧密相关的，如与假日相关的“thanksgiving”，与最新电

表 5.2 搜索关键词对比

	Twitter微博	传统	共同拥有
搜索关键词长度（字符数）	12.00	18.80	11.69
搜索关键词长度（单词数）	1.64	3.08	1.93
是否为一个明星名字	15.22%	3.11%	38.20%
提及一个明星	6.51%	14.86%	7.75%
包含@	3.40%	0.14%	0.60%
是否为用户名（是否包含@）	2.37%	0.01%	3.25%
包含#	21.28%	0.08%	0.2%
是否为Hashtag（是否包含#）	4.35%	2.99%	5.88%

表 5.3 10个被最多独立用户发送的搜索关键词

Twitter微博	传统	共同拥有
new moon	twitter	new moon
#youknowyouruglyif	youtube	justin bieber
justin bieber	facebook	adam lambert%
adam lambert	google	taylor swift%
#theresway2many	myspace	miley cyrus
taylor swift	youtube com	taylor lautner
lady gaga	yahoo	lady gaga
modern warfare 2	ebay	robert pattinson
thanksgiving	craigslist	chris brown
#wecoolandallbut	myspace com	modern warfare 2

影相关的“new moon”，再如与受欢迎的因特尔备忘录相关的“#youknowyouruglyif”。我们不能期望这些排名最高的搜索关键词会包含某一个个人用户的社交网络的信息。但是，其中的许多关键词的确与人有关，例如“justin bieber”。

表格5.3中的搜索关键词展示了微博搜索和传统搜索关键词的不同。微博搜索多会涉及时间相关的关键词，而传统搜索多会涉及具有导航性质的关键词。不过，这两种不同类型的搜索还是会分享许多类似主题的关键词，从表格5.3的第三列就可以看出来。

除了关注搜索关键词文本的区别之外，我们可以从用户在做微博搜索和传统搜索时展现出的不同停留时间观察到这两种搜索的不同。读者可以参看表5.4中的观察数据。

从表格5.4中，我们可以看到，Twitter微博搜索的session比传统搜索的更短，不论是session中包含的搜索关键词数量，还是同一session里相邻搜索关键词之间的发送时间间隔。另一方面，我们还可以看到，Twitter微博搜索中重复的搜索关键词较多。可能的解释是微博上的搜索可能会比较多地涉及某个关键词事件或者新闻的监视，用户无需修改关键词；而传统搜索通常涉及对某一个关键词主题的学习，因而用户更有可能在一个session里修改搜索关键词。

5.4.5.2 社交用户个性化搜索

个性化搜索需要模拟用户的搜索兴趣，通常，跟踪和综合考虑用户搜索习惯以及他们与搜索系统之间的交互可以为个性化搜索提供足够的依据。这些包括用户在历史上使用

表 5.4 session中搜索关键词时间间隔对比

	Twitter微博	传统	共同拥有
session里的搜索关键词数量	2.20	2.88	6.13
session里的独立搜索关键词数量	1.52	2.67	4.88
session里关键词之间时间间隔（秒）	9.38	13.63	20.56
重复关键词比例	55.76%	34.71%	46.30%

的搜索关键词[68]，点击的情况[27,40]，在搜索过程中的视觉停留[40]。用户与系统进行的交互[14]可以被结构化成为用户的个人档案资料（User profile）。传统的个性化搜索通常是依据搜索用户们的结构化个人档案来实现的，主要包括两种方法：（1）个性化的搜索关键词扩展[26]；（2）根据用户的个人兴趣重新排序和过滤搜索结果[66]。

尽管传统的个性化搜索取得了一定的成功，但是它们的缺点也很明显。（1）用户个人档案的结构化可能会挖掘到用户的隐私。（2）用户在历史上与搜索系统的交互习惯并不一定与用户当前的搜索需要相关。（3）用户可能会因为个性化处理后的搜索结果而困惑。例如，某用户在不同的时间点输入相同的搜索关键词可能会得到截然不同（被该用户最近的搜索习惯所影响）的搜索结果。

考虑到传统个性化搜索的缺点，和社交媒体上用户社交关系的丰富性，Carmel和其他合作者[25]提出利用用户的社交关系来对搜索进行个性化处理。给定用户的社交网络，Carmel和其他合作者主要考虑了三种类型的社交关系，包括（1）基于用户亲密关系的社交关系：两个用户是否为朋友，是否为经理和雇员，是否为老师和学生，等等；（2）基于用户社交行为的社交关系：两个用户是否属于同一个在线社区，是否都回复了同一篇博客文章，等等；（3）综合性的社交关系：结合了以上两种社交关系。

为了能够实现针对某个用户u的个性化搜索，我们首先需要定制该用户的个人档案，（1）挖掘出和该用户相关的用户排行榜，记为$N(u)$；（2）挖掘出和该用户相关的关键词排行榜，记为$T(u)$。这两个排行榜即可被当作该用户的个人档案。接着，给定用户u的个人档案—$P(u) = (N(u), T(u))$，搜索结果可以通过下面的公式被重新排名：

$$S_p(e,q|P(u)) = \alpha S_{np}(e,q) + (1-\alpha)[\beta \sum_{v\in N(u)} w(u,v)\cdot w(v,e) + (1-\beta) \sum_{t\in T(u)} w(u,t)\cdot w(t,e)], \tag{5.26}$$

其中$S_p(e,q|P(u))$表示基于用户个人档案$P(u)$的针对搜索关键词q的某个搜索结果e的个性化排行分数。$S_{np}(e,q)$是未引入用户个人档案的排行分数。$w(u,v)$和$w(u,t)$分别指代用户u与用户v和关键词t的关系强度。注意，v和t都来自于用户u的个人档案资料。类似的，$w(v,e)$和$w(t,e)$分别指代搜索结果e和v、t的关系强度。

5.4.5.3 海量数据社交搜索引擎

社交搜索引擎不单需要协助用户搜索网络上的内容，还需要提供搜索其他社交用户的功能。Horowitz 和Kamvar [39]详细介绍了一个用于搜索社交用户的搜索引擎——Aardvark。通过对Aardvark的介绍，他们展示了如何设计和实现一个基于海量数据的社交搜索引擎。

社交搜索引擎的主要组成展示如下：

1. 爬虫和索引器：这里的爬虫和索引器都是针对用户的，而不是文档。
2. 搜索关键词分析器：与传统搜索引擎类似，用于理解搜索用户的搜索需求。
3. 排序功能：给所有与搜索关键词相关的用户排序，并挑选最适合的用户作为返回结果。
4. 用户界面：用于让搜索用户输入关键词和浏览搜索结果。

考虑到社交搜搜引擎关注于用户的搜索，我们在这里将设计和实现其各主要组成部件的注意点列举如下：

1. 社交信息收集：用户信息的收集与基于内容的搜索引擎差异较大。它的目的是为了给用户提供良好的搜索体验，所谓良好是指搜索结果可以引导搜索用户保持活跃状态，并邀请他们的朋友加入到社交网络中。

2. 用户索引：需要同时考虑两类信息，（1）用户的社交关系（包括他/她的朋友，家人，同事，等）；（2）用户关注的主题（与事件相关）。

3. 搜索关键词分析：比传统的基于搜索关键分析简单，因为关键词只关心社交用户。

4. 排序：给社交用户搜索结果的排序可以基于不同的考虑层面，如（1）用户通常发表的信息主题；（2）用户在社交网络中的位置和能力。

5. 用户界面：不同于以往的搜索结果排序列表，类似于聊天界面的搜索形式更能给予用户亲切感。

5.4.6 信任（Trust）

当一个用户需要获取一些信息时，比如，如何购买一台新的数码相机，哪儿可以获得便宜的电影票，哪个餐馆的广东菜比较美味，如何尽快地找到人为自己推荐合适的工作机会，哪个楼盘的房子的升值空间比较大，他很可能向在线社交媒体寻求帮助。问题是，从社交媒体的信息是否可信？如果盲目相信那些信息或者说那些发布信息的人，该用户便有极大地可能性被欺骗。在以上列举的事例中受到欺骗或许还不足以引起大家的重视。如果是最近牵动大家关注的雅安地震[1]呢？尽管社交媒体（例如：新浪微博[2]）在传播灾后信息方面帮了大家的大忙，但是不时有用户恶意制造虚假信息[3]，在社会上造成了较为恶劣的影响；同时，一些企业借机利用社交媒体纷纷开始进行“灾难营销”，引起了公众的指责。

事实上，简单的避免信息不可信问题的办法是直接放弃相信社交媒体的信息。该方法的弊端显而易见，用户们无法有效利用社交媒体的丰富信息使自己的日常生活受益。为了能够使用户从社交媒体的信息中受益，同时尽量避免受到欺骗，最有效的办法就是为用户之间的信任度打分，使得用户只需要依赖那些对于他可信任的其他用户。换言之，当一个用户u在社交网络上与另一个未曾相识的用户v相遇，如果系统可以为u提供v对于他的可信任度，那么u便可以更好地选择是否信任v以及v的信息。

一部分研究信任传播的工作[9,16,19,74]从社交网络的角度提出了关于信任关系的若干观点。之后的一些工作[42,56]针对信任传播问题给出了数学的解决方法。然而他们并没有将用户之间表达出的“不信任”考虑进去，而众多实际的信任系统实现者（如eBay[4]，Epinions）都提出“不信任”与“信任”同样重要的观点。

在一部分研究致力于信任传播问题并找出用户之间的信任关系时，还有其他一部分研究[31,55]致力于找出用户们在社交网络中的“信任”分数。这样的信任分数通常来自于整个社交网络对某个用户信任级别的评价。可是，除去那些明显值得“不信任”或者“信任”的用户以外，还有一类处于中间地带的用户。通常来说，有一部分用户会“信任”这类用户，而另外一部分用户会“不信任”这类用户。因此，这类争议用户很难得到一个全局的“信任”分数。

[1] http://news.xinhuanet.com/politics/2013-04/24/c_124621960.htm
[2] http://www.weibo.com/
[3] http://society.people.com.cn/n/2013/0421/c1008-21221631.html
[4] http://www.ebay.com/

表 5.5 四种原子传播所对应的矩阵操作

矩阵操作	对应原子传播图示
B	图5.7左上
B^TB	图5.7右上
B^T	图5.7左下
BB^T	图5.7右下

在这一节中，我们将会首先介绍如何将不信任引入信任传播过程，接着会介绍如何衡量争议用户的“信任”分数。

5.4.6.1 信任与不信任的传播

Guha和其他合作者[37]提出了一个可以处理不同情况的信任传播框架来同时解决信任与不信任的传播问题。

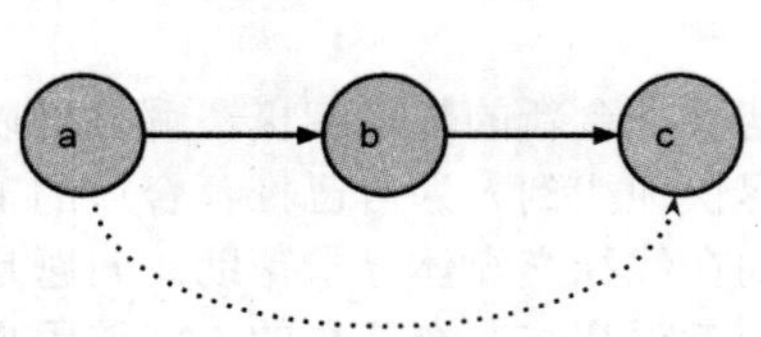
a
b
c
如果a信任b，b信任c，那么a信任c

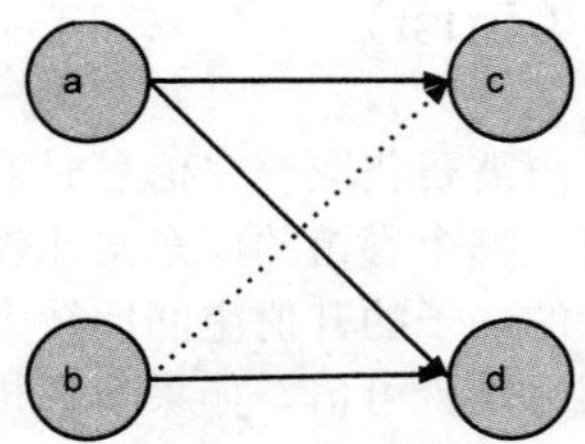
a
c
b
d
在a同时信任c和d，而b信任d
的前提下，b会信任c

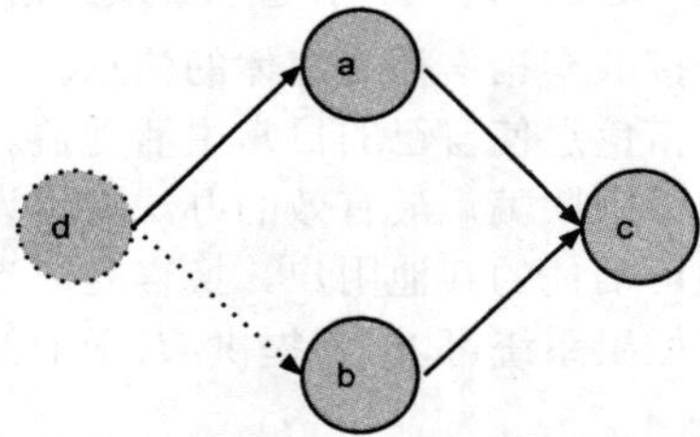
a
d
c
b
在a、b都信任c的前提下，如果d信任
a，d还会信任b

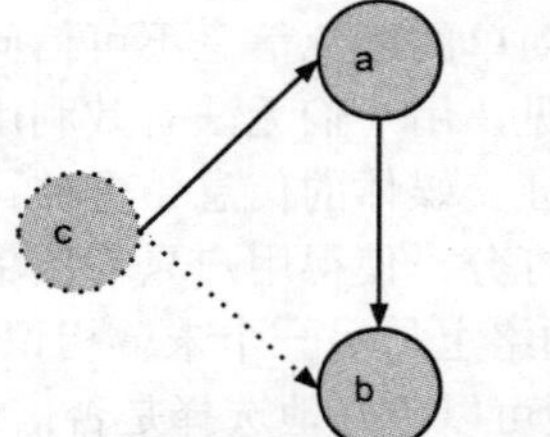
a
c
b
在a信任b的前提下，如果c信任a，c还
会信任b

图 5.7 四种原子传播

该框架主要基于四种不同类型的信任“原子传播”（Atomic propagation）。如图5.7所示。这四种类型的“原子传播”定义了最简单的信任（或者不信任）的传播步骤。如果给定一个信念矩阵B（包含信任或者不信任的信息），而矩阵的每一个元素B_{ij}可能代表i对j的信任或者i对j的“信任”和“不信任”的混合感受，那么我们可以赋予四种“原子传播”以矩阵操作的定义，如表5.5所示。

在实际问题中，我们需要将四种原子传播结合起来，一种简单的线性结合方法是引入一个基于权值分布的向量$\alpha = (\alpha_1, \alpha_2, \alpha_3, \alpha_4)$，向量的每一个元素指代相应原子传播类型在结合之后所占的比重，然后将四种类型的原子传播线性结合起来，得到如下矩阵：

$$C_{B,\alpha} = \alpha_1 B + \alpha_2 B^T B + \alpha_3 B^T + \alpha_4 BB^T. \tag{5.27}$$

既然我们对四种信任的原子传播已经有所了解，现在来介绍如何定义“原子传播”的基础——信任矩阵B。假设我们使用T和D来分别表示初始的信任和不信任矩阵，$P^{(k)}$来表达信任和不信任的第k次传播的矩阵，三个定义B的模型可以被相应给出：

1. 仅考虑“信任”：忽略“不信任”，仅传播“信任”分数。

$$B = T, \tag{5.28}$$

$$P^{(k)} = C^k_{B,\alpha}. \tag{5.29}$$

2. “不信任”一步传播：假设当一个用户不信任某个用户时，他/她对该用户的所有评判都会打折扣。因此，不信任只会传播一次，而信任会一直传播下去。

$$B = T, \tag{5.30}$$

$$P^{(k)} = C^k_{B,\alpha} \cdot (T - D). \tag{5.31}$$

3. 信任和不信任同步传播：假设信任和不信任都会一直传播。

$$B = T - D, \tag{5.32}$$

$$P^{(k)} = C^k_{B,\alpha}. \tag{5.33}$$

通过以上三个关于B的模型和k的选取，我们便可以计算出传播k次后每一对用户之间的信任关系。

5.4.6.2 是否相信争议用户

在上一节中，我们看到了如果计算信任与不信任的传播，从而得到任意一对用户之间的信任分数。有一些时候，社交媒体上的用户在阅读其他用户（比如，一个著名的网络红人）发布的信息的时候并不需要在意自己是否可以信任这个用户，相反的，他只需要知道这个用户在整个社交网络中的一个信任总评分，便可以做出是否相信该用户发布信息的决定了。在计算该用户的网络信任总评分时，如果整个网络都对该用户表示极端的“信任”或者“不信任”，这个信任总评分就很容易给出；如果一半的网络用户表示信任这个用户，而另一半的网络用户表示不信任这个用户，信任总评分的计算就不那么容易了。如前文所示，这种处于“信任”与“不信任”之间的用户被称为争议用户。

Massa和Avesani [50]研究了全局信任度量和局部信任度量在计算争议用户网络信任评分上的作用。他们提出，使用全局信任度量（例如，PageRank）来计算争议用户的信任评分往往无法让所有人满意；相反的，如果想要满足不同的用户，局部信任度量通常可以提供个性化的信任分数。读者可以注意到，他们的工作从另外一个侧面肯定了以用户对为基础单位衡量用户间信任度的一系列方法。

Massa和Avesani使用MoleTrust作为局部信任度量[17]。给定一个源用户，为了能够预测该源用户对某一个目标用户的信任分数，该方法可以被分为以下两步，（1）修改社交网络，将所有其他用户按照他们与源用户的距离进行排序，仅保留在距离上相邻的用户之间的边；（2）在修改好的社交网络上从源用户开始进行简单的图游走，并计算源用户对任意其他用户的信任分数。

5.4.7 社交网络的内容与情感挖掘

用户在社交网络上阅读、发布和分享信息。这些信息，包括新闻、博客、微博、回复、评价等，构成了海量的文章。本节主要介绍的即是如何挖掘这些文章的内容本身[3]以及文章内容中所携带的作者的情感（正面的或者负面的）[12]。

从前文可知，用户使用社交网络服务很可能是出于跟踪某一个热门主题或者事件的目的。通常，用户需要通过阅读所有主题相关的文章来获取对某一个主题的了解或者理解。打个比方，最近美国波士顿发生了恐怖的爆炸案[1]，一个普通的用户如果刚刚休假回来，从朋友处得到了“波士顿爆炸案”这个关键词，现在他希望了解整个爆炸事件的始末，他是否能够通过阅读社交网络上的内容来获取信息呢？答案当然是肯定的。最直接的办法就是向社交搜索平台输入“波士顿爆炸案”这个搜索关键词，然后逐条阅读搜索返回的结果。尽管搜索可以帮助该用户排序并选择出最具代表性的文章，逐条阅读排在搜索结果前列的文章恐怕还是需要耗费不少时间。另一方面，大部分关于“波士顿爆炸案”的文章都是类似的，因此，该用户很难避免重复阅读“旧”的内容。考虑到文本总结从海量文本中抽取关键可读信息的能力，我们可以很自然地将文本总结技术应用于总结社交网络上丰富的文本内容。

既然社交文章来自于使用社交媒体的用户，那社交文章中自然会包含用户们的情感信息。这些情感信息可以在很多方面帮助到我们：（1）深入理解文本的含义，不再停留于语义；（2）学习用户发表文章的模式；（3）预测用户发表文章的内容。一句话，情感信息可以使我们对社交网络中的用户有更加深刻的理解。社交情感挖掘的典型应用就是营销。当今的众多服务提供商或者产品供应商都会设立专门的社交媒体账户与他们服务/产品现在的或者潜在的用户进行交流，采集他们的意见，给予他们建议，或者推销服务/产品。如果这些服务提供商和产品供应商能够有效理解他们的客户对其服务/产品的情绪，他们无疑可以针对不同的客户的真实需求提升自己的服务和产品，以达到提升销售量，维持良好企业形象的目的。

本书第九章着重介绍了对文本进行总结以及对情感进行数据挖掘，因此，感兴趣的读者可以通过那一张章对文本内容与情感挖掘的技术进行系统的了解。需要提醒读者们注意的是，在将一般性的文本总结和情感挖掘技术应用于社交类型文章的时候需要针对社交类型文章的特点进行特别的处理。例如，在用一般文本总结技术总结微博文章的时候，需要对微博进行特殊的清理（微博通常包含大量的错别字、网络用语和错误的断句），以便保留下真正需要的信息；在用一般的情感挖掘技术对微博或者博客文章进行分析时需要特别留意微博和博客文本中的一些特殊表达（如：连续使用超过两个“哈”字来表达内心的喜悦；连续使用多个惊叹号来表达情绪的强烈），以保证情感分析的准确性。

§ 5.5 本章小结

在这一章中，我们简要介绍了社交媒体上的数据挖掘。首先，我们描述了社交媒体数据分析的特点；接着，我们描述了社交网络数据，以及为什么需要将数据挖掘引入到社交媒体分析上；最后，我们罗列了社交媒体分析上的若干有趣问题，并针对每一个问题综述

[1]http://www.xinhuanet.com/world/bsdbz/index.htm

了相应的解决方案。从这一章的简介中，我们回答了以下三个问题：（1）什么是社交媒体数据挖掘？（2）社交媒体数据分析的典型应用有哪一些？为什么需要这些应用？（3）如何有效解决社交媒体数据分析的典型问题？读者可以依据这一章的简介引入更多的社交媒体应用，并设计出有针对性的数据挖掘方法。

§5.6 术语解释

1. **社交媒体（Social Media）**：通常指代那些准许用户进行在线沟通的网站服务和技术，又被称为社会化媒体，社会性媒体。

2. **社交网络（Social Network）**：既可以指代社会性或者社会化的网络服务，也可以指代通过社会网络服务所得到的表现用户之间关系的平台（通常包含用户以及用户之间的关系这两个主要组成成分）。

3. **信息扩散（Information Diffusion）**：通常发生于以下场景，当一些用户观察到其他用户的针对某些信息的行为时，他们做出同样的行为。

4. **信息扩散预测（Information Diffusion Prediction）**：对用户们针对某些信息的行为在社交网络中的趋势进行前瞻。

5. **链接预测（Link Prediction）**：根据用户的当前情况，对用户未来的关系进行前瞻。

6. **具影响力的用户（Influential User）**：通常指代可以改变其他用户思想以及行为的用户。这一类用户通常能够导致信息的扩散。

7. **社交媒体搜索（Social Media Search）**：针对社交媒体的特性所定制的信息检索的方法和工具。

8. **爬虫（Crawler）**：一种对网页内容进行访问、存储并可能进行索引的程序。

9. **信任（Trust）**：指社交网络中一个用户对另一个用户的行为或者言语表示相信。

10. **情感分析（Sentimental Analysis）**：指代自然语言处理中那些发掘和抽取信息源的主观信息的应用。

参考文献

[1] 胡宝民，刘秀新，王丽丽. 基于神经网络的技术创新扩散建模探讨. 科学学与科学技术管理, 23(8):58~60, 2002.

[2] 汪雪泉，李罡风. 利用信息扩散模式对安徽及华东地区地震的风险分析. 灾害学, 19(3):30~34, 2004.

[3] 秦兵，刘挺，李生. 多文档自动文摘综述. 中文信息学报, 19(6):13~20, 2005.

[4] 郭景峰，王春燕，邹晓红，赵鹏飞，张健. 一种改进的针对合著关系网络的链接预测方法. 计算机科学, 35(12):126~128, 2008.

[5] 王春扬，杨超. 信息扩散技术在重大雷灾预测中的应用. 气象科技, 38(002):270~272, 2010.

[6] 郭景峰，代军丽，马鑫，王娟. 针对通信社会网络的时间序列链接预测算法. 计算机科学与探索, 6:009, 2010.

[7] 李靖. 下一代搜索的发展趋势: 社交搜索. 科技与生活, (013):14~14, 2010.

[8] 东昱晓，柯庆，吴斌. 基于节点相似性的链接预测. 计算机科学, 38(7):162~164, 2011.

[9] 郎波，高昊，陈凯. 信任传播与信任关系发现方法. 计算机科学与探索, 5(11):987~998, 2011.

[10] 王学光. 基于动态网络影响扩散问题研究. 计算机科学, 39(6):111~115, 2012.

[11] 肖宇，许炜，张晨，何丹丹. 社交网络中用户区域影响力评估算法研究. 微电子学与计算机, 29(007):58~63, 2012.

[12] 宋双永，李秋丹，路冬媛. 面向微博客的热点事件情感分析方法. 计算机科学, 39(B06):226~228, 2012.

[13] 陈少钦，范磊，李建华. *Murank:* 社交网络用户实时影响力算法. 信息安全与通信保密, (3), 2013.

[14] E. Agichtein, E. Brill, S. Dumais, and R. Ragno. *Learning user interaction models for predicting web search result preferences*. In Proceedings of the 29th annual international ACM SIGIR conference on Research and development in information retrieval, pages 3~10. ACM, 2006.

[15] W. J. Anderson. Continuous-time Markov chains: An applications-oriented approach, volume 7. Springer-Verlag New York, 1991.

[16] A. Armstrong and J. Hagel. *The real value of online communities*. Knowledge and communities, pages 85~95, 2000.

[17] P. Avesani, P. Massa, and R. Tiella. *A trust-enhanced recommender system application: Moleskiing*. In Proceedings of the 2005 ACM symposium on Applied computing, pages 1589~1593. ACM, 2005.

[18] H. Becker, M. Naaman, and L. Gravano. *Learning similarity metrics for event identification in social media*. In Proceedings of the third ACM international conference on Web search and data mining, pages 291~300. ACM, 2010.

[19] T. Beth, M. Borcherding, and B. Klein. Valuation of trust in open networks. Springer, 1994.

[20] J. Bollen, A. Pepe, and H. Mao. *Modeling public mood and emotion: Twitter sentiment and socio-economic phenomena*. In Proceedings of the Fifth International AAAI Conference on Weblogs and Social Media, pages 450~453, 2011.

[21] L. Breiman. *Bagging predictors*. Machine learning, 24(2):123~140, 1996.

[22] S. Brin and L. Page. *The anatomy of a large-scale hypertextual web search engine*. Computer networks and ISDN systems, 30(1):107~117, 1998.

[23] M. J. Brzozowski, T. Hogg, and G. Szabo. *Friends and foes: ideological social networking*. In Proceedings of the SIGCHI Conference on Human Factors in Computing Systems, pages 817~820. ACM, 2008.

[24] M. Burke and R. Kraut. *Mopping up: modeling wikipedia promotion decisions*. In Proceedings of the 2008 ACM conference on Computer supported cooperative work, pages 27~36. ACM, 2008.

[25] D. Carmel, N. Zwerdling, I. Guy, S. Ofek-Koifman, N. Har'El, I. Ronen, E. Uziel, S. Yogev, and S. Chernov. *Personalized social search based on the user's social network*. In Proceedings of the 18th ACM conference on Information and knowledge management, pages 1227~1236. ACM, 2009.

[26] P.-A. Chirita, C. S. Firan, and W. Nejdl. *Personalized query expansion for the web*. In Proceedings of the 30th annual international ACM SIGIR conference on Research and development in information retrieval, pages 7~14. ACM, 2007.

[27] Z. Dou, R. Song, and J.-R. Wen. *A large-scale evaluation and analysis of personalized search strategies*. In Proceedings of the 16th international conference on World Wide Web, pages 581∼590. ACM, 2007.

[28] N. R. Draper and H. Smith. *Applied regression analysis (wiley series in probability and statistics)*. 1998.

[29] U. M. Fayyad, G. Piatetsky-Shapiro, and P. Smyth. *From data mining to knowledge discovery in databases*. AI Magazine, 17(3):37∼54, 1996.

[30] C. W. Gardiner et al. Handbook of stochastic methods, volume 3. Springer Berlin, 1985.

[31] J. Golbeck, B. Parsia, and J. Hendler. Trust networks on the semantic web. Springer, 2003.

[32] J. Goldenberg, B. Libai, and E. Muller. *Talk of the network: A complex systems look at the underlying process of word-of-mouth*. Marketing letters, 12(3):211∼223, 2001.

[33] J. Goldenberg, B. Libai, and E. Muller. *Using complex systems analysis to advance marketing theory development: Modeling heterogeneity effects on new product growth through stochastic cellular automata*. Academy of Marketing Science Review, 9(3):1∼18, 2001.

[34] A. Goyal, F. Bonchi, and L. V. Lakshmanan. *Learning influence probabilities in social networks*. In Proceedings of the third ACM international conference on Web search and data mining, pages 241∼250. ACM, 2010.

[35] M. Granovetter. *Threshold models of collective behavior*. American journal of sociology, pages 1420∼1443, 1978.

[36] M. Granovetter. *The strength of weak ties: A network theory revisited*. Sociological theory, 1(1):201∼233, 1983.

[37] R. Guha, R. Kumar, P. Raghavan, and A. Tomkins. *Propagation of trust and distrust*. In Proceedings of the 13th international conference on World Wide Web, pages 403∼412. ACM, 2004.

[38] J. Han and M. Kamber. Data mining: concepts and techniques. Morgan Kaufmann, 2006.

[39] D. Horowitz and S. D. Kamvar. *The anatomy of a large-scale social search engine*. In Proceedings of the 19th international conference on World wide web, pages 431∼440. ACM, 2010.

[40] T. Joachims, L. Granka, B. Pan, H. Hembrooke, and G. Gay. *Accurately interpreting clickthrough data as implicit feedback*. In Proceedings of the 28th annual international ACM SIGIR conference on Research and development in information retrieval, pages 154∼161. ACM, 2005.

[41] I. Kahanda and J. Neville. *Using transactional information to predict link strength in online social networks*. In Proceedings of the Third International Conference on Weblogs and Social Media (ICWSM), 2009.

[42] S. D. Kamvar, M. T. Schlosser, and H. Garcia-Molina. *The eigentrust algorithm for reputation management in p2p networks*. In Proceedings of the 12th international conference on World Wide Web, pages 640∼651. ACM, 2003.

[43] D. Kempe, J. Kleinberg, and É. Tardos. *Maximizing the spread of influence through a social network*. In Proceedings of the ninth ACM SIGKDD international conference on Knowledge discovery and data mining, pages 137∼146. ACM, 2003.

[44] J. Kunegis, A. Lommatzsch, and C. Bauckhage. *The slashdot zoo: mining a social network with negative edges*. In Proceedings of the 18th international conference on World wide web, pages 741∼750. ACM, 2009.

[45] C. A. Lampe, E. Johnston, and P. Resnick. *Follow the reader: filtering comments on slashdot*. In Proceedings of the SIGCHI conference on Human factors in computing systems, pages 1253∼1262. ACM, 2007.

[46] J. Leskovec, D. Huttenlocher, and J. Kleinberg. *Predicting positive and negative links in online social networks*. In Proceedings of the 19th international conference on World wide web, pages 641∼650. ACM, 2010.

[47] J. Li, W. Peng, T. Li, and T. Sun. *Social network user influence dynamics prediction*. In Web Technologies and Applications, pages 310∼322. Springer, 2013.

[48] T. M. Liggett. Interacting particle systems. Springer, 2005.

[49] C. Lin, C. Lin, J. Li, D. Wang, Y. Chen, and T. Li. *Generating event storylines from microblogs*. In Proceedings of the 21st ACM international conference on Information and knowledge management, pages 175∼184. ACM, 2012.

[50] P. Massa and P. Avesani. *Controversial users demand local trust metrics: An experimental study on epinions.com community*. In Proceedings of the National Conference on artificial Intelligence, volume 20, page 121. Menlo Park, CA; Cambridge, MA; London; AAAI Press; MIT Press; 1999, 2005.

[51] M. Mathioudakis and N. Koudas. *Twittermonitor: trend detection over the twitter stream*. In Proceedings of the 2010 international conference on Management of data, pages 1155~1158. ACM, 2010.

[52] Y. Matsubara, Y. Sakurai, B. A. Prakash, L. Li, and C. Faloutsos. *Rise and fall patterns of information diffusion: model and implications*. In Proceedings of the 18th ACM SIGKDD international conference on Knowledge discovery and data mining, pages 6~14. ACM, 2012.

[53] T. C. Mills. Time series techniques for economists. Cambridge University Press, 1991.

[54] T. Pang-Ning, M. Steinbach, and V. Kumar. *Introduction to data mining*. WP Co, 2006.

[55] P. Resnick, K. Kuwabara, R. Zeckhauser, and E. Friedman. *Reputation systems*. Communications of the ACM, 43(12):45~48, 2000.

[56] M. Richardson, R. Agrawal, and P. Domingos. *Trust management for the semantic web*. In The Semantic Web-ISWC 2003, pages 351~368. Springer, 2003.

[57] E. M. Rogers. Diffusion of innovations. Free press, 2010.

[58] D. M. Romero, B. Meeder, and J. Kleinberg. *Differences in the mechanics of information diffusion across topics: idioms, political hashtags, and complex contagion on twitter*. In Proceedings of the 20th international conference on World wide web, pages 695~704. ACM, 2011.

[59] K. Saito, M. Kimura, K. Ohara, and H. Motoda. *Efficient estimation of cumulative influence for multiple activation information diffusion model with continuous time delay*. In PRICAI 2010: Trends in Artificial Intelligence, pages 244~255. Springer, 2010.

[60] K. Saito, M. Kimura, K. Ohara, and H. Motoda. *Generative models of information diffusion with asynchronous time-delay*. In Proceedings of the 2nd Asian Conference on Machine Learning (ACML2010), pages 193~208, 2010.

[61] T. Sakaki, M. Okazaki, and Y. Matsuo. *Earthquake shakes twitter users: real-time event detection by social sensors*. In Proceedings of the 19th international conference on World wide web, pages 851~860. ACM, 2010.

[62] T. C. Schelling. Micromotives and macrobehavior. WW Norton, 2006.

[63] R. Schifanella, A. Barrat, C. Cattuto, B. Markines, and F. Menczer. *Folks in folksonomies: social link prediction from shared metadata*. In Proceedings of the third ACM international conference on Web search and data mining, pages 271~280. ACM, 2010.

[64] U. Sharan and J. Neville. *Temporal-relational classifiers for prediction in evolving domains*. In Data Mining, 2008. ICDM'08. Eighth IEEE International Conference on, pages 540~549. IEEE, 2008.

[65] C. Shen, F. Liu, F. Weng, and T. Li. *A participant-based approach for event summarization using twitter streams*. In Proceedings of NAACL-HLT, pages 1152~1162, 2013.

[66] X. Shen, B. Tan, and C. Zhai. *Implicit user modeling for personalized search*. In Proceedings of the 14th ACM international conference on Information and knowledge management, pages 824~831. ACM, 2005.

[67] X. Song, Y. Chi, K. Hino, and B. L. Tseng. *Information flow modeling based on diffusion rate for prediction and ranking*. In Proceedings of the 16th international conference on World Wide Web, pages 191~200. ACM, 2007.

[68] B. Tan, X. Shen, and C. Zhai. *Mining long-term search history to improve search accuracy*. In Proceedings of the 12th ACM SIGKDD international conference on Knowledge discovery and data mining, pages 718~723. ACM, 2006.

[69] J. Teevan, D. Ramage, and M. R. Morris. *# twittersearch: a comparison of microblog search and web search*. In Proceedings of the fourth ACM international conference on Web search and data mining, pages 35~44. ACM, 2011.

[70] O. Tsur and A. Rappoport. *What's in a hashtag?: content based prediction of the spread of ideas in microblogging communities*. In Proceedings of the fifth ACM international conference on Web search and data mining, pages 643~652. ACM, 2012.

[71] D. J. Watts. *A simple model of global cascades on random networks*. Proceedings of the National Academy of Sciences, 99(9):5766~5771, 2002.

[72] J. Yang and S. Counts. *Predicting the speed, scale, and range of information diffusion in twitter*. Proc. ICWSM, 2010.

[73] J. Yang and J. Leskovec. *Modeling information diffusion in implicit networks*. In Data Mining (ICDM), 2010 IEEE 10th International Conference on, pages 599~608. IEEE, 2010.

[74] B. Yu and M. P. Singh. *A social mechanism of reputation management in electronic communities*. In Cooperative information agents IV-The future of information agents in cyberspace, pages 154~165. Springer, 2000.

第六章　推荐系统

§6.1 摘要

随着互联网技术的不断发展以及信息科学的日益进步，信息超载问题愈发尖锐。面对纷繁复杂的网络信息，网络用户在获取所需信息时往往无可适从，而个性化推荐系统，作为可为用户提供物品推荐的工具和技术，受到了越来越广泛的关注。从用户的角度出发，推荐系统可有效地帮助用户作出决策，如购买何种商品，听哪首歌曲，读哪则新闻等。从系统的角度出发，用户所做出的决策选择可在一定程度上对系统进行改进，以帮助系统作出更加精准的推荐。近年来，针对推荐系统的研究有了长足的进步，各种推荐技术层出不穷，并已被成功地应用到了很多商业环境中。

本章从介绍推荐系统的基本概念出发，深入探讨了数据挖掘技术在个性化推荐系统中的广泛应用，并讨论了几种常用的评测环境以及推荐系统的多种评测指标。本章从实际案例出发，提供了推荐系统的两个典型实例分析，从应用的角度介绍了如何构建一个实际的推荐系统。最后，对推荐系统的发展前景进行了展望，提出了推荐系统的多种可能的发展方向，以供读者参考。

§6.2 个性化推荐系统概述

互联网技术的迅猛发展将我们带入了信息爆炸时代，接入互联网的服务器数量与网络上的网页数量均呈现几何级数的增长态势。信息科学的不断进步使得大量的信息同时呈现在网络用户面前。例如，亚马逊（Amazon）上有数千万甚至上亿的商品，谷歌新闻（Google News）上每天都有数万则新发布的新闻资讯，Netflix上有数万部电影供用户观看。网络信息除数量庞大之外，其内部结构也相当复杂，常涉及到多维度的信息关系。面对纷繁复杂的海量网络信息，用户很难在短时间内从中获取到自己感兴趣的部分。传统的搜索算法虽然可帮助用户快速地对信息进行过滤，但只能为用户提供单一的排序结果，无法针对不同用户自身的兴趣爱好提供个性化的服务。信息爆炸使得信息的利用率极度降低，我们称这种现象为信息超载[2]。

推荐系统，作为一种信息过滤的重要技术和手段，被认为是当前可解决信息超载问题的非常有效的工具。通常情况下，个性化推荐系统通过分析用户已有的对信息物品的访问信息，建立用户与物品之间的二元关系，利用二者之间的相似性关系来挖掘用户可能感兴趣的物品，从而进行个性化的物品推荐。推荐系统与信息检索系统（如搜索引擎）最大的区别在于[3]：（1）信息检索注重对网络信息的相似性检索和排序，而推荐系统从用户的角度出发，进行用户档案建模，根据用户的兴趣爱好进行个性化的信息过滤；（2）信息检索一般由用户触发，即用户需要输入查询关键字，并对检索结果进行筛选和过滤，而推荐系统由系统引导用户发现有价值或感兴趣的信息。这种引导的方式有助于建立用户对系统的信任，因此可以保持用户访问系统的次数，防止用户流失。

推荐系统一般由四部分组成，包括用户信息收集及行为记录模块、档案建模、推荐算法模块及用户使用界面：

1. 信息收集及行为记录：此模块负责记录用户对系统的使用行为，包括用户个人信息、用户点击浏览信息、用户评分信息以及用户的反馈等。收集定量的用户信息有助于对用户档案的精准建模，从而为推荐算法提供有效的输入。

2. 档案建模：此模块负责对用户行为进行分析，从中提取出精炼的信息作为用户的档案。建模过程一般将用户的个人信息及用户的使用记录进行有机地融合，并生成系统可识别的标准化的用户档案。

3. 推荐算法：此模块负责接收用户的档案信息，并基于用户的档案实时地从物品库中筛选出用户所感兴趣的物品进行推荐。推荐算法一般被视为推荐系统的核心模块，算法的设计通常对推荐结果有着决定性的影响。

4. 用户使用界面：此模块负责将推荐算法所产生的推荐结果呈现给用户。一般说来，一个成功的推荐系统必须具备良好的用户体验，才能留住已有用户并吸引更多的用户。用户使用界面与用户体验息息相关。

这四种模块即可构成“推荐–改进–推荐”的系统结构，如图6.1所示。

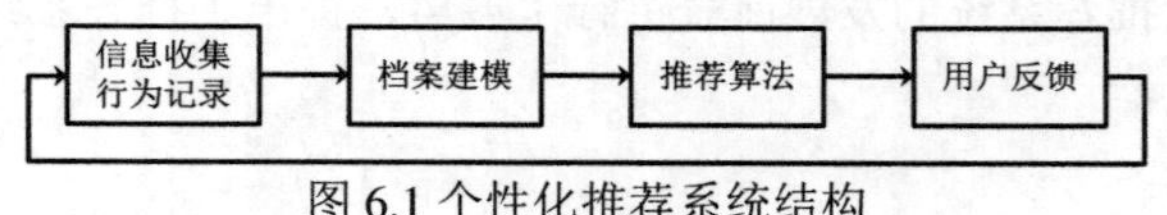

图 6.1 个性化推荐系统结构

推荐系统最典型的应用是在电子商务领域，即商家根据客户的需求或者兴趣爱好为客户推荐其可能感兴趣的商品，这同时也是推荐系统最初所应用的领域。目前大型的电子商务网站，包括Amazon、eBay、淘宝等，均采用了推荐系统作为创收的重要手段。据统计，Amazon的推荐系统为其提供了将近35%的商品销售额，其应用价值可见一斑。一般说来，电子商务系统采用推荐技术有以下几方面的原因：

1. 增加商品销售量：这是电子商务系统采用推荐技术最重要的原因。从用户的角度讲，与传统的销售模式不同，采用推荐系统来进行商品的推广可以有效地为用户提供他们的所需。从服务提供商的角度出发，采用推荐系统可以大幅度地增加商品的转换率（conversion rate），即根据推荐结果作出购买行为的用户与对商品作出浏览行为的用户的比率，从而为服务提供商提供巨额利润。

2. 出售多样化的商品：推荐系统可帮助用户找到其所需要的物品。例如，在电影推荐系统中（Netflix），服务提供商希望将某一目录下所有的DVD都出租出去，而非只出租那些比较出名的。如果不采用推荐系统，服务提供商很难有效地将那些并不出名的电影提供给用户，这便在一定程度上影响了商品的销售。

3. 增加用户满意度：推荐系统可以有效地改进用户对电子商务系统的使用体验。通过设计良好的人机交互界面，推荐系统可以增加系统的使用率，并在一定程度上提高推荐结果被用户接受的可能性，这在一定程度上增加了电子商务系统对商品的吞吐量。

4. 增加用户忠诚度：推荐系统可基于用户长期的使用历史，有效地增加用户对系统的忠诚度。用户的历史交互行为所产生的信息，如评分、浏览、点击等，均可用于构建丰富的用户档案，而推荐系统则可基于此档案为用户提供个性化的服务。

除电子商务领域外，推荐系统在其他领域也有相当广泛的应用。各种提供个性化服务的多媒体信息网站，诸如新闻（谷歌新闻、雅虎新闻等）、电影（Netflix、Hulu等）、音乐（Pandora、Last.fm、豆瓣等）、视频（Youtube、优酷等）、人才（LinkedIn、前程无忧等）、婚恋交友（世纪佳缘、百合网等），均不同程度地采用了各种形式的推荐技术来为用户推荐信息物品。

在学术界，自二十世纪九十年代中期以来，推荐系统在电子商务、网络经济学和人类社会学等研究领域一直保持着很高的研究热度[32,63]，并逐渐成为一门相对独立的学科[3]。推荐系统囊括了诸如数据挖掘、信息检索、人机交互、人工智能、统计学、决策系统等多种相关学科的交互，而推荐算法涵盖了包括信息检索、近似性理论、市场营销建模等在内的多种研究领域。近年来，各大国际知名的会议（包括SIGCHI、SIGKDD、SIGIR、WWW、UMAP 等）及期刊（包括ACM Trans. on Information System、IEEE Trans. on Knowledge and Data Engineering 等）均出现了有关推荐算法和推荐系统的文章，ACM更是为推荐系统设立了系统年会（ACM Recommender System），以接收更多与推荐系统相关的学术文章，并组织推荐系统研究工作者进行定期的学术讨论。

本章探讨了目前应用较广的多种个性化推荐技术，诸如基于内容的推荐技术（Content-based）、基于协同过滤的推荐技术（Collaborative Filtering）及混合推荐技术（Hybrid Recommendation）等，对每种技术进行了详细的适用场景分析，并深入分析了数据挖掘技术为推荐系统所提供的强有力的支持。而后，针对推荐系统的评测问题，讨论了三种评测环境，包括离线环境、用户调研以及在线环境，并对推荐系统的多种评测指标进行了较为详细的介绍。另外，本章提供了推荐系统的两个典型实例分析（新闻推荐和人才推荐），从数据的采集及预处理、用户档案的建模、推荐方法的选择以及结果的评测等多个方面介绍了如何构建一个实际的推荐系统。最后，对推荐系统的发展前景进行了展望，提出了推荐系统的多种可能的发展方向，以供读者参考。在每一节中，由于会涉及到多个参考文献，其使用的符号不尽相同，因此请读者自行针对不同章节的上下文进行理解。

§ 6.3 推荐技术

推荐系统研究工作的开展可回溯到认知科学[56]、近似理论[55]、信息检索[58]等领域的扩展研究。在二十世纪九十年代中期，推荐系统作为一门独立的研究学科开始被广泛关注，研究工作者开始从事具有显式评分的推荐问题的研究，而推荐问题则转化为用户对未知物品评分的预测问题。这种预测通常基于用户的评分历史。在得到对未评分物品的预测评分之后，系统可为用户推荐获得评分最高的物品。在这一节中，我们基于推荐技术的分类，深入分析了数据挖掘技术在不同的推荐系统中的应用。

具体而言，推荐问题可定义为：令C表示用户集，S表示物品集，比如图书、电影、餐馆等。S中的物品数可能很多，在某些应用中甚至可以达到百万甚至亿级。类似地，用户集中的用户数也可能很多。令u表示评测物品s对用户c的有用性的效用函数，即$u: C \times S \rightarrow R$，其中$R$是一个全序集（例如在一定范围内的非负整数或实数）。对每个用户$c \in C$ 而言，我们希望为其选择可以将用户效用函数最大化的物品$s' \in S$，即

$$\forall c \in C, \quad s'_c = \arg\max_{s \in S} u(c, s)$$

在推荐系统中，用户空间C的每个元素可定义为一个用户档案，包含多种用户信息，例如年龄、性别、收入、婚姻状态等。类似地，物品空间S的每个元素包含物品的一系列信息。例如，在一个电影推荐系统中，S包含所有的供推荐电影，每个电影的信息包含其标题、类别、导演、首映日期、主演等。物品的效用通常为评分，表示用户对物品的喜爱程度。然而，不同的应用中效用的形式可能不同。效用可以是人为定义的，也可以是由系统计算得出的。从数据挖掘的角度出发，我们可以将评分的预测转化为基于不同评分的分类问题。例如，对于评分级数为1-5的推荐系统，可以根据用户空间和物品空间的内在联系（即用户对物品的历史评分）构建分类器（类标即为1-5），而用户对物品的预测评分可由分类器计算得出。而对于那些基于使用效用的推荐系统而言，用户对物品的评分通常是二元的，比如喜欢/不喜欢，我们同样可以根据历史信息构建二元的分类器，并通过分类器来对用户和物品的二元关系进行预测。

推荐系统的核心问题是效用u并不是定义在整个$C \times S$空间内的，而是在其中的一个子集上。因此，u需要推算到整个空间上。以评分推荐系统为例，这种从已知评分到未知评分的推算可采用启发式的方法定义效用函数，而后在实验中验证其可用性；或者通过优化某种评测标准，如均方根误差来估计效用函数。在估计出未知评分后，为某一用户的推荐问题即转化为从所有为该用户预测出评分的物品中选择N个排名最高的物品。在实际中，我们有很多方法可以用来估计未被评分的物品的评分，包括数据挖掘、机器学习、近似理论以及多种启发式的方法。推荐系统通常根据其所使用的方法进行分类[15]，包括

1. 基于内容的推荐：用户的推荐结果与用户之前使用过或喜欢过的物品相似。这类方法通过计算用户档案和物品档案之间的相似度来对物品进行选择推荐。常用的相似度函数包括余弦相似度（Cosine Similarity）、Jaccard相似度（Jaccard Similartiy）等等。除此之外，我们可以基于用户和物品的档案内容，采用数据挖掘中的关联分析技术来获得用户信息与物品之间的强关联关系，并根据关联规则进行物品的推荐。另外，我们可以设定一些规则，来规范用户和物品之间的关联，并据此进行推荐，这类方法通常称为基于知识的推荐，也属于基于内容的推荐。

2. 协同过滤的推荐：用户的推荐结果是从与用户相似的其他用户的历史数据中得到的。这类方法通常采用聚类的方法来划分用户空间，以快速地找到给定用户的相似用户。聚类对象是用户档案，所采用的元素相似度包括皮尔逊相关系数（Pearson Correlation Coefficient）以及它的一些变体函数。近年来常用的协同过滤算法大多采用矩阵分解（Matrix Factorization）的方法来获得用户和物品在潜在语义上的表现形式，并据此计算用户和物品之间的关联程度。

3. 混合过滤的推荐：用户的推荐结果是综合了基于内容的和协同过滤的方法所得到。基于内容的方法通常需要用户输入个人信息并对物品有初步的评分，对用户体验有一定的副作用。协同过滤的方法需要用户维护大量的历史评分记录，因此对于新用户来说

很难得到合理的推荐结果。这两种方法在不同的推荐场景中存在着弊病，而混合过滤的推荐通过结合二者的优点并弥补二者的不足，以得到更加精确的推荐结果。

表6.1对以上三种技术进行了总结[1,6,8]，并列出了其中常用的数据挖掘技术。除了以评分为主要效用的推荐系统之外，还有很多基于使用情况或喜好的推荐系统[36,37]。例如，在电影推荐系统中，基于喜好的推荐技术主要用于预测电影的相对排序，而非电影的评分。在这一章中，我们主要介绍基于评分的推荐系统。在节6.3.1 中，我们介绍基于内容的推荐方法，包括其具体的实现机制和适用场景，并指出了这类方法所存在的缺陷。在节6.3.2中，我们讨论了基于协同过滤的推荐方法，重点讲述了两类协同过滤的机制，包括基于经验的和基于模型的方法，并说明了基于协同过滤的方法所存在的缺陷。在节6.3.3中，我们详细描述了如何将基于内容的和基于协同过滤的方法进行有机地结合，以弥补二者的缺陷，并提供更加合理的推荐结果。

表 6.1 推荐技术总结

推荐方法		数据挖掘技术	优点	缺点
内容推荐	相似度	分类分析； 聚类分析； 时域分析	推荐结果直观，容易解释； 不需要领域知识	稀疏问题；新用户问题； 过于专门化； 要有足够数据构造分类器
	关联规则	关联分析	能发现新兴趣点； 不要领域知识	规则抽取难、耗时； 物品名同义性问题； 个性化程度低；
	知识	半监督学习； 数据仓库	能把用户需求映射到物品上； 能考虑非产品属性	知识难获得； 推荐是静态的
协同过滤	基于经验 基于模型	聚类分析； 偏差检测； 时域分析； 矩阵分解	新异兴趣发现、不需要领域知识； 随着时间推移性能提高； 推荐个性化、自动化程度高； 能处理复杂的非结构化对象	稀疏问题； 可扩展性问题； 新用户问题； 质量取决于历史数据集； 系统开始时推荐质量差；

6.3.1 基于内容的推荐方法

在基于内容的推荐方法中，物品s对用户c的效用函数$u(c,s)$可通过与s相似的物品$s_i \in S$对用户c的效用$u(c,s_i)$得出。例如，在电影推荐系统中，系统为用户c推荐电影，首先需要总结出c在过去评分较高的电影的共性（包括演员、导演、类型、主题等等），而后找出与此共性具有很高相似度的电影推荐给用户。

基于内容的推荐方法起源于信息检索[14]和信息过滤[16]。当前很多基于内容的推荐系统均以包含文本信息的物品作为推荐对象，例如文档、网页、新闻等。与传统的信息检索技术所不同的是，基于内容的推荐引入了用户档案（包含了用户的爱好）的概念。档案信息的构建可以是显式的，如以调查问卷的形式得到，或者是隐式的，如通过数据挖掘或机器学习的方法从用户的访问历史中得到。

6.3.1.1 基于相似度的方法

令$Content(s)$表示物品s的档案，包含描述s的一系列属性。通常，$Content(s)$由物品内容中的特征组成，并用于决定s是否适合于推荐。前面讲过，基于内容的推荐系统用于推荐带有文本的物品，因此在这些系统中内容通常被描述为关键词[15]。在某一文档d_j中，词k_i的重要性可由某种权重系数w_{ij}所决定。在信息检索领域中，有很多分配权重的方案，最为常用的是term frequency/inverse document frequency（TF-IDF）[50]。假定总共有N

个文档，关键词k_i在其中的n_i个文档中出现。另外假定$f_{i,j}$是关键词k_i在文档d_j中出现的次数。k_i在d_j中的归一化的词频，$TF_{i,j}$，可定义为$TF_{i,j}=\frac{f_{i,j}}{\sum_z f_{z,j}}$，其中$\sum_z f_{z,j}$是文档$d_j$中词的总数。由于关键词可能出现在不同的文档中，这类关键词对区分一个文档的相关性并没有很大的帮助。因此，逆文档频率（IDF_i）经常与归一化$TF_{i,j}$一起使用。词k_i的逆文档频率可定义为$IDF_i=\log\frac{N}{n_i}$。根据$TF_{i,j}$和IDF_i，词k_i在文档d_j中的TF-IDF权重$w_{i,j}$可定义为$w_{i,j}=TF_{i,j}\times IDF_i$，而文档$d_j$的档案可定义为$Content(d_j)=(w_{1j},\cdots,w_{kj})$。

基于内容的推荐系统向用户推荐与其档案相似的物品。令$ContentBasedProfile(c)$表示用户c的档案，包含该用户对物品的兴趣。这些档案可通过分析用户之前浏览过或给过评分的数据得到。例如，$ContentBasedProfile(c)$可定义为一个包含权重的向量$(w_{c1},\cdots,w_{ck})$，其中每个权重w_{ci}表示关键词k_i 对用户c 的重要性，w_{ci} 可根据用户所访问过的历史物品计算得出。

在基于内容的推荐系统中，效用函数$u(c,s)$可定义为用户档案$ContentBasedProfile(c)$和物品档案$Content(s)$之间的相似度。在使用基于信息检索的推荐模型来推荐网页或新闻时，用户的档案$ContentBasedProfile(c)$和物品的档案$Content(s)$可分别表示为关键词的权重向量$\vec{w}_c$和$\vec{w}_s$。另外，效用函数$u(c,s)$通常可表示为向量$\vec{w}_c$和$\vec{w}_s$之间的相似度。常见的相似度指标有余弦相似度，即

$$u(c,s)=\cos(\vec{w}_c,\vec{w}_s)=\frac{\vec{w}_c\cdot\vec{w}_s}{\|\vec{w}_c\|_2\times\|\vec{w}_s\|_2}=\frac{\sum_{i=1}^K w_{i,c}w_{i,s}}{\sqrt{\sum_{i=1}^K w_{i,c}^2}\sqrt{\sum_{i=1}^K w_{i,s}^2}}$$

其中K为系统中关键词的个数，$w_{i,c}$和$w_{i,s}$分别表示$\vec{w}_c$和$\vec{w}_s$中第i个词的权重。

除了传统的基于信息检索的方法之外，很多其他的技术也已被应用到基于内容的推荐系统中，如贝叶斯分类器和多种机器学习技术[52,53]，包括聚类、决策树及神经网络等。这些技术与基于信息检索的方法不同，它们并不是基于启发式的相似度来计算，而是采用统计学习或机器学习的方法从数据中学习出模型。例如，在一个网页集中，用户可对网页作“相关”或“不相关”的评分，文献 [53] 采用朴素贝叶斯（Naïve Bayes）分类器对未被评分的网页进行分类。具体而言，给定一系列关键词$k_{1,j},\cdots,k_{n,j}$，朴素贝叶斯可用于估计网页p_j 属于某一类标C_i（相关或不相关）的概率，即$P(C_i|k_{1,j}\&\cdots\&k_{n,j})$。文献 [53]假设关键词是相互独立的，因此，

$$P(C_i|k_{1,j}\&\cdots\&k_{n,j})\propto P(C_i)\Pi_x P(k_{x,j}|C_i)$$

关键词独立的假设可能在很多应用中并不成立，但其实验结果证实了朴素贝叶斯分类器的精度相当高。另外，$P(k_{x,j}|C_i)$和$P(C_i)$可从数据中估计得出。因此，对每一网页p_j而言，我们可为C_i计算$P(C_i|k_{1,j}\&\cdots\&k_{n,j})$，而$p_j$将被分配到具有最高概率的$C_i$下。

基于相似度的推荐方法非常直观，不需要领域知识，并且易于实现。另外，其推荐结果可通过档案的相似度来进行解释，因此被很多推荐系统所采用。然而，基于相似度的推荐系统有一定的缺点，描述如下。

有限的内容分析：基于相似度的技术受限于与被推荐物品相关的特征。因此，为了能够得到足够量的特征，物品内容必须能够通过计算机自动地解析，或者人为地将特征分配给物品。尽管信息检索技术能够很方便地从文本文档中提取特征，但是自动化的特征提取并不能应用到其他领域，例如多媒体数据。另外，由于人力有限，人为地为物品分配特征在很多情况下是不现实的。在基于相似度的系统中，如果将两个不同的物品用相同的特

征来表示的话，这两个物品将无法区分。这是内容分析的另一问题。因此，如果两篇文章所使用的词是一样的，那么基于相似度的系统并不能区分行文流畅的文章和语法蹩脚的文章。

过于专门化：基于相似度的推荐系统一般将与用户档案相似的物品推荐给用户，因此，用户所受到的推荐内容可能过于专门化。例如，一位没有品尝过川菜的用户从不会受到关于川菜的任何推荐。为解决这一问题，我们可以在推荐结果中引入部分随机性。例如，文献 [64]使用遗传算法来解决信息过滤的问题。过专的问题可以通过去除冗余的技术来解决。文献 [71]提出五种评测冗余的方法。因此，在基于相似度的推荐系统中，推荐结果的多样性是一项必不可少的因素。用户一般期望获得较为多样的推荐结果，而非专注于某一主题。

新用户问题：基于相似度的推荐系统通常需要收集足够量的用户使用历史，才能精准地对用户档案进行建模，并据此提供合理的推荐内容。然而，对于系统的新用户而言，其使用历史往往不足以构建完善的用户档案。因此，新用户问题是基于相似度的推荐系统所存在的一大问题。

6.3.1.2 基于关联规则的方法

基于关联规则的推荐方法是以关联规则为基础，将已评分物品作为规则头，并将推荐对象作为规则体。关联规则挖掘是数据挖掘中的一项典型任务，可以发现不同物品在用户查看过程中的相关性，在零售业中已经得到了很广泛的应用。

关联规则分析中有以下几个概念：定义N为总事务数，$N(A)$和$N(B)$分别为项集A和B在整个数据集中出现的次数，$N(AB)$为项集A和B同时出现的次数，A和B为不相交的项集，即$A \cap B = \emptyset$，规则$A \to B$表示由A推到B。

规则的支持度（Support）：是指A和B同时出现的频繁程度，可表示为

$$Support(A \to B) = \frac{N(AB)}{N} \tag{6.1}$$

支持度是关联规则分析中的一种重要量度，支持度低表示相应规则可能是偶然现象，对推荐的意义不大。

规则的置信度（Confidence）：是指规则在数据集上的可信程度，可表示为

$$Confidence(A \to B) = \frac{N(AB)}{N(A)} \tag{6.2}$$

置信度越高，表示B出现在包含A的事务中的概率越大。

规则的提升度（Lift）：可表示为

$$Lift(A \to B) = \frac{Support(A \to B)}{Support(A) \times Support(B)} = \frac{N \times N(AB)}{N(A) \times N(B)} \tag{6.3}$$

其中$Support(A \to B)$即为联合概率$P(AB)$，$Support(A)$和$Support(B)$分别为A和B的概率估计$P(A)$和$P(B)$，只有当$Lift > 1$时，A和B为正相关的两个事件。

上述三种规则的量度可帮助推荐系统快速地进行数据的减枝，从而快速有效地为用户提供推荐。基于关联规则的推荐方法的主要步骤如下：

1. 数据清理：对用户和物品分别进行计数，并根据计数结果过滤掉一些不活跃的用户和冷门的物品；

2. 规则减枝：基于清理后的数据，计算两两物品之间的支持度、置信度、提升度，并根据三种量度所设定的最小值对规则进行减枝，以去掉低于最小值的规则；

3. 物品推荐：在得到所有显著的规则之后，针对给定物品，找出其所有相关的规则，按照置信度降序排序，选择前N个物品作为与给定物品最相关的物品，并将之推荐给用户。

基于关联规则的推荐方法是根据具体数据来对关联规则进行挖掘的，因此在某些情况下这种方法可以发现新的兴趣点，以帮助用户扩展其兴趣爱好。另外，规则的发现过程并不需要任何的领域知识做支撑。但是，关联规则分析的复杂度相当高，尽管可以通过规则的三种量度进行数据减枝，其抽取过程仍需很长时间，因此基于关联规则的方法并不能解决海量数据的推荐问题。另外，在推荐系统中经常会遇到名称相同的物品，如果不考虑二义性的问题，所挖掘出来的规则可能会导致不合理的推荐结果。基于关联规则的方法的另一问题是个性化的问题，用户通过这种方法所得到的结果均类似，并不能接收到个性化的推荐。

6.3.1.3 基于知识的方法

前面所讲述的方法均是基于内容的过滤方法，根据用户的需求对系统内部的数据进行过滤，并将合适的结果推荐给用户。基于知识的推荐方法与基于过滤的方法有明显的不同。基于知识的方法采用外部定义的关于用户和物品的知识来指导推荐过程 [26,67]。预先定义的知识可视为推荐规则，辅助推荐过程并提供推荐结果的有效解释。在一个典型的基于知识的推荐系统中，推荐过程通常可分为四个步骤：

1. 描述需求：用户与推荐系统进行交互，并给出推荐的需求；

2. 修正需求：如果推荐系统无法根据用户需求给出推荐结果，则系统会提供一些修正需求的备选方案，以供用户参考；

3. 展示结果：如果用户需求是有效的，则推荐系统会提供一系列推荐结果，这些结果会根据特定的效用函数进行排序；

4. 解释结果：对每一个推荐结果而言，用户可获得相应的解释，来描述这一物品被推荐的原因。

由于外部知识的存在，基于知识的推荐方法可以有效地将用户需求映射到物品上，从而实现从需求到物品的直接定位。但在很多情况下，领域知识是很难获取到的，需要领域专家进行非常详尽的知识编撰，并将之转化为机器可读的结构化的数据，因此这种方法需要大量的前期工作。

6.3.2 基于协同过滤的推荐方法

基于协同过滤的推荐方法不同于基于内容的推荐。协同过滤指的是通过分析其他用户所评分过的物品来为目标用户预测物品的效用。物品s对用户c的效用$u(c,s)$取决于物品s对与c的评分行为相似的其他用户$c_j \in C$的效用$u(c_j,s)$。例如，在一个电影推荐系统中，若为用户c推荐电影，协同过滤的系统首先需要找出那些与c在电影上的兴趣相同的用户，即对同一电影的评分相似的用户。之后，被这些相似用户所喜欢的电影将被推荐给用户c。

目前为止，学术界和工业界开发了很多协同过滤系统的应用，例如GroupLens[41]、Video Recommender[32] 和Ringo[63]被认为是第一批能够进行自动预测的协同过滤系统。其他协同过滤系统的例子包括亚马逊的图书推荐，帮助用户在网络上找出相关信息的PHOAKS系统[66]，以及推荐笑话的Jester系统[30]等等。文献 [4, 21]将协同过滤的算法分为两类：基于经验的方法与基于模型的方法。下面我们对这两类方法进行详细的描述。

6.3.2.1 基于经验的方法

基于经验的方法大多通过分析用户之前给过评分的物品来进行预测。用户c对物品s的未知评分$r_{c,s}$通常可由其他用户对s的评分的加权来得到，即$r_{c,s} = \text{aggr}_{c' \in \hat{C}} r_{c',s}$，其中$\hat{C}$代表与用户$c$最相似的并且已对$s$给过评分的$N$个用户的集合。常用的集合函数有：

$$r_{c,s} = \frac{1}{N} \sum_{c' \in \hat{C}} r_{c',s} \tag{6.4}$$

$$r_{c,s} = k \sum_{c' \in \hat{C}} sim(c, c') \times r_{c',s} \tag{6.5}$$

$$r_{c,s} = \bar{r}_c + k \sum_{c' \in \hat{C}} sim(c, c') \times (r_{c',s} - \bar{r}_{c'}) \tag{6.6}$$

其中k代表归一化参数，通常采用$k = 1/\sum_{c' \in \hat{C}} |sim(c, c')|$。而式(6.6)中的$\bar{r}_c$定义为用户$c$的平均评分，即

$$\bar{r}_c = (1/|S_c|) \sum_{s \in S_c} r_{c,s}, \quad \text{其中} S_c = \{s \in S | r_{c,s} \neq \emptyset\}$$

最简单的集合函数计算用户评分的均值，如式(6.4)所示。然而，由于用户间的相似程度不同，导致每个相似用户对最终评分的贡献也有所差异。考虑到用户权重的不同，常用的集合函数为加权和，如式(6.5)所示。用户c和c'之间的相似性，$sim(c, c')$，其实是一种评测距离的指标，并被用作权重，即c 和c'越相似，其评分$r_{c',s}$对预测评分$r_{c,s}$的权重越大。加权和未考虑不同用户所采用的评分级数不同，例如有些用户喜欢给高评分，而有些用户倾向于给低评分。在这种情况下，我们可以对加权和进行调整，如式(6.6)所示。在此式中，加权和采用具体评分与平均评分之间的差异，而非评分的绝对值，这样可以有效地将评分的差异信息集成到评分预测中。

不同的推荐系统可根据推荐应用的具体需求采用不同的相似性指标。大多数系统中，用户间的相似性是基于两个用户对相同物品的评分来计算的。有两种最常用的相似性计算方法，基于相关性的方法和基于余弦的方法。令S_{xy}表示被用户x和y共同评分的物品集，即$S_{xy} = \{s \in S | r_{x,s} \neq \emptyset \& r_{y,s} \neq \emptyset\}$。在协同过滤的推荐系统中，$S_{xy}$ 可视为计算用户x 的最近邻的一种中间结果，通常可采用较为直观的方式计算，如计算集合S_x和S_y 的交集。在基于相关性的方法中，皮尔逊相关系数（Pearson Correlation Coefficient）常被用于评测相似性

$$sim(x, y) = \frac{\sum_{s \in S_{xy}} (r_{x,s} - \hat{r}_x)(r_{y,s} - \hat{r}_y)}{\sqrt{\sum_{s \in S_{xy}} (r_{x,s} - \hat{r}_x)^2 \sum_{s \in S_{xy}} (r_{y,s} - \hat{r}_y)^2}}$$

在基于余弦的方法中，两个用户的评分历史被视为两个m维的向量，$m = |S_{xy}|$。这两个向

量间的相似度可通过计算二者夹角的余弦得出

$$sim(x,y)=\cos(\vec{x},\vec{y})=\frac{\vec{x}\cdot\vec{y}}{\|\vec{x}\|_2\times\|\vec{y}\|_2}=\frac{\sum_{s\in S_{xy}}r_{x,s}r_{y,s}}{\sqrt{\sum_{s\in S_{xy}}r_{x,s}^2}\sqrt{\sum_{s\in S_{xy}}r_{y,s}^2}}$$

其中$\vec{x}\cdot\vec{y}$表示向量$\vec{x}$和$\vec{y}$的点积。

推荐系统需要有效地计算用户间的相似度，并对评分进行预测。通常的策略是先将所有用户的相似度$sim(x,y)$计算出来，并在每隔一段时间后重新计算。基于此，当用户请求推荐时，系统能够根据已计算好的相似度有效地进行评分的预测。基于内容的和基于协同过滤的方法均采用相同的余弦相似性。然而，在基于内容的系统中，相似度是在TF-IDF的权重向量上进行计算的，而基于协同过滤的系统是采用用户的评分向量进行计算的。

6.3.2.2 基于模型的方法

基于模型的方法在用户的历史评分数据上建立模型，并将之用于评分的预测。例如，文献 [21]为协同过滤提出了一种基于概率模型的方法，其中未知评分可通过下式计算得出

$$r_{c,s}=E(r_{c,s})=\sum_{i=0}^{n}i\times\Pr(r_{c,s}=i|r_{c,s'},s'\in S_c).$$

这种方法假设评分数据为在区间$[0,n]$的整数，其概率表达式表示在给定用户c对其他物品的评分后，用户对物品s给出评分i的概率。文献 [21]提出了两种概率模型来估计这一概率：聚类模型和贝叶斯网络模型。在聚类模型中，相似用户被划分为一类。在给定用户的类别后，用户的评分可假定为相互独立的，在这种情况下，模型是一种朴素贝叶斯模型。在贝叶斯网络模型中，每个物品均被表示为贝叶斯网络的一个节点，而每个节点的状态对应着其可能得到的评分。网络模型的结构和条件概率均可从数据中学习得出。这种方法有一定的局限性，每个用户均被分配到一个类中，但实际中在进行推荐时往往需要将用户分配到多个类中。例如，在一个图书推荐系统中，用户可能同时对与编程相关的书籍和与钓鱼相关的书籍感兴趣。近年来，很多推荐系统均采用矩阵分解的算法来解决推荐问题。经过Netflix和KDD-Cup比赛的检验，矩阵分解确实可以为推荐系统带来很高的性能提升，而且在实际中可以充分地考虑推荐过程中各种因素的影响，具有较好的扩展性。下面对矩阵分解的基础以及其在推荐系统中的应用进行详细地介绍。

矩阵分解，又称为因子（Factor）模型，假设每个用户的特征均可由若干个潜在因子进行表示，而每个物品（例如电影）的特征同样可由相同数量的因子表示。当一个用户的特征和一个物品的特征相吻合时，其因子的表示形式也相近，因此我们认为此用户会对此物品给予较高的评分，反之亦然。矩阵分解的一般表达式为[7,17]

$$\mathbf{R}\simeq\mathbf{P}\mathbf{Q}^T \tag{6.7}$$

其中$\mathbf{P}\in\mathbb{R}^{U\times K}$和$\mathbf{Q}\in\mathbb{R}^{M\times K}$分别为用户和物品的潜在因子矩阵，$K$表示用户或物品特征的因子数量。一般情况下，$K$的取值远小于$U$和$M$。式6.7是奇异值分解（Singular Value Decomposition，简称SVD），即$\mathbf{R}=\mathbf{U}\Sigma\mathbf{V}^T$的一种简化形式。在推荐系统中，矩阵分解问题通常转化为优化问题（即低秩逼近问题，Low-Rank Approximation），需要根据相关因素构造代价函数，并添加各种限制条件，通过迭代的方法进行分解。而原矩阵中的缺失值可通过分解后的矩阵求得。

在Netflix竞赛中，很多基于矩阵分解的协同过滤算法均被应用于Netflix提供的电影推荐数据集中，包括480,189个用户，17,770个电影以及超过1亿的用户评分记录。然而，大

部分算法并不能为只具有少量评分数据的用户提供精确的推荐结果，因此导致推荐算法的整体效果不是很理想。为解决这一冷启动问题，很多研究者提出了矩阵分解算法的各种变形。例如，文献 [57]提出了一种基于概率的矩阵分解模型（Probabilistic Matrix Factorization），假定已有评分数据中存在着高斯观测噪声，并基于此假定定义已有评分数据的条件分布为

$$p(\mathbf{R}|\mathbf{U},\mathbf{V},\sigma^2)=\prod_{i=1}^{N}\prod_{j=1}^{M}\left[\mathcal{N}(R_{ij}|U_i^TV_j,\sigma^2)\right]^{I_{ij}}$$

其中$\mathcal{N}$表示高斯分布的概率密度函数，I_{ij}是一种指标函数，如果用户i对物品j给过评分，则其值为1，否则，其值为0。对用户即物品的特征向量，此方法也提供了均值为0的球型高斯先验分布，即

$$p(\mathbf{U}|\sigma_{\mathbf{U}}^2)=\prod_{i=1}^{N}\mathcal{N}(U_i|0,\sigma_{\mathbf{U}}^2\mathbf{I}),\quad p(\mathbf{V}|\sigma_{\mathbf{V}}^2)=\prod_{j=1}^{M}\mathcal{N}(V_j|0,\sigma_{\mathbf{V}}^2\mathbf{I})$$

通过设定高斯先验概率分布，这一方法有效地对数据中的噪声点进行了建模，因此其模型能够很好地表征数据的原始分布，而基于此所得出的推荐结果也更加合理。

6.3.2.3 协同过滤的不足

新用户问题：为得到精准推荐，系统需要首先从用户的历史数据中学习出用户的兴趣爱好。然而，在基于协同过滤的系统中，新用户的评分历史非常有限，因此学习出的用户兴趣往往不能代表用户的真实爱好。为解决这一问题，很多推荐系统采用混合推荐技术，融合了基于内容的方法和基于协同过滤的方法。

新物品问题：在推荐系统中经常会出现新物品。基于协同过滤的方法要求物品有一定量的评分历史，否则物品将不会被推荐给用户。这一问题也可以用混合推荐技术来解决，我们将在下一节中对混合推荐技术进行详细的讨论。

稀疏问题：在推荐系统中，与需要预测评分的数据相比，已获得评分的物品数量相对而言非常少。从少量的数据中进行有效的评分预测是非常重要的。另外，基于协同过滤的推荐系统需要有大量的用户作支撑。例如，在电影推荐系统中，很多电影只有少量的评分。对这些电影而言，即使用户给了很高的评分，其被推荐的概率也非常低。另外，对那些与众不同的用户来说，很难找到与之相似的用户，因此其推荐的效果会很差。解决评分稀疏问题的方法之一是在计算用户相似度时考虑用户的档案信息。如果两个用户是相似的，那么不仅他们对相同物品的评分相似，而且他们属于相同的人口统计组。例如，文献 [54]采用用户的性别、年龄、所属地区、教育程度及工作情况等信息来为用户推荐餐馆。这种协同过滤的技术通常称为“人口统计过滤”。另一种处理稀疏评分矩阵的方法[18]采用降维技术来减少稀疏评分矩阵的维度，其所采用的降维技术为奇异值分解（SVD）。

6.3.3 基于混合过滤的推荐方法

以上介绍的基于内容的推荐方法和基于协同过滤的推荐方法均有一定的局限性。目前，越来越多的推荐系统采用混合过滤的推荐方法，将之前介绍过的两种方法进行有机地结合，以弥补二者的不足。在实际应用中，有多种方式可用于将基于内容的和基于协同过

滤的方法进行混合：

1. 分别实现基于内容的和基于协同过滤的方法，并将二者的预测结果进行合并；

2. 将基于内容的方法的特点结合到基于协同过滤的方法中；

3. 将基于协同过滤的方法的特点结合到基于内容的方法中；

4. 构建一种统一模型，将基于内容的和基于协同过滤的方法结合起来。

6.3.3.1 合并推荐算法的结果

构建混合推荐系统的一种方法是首先将基于内容的和基于协同过滤的方法分别进行实现。之后，我们可以从两种不同的角度对二者进行合并。其一，我们可以通过简单的线性组合[23]或者投票机制[54]对二者所预测的评分结果进行合并。其二，我们可以定义某种推荐评测指标，并基于此指标从两种算法的结果中选择最好的作为推荐结果。例如，DailyLearner[19]基于推荐结果的置信度来选择最优的推荐算法。

6.3.3.2 在协同过滤中加入基于内容的因素

某些推荐系统是基于协同过滤技术的，但为每个用户维护了其基于内容的档案[15]。这些档案可用于计算用户之间的相似度，在一定程度上可以有效地缓解基于协同过滤的方法所遇到的稀疏问题，尤其是在并非很多用户都有相同的评分物品的情况下。这种方法的另一优点在于，用户所得到的推荐物品不仅仅是被与其相似的用户所喜爱的物品，而且是与目标用户的档案相似的物品。

6.3.3.3 在基于内容的模型中加入协同过滤的因素

在这类方法中，常用的技术是对一系列基于内容的档案进行降维。例如，文献 [65]中采用潜在语义索引（Latent Semantic Indexing, LSI）对一系列用户档案构建了一种协同式的视图，其中用户档案表示为词向量。通过这种协同式的视图，推荐系统的结果得到了很大幅度的提升。文献 [62]将用户收听音乐的模式集成到了歌曲的相似度计算过程中，从而很好地解决了单纯基于歌曲内容的计算方法的不足。

6.3.3.4 设计统一的推荐模型

近年来，许多研究学者采用统一的推荐模型来达到混合推荐的目的。例如，文献 [13]使用统计模型对用户和物品的档案进行分析，并从中估计用户i对物品j 的未知评分：

$$
\begin{aligned}
r_{ij} &= x_{ij}\mu + z_i\gamma_j + w_j + \lambda_i + eij, \\
e_{ij} &\sim N(0, \sigma^2), \\
\lambda_i &\sim N(0, \Lambda), \\
\gamma_j &\sim N(0, \Gamma),
\end{aligned}
$$

其中i和j分别代表用户和物品，e_{ij}、λ_i和γ_j分别表示效果噪声、用户不均匀性与物品不均匀性的随机变量。另外，x_{ij}是一个混合了用户和物品属性的矩阵，z_i表示用户属性的向量，w_j表示物品属性的向量。此模型的未知参数包括μ、σ^2、Λ和Γ，可使用马尔可夫链蒙特卡罗法（Markov Chain Monte Carlo）从已知评分的数据中估计得出。另外，某些推荐模型采用半监督学习的方法，对用户的和物品的档案进行建模，并根据学习模型来进行物品的推荐。例如，文献 [68]采用图论的方法对物品之间的相似度进行建模，并据此对用户的评分进行平滑化的学习，相关的文献还包括文献 [25]等。

混合推荐系统也可使用基于知识的技术来提高推荐精度，并解决传统推荐系统中的一些局限性（比如，新用户问题，新物品问题等）。例如，文献 [67]使用一些与餐馆、菜谱和食品等领域相关的知识来为用户推荐餐馆。基于知识的系统的一个明显缺陷是这种系统需要领域知识的支持。目前，很多基于知识的推荐系统采用结构化的机器可读的知识形式来构建推荐模型。

6.3.4 小结

近年来，推荐系统采用了许多数据挖掘技术来构建合理的推荐模型。根据其使用技术的不同，推荐系统可分为基于内容的、基于协同过滤的以及混合推荐系统；根据其推荐所用的评分估计的不同，推荐系统又可分为基于经验的或者基于模型的系统。在介绍了推荐系统的分类及其应用场景之后，我们指出了不同类型的推荐系统所存在的缺陷，并分析了如何解决这些缺陷。

§ 6.4 推荐系统评测

系统设计师在设计推荐系统时，首先需要根据系统需求选择合适的推荐方法[5,10]。选择的标准多种多样，比如精度、鲁棒性、扩展性等。在这一章中，我们主要讨论如何选择相应的技术指标来对推荐系统进行评测。针对不同的实验环境，我们需要选择不同的系统评测标准，包括离线环境（即推荐方法的比较并无用户的交互）、用户调研（即允许一部分用户体验系统并记录用户的评价）和在线环境（即系统正式上线并记录用户的交互信息）[61]。针对每种情况，我们描述了不同的实验研究问题，并给出了不同的评测标准。在节6.4.1中，我们讨论了三种不同的实验环境，并描述了这三种环境的使用。在节6.4.2中，我们描述了一系列评价推荐系统的标准，并针对每种标准讨论了不同的评测指标。

6.4.1 实验环境

在这一节中，我们描述了三种评测推荐系统的实验环境。我们首先描述离线环境，这种环境较为简单，并不需要用户真正的交互；其次，我们讨论用户调研，通过对一部分测试用户使用系统所产生的数据的分析来进行评测，在这种环境下，我们可以进行定量和定性的实验分析；最后，我们讨论在线环境，在这种环境下，用户可以使用真实的系统。在上述三种实验环境下，有一些常规的指导原则：

1. 假设：在运行实验之前，我们首先需要有一个假设。假设必须简洁并且有约束性，而实验则是为测试假设而设计的。比如，我们假设算法A对用户评分的预测能力要优于算法B，那么在运行实验时我们需要考虑预测的精度。

2. 控制变量：在基于某种假设对多种算法进行比较时，我们需要将与测试无关的变量的值进行固化。比如，假设有两种协同过滤的算法A和B，我们需要比较算法A和算法B对电影评分的预测能力。如果我们使用数据集一来训练A，使用数据集二来训练B，所得出的结果为A的预测能力优于B。在这种情况下，我们并不能将算法性能的优越归功于好的模型，或者好的输入数据，或二者兼有。为了能够理解算法性能的优越，并保证比较的公平性，我们需要在同一个数据集上训练多种算法，或者在不同的数据集上训练同一种算法。

3. 泛化能力：在基于实验结果下定论时，我们期望定论是泛化的，即在不同于实验设定的其他情况下仍然适用。为保证结果的泛化能力，我们需要针对不同的实验数据进行实验。一般说来，如果在实验过程中所使用的数据集是多样化的，那么所得出的结论也就越容易泛化。

6.4.1.1 离线环境

离线环境通常使用预先收集好的用户评分数据来进行实验。我们可以对用户与推荐系统的交互行为进行仿真。为此，我们需要假设数据中用户的行为与真实系统中用户的行为是足够相似的，以保证基于仿真得出的结论的可靠性。由于离线环境不需要用户的参与，我们可以在离线环境下对多种算法进行比较。但离线环境下所能探究的问题也非常有限，一般情况下是对算法的预测能力进行评判；而我们并不能在这种环境下来评测推荐系统对用户行为的影响。因此，离线环境的目标是首先从可供选择的算法中过滤掉不合适的算法，以便在剩余的较少的算法中进行用户调研或者在线环境的实验。

离线环境的数据: 离线环境下所使用的数据需要尽可能地符合真实推荐系统中所产生数据的分布，即必须保证数据中用户、被推荐物品及评分的无偏分布。比如，在很多情况下我们可以从真实系统中得到一定量的数据。在进行实验前，为降低实验成本，我们需要先将数据中计数较少的用户和被推荐物品过滤掉。但如果这样做的话，会引入系统性的偏差。我们也可从数据中对用户和被推荐物品进行抽样，以达到减少实验数据的目的；但这又会在实验中引入其他类型的偏差，比如某些算法在稀疏数据上的性能较好。在有些情况下，已知的偏差可通过对数据重新分配权重来更正，但通常修正数据中的偏差比较困难。

用户行为的仿真：在离线环境下对算法进行评测，需要首先对真实系统中的用户行为进行仿真。通常的做法是收集用户的历史数据，并隐藏其中的部分用户交互作为测试数据。在很多研究性的文献中，常见的离线环境下的数据处理是对每个测试用户使用量为n的数据作为已知数据或者隐藏数据。这种设定对评测算法以及确定在何种情况下算法的性能最优较为有帮助。但当我们需要选择算法并将之应用于真实系统时，我们必须假定用户已经对n件物品进行了评分，或者会对n件物品进行评分。如果真实情况并非如此，则由这种设定所得出的结果会存在偏差。

用户建模的复杂性：在上离线环境下，我们通常对用户的行为进行一定的假设，并寻找适当的用户模型来表达这种假设。我们可以引入更为复杂的模型来对用户行为进行描述[49]。通过复杂的用户模型，我们可以对真实系统中的用户交互行为进行仿真，因此可降低用户调研和在线环境的成本。但在进行用户建模时，我们需要注意：（1）用户建模是比较困难的；（2）当用户模型不精确时，我们需要对系统作进一步的优化。

6.4.1.2 用户调研

用户调研是首先招募一些测试对象，而后让这些对象进行一些与推荐系统交互的任务。在测试对象进行任务的过程中，我们观测并记录他们的行为，收集定量的信息，如任务完成的比率是多少、完成任务的时间等。在很多情况下，我们可以向测试对象提出一些定性的问题，如测试对象是否对用户界面满意、用户是否认为任务比较容易完成等。在用户调研中，一个典型的例子是测试推荐算法对用户浏览新闻资讯的行为的影响。在此例中，测试对象会首先阅读一些他们感兴趣的新闻文章，而这些文章可能包含推荐的结果。而后，我们可以检查推荐结果是否被阅读，并且检查测试对象在推荐和未推荐两种情况下所阅读的新闻文章有何不同。我们可以收集一些数据，包括一个推荐结果被点击了多少次，或者追踪测试对象的眼球运动轨迹来检查测试对象是否浏览过推荐结果。最后，我们可以提一些定量的问题，比如测试对象是否认为推荐结果与其兴趣相关。

用户调研的不足：不同于离线环境，用户调研可帮助我们进行用户行为的测试。然而，用户调研的开销较大。因此，我们只能选择很少的测试对象，并进行很少的任务，我们并不能测试所有可能的推荐场景。另外，为得到较为可靠的结论，每种场景必须重复多次，这在一定程度上限制了测试任务的种类。在用户调研中，测试对象必须能够代表真实系统中的用户群体。比如，一个推荐电影的系统，其用户调研如果是在科幻电影迷中展开，则得到的结果并不能推广到整个用户群体中。即使测试对象能够代表用户群体，所得到的结果仍有偏差，因为在实验过程中他们是知道自己在参加测试的。

实验结果的比较：用户调研通常会比较不同的算法，而每种算法必须在相同的任务上被测试。为了测试所有的算法，我们可以通过分析不同测试对象的实验结果，也可以分析同一测试对象对不同算法的实验结果。对于前者，通常称为A/B测试，可提供与真实系统相近的设定。在这种设定下，用户并不需要在不同的系统间进行转换，因此我们可以得到较为长期的使用效果。对于后者，其实验结果所含的信息量较大。在这种设定下，我们可以向测试对象提出比较性的问题，比如测试对象更倾向于哪种算法的结果。

6.4.1.3 在线环境

在很多真实的推荐系统中，系统设计者希望能够影响用户的行为。因此，我们需要对在使用推荐系统过程中用户行为的改变进行评测。推荐系统的真实效果取决于多种因素，包括用户的意图（例如，用户对信息需求的具体程度，用户对信息的新奇度和风险的看法等）、用户的上下文环境（例如，用户所熟悉的被推荐物品，用户对系统的信任度）以及推荐系统展示结果的界面等。在线环境下的实验结果可对系统的使用价值提供最有力的证据。

很多实际的推荐系统均采用在线环境进行推荐性能的测试[39]。这些系统会将一小部分用户点击的流量分配到不同的推荐引擎中，并记录用户与不同的推荐系统之间的交互信息。在进行在线环境测试时，我们需要考虑一些因素。比如，在将流量进行分配时，我们必须随机地选择用户，以保证在不同系统之间实验比较的公平性。另外，我们还需要保证推荐系统的不同方面之间的独立性。比如，我们对算法的精度比较关心，就需要固定用户界面。如果我们需要测试用户对界面的满意度，就需要固定后台的算法。

在某些情况下，在线环境下的实验风险较大。比如，一个测试系统提供了不相关的推荐，会导致测试用户不再使用真实的推荐系统。在此情况下，实验对系统有一定的副作用，这在商业性的应用系统中是不可接受的。基于此，在线环境下的实验一般是在后期才运行的，即在离线环境和用户调研之后。这一渐进的过程可大幅度地降低系统投放市场的风险。

6.4.2 评测指标

在这一节中，我们将对一系列的评判推荐系统的标准进行介绍，并针对每种标准，讨论与之相关的评判指标。

6.4.2.1 用户偏爱性

在评价推荐系统时，我们可以通过用户调研来对系统进行评分。测试对象并不需要回答复杂的问题，也不需要完成复杂的任务，只需要对其所偏爱的系统进行投票。在统计投票结果后，我们可以选择获得最多票数的系统进行后续的测试。然而，除了之前所讨论过的用户调研中所引入的偏差，我们还需要考虑其他的影响因素。首先，上述设定假定所有用户的贡献是均等的。而在实际情况中，系统对用户也是有所偏好的。例如，一家电子商务网站会更加关注那些购买很多物品的用户，而非那些只购买过一件商品的用户。因此，我们需要根据用户的重要性对用户的投票结果分配权重。

6.4.2.2 预测精度

预测精度是目前为止在推荐系统文献中应用最广泛的评判标准。在推荐系统中，有一个基本的假设，即用户一般会偏爱那些能够提供精准预测的系统。预测精度是独立于用户界面的，并且可在离线环境中进行测试。在这一节中，我们针对三类较为常见的预测精度的指标展开讨论，包括评分预测的精度、使用预测的精度及排名预测的精度。

1.评分预测的精度

在很多推荐系统中，我们希望预测用户对被推荐物品的评分（比如从1星到5星）。在这种情况下，我们希望评价系统预测评分的能力，即算法的精度。下面，我们介绍几种比较常用的评测精度的指标，以供读者参考。

均方根误差，即Root Mean Squared Error（**RMSE**），是目前应用最广泛评判评分精度的指标。给定测试数据集T，包含用户–物品组合(u,i)，真实评分r_{ui}，以及系统所预测的评分为$\hat{r}_{ui}$。预测评分和真实评分之间的RMSE可用下式计算

$$\mathrm{RMSE} = \sqrt{\frac{1}{|T|}\sum_{(u,i)\in T}(\hat{r}_{ui} - r_{ui})^2}.$$

另一种指标为**平均绝对误差**，即Mean Absolute Error（**MAE**），其计算公式为

$$\mathrm{MAE} = \sqrt{\frac{1}{|T|}\sum_{(u,i)\in T}\|\hat{r}_{ui} - r_{ui}\|}.$$

与MAE比较，RMSE首先对每个绝对误差进行了平方操作，因此对比较大的绝对误差有更重的惩罚。

标准均方根误差（即Normalized RMSE，**NMRSE**）和**标准平均绝对误差**（即Normalized MAE，**NMAE**）是RMSE和MAE在基于评分范围（即$r_{max} - r_{min}$）进行归一化后的版本，其对结果的排名与未归一化之前的排名是一致的。

2.使用预测的精度

很多推荐系统并不对用户的评分进行预测，而是预测推荐物品，以供用户使用。例如在Amazon的商品推荐系统中，一个用户访问了某种商品，系统会从商品库中选出与此商品

相关的一系列商品推荐给用户；系统并未预测用户对商品的评分，而是希望用户选择部分被推荐的商品进行购买。

在预测使用情况的离线环境中，数据通常包含每个用户所使用过的物品。我们选择一个测试用户，对其所选择的部分物品进行隐藏，并令推荐系统预测该用户有可能使用的物品。对于被推荐的物品和隐藏的物品而言，我们有四种可能的结果，如表6.2所示。

表 6.2 被推荐物品的分类

	被推荐的	未被推荐的
被使用的	True-Positive (tp)	False-Negative (fn)
未被使用的	False-Positive (fp)	True-Negative (tn)

在离线情况下，数据并不是从被评测的推荐系统中获得的，因此我们可以假设数据中未被使用的物品并不会被使用，即使它们已被推荐给用户，也就是说，用户对这些物品并不感兴趣。这一假设有可能不成立，比如在未被使用的物品中可能包含用户感兴趣的但还未选择的物品。在这种情况下fp的数量估计过高。

我们可对表6.2中所描述的四种可能的结果进行计数，并计算以下指标：

$$\textbf{Precision} = \frac{\#\text{tp}}{\#\text{tp} + \#\text{fp}}, \quad \textbf{Recall} = \frac{\#\text{tp}}{\#\text{tp} + \#\text{fn}}$$

一般情况下我们期望得到这两种指标间的一种折衷的效果，也就是说，更长的推荐列表可以改进recall，但会降低precision。在某些应用中，展示给用户的推荐结果的数量是预先设定好的，这种情况下我们可以采用**Precision at N**，即P@N来评测系统。在其他应用中，推荐结果的数量并不是预先设定的，因此我们需要在不同的推荐结果数量上对算法进行评测。我们可以计算precision和recall之间的曲线，也可以计算true positive和false positive之间的曲线，即Receiver Operating Characteristic (ROC)曲线。其他常用的评测指标包括**F-measure**和**Area Under the ROC Curve** (AUC)。有兴趣的读者可参考[50]，这里不再赘述。

3. 排名预测的精度

在很多推荐系统的应用中，推荐结果是以水平或者垂直的列表的形式展示给用户的，因此其中包含一定的浏览顺序。在这些应用中，我们期望根据用户的兴趣来对物品进行排序。有两种方法来评测排序的精度：一种是对比推荐系统所给出的排序和真实的排序之间的差异，另一种是评测系统所给排序的效用。

(1) 基于参考的排序

在对排序算法进行评测前，我们首先需要得到参考排序。在基于用户评分的系统中，我们可以将物品根据用户评分的大小来进行排序，作为参考排序。在基于用户使用的系统中，我们可以通过记录用户使用物品的顺序，来构建参考排序。在这两种参考排序中，物品的排名有可能相等。然而，推荐系统所给出的排名是一种严格的排序，即不允许有相等的情况发生。在这种情况下，如果两个物品在参考排序中的排名相等，但在推荐系统给出的排序中并不相等，我们并不能说此系统所给出的排名很差。我们可以使用**Normalized Distance-based Performance Measure (NDPM)**[70]来对系统进行评测。

在某些情况下，我们可以得到用户对某些物品的真实的偏爱程度。比如，我们可以将物品展示给用户，令其作二元选择。在这种情况下，如果一对物品在参考排序中的排名相等，则用户对这对物品的偏爱程度相当。我们可以使用**Spearman's** ρ或者**Kendall's** τ来进行评测，这两种评测指标在实际中非常相关[28]。

(2) 基于效用的排序

评测排序算法的另一种标准是假设推荐列表的效用是叠加的。每一推荐结果的效用为推荐物品本身的效用与其在推荐列表中位置因素的乘积。例如，用户在推荐列表中的第i个位置观测到推荐结果的似然性。一般情况下，我们假定用户会自顶向下或自前向后地浏览整个推荐列表，因此对于推荐列表末端的推荐结果，其效用值的折扣较重。

在很多推荐系统中，用户期望得到较长的推荐结果列表。例如，在搜索法律性的文档时，用户会查看所有相关的文档，并阅读其中的大部分文档。在这种情况下，我们需要一种与位置相关的较为缓慢的衰退函数。常用的指标包括归一化的折扣累计利润，即Normalized Cumulative Discounted Gain (NDCG)[35]，其基本思想是将用户所喜欢的物品排在推荐列表前面，以便更大程度地增加用户体验。假定每个用户u可从推荐物品i中得到利益g_{ui}，那么长度为L的推荐结果列表的平均折扣累计利润，即average Discounted Cumulative Gain (DCG)可通过下式得到

$$\mathrm{DCG} = \frac{1}{N}\sum_{u=1}^{N}\sum_{j=1} L \frac{g_{ui_j}}{\max(1, \log_b j)},$$

其中b为自由参数，多设为2；L为推荐列表长度。而DCG的归一化版本即为NDCG，$\mathrm{NDCG} = \frac{\mathrm{DCG}}{\mathrm{DCG}^*}$，其中DCG*为理想情况下的DCG。

6.4.2.3 覆盖率

在很多推荐系统中，推荐算法可以提供高质量的推荐结果，但只有一小部分物品可以被推荐到。这就涉及到一个覆盖率的问题。

1. 物品覆盖率

物品覆盖率是指算法向用户推荐的物品所能覆盖全部物品的比率，经常被称为种类覆盖（catalog coverage）。如果一个推荐系统的物品覆盖率较低，那么此系统可能由于其推荐物品范围的局限性而降低用户的满意度。常用的物品覆盖率的评测指标包括sales diversity[27]，用于评测用户选择不同物品时的差异性。假如每个物品i占用$p(i)$的用户选择，则Gini Index可计算为

$$G = \frac{1}{n-1}\sum_{j=1}^{n}(2j - n - 1)p(i_j)$$

其中$i_1, \cdots, i_n$是根据$p(i)$所得到的物品的排序。如果index的值为0，所有的物品都会被等可能性地选择；如果值为1，则其中的一个物品总会被选择。

2. 用户覆盖率

在某些系统中，一些用户可能得不到任何的推荐结果，因为系统在对这些用户进行预测时，其精度的置信度很低。但从用户体验的角度出发，我们希望系统能够为绝大多数用户提供推荐信息。这就要考虑到用户覆盖率和推荐精度之间的折衷。用户覆盖率可由用户档案的丰富性来进行评测。例如，在协同过滤中，用户在获得推荐之前，需要首先对一些物品进行评分，以构建用户档案。

3. 冷启动

冷启动问题是指系统在对新用户作推荐或者将新物品推荐给用户时所产生的性能问题。冷启动问题可视为覆盖率问题的一个子问题，它评测了系统在某一固定的物品集或者用户集上的覆盖率。我们需要对冷启动物品集或者用户集的大小进行评测，也需要对系统在这些物品或者用户上的推荐结果的精度进行评测。对于冷启动物品集，我们可以使用阀值来决定一个物品是否为冷启动物品。例如，我们可以把那些无评分或者使用记录的物品归为冷启动物品[59]，或者将新加入的物品视为冷启动物品，或者将少于10 次评分的物品视为冷启动物品。

6.4.2.4 多样性和新颖性

在实际应用中，即使是精度较高的推荐系统也并不能保证用户对其推荐结果满意[31]。例如，某一新闻读者对NBA的新闻比较感兴趣，系统会持续向此读者推荐与NBA相关的新闻；然而，读者可能对其他种类的新闻也感兴趣，比如世界男篮或者足球等。在这种情况下，推荐系统并不能将新型的新闻内容推荐给读者。为了弥补基于预测准确度的评价指标的不足，很多研究文献提出了衡量推荐多样性和新颖性的指标[51]。文献 [10]对这两种指标进行了总结。

1. 推荐的多样性

在推荐系统中，推荐结果的多样性体现在两个层面，用户间的多样性（inter-user diversity）[73]和用户本身的多样性（intra-user diversity）[74]。

用户间的多样性是用来评测推荐系统对不同用户推荐不同物品的能力。给定用户u和v，我们可以计算二者所得到的推荐物品之间的相似性或差异性来进行多样性的评测。这里我们可以采用Jaccard指数来衡量两个用户推荐列表的相似性

$$J(u,v)=\frac{|\mathcal{Q}_u\cap\mathcal{Q}_v|}{|\mathcal{Q}_u\cup\mathcal{Q}_v|}$$

式中，$\mathcal{Q}_u$和$\mathcal{Q}_v$表示用户u和v的推荐列表中的物品。如果两个推荐列表是完全一致的，则$J(u,v)=1$；反之如果两个推荐列表没有相同的物品，则$J(u,v)=0$。我们可以计算所有成对用户的Jaccard指数的平均值。假设用户集A有n个用户，用户间的多样性可计算为

$$\hat{J}=\frac{2}{n(n-1)}\sum_{u\in A,v\in A}(1-J(u,v))$$

$\hat{J}$的值越大，其推荐的多样性越高。

用户本身的多样性是用来评测推荐系统对单个用户推荐物品的多样性。假设系统为用户u推荐的物品集合为$\mathcal{Q}=\{q_1,\cdots,q_n\}$，则$u$本身的多样性可计算为

$$J_{\mathcal{Q}}=\frac{2}{n(n-1)}\sum_{i\neq j}s(q_i,q_j)$$

式中，$s(q_i,q_j)$表示物品q_i和q_j之间的相似度。而系统的多样性则可表示为所有用户本身多样性的平均值，即为$\hat{J}_{\mathcal{Q}}$。$\hat{J}_{\mathcal{Q}}$的值越小，表示系统为用户推荐的商品的多样性越高。例如，在新闻推荐中，新闻读者往往对多个新闻话题感兴趣，因此在推荐时需要考虑新闻推荐结果的多样性（即推荐结果的差异性[47]），以满足用户的阅读需求。

2. 推荐的新颖性

推荐的新颖性也是影响用户体验的重要指标之一[10]，指的是为用户推荐其所不知道的物品[40]。评测推荐新颖性的最简单的方法是将用户已经评价过或使用过的物品过滤掉。然而，在很多情况下，用户并未将其所使用过的物品提供给系统。因此，这种方法不足以将所有用户已知的物品过滤掉。另一种方法认为流行的物品的新颖性要比非流行的物品的新颖性低，可根据物品的流行度来为用户推荐新颖的结果[22,60,75]。

6.4.3 小结

除了以上总结的推荐系统评测指标外，还有许多其他的指标，例如推荐结果的置信度、用户对推荐系统的信任度、推荐系统的鲁棒性、推荐系统的适应性以及推荐系统的可扩展性等等。由于篇幅限制，我们不再进行过多讨论。有兴趣的读者可参考文献 [31,61]。

到目前为止，如何客观地评价推荐系统仍然是一个没有定论的问题。如何从众多的评测指标中选择适合给定推荐系统的指标是非常困难的。在具体的测试过程中，我们往往需要根据具体的测试任务来选择合适的评测指标。但有一点可以肯定，一个好的推荐系统必须以用户体验为目标，因为用户的体验是评价推荐系统好坏的最客观的指标。

§6.5 推荐系统实例

在这一章中，我们提供了两个推荐系统的实例：新闻推荐和人才推荐。在每一实例中，我们介绍了构建推荐系统的大致步骤，包括数据的采集及预处理、推荐系统的架构、基础算法及高级算法、结果评测等。我们对每一步骤均进行了详细的描述，以方便读者参考真实的推荐系统的构建过程。

6.5.1 新闻推荐

随着互联网的迅猛发展，新闻资讯的数量以近乎爆炸的速度增长，在给网络用户获取信息带来便利的同时也造成了信息过载的问题，更使得广大的网络新闻读者受到信息迷航问题的困扰。据统计，我国上网用户数量达到3.84亿，占人口总数的29%以上，其中超过80%的网络用户使用网络新闻咨询服务。面对如此庞大的用户群体，个性化新闻推荐系统可以为用户推荐个性化新闻资讯，帮助用户发现感兴趣的内容，从而能够很好地解决信息过载和信息迷航的问题，具有广阔的应用前景[9]。

近年来，新闻推荐作为个性化推荐的一个分支，得到了越来越多的关注。新闻，作为一种内容丰富的媒体资讯，与其他的推荐实体有以下两方面的不同：(1) 内容：新闻一般由单词组成，与其他的推荐实体(如音乐、电影等) 相比，新闻的内容形式更为简单，从而可以更方便地进行建模。另外，新闻中往往包含多样化的新闻话题以及不同类型的命名实体，例如人名、地名、公司名等，这类信息能够更准确地反映新闻读者的阅读兴趣，对这类信息的建模可为用户提供更合理的推荐结果[47]。(2) 实效性及地域性：新闻资讯具有较强的实效性和地域性。新闻文章的热度及价值一般体现在刚刚发布的几小时之内，而随着时间的流逝，新闻的热度会逐渐降低而最终过时。新闻推荐系统的目的是提供及时的新闻资讯的推荐，因此在推荐时需要考虑新闻的实效性。而其他的推荐实体，如音乐和电影等，其更新的速度相对而言较为缓慢，因此实效性在这些实体中得不到体现。另外，很多新闻资讯都与地域相关，即新闻一般报道当地所发生的事件，因此在推荐时要对新闻及读者的地域性进行考虑。这一点在其他的推荐系统中并不具备。

6.5.1.1 数据采集及预处理

在本案例中，我们基于厦门市政府个性化门户网站，设计并实现了个性化新闻推荐部分，已上线投入使用（http://www.xm.gov.cn）。厦门市人民政府官方网站是厦门市政府部门发放信息以及新闻的官方网站，其中还涉及到招聘信息等便民服务。厦门市的注册公民为该网站的用户，新闻及公文为被推荐的内容。我们将用户特征和新闻特征进行综合考虑处理，得到个性化新闻推荐系统。为尽可能详细地获取用户特征和新闻特征，我们分别设计了用户信息库和新闻信息库。

1. 用户信息库

在用户信息库中，用户的信息来源有市政府存储的基础数据，包括身份证信息等，以及缴费平台数据，厦门人才网的用户信息及简历信息。当缺少必须的信息时，我们可以设计表格，供用户输入缺漏信息，也可采用静默式“精准”采集。例如用户阅读5条以上教育类新闻，单独弹出对话框确认用户的教育背景。我们根据需要将用户的信息有进行了分类。用户特征分为基本信息特征、分类业务扩展特征及用户–业务行为操作特征。

基本信息：基本信息特征包括用户的身份认证信息、基本统计学信息，用于反映当前用户的最新状态。这类特征的值是确定的，具有排他性。该实例的基本信息特征如表6.3中所示。

表 6.3 用户基本特征

来源	用户特征
市政府	身份证、姓名
厦门人才网	身份证、姓名、住址、电话、Email、性别、年龄、户口所在地、政治面貌、婚姻情况、最后学历、最后职称
自定义	通过分析信息来源，设计表格补充缺漏信息

分类业务扩展特征：分类业务扩展特征是指根据用户使用的业务类别（就业、阅读、缴费等），分别抽取用户特征。随着接入业务的增加，此列表特征表会相应增加。此外，每个接入业务应该收集的属性，也可能变动。主要包括用户新闻阅读偏好和用户生活消费习惯。用户新闻阅读偏好为记录用户历史阅读的新闻，总结这些新闻的特征，包括新闻基本特征、文本特征和命名实体，按词频统计，前20个高频词作为用户的新闻特征向量，取用户最新阅读的100条为获取新闻特征的来源。每星期更新一次；用户生活消费习惯是从缴费信息平台中获取社保、公积金、水煤气使用情况（划分等级）。

用户——业务行为操作特征：是在将用户与业务联系在一起的特征，也即U-I矩阵，主要分为用户阅读历史数据和用户阅读操作行为。用户阅读历史记录包括开始阅读时间，阅读时长，阅读类型(摘要/全文)、用户IP地址等。根据这些信息，系统可自动产生用户的阅读序列。一个阅读序列可以定义为一天内所有阅读行为，或者两条间隔相当长时间的阅读视为两个阅读序列的标志；用户阅读操作行为针对不同的业务类型而不同。阅读行为包括：查看、收藏、分享、评论、打印、保存；评论行为包括：很有帮助/没帮助（政府公文）、好评/中评/差评（普通新闻）、高兴/悲伤/......（普通新闻）及评论的文本内容。

表 6.4 新闻基本特征

数据库字段	特征	说明
DOCID	新闻ID	标识每一篇新闻
DOCCHANNEL	频道	记录新闻原始来自的频道
DOCTITLE	新闻标题	
DOCSTATUS	新闻状态	数值为10，表明新闻为已发布状态，其余都无效。一般不会更改。
DOCCONTENT	新闻内容	
DOCHTMLCON	新闻HTML格式的内容	
DOCABSTRACT	新闻摘要	
DOCKEYWORDS	新闻关键字	采用TRS关键字提取技术，可进行修正
DOCRELTIME	撰写时间	可作为新闻发生的参考时间
DOCSOURCENAME	新闻来源	表明新闻的出处，如发布部门或报社
SOURCEURL	新闻原始网站	新闻的原始发布网站

2. 新闻信息库

新闻主要来源是市政府网站群上的所有新闻和一些厦门本地的新闻网站，通过实时爬取得到。我们将新闻的特征分为三大类：基本特征，文本特征和命名实体。

基本特征：基本特征描述了新闻的最基本的特征，大部分为新闻发布时自带的属性。本实例用到的新闻的基本特征如表6.4中所示。由于新闻频道（DOCCHANNEL）特征无法表示新闻所属的领域，我们创建"新闻分组"（NewsGroup）的特征，人工将每个新闻频道与所属分组进行对应。新闻分组共14 个，包括教育领域、社保领域、就业领域、医疗领域、住房领域、交通领域、证件办理、资质认定、企业开办、婚育收养、经营纳税、公用事业、招商引资、食品安全。

文本特征：新闻的文本特征是从新闻的正文抽取到的可以表明新闻主题的一系列词汇。

命名实体：命名实体为是文本中的固有名称、缩写及其他唯一标识, 通常包括7种类别: 人物、机构、地点、日期、时间、金钱以及百分比。在一篇新闻文章中, 实体是基本的信息元素, 往往指示了文章的主要内容。本例中，我们根据需要，创建了一个具有厦门特色词汇的中文命名实体库，以方便在新闻中查找到命名实体。

6.5.1.2 推荐系统框架

结合以上用户信息特征和新闻特征，我们提出以下推荐引擎架构：

当我们获得用户的相关信息后，整合新闻的各类特征，在推荐系统的匹配下推荐给用户适合用户阅读的新闻列表。当用户阅读完推荐的新闻后，系统又将用户的阅读行为等更新到用户信息表中。推荐过程中用到的主要算法将在下一节进行讨论。

6.5.1.3 基础算法分析

根据新闻推荐的不同模块，我们分别用到了基于关联规则的推荐方法、基于Jaccard相似度比较的推荐方法、基于规则及用户聚类的推荐方法。下面对这些方法进行大致的介绍。

1. 基于关联规则的推荐方法：在事务数据库中存在数量庞大的关联规则，但我们要找到的是强规则（满足一定支持度和置信度）。现实中存在着多种关联规则算法，本例采用的是Apriori算法，其主要思想是使用候选项集找频繁项集。

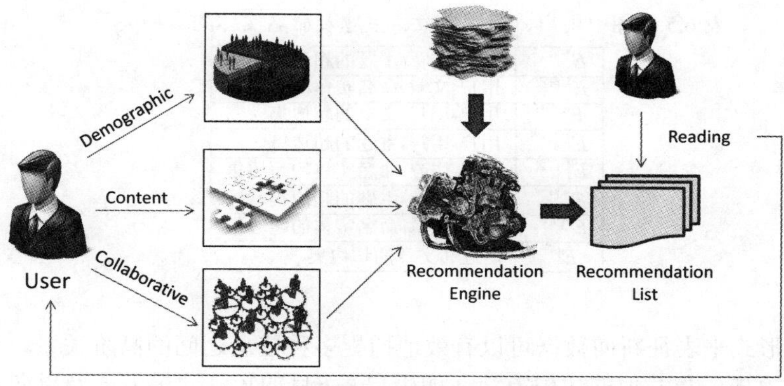

图 6.2 个性化新闻推荐系统结构

2. 基于Jaccard相似度比较的方法：该算法首先提取每条新闻的新闻特征，并向量化存入数据库待用。然后计算用户新闻特征与每条新闻的相似度。最后依据相似度对新闻进行排序，为用户推荐排名靠前的新闻。当阈值达到某特定数值时候，我们认定两篇新闻为相似的新闻，可以进行相关的推荐。

3. 基于规则的推荐：基于规则的推荐主要是用到专家知识库，我们在系统中写入一些基本的推荐知识，当用户满足推荐的要求时，就根据专家知识进行新闻推荐。我们可以利用专家知识，整合个人用户信息，并利用已经编写好的规则为用户推荐相应的新闻种类。例如，当用户填写资料为20~30岁男性，职业为学生，我们就可以将体育类新闻推荐给他。

4. 基于用户聚类的推荐：根据用户的阅读习惯以及用户的信息将用户划定圈子，从而进行新闻推荐[72]。首先，依据用户的个人特征，对用户进行聚类。此项工作为线下，得到每个用户的类别。然后，统计同一类别中所有用户阅读历史的支持数，即每条不同的历史阅读新闻被同一类别中多少用户阅读。最后依据新闻的支持数排序，若支持数相同，则按发布时间倒序，推荐给用户。

6.5.1.4 算法分析进阶

新闻数据通常包含显式的关系（如用户与新闻文章的阅读关系等）及隐式的关系（如多个用户对某一主题的兴趣，多个用户对某一命名实体的兴趣等）。这些关系往往体现了用户的阅读兴趣以及用户之间的阅读模式的相似性。为避免信息丢失，我们采用超图（hypergraph）[46]来对用户进行建模。超图定义为$G(V,E,w)$，其中V为节点，E为超边，w表示边的权重。对某一超边e而言，我们定义其度为$\delta(e)=|e|$，即为e中所包含的节点数。对某一节点而言，我们定义其度为$d(v)=\sum_{v\in e}w(e)$，即为包含v的所有边的权重之和。我们定义节点-超边的关联矩阵为$H\in R^{(|V|\times|E|)}$，若$v\in e$，则其对应的值$h(v,e)=1$，否则为0。在新闻数据中，通常包含用户（U）、新闻文章（N）、主题（T^t）及命名实体（T^e）以及这四类信息之间的复杂的关系。我们采用超图来表征新闻数据。在超图中，节点包括以上提到的四类信息，而超边则表征四类信息之间的关系，如表6.5 所示（在此我们只考虑包含三个节点的超边形式）。我们可以根据新闻数据的特点，对每种超边的权重进行定义。

表 6.5 超图中用户、新闻文章、主题及命名实体的多种关系

E^{UNT^t}	用户-文章-主题的超边集
E^{UNT^e}	用户-文章-命名实体的超边集
E^{UUN}	用户-用户-文章的超边集
E^{UUT^t}	用户-用户-主题的超边集
E^{UUT^e}	用户-用户-命名实体的超边集
E^{NNT^t}	文章-文章-主题的超边集
E^{NNT^e}	文章-文章-命名实体的超边集
E^{N^k}	k-近邻文章的超边集

以超图的形式来表征新闻数据可以有效地捕捉多种信息之间的高阶关系，从而保证了重要信息的无流失。与其他的建模方法（如用户×条目的矩阵建模方式及以向量空间模型为基础的关键字建模方式等）相比，这种以超图为基础的方法对用户的阅读兴趣捕捉得更为全面。图6.3为我们数据模型的一个典型例子，其中包含三个新闻读者，三则新闻，两个主题（Sports、Entertainment）、两个人名实体（Wayne Rooney和Harry Potter）以及多种数据关系。

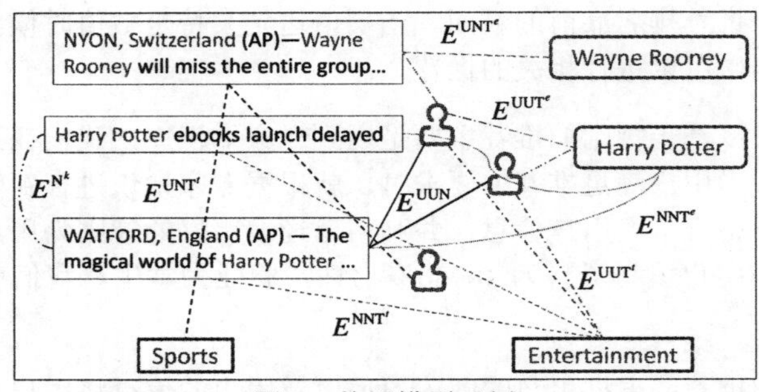

图 6.3 数据模型示例

在上述超图的构建中，我们可以得到节点-超边的关联矩阵H，如表6.6所示。通过H，我们可以计算任一节点v的度为$d(v) = \sum_{e\in E} w(e)h(v,e)$，任一超边$e$的度为$\delta(e) = \sum_{v\in V} h(v,e)$。我们定义对角阵$D_v$为包含所有节点度的矩阵，对角阵$D_e$为包含所有超边度的矩阵，对角阵$W$为包含所有超边权重的矩阵。由此可知，对角阵$D_v$和$D_e$ 可通过H和W计算得出。

表 6.6 节点-超边的关联矩阵

	E^{UNT^t}	E^{UNT^e}	E^{UUN}	E^{UUT^t}	E^{UUT^e}	E^{NNT^t}	E^{NNT^e}	E^{N^k}
$\mathbb{U}$	$\mathbb{U}E^{\mathrm{UNT}^t}$	$\mathbb{U}E^{\mathrm{UNT}^e}$	$\mathbb{U}E^{\mathrm{UUN}}$	$\mathbb{U}E^{\mathrm{UUT}^t}$	$\mathbb{U}E^{\mathrm{UUT}^e}$	0	0	0
$\mathbb{N}$	$\mathbb{N}E^{\mathrm{UNT}^t}$	$\mathbb{N}E^{\mathrm{UNT}^e}$	$\mathbb{N}E^{\mathrm{UUN}}$	0	0	$\mathbb{N}E^{\mathrm{NNT}^t}$	$\mathbb{N}E^{\mathrm{NNT}^e}$	$\mathbb{N}E^{\mathrm{N}^k}$
$\mathbb{T}^t$	$\mathbb{T}^tE^{\mathrm{UNT}^t}$	0	0	$\mathbb{T}^tE^{\mathrm{UUT}^t}$	0	$\mathbb{T}^tE^{\mathrm{NNT}^t}$	0	0
$\mathbb{T}^e$	0	$\mathbb{T}^eE^{\mathrm{UNT}^e}$	0	0	$\mathbb{T}^eE^{\mathrm{UUT}^e}$	0	$\mathbb{T}^eE^{\mathrm{NNT}^e}$	0

在进行新闻推荐时，对于最新报道的新闻资讯，我们可将其映射到原有的超图上，包括新闻的主题，新闻中所包含的命名实体等。在此超图上，给定一些查询节点，我们可以通过计算其他节点与这些查询节点的相关性来对其他节点进行排序。定义$y = [y_1, y_2, ..., y_(|V|)]^T$为查询向量，而$y_i, i = 1, ..., |V|$为第$i$个节点的初始分数，并定义$f = [f_1, f_2, ..., f_(|V|)]^T$为向量$y$ 中元素的排序分数。在此基础上，我们将新闻推荐问题转

化为在超图上的排序问题。我们定义向量$\mathbf{f}$ 的代价函数为：

$$Q(\mathbf{f}) = \frac{1}{2}\sum_{i,j=1}^{|V|}\sum_{e\in E}\frac{1}{\delta(e)}\sum_{\{v_i,v_j\}\subseteq e} w(e)\left\|\frac{f_i}{\sqrt{d(v_i)}} - \frac{f_j}{\sqrt{d(v_j)}}\right\|^2 + \mu\sum_{i=1}^{|V|}||f_i - y_i||^2$$

其中$\mu > 0$为正规化因子。为得到最优的排序结果，我们需要使得$Q(\mathbf{f})$最小化，即$f^* = \arg\min_{\mathbf{f}} Q(\mathbf{f})$。我们需要使得推理过程尽可能的平滑。在超图中，如果某两个节点被包含在很多共同的超边中，则这两个节点的排序分数应该相近。这一理论可以在新闻推荐中得到验证：如果两则新闻同时被很多用户访问过，那么这两则新闻的排序分数应该相近。这种平滑性可以通过对$Q(\mathbf{f})$中的第一个式子最小化得到。我们同时期望所得到的排序分数与预先给定的分数之间的差异尽可能的小，从而保证排序结果与真实情况的差异尽可能的小。这可以通过对$Q(\mathbf{f})$中的第二个式子最小化得到。在经过一系列的数学推导之后，我们可以得出最优的$\mathbf{f}^*$的解为$f^* = (I - \gamma A)^{-1}y$，其中$A = D_v^{-1/2}HWD_e^{-1}H^TD_v^{-1/2}$，可通过之前定义的矩阵计算得到。通过排序，我们可以选择分数较高的新闻文章作为推荐结果。

6.5.1.5 系统评测

为测试系统的推荐性能，我们收集了三个月的系统数据，包括新闻文章及用户阅读新闻文章的行为等。我们首先对数据进行了预处理，删除那些很少被用户访问的新闻文章，并对访问频率非常低的用户进行了过滤。通过预处理，可在一定程度上去除噪声。我们采用主题模型（如Latent Dirichlet Allocation, LDA [20]）来划分主题，并通过自然语言处理工具（如GATE [29]）从新闻文章中提取命名实体。经过处理后，新闻数据的统计信息如表6.7所示。

表 6.7 新闻数据统计信息

对象	计数
用户	3,280
文章	58,873
主题	10
命名实体	121,617

关系	计数	关系	计数
$E^{\mathbb{UNT}^t}$	501,239	$E^{\mathbb{UUT}^e}$	402,918
$E^{\mathbb{UNT}^e}$	672,348	$E^{\mathbb{NNT}^t}$	52,136
$E^{\mathbb{UUN}}$	307,652	$E^{\mathbb{NNT}^e}$	176,431
$E^{\mathbb{UUT}^t}$	43,785	$E^{\mathbb{N}^k}$	-

在新闻推荐中，通常有以下几种评测的方法，包括：

- 使用预测的精度：对于使用预测，通常采用precision、recall和F1-score作为评测指标，对新闻推荐列表中的top@N，即前N 个结果进行评测。
- 排名预测的精度：对于排名预测，通常采用NDCG作为评测指标，与用户实际中对新闻的访问序列进行对比，来评测推荐列表的排名质量。

在这一实例中，我们着重对算法分析进阶中所介绍的推荐算法进行评测。考虑到超图中有多种不同的超边，每种超边的作用都不尽相同。因此，基于超图的推荐算法的评测主要包括理解超边的作用。为此，我们设计了不同的建图方法，用以突出超边的不同作用：（1）NK：只考虑新闻之间的相似性，即$E^{\mathbb{N}^k}$，可视为基于内容的推荐；（2）UN：只考虑用户的共同访问记录，即$E^{\mathbb{UUN}}$，可视为基于协同过滤的推荐；（3）UNT：考虑用户-新闻-主题之间的关系，包括$E^{\mathbb{UNT}^t}$，$E^{\mathbb{UUT}^t}$和$E^{\mathbb{NNT}^t}$；（4）UNE：考虑用户-新闻-命名实体之间的关系，包括$E^{\mathbb{UNT}^e}$，$E^{\mathbb{UUT}^e}$和$E^{\mathbb{NNT}^e}$；（5）Hyper：考虑所有定义在表6.5中的超边。我们采用F1-score和NDCG两种评测标准对比较结果进行评测，其结果如图6.4所示。

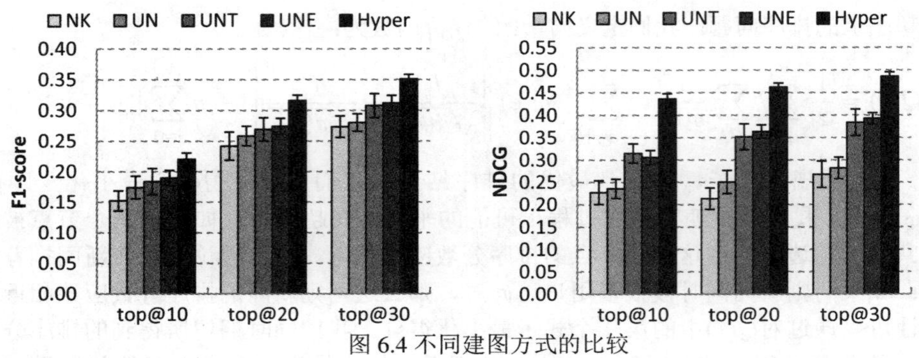

图 6.4 不同建图方式的比较

从图6.4中我们可以看出，与其他的超图构建方法相比，统一的超图模型在推荐结果的使用精度和排名精度上有显著的提升。这主要是因为超图的构建融合了在不同对象间的多种高阶的关系，在很大程度上丰富了用户的阅读兴趣，从而使得推荐结果较为精确。另外，我们还注意到：（1）混合型的超图构建方法，如UNT和UNE，要优于单一的超图构建方法，如NK和UN；（2）UNE和UNT的结果是可比的，即说明在新闻推荐系统中，除了主题外，用户对命名实体同样感兴趣。

6.5.2 人才推荐

近年来，随着越来越多的求职者、招聘者在网络上寻找工作或发布招聘职位，在线的职位匹配系统作为网络招聘领域的有效工具得到了快速发展。随着Web2.0技术的出现，海量的企业信息（职位信息）、人才信息（求职信息）充斥着互联网，并迅速增长，形成了一个庞大的信息资源库，带来了信息过载（信息洪流）问题。而传统的信息检索技术在搜索效率、搜索准确度、反馈互动上均存在不足，不能有效地解决这个问题。将数据挖掘技术及个性化推荐技术应用于人才战略、人才招聘应运而生，形成网络招聘推荐系统。网络招聘推荐系统是在海量的信息中，将符合求职者条件的职位推荐给求职者，或将满足招聘企业要求的人才推荐给招聘者，解决信息过载问题，为用户（求职者或招聘者）提供便利。

6.5.2.1 数据采集及预处理

在本实例中，我们基于厦门人才服务中心的在线招聘网站——厦门人才网，设计并实现一个称为iHR的网络招聘推荐系统[34]，已上线投入使用（http://i.xmrc.com.cn）。厦门人才网是厦门人才市场唯一官方网站，拥有150多万份人才简历，每天在线有效职位储量超过15 万个，日均访问量达300万。求职者和招聘者是招聘网站的用户，其所需的数据以及所应用的算法相似，因此本实例主要以面向求职者的职位推荐为例，介绍iHR推荐模块。

为了提高推荐模块的有效性和准确性，我们要采集尽可能多的信息，创建用户特征，并且将这些特征有效地应用到推荐算法中。在iHR推荐系统中，根据特征来源的不同，我们将用户特征分为四类：基本特征、提取特征、操作特征和标签特征，并且采集这四种特征的数据，进行预处理，使之能为后续的推荐算法使用。

1. 基本特征

用户的基本特征包括用户的统计信息和意向偏好信息。用户的统计信息包括了性别、年龄、学历等描述用户情况的信息，是较为固定不变的。用户的意向偏好信息体现了用户对推荐对象的要求，如期望工资、期望工作地点、偏好工作类型等信息，而这些信息可能随着用户兴趣偏好的改变而改变，具有不定性。图6.5包含了求职用户基本特征的一个示例。

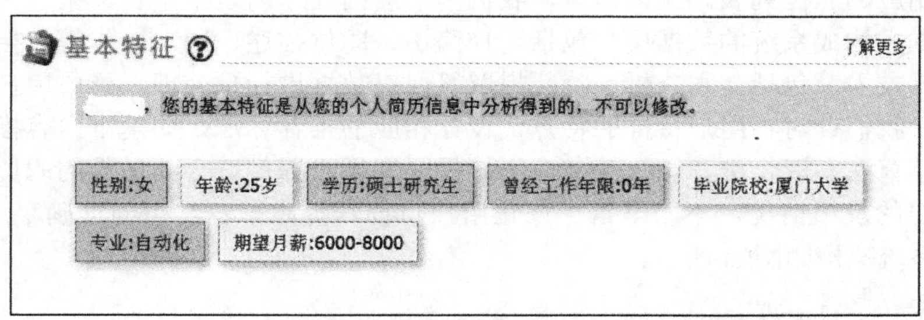

图 6.5 求职用户的基本特征示例

一般地，用户的基本特征根据各自的特点采用不同的形式进行记录，如标量、类别或文字等。为了便于后续推荐算法的调用，我们采集特征后需要进行数据预处理。对于标量特征，我们先设定不同的范围，例如，我们设定工作年限为0~3年、3~5年、5~10年和10年以上四种范围。然后我们采用二进制编码表示这些范围，例如，假如用户的工作年限在0~3年内，那么设置该范围为true（1），其他范围设为false（0）。对于类别形式的特征，我们采用同样的预处理方法。对于文字特征，我们采用基于tf-idf 的特征向量对文本文字进行预处理，并与其他形式的特征向量相结合，形成用户的基本特征向量。

2. 提取特征

在招聘网站上，求职用户一般会以doc、pdf或html等文件形式上传他们的简历、个人主页等附加信息，这些信息包含了大量的用户信息及需求，对其进行挖掘提取有利于用户特征的创建。以用户简历为例，简历中的文本包含了多种信息，包括个人信息、教育信息和工作经验等。为了简化特征提取过程，我们将每份用户简历当作源文件，并从中提取重要的特征。我们分别从不同的领域，如网络技术、化学工程、电子商务等，采集相同数量的简历，并转换为纯文本形式。然后计算各个领域中简历文字的tf-idf值，以此作为选取特征词的依据，从而得到各个领域的提取特征词。

3. 操作特征

除了求职个人用户和企业用户在招聘网站上提供的文字信息，用户在招聘网站上进行点击操作和搜索操作，通过用户间的交互操作反映用户的偏好和需求，称为用户操作特征。职位推荐系统中，求职个人用户申请职位、收藏职位以及查看职位等操作都能体现该用户对职位的喜好。同时，招聘网站也设计了一些喜欢/不喜欢等评价按钮，让用户直接表达对职位的喜好。记录以上这些操作行为，形成操作特征，便于挖掘分析用户行为，了解用户偏好。招聘网站上，用户除了通过点击对职位进行操作，还会通过招聘网站中的搜索引擎进行职位搜索，而用户输入的搜索关键字更是直观地表现了该用户的求职意向，因此用户的搜索记录也是操作特征的重要一项。

4. 标签特征

网络招聘作为求职者与招聘者共同参与的行为，双方的互动和评价具有较高的信息价值。在iHR推荐系统中，我们分别为求职者和招聘者设置了“个人印象”和“企业印象”，以供用户对自己或对他人进行描述，并作为标签特征。

6.5.2.2 推荐系统框架

在iHR职位推荐系统中，我们采集数据，构建用户特征，并结合推荐算法的使用，向用户推荐相应的职位列表。具体而言，我们基于厦门人才网这个平台，采集用户的信息及行为等数据，构成系统的数据层，包括用户简历、职位描述、用户操作等。接着，我们采用数据挖掘技术，包括文本分析、特征提取等，对数据进行预处理，形成用户特征层。在此基础上，我们针对各用户特征的特点，设计相应的推荐算法，如基于内容推荐算法、协同过滤推荐算法和混合推荐算法等，在用户界面为用户提供符合其条件的职位列表，同时也收集用户的反馈情况，不断丰富、修正用户特征，提高推荐结果的准确率。iHR职位推荐系统的系统架构如图6.6所示。

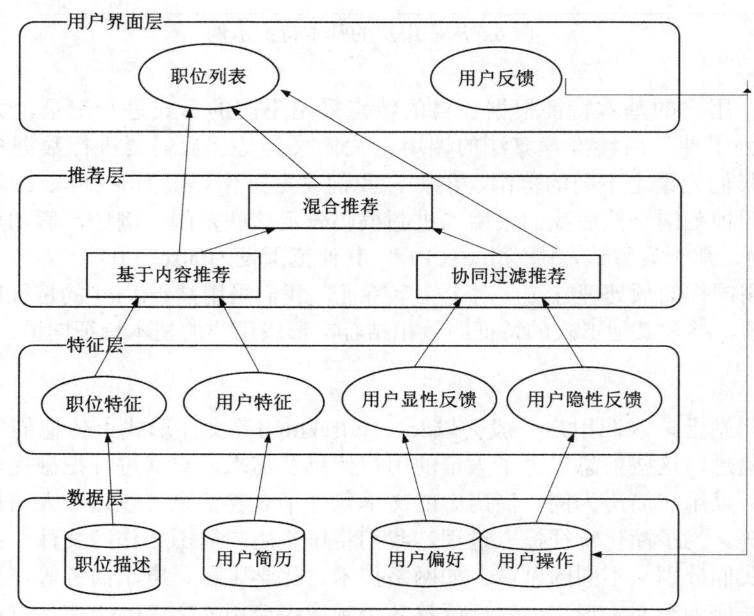

图 6.6 个性化新闻推荐系统结构

6.5.2.3 基础算法分析

在iHR职位推荐系统中，我们采用了基于内容的推荐算法、协同过滤推荐算法和混合推荐算法三种推荐算法实现。

1. 基于内容的推荐算法

用户的基本特征和提取特征表达了用户的个人情况以及对职位的主观要求。将这两项特征作为推荐依据，先根据基本特征从大量的工作职位中初步选出满足用户基本要求的工作职位，然后以提取的文本特征的匹配程度作为排序指标，将推荐结果先后展示给用户，能够更加满足用户的需求。

基本特征过滤：我们依据统一标准分别表示用户和工作职位的基本特征，以用户的特征为需求，选出满足需求的工作职位特征，过滤掉不满足要求的工作职位，将推荐范围缩小。基本过滤特征分为定性特征和可调特征。定性特征是用户既定的不可变的特征，同时也是工作职位硬性要求的特征，因此用户与工作职位的定性特征匹配要求是严格的。可调特征表达了用户对工作的期望，这种期望是可以在适当范围内调整的，因此可调特征的匹配是模糊的，只要工作职位的可调特征近似满足用户的期望即可认为是适合的工作职位。

文本特征的匹配：文本特征包括用户简历中的工作经验和工作职位的描述信息。用户的工作经验包含了用户以往的工作偏好选择，同时也描述了用户以往的工作性质，所描述的内容与推荐的工作职位的内容一样，因此可以用户的工作经验作为推荐依据，通过与工作职位描述的匹配实现对工作职位的推荐。为了实现工作经验与职位描述的匹配，先用Vector Space Model分别表示工作经验和职位描述的特征，再计算两者的余弦相似度。另外，对于不同的工作领域有不同的特征，因此针对工作领域提取出工作职位特征，以此特征构建向量模型更加贴近工作经验和职位描述的本质，能更好地表示工作经验和职位描述，使得相似度的计算更加可靠、更加准确。

2. 协同过滤的推荐算法

除了基本特征和提取特征，行为操作特征也很好地体现了用户对职位的偏好。协同过滤推荐算法结合基本特征，对用户的行为操作特征进行充分利用，掌握用户对职位的兴趣偏好，从而产生满足用户需求的推荐结果。

协同关系网：参考社交网络推荐的成功经验，我们依据用户的基本特征，采用X-means聚类算法，将具有相似特征的用户划分为同一类，实现协同关系网的建立，便于依据关系网中用户对项目的操作信息进行预测。

SVD预测模型：职位推荐系统中用户对职位的反馈操作，包括用户评价和用户操作，都体现了用户对职位的态度与偏好。为了便于数据的储存以及推荐算法的应用，将用户评价信息和用户操作信息转换为数值型得分，如表6.8和表6.9所示。其中用户评价包括“喜欢”、“不喜欢”和“忽略”，属于显性反馈操作，表示了用户对职位的态度。用户操作包括申请、收藏、查看、咨询和推荐给他人，这些操作不同程度地表现了求职者对该职位的偏好程度，属于隐性反馈操作。

表 6.8 用户评价得分表

用户评价	喜欢	不喜欢	忽略
得分	1	-1	0

表 6.9 用户操作得分表

用户操作	申请	收藏	查看	咨询	推荐他人
得分	5	4	3	2	1

系统采集所有用户对职位的评价、操作信息，获取用户-职位的评价/操作得分矩阵。但因为职位数量的庞大以及用户自身的因素，一个用户不可能对所有职位进行评价与相关操作，因此得到的用户-职位评价/操作得分矩阵是非常稀疏的。针对这个问题，以得分矩阵中的数据作为训练集，采用SVDFeature训练出用户评价预测模型和用户操作预测模型。其中SVDFeature是由Apex Data & Knowledge Management Lab开发的SVD工具，能够有效地处理特征矩阵的因式分解，同时该工具能够基于历史评价、操作数据有效地预测评分值。

推荐模型：有以下三种推荐模型。

1. 当前用户的反馈得分(Personal Feedback Credit, PFC)：综合考虑当前用户的评价得分(Prefer Credit, PC)和操作得分(Operate Credit, OC)，用数学模型计算。

$$PFC = w_1 \cdot PC + w_2 \cdot OC$$

其中，w_1和w_2分别为当前用户评价得分和操作得分的权重，$w_1 + w_2 = 1$。得分权重通过对用户历史成功应聘记录的得分由线性回归方法计算得到。同理可以依据所有用户的成功应聘记录计算得到全局得分权重。若用户没有成功应聘记录或记录较少，则采用全局得分权重。

2. 邻近用户的反馈得分(Job Feedback Credit, JFC)：考虑n个邻近用户对当前职位的评价得分和操作得分，运用数学模型计算。

$$JFC = \frac{1}{n}\sum_{i=1}^{n}(w_{1i} \cdot PC_i + w_{2i} \cdot OC_i)$$

其中，PC_i和OC_i分别为第i个用户对当前职位的评价得分和操作得分，w_{1i}和w_{2i}分别他们的权重，由线性回归方法计算且$w_{1i} + w_{2i} = 1$。

3. 推荐热度：使用信息融合模型对以上两种反馈得分进行汇总，得到用户对职位的推荐热度，并以星级的形式显示在推荐工作职位旁边，作为用户的参考推荐指标。

$$Hot = a \cdot PFC + b \cdot JFC$$

其中，$a + b = 1$。权重a和b的取值有以下两种方法：

(1) 用户优先，即$a > b$。该模型特别注意当前用户自己的反馈，对邻近用户的反馈不感兴趣。

(2) 职位优先，即$a < b$。该模型关注邻近用户对同一职位的反馈，适合于拿不定主意的用户。

3. 混合推荐算法

综合考虑个人用户与职位的匹配以及个人用户对职位的评价，融合基于内容推荐与协同过滤推荐的推荐结果，即融合推荐指数与推荐热度，生成综合指数，作为推荐指标。

综合指数是对推荐指数和推荐热度加权求和得到的。基于内容推荐的推荐指数主要考虑个人用户与职位的匹配程度，协同过滤推荐的推荐热度则是以近邻用户或相似职位的偏好作为推荐依据。综合考虑这两方面，通过信息融合模型对推荐指数和推荐热度进行汇总，得到综合指数，为个人用户提供考虑更为全面的推荐结果。

6.5.2.4 算法分析进阶

传统的推荐算法都是遵循“用户×物品”的模式，即向用户推荐其所感兴趣的物品。此过程只考虑了用户对物品的喜好。但在人才推荐系统中，推荐过程所涉及的双方，即求职者和招聘者，均为用户。如果我们在推荐过程中单纯地考虑某一方的意愿而不去考虑另外一方的需求，会使得推荐结果过于偏向被推荐方，从而导致不合理的结果。因此，我们在进行推荐时需要同时考虑双方的喜好。另外，在针对人与人的推荐系统中，人的精力是有限的，并不能与过多的推荐结果进行交互。例如，在人才推荐系统中，求职者不可能同时去参加100 家公司的面试。这与其他推荐系统，如电子商务系统，有很大的差别。因此，在推荐过程中我们还需要考虑人的有限的精力，这一推荐过程通常被称为“互惠推荐”。互惠推荐与传统的推荐模式有着明显的不同：

1. 互惠性：在传统的推荐模式下，我们只需考虑用户对物品的单方面喜好；而在互惠推荐中，推荐的成功与否取决于推荐过程所涉及的双方对彼此的喜好，我们需要同时考虑人与人之间的相互关系。

2. 有限性：在传统的推荐模式下，物品被推荐的次数通常是没有限制的。例如在电影推荐系统中，一部电影通常可同时推荐给很多人欣赏。而在互惠推荐中，人的精力是有限的，不可能同时与多人进行交互和沟通。

3. 被动性：在互惠推荐中，很多人从不主动地与他人交流，而是被动地接收信息。这并不利于用户之间的互惠网络的建立。因此，我们需要考虑如何加强用户与他人交互的主动性，以保证互惠网络的健康发展。

4. 稀疏性：很多用户，如求职者在找到工作之后便不再访问互惠系统，这就导致了互惠系统用户数据的流失。在进行互惠推荐时，我们需要考虑这种成功的互惠推荐案例，从而有效地更新互惠推荐模型。

在这一节中，我们考虑采用二部图的方式对人才推荐的数据进行建模[45]。二部图是图论中的一种特殊模型，其顶点集可分割为两个互不相交的子集，并且图中每条边依附的两个顶点都分别属于这两个互不相交的子集。在人才推荐这一领域，我们采用$\mathbb{G}=(\mathcal{U},\mathcal{V},E_r,E_a,w_r,w_a)$表示二部图，其中$\mathcal{U}$和$\mathcal{V}$表示两类不同的节点（分别代表求职者和招聘者），$E_r,E_a\subseteq\mathcal{U}\times\mathcal{V}$，表示两类不同的边，其中$E_r$表示节点间的无向边，以节点$u$和$v$之间的相关度作为权重，即$w_r:\mathcal{U}\times\mathcal{V}\to\mathbb{R}_r$，$E_a$表示节点间的有向边，以节点$u$和$v$之间的交互行为作为权重，即$w_a:\mathcal{U}\times\mathcal{V}\to\mathbb{R}_a$。给定某一节点$v$，其入度和出度可定义为

$$p(v)=\sum_{\{u|[u,v]\in E_a\}}w_a(u,v),\quad q(v)=\sum_{\{u|[u,v]\in E_a\}}w_a(v,u)$$

在人才推荐的互惠网络中，我们可以通过Graph Inference来实现对用户的推荐。具体而言，如果在$\mathcal{U}$中的两个节点u_1和u_2均与$\mathcal{V}$中的节点v连接，则u_1和u_2的属性是相似的。例如，如果两个求职者适合同一个职位，则二者的档案将是很相似的。这种由节点v所导致的u_1和u_2之间的相关度可由下式进行评测

$$c_v(u_1,u_2)=w_r(u_1,v)\cdot w_r(u_2,v)\cdot\frac{w_a(v,u_1)w_a(v,u_2)}{q(v)}\tag{6.8}$$

在此式中，我们不仅考虑了用户之间的互动信息（即$w_a(v,u_1)$和$w_a(v,u_2)$），还考虑了用户间的相关度（即$w_r(u_1,v)$和$w_r(u_2,v)$）。另外，对于与其他节点交互过多的节点v，我们采用v的出度对其所做出的贡献进行了一定的惩罚。

定义f为节点集$\mathcal{U}$上的相关度函数。如果我们将Graph Inference应用于节点集$\mathcal{U}$，则其对应的推断成本可由下式评测

$$\Omega_{\mathcal{U}}(f)=\frac{1}{2}\sum_{u_1,u_2\in\mathcal{U}}\sum_{v\in\mathcal{V}}\frac{1}{\tau(v)}c_v(u_1,u_2)\left(\frac{f(u_1)}{\sqrt{p(u_1)}}-\frac{f(u_2)}{\sqrt{(p(u_2))}}\right)^2\tag{6.9}$$

在上式中，我们通过相应节点的入度对差值较大的节点进行了惩罚。同时，我们考虑了节点的承受能力$\frac{1}{\tau(v)}$。类似地，我们可以得到节点集$\mathcal{V}$上的推断成本。将两个推断成本进行线性的组合，便可得到在整个二部图上的推断成本，即

$$\Omega_\gamma(f)=\gamma\cdot\Omega_{\mathcal{U}}(f)+(1-\gamma)\cdot\Omega_{\mathcal{V}}(f),\quad \text{s.t. } 0\le\gamma\le 1$$

6.5.2.5 系统评测

为测试系统性能，厦门人才网收集了将近四年的用户数据，包括求职者和招聘者的个人信息及访问行为。我们采用离线环境进行测试，人为地将数据分成训练集和测试集。每一集合中均包含两类用户（求职者和招聘者）。数据的统计信息如表6.10 所示。

表 6.10 数据统计信息

	访问行为
求职者(u)	199,999
招聘者(v)	46,629
互动行为	664,943

	训练集	测试集
求职者	176,423	23,576
招聘者	39,850	6,779
互动行为	493,128	171,815

在人才推荐系统中，我们同样可以考虑对使用预测和精度预测进行评测，即

- 使用预测的精度：对于使用预测，通常采用precision、recall和F1-score作为评测指标，对人才或者职位推荐列表中的top@N，即前N个结果进行评测。
- 排名预测的精度：对于排名预测，通常采用NDCG作为评测指标，与用户实际中对人才的档案或者职位的信息进行访问的序列进行对比，来评测推荐列表的排名质量。

在上述推荐算法中，我们全面地考虑了互惠推荐不同于传统推荐模式的特点，包括互惠性、有限性及被动性等等。在评测过程中，我们可以设计不同的算法结构来检测这些特性对推荐结果的影响：

- S1: 在推荐过程中不考虑互惠系统的特性，即将式6.9中的项$\frac{1}{\tau v}c_v(u_1,u_2)$去掉；
- S2: 在推荐过程中只考虑用户之间的相关性，而不考虑其有限性和被动性，即将式6.9中的项$\frac{1}{\tau(v)}$和式6.8中的项$fracw_a(v,u_1)w_a(v,u_2)q(v)$去掉；
- S3: 在推荐过程中不考虑用户的被动性，即将式6.8中的项$fracw_a(v,u_1)w_a(v,u_2)q(v)$去掉；
- S4: 在推荐过程中不考虑用户的有限性，即将式6.9中的项$\frac{1}{\tau(v)}$去掉。

我们将这些算法结构与全面考虑互惠推荐特点的算法进行比较，比较的指标包括F1-score和NDCG两种，评测结果如图6.7所示。从图6.7中我们可以看出，全面的推荐模型从使用精度和排名精度上都优于其他的推荐模型。同时，我们还可观测到：（1）在互惠网络中，互惠性对于推荐结果的质量有主导性的作用；（2）其他特性，如有限性和被动性等，对互惠推荐的结果有一定程度的影响。

§ 6.6 推荐系统前景展望

近年来，推荐系统已有了长足的发展，并不仅仅局限于用户×物品的推荐模式。例如，最近的很多推荐方法均侧重于在不同上下文环境下的推荐。另外，大数据时代的来临，使得网络用户在纷繁复杂的资讯面前更加无所适从。大数据（Big Data）一词，经常被用以描述和定义信息爆炸时代产生的海量信息。推荐系统中的数据正在迅速膨胀，呈现出数据量大、数据类型繁多、数据更新速度快等特点，对推荐系统提出了相当大的挑战。

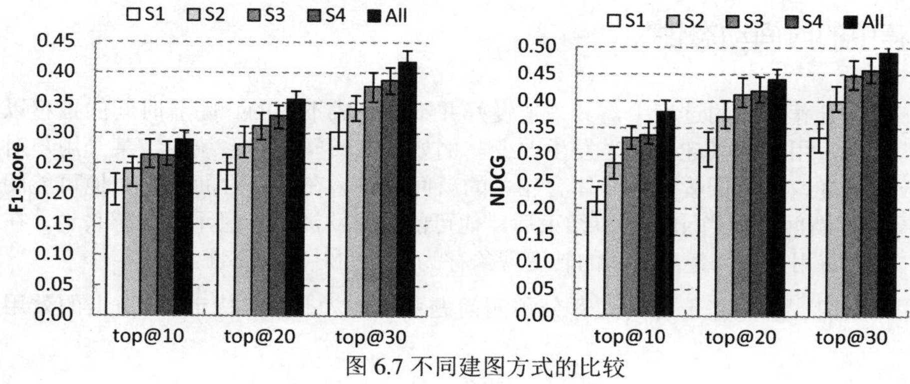

图 6.7 不同建图方式的比较

6.6.1 多维度推荐

大部分推荐系统均是在用户×物品的推荐模式下进行的，并未考虑到某些应用中关键的上下文信息。例如，在一个电影推荐系统中，用户登录后会得到一系列的电影推荐，这种推荐是基于用户以往所看过的电影内容作出的。但系统在进行推荐时并未考虑用户所处的上下文环境，如用户会和谁一起看电影，用户是平时看电影还是周末看电影等等。在这种情况下，简单地将电影推荐给用户可能不足以满足用户的需求；系统需要考虑其他的上下文信息，如时间、地点、人物等。这就涉及到了除用户和物品以外的其他的维度信息。

为了考虑上下文信息，文献 [12]中定义了基于多维空间$D_1 \times \cdots \times D_n$的效用函数

$$u : D_1 \times \cdots \times D_n \to R$$

基于此效用函数，推荐问题可定义为选择一定的“what”维度$D_{i1}, \cdots, D_{ik} (k < n)$和一定的$forwhom$维度$D_{j1}, \cdots, D_{jl} (l < n)$（这两种维度并不重叠，即$\{D_{i1}, \cdots, D_{ik}\} \cap \{D_{j1}, \cdots, D_{jl}\} = \emptyset$），为每一组和$(d_{j1}, \cdots, d_{jl}) \in D_{j1} \times \cdots \times D_{jl}$推荐另一组和$(d_{i1}, \cdots, d_{ik}) \in D_{i1} \times \cdots \times D_{ik}$，以最大化效用函数$u(d_1, \cdots, d_n)$，即

$$\forall (d_{j1}, \cdots, d_{jl}) \in D_{j1} \times \cdots \times D_{jl}, \quad (d_{i1}, \cdots, d_{ik}) = \mathop{\arg\max}_{\substack{d'_{i1}, \cdots, d'_{ik}) \in D_{i1} \times \cdots \times D_{ik} \\ (d'_{j1}, \cdots, d'_{jl}) = (d_{j1}, \cdots, d_{jl})}} u(d'_1, \cdots, d'_n)$$

例如，在电影推荐系统中，我们不仅要考虑电影d_1和想看此电影的用户d_2的特点，还要考虑一些上下文的信息，包括（1）d_3：电影在哪里放映（如电影院、家中电视机或者DVD等）；（2）d_4：和谁一起看（自己看，或与女朋友看，与其他朋友看，与父母看等等）；（3）d_5：什么时候看电影（在平时还是在周末，在下午还是在晚上等等）。$d_1, \cdots, d_5$中的每一个维度均可定义为一个特征向量，而总的效用函数$u(d_1, \cdots, d_5)$则应考虑到这些因素间的相互交互，因此可能会非常复杂。

很多两维的推荐算法并不能直接扩展到多维的情况下。文献 [11]中提出了一种推荐方法，在其中只使用了与用户所处上下文环境相关的评分信息进行推荐。例如，在电影推荐系统中，某一用户想在周六晚上去电影院看电影。为此用户推荐电影时，文献 [11]中的方法仅考虑了周末在电影院里所放映电影的评分。通过选择与推荐上下文相关的评分，这种方法将多维的评分信息映射为两个主要维度（即用户和物品）上的评分信息。因此，任何用在两维上的推荐算法均可用于多维度推荐。

6.6.2 推荐中的时间动态性

用户在使用推荐系统的过程中，其兴趣爱好并不是一成不变的。随着时间的推移以及特定事件的发生，用户的兴趣会随之发生改变。例如，在新闻推荐系统中，某一用户对体育新闻比较感兴趣，经常阅读一些与体育相关的新闻资讯。在某一时间段内，他可能阅读介绍NBA 赛况的新闻；而当NBA赛事结束后，他可能会对欧洲足球冠军联赛感兴趣。在推荐系统中，我们将用户的兴趣随时间的转变现象称为推荐的时间动态性。

给定用户c和物品s，基于时间的评分预测问题可描述为c对s在特定时间t 上的效用函数，即

$$\hat{r}_{c,s,t} = u(c, s, t)$$

另外，基于时间的top-N的推荐问题可描述为用户c在特定时间内的前N个最高的效用，即

$$S_N^*(c, t) = \arg\max_{s \in S} u(c, s, t)$$

为解决基于时间的推荐问题，很多研究工作者对推荐系统中的时间动态性进行研究[38,42,43,76]。在文献 [42] 中，Koren对基于协同过滤的动态推荐模型进行了系统化的总结。在此文献中，用户对推荐系统的使用行为（例如，用户对推荐结果的评分）被视为一种在时域上的概念漂移，对这种时域变化的建模较为困难，主要体现在：

- 在推荐系统中，经常会引入新的物品，而这种新物品可能会引起并导致用户的兴趣变化。例如，商品的季节性变化，以及在特殊节假日里的商品打折活动等。这种变化是一种全局性的变化，即会影响到推荐系统的所有用户。
- 用户自身也会发生一定的变化。例如，用户的家庭成员的变化可能影响到用户的购买行为，用户对电影和音乐的兴趣会随着时间逐渐变化等。这种变化是一种局部性的变化，而一般的推荐模型很难捕捉到这种细微的变化。

文献 [69]也持有相似的观点，认为时间维度上的变化是一种局部的效果，因此不能对这种变化进行统一的考虑，而需要为每个用户建立一种个性化的动态模型。类似的文章还包括文献 [33, 44, 48]。文献 [24] 对推荐领域内基于时间的动态推荐模型进行了系统的总结。有兴趣的读者可进行参考。

§ 6.7 本章小结

随着互联网技术的发展，推荐系统受到了学术界及工业界的越来越广泛的关注。本章介绍了目前应用较广的多种个性化推荐技术，并对每种技术进行了详细的适用场景分析。而后，深入讨论了推荐系统的评测环境，并对推荐系统的多种评测指标进行了较为详细的介绍。另外，本章提供了推荐系统的两个典型实例分析（新闻推荐和人才推荐），从数据的采集及预处理、用户档案的建模、推荐方法的选择以及结果的评测等多个方面介绍了如何构建一个实际的推荐系统。最后，对推荐系统的发展前景进行了展望，提出了推荐系统的多种可能的发展方向，以供读者参考。

§ 6.8 术语解释

1. **基于内容的推荐（Content-based Recommendation）**：是一类推荐方法，通过对用户所浏览的物品的内容的分析，提取出能够表征用户喜好的内容特征，并根据此特征寻找用户所感兴趣的物品。

2. **协同过滤（Collaborative Filtering）**：是一类推荐方法，通过对用户行为模式的分析，找出拥有相似体验的用户，并根据这些用户的浏览内容进行推荐。

3. **混合型推荐（Hybrid Recommendation）**：是一类推荐方法，结合了基于内容的推荐方法和基于协同过滤的推荐方法，以弥补二者在推荐时的不足。

4. **皮尔逊相关系数（Pearson Correlation Coefficient）**：是一种度量方法，用于度量两个变量之间的线性相关性（变量间的协方差和标准差的商值），其值介于-1与1之间。

5. **余弦相似度（Cosine Similarity）**：是一种度量方法，通过测量两个向量内积空间的夹角的余弦值来度量二者间的相似性，其值介于-1与1之间。

6. **Jaccard相似度（Jaccard Similarity）**：是一种度量方法，通过计算两个集合的交集与全集在数量上的商值，来度量二者之间的相似性。

7. **规则支持度（Support）**：是关联规则分析中评估规则的一个重要指标，指在事务数据集中同时包含两个事件X 和Y的事务的百分比，即$P(X \cup Y)$。

8. **规则置信度（Confidence）**：是关联规则分析中评估规则的一个重要指标，指在事务数据集中包含X的事务同时包含Y的百分比，即$P(Y|X)$。

9. **规则提升度（Lift）**：是关联规则分析中评估规则的一个重要指标，指在事务数据集中事务X和Y所观测到的规则支持度与二者相对独立的支持度的比率，即$\frac{P(X \cup Y)}{P(X) \times P(Y)}$。

10. **低秩逼近（Low-Rank Approximation）**：是一类优化问题，其成本函数用于评估给定矩阵（即数据）与近似矩阵（即优化目标）间的差异，前提是近似矩阵的秩要小。

11. **冷启动（Cold-Start）**：是推荐系统中经常存在的问题，指由于新用户的数据较少，系统无法在有限数据的基础上提供合适的推荐内容。

12. **潜在语义索引（Latent Semantic Indexing）**：是信息检索领域常用的一种方法，使用奇异值矩阵分解来鉴别非结构化文本数据中词与概念之间的关系。

13. **马尔可夫链蒙特卡罗法（Markov Chain Monte Carlo）**：是一组采用马氏链从随机分布中取样的算法，以每一步之前的数据作为底本，使得数据的平稳分布为待估参数的后验分布，通过马氏链产生后验的样本，并基于马氏链达到平稳分布时的样本进行蒙特卡罗积分。

14. **本体论（Ontology）**：又称为存在论，是形而上学的一个基本分支，主要用于描述概念与实体之间的相互关系。

15. **均方根误差（Root Mean Squared Error）**：是一种评估观测值与真值差异的指标，指观测值与真值偏差的评分和观测次数n比值的平方根。

16. **标准均方根误差（Normalized Root Mean Squared Error）**：是对均方根误差进行标准化的结果。

17. **种类覆盖（Catalog Coverage）**：是指在推荐系统中，推荐给用户的结果与物品总量之间的比率。

18. **用户间的多样性（Inner-User Diversity）**：是推荐系统中推荐结果多样性的一种指标，指的是不同用户间所得到结果的差异性。

19. **用户本身的多样性（Intra-User Diversity）**：是推荐系统中推荐结果多样性的一种指标，指的是同一用户所得到的多个结果间的差异性。

参考文献

[1] 林霜梅，汪更生，陈弈秋. 个性化推荐系统中的用户建模及特征选择. 计算机工程, 33(17):196～198, 2007.

[2] 刘建国，周涛，汪秉宏. 个性化推荐系统的研究进展. 自然科学进展, 19(1):1～15, 2009.

[3] 许海玲，吴潇，李晓东，阎保平. 互联网推荐系统比较研究. 软件学报, 20(2):350～362, 2009.

[4] 马宏伟，张光卫，李鹏. 协同过滤推荐算法综述. 小型微型计算机系统, 30(7):1282～1288, 2009.

[5] 刘建国，周涛，郭强，汪秉宏. 个性化推荐系统评价方法综述. 复杂系统与复杂性科学, 6:1～10, 2009.

[6] 贺云. 数据挖掘在电子商务推荐系统中的应用研究. Master's thesis, 大连交通大学, 2010.

[7] 吴金龙. Netflix Prize 中的协同过滤算法. PhD thesis, 北京: 北京大学, 2010.

[8] 苏玉召，赵妍. 个性化关键技术研究综述. 图书与情报, 137(1):59～65, 2011.

[9] 李磊，王丁丁，朱顺痣，李涛. *Personalized news recommendation: A review and an experimental investigation*. Journal of Computer Science & Technology, 5:754～766, 2011.

[10] 朱郁筱，吕琳媛. 推荐系统评价指标综述. 电子科技大学学报, 41:163～175, 2012.

[11] G. Adomavicius, R. Sankaranarayanan, S. Sen, and A. Tuzhilin. *Incorporating contextual information in recommender systems using a multidimensional approach*. ACM Transactions on Information Systems (TOIS), 23(1):103～145, 2005.

[12] G. Adomavicius and A. Tuzhilin. *Multidimensional recommender systems: a data warehousing approach*. In Electronic commerce, pages 180～192. 2001.

[13] A. Ansari, S. Essegaier, and R. Kohli. *Internet recommendation systems*. Journal of Marketing research, 37(3):363～375, 2000.

[14] R. Baeza-Yates, B. Ribeiro-Neto, et al. Modern information retrieval, volume 463. ACM press New York, 1999.

[15] M. Balabanović and Y. Shoham. *Fab: content-based, collaborative recommendation*. Communications of the ACM, 40(3):66～72, 1997.

[16] N. J. Belkin and W. B. Croft. *Information filtering and information retrieval: two sides of the same coin?* Communications of the ACM, 35(12):29～38, 1992.

[17] R. M. Bell and Y. Koren. *Lessons from the netflix prize challenge*. ACM SIGKDD Explorations Newsletter, 9(2):75～79, 2007.

[18] D. Billsus and M. J. Pazzani. *Learning collaborative information filters*. In Proceedings of the fifteenth international conference on machine learning, volume 54, page 48, 1998.

[19] D. Billsus and M. J. Pazzani. *User modeling for adaptive news access*. User modeling and user-adapted interaction, 10(2-3):147～180, 2000.

[20] D. M. Blei, A. Y. Ng, and M. I. Jordan. *Latent dirichlet allocation*. the Journal of machine Learning research, 3:993～1022, 2003.

[21] J. S. Breese, D. Heckerman, and C. Kadie. *Empirical analysis of predictive algorithms for collaborative filtering*. In Proceedings of the Fourteenth conference on Uncertainty in artificial intelligence, pages 43～52, 1998.

[22] Ò. Celma and P. Herrera. *A new approach to evaluating novel recommendations*. In Proceedings of the 2008 ACM conference on Recommender systems, pages 179～186. ACM, 2008.

[23] M. Claypool, A. Gokhale, T. Miranda, P. Murnikov, D. Netes, and M. Sartin. *Combining content-based and collaborative filters in an online newspaper*. In Proceedings of ACM SIGIR workshop on recommender systems, volume 60, 1999.

[24] T. F. de Máster. *Temporal models in recommender systems: An exploratory study on different evaluation dimensions*. 2011.

[25] C. Ding, H. D. Simon, R. Jin, and T. Li. *A learning framework using green's function and kernel regularization with application to recommender system*. In Proceedings of the 13th ACM SIGKDD international conference on Knowledge discovery and data mining, pages 260～269. ACM, 2007.

[26] A. Felfernig and R. Burke. *Constraint-based recommender systems: technologies and research issues*. In Proceedings of the 10th international conference on Electronic commerce, page 3. ACM, 2008.

[27] D. M. Fleder and K. Hosanagar. *Recommender systems and their impact on sales diversity*. In Proceedings of the 8th ACM conference on Electronic commerce, pages 192~199. ACM, 2007.

[28] G. A. Fredricks and R. B. Nelsen. *On the relationship between spearman's rho and kendall's tau for pairs of continuous random variables*. Journal of Statistical Planning and Inference, 137(7):2143~2150, 2007.

[29] R. Gaizauskas, H. Cunningham, Y. Wilks, P. Rodgers, and K. Humphreys. *Gate: an environment to support research and development in natural language engineering*. In Tools with Artificial Intelligence, 1996., Proceedings Eighth IEEE International Conference on, pages 58~66. IEEE, 1996.

[30] K. Goldberg, T. Roeder, D. Gupta, and C. Perkins. *Eigentaste: A constant time collaborative filtering algorithm*. Information Retrieval, 4(2):133~151, 2001.

[31] J. L. Herlocker, J. A. Konstan, L. G. Terveen, and J. T. Riedl. *Evaluating collaborative filtering recommender systems*. ACM Transactions on Information Systems (TOIS), 22(1):5~53, 2004.

[32] W. Hill, L. Stead, M. Rosenstein, and G. Furnas. *Recommending and evaluating choices in a virtual community of use*. In Proceedings of the SIGCHI conference on Human factors in computing systems, pages 194~201. ACM, 1995.

[33] W. Hong, L. Li, and T. Li. *Product recommendation with temporal dynamics*. Expert Systems with Applications, pages 12398~12406, 2012.

[34] W. Hong, L. Li, T. Li, and W. Pan. *ihr: an online recruiting system for xiamen talent service center*. In Proceedings of the 19th ACM SIGKDD international conference on Knowledge discovery and data mining, pages 1177~1185. ACM, 2013.

[35] K. Järvelin and J. Kekäläinen. *Cumulated gain-based evaluation of ir techniques*. ACM Transactions on Information Systems (TOIS), 20(4):422~446, 2002.

[36] R. Jin, L. Si, and C. Zhai. *Preference-based graphic models for collaborative filtering*. In Proceedings of the Nineteenth conference on Uncertainty in Artificial Intelligence, pages 329~336, 2002.

[37] R. Jin, L. Si, C. Zhai, and J. Callan. *Collaborative filtering with decoupled models for preferences and ratings*. In Proceedings of the twelfth international conference on Information and knowledge management, pages 309~316. ACM, 2003.

[38] N. Koenigstein, G. Dror, and Y. Koren. *Yahoo! music recommendations: modeling music ratings with temporal dynamics and item taxonomy*. In Proceedings of the fifth ACM conference on Recommender systems, pages 165~172. ACM, 2011.

[39] R. Kohavi, R. Longbotham, D. Sommerfield, and R. M. Henne. *Controlled experiments on the web: survey and practical guide*. Data Mining and Knowledge Discovery, 18(1):140~181, 2009.

[40] J. A. Konstan, S. M. McNee, C.-N. Ziegler, R. Torres, N. Kapoor, and J. T. Riedl. *Lessons on applying automated recommender systems to information-seeking tasks*. In PROCEEDINGS OF THE NATIONAL CONFERENCE ON ARTIFICIAL INTELLIGENCE, volume 21, page 1630. AAAI, 2006.

[41] J. A. Konstan, B. N. Miller, D. Maltz, J. L. Herlocker, L. R. Gordon, and J. Riedl. *Grouplens: applying collaborative filtering to usenet news*. Communications of the ACM, 40(3):77~87, 1997.

[42] Y. Koren. *Collaborative filtering with temporal dynamics*. In Proceedings of the 15th ACM SIGKDD international conference on Knowledge discovery and data mining, pages 447~456. ACM, 2009.

[43] N. Lathia, S. Hailes, L. Capra, and X. Amatriain. *Temporal diversity in recommender systems*. In Proceedings of the 33rd international ACM SIGIR conference on Research and development in information retrieval, pages 210~217. ACM, 2010.

[44] L. Li, W. Hong, and T. Li. *Taxonomy-oriented recommendation towards recommendation with stage*. In Web Technologies and Applications, pages 219~230. Springer, 2012.

[45] L. Li and T. Li. *Meet: a generalized framework for reciprocal recommender systems*. In Proceedings of the 21st ACM international conference on Information and knowledge management, pages 35~44. ACM, 2012.

[46] L. Li and T. Li. *News recommendation via hypergraph learning: encapsulation of user behavior and news content*. In Proceedings of the sixth ACM international conference on Web search and data mining, pages 305~314. ACM, 2013.

[47] L. Li, D. Wang, T. Li, D. Knox, and B. Padmanabhan. *Scene: a scalable two-stage personalized news recommendation system*. In Proceedings of the 34th International ACM SIGIR conference on Research and Development in Information Retrieval, pages 125~134. ACM, 2011.

[48] L. Li, L. Zheng, and T. Li. *Logo: a long-short user interest integration in personalized news recommendation*. In Proceedings of the fifth ACM conference on Recommender systems, pages 317~320. ACM, 2011.

[49] T. Mahmood and F. Ricci. *Learning and adaptivity in interactive recommender systems*. In Proceedings of the ninth international conference on Electronic commerce, pages 75~84. ACM, 2007.

[50] C. D. Manning, P. Raghavan, and H. Schütze. Introduction to information retrieval, volume 1. Cambridge University Press Cambridge, 2008.

[51] S. M. McNee, J. Riedl, and J. A. Konstan. *Being accurate is not enough: how accuracy metrics have hurt recommender systems*. In CHI'06 extended abstracts on Human factors in computing systems, pages 1097~1101. ACM, 2006.

[52] R. J. Mooney, P. N. Bennett, and L. Roy. *Book recommending using text categorization with extracted information*. In Proc. Recommender Systems Papers from 1998 Workshop, Technical Report WS-98-08, 1998.

[53] M. Pazzani and D. Billsus. *Learning and revising user profiles: The identification of interesting web sites*. Machine learning, 27(3):313~331, 1997.

[54] M. J. Pazzani. *A framework for collaborative, content-based and demographic filtering*. Artificial Intelligence Review, 13(5-6):393~408, 1999.

[55] M. J. D. Powell. Approximation theory and methods. Cambridge university press, 1981.

[56] E. Rich. *User modeling via stereotypes*. Cognitive science, 3(4):329~354, 1979.

[57] R. Salakhutdinov and A. Mnih. *Probabilistic matrix factorization*. Advances in neural information processing systems, 20:1257~1264, 2008.

[58] G. Salton. *Automatic text processing*. Science, 168(3929):335~343, 1970.

[59] A. I. Schein, A. Popescul, L. H. Ungar, and D. M. Pennock. *Methods and metrics for cold-start recommendations*. In Proceedings of the 25th annual international ACM SIGIR conference on Research and development in information retrieval, pages 253~260. ACM, 2002.

[60] G. Shani, M. Chickering, and C. Meek. *Mining recommendations from the web*. In Proceedings of the 2008 ACM conference on Recommender systems, pages 35~42. ACM, 2008.

[61] G. Shani and A. Gunawardana. *Evaluating recommender systems*. Recommender Systems Handbook, pages 257~298, 2009.

[62] B. Shao, M. Ogihara, D. Wang, and T. Li. *Music recommendation based on acoustic features and user access patterns*. Audio, Speech, and Language Processing, IEEE Transactions on, 17(8):1602~1611, 2009.

[63] U. Shardanand and P. Maes. *Social information filtering: algorithms for automating "word of mouth"*. In Proceedings of the SIGCHI conference on Human factors in computing systems, pages 210~217. ACM, 1995.

[64] B. Sheth and P. Maes. *Evolving agents for personalized information filtering*. In Artificial Intelligence for Applications, 1993. Proceedings., Ninth Conference on, pages 345~352. IEEE, 1993.

[65] I. Soboroff and C. Nicholas. *Combining content and collaboration in text filtering*. In Proc. Int'l Joint Conf. Artificial Intelligence Workshop: Machine Learning for Information Filtering, 1999.

[66] L. Terveen, W. Hill, B. Amento, D. McDonald, and J. Creter. *Phoaks: A system for sharing recommendations*. Communications of the ACM, 40(3):59~62, 1997.

[67] S. Trewin. *Knowledge-based recommender systems*. Encyclopedia of Library and Information Science: Supplement 32, 69:180, 2000.

[68] F. Wang, S. Ma, L. Yang, and T. Li. *Recommendation on item graphs*. In Data Mining, 2006. ICDM'06. Sixth International Conference on, pages 1119~1123. IEEE, 2006.

[69] L. Xiang, Q. Yuan, S. Zhao, L. Chen, X. Zhang, Q. Yang, and J. Sun. *Temporal recommendation on graphs via long- and short-term preference fusion*. In Proceedings of the 16th ACM SIGKDD international conference on Knowledge discovery and data mining, pages 723~732. ACM, 2010.

[70] Y. Yao. *Measuring retrieval effectiveness based on user preference of documents*. JASIS, 46(2):133~145, 1995.

[71] Y. Zhang, J. Callan, and T. Minka. *Novelty and redundancy detection in adaptive filtering*. In Proceedings of the 25th annual international ACM SIGIR conference on Research and development in information retrieval, pages 81~88. ACM, 2002.

[72] L. Zheng, L. Li, W. Hong, and T. Li. *Penetrate: Personalized news recommendation using ensemble hierarchical clustering*. Expert Systems with Applications, 2012.

[73] T. Zhou, L.-L. Jiang, R.-Q. Su, and Y.-C. Zhang. *Effect of initial configuration on network-based recommendation*. EPL (Europhysics Letters), 81(5):58004, 2008.

[74] T. Zhou, R.-Q. Su, R.-R. Liu, L.-L. Jiang, B.-H. Wang, and Y.-C. Zhang. *Accurate and diverse recommendations via eliminating redundant correlations*. New Journal of Physics, 11(12):123008, 2009.

[75] C.-N. Ziegler, S. M. McNee, J. A. Konstan, and G. Lausen. *Improving recommendation lists through topic diversification*. In Proceedings of the 14th international conference on World Wide Web, pages 22~32. ACM, 2005.

[76] A. Zimdars, D. M. Chickering, and C. Meek. *Using temporal data for making recommendations*. In Proceedings of the Seventeenth conference on Uncertainty in artificial intelligence, pages 580~588, 2001.

第七章　智能广告

§7.1 摘要

随着互联网的日益壮大与电子商务的不断发展，计算广告学，作为一门新兴的学科交汇科学，受到了广泛的关注。计算广告学涉及到诸多学科的理论和技术，包括广告学、信息检索、文本分析、统计模型、机器学习及微观经济学等。由于其广泛的价值和巨大的市场回报率，计算广告学已逐步发展成为一个独立的研究学科。计算广告学是一种三方博弈，即在特定语境下特定用户和相应的广告之间的"最佳匹配"。在互联网的大环境下，这种博弈所包含的三个要素缺一不可。语境通常是多样化的，可以是用户在搜索引擎中输入的关键词，也可以是用户正在读的网页信息，还可以是用户正在听的音乐或者正在看的电影等等。与用户相关的信息可能非常多也可能非常少，一般取决于用户的点击历史。潜在广告的数量可能达亿级甚至更多。因此，基于对"最佳匹配"的定义，计算广告学所面临的最主要的挑战即为在复杂约束条件下的大规模优化和搜索问题。目前，计算广告学涵盖了在线广告投放和用户行为分析两大方面，这两类问题均可通过数据挖掘算法解决。在这一章中，我们首先对计算广告产业链进行大致的介绍，之后针对计算广告学中的典型任务展开讨论，包括搜索广告（Sponsored Search）、上下文广告（Contextual Advertising）、显示广告（Display Advertising）、行为定位（Behavioral Targeting）等。在每一专题中，我们对现有的解决方法进行了分析和总结，并对专题中存在的问题进行了详细的讨论。

§7.2 引言

广告是为了某种特定的需要，通过一定形式的媒体，公开而广泛地向公众传递信息的宣传手段[1]。广告有着悠久的历史，从宋朝起采用活字印刷术制作的广告传单，到现代报刊、电台以及电视所提供的媒体化广告，广告的内容和投放形式始终跟随人类社会的进步而不断地发展变化[5]。互联网的普及和不断发展为广告的投放提供了新的平台，也使得广告的投放形式发生了根本性的改变，从而形成了一个拥有巨大市场价值的互联网广告产业。据尼尔森统计，2013年1月份国内的网络广告市场与2012年同期相比，推广项目数和创意数均有所增加，增幅分别为16.5%和8.6%；而展示广告的市场价值估算达14.2亿元人民币，比2012年同期增长了6.8%[1]。

互联网广告发展之初，广告的投放方式与传统的媒体广告类似，即通过在网页中嵌入固定文字和图片来展示广告内容。这种广告投放方式较为死板，其投放的广告很难与不断

[1]http://www.cr-nielsen.com/wangluo/trend/201303/01-2063.html.

变化的网页内容相匹配，因此投放效果和收益均不能得到保证。在互联网近十年的发展过程中，广告的投放方式已从最初沿袭传统媒体广告的路线发展到根据网页内容和访问用户特点所制定的精准定向投放，这也是互联网广告投放机制的发展趋势。在这一发展趋势下，计算广告（Computational Advertising）应运而生，根据指定的网页内容和用户信息，通过计算得到与之最匹配的广告并进行精准定向投放。计算广告可以大幅度地提高广告主所投放广告的点击率（Click Through Rate, CTR），增加广告所投放网站的访问量，帮助用户获取优质信息，从而构建出一个良性和谐的广告投放产业链[3,5]。

然而，互联网技术的迅猛发展和互联网用户的指数级增长，使得计算广告在被日益关注的同时，也面临着巨大的挑战，主要有：

1. 爆炸级的互联网数据难于分析，成为了计算广告的一大瓶颈。计算广告中所用到的数据一般包括用户的点击信息、查询关键字及浏览网页信息，这些信息的总量可能达亿级甚至更多，不可避免地包含许多无用信息或者“噪声数据”。如何从海量的数据中提取出易于分析的信息，是计算广告的一大难题。

2. 广告的投放对实时性非常敏感，通常情况下需要在毫秒级的时间粒度上处理上百万并发的实时广告检索、排序及投放。这就要求计算广告平台具备数据密集型计算的能力。

3. 计算广告是以用户的兴趣为前提来对广告进行投放的，而网络用户对信息的兴趣往往呈现多样性，这在一定程度上增加了精确定位用户兴趣的难度。因此，如何对用户的信息进行有效地分析，从而得出精确的用户模型，是计算广告的另一大挑战。

计算广告领域内的专家们针对这些挑战，提出了计算广告学的概念。2008年，在第十九届ACM-SIAM学术讨论会上，雅虎研究院的资深研究员Andrei Broder首次提出了计算广告学（Computational Advertising）。他认为，计算广告学是一门由信息科学、统计学、计算机科学以及微观经济学等学科交叉融合的新兴分支学科。Andrei Broder只是提出了计算广告学的研究目标——实现语境、广告和受众三者的最佳匹配，并没有从学术的角度给计算广告学一个严谨的界定。在这里，我们将计算广告学定义为**一门广告营销科学，以追求广告投放的综合收益最大化为目标，重点解决用户与广告匹配的相关性和广告的竞价模型的问题**。

从用户的角度出发，计算广告学的研究内容主要包括搜索广告、上下文广告、显示广告以及广告行为定位等。表7.1列出了与这些研究内容相关的计算广告学领域的部分参考文献。有兴趣的读者可进行选择性地阅读。

本章首先对计算广告产业链进行大致的介绍，之后针对计算广告学中的典型任务展开讨论。在每一专题中，我们对现有的解决方法进行了分析和总结，并对专题中存在的问题进行了详细的讨论。在每一节中，由于会涉及到多个参考文献，其使用的符号不尽相同，因此请读者自行针对不同章节的上下文进行理解。

§7.3 计算广告产业链介绍

随着互联网广告行业的不断发展以及计算广告技术的逐步兴起，广告行业所提供的广告服务日趋完善。与传统的广告营销模式相比，互联网广告行业在很多方面都有了较大的

表 7.1 现有计算广告学研究的总结

广告任务	分类	参考文献
搜索广告	拍卖	[10] [11] [33] [46] [50] [65] [80] [88] [100] [123]
	检索	[23] [31] [45] [56]
	CTR	[15] [22] [27] [42] [43] [57] [64] [67] [98] [101] [111] [109] [117] [125]
	查询	[34] [87] [93] [95] [110] [118] [120]
上下文广告	排行	[17] [36] [66] [112] [115] [124]
	关键字	[35] [48] [74]
	匹配	[8] [32] [51] [68] [97]
	效率	[13] [73] [76]
显示广告	竞价	[26] [59] [71] [69] [91] [96]
	收入	[63] [72] [94]
	定位	[9] [70] [79] [99] [89] [105] [107]
	分配	[12] [21] [24] [25] [38] [47] [53]
	CTR	[16] [37] [41] [44] [82]
行为定位	有效性	[14] [52] [60] [75] [119]
	排行	[30] [40] [55] [78] [86]
其他	广告反馈	[29] [58] [61] [62] [85] [104] [108] [114]
	社交网络	[19] [92]
	恶意广告	[83] [102] [113]
	多媒体	[39] [106] [116] [122]
	团购	[18]
	选择	[121]
	标签	[84]
	移动	[6] [90]

转变，包括广告的售卖方式、广告的定向投放方式、广告的营销方式等等[5]，具体如下：

1. 广告的售卖方式：广告的售卖方式已由传统的合约型售卖逐渐转变为实时竞价的售卖方式。合约型售卖是指通过广告客户和经营者之间所制定的广告承办或代理关系的协议来进行广告售卖。合约型售卖需预先制定两者间的合约关系，其过程较为繁琐。而实时竞价方式是指广告客户可对广告位进行实时地竞价，并不需要繁琐的合约制定过程。这种售卖方式的转变使得广告需求方平台与广告销售方平台逐渐加入到整个产业链中，为广告市场的平稳发展提供了强有力的支持。

2. 广告的定向投放方式：传统的广告投放通常是基于网页内容的，即网页上的内容与广告的内容之间有一定的相似性。这种方式只考虑了广告经营者的信息，并不能有效地迎合广大的广告受众群体的需求。目前的广告投放方式大多为基于受众的定向投放，即根据广告用户的兴趣以及其所处的互联网环境，为每一用户提供最合适的广告内容。在整个广告产业链中，广告用户的信息一般由广告经营者进行收集，并通过广告网络实现广告用户信息的交换，这种方式有助于实现基于受众的精准广告定向投放。

3. 广告的营销方式：互联网广告的营销方式逐渐由传统的品牌广告转变为直接的市场营销方式。品牌广告以树立产品品牌形象，提高品牌的市场占有率为目的，力图使品牌具有并维持一个高知名度的品牌形象。但在现阶段，由于品牌广告无法与推荐的上下文环境进行关联，广告计算平台并不能对品牌广告进行精准投放。随着广告定向技术的不断发展和优化，越来越多的用户参与到广告产业链中，提供了宝贵的用户信息，因此广告计算平台对广告受众的定向也越来越精确。在这种情况下，针对特定广告客户的营销方式便成为了互联网广告的主要营销手段。

随着互联网广告产业的不断转变，广告行业产生了新型的计价和竞价方式，以规范广告经营者和广告主的行为，并帮助二者有效地获取相关利润。下面，我们对互联网广告的计价和竞价方式进行大致介绍。

7.3.1 广告计价模式

目前的网络广告计价方法大致有三种模式，包括基于广告显示次数的计价、基于广告点击成本的计价及基于广告行动成本的计价。在这三种计价方式中，基于广告显示次数的计价是较为常用的方式。除了标准的商业广告形式外，广告媒体可根据自己的内容特点和广告主的目标业务方向提供一些相关的赞助项目，但前提是广告主对网站的流量和内容导向有事先的认可。下面对广告计价的方式进行大致的介绍。

1. CPM（Cost per thousand iMpressions），即千次成本，是指在广告投放过程中，广告被显示的每一次平均分担到多少广告成本。主要应用在显示广告中，例如图形多媒体广告，条幅广告等。在互联网广告中，CPM取决于“印象”（impression）尺度，通常可理解为广告客户在一段固定的时间内关注广告的次数。例如，一个广告横幅的单价是1元/CPM，那么横幅每被展示一千次，广告经营者就会向广告主收取一元费用。
2. CPC（Cost per Click），是指广告经营者按点击付费，即每点击一次广告，广告经营者向广告主收取一定费用，主要应用在搜索广告中。采用这种方法，并结合点击率的限制，可以有效地避免作弊的情况发生。但这种方法对某些经营广告的网站来说并不公平，虽然浏览者没有点击广告，但实际上他们已经看到了广告并采取了相应的行为（例如购买等），这种情况下网站便得不到与广告相关的收益。
3. CPA（Cost per Action），是指按照广告的投放实际效果，即按回应的有效问卷或者订单来计费，而不限制广告投放量。对广告经营者（即网站）来说，CPA 的计价方式有一定的风险，但若广告投放成功，其收益比CPM的计价方式要大很多。另外，广告主为了规避广告费用风险，只有当网络用户点击广告并链接到广告主网页后，才按点击次数付费给广告经营者。

以上三种广告计价方式各不相同，有各自的适应环境。除此之外，在实际的计算广告系统中，还存在着其他的计价方式，包括：

1. CPR（Cost per Response）是指广告经营者根据浏览者的每一个回应而对广告主进行计费，通过交易情况进行度量，主要应用在电子商务广告中。这种广告计费方式充分体现了网络广告“及时反应、直接互动、准确记录”的特点。这种计价方式属于辅助销售的广告模式，对那些品牌广告而言并不合适。
2. CPP（Cost per Purchase）是指广告主为规避广告费用风险，只有在网络用户点击广告并进行在线交易后才按照销售笔数付给广告经营者费用的模式。CPP和CPA均要求目标消费者的“点击”行为，而CPM则只要求消费者的“目击”行为。
3. 包月方式，是指广告经营者按照“一个月多少钱”这种固定的收费模式来向广告主收费。目前，很多国内的网站均是采用这种方式计费的。这一方式不论效果好坏，不论访问量多少，一律一个价，对客户和网站来说都不公平，无法保障二者的利益。

7.3.2 广告竞价模式

互联网广告从最初的植入性广告模式逐渐形成了多种不同的广告形式，包括搜索广告、上下文广告及显示广告等，广告主与广告经营者之间的关系也由合约式的关系逐渐转变为实时竞拍式的形式。互联网广告的竞拍是一个持续的过程，只要网络媒体有流量（即有用户访问），就可以进行拍卖。针对不同形态的广告，虽然竞拍的内容各不相同，但实际上竞拍的均是网络媒体的流量。如果竞拍中出现流拍，相关的流量无法保留到未来进行再次竞拍，这会造成流量的浪费。由竞拍所产生的过度广告投放将会有损用户的效用。互联网竞拍的策略如下：

- 如果竞拍者拥有占优策略，则应该使用占优策略。此时无论其他竞拍者如何选择策略，占优策略均能使该竞拍者获得最大效用。使用占优策略能够让每个竞拍者按照心理价位出价，体现出竞拍者的真实意愿。
- 拍卖规则应体现出纳什均衡特性，也就是在给定其他竞拍者策略的前提下，每个竞拍者都选择自己的最优策略。

在实际的计算广告系统中，广告竞价分为手动和自动两种形式。手动竞价是指广告主可自行设定点击价格，而自动竞价则设定了价格上限，系统在价格上限之内自动调整点击价格，保证排名。例如，腾讯的竞价广告就遵循自动竞价的模式，由广告主自主投放，自主管理，按照广告效果付费。腾讯竞价广告根据投放规则和投放位置可分为搜索引擎广告和上下文广告。而谷歌的竞价广告，即Google AdWords，是一种在谷歌及其广告合作伙伴的网站上快捷简便地刊登广告的方式。AdWords下的广告会随搜索结果一起显示在谷歌页面上。广告竞价与拍卖策略息息相关，详细介绍请见7.5.4。

§ 7.4 计算广告系统介绍

计算广告平台包括离线分析平台和实时投放平台两个部分。离线分析平台的主要作用是将从用户终端所收集到的各种信息进行清洗和整合，并采用各种数据分析的算法对用户兴趣进行有效的建模，从而得到高质量的用户档案和广告的信息。实时投放平台主要针对离线分析所得到的结果，来帮助用户进行广告信息的检索，并为广告客户提供精准的广告投放。面对当前海量的广告信息，为实现快速、有效、精准的广告投放，这两个平台缺一不可。下面，我们分别对这两个平台的功能进行详细的介绍。

7.4.1 离线分析平台

离线分析平台的目标是从原始数据中获取用户档案。一般来讲，离线分析平台的功能主要是数据整合和数据挖掘。图7.1描述了一个广告系统的离线分析平台的框架[5]。

7.4.1.1 数据整合

数据整合模块首先从各种计算广告信息数据源中获取广告投放和反馈的数据，并对数据进行清理和事物鉴别，而后将数据进行整合。在计算广告平台上，信息来源一般包括广

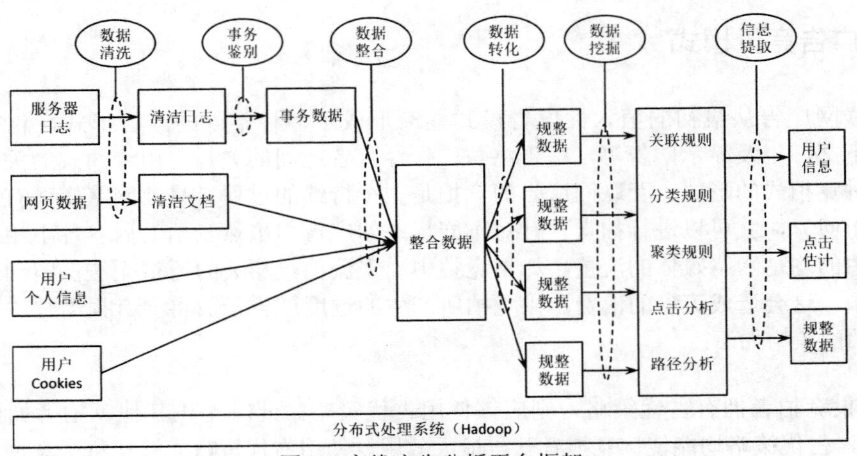

图 7.1 离线广告分析平台框架

告经营者的网页数据、广告投放服务器的Web日志、用户在搜索引擎上的搜索日志以及用户的Cookie信息（指网站为了辨别用户身份、进行用户行为跟踪而储存在用户本地终端上的数据）等。广告经营者的网页数据包括网页上的具体内容，可通过网页爬虫获得。广告投放服务器的Web日志由广告平台经营者提供，主要包括广告投放及用户点击的记录。用户在搜索引擎的搜索日志一般由搜索引擎提供商提供，主要包含用户在进行搜索时输入的关键词以及返回的广告结果。而从用户的Cookie信息可获取网络用户的登录信息，以方便基于受众的精准广告投放。

在得到广告信息的源数据后，需要对数据进行必要的清理，以去除噪声数据。网页数据一般包含大量的网页标签以及与广告信息无关的内容，因此对网页数据的清理主要是将标签及无关内容去掉。而广告投放的服务器的Web日志包含各种事务型的数据，例如用户在登录后点击了同一网页上的多个广告，我们可将之视为一次事务。在对服务器数据进行清理后，我们需要对这种事务型的数据进行鉴别，以得到基于单次事务的用户数据。用户的搜索日志及登录Cookie信息同样也需要进行数据清理，并对用户信息进行匹配，以形成完整的用户数据。

7.4.1.2 数据挖掘

在对多源的广告数据进行整合后，离线分析平台需要通过各种数据分析的工具进行信息的整合和提取，以便于离线的用户建模和在线的精准广告投放。首先，我们需要将整合数据进行必要的转化，以满足每种分析算法对输入格式的要求。之后，采用多种分析算法，诸如关联规则分析、分类分析、聚类分析、点击分析及路径分析等，对转化后的数据进行分析，并得出多种不同的分析结果。之后，我们需要将分析结果进行分类，例如，哪种信息属于用户的基本信息并可表征用户的兴趣，哪种信息可为用户点击预测进行建模等等。

7.4.1.3 离线平台工具

离线广告计算平台需要支持海量数据处理。目前市场上的计算广告平台均采用开源的工具进行搭建，如Hadoop平台[1]。Hadoop本身是一个大数据的存储和计算平台，核心项目

[1] http://hadoop.apache.org.

包括HDFS文件系统及MapReduce编程框架[49]，目前已由Yahoo公司的Hadoop项目实现了开源共享。该框架的特点在于其支持使用大量的计算节点并行处理海量的数据，在一定程度上保证了运算处理的效率。底层的HDFS文件系统通过对数据的备份，使得其具备较为完善的容错性和高效的数据处理吞吐量。而上层的MapReduce框架提供了并行处理用户计算请求的接口，包括Map和Reduce两个函数，大大简化了并行处理的复杂度。

另外，在计算广告平台上，常用的数据存储工具有HBase[1]，是基于Hadoop的列存储数据库，而非关系型数据库。与HBase功能相似的数据库有很多，比如Google的BigTable，与HBase相对应的HyperTable，及Facebook的Cassandra[2]等等。这些工具均是解决大数据上的半结构化的存储问题。oozie[3]是在Hadoop基础上的流程控制工具，可对计算广告中的Web服务器日志处理流程进行控制。例如，在得到服务器日志后，我们可对CTR的预测，进行基于受众的定向等等工作。oozie可帮助我们对分析的流程进行管理和规划，以确保离线分析的顺利进行。

7.4.2 实时投放平台

计算广告的实时投放平台提供了广告的实时竞价、广告检索及广告计费统计等多种功能。图7.2描述了一个广告系统的在线分析平台的框架[5]。

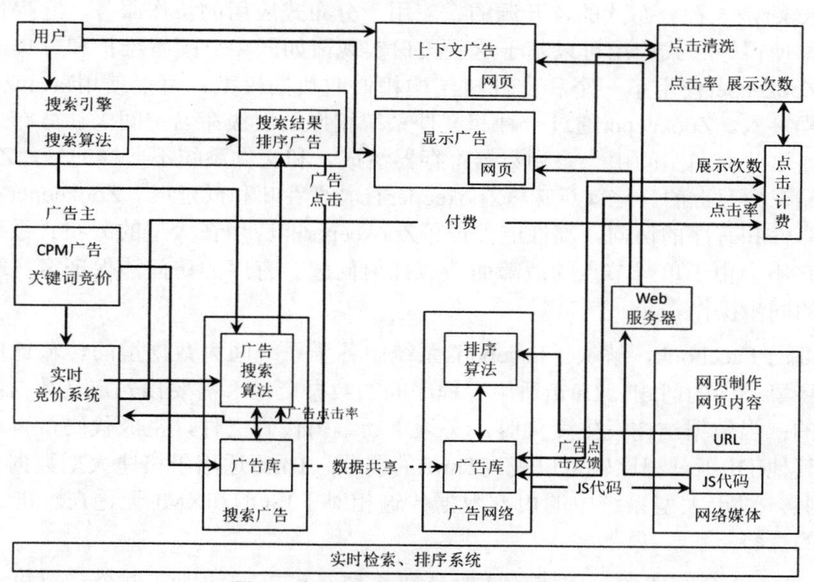

图 7.2 在线广告实时投放平台框架

7.4.2.1 广告实时竞价

广告实时竞价系统的主要功能是为广告主提供一个进行实时竞价的平台，广告主可以通过网页具体内容及其他相关信息，在此平台上实时修改广告位竞拍的价格。一般说来，实时竞价系统需要向广告主提供足够的竞价信息，并且提供易于使用的方式。例如，广告主可以设定多组竞价规则，针对网页内容和用户信息的组合设置不同的竞拍价格等。

[1]http://hbase.apache.org.
[2]http://cassandra.apache.org.
[3]http://oozie.apache.org.

7.4.2.2 广告检索

广告检索通过分析用户在搜索引擎中所输入的关键词或用户所处的网页环境，来为用户提供与之相关的广告信息。在广告检索过程中，系统首先获取到用户的输入信息，而后根据此信息去匹配广告库中的现有广告，找出相似度或者匹配度排名较高的广告，将之返回给用户。通过相关竞拍关键词检索相关广告的方式通常具有较高的效率。另外，检索广告之后，需要对检索结果进行适当的排序，因此涉及到了广告实时排序的问题。广告实时排序主要是指依据广告相关度、竞拍价格、点击率估计等实现对广告检索结果的排序投放，包括相关广告的点击率实时估计等。

7.4.2.3 广告计费统计

广告计费统计系统根据不同的计费方式为广告主提供计费的统计。通常情况下，广告计费系统以Web服务器为基础，收集系统展示给用户的广告的次数，或者用户对广告的点击行为等，然后根据不同的广告计费方式向广告主收取相应的费用。

7.4.2.4 在线分析工具

常用的在线工具有很多，包括ZooKeeper、Thrift、Storm和Scribe等等，下面我们分别对这些工具进行介绍。

Zookeeper是一种分布式的、开源的、应用于分布式应用的协作服务。它提供了一些简单的操作，使得分布式应用可以基于这些接口实现诸如同步、配置维护和分集群或者命名的服务。Zookeeper使用了一个和文件树结构相似的数据模型，可以使用Java或者C很方便地进行编程接入。Zookeeper通过一种和文件系统相似的层级命名空间来让分布式进程互相协同工作。这些命名空间由一系列数据寄存器组成。和文件系统不一样的是，Zookeeper的数据是存储在内存上的。这就意味着Zookeeper有着高吞吐和低延迟。Zookeeper实现了高性能，高可靠性和有序的访问。高性能保证了Zookeeper能应用在大型的分布式系统上。高可靠性保证它不会由于单一节点的故障而造成任何问题。有序的访问能保证客户端可以实现较为复杂的同步操作。

Thrift源于Facebook，解决了Facebook系统中各子系统间大数据量的传输通信以及系统之间语言环境不同的问题。Thrift适用于程序间的数据交换，需要预先定义数据结构，是完全静态化的；当数据结构发生变化时，必须重新编辑代码文件，生成代码，再编译载入的流程，跟其他IDL工具相比较可以视为Thrift的弱项。Thrift适用于搭建大型数据交换及存储的通用工具，对于大型系统中的内部数据传输相对于JSON和XML无论在性能、传输大小上有明显的优势。

Storm是一个分布式的、容错的实时计算系统，可以方便地在一个计算机集群中编写与扩展复杂的实时计算，Storm之于实时处理，就好比Hadoop之于批处理。Storm 提供了一种简单的编程模型，可有效地降低实时处理的复杂性。Storm支持多种编程语言，诸如Clojure、Java、Ruby等。如果需要增加对其他语言的支持，只需实现一个简单的Storm通信协议即可。Storm提供了可靠的消息处理，可保证每个消息至少能得到一次完整的处理。

Scribe是Facebook一个开源的实时分布式日志收集系统。它提高了大规模日志收集的可靠性和可扩展性。可以在不同的节点上安装Scribe服务，然后这些服务会把收集到的信息发布到中心的服务集群上去。当中心服务不可得到时，本地的Scribe服务会暂时把收集到的信息存储到本地，等中心服务恢复以后再进行信息的上传。中心服务集群可以把收集到的信息写入本地磁盘或者分布式文件系统上，如HDFS，或者分发到另一层的Scribe服务集群上去。

7.4.3 广告系统评估标准

CTR（Click Through Rate）：CTR是评估在线广告系统的一种重要标准。一个广告的CTR可定义为该广告的被点击次数（Clicks）与该广告的投放次数（Impressions）之间的比率，即

$$CTR(a_i) = \frac{Clicks(a_i)}{Impressions(a_i)} \tag{7.1}$$

例如，一个条幅广告被投放了100次，只收到了一次点击，那么该广告的CTR为1%。条幅广告的CTR一般会随着时间而逐渐降低。在条幅广告出现在互联网之初，其CTR一般在5%左右。而目前条幅广告的CTR则在0.2%到0.3%之间。大多数在线广告系统均会设计先进的算法来预测或改进广告的CTR。

CR（Conversion Rate）：在线广告系统中，对一个广告而言，CR是指对此广告作出反应（包括点击及后续行动）的用户数量与接收到此广告投放的总用户数量之间的比率。

§ 7.5 搜索广告

搜索广告，又称为赞助商广告检索，是指广告主根据自己的产品或服务的内容、特点等，确定相关的关键词，撰写广告内容并资助定价投放的广告。当用户搜索到广告主投放的关键词时，相应的广告就会展示给用户。在搜索结果中加入相关的广告，既可以满足广告主精准投放的需求，又能给用户提供有用的广告信息，同时还为广告媒体带来了一定的收益，因此，搜索广告便成为了广告主、用户和广告媒体三方之间的一个博弈过程，而博弈的目标则是使三方的总收益最大化。图7.3显示的是Google的搜索结果页面，其广告区域主要分为左广告栏和右广告栏两部分。图7.4大致描述了一个搜索广告系统的架构。

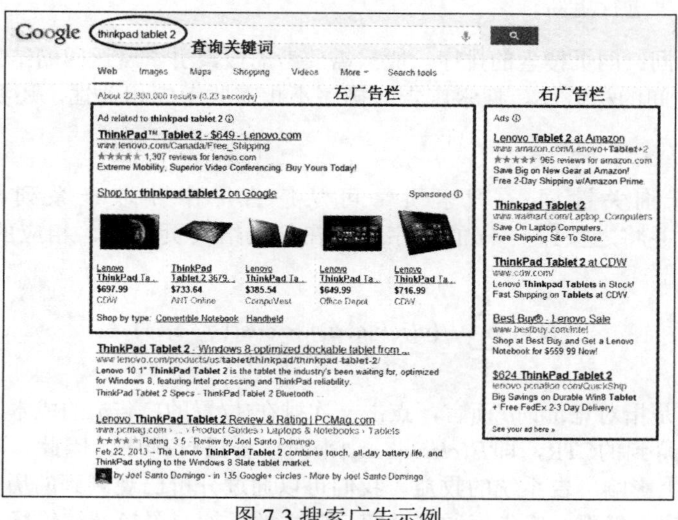

图 7.3 搜索广告示例

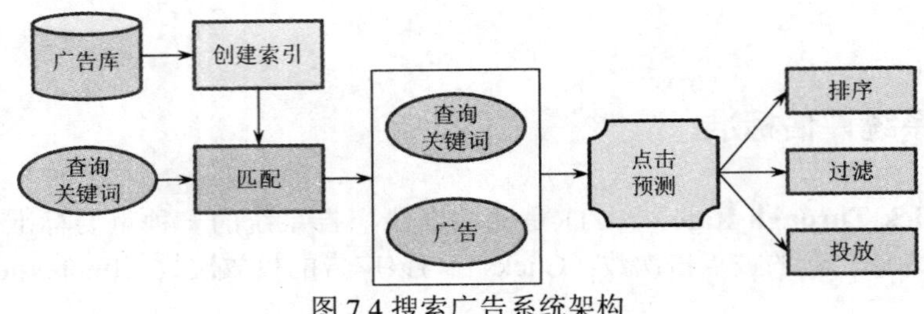

图 7.4 搜索广告系统架构

大多数搜索引擎采用三阶段的搜索广告策略。给定一个查询关键词，搜索引擎首先从广告库中找到一系列与此关键词相关的广告，而后对这些广告的CTR进行预测，并根据预测结果对这些广告进行排序，最后选择排行较高的广告并将这些广告投放在搜索结果网页中合适的位置。在此策略中，搜索相关广告其实是一个信息检索的过程，其本质与搜索网页非常相似，包括索引和检索的流程。但由于广告本身的特性，搜索相关广告的过程与搜索网页有以下方面的不同。

1. 目标不同：网页搜索的目标在于满足用户对特定信息的需求，而搜索广告旨在满足用户体验的前提下最大限度地实现利益的最大化。由此可以看出，网页搜索需要考虑用户信息需求的多样化，而搜索广告则侧重对收益的追求。

2. 涉及对象不同：网页搜索所涉及的对象包含网页信息和用户，即用户通过搜索来获得特定信息。而搜索广告涉及的对象包括用户、广告主及广告媒体三方，即搜索的结果要尽可能地满足此三方的需求。

3. 文档规模不同：网页搜索的数据非常庞大，其索引的大小直接影响搜索体验及搜索结果的质量。相对而言，搜索广告的文档数量要少一个量级。

4. 内容更新方式不同：网页搜索的数据需要通过搜索引擎主动更新，即以网页爬虫来获取尽可能多的网页信息。而搜索广告的更新是被动的，一般是通过广告主将广告提供给广告媒体来进行更新。

5. 排序方式不同：网页搜索的排序一般只需要考虑搜索引擎所返回的结果与用户所输入的关键词之间的相关性。搜索广告的排序不止需要考虑相关性，还要加入价格因素和CTR等。

给定一个查询关键词q，搜索引擎可从广告库中获取一系列与之相关的广告$\{a_1, \cdots, a_n\}$，并将之按$1, \cdots, n$的顺序显示在搜索结果页面上，相应的收入期望值可通过下式计算得出：

$$R = \sum_{i=1}^{n} P(click|q, a_i) \times cost(q', a_i, i) \tag{7.2}$$

其中$cost(q', a_i, i)$是指对竞价词q'而言，点击一次排在i位置的广告a_i的成本。大多数搜索引擎会根据预测所得到的CTR，即$P(click|q, a_i)$来对广告进行排序。因此，对广告的CTR预测会在一定程度上影响广告系统的收益。我们可以通过分析已观测到的历史CTR统计数据来对广告进行排序；然而，广告库通常会随广告主的添加、置换及编辑行为而不断变化，从而会产生许多新的查询关键词和广告内容。这使得传统的CTR预测方法很难对新产生的

关键词和广告进行预测。

在获得一系列相关广告并对其进行排序之后，搜索引擎需要从中选择部分广告并决定广告投放的位置。在实际生活中，很多查询关键词并没有商业性质，例如“互信息公式”或者“条件熵”。在这种情况下，将广告显示在搜索结果页面的上方会在一定程度上带来不理想的用户体验；因为这些位置本可以放置与搜索关键词相关的搜多结果。因此在搜索广告中，如果广告的预测CTR值非常低，则搜索结果页面不会显示任何广告信息。另外，在搜索页面中投放过多的广告，或者投放与搜索关键词不相关的广告也会对用户体验造成造成一定程度的影响。

在这一节中，我们将从上述三个方面，即如何高效地选择相关广告、如何有效地预测广告的CTR以及如何投放所选广告，对搜索广告进行介绍。目前学术界对这三个方面已有很多的研究工作，主要是从信息检索的角度对搜索广告进行阐释。另外，我们也会对广告主对竞价词的竞价策略进行大致的介绍。

7.5.1 广告索引

在搜索广告初期，为了能够将广告显示在搜索页面上，广告主需要对相关的搜索关键词进行竞价，我们称这种搜索关键词为竞价词。在这一模式下，广告选择是通过搜索关键词和竞价词之间严格的匹配来完成的，因此如何选择相关的搜索关键词成为了广告主盈利的决定性因素。这就要求广告主有一定的能力为广告选择覆盖面比较广的关键词列表。但通常情况下，由于人力有限，广告主不可能从海量的搜索关键词中选择比较合适的竞价词。为解决这一问题，搜索引擎提供了高级匹配的功能，广告的选择不再通过搜索关键词和竞价词之间的严格匹配，而是通过一定的近似算法来完成。

为提供快速的检索，搜索引擎需要首先对广告文本和广告的竞价词进行索引。在当前的在线广告系统中，文本广告包含一系列的实体（如图7.5 所示），一般会存储在结构化的数据库中。每个广告主会有一个或多个广告账户，而每个广告账户均包含一些广告活动，如促销、打折等，有着不同的时间性的和主题性的目的。每个广告活动会包含一系列的广告组，每个广告组中含有多个广告语作为广告文本，并且含有多个竞价词。广告语通常从不同侧面对商品进行宣传，而竞价词则由广告主提供，用以对应不同的商品描述。在一个广告组中，任一广告语均可与任一广告词对应起来，作为一条广告信息显示给用户。在搜索引擎中，一个广告组可包含几十个广告语和上千个竞价词。广告的这种层次型的存储方案使得广告主在定义广告时有相当大的自由性。对搜索引擎而言，为提供快速有效的广告投放，需要对广告语和竞价词进行索引。在索引之后，广告检索便可转化为对<广告语，竞价词>的结构化检索。

如果采用标准的信息检索技术对所有可能的<广告语，竞价词>组合进行索引，每个广告语和每个竞价词均会被索引很多次，这种方法会导致存储空间的严重浪费。另外，如果将现代搜索引擎所采用的倒排索引算法应用于这种组合，所得到的广告索引的数量将会非常大。因此，对所有的<广告语，竞价词>组合进行索引的方法并不可行。为解决这一问题，[23] 对层次型的索引方案进行了探索，并得出结论：对<广告语，竞价词>组合进行层次型的索引可以非常显著地减少重复索引的数量。在研究中，他们首先将广告库转化为一系列层次型的结构化文本，并采用标准的信息索引技术来构建广告索引。他们进而利用广告库的层次特性定义了几种相关的排序策略，来对广告检索进行优化。

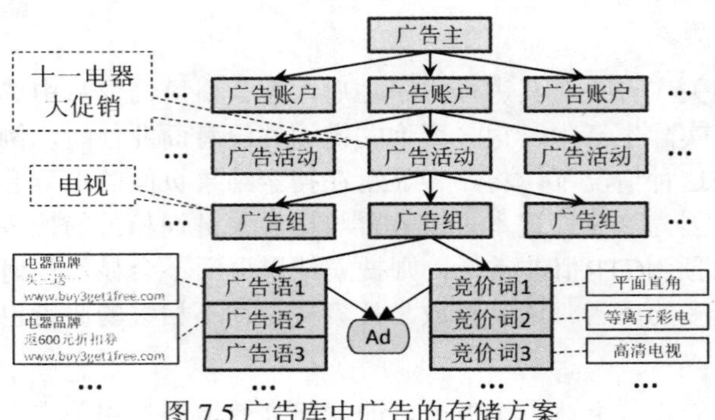

图 7.5 广告库中广告的存储方案

7.5.2 广告匹配模型

现有的搜索引擎在进行广告匹配时，会首先根据现有数据创建广告匹配模型。常用的匹配模型包括分类模型和排序模型[4]。对于一个广告-查询组合(a,q)而言，我们可通过特征提取的方法抽取出特征，并将此组合定义为一条维度为d的记录，即$\mathbf{x}\in\mathbb{R}^d$。这里$\mathbf{x}$表示特征向量的集合，而其中的每一特征向量$\mathbf{x}_i$均由一系列特征组成。特征可以用广告-查询组合中的关键词表示。任一记录$\mathbf{x}_i$均会与某一标签值y_i对应，$y_i\in\{-1,+1\}$。在匹配模型中，我们可以根据历史数据对$\mathbf{x}_i$和y_i进行关联。给定(a,q)，如果q所返回的a曾被点击，则与其对应的$\mathbf{x}_i$的标签值$y_i=+1$，即y_0；否则，$y_i=-1$，即y_1。我们建立匹配模型是为了得出$\mathbf{x}_i$中的特征权重$\vec{\alpha}$，而根据此权重所得到的标签值$F(\mathbf{x}_i;\vec{\alpha})$应该与实际的标签值$y_i$非常接近。这里，$\vec{\alpha}$表示权重向量，维度与特征向量的维度相同，其中的值表示与之对应的特征的重要程度。

7.5.2.1 分类模型

分类模型主要是通过对现有的广告点击数据的分析，采用机器学习的方法建立点击记录$\mathbf{x}_i$与标签值y_i之间的关系，并将之以函数的形式表示出来。换句话说，我们可以采用分类模型所产生的分类器对(a,q)进行分类，而类标包含y_0和y_1。在建立分类模型时，训练集中的记录(a,q)是彼此独立的，而所得到的分类器可在给定查询q的条件下对广告进行排序，从而确定最有可能被点击的广告。

最简单的分类器是二进制感知器（Binary Perceptron）。二进制感知器使用符号函数进行判别

$$F(\mathbf{x};\vec{\alpha})=\mathrm{sign}(\langle\mathbf{x},\vec{\alpha}\rangle) \tag{7.3}$$

这里的符号$\{-1,+1\}$是与标签值y_0,y_1相对应的。我们可以通过训练集得出权重向量$\vec{\alpha}$。文献 [45]对二进制感知器进行了改进，添加了均衡模型和非均衡的边际函数。均衡模型是通过对所有在训练过程中得到的感知器进行平均化来对分类器做正规化的一种方法[54]。非均衡的边际函数是一种处理类标非平均分布的分类器学习的方法[77]。在广告点击数据中，未被点击的广告数量显著地多于被点击的广告数量；通过非均衡的边际函数，我们可以得到与正类相关的更大的边际，从而使所得到的分类器能够更好地区分数据。具体而言，我们可以在训练过程中定义一个阀值τ_1来表征正类的边际。在训练时，如果一个正类的实例$\mathbf{x}$的

标签值$F(\mathbf{x};\vec{\alpha}) \leq \tau_1$，我们视这种情况为一次分类错误。学习的更新规则为：

$$\vec{\alpha}^{t+1} = \vec{\alpha}^t + y_i \mathbf{x}_i \tag{7.4}$$

而定义在二进制分类器上的排序函数则为记录$\mathbf{x}$与权重向量$\vec{\alpha}$的内积，即$S_{\text{apm}} = \langle \mathbf{x}, \vec{\alpha} \rangle$。

7.5.2.2 排序模型

在对点击反馈的数据进行建模时，我们可以将之视为一个排序的过程，而此排序问题亦可进一步转化为二进制分类问题[103]。为此，我们可对记录对进行训练，从而找出数据中成对的偏好。具体而言，令R_b为一个广告块b中的一系列的记录对，即$(\mathbf{x}_i, \mathbf{x}_j) \in R_b \leftrightarrow r(y_i) < r(y_j)$，其中$r(y_i)$是记录$\mathbf{x}_i$在块$b$中的排名。

给定权重向量$\vec{\alpha}$，记录$\mathbf{x}$的分数为$\mathbf{x}$与$\vec{\alpha}$的内积，即

$$S_{\text{rank}} = \langle \mathbf{x}, \vec{\alpha} \rangle \tag{7.5}$$

在训练过程中，对每个记录对$(\mathbf{x}_i, \mathbf{x}_j) \in R_b$，我们可以得出$S_{\text{rank}}(\mathbf{x}_i - \mathbf{x}_j)$。给定一个边际函数$g$（这里，边际函数用于描述类标的分布情况）和一个正类边际阀值τ，如果$S_{\text{rank}}(\mathbf{x}_i - \mathbf{x}_j) \leq g(r(y_i), r(y_j)) \cdot \tau$，我们便可对权重向量进行更新[45]，即

$$\vec{\alpha}^{t+1} = \vec{\alpha}^t + (\mathbf{x}_i - \mathbf{x}_j) g(r(y_i), r(y_j)) \cdot \tau \tag{7.6}$$

7.5.3 CTR预测与广告投放

搜索广告系统的主要任务是根据所给定的搜索关键词来决定投放什么样的广告，以及以怎样的顺序投放。一般说来，广告主已经选定了一系列的竞价词来对应其所要投放的广告，搜索引擎需要对与竞价词相匹配的广告的投放顺序。在搜索结果页面上，用户点击广告的概率会依广告放置顺序的变化而变化，并且下降得非常快（如图7.6所示）。因此，对搜索引擎而言，将表现最好的广告放置在显著的位置将会使得收益最大化。

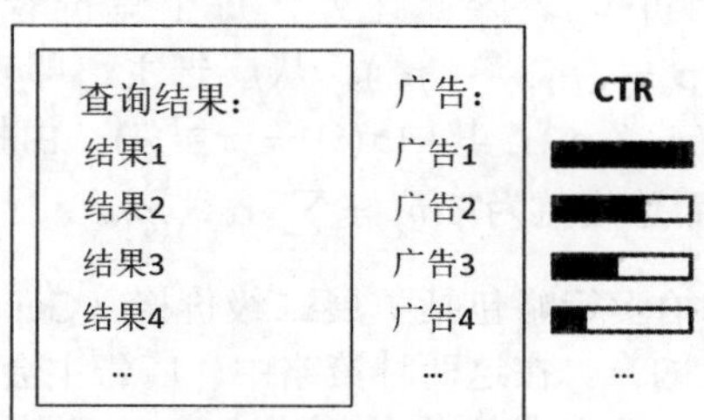

图 7.6 CTR随广告位置的变化

近年来，搜索广告的市场有了非常显著的发展。每天都会有新的广告主投放广告，同时已有的广告主也会经常发布新的广告活动。另外，已有的广告会被定向到新的查询关键词上。一些广告主会定向数以千计的不常被使用的查询词，以增加他们的投资回报。因此，新发广告的数量急剧增长；而面对如此庞大的广告库，搜索引擎很难从中得到先验的信息。

通常情况下，与一个查询关键字相匹配的广告数量会远远超过搜索结果页面上可供投放的位置。例如，大部分用户在使用搜索引擎进行查询时，一般只会看搜索结果的第一页，因此所显示的广告的数量也就限定在了第一页中广告位置的数量（一般有5～8个广告

位）。即使在第一页中，CTR也会随广告投放位置的变化而显著降低。为保证广告投放的质量和收益的最大化，大多数搜索引擎会通过收益的期望值对广告进行排序

$$E_{ad}[revenue] = p_{ad}(click) \cdot Measure_{ad} \tag{7.7}$$

其中$p_{ad}(click)$表示一个广告被点击的概率，通常是根据由历史点击数据所得到的预测模型进行预测。$Measure_{ad}$是计算广告收益的量度，包括CPM、CPC 和CPA等（详细介绍见7.3.1小节）。在搜索广告中最常用的量度是CPC，即根据广告被点击的次数计价，一般设定为广告的第一竞价值或者第二竞价值。因此，对广告被点击的概率，即$p_{ad}(click)$的预测，对于计算广告的收益期望值是非常重要的。对于已经被投放过很多次（即有很多impressions）的广告而言，其$p_{ad}(click)$可以通过二项式的最大似然估计得到，即#click/#impressions。然而，由于广告的CTR相对较低，这种估计的方差会相当高。

7.5.4 拍卖策略

在搜索广告中，搜索结果页面的广告投放位置是相当有限的。一般情况下，广告主为了能够使自己投放的广告出现在搜索结果页面的显著位置，需要对广告投放位进行竞价。这就涉及到了一个配套市场的过程：数目为n的广告主对数目为k的广告位进行竞价。我们对此问题进行形式化的描述。给定n个竞价者和k个广告位，$k < n$。每个广告位被点击的概率为α_i。我们假定排名高的广告位的被点击概率较高，即$\alpha_1 \geq \alpha_2 \geq \cdots \geq \alpha_k$。我们可以假定有额外的$n-k$个虚拟的广告位，其被点击概率为0，即$\alpha_i = 0, i > k$。对每个竞价者而言，我们假定其通过每次广告点击可得到的收益为v_i，并假定$v_1 \geq v_2 \geq \cdots \geq v_n$。由此，我们可得到CTR的向量$\alpha = (\alpha_1, \cdots, \alpha_n)$和竞价者收益向量$\mathbf{v} = (v_1, \cdots, v_n)$。每个竞价者会给出竞价$b_i$，则竞价向量为$\mathbf{b} = (b_1, \cdots, b_n)$。基于CTR向量$\alpha$和竞价向量$\mathbf{b}$，广告位的拍卖策略可描述为一种分配机制：$\pi : [n] \rightarrow [n]$，即竞价者$\pi(j)$被分配给了广告位$j$。除此之外，每个竞价者对每次点击所支付的价格为$p_i$，我们可得到价格向量$\mathbf{p} = (p_1, \cdots, p_n)$。从广告主，即竞价者的角度出发，每位竞价者的收益为$u_i(\mathbf{b}) = \alpha_{\sigma(i)}(v_i - p_i)$，其中$\sigma(i) = \pi^{-1}(i)$。由拍卖策略所产生的社会价值为$SW(\mathbf{v}, \pi) = \sum_i \alpha_i v_{\pi(i)}$，而总收益为$\mathcal{R}(b) = \sum_i \alpha_{\sigma(i)} p_i$。

在搜索广告中，常用的拍卖策略包括扩展二级价格（Generalized Second-Price, GSP）和Vickrey-Clarke-Groves（VCG）。在这两种策略中，广告主会按照他们的竞价得到相应的广告位，竞价高者所得到的广告位被点击的概率会相对较大。二者之间也有着明显的不同。

1.GSP

GSP是一种非真实的拍卖机制。每个竞价者均会给出竞价，竞价最高者得到第一个广告位，竞价第二高者得到第二个广告位，以此类推；然而，在付费方面，竞价最高者所支付的广告位费用为竞价第二高者给出的竞价，竞价第二高者所支付的广告位费用为竞价第三高者给出的竞价，以此类推。简言之，GSP模仿了单商品的第二价格拍卖机制，即

$$p_i = \begin{cases} b_{\pi(\delta(i)+1)} & \text{if } \delta(i) < n, \\ 0 & \text{otherwise.} \end{cases} \tag{7.8}$$

在GSP中，对真实价值的竞价并非是Nash均衡的[80]。举一个简单的例子，假定有两个广告位，其被点击概率分别为$\alpha_1 = 1$，$\alpha_2 = 0.4$，有三位竞价者，其定价分别为$v_1 = 7$，$v_2 = 6$，$v_3 = 1$。对于竞价序列$7, 6, 1$而言，其并非是Nash均衡的。第一竞价者可以将其竞价降到5，从而得到价格为1的第二个广告位，并且增加其收益。GSP 在搜索广告市场中较受欢迎，目前Google、Bing 和Yahoo 均采用这种策略。

2.VCG

VCG是一种真实的拍卖机制。每位竞价者都需要报告其真实的报价，因此这是一种弱占优的策略。拍卖系统会为每个广告位分配一种社会优化方式。系统通过评价每位竞价者对其他竞价者的影响来对竞价者进行收费，即

$$p_i^{VCG} = \frac{1}{\alpha_{\delta(i)}} \sum_{j=\delta(i)+1}^{n} (\alpha_{j-1} - \alpha_j) b_{\pi(j)}. \tag{7.9}$$

因此，VCG最终的结果是社会价值最大化的，其收益为

$$\mathcal{R}^{VCG}(\mathbf{v}) = \sum_i \sum_{j>i} (\alpha_{j-1} - \alpha_j) v_j = \sum_{i=2}^{n} (i-1)(\alpha_{i-1} - \alpha_i) v_i. \tag{7.10}$$

举一个简单的例子。假设有两位竞价者b_1和b_2，两个广告位t_1和t_2，每个竞价者只能得到一个广告位。令$v_{i,j}$为竞价者b_i对广告位t_j的竞价。假定$v_{1,1} = 10$，$v_{1,2} = 5$，$v_{2,1} = 5$，$v_{2,2} = 3$。我们可以看出b_1和b_2均想得到t_1，但最优分配为将t_1分配给b_1（b_1得到10的收益），并将t_2分配给b_2（b_2得到3的收益），总收益为13，为最优解。假如b_2退出了拍卖，b_1仍可得到t_1，并且对b_1无任何损害，因此对b_2不收取费用。假如b_1退出了拍卖，则b_2可得到t_1，但b_1的退出到这b_2多交了2的费用，因此对b_1额外收取2的费用。VCG的拍卖策略一直被Facebook所采用。

§7.6 上下文广告

目前，在新浪、搜狐、中华网、人民网等大型网站上，我们可以在网络文章正文旁看到一个“窄告”的文字框，包含很多文字广告。与一般的竞价排名或者文字链接等广告形式不同的是，“窄告”中的广告信息是和文章的内容相关联的。比如，我们看到一则报道最新汽车的文章，则“窄告”中会显示与汽车销售或者服务相关的广告。这种广告形式被称为上下文广告（Contextual Advertising）。图7.7中展示了一个上下文广告的例子，其中网页内容是有关NBA球星的报道，而网页右边面板中显示了多种篮球鞋的广告，与新闻内容有一定的相关性。

Google的Adsense和Yahoo 的Content Match 均是上下文广告。和付费搜索或者竞价排名的广告形式不同，上下文广告显示在内容页面而非搜索结果页面。换言之，上下文广告的本质是建立在媒体之上的广告，而付费搜索和竞价排名则是建立在搜索引擎之上的“搜索结果”和“排名”。上下文广告的相关性，即广告与文章内容的关联性，是上下文广告区别于其他广告类型的重要特征之一。上下文广告一般以文本形式或图片形式呈现，大多采用点击付费（CPC）的方式。一些可输出庞大印象数（Impression）的网站也会采用CPM作为首选付费方式。

上下文广告系统通常包含四种角色：

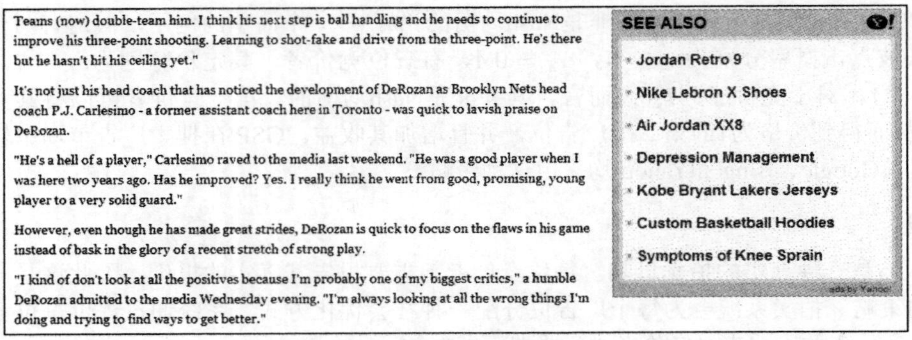

Teams (now) double-team him. I think his next step is ball handling and he needs to continue to improve his three-point shooting. Learning to shot-fake and drive from the three-point. He's there but he hasn't hit his ceiling yet."

It's not just his head coach that has noticed the development of DeRozan as Brooklyn Nets head coach P.J. Carlesimo - a former assistant coach here in Toronto - was quick to lavish praise on DeRozan.

"He's a hell of a player," Carlesimo raved to the media last weekend. "He was a good player when I was here two years ago. Has he improved? Yes. I really think he went from good, promising, young player to a very solid guard."

However, even though he has made great strides, DeRozan is quick to focus on the flaws in his game instead of bask in the glory of a recent stretch of strong play.

"I kind of don't look at all the positives because I'm probably one of my biggest critics," a humble DeRozan admitted to the media Wednesday evening. "I'm always looking at all the wrong things I'm doing and trying to find ways to get better."

SEE ALSO

- Jordan Retro 9
- Nike Lebron X Shoes
- Air Jordan XX8
- Depression Management
- Kobe Bryant Lakers Jerseys
- Custom Basketball Hoodies
- Symptoms of Knee Sprain

图 7.7 上下文广告示例

1. 广告主：广告主是上下文广告信息的提供方。一般说来，广告主会提供一系列的广告活动，以达到特定的时间上和主题上的目标。比如，广告主可以定义一个节假日电器打折的广告活动。

2. 广告媒体：广告媒体是网页信息的拥有者，以提供良好的用户体验和最大化广告收益为目标。

3. 广告网络：广告网络是广告主和广告媒体相互通信的中间媒介。广告网络与广告主共同得益于广告收入。

4. 用户：用户是访问网页的终端，并且会与广告有直接的交互。

上下文广告是直接营销的一种形式。与传统的媒体广告相比，上下文广告可以很容易地对用户的反馈进行度量。一般说来，用户在网页上点击了广告，会被重定向到广告主的网站。广告主需要为每次点击行为作一定量的支付。与搜索广告不同，竞价词在上下文广告中的作用并不显著，但其通常被视为广告主定向受众的一种精简的描述。除此之外，上下文广告还会包含一个标题（通常以粗体显示）和一段广告语（有限的几行文字描述）。

广告网络模型可以帮助我们调整广告主、广告媒体和网络之间的收益比率。一般说来，广告的一次点击会为广告主和广告网络提供收入，并会为广告媒体提供网络流量。给定一个页面p，网络的收入可根据下式进行估计

$$R = \sum_{i=1\cdots k} P(click|p, a_i) \cdot price(a_i, i) \tag{7.11}$$

其中k为广告显示在页面p上的总次数，$price(a_i, i)$是指广告a_i在位置i的点击价格。在此模型中，价格决定于页面p上所有被显示的广告。大部分价格模型均采用第二价格拍卖策略来决定点击价格。而对于点击概率，取决于广告与页面内容的相关程度。在下面的章节中，我们主要对如何估计点击概率进行介绍。

7.6.1 广告匹配

随着互联网信息的日益增长，上下文广告面临着越来越严峻的挑战。网页数量和用户数量的不断增长，使得现有的上下文广告模型很难高效地处理上下文广告的投放。而上下文广告的点击数据非常稀疏，根据此类数据所得出的广告模型并不能实现广告的精准投

放[7]。目前，上下文广告领域相关工作主要分为两类：一类是基于广告与网页内容的关联度信息以及用户点击的反馈信息来计算广告与网页的匹配度[32,36,68,97]；另一类则将上下文广告问题转化为了传统的信息检索问题，将网页内容视为查询关键词，而将待投放的广告集合视为文档集[35,48,74]。

广告匹配模型将广告与网页内容分别以特征向量表示，并将二者映射到相同的向量空间内。通过向量的表示方法，广告匹配问题便转化为寻找与网页向量最相似的广告向量的问题。在文献 [32,68,97]中，网页与广告的匹配程度是通过计算网页向量与广告向量之间的相似度得到的，但并未结合广告点击数据对匹配模型进行优化。在文献 [36] 中，网页与广告的相似度与广告的点击反馈结合在了一起，并通过这种结合来对上下文广告点击率进行预测。基于logistic回归模型，作者将点击反馈与决定相关度的网页和广告以语义信息相结合，通过学习得到更多的参数，对广告-网页的评分模型进行扩展和优化。

给定一个网页p，我们需要选择与此网页内容相关的广告。我们假定一个广告a_i包含标题，文本描述及一个超链接。对于p和一系列的广告$\mathcal{A}$而言，一种简单的排序策略是将p的内容与每个广告a_i的内容进行比较。为此，我们需要将p与a_i表示成可比较的形式。常用的表示形式有向量模型[81]。在向量模型中，查询关键词和文档均被表示为n 维空间内带权重的向量。令w_{iq}表示查询关键词q中的词t_i的权重，w_{ij}表示文档d_j中词t_i的权重。我们可将查询关键词表示为$\vec{q} = (w_{1q}, w_{2q}, \cdots, w_{iq}, \cdots, w_{nq})$，将文档表示为$\vec{d_j} = (w_{1j}, w_{2j}, \cdots, w_{ij}, \cdots, w_{nj})$。这些权重可通过tf-idf进行计算[81]。查询关键词q 与文档d_j 之间的匹配程度可通过二者的余弦相似度得出

$$sim(q, d_j) = \frac{\vec{q} \cdot \vec{d_j}}{|\vec{q}| \times |\vec{d_j}|} = \frac{\sum_{i=1}^{n} w_{iq} \cdot w_{ij}}{\sqrt{\sum_{i=1}^{n} w_{iq}^2}\sqrt{\sum_{i=1}^{n} w_{ij}^2}} \tag{7.12}$$

在广告匹配过程中，我们可将p视为q，将a_i视为d_j，并根据广告与页面的相似度来对广告进行排序。

在上下文广告投放过程中，广告主会对其所投放的广告a_i分配一系列的关键字，令k_i代表一个关键字。我们可以将广告a_i和关键字k_i成对表示，即$(a_i, k_i) \in \mathcal{K}$，而$\mathcal{K}$表示广告主对$a_i$的关键字分配集合。在基于关键字的定向广告中，这种关键字可用于广告与网页内容间的匹配。因此，我们可以通过计算页面p与关键字之间的相似度来得到其与广告之间的相似度，即

$$AD(p, a_i) = sim(p, k_i). \tag{7.13}$$

由广告主分配给广告a_i的关键字在一定程度上代表了广告所要传达的信息，我们可以使用广告与关键字的组合来进行匹配，即

$$AD(p, a_i) = sim(p, a_i \cup k_i) \tag{7.14}$$

另外，关键词k_i可能并不会出现在显示广告a_i的页面p上。从广告主的角度出发，k_i对a_i中的主要内容进行了概括，如果k_i出现在p中，我们可认为与其关联的广告和p是相似的。为此，我们可得到以下两种匹配策略

$$AD(p, a_i) = \begin{cases} sim(p, a_i) & \text{if } k_i \in p \\ 0 & \text{otherwise,} \end{cases} \quad AD(p, a_i) = \begin{cases} sim(p, a_i \cup k_i) & \text{if } k_i \in p \\ 0 & \text{otherwise.} \end{cases} \tag{7.15}$$

7.6.2 关键字提取

用户访问网页时，广告媒体会对广告网络发出请求，申请投放相应的广告。由于对实时性的严格要求，广告媒体不可能将整个网页的信息都发送给广告网络，广告网络也不可能在毫秒级的时间范围内下载整个网页的信息，分析其内容，并选择最相关的广告。通常，广告网络会在线下载网页信息并从其内容中提取相关的关键词和类别。网页内容包括标题、URL及链接文字等，可视为广告系统中的“上下文”环境。为了能够迅速地匹配广告，从网页内容和广告中所提取出的关键字均会被建立索引。当一个页面请求投放广告是，索引会自动查找与其关键字相对应的最相关的广告。但这种方法有一定的局限性：

1. 关键词检索精度：关键词来自于网页内容，其中会包含一些不相关的关键词，会影响广告的选择。其根本原因在于排行较高的关键词有可能与上下文的相关程度非常小。

2. 索引的约束：网页的访问频率一般会呈现出幂律的分布[20]，因此，有很多网页会处于长尾区域，其被访问频率非常低。这些网页一般不会被下载和索引。另外，包含动态内容、用户产生的内容的页面或者需要进行验证的页面也不会被下载和索引。如果这些未被索引的页面发出广告投放请求，传统的方法并不能为其投放广告。这种情况下，唯一可用的资源即为URL令牌，而根据此资源得到的广告会与上下文环境相悖。

为解决这些问题，很多研究工作针对网络的拓扑结构展开研究，并提出新型的建立索引的方法。例如，文献 [74]通过对相同网站上相似网页信息的处理，来扩充目标网页的上下文环境。为此，他们首先根据网页内容对网页进行聚类，而后利用决策树对网页的URL令牌建立一种层次结构。在这种层次结构中，令牌被视为特征，而聚类所得到的网页组被视为类标。随后，给定一个URL，与此网页相关的关键字可通过自顶至下或自底至上的方法，从决策树中提取出来。这种层次索引结构支持URL的部分匹配，因此对于未被索引的网页，可在层次结构中找到与之相似的网页信息。

7.6.3 广告排序模型

广告系统中，用户u访问一次网页p被称为一次印象（Impression），而对于p的每次印象，系统根据广告和网页内容的匹配程度，会从广告网络中取出一系列的广告进行投放。广告点击模型根据点击历史来估计每个广告被点击的概率。而后，广告系统根据广告的期望CPM，即$P(click(a)|p,u,a)V(a)$对广告进行排序，其中$V(a)$为广告主的竞价，即广告的最大化的CPC。广告系统随即返回排名高的k个广告，并将之显示在网页上。k由广告媒体决定，一般为3个或4个广告。

在广告领域中，广告的转化渠道是指用户在访问网页后所发生的一系列的活动。用户在点击广告后，会被重定向到广告主的着陆页或其他网页。广告主会在相应页面上设置标记，如果用户通过广告点击来访问，则将此记录下来，称为转化行为（Conversion Event）。图7.8描述了广告的转化渠道。每一段的大小表示与之相应的活动的数量。例如，在上下文广告中，一般1,000次的印象会有1次点击，而100次点击会有一次转化，也就是说，1次转化需要100,000次的印象。

为增加广告的转化率，广告服务器，即广告网络需要对上下文广告进行较为精准的排序，使得收益最大化。广告服务器代表着广告媒体及广告主的利益，因此在对广告进行排

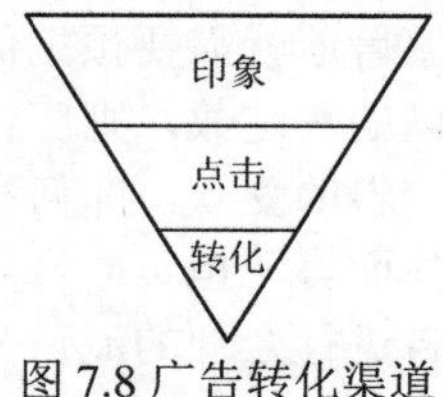

图 7.8 广告转化渠道

序时，需要在高点击率的广告和高回报率的广告之间进行折中。对每个广告a而言，广告主会对其收益值有一个期望值$E[V(a)]$。广告的一次印象会产生以下三种结果之一：用户并未点击（表示为I），用户点击之后并未转化（表示为C），用户点击之后得到了转化（表示为N）。广告主会对每种情况有一个期望值。那么，广告主对一次印象的期望值可表示为

$$E[V(a)] = P(I)V(I) + P(C)V(C) + P(N)V(N) \tag{7.16}$$

在以CPM为收费标准的广告系统中，我们希望广告的竞价会与印象的期望值相近。因此，广告系统会根据印象的期望值对广告进行排序，考虑如何在不损害CTR的情况下增加广告的转化率，并考虑如何降低一次转化点击的成本。为此，文献[17]中提出了一种基于转化的排序模型。该模型首先将一系列的印象分成不同的组，而后在广告组间寻求一种偏序（Partial Order），以达到将转化率最大化的目的。

§ 7.7 显示广告

显示广告，是最早的一种广告形式，包含文本、图片等信息。图7.9是一个显示广告的例子。

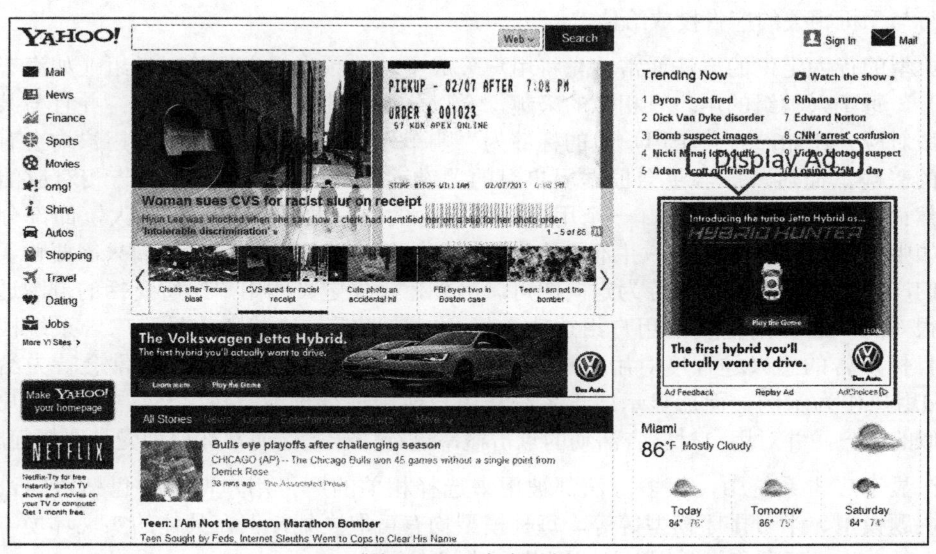

图 7.9 显示广告示例

显示广告按照购买和展示的条件可分为两种类型，担保交付（Guaranteed Delivery）和无担保交付（Non-Guaranteed Delivery）。

- 担保交付：通常是在广告合同签署前就需要预先估计网站的流量，并保证广告的印象数。如果广告的印象数少于合同的规定数，则广告媒体需要支付差额给广告主。在广告合同中，广告主一般会指定广告的受众，即何种用户、用户在何地点、收入水平、文化程度等信息。而对广告媒体而言，担负广告需要预先计算广告流量以及每种流量的价格，并对已签署合同的广告进行合理的流量分配。担保交付是显示广告市场早期常用的一种合同方式。

- 无担保交付：无担保交付中，广告媒体在展示广告前并不需要保证广告的印象数，也不需要精确计算网页流量的价格。在进行广告匹配时，无担保广告通过竞价的方式选取利润最大化的广告。对广告主而言，其所支付的广告费用远远低于担保交付中广告合同所规定的数量。无支付交付是目前显示广告市场中应用最广泛的合同方式。

在当前的大部分显示广告系统中，广告主一般会倾向于支付能引起用户兴趣的广告投放。为此，很多无担保交付的系统提供了基于performance的价格模型，如CPC和CPA等。为确保显示广告的收益，广告系统会首先根据用户的行为定位选择广告，而后对根据广告的期望收入值所选广告进行排序，并选择排名较高的广告进行投放。在这一章中，我们将从如何进行用户定位以及如何进行CRT的预测这两方面对显示广告进行介绍。

7.7.1 用户定位

在显示广告中，用户的行为定位主要是指广告主可以根据用户最近的在线行为来投放相应的广告内容[2]。用户的行为包括在搜索引擎中的搜索关键字、用户在某些网站上所浏览的网页等信息。比如，如果我们观测到某一用户经常使用搜索引擎搜索与手机相关的信息，或者经常访问各大手机提供商的网站，那么该用户就有可能需要购买手机，而我们就可以将与手机相关的广告投放给他。

典型的行为定位的方法通常首先将用户分成不同的预先定义好的兴趣组（如汽车、健康等），每个兴趣组的用户有相似的兴趣，会以一系列的关键词打上标签，并且与某一产品领域对应。比如，有一个用户组的标签为“购车”，那么该用户组中的用户均会有购买汽车的兴趣。而后，广告主会根据用户组的关键词的描述来购买与其广告相对应的用户组。然而在显示广告系统中，一个用户组所包含的用户数量可能非常庞大，而部分广告主，如中小型企业的广告主，并不能承担整个用户组的费用。因此，他们只需要购买那些对他们产品感兴趣的用户的行为定向即可。另外，预先定义的用户组所囊括的范围通常很广，很难与广告主所需要的用户组达成良好的对应关系。这就要求显示广告系统根据用户对目标广告的感兴趣程度对用户进行选择和排序。对广告主而言，通常会首先给定一些seed用户作为示例，而后显示广告系统从用户库中进行查询，找出与这些seed用户的兴趣相似的用户，并对用户对广告活动的点击概率进行估计。这通常被称为受众选择问题。

在显示广告系统中，很多方法都被用来选择相关的广告用户，其中包括协同过滤模型、主题模型、学习排序模型等等。每种模型均有可取之处，但在具体的实现环境下会有一些不足之处。下面我们分别对这几种模型进行介绍。

协同过滤模型：协同过滤模型通常应用于推荐系统中，首先找出与目标用户相似的用户，而后将经常被这些用户所访问的产品推荐给目标用户。协同过滤模型通常要求用户要有一定的使用记录。然而在显示广告系统中，每个用户点击广告的次数一般非常少，而其购买或者转化的行为相对更少。在这种情况下，协同过滤模型并不适用。另外，协同过滤模型要求用户的兴趣是静态的，而在显示广告系统中，用户的兴趣是随时间而变化的。

主题模型：主题模型，如LDA [28]模型，通常被用于提取文档中潜在的语义主题。在显示广告系统中，用户的访问信息通常被视为文档，而主题模型可以从多个文档中找出潜在的语义主题，并针对每个文档提取出其中所包含的语义主题。而后，系统可通过计算任意两个文档在潜在语义主题上的相似度来选择用户。文献 [107]采用主题模型对用户的档案进行建模，并将用户的选择问题转化为一种检索问题来解决。然而，主题模型的训练过程所需要的计算能力相当大，并不能在显示广告系统中实现高效的建模。

学习排序模型：学习排序模型，即Learning-to-Rank，首先定义在训练集上的期望函数，而后采用成对学习的方法，对期望函数进行最小化的优化。通常用于成对学习的目标函数为

$$\min_{\eta} L(\eta, P) + C\|\eta\|_2^2 \tag{7.17}$$

其中$L(\eta, P)$指的是在训练集P中对所有成对对象的经验性的风险估计。在显示广告系统中，学习排序模型可被用于根据用户的信息对用户进行排序，并从中为广告主选择合适的用户信息。文献 [105]提出将学习排序模型与主题模型相结合来进行用户的行为定向。他们假设点击相同类型广告的用户有相当高的概率共享潜在的主题兴趣。基于此假设，模型结合了从用户搜索历史中找出的主题和通过学习排序模型排序过的用户，并采用迭代的方法对参数进行优化。

7.7.2 CTR预测

目前的显示广告系统大部分均采用无担保交付的合同方式。这种方式一般采用机器学习的方法来估计广告的点击概率。学习过程所使用的数据均来自运行的系统，采用从用户信息、广告主、广告以及广告的目录信息中所提取出的特征来进行建模。这种建模方法对于那些在系统中存在已久的广告而言是较为可靠的；但对新发布的广告而言，这种建模方法所得出的结果并不理想。另外在建模过程中，广告的具体内容，如图片信息等，并未被使用；这类信息有可能帮助我们更好地进行用户的行为定向。文献 [16,44]从图形化的广告中提取出部分多媒体的特征，并将之应用于CTR的预测过程中。他们从静态图片和动态的flash广告中提取了特征，并探索了整张图片所提取出的全局性的特征以及图片的部分片段中所提取出的局部特征对CTR的影响。实验结果表明，多媒体特征可以改善对新发布广告的CTR预测。

在提取特征后，可将预测点击率的问题转化为分类问题。给定一系列的训练样本$\mathcal{D} = \{(\mathbf{f}(p_j, a_j, u_j), y_j)\}_{j=1}^n$，其中$\mathbf{f}(p_j, a_j, u_j) \in \mathcal{R}^d$表示$d$维特征空间内的广告媒体-广告-用户记录，而$y_j \in \{-1, +1\}$表示相应的类标（$+1$表示被点击，$-1$表示未被点击）。给定广告媒体$p$，广告$a$和用户$u$，CTR预测问题即为计算点击概率$p(y|p, a, u)$。在文献 [44]，他们采用最大熵的方法来计算此概率，即

$$p(y|p, a, u) = \frac{1}{1 + \exp(\sum_{i=1}^d w_i f_i(p, a, u))}, \tag{7.18}$$

其中$f_i(p, a, u)$表示从广告媒体-广告-用户记录(p, a, u)中提取出的第i个特征，而$w_i \in \mathbf{w}$表示与之相关的权重。给定训练集$\mathcal{D}$后，模型可以通过最小化数据中的损失量来学习出权重向

量w：

$$LOSS(\mathbf{w}) = \sum_{i}^{n} L(\mathbf{w}; f_i(p_i, a_i, u_i), c_i) + \frac{\lambda}{2}\|\mathbf{w}\|^2, \tag{7.19}$$

其中$L(\cdot)$为logistic损失函数，而$\frac{\lambda}{2}\|\mathbf{w}\|^2$可用于对目标函数进行平滑化。

§7.8 本章小结

本章首先对计算广告产业链进行大致的介绍，之后针对计算广告学中的典型任务展开讨论，包括搜索广告（Sponsored Search）、上下文广告（Contextual Advertising）、显示广告（Display Advertising）、行为定位（Behavioral Targeting）等。在每一专题中，我们对现有的解决方法进行了分析和总结，并对专题中存在的问题进行了详细的讨论。对计算广告学感兴趣的读者可以对这一章的内容选择性地阅读。

§7.9 术语解释

1. **计算广告（Computational Advertising）**：是一门新兴学科，主要研究如何为互联网广告平台提供快速有效的计算方法，以便于广告信息的发布、整合、投放等一系列活动。
2. **搜索广告/赞助广告（Sponsored Search）**：是指在搜索引擎中，检索结果页面上所投放的广告，一般与搜索关键词和搜索内容较为相关。
3. **上下文广告（Contextual Advertising）**：是指在用户浏览网页时，投放在网页上的与网页内容相关的广告。
4. **显示广告（Display Advertising）**：是指在大型门户网站上以文本、图片及其他多媒体形式投放在网页显著位置的广告。
5. **行为定位（Behavioral Targeting）**：是指在进行广告市场定位时，通过对消费者购买同类产品时对价格、性能等因素的考虑来进行分析定位的方法。
6. **点击率（Click Through Rate）**：是指广告被点击的次数与被显示的次数之比，反映了广告的受关注程度。
7. **千人成本（Cost per Thousand Impressions）**：是指将某一广告展示1000次的成本计算单位，是衡量广告投入成本的实际效用的方法之一。
8. **点击成本（Cost per Click）**：是一种以每次点击为单位收取广告费用的方式，可帮助广告主避免只浏览不点击的广告风险，是比较成熟的广告收费方式之一。
9. **行动成本（Cost per Action）**：是指广告主为每个行动所付出的成本，也称为按效果付费成本，即按照广告投放的实际效果，如回应的有效问卷或订单来计费。
10. **回应成本（Cost per Response）**：是指在投放广告时每用户的反馈成本。

11. **交易成本（Cost per Purchase）**：是指在投放广告时每购买成本。广告主为规避广告费用风险，只有在用户点击广告并进行在线交易后，才按销售笔数付给广告站点费用。

12. **转化率（Conversation Rate）**：是指通过点击广告进入推广网站的网络用户形成转化的比率。

13. **扩展二级价格（Generalized Second-Price）**：是一种拍卖方式，竞买者以密封的形式独立出价，广告也出售给出价最高的投标者，但获胜者支付的是所有投标价格中的第二高价。

14. **担保交付（Guaranteed Delivery）**：是广告主与广告经营者之间所签订的一种合同方式，指在一定时期内广告经营者为广告主展示一定数量的广告，并保证达到合同所规定的数量。

15. **无担保交付（Non-Guaranteed Delivery）**：是广告主与广告经营者之间所签订的一种合同方式，广告主在广告交易市场中实时购买广告位，以方便广告主对其预算进行有效地控制。

参考文献

[1] 陈培爱. 广告学概论, volume 220. 高等教育出版社, 2004.

[2] 张大勇. 个性化网络广告推荐技术研究评述. 哈尔滨工业大学学报: 社会科学版, (005):108~112, 2009.

[3] 景东，邓媛媛. 论计算广告的形式及其审美特征. 哈尔滨工业大学学报(社会科学版), 1:008, 2011.

[4] 郭庆涛，郑滔. 计算广告的匹配算法综述. Computer Engineering, 37(7), 2011.

[5] 周傲东，周敏奇，宫学庆. 计算广告：以数据为核心的*web*综合应用. 计算机学报, 34:1805~1819, 2011.

[6] 顾其威，郭鹏，潘锋报. 手机广告推荐中的用户兴趣建模研究倡. 计算机应用研究, 29(2), 2012.

[7] 涂丹丹，舒承椿，余海燕. 基于联合概率矩阵分解的上下文广告推荐算法. 软件学报, 24:454~464, 2013.

[8] D. Agarwal, E. Gabrilovich, R. Hall, V. Josifovski, and R. Khanna. *Translating relevance scores to probabilities for contextual advertising*. In Proceedings of the 18th ACM conference on Information and knowledge management, pages 1899~1902. ACM, 2009.

[9] D. Agarwal, S. Pandey, and V. Josifovski. *Targeting converters for new campaigns through factor models*. In Proceedings of the 21st international conference on World Wide Web, pages 101~110. ACM, 2012.

[10] G. Aggarwal, S. Muthukrishnan, D. Pál, and M. Pál. *General auction mechanism for search advertising*. In Proceedings of the 18th international conference on World wide web, pages 241~250. ACM, 2009.

[11] R. Agrawal, S. Ieong, and R. Velu. *Optimizing merchant revenue with rebates*. In Proceedings of the fourth ACM international conference on Web search and data mining, pages 395~404. ACM, 2011.

[12] S. Alaei, R. Kumar, A. Malekian, and E. Vee. *Balanced allocation with succinct representation*. In Proceedings of the 16th ACM SIGKDD international conference on Knowledge discovery and data mining, pages 523~532. ACM, 2010.

[13] A. Anagnostopoulos, A. Z. Broder, E. Gabrilovich, V. Josifovski, and L. Riedel. *Just-in-time contextual advertising*. In Proceedings of the sixteenth ACM conference on Conference on information and knowledge management, pages 331~340. ACM, 2007.

[14] N. Archak, V. S. Mirrokni, and S. Muthukrishnan. *Mining advertiser-specific user behavior using adfactors*. In Proceedings of the 19th international conference on World wide web, pages 31~40. ACM, 2010.

[15] A. Ashkan and C. L. Clarke. *Modeling browsing behavior for click analysis in sponsored search*. In Proceedings of the 21st ACM international conference on Information and knowledge management, pages 2015~2019. ACM, 2012.

[16] J. Azimi, R. Zhang, Y. Zhou, V. Navalpakkam, J. Mao, and X. Fern. *Visual appearance of display ads and its effect on click through rate*. In Proceedings of the 21st ACM international conference on Information and knowledge management, pages 495~504. ACM, 2012.

[17] A. Bagherjeiran, A. O. Hatch, and A. Ratnaparkhi. *Ranking for the conversion funnel*. In Proceeding of the 33rd international ACM SIGIR conference on Research and development in information retrieval, pages 146~153. ACM, 2010.

[18] R. Balakrishnan and R. P. Bhatt. *Real-time bid optimization for group-buying ads*. pages 1707~1711, 2012.

[19] H. Bao and E. Y. Chang. *Adheat: an influence-based diffusion model for propagating hints to match ads*. In Proceedings of the 19th international conference on World wide web, pages 71~80. ACM, 2010.

[20] Z. Bar-Yossef and M. Gurevich. *Estimating the impressionrank of web pages*. In Proceedings of the 18th international conference on World wide web, pages 41~50. ACM, 2009.

[21] J. Barajas, R. Akella, M. Holtan, J. Kwon, A. Flores, and V. Andrei. *Dynamic effects of ad impressions on commercial actions in display advertising*. In Proceedings of the 21st ACM international conference on Information and knowledge management, pages 1747~1751. ACM, 2012.

[22] H. Becker, A. Broder, E. Gabrilovich, V. Josifovski, and B. Pang. *What happens after an ad click?: quantifying the impact of landing pages in web advertising*. In Proceedings of the 18th ACM conference on Information and knowledge management, pages 57~66. ACM, 2009.

[23] M. Bendersky, E. Gabrilovich, V. Josifovski, and D. Metzler. *The anatomy of an ad: Structured indexing and retrieval for sponsored search*. In Proceedings of the 19th international conference on World wide web, pages 101～110. ACM, 2010.

[24] A. Bhalgat, J. Feldman, and V. Mirrokni. *Online allocation of display ads with smooth delivery*. In Proceedings of the 18th ACM SIGKDD international conference on Knowledge discovery and data mining, pages 1213～1221. ACM, 2012.

[25] V. Bharadwaj, P. Chen, W. Ma, C. Nagarajan, J. Tomlin, S. Vassilvitskii, E. Vee, and J. Yang. *Shale: an efficient algorithm for allocation of guaranteed display advertising*. In Proceedings of the 18th ACM SIGKDD international conference on Knowledge discovery and data mining, pages 1195～1203. ACM, 2012.

[26] V. Bharadwaj, W. Ma, M. Schwarz, J. Shanmugasundaram, E. Vee, J. Xie, and J. Yang. *Pricing guaranteed contracts in online display advertising*. In Proceedings of the 19th ACM international conference on Information and knowledge management, pages 399～408. ACM, 2010.

[27] M. Bilenko and M. Richardson. *Predictive client-side profiles for personalized advertising*. In Proceedings of the 17th ACM SIGKDD international conference on Knowledge discovery and data mining, pages 413～421. ACM, 2011.

[28] D. M. Blei, A. Y. Ng, and M. I. Jordan. *Latent dirichlet allocation*. the Journal of machine Learning research, pages 993～1022, 2003.

[29] C. Borgs, J. Chayes, O. Etesami, N. Immorlica, K. Jain, and M. Mahdian. *Dynamics of bid optimization in online advertisement auctions*. In Proceedings of the 16th international conference on World Wide Web, pages 531～540. ACM, 2007.

[30] A. Broder, M. Ciaramita, M. Fontoura, E. Gabrilovich, V. Josifovski, D. Metzler, V. Murdock, and V. Plachouras. *To swing or not to swing: Learning when (not) to advertise*. In Proceeding of the 17th ACM conference on Information and knowledge management, pages 1003～1012. ACM, 2008.

[31] A. Broder, P. Ciccolo, E. Gabrilovich, V. Josifovski, D. Metzler, L. Riedel, and J. Yuan. *Online expansion of rare queries for sponsored search*. In Proceedings of the 18th international conference on World wide web, pages 511～520. ACM, 2009.

[32] A. Broder, M. Fontoura, V. Josifovski, and L. Riedel. *A semantic approach to contextual advertising*. In Proceedings of the 30th annual international ACM SIGIR conference on Research and development in information retrieval, pages 559～566. ACM, 2007.

[33] A. Broder, E. Gabrilovich, V. Josifovski, G. Mavromatis, and A. Smola. *Bid generation for advanced match in sponsored search*. In Proceedings of the fourth ACM international conference on Web search and data mining, pages 515～524. ACM, 2011.

[34] A. Z. Broder, P. Ciccolo, M. Fontoura, E. Gabrilovich, V. Josifovski, and L. Riedel. *Search advertising using web relevance feedback*. In Proceedings of the 17th ACM conference on Information and knowledge management, pages 1013～1022. ACM, 2008.

[35] J. W. Byers, M. Mitzenmacher, and G. Zervas. *Adaptive weighing designs for keyword value computation*. In Proceedings of the third ACM international conference on Web search and data mining, pages 331～340. ACM, 2010.

[36] D. Chakrabarti, D. Agarwal, and V. Josifovski. *Contextual advertising by combining relevance with click feedback*. In Proceedings of the 17th international conference on World Wide Web, pages 417～426. ACM, 2008.

[37] D. Chan, R. Ge, O. Gershony, T. Hesterberg, and D. Lambert. *Evaluating online ad campaigns in a pipeline: causal models at scale*. In Proceedings of the 16th ACM SIGKDD international conference on Knowledge discovery and data mining, pages 7～16. ACM, 2010.

[38] Y. Chen, P. Berkhin, B. Anderson, and N. R. Devanur. *Real-time bidding algorithms for performance-based display ad allocation*. In Proceedings of the 17th ACM SIGKDD international conference on Knowledge discovery and data mining, pages 1307～1315. ACM, 2011.

[39] Y. Chen, O. Jin, G.-R. Xue, J. Chen, and Q. Yang. *Visual contextual advertising: Bringing textual advertisements to images*. In Proceedings of the 24th AAAI Conference, AAAI, pages 1314～1320. AAAI, 2010.

[40] Y. Chen, D. Pavlov, and J. F. Canny. *Large-scale behavioral targeting*. In Proceedings of the 15th ACM SIGKDD international conference on Knowledge discovery and data mining, pages 209~218. ACM, 2009.

[41] Y. Chen, G.-R. Xue, and Y. Yu. *Advertising keyword suggestion based on concept hierarchy*. In Proceedings of the international conference on Web search and web data mining, pages 251~260. ACM, 2008.

[42] Y. Chen and T. W. Yan. *Position-normalized click prediction in search advertising*. In Proceedings of the 18th ACM SIGKDD international conference on Knowledge discovery and data mining, pages 795~803. ACM, 2012.

[43] H. Cheng and E. Cantú-Paz. *Personalized click prediction in sponsored search*. In Proceedings of the third ACM international conference on Web search and data mining, pages 351~360. ACM, 2010.

[44] H. Cheng, R. van Zwol, J. Azimi, E. Manavoglu, R. Zhang, Y. Zhou, and V. Navalpakkam. *Multimedia features for click prediction of new ads in display advertising*. In Proceedings of the 18th ACM SIGKDD international conference on Knowledge discovery and data mining, pages 777~785. ACM, 2012.

[45] M. Ciaramita, V. Murdock, and V. Plachouras. *Online learning from click data for sponsored search*. In Proceeding of the 17th international conference on World Wide Web, pages 227~236, 2008.

[46] R. Colini-Baldeschi. *Sponsored search auctions*. In Proceedings of the sixth ACM international conference on Web search and data mining, pages 737~740. ACM, 2013.

[47] Y. Cui, R. Zhang, W. Li, and J. Mao. *Bid landscape forecasting in online ad exchange marketplace*. In Proceedings of the 17th ACM SIGKDD international conference on Knowledge discovery and data mining, pages 265~273. ACM, 2011.

[48] K. S. Dave and V. Varma. *Pattern based keyword extraction for contextual advertising*. In Proceedings of the 19th ACM international conference on Information and knowledge management, pages 1885~1888. ACM, 2010.

[49] J. Dean and S. Ghemawat. *Mapreduce: simplified data processing on large clusters*. Communications of the ACM, 51(1):107~113, 2008.

[50] E. Even Dar, V. S. Mirrokni, S. Muthukrishnan, Y. Mansour, and U. Nadav. *Bid optimization for broad match ad auctions*. In Proceedings of the 18th international conference on World wide web, pages 231~240. ACM, 2009.

[51] T.-K. Fan and C.-H. Chang. *Blogger-centric contextual advertising*. Expert Systems with Applications, 38(3):1777~1788, 2011.

[52] A. Farahat and M. C. Bailey. *How effective is targeted advertising?* In Proceedings of the 21st international conference on World Wide Web, pages 111~120. ACM, 2012.

[53] U. Feige, N. Immorlica, V. Mirrokni, and H. Nazerzadeh. *A combinatorial allocation mechanism with penalties for banner advertising*. In Proceeding of the 17th international conference on World Wide Web, pages 169~178. ACM, 2008.

[54] Y. Freund and R. E. Schapire. *Large margin classification using the perceptron algorithm*. Machine learning, 37:277~296, 1999.

[55] A. Fuxman, A. Kannan, Z. Li, and P. Tsaparas. *Enabling direct interest-aware audience selection*. pages 575~584, 2012.

[56] A. Ghose and S. Yang. *Analyzing search engine advertising: firm behavior and cross-selling in electronic markets*. In Proceeding of the 17th international conference on World Wide Web, pages 219~226. ACM, 2008.

[57] A. Ghose and S. Yang. *An empirical analysis of sponsored search performance in search engine advertising*. In Proceedings of the international conference on Web search and web data mining, pages 241~250. ACM, 2008.

[58] A. Ghosh and M. Mahdian. *Externalities in online advertising*. In Proceedings of the 17th international conference on World Wide Web, pages 161~168. ACM, 2008.

[59] A. Ghosh, B. I. Rubinstein, S. Vassilvitskii, and M. Zinkevich. *Adaptive bidding for display advertising*. In Proceedings of the 18th international conference on World wide web, pages 251~260. ACM, 2009.

[60] A. Ghosh and A. Sayedi. *Expressive auctions for externalities in online advertising*. In Proceedings of the 19th international conference on World wide web, pages 371~380. ACM, 2010.

[61] A. Goel and K. Munagala. *Hybrid keyword search auctions*. pages 221~230, 2009.

[62] M. Grabchak, N. Bhamidipati, R. Bhatt, and D. Garg. *Adaptive policies for selecting groupon style chunked reward ads in a stochastic knapsack framework.* In Proceedings of the 20th international conference on World wide web, pages 167~176. ACM, 2011.

[63] N. Gupta, A. Das, S. Pandey, and V. K. Narayanan. *Factoring past exposure in display advertising targeting.* In Proceedings of the 18th ACM SIGKDD international conference on Knowledge discovery and data mining, pages 1204~1212. ACM, 2012.

[64] S. Gupta, M. Bilenko, and M. Richardson. *Catching the drift: learning broad matches from clickthrough data.* In Proceedings of the 15th ACM SIGKDD international conference on Knowledge discovery and data mining, pages 1165~1174. ACM, 2009.

[65] C. Karande, A. Mehta, and R. Srikant. *Optimizing budget constrained spend in search advertising.* In Proceedings of the sixth ACM international conference on Web search and data mining, pages 697~706. ACM, 2013.

[66] M. Karimzadehgan, W. Li, R. Zhang, and J. Mao. *A stochastic learning-to-rank algorithm and its application to contextual advertising.* In Proceedings of the 20th international conference on World wide web, pages 377~386. ACM, 2011.

[67] A. Kolesnikov, Y. Logachev, and V. Topinskiy. *Predicting ctr of new ads via click prediction.* In Proceedings of the 21st ACM international conference on Information and knowledge management, pages 2547~2550. ACM, 2012.

[68] A. Lacerda, M. Cristo, M. A. Gonçalves, W. Fan, N. Ziviani, and B. Ribeiro-Neto. *Learning to advertise.* In Proceedings of the 29th annual international ACM SIGIR conference on Research and development in information retrieval, pages 549~556. ACM, 2006.

[69] S. Lahaie, D. C. Parkes, and D. M. Pennock. *An expressive auction design for online display advertising.* In Proceedings of the National Conference on Artificial Intelligence (AAAI), pages 108~113. AAAI, 2008.

[70] K. Lang, J. Delgado, D. Jiang, B. Ghosh, S. Das, A. Gajewar, S. Jagadish, A. Seshan, C. Botev, M. Bindeberger-Ortega, et al. *Efficient online ad serving in a display advertising exchange.* In Proceedings of the fourth ACM international conference on Web search and data mining, pages 307~316. ACM, 2011.

[71] K. J. Lang, B. Moseley, and S. Vassilvitskii. *Handling forecast errors while bidding for display advertising.* In Proceedings of the 21st international conference on World Wide Web, pages 371~380. ACM, 2012.

[72] K.-c. Lee, B. Orten, A. Dasdan, and W. Li. *Estimating conversion rate in display advertising from past erformance data.* In Proceedings of the 18th ACM SIGKDD international conference on Knowledge discovery and data mining, pages 768~776. ACM, 2012.

[73] K. P. Leela, M. Parsana, and S. Garg. *Relevance-index size tradeoff in contextual advertising.* In Proceedings of the 19th ACM international conference on Information and knowledge management, pages 1721~1724. ACM, 2010.

[74] K. P. Leela, M. Parsana, and S. Garg. *Learning website hierarchies for keyword enrichment in contextual advertising.* In Proceedings of the fourth ACM international conference on Web search and data mining, pages 425~434. ACM, 2011.

[75] R. A. Lewis, J. M. Rao, and D. H. Reiley. *Here, there, and everywhere: correlated online behaviors can lead to overestimates of the effects of advertising.* In Proceedings of the 20th international conference on World wide web, pages 157~166. ACM, 2011.

[76] W. Li, X. Wang, R. Zhang, Y. Cui, J. Mao, and R. Jin. *Exploitation and exploration in a performance based contextual advertising system.* In Proceedings of the 16th ACM SIGKDD international conference on Knowledge discovery and data mining, pages 27~36. ACM, 2010.

[77] Y. Li, H. Zaragoza, R. Herbrich, J. Shawe-Taylor, and J. Kandola. *The perceptron algorithm with uneven margins.* In Proceedings of the Nineteenth International Conference on Machine Learning (ICML), pages 379~386, 2002.

[78] N. Liu, J. Yan, D. Shen, D. Chen, Z. Chen, and Y. Li. *Learning to rank audience for behavioral targeting.* In Proceedings of the 33rd international ACM SIGIR conference on Research and development in information retrieval, pages 719~720. ACM, 2010.

[79] Y. Liu, S. Pandey, D. Agarwal, and V. Josifovski. *Finding the right consumer: optimizing for conversion in display advertising campaigns.* In Proceedings of the fifth ACM international conference on Web search and data mining, pages 473~482. ACM, 2012.

[80] B. Lucier, R. Paes Leme, and É. Tardos. *On revenue in the generalized second price auction*. In Proceedings of the 21st international conference on World Wide Web, pages 361∼370. ACM, 2012.

[81] C. D. Manning, P. Raghavan, and H. Schütze. Introduction to information retrieval, volume 1. Cambridge University Press Cambridge, 2008.

[82] A. K. Menon, K.-P. Chitrapura, S. Garg, D. Agarwal, and N. Kota. *Response prediction using collaborative filtering with hierarchies and side-information*. In Proceedings of the 17th ACM SIGKDD international conference on Knowledge discovery and data mining, pages 141∼149. ACM, 2011.

[83] A. Metwally, D. Agrawal, and A. El Abbadi. *Detectives: detecting coalition hit inflation attacks in advertising networks streams*. In Proceedings of the 16th international conference on World Wide Web, pages 241∼250. ACM, 2007.

[84] R. Mirizzi, A. Ragone, T. Di Noia, and E. Di Sciascio. *Semantic tags generation and retrieval for online advertising*. In Proceedings of the 19th ACM international conference on Information and knowledge management, pages 1089∼1098. ACM, 2010.

[85] H. Nazerzadeh, A. Saberi, and R. Vohra. *Dynamic cost-per-action mechanisms and applications to online advertising*. In Proceedings of the 17th international conference on World Wide Web, pages 179∼188. ACM, 2008.

[86] S. Pandey, M. Aly, A. Bagherjeiran, A. Hatch, P. Ciccolo, A. Ratnaparkhi, and M. Zinkevich. *Learning to target: what works for behavioral targeting*. In Proceedings of the 20th ACM international conference on Information and knowledge management, pages 1805∼1814. ACM, 2011.

[87] S. Pandey, K. Punera, M. Fontoura, and V. Josifovski. *Estimating advertisability of tail queries for sponsored search*. In Proceeding of the 33rd international ACM SIGIR conference on Research and development in information retrieval, pages 563∼570. ACM, 2010.

[88] P. Papadimitriou and H. Garcia-Molina. *Sponsored search auctions with conflict constraints*. In Proceedings of the fifth ACM international conference on Web search and data mining, pages 283∼292. ACM, 2012.

[89] P. Papadimitriou, H. Garcia-Molina, P. Krishnamurthy, R. A. Lewis, and D. H. Reiley. *Display advertising impact: Search lift and social influence*. In Proceedings of the 17th ACM SIGKDD international conference on Knowledge discovery and data mining, pages 1019∼1027. ACM, 2011.

[90] A. Penev and R. K. Wong. *Framework for timely and accurate ads on mobile devices*. In Proceedings of the 18th ACM conference on Information and knowledge management, pages 1067∼1076. ACM, 2009.

[91] C. Perlich, B. Dalessandro, R. Hook, O. Stitelman, T. Raeder, and F. Provost. *Bid optimizing and inventory scoring in targeted online advertising*. In Proceedings of the 18th ACM SIGKDD international conference on Knowledge discovery and data mining, pages 804∼812. ACM, 2012.

[92] F. Provost, B. Dalessandro, R. Hook, X. Zhang, and A. Murray. *Audience selection for on-line brand advertising: privacy-friendly social network targeting*. In Proceedings of the 15th ACM SIGKDD international conference on Knowledge discovery and data mining, pages 707∼716. ACM, 2009.

[93] F. Radlinski, A. Broder, P. Ciccolo, E. Gabrilovich, V. Josifovski, and L. Riedel. *Optimizing relevance and revenue in ad search: a query substitution approach*. In Proceedings of the 31st annual international ACM SIGIR conference on Research and development in information retrieval, pages 403∼410. ACM, 2008.

[94] A. Radovanovic and W. D. Heavlin. *Risk-aware revenue maximization in display advertising*. In Proceedings of the 21st international conference on World Wide Web, pages 91∼100. ACM, 2012.

[95] H. Raghavan and R. Iyer. *Probabilistic first pass retrieval for search advertising: from theory to practice*. In Proceedings of the 19th ACM international conference on Information and knowledge management, pages 1019∼1028. ACM, 2010.

[96] S. Ravi, A. Broder, E. Gabrilovich, V. Josifovski, S. Pandey, and B. Pang. *Automatic generation of bid phrases for online advertising*. In Proceedings of the third ACM international conference on Web search and data mining, WSDM, pages 341∼350. ACM, 2010.

[97] B. Ribeiro-Neto, M. Cristo, P. B. Golgher, and E. S. de Moura. *Impedance coupling in content-targeted advertising*. In Annual ACM Conference on Research and Development in Information Retrieval: Proceedings of the 28 th annual international ACM SIGIR conference on Research and development in information retrieval, volume 15, pages 496∼503, 2005.

[98] M. Richardson, E. Dominowska, and R. Ragno. *Predicting clicks: estimating the click-through rate for new ads.* In Proceedings of the 16th international conference on World Wide Web, pages 521∼530. ACM, 2007.

[99] R. Rosales, H. Cheng, and E. Manavoglu. *Post-click conversion modeling and analysis for non-guaranteed delivery display advertising.* In Proceedings of the fifth ACM international conference on Web search and data mining, pages 293∼302. ACM, 2012.

[100] K. Salomatin, T.-Y. Liu, and Y. Yang. *A unified optimization framework for auction and guaranteed delivery in online advertising.* In Proceedings of the 21st ACM international conference on Information and knowledge management, pages 2005∼2009. ACM, 2012.

[101] D. Sculley, R. G. Malkin, S. Basu, and R. J. Bayardo. *Predicting bounce rates in sponsored search advertisements.* In Proceedings of the 15th ACM SIGKDD international conference on Knowledge discovery and data mining, pages 1325∼1334. ACM, 2009.

[102] D. Sculley, M. E. Otey, M. Pohl, B. Spitznagel, J. Hainsworth, and Y. Zhou. *Detecting adversarial advertisements in the wild.* In Proceedings of the 17th ACM SIGKDD international conference on Knowledge discovery and data mining, pages 274∼282. ACM, 2011.

[103] L. Shen and A. K. Joshi. *Ranking and reranking with perceptron.* Machine Learning, 60:73∼96, 2005.

[104] S. Shirazipourazad, B. Bogard, H. Vachhani, A. Sen, and P. Horn. *Influence propagation in adversarial setting: How to defeat competition with least amount of investment.* pages 585∼594, 2012.

[105] J. Tang, N. Liu, J. Yan, Y. Shen, S. Guo, B. Gao, S. Yan, and M. Zhang. *Learning to rank audience for behavioral targeting in display ads.* In Proceedings of the 20th ACM international conference on Information and knowledge management, pages 605∼610. ACM, 2011.

[106] P. Tian, A. V. Sanjay, K. Chiranjeevi, and S. M. Malik. *Intelligent advertising framework for digital signage.* In Proceedings of the 18th ACM SIGKDD international conference on Knowledge discovery and data mining, pages 1532∼1535. ACM, 2012.

[107] S. K. Tyler, S. Pandey, E. Gabrilovich, and V. Josifovski. *Retrieval models for audience selection in display advertising.* In Proceedings of the 20th ACM international conference on Information and knowledge management, pages 593∼598. ACM, 2011.

[108] W. E. Walsh, C. Boutilier, T. Sandholm, R. Shields, G. Nemhauser, and D. C. Parkes. *Automated channel abstraction for advertising auctions.* In Proceedings of the National Conference on Artificial Intelligence (AAAI), pages 887∼894. AAAI, 2010.

[109] C.-J. Wang and H.-H. Chen. *Learning to predict the cost-per-click for your ad words.* In Proceedings of the 21st ACM international conference on Information and knowledge management, pages 2291∼2294. ACM, 2012.

[110] H. Wang, Y. Liang, L. Fu, G.-R. Xue, and Y. Yu. *Efficient query expansion for advertisement search.* In Proceedings of the 32nd international ACM SIGIR conference on Research and development in information retrieval, pages 51∼58. ACM, 2009.

[111] L. Wang, M. Ye, and Y. Zou. *A language model approach to capture commercial intent and information relevance for sponsored search.* In Proceedings of the 20th ACM international conference on Information and knowledge management, pages 599∼604. ACM, 2011.

[112] X. Wang, A. Broder, M. Fontoura, and V. Josifovski. *A search-based method for forecasting ad impression in contextual advertising.* In Proceedings of the 18th international conference on World wide web, pages 491∼500. ACM, 2009.

[113] Y.-M. Wang, M. Ma, Y. Niu, and H. Chen. *Spam double-funnel: Connecting web spammers with advertisers.* In Proc. of the 16th International Conference World Wide Web (WWW), pages 291∼300. ACM, 2007.

[114] G. Wu and B. Kitts. *Experimental comparison of scalable online ad serving.* In Proceeding of the 14th ACM SIGKDD international conference on Knowledge discovery and data mining, pages 1008∼1015. ACM, 2008.

[115] Z. Wu, G. Xu, R. Pan, Y. Zhang, Z. Hu, and J. Lu. *Leveraging wikipedia concept and category information to enhance contextual advertising.* In Proceedings of the 20th ACM international conference on Information and knowledge management, pages 2105∼2108. ACM, 2011.

[116] T. Xu, R. Zhang, and Z. Guo. *Multiview hierarchical bayesian regression model andapplication to online advertising*. In Proceedings of the 21st ACM international conference on Information and knowledge management, pages 485~494. ACM, 2012.

[117] W. Xu, E. Manavoglu, and E. Cantu-Paz. *Temporal click model for sponsored search*. In Proceedings of the 33rd international ACM SIGIR conference on Research and development in information retrieval, pages 106~113. ACM, 2010.

[118] T. Yamamoto, T. Sakai, M. Iwata, C. Yu, J.-R. Wen, and K. Tanaka. *The wisdom of advertisers: Mining subgoals via query clustering*. pages 505~514, 2012.

[119] J. Yan, N. Liu, G. Wang, W. Zhang, Y. Jiang, and Z. Chen. *How much can behavioral targeting help online advertising?* In Proceedings of the 18th international conference on World wide web, pages 261~270. ACM, 2009.

[120] W.-t. Yih, J. Goodman, and V. R. Carvalho. *Finding advertising keywords on web pages*. In Proceedings of the 15th international conference on World Wide Web, pages 213~222. ACM, 2006.

[121] S. Yuan and J. Wang. *Sequential selection of correlated ads by pomdps*. In Proceedings of the 21st ACM international conference on Information and knowledge management, pages 515~524. ACM, 2012.

[122] W. Zhang, L. Tian, X. Sun, H. Wang, and Y. Yu. *A semantic approach to recommending text advertisements for images*. In Proceedings of the sixth ACM conference on Recommender systems, pages 179~186. ACM, 2012.

[123] W. Zhang, Y. Zhang, B. Gao, Y. Yu, X. Yuan, and T.-Y. Liu. *Joint optimization of bid and budget allocation in sponsored search*. In Proceedings of the 18th ACM SIGKDD international conference on Knowledge discovery and data mining, pages 1177~1185. ACM, 2012.

[124] Y. Zhang, A. C. Surendran, J. C. Platt, and M. Narasimhan. *Learning from multi-topic web documents for contextual advertisement*. In Proceeding of the 14th ACM SIGKDD international conference on Knowledge discovery and data mining, pages 1051~1059. ACM, 2008.

[125] Z. A. Zhu, W. Chen, T. Minka, C. Zhu, and Z. Chen. *A novel click model and its applications to online advertising*. In Proceedings of the third ACM international conference on Web search and data mining, pages 321~330. ACM, 2010.

第八章　灾难信息管理

§8.1 摘要

灾难管理旨在有效地应对和避免自然灾害、战争、恐怖袭击等紧急事件给社会和民众带来的财产损失和生命威胁。灾难管理是一个连续过程，主要任务包括了在灾害未发生时的预防，灾难发生之前的准备，灾难过程中的响应，灾害发生后的恢复四个方面。灾难管理的实施需要个人、社区、企业和政府紧密协作，通过有效收集灾情数据，及时共享灾害信息和合理协调社会资源将灾难的影响降到最低。

随着信息技术的不断发展，灾难信息系统的发展在欧美发达国家得到了极大的重视和推动，各种信息处理工具的使用大大提升了处理应急、减低风险、预测损失的能力。然而，近年来信息的爆炸式增长使得原来单纯依靠收集，存储和查询数据的简单管理方式在大数据环境下（数据量大，形式复杂，实时性强）变得不再实用。因此迫切需要有效的数据处理和分析手段将有价值的信息从不断增长的数据中提取出来。数据挖掘技术提供了从数据到信息再到知识的转化流程、工具和方法，因而具备很强的应用潜力能够将灾难管理提升到一个新的台阶。

本章将详细讨论灾难管理领域中数据挖掘技术的应用和实践。从数据、功能、目标和技术出发，说明灾难管理领域中数据的特点、应用的独特性、解决方案以及面临的挑战。同时，以佛罗里达国际大学灾难管理研究项目的原型系统为实例，建立灾难管理需求和系统模块设计的联系，并提供相关算法的实现步骤。

§8.2 灾难管理的背景和目标

近年来，灾难管理与灾害恢复近年来得到了越来越多的注意和重视。随着自然灾害的不断发生、人为破坏和恐怖主义的蔓延，如何能够快速准确的预测发生灾难的方式和类型，评估灾难的破坏程度和影响，以及制定灾后恢复的方针和措施，对保护国家和公民的财产和生命安全，减少灾害影响和损失，提高灾后重建的资源利用和整合效率都起到了至关重要的作用。

灾难管理作为一个庞大的管理体系与整个国民经济息息相关。政府间各个部门，非政府组织，民间团体甚至个人需要紧密合作，建立顺畅的信息沟通渠道和合理的资源共享平台。比如谷歌公司（GOOGLE）正在通过从全球的博客（Blog）中挖掘出和流感相关的信息，从而建立一个预警机制[1]。可以预见，越来越多的先进数据分析技术将被运用到该领域的当中以提升灾难管理的水平，其中最重要的技术之一就是运用数据挖掘工具对灾难信息进行有效的收集、存储、管理和分析[15]。

数据挖掘作为数据分析的手段被广泛运用到各个领域，比如金融、医疗、制造、航空航天、建筑、电子商务、互联网等，旨在从海量的数据和纷繁复杂的数据表象中发现有价值的信息内容和模式，同时结合各个领域特有的知识和经验，在应用实践中为各个领域的管理者提供可信赖的决策支持，为具体工作的实施者提供直接的操作依据。尽管数据挖掘的研究工作已经开展了十多年，但是如何将数据挖掘工具和算法合理有效地与具体的实践领域相结合，数据挖掘研究者和实践者仍然面临不少严峻挑战。

本章节针对灾难管理中数据分析的特点和难点，介绍了相关数据挖掘技术的应用场景和范围并深入讨论数据挖掘的算法细节。

§8.3 灾难管理应用中数据的特点和难点

在灾难管理领域中，快速准确地从大量的灾害数据中提取出有价值的信息对灾前准备和灾后恢复具有决定性的作用，因此也对使用的数据处理工具和分析方法提出了很高的要求。美国国家研究委员会（National Research Council）做过一个关于信息技术在灾难管理领域中作用的调研报告[25]。报告指出：灾难管理领域中信息的独特性使该领域中的信息管理、处理和分析面临很大的挑战。这些独特性包括：

- 产生和消费大量的信息
- 信息的交互具有较高的时间敏感性
- 需要对信息源的可信度进行区分
- 缺乏领域内的通用术语
- 静态、动态和流数据混杂
- 异构的数据众多

另一方面，灾难管理领域相关的数据主要由如下一些典型数据类型组成，各类数据都有相关联的时间和地理位置信息：

- 新闻报道和公告
- 商业报告
- 遥感数据
- 卫星图片和视频资料

针对以上信息特点和数据类型，我们进一步将灾难管理领域中数据处理的难点总结为以下五个方面：信息匮乏和爆炸，信息冗余，信息不一致，时间和地理位置敏感，用户的角色复杂。

信息匮乏和爆炸：大多数灾难的发生具有偶然性和不可预知性。与其他领域的信息生成特点不同，灾难信息在通常情况下（即在灾难未发生之前）并不会大量存在，而是在灾难临近、发生过程中以及发生后的短暂时间范围内出现爆发式地增长，信息的表现形式也会非常的多样化。因此，如何应对信息匮乏和信息爆炸，发现和监控重要的信息渠道，并预测和控制灾情，成为了灾难管理的关键。

信息冗余：灾难发生中或发生后，不同的信息渠道会有很多关于灾难事件的报道。针对多样化的灾难信息，实现有效存储和管理，即对重复信息进行分类并且从多样的重复信息中识别并整合最具代表性的信息，可以极大的节约信息的管理成本和查询成本，提高数据中有价值信息的密度。

信息不一致：信息的不一致往往出现在同一事件的信息中。不同的信息渠道，甚至是同一信息来源的不同时期，对一个事件的描述通常会不一致。以地震灾害的发生为例，与之相关的重要信息，比如地震的范围、地震中心、人员伤亡、救援情况等，不同机构和媒体的报道会出现很多不一致的地方。在大量的相关数据中，找到最准确和最权威的内容并过滤模糊信息，有助于公众和相关机构准确了解灾情并迅速开展和组织赈灾工作。

时间和地理位置敏感：灾难信息具有很高的时间敏感性，尽管有些灾难发生的时间跨度比较大，但是只有对灾难情况的最新报道才有价值，人们通常也只愿意关注刚刚发生或将要发生的事件。另一方面，几乎所有的灾难事件都有地理信息与之关联，如何快速关联和准确定位灾难事件的发生范围对预警和顺利组织援助具有极为重要的意义。

用户的角色复杂：相同的灾难信息对不同角色的机构、组织或个人都有不同的意义。需要对用户进行分类，从而直接有效的传递符合用户角色的信息。因此对用户角色的管理和对信息的分类提出了相应要求。通过对信息传播的途径、范围和受众的管理，一方面可以提高信息密度，另一方面也可以很大程度上提升信息安全和隐私保护的水平。

领域知识的使用：领域实践和经验知识对一个有效的灾难管理是必不可少的支持。需要在长期的实践过程中和灾难管理专家、机构、相关政府部门以及企业合作伙伴之间进行不断的交流和沟通，从而提供给系统设计人员和数据分析人员更好的机会来了解社会资源和实体间具体的沟通和交流方式，得到真实需求，从根本上解决系统的实用性。

基于以上灾难信息管理中的数据特点，如何能合理有效地进行数据获取，存储，管理和分析，是建立灾难信息管理系统和应用的难点所在。一套成功的灾难信息管理系统能够有针对性地应对和解决以上信息传递中的数据特点和难点，最大程度地保证灾难信息管理和共享平台的有效性和可靠性，从而达到灾难管理的最终目标：在正确的时间给正确的人传递正确的信息。

§8.4 灾难管理工作流程和工具

在灾难管理领域中，不同类型的使用者在面对不同任务的时候会对信息管理工具提出不同的需求。比如，政府部门需要实时的信息收集工具帮助工作人员了解灾难状况，从而能够更有效地组织救援，解决赈灾和恢复过程中的资源配置问题；企业管理人员需要及时了解企业生产中相关物资的短缺情况或者供应链上其他单位的受灾情况，从而能够决定如何恢复生产和获取相应的物资；个人用户需要及时了解疏散的通知和各个救助点的配置情况，从而可以做出有针对性的撤离。总体来说，以上不同需求都涉及到如何能够帮助灾难管理参与者进行有效的信息交流，即对当前灾害状况的汇报，资源和基础设施状态的共享，以及与其他组织机构间的紧急情况交流。

以美国的灾难管理系统为例，典型应用场景中，灾难管理系统的用户包括：灾难管理中心、外部的重要合作部门（如警察、消防、交通、运输、通信、能源、电力等部门）、企业用户和个人用户。灾难管理中心提供相应的规章和手册来统一控制，调度和联系各个相关部门来对灾难事件做出应急反应。通常这些工作由特定的信息工具（软件或系统）协助完成，这些信息工具针对部门内部、部门间或者部门与外部机构组织的通信需求来设计和实现。通信的内容大多数是无结构的短文本形式。因此，除了部分文本附带的表格外，这些无结构化的文本是很难被计算机系统自动分析和理解的，因而也就只能以人工的方式对内容进行总结和传达。当较大灾难（比如飓风）袭击来临时，灾难管理中心会实时地收到来自不同信息渠道和部门的大量消息和通信请求（比如针对灾难引发的疾病、交通、洪水的信息和应急方案）。灾难管理工具就用于记录这些信息的交互过程。此外电子邮件，传真等通信方法也可以成为辅助工具。

表8.1对目前全球比较成熟的灾难管理信息系统进行一个较为全面的总结，从服务对象、信息范围、承载平台和主要功能等几个方面来总结和归纳各系统的功能优劣。这些系统能够根据信息交互的目的、内容和规模的不同实施相应的方法和技术：

表 8.1 主要灾难管理软件或系统总结

系统名称	服务对象	信息范围	承载平台	主要功能
WebEOC	地方灾难管理部门	内部	WEB	地方灾难管理中心与各个相关部门之间的信息传递汇总以及信息交互的过程记录
E-Teams	地方灾难管理部门	内部	WEB	地方灾难管理中心与各个相关部门之间的信息传递汇总以及信息交互的过程记录
National Emergency Management Information System by DHS	国家灾难管理部门内部	WEB	客户端	国家灾难管理中心的信息传递汇总以及信息交互的过程记录
Florida Disaster Contractors Network	佛罗里达州相关部门，企业主和居民	公开	WEB	存储和提供区域相关的灾害恢复，灾后合作以及公共关系维护的信息
National Emergency Management Network	地方政府机关	内部/公开	WEB	资源共享和信息管理
RESCUE Disaster Portal	所有人	公开	WEB	应急管理和灾害相关信息的传递
FloridaDisaster.org	企业主	公开	WEB	风险评估和决策支持
DisasterSafety.org	所有人	公开	WEB	相关资料，手册的收集整理
Bizrecovery.org BCiN	地方灾害管理部门，企业主	公开	WEB	全面的灾害信息交互门户，提供信息的分类，广播和资源请求
Hazus By FEMA	政府机关	内部	客户端	灾害的损失评估
Eden By Sahana	灾害管理部门，企业主	内部	客户端	人道主义和慈善救援的组织管理平台
Vesurius By Sahana	医疗机构及相关领域	内部	客户端	医疗鉴别和失踪人员信息管理
SEMS By Sahana	纽约灾难管理中心	内部	客户端	全灾害的避难所管理以及灾害期间的群众保护计划
SAROPS	美国海岸警卫队	内部	客户端	搜寻和救助信息
UVIS By OCME - Office of Chief Medical Examiner	纽约法医总办公室	内部	WEB	重大灾害事件的人员损失管理和信息收集

从表8.1关于灾难管理信息系统的总结中可以看出，尽管已经存在很多信息管理工具，但是使用各个工具的目的和具体任务并不相同。在实际的使用过程中，各工具间容易形成信息孤岛，不利于各个部门或者组织间的信息交互和在更大的范围内传播信息。另一方

面，部门和机构内部使用的这些工具，主要是根据灾难管理中预先设定的操作步骤将汇总而来的信息进行整理，最后输出成操作手册。所以，这些现有的信息工具主要运用了信息的收集和存储技术，很少运用信息分析技术。因此，如何利用已经收集的数据并运用先进的信息分析技术，将有意义的信息有针对性地提取出来，成为开发具有智能的灾难信息管理工具的重点。我们将在下面的几个章节中详细介绍基于数据挖掘技术的灾难信息管理工具和功能模块的设计和开发。

§8.5 灾难管理数据流和功能模块

数据挖掘（Data Mining，DM），也被称为知识发现，是从海量的数据中对隐藏的，不为人们所知的，有潜在价值的信息进行分析和提取的技术[13,31]。实践中，数据挖掘技术泛指从原始数据中提取信息并转换成可以直接运用的知识的整个过程。典型的数据挖掘过程包括了：数据预处理、数据挖掘任务和算法、以及结果整理等步骤[20]。针对以上几个步骤，在灾难管理领域中都有相应的应用难点和独特性：数据预处理：随着存储技术和互联网技术的飞速发展，我们可以从互联网上得到大量与灾难相关的数据。这些数据包括文本、图片、视频和图形。另外，信息来源的渠道也会非常丰富，因而也就产生了大量的异构和不同格式的数据。在这些数据中，对数据噪音和缺失值的处理会直接影响应用数据挖掘技术的效果。同时，对于数据的完整性、可靠性和一致性都有不同层面的要求。

数据挖掘算法：首先，数据挖掘针对不同的分析任务运用相应的算法或者算法组合得到分析结果，而不同用户对分析结果的关注点会很不同。因此，要求数据挖掘能够高效地开发利用不同算法，针对不同用户的个性化关注点生成相应的结果。其次，灾难管理场景中，事件的发生和状态转换都伴随着地理位置信息和很高的时间敏感度。因此，要求数据挖掘算法能够有效的关联时间、空间和文本语义信息来发现有价值的结果。通常会考虑到结合领域知识来提升算法的效率和准确性。最后，灾难管理中的数据有很多独特的性质，比如数据有不同类型、维度和质量；灾难事件本身的不确定性导致的数据在产生和收集过程中的不准确性；一些极少发生的事件缺乏样本；领域知识的理解和结合。

结果整理：主要是考虑如何对分析和发现的结论进行评估，并且将这些结果以用户能够准确理解的方式表现出来，即将结论转换为知识。结合以上难点和独特性，灾难管理领域中的数据挖掘任务主要针对异构数据的集成、存储、管理、筛选、查询和分析进行功能设计，通过将比较成熟的信息技术结合领域相关知识并应用到该领域中从而取得较好的分析结果。上述数据挖掘任务由相应的数据挖掘功能模块来实现，包括信息抽取，信息检索，信息筛选和决策支持。图8.1就展示了数据挖掘在灾难管理中的各个重要功能模块，我们对这些功能模块在处理灾难数据的难点作进一步分析。

8.5.1 信息抽取（Information Extraction，IE）

信息抽取主要从给定的文本集合中自动提取出在特定领域内有上下文或语义信息的结构化信息，如将普通文本转换为关键主体的表格化描述[3,5,24]。在灾难管理领域中，绝大多数的信息都是以文本的形式记录，这些文本并没有预先定义好的格式。因此需要运用信息抽取技术来对这些信息进行处理。但是在特定领域运用信息抽取技术的难点在于以下几点：（1）需要将技术结合新的领域知识，比如开发领域内的词典和知识库；（2）需要将

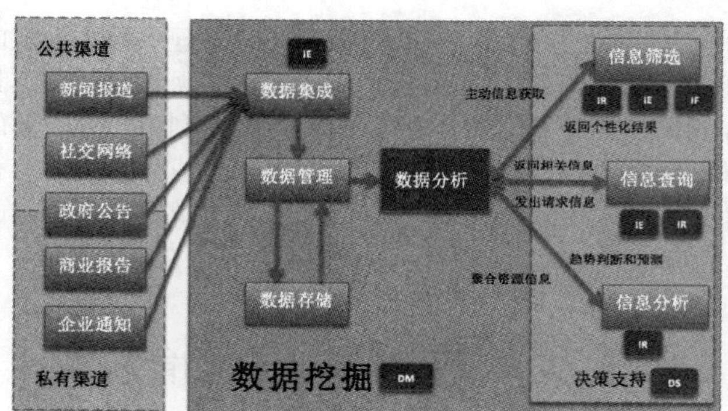

图 8.1 灾难管理数据流和功能模块

技术结合不同的领域语言特征，比如修改语法和词法以适应该领域下的语言构造规范；（3）需要使技术能够处理不同体裁的文本，比如警察报告、政府公告、学术文章甚至医疗记录。尽管有些异构的文本属于同一个领域，但是它们都有属于自己的词法、句法和论述结构；（4）需要使技术能够处理不同种类的文本，比如网页信息和新闻报道。综上，信息抽取技术需要能够在一定程度上解决以上难点，从来自不同数据源的异构数据中提取出结构化的信息以支持分析算法。

8.5.2 信息检索（Information Retrieval，IR）

信息检索通过分析用户的信息请求（通常是一组关键词），从文本集合中查找和反馈与用户请求相关的文本信息。传统的信息检索包括如何进行相关度的计算和如何对结果进行排序[23,28]。在灾难管理领域中，信息检索技术面临的难点同样也是运用信息抽取技术的难点。另外，考虑到灾难管理中同时具有静态信息（比如加油站名称地址），动态信息（比如公路和交通状况）和流数据信息（比如微博和新闻频道），需要信息检索技术有效地将这些数据结合在一起，比如如何对结合了三种类型数据的相关度进行计算和对事件的重要性进行排序。在考虑反馈结果的质量的同时，还要考虑到反馈结果的响应时间和提供个性化的检索结果。而在灾难管理领域中独有的领域知识管理、时间敏感、地理信息等的使用和与用户交互信息的收集都给信息检索技术带来了新的运用空间。

8.5.3 信息过滤（Information Filtering，IF）

信息过滤对冗余信息或无用信息进行清理，采用自动或者半自动的方式进行筛选并提供更紧凑的信息集合。信息过滤技术主要用来对信息过载和噪音进行处理。同样，信息过滤也可以对相关的信息进行筛选，将用户可能感兴趣的信息呈现给用户。和信息检索使用关键字不同的是，信息过滤技术主要针对信息流或动态数据进行相似度比较和匹配[2]。在灾难管理领域中，信息过滤技术面临的难点同样也是运用信息抽取和检索技术的难点。当大灾难事件发生时，海量的信息会不断产生，那么信息过滤技术需要在短时间内找到相关的信息并将信息传递给相关用户。随之而来的问题是，这些经由信息过滤处理的信息并不保证是严格按照时间顺序处理的，因而也就很难能够保证准确而及时的分析结果，比如灾害伤亡，风险评估。另外在大灾难事件中，经过了筛选的信息也具有非常大的数量，使用人工方式也很难在短时间内进行处理和消化。

8.5.4 决策支持（Decision Support，DS）

决策支持主要用于帮助决策者汇总来自不同渠道的有用信息，并提供给决策者符合相应商业模型的信息以及能够解决问题的知识[30,34]。在灾难管理的领域中，有诸如救援、定损等许多进行决策的地方。因此需要用有效的决策支持技术来对灾难状态进行分析和评估，规划恰当的恢复措施和在复杂和冲突的情况下进行综合决策。主要挑战有：多个功能之间的集成（功能包括：数据管理、模型管理、知识引擎、用户接口和用户管理）；多个决策模型需要有效综合；决策模型要适应时间的变化；在有不确定数据的情况下也要能进行有效的决策支持。

下面章节中，我们会针对这些重要的功能模块详细说明如何将数据挖掘相关的研究和技术运用到灾难管理实际中。由于文本数据是当前运用得非常普遍的主流数据格式，因此我们会将重点放在对灾难文本数据（即与灾情相关的文字）的分析上。对多媒体数据的处理，可以参考本书第10章多媒体数据挖掘。

§8.6 数据挖掘在灾难管理中的作用

通过对大量灾难管理案例的研究和分析，我们发现在灾难管理应用中三个主要的信息交流的需求[37]：

第一，在灾难中和灾难后，重新恢复和创建信息流变得非常困难，因为信息网络通常都是很脆弱和不断动态变化的；另外，关键信息网络在平常情况下承载了主要的信息沟通和资源交流渠道，一旦主要信息网络被破坏和损伤，信息交流的效率必然大受影响，从而导致受到灾难影响的地区很难找有效的替代方式来获取信息和重建联系。

第二，在灾难信息爆炸中，各类用户都需要对大量的灾情信息进行处理和消化。但是仅通过人力或者初级的信息处理手段很难保证及时获取到有价值的信息。另外，信息的冗余和不一致性将导致对来自不同渠道的信息处理能力大大降低。

第三，作为主要信息上传的工具，个人电脑在重大灾难发生的情况下，并不能有效的发挥信息采集和上传的功效。相反，移动设备，例如手机，可以在几乎任何时间和地方发送实时的信息，从而保证了事件信息的时间准确性和地理位置准确性。

综上，为不同类型的信息获取者快速地集成和重建信息网络，并且能够有效地获取和传递相关性和一致性很高的信息内容，在灾难管理领域就显得尤为重要，同时也是一个完善的灾难管理信息管理和分析系统必须要具备的能力。

数据挖掘能够对灾难管理系统中收集到的信息进行进一步处理，提供由数据驱动的信息分析手段，通过对海量灾难数据中有价值的信息进行有效挖掘，及时满足灾难管理领域的信息交流需求。在灾难管理领域的研究和实践中，我们总结出了如下五个基于应用数据挖掘技术的关键要素来保证灾难管理系统平台成功地发挥应有的功效。

迅速准确地获得相关资源：在灾难管理领域，资源可以是所有包含有价值信息的新闻网站，博客，微博账号，政府电子公告，现场图片等。因此能够从海量和复杂的环境中迅速找到与灾难事件相关的这些资源，可以很大程度上提升对灾难的反应速度和判断灾害情况的准确性，从而为灾害管理人员提供更为科学的决策支持。另一方面，获取资源内容的同时也需要：(1) 判断资源本身的权威性，比如从政府网站上获取的信息就会比从普通新闻网站上的信息更权威；(2)判断资源本身的可靠性，比如从专业媒体渠道发布的信息就会比门户、社交等渠道的信息更可靠；(3)判断资源本身的及时性，比如推特，微博等比较普及的社交媒体工具提供的信息尽管比较粗糙但是通常能更早对事件作出反应；(4)判断资源本身的广泛性：比如大型门户网站和社交工具拥有更多的浏览量和独立用户，因而在信息交互上也更具优势。所以就需要通过综合考量上述各项因素对资源进行综合评估。

准确有效地提取相关信息：由于灾难信息获取渠道的多样性，灾难数据本身就会存在格式不统一，表达方式不一致，各种资源数据混杂的情况。例如，用户可能会用图片、文本、或者文档的方式上传信息；同样用户可能用结构化的输入方式发布信息（如填写在线表格等），也可以用非结构化的方式直接发布（如音视频、图片、特殊格式文档、文本等）。为了能够有效地提取出有价值的信息，需要将这些不同来源的（非）结构化信息转化成系统内部能够统一处理的（半）结构化的信息。并准确及时地提取关键信息，如事件、时间、地点、状态等。

有效合理地组织相关信息：从海量灾难数据中获取有价值的信息，需要对数据进行合理的组织和分类。针对海量文本库的文摘技术能够给用户提供一种有效的工具来获取与用户相关的重要信息内容，使得用户能够从海量的文本中迅速发现当前的灾难相关信息，从而为用户在灾难恢复和准备阶段提供有效的决策支持。文摘技术的主要思想是从不同信息渠道获取的文本中找到最具代表性的句子或者段落，使得用户可以以一种更直接的方式快速浏览信息，避免无关信息和冗余信息的干扰。

用户资料的管理：用户关注的方面是动态变化的。用户的关注点在不同时期或者对同一时期事件的不同方面是不一样的，甚至同一个用户的关注方面在不同事件都是不一样的。因此需要对用户的资料进行准确有效的管理，包括用户的使用信息和反馈信息。通过挖掘用户在系统中浏览信息的历史记录，从而能尽早的发现用户的信息诉求，探测到用户关注点的变化。同时在用户每次使用系统的时候，实时地探测和获取用户的查询和浏览意图，动态地为用户组织和推荐有价值的相关信息。采用用户资料管理可以做到对不同的用户进行个性化的信息内容展示，极大地提高了用户获取信息的效率。

准确地发现和组织社区：机构、组织和个人间信息交流与项目合作的方式，导致了“社区”的概念出现，社区可以简单定义为在某一特定时期互相依存、互相影响或者共享相同处境的一个群体。即使信息网络中各个参与者间的互动是松散的，但是同一社区中的参与者间往往具有较强的相互影响的能力，或者社区中参与者所处的环境具有高度的相似性。以灾害管理为例，社区的划分可以有多种角度，比如可以按地理位置划分（相同地理位置的群体受灾害的影响相似），可以按组织或者机构的类型划分（灾害救援机构需要共享灾区信息），也可以按产业的供应链（如使用同一个物流公司的机构更关心这家物流公司受到灾害影响）等等。同时，社区的动态特性也决定了社区的组成也会随着时间和灾情的演变而不断变化。合理地发现和划分社区对信息的获取、信息的传递和资源的共享具有很重要的意义。

下面，我们通过分析一个项目案例来对灾难管理领域中数据挖掘技术的应用进行阐述[35,36,38]。

§8.7 案例分析

8.7.1 项目背景

重大的灾难事件（比如地震，飓风，洪水）会给人们的生命财产安全，国家和地方的经济建设造成巨大的、甚至是毁灭性的影响。减少和避免灾难事件的负面影响是全世界想要解决的难题。以美国GULF COAST为例，在2004至2005年间，佛罗里达州遭受了8次以上的飓风袭击，这些袭击不仅造成了数亿美元的经济损失，并且还有大量的时间和资源用在了灾后的恢复建设和弥补民众的身心创伤上，影响巨大。

佛罗里达国际大学（Florida International University）的灾难管理和数据挖掘研究小组（Disaster Management Group）与南佛罗里达地区的灾难应急管理中心已经建立了长达6年的合作关系，来共同研究在灾难管理领域内的数据收集、整理、存储和分析技术的应用。参与的机构包括：迈阿密戴德县（Miami-Dade County）灾难应急管理中心（Emergency Operation Center，EOC），当地的沃尔玛，Home Depot，Verizon，Ryder等公司。通过合作，基于Web的系统原型BCiN（Business Continuity and Information Networks）已经上线（www.bizrecovery.org）并在迈阿密和塔拉哈西建立镜像。这个系统主要是用于灾难恢复阶段的社区管理、信息分类、信息共享以及灾难数据的收集。图8.2 展示了这个原型系统的截图，图8.2上半部分版块是信息板，主要用于展示最近发生的重要事件和用户订阅的特定类型的事件信息，如机场、学校和交通的当前状态。每行代表一个在地理位置上相对独立的行政区域，每一列代表一个事件的实体类别，比如第一列的第二个圆形红色标记提示最新发生的棕榈滩机场关闭信息。提示板功能的实现是通过提取文本消息中的地理位置信息、时间信息、事件实体并关联相应的状态信息，最终转换成为结构化的数据进行存储和展示；图2A左下部分版块提供当前灾难事件的全面展示，如图片、视屏、文档等；图8.2 右下部分版块展示了系统收集和用户提交的相关消息，支持从时间、地点等多种方式的信息过滤。

在用户使用的终端设备方面，传统的固定终端（台式个人电脑）在获取及时信息和实时上传数据方面有很多的限制，尤其是正在经历灾难的过程当中。因此，灾难管理研究小组设计和开发了一款基于iOS 移动平台的灾难管理应用（APP）：ADSB（All-hazard Disaster Situation Browser），如图8.2下半部分所示。它可以运行在苹果的iPhone和iPad 这样的手持移动设备上，支持灾难事件消息的阅读、上传、推荐、文摘和个性化社区管理等多种功能。

8.7.2 数据资源

本节我们对项目中可以实际利用的数据资源进行说明。这些数据资源可以根据是否与时间关联分为两个类别：静态数据和动态数据。静态数据资源包括：（1）来自迈阿密戴德郡应急管理中心的历史灾难管理数据；（2）在灾难准备、灾难应急和灾难恢复阶段的应急指南和行动手册；（3）企业和重要设施的地理位置；（4）公共的地理信息数据；（5）交通网络。动态数据资源包括：（1）迈阿密戴德郡及其合作伙伴在灾难事件期间的报告，包括当前的灾难威胁状况、灾难准备进展和总体的应对灾难的目标和策略；（2）迈阿密戴德郡及其合作伙伴在灾难事件期间的损失分析评估报告和图片；（3）关键交通枢纽（公路、

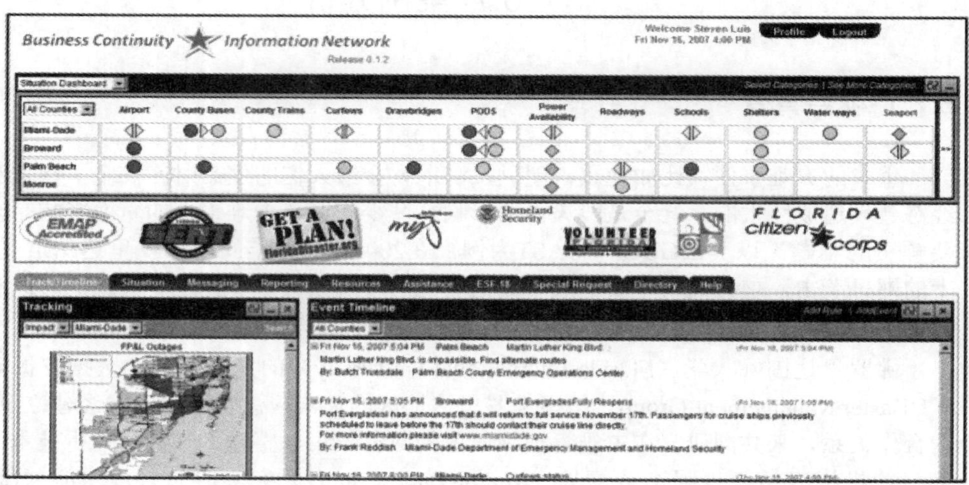

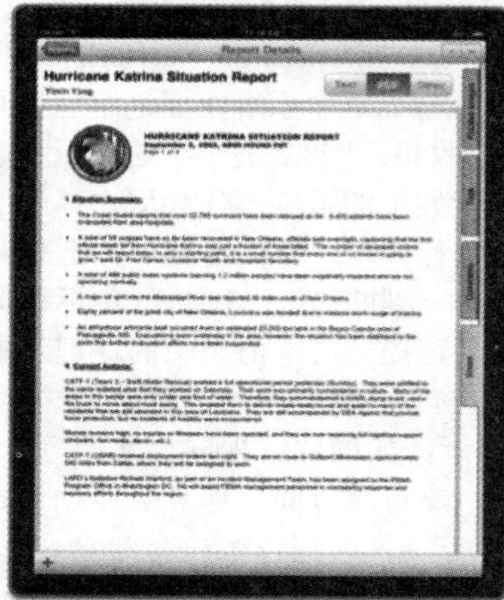

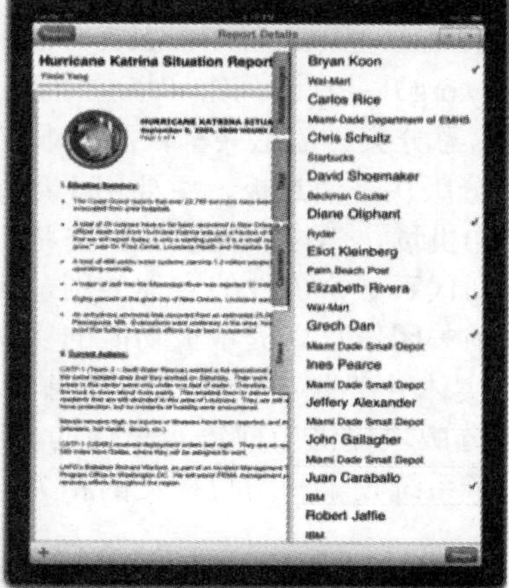

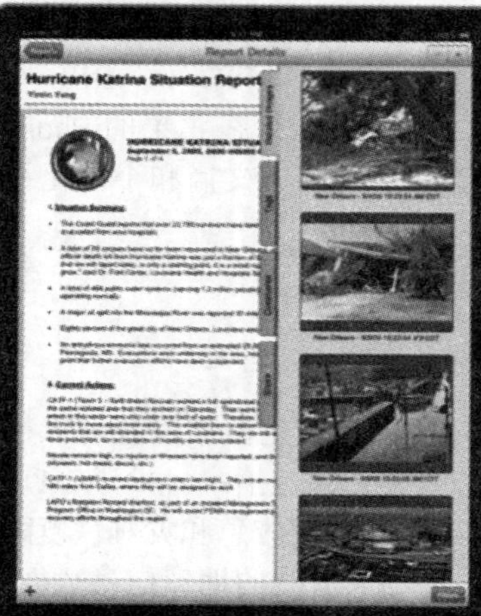

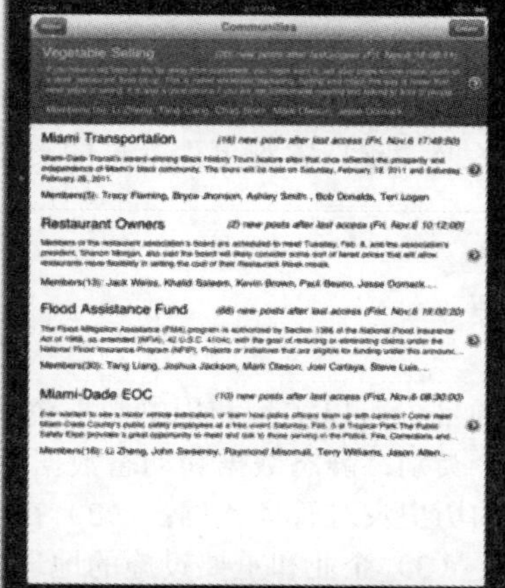

图 8.2 BCiN和ADSB系统界面

高速路、桥梁、港口等）的状态，重要基础设施（能源、电力、运输等）的状态，应急服务（消防、治安、医疗等）的状态和重要公共设施（学校）的状态；（4）不同媒体的新闻报道；（5）电子邮件、邮件列表、发布会或会议内容等；（6）灾难呼叫中心（311）关于损失状态报告的接入拨打日志；以及（7）社交网站、博客、推特的数据信息。

除以上数据来源之外，我们还筛选出一组与灾难信息高度相关的网站链接作为可靠信息源。将这些链接作为种子注入到灾难信息爬虫中，用于自动从互联网上下载相关信息。这些链接资源被分为了四个类别以层级结构进行管理，类别包括：行政、媒体、非政府和私营部门。

8.7.3 系统目标

基于长期与灾难领域专门机构合作的经验，项目组确立了三大目标任务，相应解决方案可以支持公共机构和私有部门之间更好的信息交互和共享：

目标1：更有效地获取灾难事件的相关信息，提高在复杂信息环境下的觉察力。灾难事件中各个部门获取信息和交互信息的渠道很复杂，对获取及时信息的能力有很高的要求。另外，信息冗余问题在这种情况下也会显得很突出。因此需要提供一个有效集成信息的方式（如文摘）可以使得用户对他们感兴趣的方面进行全面及时的了解。

目标2：自动获取用户关注点并有效地传递相关信息。从不同信息源获取的大量复杂数据使得用户不可能以人工的方式有效的获取信息。另外，不同用户关心不同的事件或事件的不同方面。因此需要提供有效工具给用户提供个性化的信息。

目标3：更好的利用社区信息进行灾难恢复。企业和机构在交互当中会有比较明显的社区或社交圈的属性，但是在灾难事件中，由于各种事件的发生（公司关闭、交通阻断、能源供给不足等），这些社区会发生较大的变化。因此需要有效的工具使得这些受到影响的企业和机构能够迅速恢复社区或重新组织社区。

8.7.4 系统实现及功能组件

为达成项目目标，灾难信息管理系统涵盖了从灾难信息的获取、存储、管理和分析四大功能，涵盖了从灾难数据的收集，相关信息的筛选和预处理，针对用户的信息个性化展示，用户信息收集、社区组建和管理等一系列功能组件。各个组件间紧密结合，形成一个完善的信息系统平台，为系统的使用者提供可靠的信息获取途径和有效的决策支持。

定向爬虫（Focused Crawler）：面对海量互联网信息，网络爬虫能够对互联网上的数据进行收集和整理。定向爬虫通过将分类器和爬虫进行有效结合，通过领域知识训练出准确而高效的分类器（Classifier）[4,22]，从而在对网页进行抓取的同时判定当前网页与领域的相关性和评估当前网页链接到相关网页的可能性，对待抓取队列中的有效链接（URL）进行优先排序（Prioritization）。通过运行定向爬虫，对最相关的网页和链接进行优先抓取，延迟不太相关的链接处理，同时剔除不相关的链接。因此可以很大程度上提升资源获取的效率，更加合理地利用计算和存储资源。

信息提取（Information Extraction）：作为数据预处理模块的一个部分，使用了自然语言处理（Natural Language Processing, NLP）工具[12]来对文本中的词语序列进行序列标注（Sequence Tagging），并结合分类方法（Classification）从非结构化的文本中提取出结构化的信息。通过使用信息提取技术能够将从多种信息渠道中获取的不具备统一格式的数据集成到信息平台。

多文档自动文摘（Multi-Document Summarization）：使用文摘技术可以从大量的文本中提取出代表性的句子组成信息摘要。生成的摘要中的信息要更加直接、精炼且冗余度低。文摘模块利用已经提取出的结构化信息来查找针对不同事件的关键描述和更新，通常是以一个或多个事件或实体为主体，从多个角度总结事件信息。基本的摘要技术运用扁平化的生成模式，即对一个文本集合生成一组代表性强的句子，从而形成摘要。高级的摘要技术使用了层级化的方式来组织句子，即不同层级的摘要代表了不同的信息粒度。针对层级摘要技术（Hierarchical Summarization），我们使用了相似度传播（Affinity Propagation）的方法[11]，以自下而上（Agglomerative）的方式从句子图（Sentence Graph）中建立摘要层级。算法实现中相似度传播生成的代表点（Exemplar）可以用来当作针对该层级划分的摘要。

动态查询（Dynamic Query Form）：用户对信息的查询通常是通过一系列的查询关键字或者查询条件来逐步收敛到想要的结果。往往前一次查询的结果会对后一次查询条件（或者属性）的选取有很重要的参考意义。动态查询模块能够有效地结合用户对当前查询结果的反馈对下一次查询条件及关键属性进行推荐，从而使查询系统能够更快地收敛到准确结果。推荐结果的生成是通过分别建立文件图（Document Graph）和属性图（Attribute Graph），并在基于随机步（Random Walk）的框架下以迭代的方式得到文件间和属性间的相似度（Similarity）[17,32,35]。用户反馈的获取是通过对当前输出的结果列表进行主动筛选而得到的。

动态展示（Dynamic Dashboard）：作为一个智能的信息展示平台，动态展示模块通过实时地获取用户与系统的交互记录（比如用户上传的信息内容和用户阅读过的信息内容）来分析和更新用户当前的信息需求和喜好。针对用户当前喜好提供给用户快捷和准确的途径来获取灾难过程中与用户需求相关的信息，实现对不同用户交互的个性化处理和信息定制。动态展示模块通过两个步骤来保证在有限的展示空间内向系统用户传递准确和充分的信息：（1）通过聚类（Clustering）方式自动剔除冗余信息[13]；（2）将用户喜好的相似度与信息的重要程度相结合。

社区发现（Community Generation）：社区发现模块通过分析系统的使用者之间数据交互的历史记录建立使用者的资料信息，动态地发现“相关的/相似的”机构、组织和个人用户。通过使用空间信息（Spatial Information），系统可以定位和监控到重要资产的状态（加油站、桥梁等的最新情况）。同样，一些系统用户会关联一个或者多个地理位置（Geo-location）信息，通过对地理相近/相关的用户进行空间聚类（Spatial Clustering）[10,33]，系统可以针对属于不同社区的用户推送不同区域的灾害恢复和事件预警信息。另一方面，根据灾难发生的程度和所处的阶段，原本属于相近地理位置的用户可能会因为一些重要交通枢纽的破坏而变得无法沟通，影响地理距离的事件包括：桥梁的垮塌、公路的损毁、或者区域的宵禁等。因此，系统把空间约束（Spatial Constraint）的概念引入到空间聚类技术中，即一个约束从空间上加强（拉近）或减弱（阻断）了物体间的空间距离。同时，一个完善的社区发现系统也提供了一个多层的方式展示不同粒度下的社区分布情况。

用户推荐（User Recommendation）：利用地理信息对社区进行发掘是被动发现过程。用户需要一种主动的和个性化的方式来组织和管理用户组。用户推荐模块就是基于用户本身对信息的兴趣和需求，也结合了用户分享信息给其他用户的历史记录帮助用户管理自己的用户组。用户通过选择几个种子用户（Seeds），系统就能根据其他系统用户的兴趣和历史记录给当前用户推荐适合的用户（关注的信息相似或相关），最终帮助用户创建各种有意义的用户组，实现信息的有效共享。我们利用事务性超图（Transactional Hyper-graph）和文本内容（Textual Content）来对用户的相关度进行排序。

信息推荐（News Recommendation）：灾难信息管理系统的目的就是实现信息共享，给正确的人传递正确的信息。因此信息推荐模块用于在信息和用户之间建立明确的联系，将用户感兴趣的信息及时地传递给用户，并有效地帮助用户主动探索可能感兴趣的方向。信息推荐模块利用文本内容（Textual Content）、用户推荐历史（Sharing History）、推荐事务时间（Sharing Time）、信息时间（News Time）等四个重要信息来构建用户的兴趣趋势（Preference Trends）。

§ 8.8 算法分析和评价标准

本节针对以上提出的各个功能组件进行详细介绍。

8.8.1 定向爬虫（Focused Crawler）

定向爬虫根据已经抓取的网页信息，包括内容（Content），链接（Link），元数据（Metadata）等，对未访问的网页进行相关性的预测，即判断未访问的网页与主题是否相关，从而来决定是否对这些网页进行抓取[6]。图8.3展示了一个定向爬虫的典型架构，其中最重要的同时也是最能区别于其他爬虫的是引入了领域专家知识和分类器（Classifier）模块。分类器用于对已经获取的链接信息进行分类，根据分类结果（与主题相关或不相关）将相关的链接放入爬虫的抓取队列中等待抓取。在此基础上，可以更进一步将相关程度进行量化，对相关度更高的网页优先抓取（Prioritization）。领域知识用于对领域相关度高的网页进行探索发现。定向爬虫通过领域专家知识库对抓取过程的种子网页（Seed）及与领域主题相关度很高的词和词组进行管理，从而能够在抓取过程中对网页和主题进行更好的匹配。

在利用分类系统进行知识管理中，有两个重要的任务需要解决：（1）生成灾难管理领域的分类系统（Taxonomy Generation）；（2）将分类系统结合到网络爬虫中（Building Classifier using Taxonomy）。只有正确地使用专家知识并将训练好的分类器与爬虫系统相结合才能更高效地获取相关度高的网页信息，使网络、计算和存储资源的利用得到优化。

构建分类器通常有两类方法：基于链接（Link-based）和基于机器学习（Machine Learning）。基于链接的方法是利用链接上下文（Link Context）、祖先页（Ancestor Pages）和网图（Web Graph）信息来发现网络中的中心（Hub）资源。早期的算法，如Fish Search，假设网页的相关程度具有传递性，通过超链接（Hyperlink）的子网页能够在一定程度上继承父网页的相关性[8]；Shark Search 使用链接附近的文本来定义粒度更小的上下文信息[14]；另外，也可以抽取网页本身的结构标识信息（Tag）来获取更加有意义的上下文信息，这些信息包括：头（Header）、标题（Title）等；通过利用上下文图（Context Graph）来获取预先定义的网站路径特征（Features From Ancestors），并通过这些信息来估计当前页到目标页的链接距离（Hop Distance）[9]。基于机器学习的方法是利用各种上

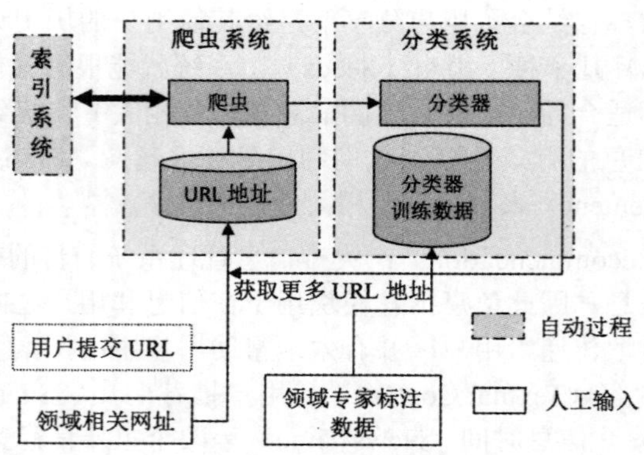

图 8.3 定向爬虫架构

下文信息（Contextual Information）来学习一个预测模型用于评估待访问的网页和主题之间的相关度。隐式马尔可夫模型（Hidden Markov Model）利用用户浏览的历史记录来训练模型，并利用模型来预测由当前页链接到目标页的概率[21]；强化学习（Reinforcement Learning）算法用于学习一个从当前链接到奖励值（Rewards）的映射[26]，当前链接可以用链接本身的信息，链接上下文信息来描述。奖励值通过估计经由访问当前链接可以最终获得的相关网页数来量化；遗传算法（Genetic Algorithm）用于在一个策略空间中进行演化（Evolution）进而输出一个排名函数（Rank Function）来加权多个从文本和链接中获得的相关指标值[18]。

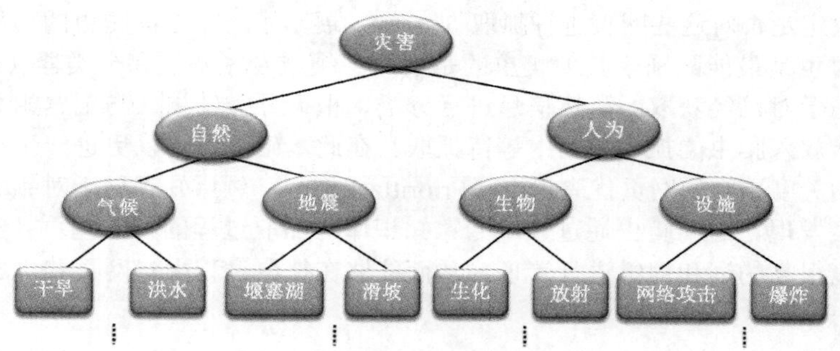

图 8.4 一个灾难管理中重要概念的分类系统示例

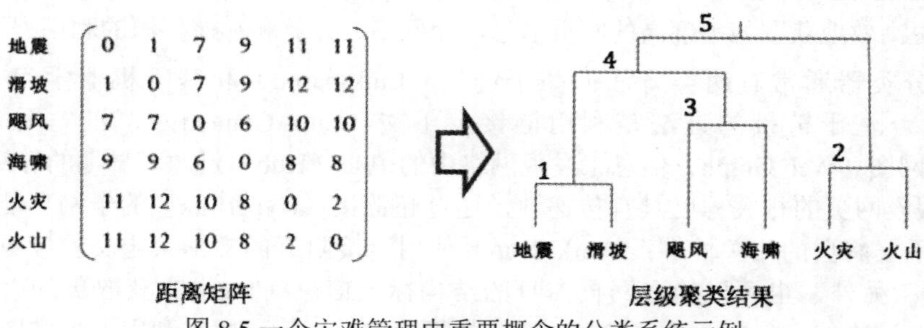

图 8.5 一个灾难管理中重要概念的分类系统示例

对于灾难管理领域中重要的知识（Knowledge）采用分类系统(Taxonomy)进行管理，如

图8.4所示。这些重要概念的来源有两个方面，一是领域专家（Domain Expert）的领域知识(Domain Knowledge)；另一方面是对领域相关文档进行分析后提取出的重要词（Term）或词组（Phrase）。分类系统用于划分和归合实例，即一方面通过对实例的分组来表示实例之间相似程度的强弱，越相似的实例越容易被分进同一组；另一方面，每个实例或者实例分组被赋予一个相似度排名，排名相同的实例（组）可以被合并为一个更大的组，以此可以形成一个基于所有实例的层级化分类体系（Hierarchical Classification）。在这个过程中形成的每一个实例组都可以被看成一个类别。为构建分类系统的层级化结构，可以采用自底向上（Bottom-up）的聚合式层次聚类（Agglomerative Hierarchical Clustering）的方法生成分类系统（Taxonomy Generation）[13,31,38]。图8.5展示了聚合式层次聚类的典型过程：

通过定义词语或者概念之间的距离产生聚类的相似度矩阵，图8.5左为六个关键灾难概念（词语）在一个文本集合中的距离矩阵，其中概念（词语）间的距离为在文本集合中两个给定概念（词语）没有同时出现在同一篇文本中的次数。在聚类的过程中，每一个词语最初均被当做独立的实例组，通过在距离矩阵（图8.5左）中寻找距离最近的一对词语（组）进行合并形成一个更大的实例组。直到所有实例被包含在一个组中时聚合停止（图8.5右层级聚类结果中的数字代表聚类过程中的聚合顺序）。

8.8.2 信息提取（Information Extraction）

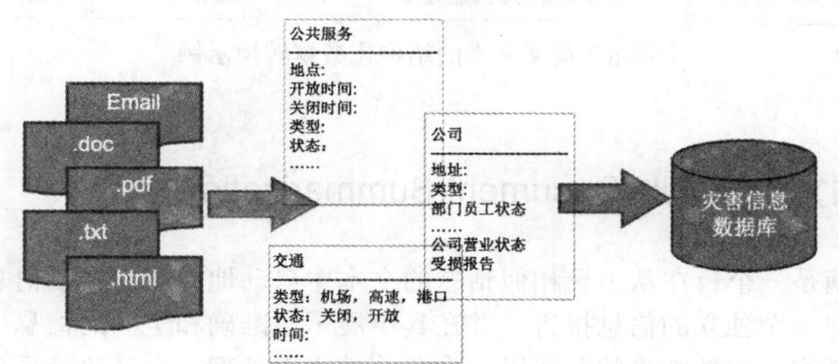

图 8.6 异构和异源文本转换为结构化数据库记录

如图8.6所示，信息提取主要用于自动发现文本中涉及到的有价值的实体信息（Entity）和实体之间的关联信息（Entity Relationship）。在灾难管理应用下，用户最为关心的信息就是关于重要事件发生的时间、地点和状态。首先要通过使用实体提取技术（Entity Extraction）找到文本中包含的实体名称、时间和地点。这一步需要对每一个文章做分句（Sentence Segmentation），然后将每个句子进行词性标注（Part-of-speech Tag）[7]。在对部分句子做人工标注后，利用文本内容和标注信息训练一个线性的条件随机域（Conditional Random Field）模型[19,29]。为了将文本中实体、时间和状态信息关联，通过运用一个多类的支持向量机（Support Vector Machine，SVM）[16]将每个¡实体，时间¿组合分类到“无关”、“开放”、“关闭”、“不明”之中的一类。

表8.2中列举出了训练SVM分类器的一组特征，其中e代表实体，t代表时间：

如图7所示，信息提取利用模型可以对句子中的关键位置词语进行自动标注。原始文档（图8.7左）中重要的实体信息（Entity）和时间信息被自动标注（$< T >$和$< E >$）

表 8.2 判断实体和时间与状态关联的训练特征

特征名称	意义
DistanceBetween(e,t)	实体和时间中的单词个数
WordBetween(e,t)	实体和时间中的单词
TenseOfSentence(e,t)	句子时态
NegativeVerbsInSentence(e,t)	句子中的否定动词
PositiveVerbsInSentence(e,t)	句子中的肯定动词
ContainDate(t)	是否包含日期
PrepositionBefore(t)	时间信息的介词
FromDocument(t)	时间信息是否关联当前文本

（图8.7 中），并最终和状态信息进行关联形成结构化的<实体，时间，状态>记录（图8.7右）。

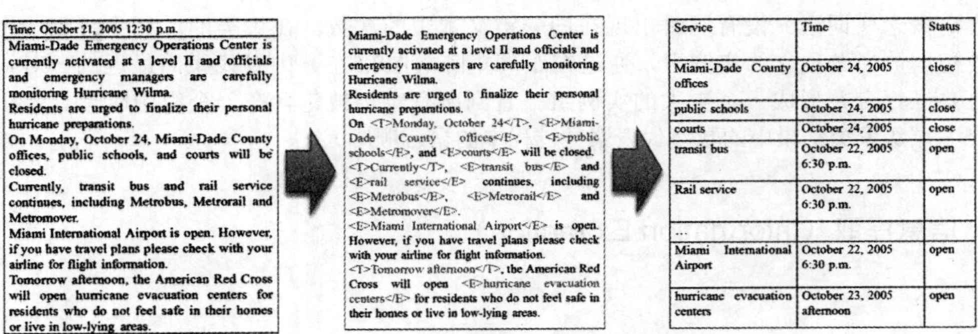

图 8.7 英文文本的结构化数据转换示例

8.8.3 多文档文摘（Multi-Document Summarization）

多文档文摘是一个旨在从多篇相似话题的文本中自动地抽取出概括信息的过程。多文本文摘可以创建一个独立的信息报告，并在其中展示出准确和全面的信息内容。它极大地简化了信息的查询，相关文本的筛选以及大范围的文本处理。自动化处理后的文摘结果可以节省人工浏览的成本和避免人的主观判断，从而提供没有偏见（Unbiased）的信息。关于多文本文摘的讨论可以参考本书的第9章：文本挖掘。

以往针对多文本的文摘主要是生成扁平化（Flat）的文摘。文献 [35]介绍了一种可以生成层级化文摘的处理方法，它通过采用Affinity Propagation（AP）的聚类方法[11]来构建相关文本的层级化的语句（sentence）集合。

8.8.4 动态查询（Dynamic Query Form）

灾难管理系统中的文本都有与之关联的一组属性，如地点、日期和标注信息（比如“类型=流感”或者“用途=防水”等）。这些信息都可以被用来作为结构化的信息直接查询。但是，不同文本都会有自己独特的一组属性，比如属于地震事件的文本和属于飓风事件的文本的属性会有很大的差异；而且，作为提供给用户的信息标注功能会由于用户的不同而出现标注信息的不一致。因此很难用一种静态的方式提供给所有用户一致的查询接口。

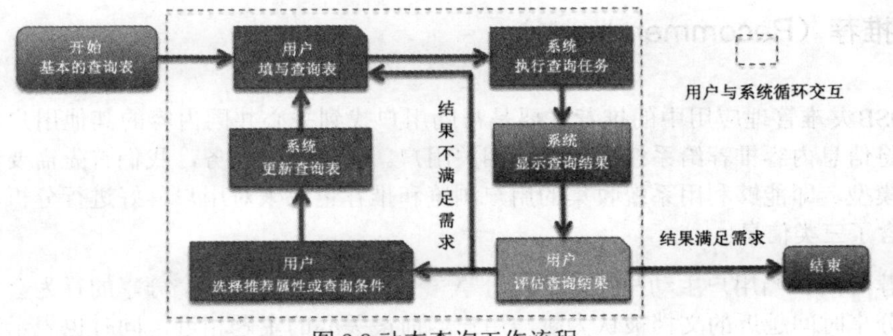

图 8.8 动态查询工作流程

图8.8展示了ADSB的动态查询的工作流程，它提供了一种与用户交互的方式来不断获取用户反馈和丰富查询条件。其中包含两种类型的展示方式：属性展示（如时间、地点等）和查询条件展示（如时间在1995至2000年间，地点在佛罗里达州等）。

8.8.5 动态展板（Dynamic Dashboard）

动态展板可以帮助用户快速地获取最近发生的事件信息。用户可以定制或接受系统推荐的即时信息来对当前的灾害状况进行了解。因此，当大量数据在灾害发生期间产生时，运用动态展示工具可以实现对用户的个性化信息分类和推送，从而提升信息传递的效率。

BCiN的动态展示模块运用了文本聚类（Document Clustering）和内容排序（Content Ranking）技术。文本聚类将包含大量文本的集合进行分组以减少文本集合中的数据冗余。然后通过对用户的历史浏览记录和提交信息记录进行集成来建立用户的阅读兴趣和资料模型。对新的文本就可以通过计算文本与用户资料模型的相似度来对新文本进行相似度排序，以作为对用户进行信息推荐的依据。

该功能涉及到对文本的处理都是通过运用信息检索中将文档处理成词语向量空间（Term Vector Space）并结合TF-IDF（Term Frequency-Inverse Document Frequency，词频-逆向文档频率）进行计算的[23]。

8.8.6 社区发现（Community Generation）

BCiN灾难管理系统中的社区发现是基于地理位置信息的动态社区发现过程。同一社区内的机构或者企业在灾难事件中遇到的情况会很相似。我们通过引入地理上的约束信息来对空间聚类的过程进行辅助。这些地理上的约束信息可以从灾难信息文本中获取，比如桥梁或者公路的关闭、地区性的宵禁等。大致的处理方法是：从基本的空间聚类方法DBSCAN出发（可以发现任意形状、密度的空间聚类方法），在聚类过程中，当遇到地理约束时，临近位置将不能被归入到同一族群中。另外，BCiN还提供了一种层级式的空间聚类方式，即在一个大社区中可以进一步使用空间聚类发现更小的社区结构，因而可以在不同粒度上发现有意义的社区[36]。

8.8.7 推荐（Recommendation）

ADSB灾难管理应用中的推荐主要是帮助用户找到关心共同内容的其他用户，同时用户也能将信息内容推荐给系统中的其他相关用户。针对以上任务，我们首先需要建立用户喜好的模型，即能够利用系统收集的用户浏览和推荐记录来对用户喜好进行分析。这些记录中包含了三类信息：

推荐时间：当用户主动与其他用户分享一个文档的时候，这个分享的行为会关联时间信息，分享时间越近的文档被认为越与用户当前最关心的主题相近，同时也表示了推送信息的用户认为信息与被推荐用户相关。

推荐方向：用户在一次信息推荐操作中的角色也能够在很大程度上说明该用户对信息的感兴趣程度。这个角色就是信息的被动接受者或主动分享者。进一步说，当用户作为主动分享者与其他用户分享一个信息时说明该用户与这个信息很相关。当用户作为被动接受者接受信息时在通常情况下也可以说明该用户与这个信息相关，但是在一些特殊情况下并不如此，比如接收广告和垃圾信息。所以，两种角色下的用户与信息相关度应该区别对待。

文本内容：每个文本或者信息的内容主要是以文本的方式来表达，因此需要以文本中所包含的描述内容来对用户的兴趣建模。

图8.9以一种超图（Hyper-graph）的方式表达了一定时间段内用户的分享行为[27]。箭头和颜色区分了不同时间的分享事务和方向。

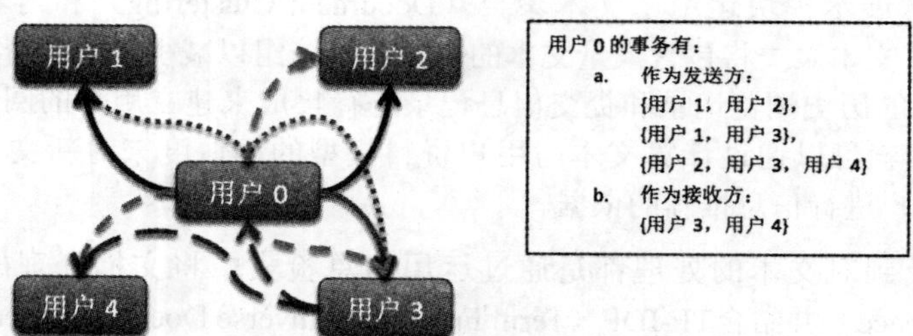

图 8.9 推荐模块－用户推荐事务的超图示例

下面介绍推荐算法的实现步骤：

1. 用户资料建模

$$profile(u) = W_s \cdot \sum_{d \in S(u)} tfidf(d) + W_r \cdot \sum_{d \in R(u)} tfidf(d). \tag{8.1}$$

其中$tfidf(d)$ 是考虑了时间影响而改进的TF-IDF计算方式：$tfidf(d)_i = TFIDF(d)_i^t$，$t = \frac{time(now)-time(d)}{\lambda}$。其中$\lambda$为随时间间隔变大而使文档相关性减低的人工调整因子，$time(d)$为文档d发布的时间。$S(u), R(u)$ 分别定义了两组与用户u 相关的文档集合，即用户发送过的信息和用户接收到的信息。W_s和W_r是人工赋予的用户发送信息和用户接受信息的权值，用于区分不同信息推荐方向的重要性。基于以上定义，一个指定用户u 对一个新的文档d 的相关度可以用$Cosine$ 相似度来计算：

$$preference(u,d) = cos(profile(u), tfidf(d)). \tag{8.2}$$

2. 推荐算法

在实际运用中，用户资料通常并不是实时计算的，而是保持一定时间间隔进行周期性更新。通过用户预先指定几个种子用户，用户推荐算法（User Recommendation）向当前用户动态实时地推荐潜在的相关用户。算法8.10为用户推荐算法。

Algorithm 1: 用户推荐算法

```
Data: u, the user; d, the report; and S, the user seeds.
Result: R, recommended user list.
begin
    G ⟵ GetTransactionalGroups(u)
    R ⟵ ∅
    for each group g ∈ G do
        for each user c ∈ g and c ∉ S do
            if c ∉ R then
                R[c] ⟵ 0
            R[c] ⟵ R[c] + GroupScore(c, S, g, d)
            or R[c] ⟵ R[c] + CommunityScore(c, S, g)
```

图 8.10用户推荐算法

其中，该推荐算法表示基于该算法框架下可以实现的两个推荐任务，即将文本推荐给用户和向用户组推荐用户。这两个任务使用了不同的用户之间相似度的计算方式。在将文本推荐给用户的任务中，计算文本d和用户组资料集合的相似度如下：

$$gc(u) = W_s \cdot \sum_{i \in O(u,g)} s(i,d)^t + W_r \cdot \sum_{i \in I(u,g)} s(i,d)^t. \tag{8.3}$$

其中$s(i,d) = \sum\limits_{u \in i} preference(u,d)^t$, g 代表一次共享事务中涉及到的用户集合，$O(u,g)$ 代表用户u 向用户集合g发送过的信息，$I(u,g)$ 代表用户u 从用户集合g 接收到的信息。因此，一次共享事件对推荐信息任务中的用户的贡献如下：

$$GroupScore(c,S,g,d) = \begin{cases} gc(d,g), & if\ S \cap g \neq \emptyset; \\ 0, & \text{otherwise.} \end{cases} \tag{8.4}$$

在将用户推荐给用户组的任务中，我们计算其他用户资料与当前用户组中所有用户资料的相似度集合，并在之前进行文本推荐任务上进行一定修改：$GC(d,g)$ 替换为$GC(c,g)$，c 代表一个用户，$s(i,d)$ 替换为$s(i,c) = \sum_{u \in i} cos(profile(u), profile(c))$。因此，一次共享事件对推荐用户给用户组任务中的用户的贡献如下：

$$CommunityScore(c,S,g) = \begin{cases} gc(c,g), & if\ S \cap g \neq \emptyset; \\ 0, & \text{otherwise.} \end{cases} \tag{8.5}$$

§8.9 本章小结

尽管数据挖掘技术（包括采集、集成、存储和分析）在研究和实践中都取得了很大的进步，但是针对灾难管理领域的信息抽取、信息检索、信息过滤和决策支持等数据挖掘研究都还有很大的进步空间。下面我们列举了一些潜在的改进方面，供有兴趣的读者或相关领域的研究者进行有建设性的思考和研究：

- 灾难管理应用中的大量信息由异构和来自不同信息源的流数据组成，需要建立一个可靠、有效的灾难管理信息平台，实现智能查询；
- 数据的预处理需要能够支持高吞吐量的数据索引和上下文语境分析，从而可以给灾难信息的实时查询和反馈提供支持；
- 以一种自动或者半自动的方式从与用户的交互中学习输入信息的格式，从而适应来自不同渠道的数据格式；
- 结合了不确定数据的信息聚类和动态社区发现；
- 来自大量异构数据的信息一致性分析，大规模数据的处理能力，以及提升数据挖掘算法本身的执行效率；
- 如何更合理的利用领域知识和针对不同角色用户的决策支持，有效实现从数据分析到决策支持的转移。

§8.10 中英文对照表

1. 分类器：Classifier
2. 条件随机域：Conditional Random Field
3. 约束：Constraints
4. 上下文信息：Contextual Information
5. 数据挖掘：Data Mining
6. 决策支持：Decision Support
7. 灾难管理：Disaster Management

8. 多文档自动文摘： Multi-Document Summarization
9. 领域专家： Domain Expert
10. 领域知识： Domain Knowledge
11. 实体提取： Entity Extraction
12. 灾难应急中心： Emergency Operation Center
13. 定向爬虫： Focused Crawler
14. 遗传算法： Genetic Algorithm
15. 层次聚类：Hierarchical Clustering
16. 隐式马尔可夫模型： Hidden Markov Model
17. 超图： Hyper-Graph
18. 信息抽取： Information Extraction
19. 信息过滤： Information Filtering
20. 信息检索： Information Retrieval
21. 机器学习： Machine Learning
22. 词性标注： Part-Of-Speech Tagging
23. 强化学习： Reinforcement Learning
24. 空间聚类： Spatial Clustering
25. 支持向量机： Support Vector Machine
26. 分类系统： Taxonomy
27. 词语向量空间： Term Vector Space
28. 词频-逆向文档频率：TF-IDF
29. 用户推荐： User Recommendation

参考文献

[1] *Google Flu Trends*. http://www.google.org/flutrends.

[2] N. J. Belkin and W. B. Croft. *Information filtering and information retrieval: two sides of the same coin?* Communications of the ACM, 35(12):29~38, 1992.

[3] S. Brin and L. Page. *The anatomy of a large-scale hypertextual web search engine*. Computer networks and ISDN systems, 30(1):107~117, 1998.

[4] S. Chakrabarti, M. Van den Berg, and B. Dom. *Focused crawling: a new approach to topic-specific web resource discovery*. Computer Networks, 31(11):1623~1640, 1999.

[5] D. Ciravegna et al. *Challenges in information extraction from text for knowledge management*. 2001.

[6] W. B. Croft, D. Metzler, and T. Strohman. Search engines: Information retrieval in practice. Addison-Wesley Reading, 2010.

[7] D. Cutting, J. Kupiec, J. Pedersen, and P. Sibun. *A practical part-of-speech tagger*. In Proceedings of the third conference on Applied natural language processing, pages 133~140. Association for Computational Linguistics, 1992.

[8] P. De Bra and R. Post. *Searching for arbitrary information in the www: the fish-search for mosaic*. In WWW Conference, 1994.

[9] M. Diligenti, F. Coetzee, S. Lawrence, C. L. Giles, M. Gori, et al. *Focused crawling using context graphs*. In VLDB, pages 527~534, 2000.

[10] M. Ester, H.-P. Kriegel, J. Sander, and X. Xu. *A density-based algorithm for discovering clusters in large spatial databases with noise*. In KDD, volume 96, pages 226~231, 1996.

[11] B. J. Frey and D. Dueck. *Clustering by passing messages between data points*. science, 315(5814):972~976, 2007.

[12] R. Grishman. *Information extraction*. The Handbook of Computational Linguistics and Natural Language Processing, pages 515~530, 2003.

[13] J. Han, M. Kamber, and J. Pei. Data mining: concepts and techniques. Morgan kaufmann, 2006.

[14] M. Hersovici, M. Jacovi, Y. S. Maarek, D. Pelleg, M. Shtalhaim, and S. Ur. *The shark-search algorithm. an application: tailored web site mapping*. Computer Networks and ISDN Systems, 30(1):317~326, 1998.

[15] V. Hristidis, S.-C. Chen, T. Li, S. Luis, and Y. Deng. *Survey of data management and analysis in disaster situations*. Journal of Systems and Software, 83(10):1701~1714, 2010.

[16] C.-W. Hsu and C.-J. Lin. *A comparison of methods for multiclass support vector machines*. Neural Networks, IEEE Transactions on, 13(2):415~425, 2002.

[17] M. Jamali and M. Ester. *Trustwalker: a random walk model for combining trust-based and item-based recommendation*. In Proceedings of the 15th ACM SIGKDD international conference on Knowledge discovery and data mining, pages 397~406. ACM, 2009.

[18] J. Johnson, K. Tsioutsiouliklis, and C. L. Giles. *Evolving strategies for focused web crawling*. In ICML, pages 298~305, 2003.

[19] J. Lafferty, A. McCallum, and F. C. Pereira. *Conditional random fields: Probabilistic models for segmenting and labeling sequence data*. 2001.

[20] T. Li, Q. Li, S. Zhu, and M. Ogihara. *A survey on wavelet applications in data mining*. ACM SIGKDD Explorations Newsletter, 4(2):49~68, 2002.

[21] H. Liu, E. Milios, and J. Janssen. *Focused crawling by learning hmm from user's topic-specific browsing*. In Proceedings of the 2004 IEEE/WIC/ACM International Conference on Web Intelligence, pages 732~732. IEEE Computer Society, 2004.

[22] J.-H. Liu and Y.-L. Lu. *Survey on topic-focused web crawler*. Application Research of Computers, 10:006, 2007.

[23] C. D. Manning, P. Raghavan, and H. Schütze. Introduction to information retrieval, volume 1. Cambridge University Press Cambridge, 2008.

[24] M.-F. Moens. Information extraction: algorithms and prospects in a retrieval context, volume 21. Springer, 2006.

[25] R. R. Rao, J. Eisenberg, T. Schmitt, et al. Improving disaster management: the role of IT in mitigation, preparedness, response, and recovery. National Academies Press, 2007.

[26] J. Rennie, A. McCallum, et al. *Using reinforcement learning to spider the web efficiently*. In ICML, volume 99, pages 335～343, 1999.

[27] M. Roth, A. Ben-David, D. Deutscher, G. Flysher, I. Horn, A. Leichtberg, N. Leiser, Y. Matias, and R. Merom. *Suggesting friends using the implicit social graph*. In Proceedings of the 16th ACM SIGKDD international conference on Knowledge discovery and data mining, pages 233～242. ACM, 2010.

[28] G. Salton and M. J. McGill. *Introduction to modern information retrieval*. 1986.

[29] F. Sha and F. Pereira. *Shallow parsing with conditional random fields*. In Proceedings of the 2003 Conference of the North American Chapter of the Association for Computational Linguistics on Human Language Technology-Volume 1, pages 134～141. Association for Computational Linguistics, 2003.

[30] R. H. Sprague and H. J. Watson. Decision Support Systems: Putting Theory into Practice. Prentice Hall.

[31] P.-N. Tan et al. Introduction to data mining. Pearson Education India, 2007.

[32] L. Tang, T. Li, Y. Jiang, and Z. Chen. *Dynamic query forms for database queries*. 2013.

[33] A. K. Tung, J. Hou, and J. Han. *Spatial clustering in the presence of obstacles*. In Data Engineering, 2001. Proceedings. 17th International Conference on, pages 359～367. IEEE, 2001.

[34] E. Turban, J. Aronson, and T.-P. Liang. Decision Support Systems and Intelligent Systems 7th Edition. Pearson Prentice Hall, 2005.

[35] L. Zheng, C. Shen, L. Tang, T. Li, S. Luis, and S.-C. Chen. *Applying data mining techniques to address disaster information management challenges on mobile devices*. In Proceedings of the 17th ACM SIGKDD international conference on Knowledge discovery and data mining, pages 283～291. ACM, 2011.

[36] L. Zheng, C. Shen, L. Tang, T. Li, S. Luis, S.-C. Chen, and V. Hristidis. *Using data mining techniques to address critical information exchange needs in disaster affected public-private networks*. In Proceedings of the 16th ACM SIGKDD international conference on Knowledge discovery and data mining, pages 125～134. ACM, 2010.

[37] L. Zheng, C. Shen, L. Tang, C. Zeng, T. Li, S. Luis, and S.-C. Chen. *Data mining meets the needs of disaster information management*. Human-Machine Systems, IEEE Transactions on, 43(5):451～464, 2013.

[38] L. Zheng, C. Shen, L. Tang, C. Zeng, T. Li, S. Luis, S.-C. Chen, and J. K. Navlakha. *Disaster sitrep-a vertical search engine and information analysis tool in disaster management domain*. In Information Reuse and Integration (IRI), 2012 IEEE 13th International Conference on, pages 457～465. IEEE, 2012.

第九章　文本挖掘

§9.1 摘要

文本数据是我们日常接触最多的数据类型，比如文学作品，科学论文，新闻的文字报道，博客中的文字内容，产品评论，在线聊天记录，微博等等，都可以看作文本数据。由此可见文本挖掘，即针对文本数据的数据挖掘，有着广泛的应用。广义上文本挖掘泛指很多与文本相关的技术，比如直接将经典的分类、聚类用于文本数据的文本分类、文本聚类，讨论如何搜索相关文本的文本检索，从无结构的文本数据中抽取结构化信息的信息抽取，对文本中的自然语言进行分析理解的自然语言处理等等。

在本章中文本挖掘被狭义地定义为从一个由多篇普通文本文档组成的文档集中挖掘隐含或者非平凡信息的技术。首先会介绍如何表示文本数据，通过将文本文档表示成相对简单通用的形式，从而可以充分地利用现有的数据挖掘方法。然后会讨论两个通用的文本挖掘技术：话题挖掘和自动文摘，分别挖掘文档集中讨论的话题和代表性的句子。最后会针对两类典型文本文档，产品评论和新闻报道，讨论如何利用文本中的情感信息和如何利用文档附带的时间信息。

§9.2 文本表示(Text Representation)

首先我们将讨论文档的表示，以及对于文本数据一些基本的预处理。一篇文档d最基本的表示是组成这篇文档单词的序列：$d = w_1, w_2, \ldots, w_{N_d}$。为了使文本数据能更好的使用现有的数据挖掘方法，一般会对这样的单词序列表示作进一步简化。

1.词袋(bag of words, BOW)模型

假定对于一个文本，忽略其词序和语法、句法，将其仅仅看作是一个词集合。文本中每个词的出现都是独立的，不依赖于其他词是否出现，或者说当这篇文章的作者在任意一个位置选择一个词汇都不受前面句子的影响而独立选择的。注意这里词是广义的，可以是一个真正的词，也可以是中文的一个字，或者在单词序列基础上任意相邻的n个单词的子序列(又称之为n元或n-gram)。

根据不同的数据挖掘算法，词袋模型有两种使用方法。在基于向量或矩阵的方法中，比如下文将讨论的非负矩阵分解或者用向量内积计算文档间的相似度，一篇文档的词袋模型被认为是一个高维词空间上的向量，每一个词对应了空间上的一维，这一维上的值可以使用tf-idf方法计算。而在基于概率统计的模型中，一篇文档的词袋被认为是由一个生成词的概率模型$p_m(w)$采样的结果，因而一片文档的概率就是$p_m(d)=\prod_{w\in d}p_m(w)^{n_d(w)}$，其中$n_d(w)$为$w$在文档d中出现的次数。

2. 停词(stopwords)

许多文本挖掘应用中，创建词袋模型会消除所谓的停词(stopwords)。这些词常见于大多数文本，因而一般与挖掘的结果无关。在语言学中，这些词有时也被称为“功能词”。它们包括代词（你、他、它），连接词（因为、无论），介词（在、之），助词（已、被、也、可以），和一些通用名词。然而需要指出的是，停词依然携带了大量的信息，因而对于许多特定任务非常重要，比如文本作者检测和风格分类。

3. 基本的自然语言处理（Natural Language Processing, NLP）

最原始的文本数据是一串字符串，通常需要使用基本的自然语言处理工具对其做一些预处理，常用的包括：分句(splitting)、分词(tokenization/segmentation)、词性标注(POS tagging)和浅层语法分析（shallow parsing 或chunking）。

分句(splitting) 是把一篇文本文档分解为句子的集合。这样做的原因是句子是之后自然语言处理任务的基础，并且因为很多文本挖掘应用是以句子为单位的，比如自动文摘就是挑选文档集中代表性的句子。相比较之后其他的自然语言处理任务，分句相对简单，利用句号、问号、叹号等表示句子的间隔的标点符号。尽管如此，还是存在一些特殊情况，比如在英文中句号又常跟于缩写词后(比如“U.S.”)，叹号可能作为单词的一部分(比如“Yahoo!”)。

分词(tokenization/segmentation) 是把一句句子表示成最基本的单词序列。英语等西方语言的单词由空格隔开，因而分词比较简单，但依然需要考虑诸如标点是否是词的一部分等问题。相比而言，中文、日文等语言的分词则困难很多。幸运的是不管对于英语还是中文都已经存在了很多自然语言处理工具帮助分词。

词性标注(part of speech (POS) tagging) 是标注一句句子中词的词性。有些文本挖掘应用可能只对某些词性(比如名词、动词、形容词等等)的词感兴趣，比如在分析产品评论挖掘产品特征时，可能只对文本中的名词和形容词感兴趣。利用现有的自然语言处理工具可以快速准确的标注科学论文、新闻报道等正式文本的词性，而对于微博这样非正式文本的词性标注依然是自然语言处理领域研究的热点课题。

浅层语法分析(shallow parsing/chunking) 是识别出句子中的无嵌套的各种类型的词组（主要包括名词词组(NP)、动词词组(VP)和形容词词组(ADJP)）。与完整的语法分析（结果一般为一棵语法分析树），浅层语法分析算法更有效率，因而能被广泛应用于文本挖掘系统中。

图9.1是一个文本预处理结果的例子，对于“液晶屏幕的亮度比较低。”这句句子分别做了分词、词性标注和浅层语法分析。

原始文本：	液 晶	屏 幕	的	亮 度	比 较	低	。
分词结果：	液晶	屏幕	的	亮度	比较	低	。
词性标注：	NN	NN	DT	NN	AD	AD	.
浅层语义分析：	NP		-	NP	ADJP		-

图 9.1 词性标注示例

§ 9.3 话题挖掘(Topic Mining)

给定一个文档集，通过话题挖掘，我们能够知道文档集讨论了哪些话题，并且对于任意一篇文档，其中的哪些话题在这篇文档中以多少比例被提及。话题挖掘很像更为经典的文本聚类，两者都希望能够无监督地得到文档集的内容结构。但在文档聚类中，一篇文档被假设作为一个整体，只属于一个聚类，尽管软聚类(soft clustering)允许在聚类结果中一篇文档可以以不同的概率属于多个聚类。而话题挖掘则允许一篇文档被潜在的分成几个部分，每一部分讨论不同的话题。

9.3.1 非负矩阵分解(NMF)

根据文本的词袋表示，矩阵$V_{m\times n}$可以用以表示一个文档集，每一列的列向量表示一篇文档，其中第i项表示向量在第i维即第i个词的权重，即一篇文档被表示为词空间中一个向量。词空间的向量同样用来表示话题。使用非负矩阵分解(Non-negative Matrix Factorization, NMF) [23]，可以用两个低阶矩阵$W_{m\times k}H_{n\times k}$来近似$V_{m\times n}$，使得

$$V \sim WH^T \tag{9.1}$$

其中W中的每一列的列向量表示一个话题，其中的每一项表示对应的词在这个话题中的权重，H中的每一列表示一篇文档的话题表示，其中的每一项表示对应话题在这篇文章中的权重。通过优化不同的目标函数可以得到不同的算法。常用的是最小化$V-WH$ 的F-范数，即V和WH的欧式距离：

$$\min_{H,W} ||V - WH^T||^2, \text{ s.t. } W \geq \mathbf{0}, H \geq \mathbf{0}, \tag{9.2}$$

得到迭代算法，如式9.3。

$$H_{ij} = H_{ij}\frac{(W^TV)_{ij}}{(W^TWH)_{ij}} \qquad W_{ij} = W_{ij}\frac{(VH^T)_{ij}}{(WHH^T)_{ij}} \tag{9.3}$$

在实际使用中，我们可以根据数据和需求的特殊性，添加其他的分解方式和约束条件，进而产生了一系列非负矩阵分解的变形版本 [10,11,24,28]。

9.3.2 概率潜在语义分析(PLSA)

在概率潜在语义分析(Probabilistic Latent Semantic Analysis, PLSA) [18]中，话题表示为词的一个分布，对于一个话题，概率比较高的词表示讨论这个话题时经常会使用的词。通过对文档建立概率模型，使文档集的似然最大，可以估计得到这些话题对应的分布。具体来说，设输入文档集是由k个话题生成的，对每一篇文档，可以假设这样的生成过程：对于文档中每个词的位置，首先根据分布$p(z|d)$选择这个词的潜在话题，其中$z=1,\ldots,k$为随机变量，表示一个话题，在为一个词的位置选择了话题后，根据在这个话题上词的分布$p(w|z)$生成这个词，这样在文档d的这个位置出现词w的概率为

$$p(w,d) = \sum_z p(w,d,z) = \sum_z p(w|z) * p(d) * p(z|d). \tag{9.4}$$

考虑整个文档集D，包括所有的文档及其所有的词，其似然即为：

$$\mathcal{L}(D) = \prod_{d \in D} \prod_{w \in d} p(w, d) \tag{9.5}$$

$$= \prod_{d \in D} \prod_{w \in d} \sum_{z} p(w, d, z) \tag{9.6}$$

$$= \prod_{d \in D} \prod_{w \in d} \sum_{z} p(w|z) * p(z|d) * p(d), \tag{9.7}$$

通过最大期望(Expectation-Maximization, EM)算法解带约束的优化问题$\max \mathcal{L}(D)$可以得到分布$p(w|z), z = 1 \ldots k$作为k话题，以及对于每篇文档话题的分布$p(z|d), d \in D$。EM算法也是一个迭代的算法，每次迭代由期望(Expectation)和最大化(Maximization)两个步骤组成如下，直至收敛。

期望：

$$p(z|d, w) = \frac{p(z)p(d|z)p(w|z)}{\sum_{z'} p(z')p(d|z')p(w|z')} \tag{9.8}$$

最大化：

$$p(w|z) \propto \sum_{d \in D} n(d, w)p(z|d, w) \tag{9.9}$$

$$p(d|z) \propto \sum_{w \in W} n(d, w)p(z|d, w) \tag{9.10}$$

$$p(z) \propto \sum_{w \in W, d \in D} n(d, w)p(z|d, w) \tag{9.11}$$

9.3.3 潜在狄利克雷分配模型(LDA)

潜在狄利克雷分配模型(Latent Dirichlet Allocation) [4]可以被看作是PLSA的贝叶斯扩展，将在PLSA中的模型参数，话题在一篇文档中的分布$p(z|d), d \in D$作为随机变量，在LDA中由先验参数随机生成。因而一定程度解决了PLSA参数过多容易造成的过拟合问题，以及训练得到的模型难以在训练集以外的文档上使用的缺陷。与PLSA类似，在LDA中同样可以假设文档集的生成过程。

- 对于每篇文档$\mathbf{d} \in D$,
  - 从先验参数为β的狄利克雷分布中选择一个话题分布$\vec{\theta}_{\mathbf{d}} \sim Dir(\vec{\beta})$.
  - 对于文档$\mathbf{d}$中的每个词w_i,
    * 从话题分布中选择一个话题$z_i \sim \vec{\theta}_{\mathbf{d}}$;
    * 根据选择的话题z_i，从代表z_i这个话题的词的多项式分布中选择当前的词$w_i \sim \vec{\phi}_{z_i}$.

根据文档集生成过程的假设，同样可以得到文档集的似然：

$$\mathcal{L}(D) = \prod_{\mathbf{d}\in D} \int_{\vec{\theta}_{\mathbf{d}}} p(\vec{\theta}_{\mathbf{d}}|\beta) \prod_{w\in d} p(w|\vec{\theta}_{\mathbf{d}}) d\vec{\theta}_{\mathbf{d}} \tag{9.12}$$

$$= \prod_{\mathbf{d}\in D} \int_{\vec{\theta}_{\mathbf{d}}} p(\vec{\theta}_{\mathbf{d}}|\beta) \prod_{w\in d} \sum_{z} p(z|\vec{\theta}_{\mathbf{d}}) p(w|\vec{\phi}_{z_i}) d\vec{\theta}_{\mathbf{d}} \tag{9.13}$$

与PLSA中的通过最大似然得到最优参数不同，分布$p(z|d), d \in D$即$\vec{\theta}_{\mathbf{d}}$在LDA中也是随机变量而不是可以优化的参数。这种情况下可以通过吉布斯采样(Gibbs Sampling) [15]或变分推导(Variational Inference) [4]的方法计算$\vec{\theta}_{\mathbf{d}}$的后验概率来得到我们想要的信息。

话题6

词	权重
房价	1.9523
上涨	0.3103
调控	0.2790
楼市	0.2614
开发商	0.2252
房地产	0.2112
城市	0.2039
北京	0.1372
需求	0.1361
房子	0.1256

话题38

词	权重
住房	1.5709
保障	0.3562
建设	0.3352
公积金	0.2074
保障性	0.2020
家庭	0.1561
购买	0.1452
贷款	0.1356
组屋	0.1327
适用	0.1275

话题2

词	权重
价格	1.2132
上涨	0.8296
居民	0.5206
涨幅	0.2780
增长	0.2647
CPI	0.2143
商品	0.1691
食品	0.1662
通胀	0.1612
收入	0.1585

(a) 非负矩阵分解

话题43

词	概率
房地产	0.0507
房价	0.0384
政策	0.0338
市场	0.0305
调控	0.0283
楼市	0.0152
住房	0.0146
上涨	0.0107
需求	0.0097
开发商	0.0096

话题11

词	概率
住房	0.0750
保障	0.0284
建设	0.0160
政府	0.0135
收入	0.0129
保障性	0.0123
家庭	0.0113
适用	0.0101
公积金	0.0094
廉租房	0.0091

话题20

词	概率
价格	0.1015
上涨	0.0323
市场	0.0165
CPI	0.0157
成本	0.0139
通胀	0.0127
商品	0.0108
资源	0.0090
物价	0.0090
油价	0.0089

(b) 概率潜在语义分析

话题47

词	概率
房地产	0.0864
政策	0.0685
调控	0.0491
市场	0.0479
房价	0.0446
楼市	0.0185
出台	0.0174
需求	0.0160
住房	0.0157
投机	0.0127

话题26

词	概率
住房	0.1122
建设	0.0316
保障	0.0304
政府	0.0217
适用	0.0196
保障性	0.0190
市场	0.0189
廉租房	0.0157
商品房	0.0157
购买	0.0153

话题13

词	概率
价格	0.1538
上涨	0.0549
商品	0.0238
市场	0.0220
CPI	0.0215
通胀	0.0213
需求	0.0160
物价	0.0145
预期	0.0117
因素	0.0116

(c) 潜在狄利克雷分配模型

图 9.2 由3种方法分别生成的50个话题中3个话题示例

9.3.4 分析与实例比较

我们将这3种方法应用于一个采样自和讯网评论频道[1]的财经类社评文档集，该文档集包括了从2008年12月到2010年7月共3500篇财经相关的社会评论，涵盖当时国内外经济领域热点人物事件，并将话题数设为50。可以看到这3种方法都从文档集中获取如图9.2a、9.2b和9.2c所示的关于住房建设、房价调控和物价上涨这3个话题的示例。对于所示的每个话题，我们选取该话题权重或概率最高的十个词作为代表。而对于一篇文档来说，经常包含多个话题，比如住房建设和房价调控，物价上涨和房价调控就经常一并提及。除了这三个话题，我们还得到了其他很多这3种方法共同得到的话题，比如吉利收购沃尔沃、南非世界杯、欧洲债务危机等等，可见这3种方法在这样的文档集上的效果非常接近。而事实上它们之间的确有着很强的关联。

1.NMF与PLSA的对比

在9.3.1中我们介绍了基于比较两个矩阵$A,B(A=V,B=WH)$的欧式距离,并使其最小化，从而使得分解后复原的矩阵和原矩阵尽可能的相似。由于使用了欧式距离，因而很难直接和基于概率的PLSA建立联系。除了比较欧式距离外另一种比较两个矩阵A,B常用的方法是

$$D(A||B)=\sum_{ij}\left(A_{ij}\log\frac{A_{ij}}{B_{ij}}-A_{ij}+B_{ij}\right) \tag{9.14}$$

使$D(V||WH)$最小化可以得到与式9.3类似的迭代算法。又在[9]证明了最小化式9.14的NMF其优化目标与PLSA的优化目标是等价的，即知道了一个NMF下的最优解也就知道了一个PLSA 下的最优解，反之亦然。这个结论建立了基于矩阵的最小化两个矩阵差异的方法和基于概率的最大化似然的方法之间的联系。相比NMF，PLSA得到的结果由于其固有的概率意义，因而更好解释也更容易被利用。而对于NMF我们已经看到了由不同的度量矩阵差异的方法得到了不同的目标函数，而事实上，利用矩阵可以灵活地进行多种操作运算的特点，我们可以比较容易的扩展NMF的目标函数，比如利用对W或H的先验知识添加对W或H的一些约束[51]。

2.PLSA和LDA的对比

LDA是在PLSA的基础上发展而来，解决了PLSA的两个问题：

- PLSA的参数数量为$O(k||V||+k||D||)$, 其中k为话题数，V为词汇集，D为文档集，会随着文档集的增长而线性增长，带来过拟合的问题。
- PLSA是对给定的文档集进行建模，但对于如何将已有的模型应用于新的文档没有直接的办法。

但由于LDA引入了作为分布使用的高维随机变量，因而在理解和模型推导上比PLSA困难了很多。

[1]http://opinion.hexun.com

§9.4 多文档自动文摘

多文档自动文摘的基本任务是给定一个文档集，生成一段简短流畅的文本片段来表示一个文档集的大意。如何生成一篇好的自动文摘涉及多个研究领域，包括自然语言处理、信息检索、机器学习等。比如为了使有限长度的文摘包含更多内容，需要将文档集中一些重要的长句重写为短句，这就需要一些复杂的自然语言处理技术；如何更好地计算不同文本片段之间（比如句子与句子）的相似度则是信息检索的核心问题之一；如何利用已有的人工生成的文摘来学习一个自动文摘生成算法则可归结为机器学习中典型的分类问题或回归问题。

不同于单文档自动文摘更注重自然语言理解、自然语言处理等技术，多文档自动文摘由于存在更多文档作为输入，因而可以适当减少语言分析，更多的将文档中的句子转换为如前文介绍的比较简单的文本表示，使用数据挖掘的方法让数据本身说话。从数据挖掘的角度看，我们主要讨论如何在有限的长度的约束下，选择文本集中的重要的有代表性的句子来表示文本集的内容，即抽句式多文档自动文摘，下文中我们简称为自动文摘。设文档集为$D=\{D_1,D_2,...,D_n\}$,包括n篇文档，设A为所有文档中包含的句子的集合$A=\{s_1,s_2,...,s_m\}$,我们的任务是要找到A的一个子集S^*，使得在S^*的长度不大于给定的文摘最大长度L的情况下，使某个评价函数下最优。该任务可以被形式化地表示为如下的优化问题：

$$S^* = \underset{S\in A}{\operatorname{argmax}}\, f(S),\ \text{s.t.} \sum_{s\in S} l(s) \le L \tag{9.15}$$

其中$l(s)$表示句子s的长度。由此我们可以看到自动文摘的关键是:1)选择一个合适的评价函数f来判断满足约束的句子集合S是否可以作为好的文摘，2)如何解优化问题式9.15。下面我们将分别加以介绍。

9.4.1 目标函数选择：句子重要性评价

判断一个句子集合S是否是好的文摘的评价函数f大致可以分为两类：基于内容的方法和基于图的方法。

9.4.1.1 基于内容的方法

基于内容的方法的基本思想：自动文摘的目标是生成文档集的摘要以表示文档集的内容，那么首先可以通过某种方法表示文档集的内容，然后在此基础上选择信息量最大的句子。

1.词频分布方法

这类方法认为文档集的内容可以由在文档集中频繁出现的词决定，因而希望生成的文摘中尽可能多地包含高频词，可以是直接选择包含尽可能多高频词的句子，或者在给予每个词一个基于词频的权重后希望摘要中词的总权重最大。

基于概念(**concept-based**)的方法[13]将有意义的词或词组定义抽象为概念，希望在文摘中尽可能出现更多在文档集中重要的概念。设$c_1,c_2,...,c_n$为文档集中的概

念，$w_1, w_2, \ldots, w_n$为其权重，δ 为指示函数。文摘评价函数就可以定义为

$$f(S) = \sum_{i=1}^{n} w_i \delta(c_i \in S) \tag{9.16}$$

即出现在文摘S中的权重总和。在这种方法的具体实现中，一般用2元或3元词组来表示概念，其在文档集上的tf-idf作为权重。

基于重心(centroid-based)的方法[36]用文档集的重心来代表整个文档集。文档集重心是将整个文档集用tf-idf向量表示后，去掉tf-idf值小于阈值的词得到的向量。对于一句句子，与文档集重心的cos相似度(即两个向量夹角的cos值)越高，就可能包括更多文档集中重要的词，越能体现文档集的主题。但如果我们单纯选择文档集中与重心相似的句子，那么选择的句子之间可能也非常相似，这就会使产生的文摘包含很多冗余，浪费了有限的长度，没能表现更多文档集的内容。为了避免冗余，基于重心的方法使用句子间重复出现的词的比例作为惩罚项。这样评价函数f就可以表示为:

$$f(S) = \sum_{s \in S} cos(\vec{D}, s) + \sum_{s,s' \in S} \frac{|s \cap s'|}{|s| + |s'|} \tag{9.17}$$

MEAD[35]是一个基于重心的方法的自动文摘程序库，它不仅考虑了文档集的重心和冗余，还加入了句子在文档中的位置和句子与文档首句相似度等其他特征，但其核心依然是基于重心的方法。

基于KL距离的方法(KLSum)[17]是一个更简单的直接使用词频分布的例子。在KLSum中文档集被表示为词的分布P_D，设P_S为词在文摘上的分布，为了让生成的文摘代表整个文档集，可以尽可能的让两个分布一致。而表示两个分布差异的常用方法之一就是KL距离，因而在KLSum中，$f(S) = -KL(P_D|P_S)$。

2.基于聚类的方法

由于整个文档集可能呈现内容上的多样性，因而准确的使用词频信息直接表示文档集的内容是很困难的。基于聚类的方法首先对整个文档集的句子做聚类分析，使得每个聚类的内容有比较高的一致性，在此基础上再为若干个重要的聚类选择句子，可以使用词频分布方法或将要介绍的基于图的方法。使用前面一章中介绍的话题挖掘方法，这里的聚类也可以被扩展为话题。通过使用不同的聚类/话题挖掘方法，这类方法有很多具体的例子：比如[14,16,41]利用潜在语义分析对文档集中的句子聚类，然后再从每个聚类中选择代表性的句子；[45]则利用对称矩阵的NMF方法，先在句子相似度矩阵上对句子做聚类，而后在聚类基础上选择句子；[40,48,50]合并了聚类和从每个聚类中选择代表性的句子这两个原本分开的过程，使其相互促进。

9.4.1.2 基于图的方法

基于图的方法首先将句子集合A转化为图的结构，这时每句句子就变成图上的一个顶点了，然后利用图的理论，选择顶点构成摘要。

1.LexRank

LexRank将计算网页重要性的PageRank算法应用于句子的相似度图，以计算文档集中句子的重要性[12]。基本的假设是重要的句子与重要的句子比较相似。LexRank算法首先构造句子集合A的相似度图，将句子作为图的顶点，如果句子之间的相似度大于一个阈值，则相应的顶点之间有一条边，并以相似度作为这条边的权重。设p为长度为$|A|$列向

量，表示A中所有句子的重要性分数，B为这个相似度图的经过列归一化的邻接矩阵，即$\forall_j, \sum_{i=1}^{|A|} B_{ij} = 1$。根据前面句子重要性的假设，可以有

$$p = du + (1-d)B \times p \tag{9.18}$$

其中u为长度为$|A|$的列向量，每一项为$1/|A|$，d被称为衰退系数，一般$d \in [0.1, 0.2]$。根据图上的随机行走（Random Walk）模型，式9.18一定会收敛，收敛后p_i就可以表示句子s_i的重要性。但和基于重心的方法一样，单纯选择由LexRank得到的重要性高的句子组成摘要会有很多冗余，因而也需要加上冗余项。

2.词句互增强方法

词句互增强方法[43]与LexRank的想法非常相似，其区别是将句子的相似度图扩展为句子–词的相似度图，并且假设重要的句子不仅和重要的句子比较相似，也更可能包括更多重要的词；同样重要的词应该与其他重要的词有语义上的关联，而且更可能被重要的句子包含，这样计算句子的重要性和计算词的重要性可以相互增强，从而在得到文档集中重要的句子的同时可以得到一系列的关键词。为了具体的描述算法，设p为长度为$|A|$的列向量，表示A中所有句子的重要性分数, q 为长度为$|V|$ 的列向量，表示所有词的重要性，其中V为文档集所有词的集合。U为整个句子-词相似度图中句子相似度子图经过列归一化的邻接矩阵，即$\forall_j, \sum_{i=1}^{|A|} U_{ij} = 1$; V为词相似度子图经过列归一化的邻接矩阵，即$\forall_j, \sum_{i=1}^{|A|} V_{ij} = 1$; W为句子-词二分图的邻接矩阵，$\hat{W}$为W的行归一化矩阵，$\tilde{W}$ 为W的列归一化矩阵。句子的重要性和词的重要性可以表示为:

$$p = \alpha U^T p + (1-\alpha)\hat{W} q \tag{9.19}$$

$$q = \alpha V^T q + (1-\alpha)\tilde{W} p \tag{9.20}$$

其中α表示图中顶点的重要性受同类型顶点影响的系数。

3.支配集模型

前面两种方法都是基于在图上的随机行走理论，除此之外自动文摘问题还可以被转化为更为经典的图问题，利用图的算法加以解决。支配集模型[39]就是将文摘中的句子抽象为句子相似度图上的最小支配集，从而使用寻找图的最小支配集的近似算法生成文摘。

定义 9.1 (支配集) 对于图$G =< V, E >$,满足如下条件的顶点集$D \subset V$被称为G的支配集：对于$\forall_{v \in V}$, $v \in D$或者v与D中某个顶点相邻。

定义 9.2 (最小支配集问题) 给定图$G =< V, E >$,找到顶点集V的一个最小的子集D, 使得D为图G的支配集。

自动文摘的目标是从所有的句子中抽取最有代表性的句子，如果不考虑文摘长度的限制，希望生成的文摘能够代表所有的句子，即文档集中的每一句句子或者被文摘包含，或者与文摘中的某句句子相似，并且生成的文摘应该尽可能简短。而这恰好符合最小支配集问题的定义。最小支配集问题已经被证明是NP问题，但其近似的贪心算法的近似率存在着为$1 + \ln \Delta$的上界，其中Δ为图中顶点的最大度数。

9.4.2 优化方法

根据以上介绍的这些常见的文摘评价函数，寻找最优的文摘即优化问题式9.15都是NP问题。因而常用的方法是使用贪心算法或将式9.15的问题转化为整数规划问题，进而使用现有的整数规划的近似算法加以解决。

1.贪心算法

算法1给出了一个自动文摘的贪心算法框架，即在每个迭代中，选择满足约束的句子加入到当前的文摘中，使其评价函数值最优。尽管这样的贪心算法并没有对于结果最优性的保证，但由于简单易用，被广泛的用于各种基于不同的评价函数的自动文摘方法中。

Algorithm 1 解式9.15的贪心算法

输入： $A = s_1, s_2, \ldots, s_n, L$
输出： S

对A排序，使得$F(s_i) > F(s_{i+1})$
$S = \{s_1\}$
$K = l(s_1)$
while $K < L$ **do**
  $s* = \underset{s \in A-S, K+l(s)<=L}{\text{argmax}} \quad F(S \cup s)$
  $S = S \cup \{s*\}$
end while
return S

2.整数线性规划

由于可以将是否抽取一句句子作为文摘可以视为取值为0或1的变量，如果文摘评级函数f是线性函数，那么整数线性规划也是常用的优化方法。但不同于贪心算法，不同的f需要不同的整数线性规划的形式。这里举两个常用的例子，基于重心方法中的式9.17和基于概念的方法中的式9.16。

基于重心的方法希望所选择的句子尽可能地靠近文档集重心，同时其相互之间的冗余尽可能小。用$Rel(i) = cos(\vec{D}, s_i)$表示句子$i$与文档集重心的相似度，$Red(i, j)$表示句子$i$和句子$j$的冗余，$\alpha_i$表示是否选择句子$i$, α_{ij}表示是否同时选择句子i和句子j, 可以得到如下的整数规划问题。

$$\text{maximize} \sum_i \alpha_i Rel(i) - \sum_{i<j} \alpha_{ij} Red(i, j) \tag{9.21}$$

$$\text{s.t. } \forall_{i,j} : \alpha_i, \alpha_{ij} \in 0, 1 \tag{9.22}$$

$$\sum_i \alpha_i l(i) \leq K \tag{9.23}$$

$$\alpha_{ij} \leq \alpha_i \tag{9.24}$$

$$\alpha_{ij} \leq \alpha_j \tag{9.25}$$

$$\alpha_i + \alpha_j - \alpha_{ij} \leq 1 \tag{9.26}$$

而基于概念的方法则希望文摘尽可能覆盖重要的概念。用δ_i表示文摘是否覆盖了一个概念i，w_i为其权重，s_j表示是否选择句子j, o_{ij}为常量，表示句子j是否包含概念i，可以得到如下的整数规划问题。

$$\text{maximize} \sum_i w_i \delta_i \tag{9.27}$$

$$\text{s.t.} \ \forall_{i,j} : \delta_i, s_j \in 0, 1 \tag{9.28}$$

$$\forall_i \delta_i \leq \sum_j o_{ij} s_j, \tag{9.29}$$

$$\forall_{i,j} \delta_i \geq o_{ij} s_j \tag{9.30}$$

$$\sum_j s_j l(j) \leq K \tag{9.31}$$

尽管在转化为整数线性规划后依然是近似求解，但我们可以借助与很多比较成熟的优化工具包，比如GLPK[1]和IBM CPLEX[2]等等。

9.4.3 其他的自动文摘问题

到目前为止我们介绍的自动文摘问题，即从给定的文档集中抽取代表性的句子，是自动文摘最基本的任务，被称之为通用自动文摘。除此之外，为适用于不同的应用，自动文摘还有很多变形任务。

1.基于查询的自动文摘

基于查询的自动文摘的输入除了文档集，还包括一段文字描述或若干关键词作为查询，定义所需摘要的主题或范围[7]，图9.3即查询的一个例子。基于查询的自动文摘需要返回的摘要具有代表性，且与查询相关，因而需要加入对查询的分析，即如何在文档集中找到匹配查询的内容的信息检索技术。

```
<topic>
<num> D0641E </num>
<title>global warming</title>
<narr>
Describe theories concerning the causes and effects of global
warming and arguments against these theories.
</narr>
</topic>
```

图 9.3 文档理解会议（DUC）的自动文摘评测使用的查询示例。（标题：全球气候变暖；描述：描述关于全球气候变暖成因和效果的理论，以及其反对观点。）

[1] http://www.gnu.org/software/glpk/
[2] http://www.ibm.com/software/commerce/optimization/cplex-optimizer/

2.更新式自动文摘

更新式自动文摘是在基于查询的自动文摘的基础上的进一步变形，输入为两个来自不同时间段的文档集和一段查询说明，需要为较新的文档集生成关于查询的、相对于旧的文档集的更新信息的文摘 [8]。

3.比较式自动文摘

比较式自动文摘的输入是两个或多个相关但不同的文档集，任务是为每个文档集生成一段文摘，表示各个文档集之间的不同或联系 [21,22,29,42,49]。

9.4.4 实例分析

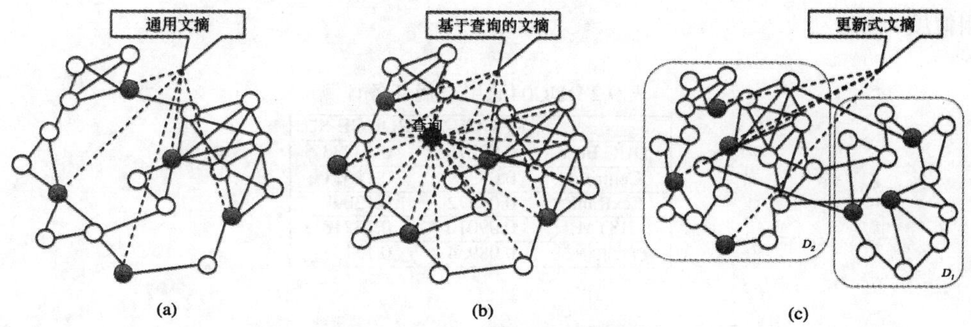

图 9.4 支配集模型应用于不同的文摘任务图示

这里我们以支配集模型为实例对自动文摘作进一步分析。基于支配集模型，我们可以提供通用的自动文摘、基于查询的自动文摘和更新式自动文摘等多个任务的不同解决方案。其基本想法如图9.4所示，对于通用文摘任务，支配集模型希望在以文档集中所有句子为顶点的图上找到支配集类代表的文档集。对于基于查询的自动文摘任务，我们可以将文档中句子和查询的距离表示为句子对应顶点的权重，然后将文摘问题转化为顶点带权重图的最小支配集问题，找到集合中顶点的权重和最小的支配集。对于更新式自动文摘，我们使用支配集模型在第一个文档集D^1上找到一个文档集对应的句子图的支配集后，进一步在新的文档集D^2上搜索顶点，找到新旧整个文档集的支配集，其中来自新文档集的部分就可以作为更新式文摘。

系统产生的文摘可以通过与人工撰写的文摘进行对比评价其是否准确，但这种对比由人来进行耗时耗力，因而在 [27]中提出了一套自动方法，称之为ROUGE，根据具体比较方式的不同又分为ROUGE-1(比较两篇文摘的单词)，ROUGE-2(比较两篇文摘的2元词组)和ROUGE-SU(比较两篇文摘的带跳跃的2元词组,即2元词组中的两个词不需要连续)等等。

我们将支配集模型应用于如表9.1所示的多个标准评测数据集。这些数据集首先使用于美国国家标准技术局(NIST)举办的文档理解(DUC, 2004-2006)、文本检索（TREC）和文本分析（TAC）等多个评测会议的自动文摘项目评测中，而后广泛地被自动文摘的研究人员所使用。

表9.2、9.3和9.4列出了基于模型的方法与当时的评测系统和其他当前主要方法之间的比较。DUC Best为当时DUC评测会议上ROUGE-2最好的系统。TAC Best 和TAC Me-

表 9.1 数据集基本信息

	DUC04	DUC05	DUC06	TAC08
文摘任务类型	通用文摘	基于查询的文摘	基于查询的文摘	更新式文摘
文档集数	37	50	50	48
每个文档集的文档数	10	25-50	25	10
文摘长度	665 字节	250 单词	250 单词	100 单词

dian 为TAC08 更新式文摘任务中ROUGE-2最好和中间的系统。在通用自动文摘任务中，Centroid，LexRank和BSTM分别采用了前文介绍的基于重心的方法，基于图的方法和基于聚类的方法。在基于查询的自动文摘任务中SNMF+Mp(SLSS)和TMR+TF 都是基于聚类的方法，前者使用了比较深层的自然语言处理技术，语义角色标注，后者使用了基于查询的话题分析方法；Wiki使用了维基百科（Wikipedia）作为外部知识库帮助计算句子间的相似度。

表 9.2 DUC04通用文摘任务评测

	ROUGE-2	ROUGE-SU
DUC Best	0.09216	0.13233
Centroid	0.07379	0.12511
LexRank	0.08572	0.13097
BSTM	0.09010	0.13218
支配集模型	0.08934	0.13137

表 9.3 DUC05、DUC06基于查询的文摘任务评测

	DUC05			DUC06
	ROUGE-2	ROUGE-SU4	ROUGE-2	ROUGE-SU4
DUC Best	0.0725	0.1316	0.09510	0.15470
SNMF+Mp(SLSS)	0.06043	0.12298	0.08549	0.13981
TMR+TF	0.07147	0.13038	0.09132	0.15037
Wiki	0.07074	0.13002	0.08091	0.14022
支配集模型	0.07139	0.13003	0.09021	0.14347

表 9.4 TAC08 更新式文摘评测

TAC Best	0.10108	0.13669
TAC Median	0.06927	0.11046
支配集模型	0.08117	0.11728

从评测结果来看，尽管支配集模型简单直观，但在通用自动文摘任务和基于查询的自动文摘任务中能达到很好的效果，能超过或接近大多数主流的方法。即使在更新式文摘中，也能比大多数的参评系统获得更好的结果。而作为一个自动文摘的模型框架，我们可以看到其适用于多个文摘任务的潜力。鉴于自动文摘的文本总结能力，它可以被广泛地应用于各类基于文本数据的实际系统。文献[46]介绍了一个利用自动文摘技术的智能在线客户服务系统，iHelp。给定一个来自于顾客的新的服务请求，iHelp首先通过句子层次上的语义分析，根据该请求与以往案例之间的相似度选择多个相关案例。随后，系统使用聚类算法自动地将这些相关案例分成不同的类别。最终，iHelp利用自动文摘技术，为每一种类别的相关案例生成一段概括性描述，作为供用户参考的解决方案。

§9.5 情感分析和摘要

随着电子商务的普及，越来越多的人在线购买商品或服务（比如餐馆、酒店），下文中我们将商品或服务统称为产品。在线交易不仅带来了便捷，关于产品的评论信息也随之变得极为丰富。目前众多主流网上的交易平台比如(亚马逊、eBay、新蛋、淘宝、携程等等)几乎都将评论功能作为标准配置，很多垂直搜索（比如大众点评网，豆瓣等等）也将评论信息作为吸引用户使用的重要功能。这些网站的评论功能让买家能够充分地比较候选产品，从而购买到其中真正满意的，更方便了商家获得买家对购买产品的反馈，如用户是否喜欢这个产品，喜欢哪些方面，不喜欢哪些方面，这些可能影响商家后续的生产或销售。由于对产品评论进行情感分析具有潜在的商业价值，及与传统的记叙性文本如新闻报道，对话文本如邮件、论坛讨论等相比更具有情感倾向性，喜欢或者不喜欢，因而在过去十年中产品评论的情感分析受到了各个研究方向的普遍关注[34]。当然评论文本不仅仅存在于在线交易平台的评论模块中，也出现在网络的各个角落，如论坛、日志、微博、专栏等等，因而如何识别评论文本与非评论文本也是一个值得讨论的研究问题[32]。而基于评论文本数据，针对其情感倾向性，产生了很多研究课题，比如对于不同粒度的文本（词、句、篇章）的情感倾向分类[30]，评价特征抽取[2,5]，多文档评论摘要总结[6]等。

图9.5展示了一个主流交易平台新蛋网站的产品评论页面，其他网站的产品评论页面也有着相似的式样，都包括一个评级统计模块和评论列表。评级统计概括了一个产品总体的评价，然而一个用户如果希望了解一个产品具体好在哪里，不好在哪里，依然需要阅读评论列表中具体的评论内容。在本文中，我们讨论如何帮助用户简化这一过程。给定一个产品的若干评论（下文中使用评论集），比如收集来自一个或多个网站对于这个产品的所有评论，希望自动整理出一个产品特征列表，对于每个特征做一摘要。这样对于该产品感兴趣的用户就不用逐篇查看所有评论，而能对这一产品的各个特征有一大致的了解。解决这个问题有两个难点：（1）如何识别产品特征，（2）如何对于一篇评论判断其对于某一特征的情感倾向性，下面我们将分别介绍两类常用的方法来解决这些问题。

9.5.1 基于频繁项集(frequent item set)的方法

基于频繁项集的方法主要是利用频繁项集挖掘算法来挖掘产品的频繁特征，也就是经常在评论中被提及的特征。在获取了频繁特征后，系统进一步抽取与这些特征相关的情感词，并利用外部的语义词典WordNet[33]来确定情感词的情感倾向。由于不是所有的特征都被经常提及，而有些偶尔被提及的特征可能又非常重要，比如产品偶尔发生的故障，因而需要进一步挖掘非频繁的特征。最后，系统利用以上的分析结果判断评论中句子的情感倾向，并产生最后的情感分析摘要。文献[19,20]给出了一个基于频繁项集作情感分析和摘要的系统架构如图9.6所示。下面我们对其中的每个模块做一介绍。

1. 数据预处理

产品特征一般是以名词或者名词词组出现，因此在这个方法中，抽取的产品特征被限制为名词或者名词词组，这就需要使用前面提到的自然语言处理工具做数据预处理。这样限制能有效地缩小产品特征抽取的搜索空间，但可能伴随一些遗漏，因为在有些表述中，产品特征是被间接包含的，比如，形容一个电子产品很“小巧”间接指的是产品“尺寸”这个特征。

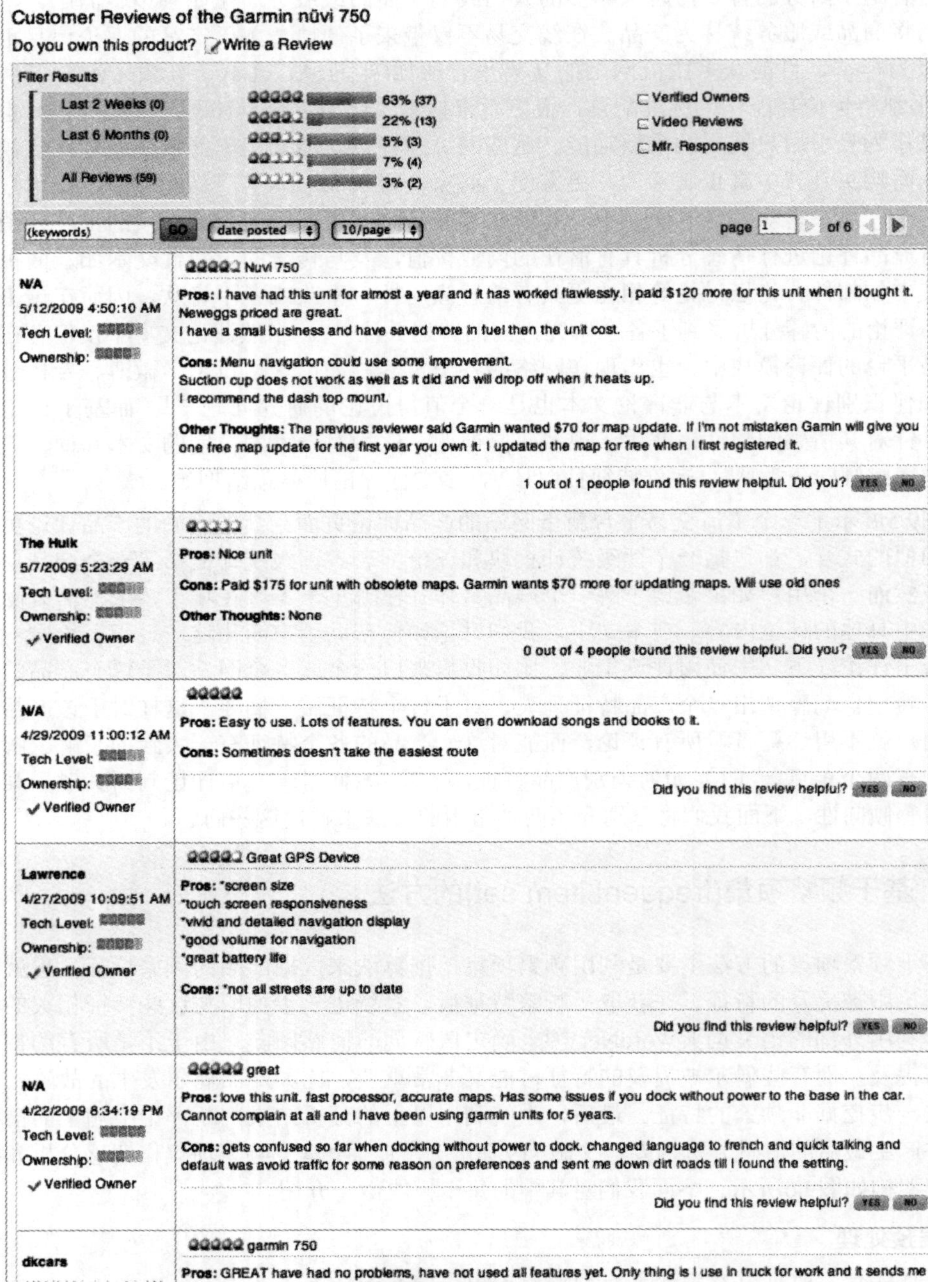

图 9.5 新蛋网站的产品评论页面

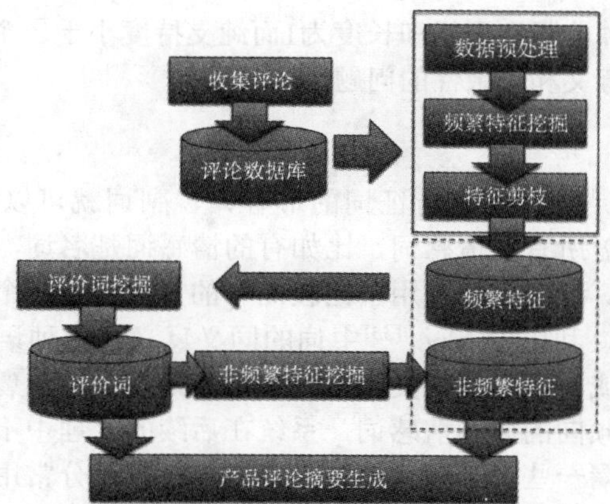

图 9.6 基于特征的情感分析系统[19]

2. 挖掘频繁特征

频繁项集挖掘是数据挖掘经典问题——关联规则挖掘的核心步骤[1]，基本问题描述如下：找到所有长度小于等于k的商品组合，又称为项集（item set），使得包含该项集的事务（transaction）比例高于给定的阈值，这样的项集又被称为频繁项集。其中对于一个项集，包含该项集的事务比例称为该项集的支持度（support）。

抽取产品特征可以使用频繁项集挖掘算法是基于这样的假设，不同的用户在写评论的时候会使用不同的词汇，除了产品名，只有对于产品的特征所使用的词汇相对固定。为了使用频繁项集挖掘算法，首先将评论集中每一句作为一条事务记录，句子中的名词或名词词组作为一项。由于描述产品特征的词/词组不会很长，因而最大频繁项集长度可以设为3。给定最小支持度作为参数，利用数据挖掘技术经典的频繁项集挖掘，比如Aprior算法[1]，可以发现长度小于等于3的所有频繁项集，即频繁共现的词/词组的组合，在下文中被称为频繁特征词组。

3. 特征剪枝

频繁项集挖掘并不考虑句子中的词序，因而直接使用频繁特征词组并不一定真正有意义。比如一个通过算法得到频繁项集$\{w_1, w_2\}$, 但其中的w_1 和w_2可能在所有的句子中都不连续出现，显然它们并不能构成有意义的短语。频繁项集挖掘的一个特点是对于任意挖掘出的频繁项集，其任意子集都是频繁项集。比如同样对于频繁项集$\{w_1, w_2\}$, $\{w_1\}$和$\{w_2\}$也是一定是频繁的。如果w_1, w_2只会同时作为词组w_1, w_2出现，那么它们显然是冗余的，不应该被单独视为一个特征。在[20]中，对于这两种情况分别定义紧密词组和纯支持度进行剪枝。

定义 9.3 (紧密词组) 对于包含n个词的频繁特征词组f，如果一句句子包含f，并设在这句句子中f中的词出现的次序为$w_1, w_2, \ldots, w_n$，如果这n个词中任意两个相邻的词在s中的距离不大于3，那么f在s中是紧密的。如果f至少在评论集中的两句句子上是紧密的，f就是紧密词组。

定义 9.4 (纯支持度) f的纯支持度为包含f但不包含为f超集的频繁特征词组的句子的数量。

这样，可以通过剪枝去掉非紧密词组和长度为1而纯支持度小于一个阈值的的频繁特征词组来解决频繁特征词组的意义和冗余性的问题。

4. 评价挖掘

在得到了特征词后，那些修饰特征词的形容词、副词就可以很自然地被当做情感词了，尽管这不一定能涵盖所有的情感词，比如有的情感词是名词，动词。其难点是如何自动的判断情感词的倾向。这个系统使用了比较简单的方法，用30个形容词作为种子（15个褒义词，15个贬义词），利用Wordnet [33]中词的同义反义这两种语义关系，如果一个词与已知的褒义词为同义词或与已知的贬义词为反义词，则这个词为褒义词，反之，即为贬义词。对于那些没法得到倾向的候选情感词，系统在后续的处理中不再把它们作为情感词对待。这样处理尽管会遗漏一些情感词，但依然可以包含大部分常用的，并且使得抽取出来的尽可能合理。

5. 非频繁产品特征挖掘

在得到了情感词后，系统可以进一步补充产品特征。对于不包含频繁特征但却出现评价词的句子，可以将句子中离评价词最近的名词或名词短语抽取出来同样作为特征，被称为非频繁特征。

6. 生成摘要

基于以上的分析，系统可以很容易地得到一个关于给定产品的摘要：

- 特征列表按照特征在评论集中出现的频率排序，由于词组特征往往比单词特征更有信息量，可以将词组特征都排在单词特征前。

- 对于每个特征分别计算被多少正面和负面评价词修饰。

9.5.2 实例分析

利用前面一节介绍的基于频繁项集的方法，我们在这里给出一个具体的实例系统SumView [47]。SumView是一个产品评论自动摘要系统，对给定产品的一系列特征做摘要。图9.7为其基本架构。

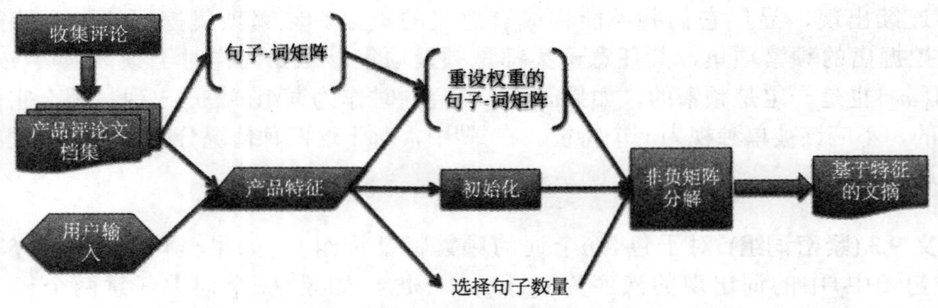

图 9.7 SumView的架构设计图

对于用户选定的一类产品，系统将9.5.1中的技术应用于这类产品的所有评论文档，得到5个最频繁出现的产品特征推荐给用户。比如在系统的用户界面图9.8a中对于GPS导航类产品，评论中最常提到的特征为“route”,“voice”,“price”,“map”和“POI”。用户可以选择其中的若干个，也可以输入自定义的特征。在用户选择了感兴趣的若干产品特征，并选择了某一特定的产品后，系统对每一个输入的产品特征从该产品的评论集中选择一句代表性的句子作为该产品该特征的摘要，如图9.8b所示。

9.5.3 基于方面(Aspect-based)的话题模型分析方法

尽管前面介绍的系统能产生一个简洁的摘要，但还是有很多可以改进的地方。比如在基于特征的情感分析中，特征只能来自与那些出现在文本里的名词或名词短语;抽取出的多个表示产品特征的词、词组可能实际指的是产品的一个方面的特征。基于方面的情感分析可以视为在这个方向上的改进，这里方面指的是表示相同产品特征的多个词或词组。基于方面的话题模型分析方法希望通过话题模型对评论文档集做整体的建模，使用词的多项式分布表示对应于一个特征的话题(即一个方面)，同时不再对词性加以限制。这一类方法显而易见的一个难点是如何对方面建模的同时对评论文档集中的情感倾向建模，从而使得到的应该表示方面的话题的确表示产品特征而非情感倾向，同时又有情感倾向的属性（比如一个产品特征是好是坏）。

本小节中我们会介绍3种具体的方法，其输入是一个产品的所有评论，输出是这个产品的被评论关注的几个方面，和在这几个方面上的评分或者情感倾向分类。设评论集为$C = d_1, d_2, \ldots, d_D$有$D$篇评论，其中每篇评论文档$d$可以表示为长度为$N_d$的词串$d = \{w_1, w_2, \ldots, w_{N_d}\}$。

9.5.3.1 话题情感混合模型Topic Sentiment Mixture (TSM)

TSM [31]假设评论作者为写一篇评论，对于准备要写的每一个词，首先决定这个词是不是用于评论的，比如是不是停词。如果与评论无关，则从表示“背景话题”的词的多项式分布θ_B中随机一个词作为当前词。如果要写的词的确将用于评论，那么自然需要决定评论哪一方面，因而评论作者会先从k个给定的方面中选择一个方面，然后再决定要写的词是中性的、褒义的还是贬义的：如果选择中性词，则从关于这个方面的词的多项式分布θ_i中随即选择一个词，表示对所选择的这个方面的作客观描述；如果选择褒义，则从表示褒义词的多项式分布θ_P中选择一个词，来表达评论作者对所选择的方面正面的情感倾向；如果选择贬义，则从表示贬义词的多项式分布θ_N中选择一个词，来表达对所选择的方面负面的情感倾向。图9.9给出了评论中的生成一个词的图示过程。

由上述数据生成过程的假设，我们可以得到整个评论集的似然：

$$\mathcal{L}(C) = \prod_d \prod_w [\lambda_B p(w|B) + (1 - \lambda_B) \sum_j \pi_{dj} \times (\delta_{j,d,F} p(w|\theta_j) + \delta_{j,d,P} p(w|\theta_P) + \delta_{j,d,N} p(w|\theta_N))]^{c(w,d)} \quad (9.32)$$

使用与标准的概率潜在语义分析模型类似的解法，我们可以求得使评论集似然最大的参数：评论集的k个方面$\theta_1, \ldots, \theta_k$，褒义词和贬义词的分布$\theta_P, \theta_N$，对于任意一篇评论$d$所讨论的方面的分布$\delta_{1,d,F}, \ldots, \delta_{k,d,F}$，以及对任意一篇评论$d$中讨论的方面$j$的（褒义，中性，贬义）情感倾向分布$\delta_{j,d,P}, \delta_{j,d,F}, \delta_{j,d,N}$。有了这些参数，我们不难将评论集中的句子根据方面/情感倾向分类排序，也不难估计文档集对于一个方面整体的情感倾向，进而得到

What aspects you want to know about the products

route ☑ voice ☑ price ☑ map ☑ POI ☑ or input

Garmin Navi 265W/265WT 4.3-Inch Bluetooth Portable GPS Navigator with Integrated Traffic Receiver

Review

TomTom GO 720 4.3-Inch Widescreen Bluetooth Portable GPS Navigator

Review

Magellan Maestro 4250 4.3-Inch Widescreen Bluetooth Portable GPS Navigator

Review

(a) SumView选择产品和产品特征界面

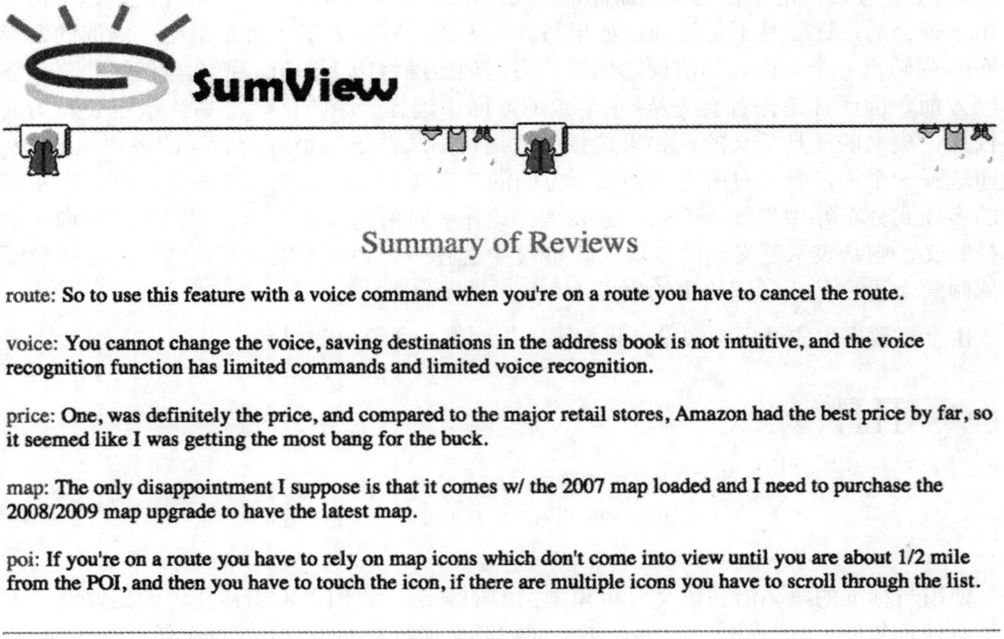

Summary of Reviews

route: So to use this feature with a voice command when you're on a route you have to cancel the route.

voice: You cannot change the voice, saving destinations in the address book is not intuitive, and the voice recognition function has limited commands and limited voice recognition.

price: One, was definitely the price, and compared to the major retail stores, Amazon had the best price by far, so it seemed like I was getting the most bang for the buck.

map: The only disappointment I suppose is that it comes w/ the 2007 map loaded and I need to purchase the 2008/2009 map upgrade to have the latest map.

poi: If you're on a route you have to rely on map icons which don't come into view until you are about 1/2 mile from the POI, and then you have to touch the icon, if there are multiple icons you have to scroll through the list.

(b) SumView生成产品特征摘要界面

图 9.8 SumView界面

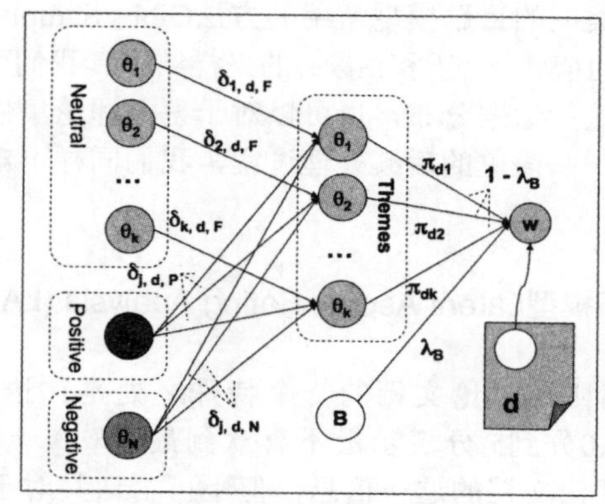

图 9.9 话题情感混合模型

类似于前文基于频繁项集的方法中介绍的情感分析摘要结果。

9.5.3.2 情感话题联合模型Joint Sentiment Topic Model (JST)

在评论文档中，对于不同的特征或者方面，同样褒义或贬义使用的词可能是不一样的，比如对于手机等电子产品，评论“体积”时，“小”一般是褒义的，而评论“屏幕”时，“小”可能就是贬义的了。在TSM中，所有的方面共用了一个表示褒义的词的多项式分布和一个表示贬义的词的多项式分布，而没有区分不同方面的情感倾向可能使用词的不同。情感话题联合模型(JST) [25]通过为每个方面（即话题）的每个情感标签（sentiment label，比如{褒义，中性，贬义}）定义一个词的分布，试图解决这样的问题，

与描述TSM类似，JST也假设了评论作者如何写下评论中的每个词的过程。首先对于一篇评论，作者为这篇评论选择一个情感标签的分布，并对于每个情感标签，选择一个话题的分布。然后对于这篇评论中的每个词，作者从评论情感标签的分布中选择一个情感标签，再根据选择的情感标签从话题分布中选择一个话题，最后根据选择的情感标签和话题，从由情感标签和话题联合定义的词的多项式分布中选择一个词。更加形式话的生成过程定义可见图9.10，其中图模型（graphical model）表示方法和相关技术可参考文献 [3]。

- 对于每一篇评论d，
  - 对于每个情感标签，
    - 选择一个话题分布$\theta_l \sim Dir(\alpha)$
  - 选择一个情感标签分布$\pi_d \sim Dir(\gamma)$
  - 对于评论d中的每个词w_i，
    - 选择一个情感标签$l_i \sim \pi_d$
    - 选择一个话题$z_i \sim \theta_{l_i}$
    - 选择一个词$w_i \sim \phi_{z_i}^{l_i}$

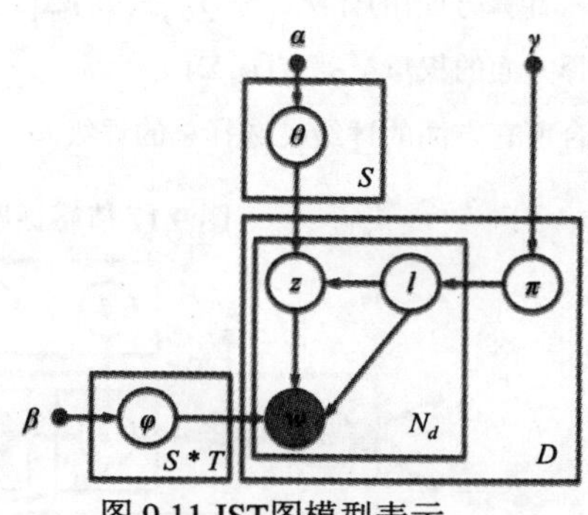

图 9.11 JST图模型表示

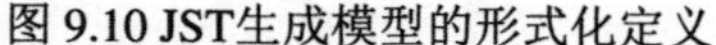
图 9.10 JST生成模型的形式化定义

我们可以利用解LDA类型的话题模型常用的方法Gibbs Sampling来求解JST。根据对于每篇评论中的每个词对应的情感标签l_i和话题z_i的采样结果，我们可以为每篇评论估计情感标签分布和对每个情感标签的话题分布，也可以对于整个评论集估计对应于话题和情感标签组合的词的分布。通过一些简单的后续处理过程，我们同样不难得到对于这个评论集基于方面的摘要。

9.5.3.3 潜在方面评级分析模型Latent Aspect Rating Analysis (LARA)

与其他的文本数据相比，评论文档的一个特殊之处是评论文档还常常伴随着一个情感倾向性评级（比如从0分到5 分表示最不喜欢到最喜欢）。尽管之前介绍的两个模型TSM和JST都没有使用评论文档的这一信息，但不可否认其对于基于方面的话题模型方法可能的作用。比如如果一篇评论文档附带的情感倾向性评级很低，那么很可能该评论涉及的至少一个方面，甚至多个方面都是贬义的。LARA [52]在对评论集中的方面和情感倾向建模时，就考虑了文档的情感倾向性评级带来的影响。与介绍TSM和JST一样，我们通过介绍对评论作者为写一篇评论经历的过程的假设来介绍LARA。LARA对于如何生成评论中的词的假设比较简单，与经典的LDA一样：假设评论作者对于要写的评论会先选择一个方面的分布，然后对于这篇评论中要写的下一个词，先根据为这篇评论所选择的方面的分布选择一个方面，然后根据这个方面所对应的一个词的多项式分布选择一个词。关键的是，LARA假设在写完所有的词后，评论作者会根据书写过程中选择的方面和选择的词来决定评论的情感倾向性评级。具体来说，首先对于每一个方面，根据在生成评论中为这个方面选择的词计算这个方面的情感倾向性评级，然后评论作者会选择每个方面的权重并以此计算对每一个方面情感倾向性评级的加权平均，最后从以该加权平均为均值的正态分布中随机选择一个分数作为这篇评论选择情感倾向性评级。图9.12和9.13分别给出了LARA形式化的定义和图模型描述。

- 对于每一篇评论d，
  - 选择一个话题分布$\theta \sim Dir(\gamma)$
  - 对于评论d中的每个词w_i，
    * 选择一个话题$z_i \sim \theta$
    * 选择一个词$w_i \sim \varepsilon_{z_i}$
  - 对于评论d中的每个方面i,
    * 计算方面i的评级$s_i = \sum_{n=1}^{|d|} \beta_{ij} \Delta[w_n = v_j, z_n = i]$
  - 选择方面的权重$\alpha \sim N(\mu, \Sigma)$
  - 综合所有方面的评级，选择总的评级$r \sim N(\sim_{i=1}^{k} \alpha_i s_i, \delta^2)$

图 9.12 情感话题联合模型

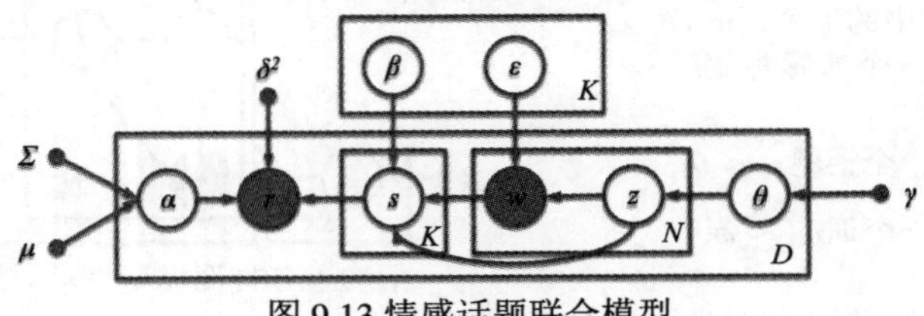

图 9.13 情感话题联合模型

同样我们可以用Gibbs Sample求解LARA，并最终不难得到关于每个方面的情感摘要。与前面介绍的JST不同的是，在LARA中，对与一个方面的不同情感倾向评级还是共享相同的词的多项式分布，因为在LARA中情感倾向评级被认为是连续数值性的，而在JST中情感标签是离散的。而更大的不同自然是在LARA中使用了评论的情感倾向评级信息，而在JST中情感标签始终未作为隐变量。

§9.6 剧情摘要

随着网络信息的快速增长，对于现实生活中发生的众多事件，每天都会在网络上涌现出大量的新闻报道、日志评论和微博。当一个事件持续多天或伴随着长时间的影响，这就意味着在网络上搜索相关信息可能会返回特别大的文档集合，需要我们用户自己从这样的文档集中提取意义子集，了解事件的发展过程。使用前面介绍的通用方法，比如话题挖掘和自动文摘可以帮助用户了解事件整体上涉及了哪些话题，重点讲了些什么，但更重要的事件的演变，各个子事件之间的关系依然没法得到。在本章中，我们将讨论这样的问题：给定一个关于现实时间的文档集，每篇文档都带有时间戳（timestamp）表示时间信息，比如新闻、日志、微博的发表时间，或者利用自然语言处理工具从文档中自动抽取的关于所描述事件的时间，我们的问题是要创建一个带有时间结构的摘要，呈现事件在时间轴上的演变过程。我们称之为事件的剧情摘要。

根据故事情节摘要的不同表示，可以有以下几种方法，分别将故事情节表示成链结构，树结构和多链交叉图结构。

9.6.1 连点成线方法(Connecting Dots)

连点成线方法[37]假设有两篇文档的作为输入d_1, d_n，分别表示剧情的开始和终止，任务是从文档集中找到一个文档子集$(d_1, d_2, \dots, d_n)$组成一条文档链作为剧情的摘要，表示事件如何从d_1发展至或者影响到d_2,其中对于任意文档d_i，其时间戳都小于d_{i+1}的时间戳。图9.14给出了一个文献 [37] 中的例子，输入表示故事始末的两篇文档分别为美国金融危机和美国医疗改革，输出表示美国金融危机如何与医疗改革产生联系的剧情摘要。

1.3.07	**Home Prices Fall** Just a Bit
3.4.07	Keeping Borrowers Afloat (Increasing delinquent mortgages)
3.5.07	A **Mortgage Crisis** Begins to Spiral, ...
8.10.07	... **Investors Grow Wary** of Bank's Reliance on Debt. (Banks' equity diminishes)
9.26.08	Markets **Can't Wait for Congress** to Act
10.4.08	**Bailout Plan** Wins Approval
1.20.09	Obama's Bailout Plan **Moving Forward** (... and its effect on health benefits)
9.1.09	Do Bank Bailouts **Hurt Obama on Health?** (Bailout handling can undermine health-care reform)
9.22.09	Yes to Health-Care Reform, but Is This the Right Plan?

图 9.14 链结构剧情摘要示例

显然从文档集中可以产生许多这样的文档链，哪条更好，更能恰当的表示事件的剧情呢？连点成线方法定义首先定义了两篇文档的连贯度(Coherence)

$$Coherence_{activation}(d_i, d_j) = \sum_{w} Influence(d_i, d_j|w)\mathbb{1}(w \text{ active in } d_i, d_j) \quad (9.33)$$

其中w为一个词，$Influence(d_i, d_j|w)$表示文档d_i通过词w对文档d_j的影响程度，$activation$定义了对于任意一个词w和文档链上的任意一篇文档d_i，w是否在d_i上活跃。然后在此基础上定义了文档链的连贯度作为评价一条文档链好坏的标准，即希望整条文档链表示比较一致的内容。

$$Coherence(d_1, \ldots, d_n) = \max_{activations} \min_{i=1\ldots n-1} Coherence_{activation}(d_i, d_{i+1}) \quad (9.34)$$

- 文档d_i到文档d_j的连贯度被定义为在所有这两篇文档都活跃的词上的影响力之和。而整个文档链的连贯度由文档链中最弱的两篇文档间的连贯度决定。
- 通过恰当的定义$Influence(d_i, d_j|w)$即d_i通过词w对d_j的影响，可以比简单的计算两篇文档重叠的词的数量更有效，因为这样可以考虑使不同的词有不同的作用。显然那些在文档集的大多数文档中都出现的词，比如在关于美国的政治新闻英文文档集中的“U.S.”，“House”等词，对于决定两篇文档连贯度上的作为会比较弱。
- 对于文档链连贯度有帮助的词，我们希望它们是在文档链上连续出现的，而不应该一会儿出现一会儿消失，所以引入了词的活跃性，通过限制词的活跃性，使得计算文档链的连贯性时只考虑持续活跃的词。

1. 两篇文档间的影响

为了计算文档d_i通过词w对文档d_j的影响，$Influence(d_i, d_j|w)$，可以使用在文档-词二分图$G(D, W, E)$上的随机行走模型。二分图$G(D, W, E)$的顶点包括文档D和词集W，如果词$w \in W$ 出现在文档$d \in D$, 则有边$(w, d) \in E$，权重可以设为w在d的tf-idf值。设起始点为d_i, 稳定状态下图上点的分布为

$$\Pi_i(v) = \epsilon\mathbb{1}(v = d_i) + (1-\epsilon) \sum_{(u,v)\in E} \Pi_i(u)P(v|u), \quad (9.35)$$

其中$P(v|u)$在随即行走模型中为从图上顶点u跳至v的概率，这里可以使用边(u, v)对u归一化后的权重值。$\Pi_i(d_j)$ 即可用以表示在考虑了W中的所有词的作用后，d_i对d_{i+1}的影响。为了计算就w, d_i对d_{i+1}的影响, 可以在$G(D, W, E)$删去w到所有D的边，重新构造一个文档-词二分图$G^{-w}(D, W, E^{-w})$。在这样的二分图上同样方法计算得到的$\Pi_i^{-w}(d_j)$ 表示排除词w的作用，d_i对d_j的影响。$Influence(d_i, d_j|w)$可以定义为

$$Influence(d_i, d_{i+1}|w) = \Pi_i(d_{i+1}) - \Pi_i^{-w}(d_{i+1}) \quad (9.36)$$

2. 计算文档链连贯性

由于引入了词的活跃性，计算文档链的连贯度需要遍历所有可能的不同词在不同文档上的不同活跃性的组合，因而计算一条文档链的连贯度是NP问题。尽管如此，我们还是可以使用整数线性规划比较有效率的找到的文档链连贯度的近似值。

设变量$minedge$表示文档链中最小的两篇文档的连贯度，根据文档链连贯度的定义式9.34，我们的目标是找到$minedge$可能的最大值，所以整数线性规划的目标函数为

$$\max minedge \quad (9.37)$$

由$minedge$的定义，即有约束条件$minedge$ 小于等于文档链中任意两篇相邻文档的连贯度：

$$\forall_i : minedge \leq \sum_w active_{w,i} influence(d_i, d_{i+1}|w) \tag{9.38}$$

其中变量$active_{w,i}$表示指示函数$\mathbb{1}(w \text{ active in } d_i, d_{i+1})$的值。

然后为了约束词的活跃性，使每一个词只能在文档链上连续活跃，我们首先引入变量：$word\text{-}active_{w,i}$表示$\mathbb{1}(w \text{ active in } d_i)$, 和$word\text{-}init_{w,i}$，当$word\text{-}init_{w,i} = 1$表示词$w$在$d_i$上开始活跃，然后在此基础上有约束条件：

$$\forall_{w,i}, active_{w,i}, word\text{-}active_{w,i}, word\text{-}init_{w,i} \in [0,1] \tag{9.39}$$

// 由$active_{w,i}$的定义

$$\forall_{w,i}, active_{w,i} \leq word\text{-}active_{w,i}, active_{w,i} \leq word\text{-}active_{w,i+1}, \tag{9.40}$$

// 任意一个词只有一次机会从不活跃转变为活跃

$$\forall_w, \sum_i word\text{-}init_{w,i} \leq 1 \tag{9.41}$$

// 设词在文档链开始时都是不活跃的

$$\forall_w, word\text{-}active_{w,0} = 0 \tag{9.42}$$

// 关键约束：任意一个词w，如果w在文档d_i上活跃，则有两种可能： (9.43)

w从文档d_i开始活跃，或者w在d_{i-1}也活跃

$$\forall_{w,i}, word\text{-}init_{w,i} \leq word\text{-}active_{w,i\text{-}1} + word\text{-}init_{w,i} \tag{9.44}$$

最后为了避免将所有的词作为活跃词，引入输入参数$kTotal$和$kTrans$，分别限制了活跃词的最大数量和在一篇文档中活跃词的数量，因而有约束条件：

$$\sum_{w,i}, word\text{-}init_{w,i} \leq kTotal \tag{9.45}$$

$$\forall_i, \sum_w word\text{-}active_{w,i} = kTrans \tag{9.46}$$

给定文档链$d_1, d_2, \ldots, d_n$, 解由式9.37-9.46构成的整数线性优化问题，就可以根据最优的目标函数的值得到其连贯度，即$Coherence(d_1, d_2, \ldots, d_n) = \max minedge$.

3. 选择最优文档链

我们最终要解决的问题从给定的按时间顺序排列的文档集合$d_1, d_2, \cdots, d_n$ 中选择包括d_1, d_n的K篇文档，使其构成的文档链的连贯度最大。在计算文档链连贯性的整数线性规划方法基础上，可以引入表示从文档集中选择文档的变量：$node\text{-}active_i$表示文档链是否

包括文档d_i, $next\text{-}node_{i,j}$表示文档链是否包括相邻的文档d_i, d_j和$transition\text{-}active_{w,i,j}$表示词$w$是否在文档链的相邻的文档$d_i, d_j$上同时活跃。有了这些变量，我们可以对前面介绍的用于计算文档链连贯度的整数线性规划进行扩展，得到连贯度最优, 长度为K的文档链。

首先为了定义一条文档链，需要有以下约束条件：

// 文档链包括d_1, d_n

$$node\text{-}active_1 = 1, node\text{-}active_n = 1 \tag{9.47}$$

// 文档链长度为K, 包括$K-1$对相邻文档

$$\sum_i node\text{-}active_i = K, \sum_{i,j} next\text{-}node_{i,j} = K - 1 \tag{9.48}$$

// 文档链上的文档必有前(除了d)、后相邻文档

$$\sum_i next\text{-}node_{i,j} = node\text{-}active_j \quad j \neq n \tag{9.49}$$

$$\sum_j next\text{-}node_{i,j} = node\text{-}active_i \quad i \neq 1 \tag{9.50}$$

// 时间顺序限制

$$\forall_{i \geq j}, next\text{-}node_{i,j} = 0 \tag{9.51}$$

$$\forall_{i<k<j}, next\text{-}node_{i,j} \leq 1 - node\text{-}active_k \tag{9.52}$$

然后根据新引入的变量$transition\text{-}active_{w,i,j}$的定义，添加以下约束条件：

$$\forall_{i,j,w}, transition\text{-}active_{w,i,j} \leq word\text{-}active_{w,i} \tag{9.53}$$

$$\forall_{i,j,w}, transition\text{-}active_{w,i,j} \leq next\text{-}node_{i,j} \tag{9.54}$$

(9.55)

由于词的活跃性需要限制在有文档链选择变量决定的文档链上，我们还需要将约束条件9.42和9.44替换为新的约束:

// 如果w在文档d_j上活跃，则w刚转变为活跃，或者w在d_i也活跃

// 并且d_i, d_j为文档链上的相邻文档

$$\forall_{i,j,w}, word\text{-}active_{w,j} \leq word\text{-}init_{w,j} + word\text{-}active_{w,i} + 1 - next\text{-}node_{i,j} \tag{9.56}$$

最后我们需要对$minedge$重新限制, 使其小于等于文档链上的任意相邻文档的连贯度：

$$\forall_{i,j}, minedge \le 1 - next\text{-}node_{i,j} + \sum_{w} transition\text{-}active_{w,i,j} influence(d_i, d_j|w) \quad (9.57)$$

给定一个按时间排序的文档集，起始文档d_1和终止文档d_n，解这个扩展后的由式9.37,9.39-9.41,9.45-9.57定义的整数线性规划问题即可得到一条K篇文档构成的文档链，表示d_1至d_n的情节发展。

9.6.2 有向施泰纳树扩展支配集方法

Algorithm 2 生成有向施泰纳树算法

输入: 有向图$G(V, A)$ 最小支配集X, $k = |X|$，$r \in X$为X中时间戳最小的点

输出: 有向施泰纳树T，使得r为T的顶点，T覆盖X的所有顶点

$T = \emptyset$
while $k > 0$ **do**
  $T_{best} \leftarrow \infty$
  $cost(T_{best}) \leftarrow \infty$
  for each vertex $v : (v_0, v) \in A$,and $k' : 1 \le k' \le k$ **do**
    $T' \leftarrow A_{i-1}(k', v, X) \cup \{(v_0, v)\}$
    if $cost(T_{best}) > cost(T')$ **then**
      $T_{best} \leftarrow T$
    end if
  end for
  $T \leftarrow T \cup T_{best}$
  $k \leftarrow k - ||X \cup V(T_{best})||$
  $X \leftarrow X\ V(T_{best})$
end while
return T

如果现实事件为单一主线，方法一生成的文档链可以很好的概括这个事件从头至尾发展的过程。但在实际生活中，由于事件的复杂性，呈现树状甚至更复杂的结构。线性结构的情节摘要就会丧失很多信息。在本方法中，我们对于给定的一个文档集输出的是一个树形结构，这样能够保留事件演化中产生出各种分枝[44]。

有向施泰纳树扩展支配集方法的思路与连点成线方法中直接定义情节摘要的评价函数不同，而是首先利用多文档自动文摘的方法找到若干重要的文档，表示重要的情节，然后再将这些情节根据时间关系联系起来，形成最终的情节摘要。具体而言，对于一个文档集，我们首先为其建立一个多视角图$G = (V, E, A)$来综合文档集中文档间文本内容和时间的关系，其中V为顶点集，每个顶点表示一篇文档，E为由文档之间相似度建立的无向边集，A为由文件间的时间关系得到的有向边集，如果文档a和文档b时间戳的差值在窗口$[\tau_1, \tau_2]$, 则有一条从a到b的有向边。在这样一个多视角图上，我们可以利用已经介绍的方法，在(V, E)找到一个大小为k的顶点近似顶点支配集X，作为文档集的标准文摘。然而这样的文摘没法体现情节的连贯性，因而在本方法中，我们又在(V, A)上生成一棵包含X的所有顶点的有向施泰纳树T。显然，T上的顶点包含了所有我们认为是重要情节的文档，同时，T上的任意一条边上的两个顶点不论在内容上还是时间上都有比较好的连贯性。

从X生成以给定顶点作为根节点，至少覆盖X中k个顶点的有向施泰纳树T被认为是NP难的问题，但可以采用如算法2所示的近似算法。生成这样的树最简单的想法是可以将根节点到X中距离根节点最近的k个节点的节点用最短路径连起来。但显然这样生成的树

很可能不是最优的，算法2的想法就是递归的利用低近似最优的树来构造高近似最优的树。算法中的i为近似级别参数，当$i=0$时，生成的树就是通过使用将根节点到X中与根节点不连通的节点用最短路径连起来得到的。

与之前在自动文摘中介绍的支配集方法类似，有向施泰纳树扩展支配集方法同样简单直观，因而有着比较好的扩展性。下面我们举两个利用有向施泰纳树扩展支配集方法生成情节摘要的例子。

9.6.2.1 实例分析1：图文剧情摘要

在有向施泰纳树扩展支配集方法的基础上，我们首先介绍一个生成图文剧情摘要的实例[44]。加入图片信息是因为图片富含信息，并能使阅读更有趣味。图文剧情摘要的结构框架如图9.15所示。

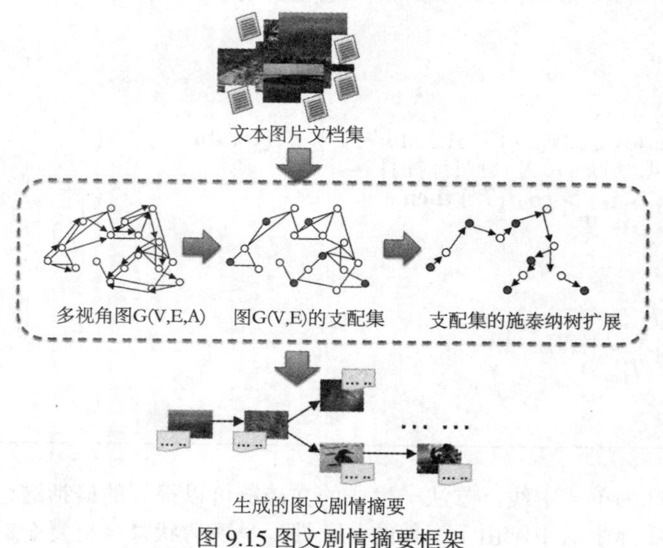

图 9.15 图文剧情摘要框架

在这个例子中，我们手动从Flickr, ABC News(全美广播电视网新闻频道), Reuters(路透社), AOL News(美国在线新闻频道)和National Geographic(国家地理杂志)收集了四个主题共355张图片和图片说明作为数据集，如表9.5所示。

表 9.5 图文剧情摘要数据集简介

主题	图片及图片说明数量
Katrina飓风和洪水	101
Katrina飓风和房屋塌陷	101
原油泄漏和植物	53
原油泄漏和动物	100

由于有了图片信息，我们构造了多视角图的无向图表示，考虑了图片之间的相似度信息。对于原油泄漏和动物这个主题的数据集，我们得到如图9.16b所示的剧情摘要。从图中可以看到，分叉表示了不同动物对原油泄露的影响，这种信息在前面介绍的链式剧情摘要方法中是不能表示的。

为了体现与直接使用前文介绍的自动文摘方法的差别，我们在图9.16a中采用自动摘要评价指标ROUGE，对我们产生的图文剧情摘要的文字部分与直接使用自动文摘方法产生的

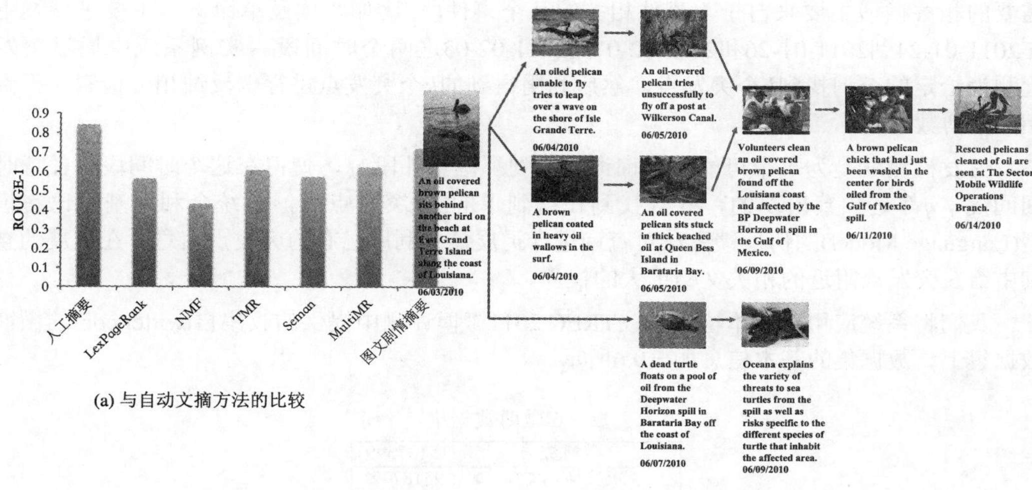

(a) 与自动文摘方法的比较

(b) 图文剧情摘要示例

图 9.16 基于有向施泰纳树扩展支配集方法的图文剧情摘要结果

摘要做了比较。可以看到，我们产生的图文剧情摘要相比较其他自动文摘方法要更接近人工撰写的剧情摘要，这得益于两个方面：（1）相比较其他自动文摘方法，我们考虑了情节时间上的连贯性，（2）图片信息不仅能使剧情摘要直观有趣，同时能帮助计算文档间的相似度。

9.6.2.2 实例分析2：微博上的事件情节摘要

有向施泰纳树扩展支配集方法还被用于微博数据，文献 [26]探索了如何在微博上根据查询创建事件的情节摘要。考虑到微博数据更短、更随意，且时效性更强，文献 [26]重点解决如何得到与查询相关的微博数据这一典型的信息检索问题。在得到相关微博数据之后，可以构造相应的多视角图。利用有向施泰纳树扩展支配集方法得到微博数据的故事摘要，图9.17为该微博上的事件情节摘要系统的结构框架图。

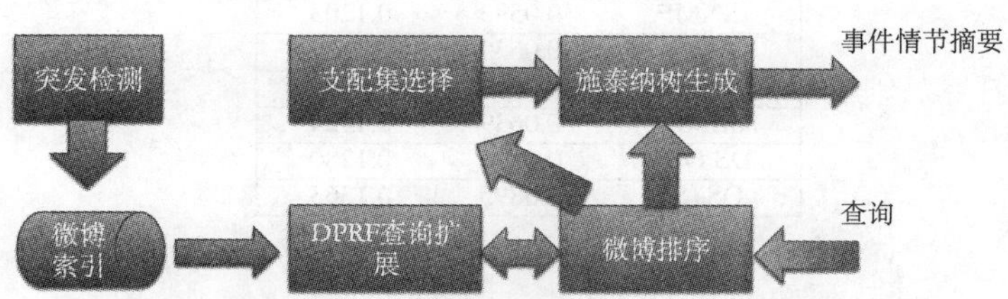

图 9.17 微博上的事件情节摘要系统的结构框架图

将有向施泰纳树扩展支配集方法应用于海量的微博数据的关键是如何根据给定的一组描述事件的关键词进行查询。由于这部分内容属于经典的信息检索范畴，我们在这里仅简要介绍。由于查询可能只包含少量甚至唯一的关键词，并且微博数据也非常简短，简单的基于关键词匹配的方法很可能会遗漏很多相关的微博文档。信息检索中的伪反馈为这个问题提供了解决方案，即用初始的查询搜集到一些非常相关的文档后，继续利用这些文档作为查询项进一步检索，因为这时查询项得到了很大程度的丰富，所以很可能检索到原来遗漏的文档。但经典的伪反馈是不考虑像微博这样文档在时间上的动态变化，我们需要的相关微博主要来自于与事件相关的几个事件段,比如“埃及革命”，主要进展发生在2011-01-24到2011-01-26和2011-02-01到2011-02-03这两个时间段。实例系统中通过突发检测为给定的查询找到k个突发点，然后利用得到的k个突发点进行伪反馈相关检索，得到相关微博数据。

突发检测就是为每个可能的查询词q, 找到那些事件段ϕ_k，使得在这个时间段的任意时间间隔，q都是频繁出现的，并且找到在得到了的k个突发点后，系统会利用基于语言模型(Language Model)的伪反馈方法对查询进行扩展，并利用已有的突发点信息，在扩展的查询中给在突发点附近的相关文档更大的权重。

我们将系统应用于文本检索会议TREC 2011微博评测中提供的收集自twitter.com的微博数据集上。数据集的基本信息如表9.6所示。

表 9.6 微博数据集

微博数	15137399
英文微博数	9318772
转发微博数	1487299
英文转发微博数	1069006
用户数	4670516
微博长度中位数	8.66
英文微博长度中位数	10.76

根据TREC 2011微博评测提供的49个查询（全部为事件相关查询），我们利用系统检索了查询相关微博并生成了情节摘要，同样，我们将有向施泰纳树扩展支配集方法（DS+ST）与通用的文摘系统做了比较，结果如表9.7。可以看到，有向施泰纳树扩展支配集方法产生的微博上的剧情摘要明显好于其他自动文摘方法。

表 9.7 微博事件情节摘要与通用摘要系统的比较

Methods	ROUGE2	ROUGE-SU
Random	0.0425	0.0903
MostRelevant	0.0526	0.1075
LSA	0.0403	0.0857
K-means	0.0489	0.1002
NMF	0.0534	0.1043
SNMF	0.0593	0.1203
NCut	0.0635	0.1156
Qs-MRC	0.0647	0.1255
MSSF	0.0639	0.1324
DS Only	0.0731	0.1280
DS+ST	0.0895	0.1363

9.6.3 地铁网络模型(Metro Map)

地铁网络模型[38]通过在方法一的基础上加以扩展，来应对复杂情节。地铁网络模型将整个时间发展类比为地铁线路图，由若干情节线路组成，每一情节线路为一文档链，其间相互交叉形成网络。为了评价这样的网络，地铁网络模型扩展了连点成线方法中的连贯度，引入了覆盖度和连通度两个性质。

定义 9.5 (网络连贯度) 网络连贯性定义为组成网络的多个文档链中最小的文档链连贯度。

定义 9.6 (网络覆盖度) 定义网络覆盖度是为了使生成的网络能够覆盖整个事件尽可能多的情节，尤其是那些重要的情节。首先我们看网络对于一个词的覆盖度。

$$cover_w(M) = 1 - \prod_{d_i \in docs(M)} (1 - cover_w(d_i)) \tag{9.58}$$

其中$cover_w(d_i)$ 为文档d_i覆盖词w的概率，可以使用归一化的*tf-idf*。相比较$cover_w(M) = \sum_{d_i \in docs(M)} cover_w(d_i)$, 上式会倾向让不同的文本覆盖不同的词，增加多样性。有了网络对于一个词的覆盖度，网络覆盖度就是综合所有的词，衡量网络对于整个数据集上的覆盖度，如下式所示

$$Cover(M) = \sum_w \lambda_w cover_w(M) \tag{9.59}$$

其中$lambda_w$为词w的权重，可以体现不同的词的重要性不同。在具体现实时，可以让λ_w等于文档集中词w的词频。

定义 9.7 (网络连通度) 由于网络是由多条文档链组成，网络连通性定义为它们之间交叉的次数。

$$Conn(M) = \sum_{i<j} \mathbb{1}(p_i \cup p_j \neq \emptyset) \tag{9.60}$$

在定义了这些网络的性质后，地铁网络模型需要从文档集中找到若干文档链构成的网络M，使得M在这些性质上最优。网络连贯度用以保证M上的文档链是有意义的，因而可以被作为约束条件，即M的网络连惯度大于给定的阈值。在此约束条件下，我们希望网络覆盖度尽可能大，从而M能够很好的代表整个文档集。但对于网络连通度，一味的追求高网络连通度将会导致M中所有的文档链都交织在一起，使其相互冗余。因而在地铁网络模型中网络覆盖度被作为首要的优化目标，在M的网络连惯度大于给定的阈值的约束条件下，得到网络覆盖度最优的网络，设其最优值为k, 然后优化连通度，使得网络在不牺牲覆盖度的条件下即$Cover(M) > k - \epsilon$, 连通度最大。

为了找到这样最优的网路，我们需要得到所有连贯度大于阈值的文档链。根据之前文档链连贯度的定义，对于文档集的所有可能的文档链，只有一条一条的去测试其连贯性是否大于阈值。但由于一个文档集可能生成指数复杂度的文档链条数，因而前面定义的优化问题在实际应用中是不可解的。对此地铁网络模型通过改变连贯性的定义，引入可分解的m-连贯度，提供了解决方案。

定义 9.8 (m-连贯度) 如果在一条文档链上的任意一条m长的子链的连贯度大于τ, 那么这条文档链是τm-连贯的。

用m-连贯度来近似之前定义的连贯度，这样问题就变成了：给定一个文档集，找到由若干文档链构成的网络M，使得M在m-连贯度大于τ并且M的覆盖度大于$k - \epsilon$的条件下连通性最大。

注意根据m-连贯度的定义，如果两条文档链其m-连贯度都大于τ, 并且一条文档链的后m-1篇文档和另一条文档链的前m-1篇文档重合，那么合并两条文档链的得到的新的文档链的m-连贯度也大于τ。利用这个m-连贯度的可分解性，为找到所有m-连贯度大于阈值的文档链，地铁网络模型在文档集上构造了一个连贯图G。图的每个节点为长度为m的

连贯度大于阈值τ的文档链，如果节点v_1的后$m-1$篇文档和v_2的前$m-1$篇文档重合，那么v_1到v_2有一条有向边。这样τ m-连贯的文档链可以一一对应于连贯图上的所有的路径。最终地铁网络模型被规约为如下两个关于图的问题：

问题 9.1 给定一个连贯图G, 找到L条路径$p_1,\ldots,p_L$，使得在$|docs(p_i)| \leq K$的条件下，$Cover(\cup_i p_i)$最大。其中$docs(p_i)$表示连贯图路径p_i上的所有文档。

问题 9.2 给定一个连贯图G, 和一个找到的高覆盖度的网络$M_0 = p_1,\ldots,p_L$，找到$p'_1,\ldots,p'_L$ 使得在$|docs(p'_i)| \leq K$和$Cover(\cup_i p'_i) > Cover(\cup_i p_i) - \epsilon$的条件下，$p'_1,\ldots,p'_L$的连通度最大。

在[38]中，对于第一个问题使用了基于子模(submodular)优化的方法，而对于第二个问题则使用了局部搜索(local search)的方法，这里我们就不再详细介绍了。

地铁网络模型最终可以得到一张如图9.18所示的地铁网络图，表示文档集中包含的重要情节和它们之间的关系。

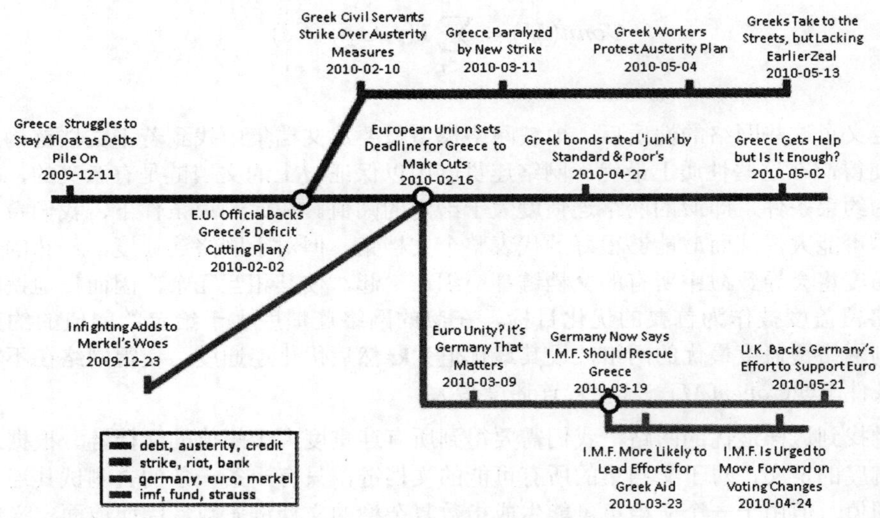

图 9.18 关于希腊债务危机的地铁网络模型示例

§ 9.7 本章小结

本章中我们通过实例讨论了对于通用文本的两个主要挖掘问题：话题挖掘和多文档自动摘要，还有针对于两类常见的特定文本的挖掘问题：产品评论和带有时间标签的事件新闻。

§9.8 中英文对照表

1. 方面：aspect
2. 词袋模型： bag of words (BOW)
3. 浅层语法分析： chunking
4. 概念：concept
5. 最大期望算法： Expectation-Maximazation (EM)
6. 频繁项集： frequent item set
7. 吉布斯采样： Gibbs sampling
8. 图模型： graphical model
9. 项集： item set
10. 潜在狄利克雷分配模型： latent Dirichlet allocation (LDA)
11. n元模型： n-gram
12. 自然语言处理： natural language processing (NLP)
13. 非负矩阵分解： non-negative matrix factorization (NMF)
14. 词性： part-of-speech
15. 词性标注： part-of-speech tagging
16. 概率潜在语义分析： probabilistic latent semantic analysis (PLSA)
17. 特指东方语言如中文的分词： segmentation
18. 浅层语法分析： shallow paring
19. 分句： splitting
20. 停词：stopwords
21. 支持度： support
22. 分词： tokenization
23. 话题模型：topic modeling
24. 事务： transaction
25. 变分推导： variational inference

参考文献

[1] R. Agrawal, R. Srikant, et al. *Fast algorithms for mining association rules*. In Proc. 20th Int. Conf. Very Large Data Bases, VLDB, volume 1215, pages 487∼499, 1994.

[2] S. Bethard, H. Yu, A. Thornton, V. Hatzivassiloglou, and D. Jurafsky. *Automatic extraction of opinion propositions and their holders*. In 2004 AAAI Spring Symposium on Exploring Attitude and Affect in Text, page 2224, 2004.

[3] C. M. Bishop and N. M. Nasrabadi. Pattern recognition and machine learning, volume 1. Springer New York, 2006.

[4] D. M. Blei, A. Y. Ng, and M. I. Jordan. *Latent dirichlet allocation*. the Journal of machine Learning research, 3:993∼1022, 2003.

[5] E. Breck, Y. Choi, and C. Cardie. *Identifying expressions of opinion in context*. In Proceedings of the 20th international joint conference on Artifical intelligence, pages 2683∼2688. Morgan Kaufmann Publishers Inc., 2007.

[6] C. Cardie, J. Wiebe, T. Wilson, and D. Litman. *Combining low-level and summary representations of opinions for multi-perspective question answering*. In Proceedings of the AAAI Spring Symposium on New Directions in Question Answering, pages 20∼27, 2003.

[7] H. T. Dang. *Overview of duc 2005*. In Proceedings of the Document Understanding Conference, 2005.

[8] H. T. Dang and K. Owczarzak. *Overview of the tac 2008 update summarization task*. In Proceedings of text analysis conference, pages 1∼16, 2008.

[9] C. Ding, T. Li, and W. Peng. *Nonnegative matrix factorization and probabilistic latent semantic indexing: Equivalence chi-square statistic, and a hybrid method*. In Proceedings of the national conference on artificial intelligence, volume 21, page 342. Menlo Park, CA; Cambridge, MA; London; AAAI Press; MIT Press; 1999, 2006.

[10] C. Ding, T. Li, W. Peng, and H. Park. *Orthogonal nonnegative matrix t-factorizations for clustering*. In Proceedings of the 12th ACM SIGKDD international conference on Knowledge discovery and data mining, pages 126∼135. ACM, 2006.

[11] C. H. Ding, T. Li, and M. I. Jordan. *Convex and semi-nonnegative matrix factorizations*. Pattern Analysis and Machine Intelligence, IEEE Transactions on, 32(1):45∼55, 2010.

[12] G. Erkan and D. R. Radev. *Lexrank: Graph-based lexical centrality as salience in text summarization*. Journal of Artificial Intelligence Research, 22:457∼479, 2004.

[13] D. Gillick, K. Riedhammer, B. Favre, and D. Hakkani-Tur. *A global optimization framework for meeting summarization*. In Acoustics, Speech and Signal Processing, 2009. ICASSP 2009. IEEE International Conference on, pages 4769∼4772. IEEE, 2009.

[14] Y. Gong and X. Liu. *Generic text summarization using relevance measure and latent semantic analysis*. In Proceedings of the 24th annual international ACM SIGIR conference on Research and development in information retrieval, pages 19∼25. ACM, 2001.

[15] T. L. Griffiths and M. Steyvers. *Finding scientific topics*. Proceedings of the National academy of Sciences of the United States of America, 101(Suppl 1):5228∼5235, 2004.

[16] B. Hachey, G. Murray, and D. Reitter. *Dimensionality reduction aids term co-occurrence based multi-document summarization*. In Proceedings of the Workshop on Task-Focused Summarization and Question Answering, pages 1∼7. Association for Computational Linguistics, 2006.

[17] A. Haghighi and L. Vanderwende. *Exploring content models for multi-document summarization*. In Proceedings of Human Language Technologies: The 2009 Annual Conference of the North American Chapter of the Association for Computational Linguistics, pages 362∼370. Association for Computational Linguistics, 2009.

[18] T. Hofmann. *Probabilistic latent semantic analysis*. In Proceedings of the Fifteenth conference on Uncertainty in artificial intelligence, pages 289∼296. Morgan Kaufmann Publishers Inc., 1999.

[19] M. Hu and B. Liu. *Mining and summarizing customer reviews*. In Proceedings of the tenth ACM SIGKDD international conference on Knowledge discovery and data mining, pages 168∼177. ACM, 2004.

[20] M. Hu and B. Liu. *Mining opinion features in customer reviews.* In Proceedings of the National Conference on Artificial Intelligence, pages 755~760. Menlo Park, CA; Cambridge, MA; London; AAAI Press; MIT Press; 1999, 2004.

[21] X. Huang, X. Wan, and J. Xiao. *Comparative news summarization using linear programming.* In Proceedings of the 49th Annual Meeting of the Association for Computational Linguistics: Human Language Technologies: short papers-Volume 2, pages 648~653. Association for Computational Linguistics, 2011.

[22] H. D. Kim and C. Zhai. *Generating comparative summaries of contradictory opinions in text.* In Proceeding of the 18th ACM conference on Information and knowledge management, pages 385~394. ACM, 2009.

[23] D. D. Lee and H. S. Seung. *Algorithms for non-negative matrix factorization.* Advances in neural information processing systems, 13:556~562, 2001.

[24] T. Li, Y. Zhang, and V. Sindhwani. *A non-negative matrix tri-factorization approach to sentiment classification with lexical prior knowledge.* In Proceedings of the Joint Conference of the 47th Annual Meeting of the ACL and the 4th International Joint Conference on Natural Language Processing of the AFNLP: Volume 1-Volume 1, pages 244~252. Association for Computational Linguistics, 2009.

[25] C. Lin and Y. He. *Joint sentiment/topic model for sentiment analysis.* In Proceedings of the 18th ACM conference on Information and knowledge management, pages 375~384. ACM, 2009.

[26] C. Lin, C. Lin, J. Li, D. Wang, Y. Chen, and T. Li. *Generating event storylines from microblogs.* In Proceedings of the 21st ACM international conference on Information and knowledge management, pages 175~184. ACM, 2012.

[27] C.-Y. Lin. *Rouge: A package for automatic evaluation of summaries.* In Text Summarization Branches Out: Proceedings of the ACL-04 Workshop, pages 74~81, 2004.

[28] Y. Liu, R. Jin, and L. Yang. *Semi-supervised multi-label learning by constrained non-negative matrix factorization.* In Proceedings of the National Conference on Artificial Intelligence, volume 21, page 421. Menlo Park, CA; Cambridge, MA; London; AAAI Press; MIT Press; 1999, 2006.

[29] I. Mani and E. Bloedorn. *Summarizing similarities and differences among related documents.* Information Retrieval, 1(1):35~67, 1999.

[30] R. McDonald, K. Hannan, T. Neylon, M. Wells, and J. Reynar. *Structured models for fine-to-coarse sentiment analysis.* In Annual Meeting-Association For Computational Linguistics, volume 45, page 432, 2007.

[31] Q. Mei, X. Ling, M. Wondra, H. Su, and C. Zhai. *Topic sentiment mixture: modeling facets and opinions in weblogs.* In Proceedings of the 16th international conference on World Wide Web, pages 171~180. ACM, 2007.

[32] P. Melville, W. Gryc, and R. D. Lawrence. *Sentiment analysis of blogs by combining lexical knowledge with text classification.* In Proceedings of the 15th ACM SIGKDD international conference on Knowledge discovery and data mining, pages 1275~1284. ACM, 2009.

[33] G. A. Miller. *Wordnet: a lexical database for english.* Communications of the ACM, 38(11):39~41, 1995.

[34] B. Pang and L. Lee. *Opinion mining and sentiment analysis.* Foundations and trends in information retrieval, 2(1-2):1~135, 2008.

[35] D. Radev, T. Allison, S. Blair-Goldensohn, J. Blitzer, A. Celebi, S. Dimitrov, E. Drabek, A. Hakim, W. Lam, D. Liu, et al. *Mead-a platform for multidocument multilingual text summarization.* In Proceedings of LREC, volume 2004, 2004.

[36] D. R. Radev, H. Jing, M. Styś, and D. Tam. *Centroid-based summarization of multiple documents.* Information Processing & Management, 40(6):919~938, 2004.

[37] D. Shahaf and C. Guestrin. *Connecting the dots between news articles.* In Proceedings of the 16th ACM SIGKDD international conference on Knowledge discovery and data mining, pages 623~632. ACM, 2010.

[38] D. Shahaf, C. Guestrin, and E. Horvitz. *Trains of thought: Generating information maps.* In Proceedings of the 21st international conference on World Wide Web, pages 899~908. ACM, 2012.

[39] C. Shen and T. Li. *Multi-document summarization via the minimum dominating set.* In Proceedings of the 23rd International Conference on Computational Linguistics, pages 984~992. Association for Computational Linguistics, 2010.

[40] C. Shen, T. Li, and C. H. Ding. *Integrating clustering and multi-document summarization by bi-mixture probabilistic latent semantic analysis (plsa) with sentence bases*. In Proceedings of the national conference on Artificial intelligence. AAAI Press, 2011.

[41] J. Steinberger, M. Poesio, M. A. Kabadjov, and K. Ježek. *Two uses of anaphora resolution in summarization*. Information Processing & Management, 43(6):1663~1680, 2007.

[42] X. Wan, H. Jia, S. Huang, and J. Xiao. *Summarizing the differences in multilingual news*. In Proceedings of the 34th international ACM SIGIR conference on Research and development in Information, pages 735~744. ACM, 2011.

[43] X. Wan, J. Yang, and J. Xiao. *Towards an iterative reinforcement approach for simultaneous document summarization and keyword extraction*. In Annual Meeting-Association for Computational Linguistics, volume 45, page 552, 2007.

[44] D. Wang, T. Li, and M. Ogihara. *Generating pictorial storylines via minimum-weight connected dominating set approximation in multi-view graphs*. Proceddings of AAAI 2012, 2012.

[45] D. Wang, T. Li, S. Zhu, and C. Ding. *Multi-document summarization via sentence-level semantic analysis and symmetric matrix factorization*. In Proceedings of the 31st annual international ACM SIGIR conference on Research and development in information retrieval, pages 307~314. ACM, 2008.

[46] D. Wang, T. Li, S. Zhu, and Y. Gong. *ihelp: An intelligent online helpdesk system*. Systems, Man, and Cybernetics, Part B: Cybernetics, IEEE Transactions on, 41(1):173~182, 2011.

[47] D. Wang, S. Zhu, and T. Li. *Sumview: A web-based engine for summarizing product reviews and customer opinions*. Expert Systems with Applications, 2012.

[48] D. Wang, S. Zhu, T. Li, Y. Chi, and Y. Gong. *Integrating clustering and multi-document summarization to improve document understanding*. In Proceedings of the 17th ACM conference on Information and knowledge management, pages 1435~1436. ACM, 2008.

[49] D. Wang, S. Zhu, T. Li, and Y. Gong. *Comparative document summarization via discriminative sentence selection*. In Proceeding of the 18th ACM conference on Information and knowledge management, pages 1963~1966. ACM, 2009.

[50] D. Wang, S. Zhu, T. Li, and Y. Gong. *Multi-document summarization using sentence-based topic models*. In Proceedings of the ACL-IJCNLP 2009 Conference Short Papers, pages 297~300. Association for Computational Linguistics, 2009.

[51] F. Wang, T. Li, and C. Zhang. *Semi-supervised clustering via matrix factorization*. In Proceedings of The 8th SIAM Conference on Data Mining, 2008.

[52] H. Wang, Y. Lu, and C. Zhai. *Latent aspect rating analysis on review text data: a rating regression approach*. In Proceedings of the 16th ACM SIGKDD international conference on Knowledge discovery and data mining, pages 783~792. ACM, 2010.

第十章　多媒体数据挖掘

§10.1　摘要

多媒体技术是20世纪80年代发展起来的一门跨学科的综合技术。多媒体技术的广泛应用前景和巨大的发展潜力，使多媒体信息在人们的日常生活中起着越来越重要的作用，而与此相应的多媒体信息检索、多信息源数据融合等问题也日益突出。数据挖掘技术被引入到多媒体信息处理中，可以有效处理多媒体数据，挖掘多媒体数据中所蕴含的知识，提高信息搜索的性能并减少搜索时间等，具有重要的应用价值。

本章首先介绍多媒体相关的基本概念，然后介绍多媒体数据挖掘的背景、研究及应用现状，接下来以目前多媒体数据挖掘研究中较热门的图像检索为例，具体介绍数据挖掘技术在其中的应用，最后详细论述如何利用数据挖掘技术有效融合多种不同的信息源（如文本、图像等），从而提高网络图像聚类和分类的性能。

§10.2　多媒体基本概念

"多媒体"译自英文的"Multimedia"，可将其拆分为"Multi"和"Media"两部分，因此可以简单地将其理解为多种媒体的有机结合[8]。具体地讲，就是把文字、图像、图形、声音、动画、视频等媒体信息数位化，并将其整合在一定的交互式界面上的信息传递载体。举两个典型的例子，多媒体网页和多媒体网络电视一般都包括文字、图像、音频甚至视频、动画等媒体类型。

多媒体技术是一种综合技术，而不是各种信息媒体的简单叠加，它是一种把文字、图形、图像、动画、音频及视频等形式的信息结合在一起，并通过计算机进行存储、传输、处理和控制，能支持完成一系列交互式操作的信息技术。通常来讲，多媒体技术具有数字化、集成性、多样性、交互性、非线性和实时性等特点[8,9]。

10.2.1　数字化

由于计算机采用二进制编码，只有0和1组成的二进制数据可以被识别。因此在多媒体系统中，所有的多媒体信息包括文字信息、图像信息、声音信息等不同类型的信息通常都用数字信号进行表示。

10.2.2 多样性

多样性是多媒体的主要特征之一，也是多媒体研究需要解决的关键问题。多媒体技术的多样性主要体现在以下三个方面：首先是指多媒体信息类型的多样性，例如文字信息、图像信息、声音信息等，不同类型的信息需要使用不同的多媒体技术进行处理；其次是指信息载体的多样性，包括磁盘和光盘等物理介质载体以及网络传输介质载体，多媒体信息的表达方式不同，信息载体也随之多样化；第三是指多媒体信息处理方式和效果的多样性，对于不同的应用，需要使用媒体数据压缩、媒体数据存储和媒体数据安全等多种媒体处理方式，并且各种原始素材经过不同的技术处理，能够产生多种多样的特殊效果，极大地丰富了多媒体信息的表现力。

10.2.3 集成性

多媒体技术能够通过计算机对多媒体信息进行多通道综合获取、存储、组织与合成，以计算机为中心综合处理多种媒体信息。其集成性主要体现在两个方面：一方面是指不同类型的媒体信息的集成，即文字、图像、声音等的集成；另一方面是指传输、存储和显示媒体设备的集成，多媒体系统通过把不同功能、不同类型的多媒体软件和硬件设备集成在一起，使其共同完成多媒体信息的组织、处理、创作和显示等工作。这一过程充分体现了多媒体技术的集成性。

10.2.4 交互性

多媒体技术的交互性是指计算机允许用户与多媒体信息之间的互动和交流，为用户提供一种更加灵活的选择和控制信息相应内容的方式或手段。凭借交互性，用户可以有针对性地获得对自身更有价值信息，实现信息的个性化。多媒体信息检索是体现多媒体交互性的一个典型实例，利用多媒体技术的交互特性，用户可以通过输入关键词的方式获得更准确、更能满足用户真正需求的信息，同时还允许用户通过反馈的方式将其对检索结果的满意程度返回给计算机，从而帮助系统改善检索性能。此外，交互性的应用实例还包括应用多媒体技术具有实时点播功能的交互电视，与被动接受媒体信息的传统电视不同，交互电视可以为用户选择和获取电视节目提供一种更加灵活的方式。

10.2.5 非线性

多媒体信息的结构形式一般是超媒体的网状结构，这种非线性特性改变了人们传统的顺序读写的模式。例如，多媒体技术通过超级链接的方式，提供了一种崭新的灵活的跳转浏览方式。

10.2.6 实时性

在多媒体系统中，不同类型的媒体信息往往具有同步性和协调性，在时间上或者空间上存在着某种紧密的联系。例如，一段视频信息中的声音、字幕及视频图像往往是时间相关的，在实践上具有同步性，因此也要求多媒体系统能够提供同步和实时处理不同信息媒体的功能。

通过对上述多媒体技术特点的分析，我们不难看出：与单一媒体信息源的数据相比，多媒体是一个集成的系统概念，各种信息媒体之间存在一定联系，两者存在较大差异，使得单纯地依靠传统数据挖掘技术对其进行处理，效果并不理想，因此这也给多媒体数据挖掘提出了较大的挑战。

§ 10.3 多媒体数据挖掘概述

10.3.1 背景

多媒体信息在人们的日常生活中起着越来越重要的作用。近年来，随着网络接入技术的快速发展以及计算机处理能力的不断增强，网络上发布的信息也由单一的文本逐步变为包含文本、图像、视频、音频等的多媒体信息。此外，人们日常生活中所接触的数据形式不断地丰富，多媒体数据库的数量日益增多，数据量也日益增大，人们面临的主要问题已经不再是没有充分的信息可选择，而是徜徉在如此庞大的信息海洋之中，如何更加有效地利用这些信息，并且找到蕴含于其中的有价值的知识宝藏。当前的数据库系统由于无法发现隐藏在海量数据中潜在的联系和规则，不能根据现有的数据预测未来的发展趋势，缺乏挖掘数据背后隐藏知识的手段，导致了人们面临“数据丰富而知识匮乏”的现象。原有的简单的数据库技术已经无法满足实际应用的需求，人们迫切地希望从这些多媒体数据中得到一些高层的概念和模式，找出蕴涵于其中的有价值的知识。

因此，在强大的需求呼唤下，人们将目光集中到了在多媒体数据库中进行知识发现，多媒体数据挖掘和知识发现技术应运而生，并在社会生活的各个领域显示出了强大的生命力。这种将数据挖掘技术和多媒体信息处理技术进行有机地结合，并在多媒体数据中进行知识发现的信息处理方法就是多媒体数据挖掘（Multimedia Data Mining）。具体的说，多媒体数据挖掘就是从大量的多媒体数据集中，通过综合分析复杂异构的海量数据的视听特性和语义[34]，发现隐含在其中的潜在有用的信息和知识，得出事件的趋向和关联的过程，从而为用户求解问题、做出决策提供必要的技术支持。

10.3.2 研究及应用现状

多媒体数据挖掘是数据挖掘的一个新的研究领域。由于多媒体数据的内容特性（如时间空间特性和视听特性等）和一般关系型数据库中数据的特性在许多方面都不相同，因此一些常用的适用于关系型数据库的数据挖掘方法不能直接在多媒体数据挖掘中使用，需要研究适合于多媒体数据的新的挖掘方法和技术。

目前，多媒体数据的挖掘研究处于探索阶段，而图像数据挖掘作为多媒体数据挖掘的一个富有挑战性的子领域，是目前多媒体数据库和信息决策领域最前沿的研究方向之一，与其相关的研究也相对较多。图像挖掘是将数据挖掘技术引入到图像研究领域，去发现隐藏在大量图像数据中的信息与知识，是从复杂的图像数据中抽取隐含在其中的、有价值的并最终可被用户理解的语义信息与知识的过程[1,5]。典型的应用包括：对台风卫星图片的挖掘，研究台风的形成规律，用于预测台风；对乳腺瘤图片的挖掘，用于检测乳腺瘤[14]。此外，在音频和视频数据挖掘方面，部分研究者探索了电影挖掘的系统框架和研究设想，这些研究对多媒体数据挖掘的方法和技术进行了初步的探讨[5]。

与国外相比，国内对多媒体书库挖掘的研究起步较晚。1993年国家自然科学基金首次支持该领域的研究项目。目前，包括清华大学、中科院计算技术研究所、空军第三研究所、海军装备论证中心等国内的许多科研单位和高等院校竞相开展多媒体知识发现的基础理论及其应用研究。南京大学、四川联合大学和上海交通大学等单位探讨、研究了非结构化数据的知识发现以及Web多媒体数据挖掘。目前，多媒体数据挖掘技术已经可以应用于医学影像诊断分析、卫星图片分析、地下矿藏预测等领域。

然而，目前许多多媒体数据挖掘相关的概念、内容和方法都没有一个统一的定论，很多问题都有待于进一步研究，例如：多媒体挖掘的体系结构和框架；新颖的以及改善的挖掘算法，使之适合多媒体数据的内容特征；新的挖掘任务和挖掘结果的表示、解释和可视化等。由于多媒体数据挖掘涉及的技术面广、应用潜力大并且刚刚成为研究的热点，在这一领域中的研究和开发一定具有广阔的前景。

由于多媒体数据包含文字、图形、图像、动画、音频及视频等，信息类型十分丰富，因此对于这些信息的分析、提取以及获得不同信息源之间的关系和模式都属于多媒体数据挖掘的范畴。通常来讲，目前常见的多媒体数据挖掘的内容包括图像挖掘、视频挖掘、音频挖掘等单媒体挖掘，以及融合多种信息源的多媒体综合挖掘。限于篇幅，本章以下部分仅以目前最常见的图像挖掘为例具体介绍多媒体数据挖掘技术在图像检索中的应用，以及如何利用数据挖掘技术有效融合多种不同的信息源，如网络图像及其相应的文本描述。

§ 10.4 多媒体数据的特征抽取

如何有效地表示文本、图像等多种媒体的内容及其包含的对象在多媒体数据挖掘中是一个至关重要的问题，它不仅直接影响后续模块的设计和精度，而且关系到整个算法是否可行、是否有效。因此，作为多媒体数据挖掘中的关键步骤，如何从原始多媒体数据中提取具有较强表示能力的特征是多媒体数据挖掘技术的一个研究热点，也是本节将要重点讨论的内容。

10.4.1 文本特征抽取

通常情况下，采用通用术语（generic term）可以较好地表述各种文本描述的语义信息。具体地讲，这种方法首先需要分析相应的文本信息，利用MALLET[1]（一个基于Java的统计自然语言处理的工具包）获得文本中出现的原始高频词；然后比较这些原始高频词的语义，并通过WordNet[2]将其归纳总结为更一般、更通用的语义概念，如“建筑物（Building）”、“水（Water）”、“天空（Sky）”、“草（Grass）”等（如图10.12中所示）。在文献[8]中，上述更一般、更通用的语义概念被表示为对原始高频词进行抽象和概括得到的上义词（Hypernyms）。例如，洪水（Flood）是指溢出、漫延并淹没土地的水，河流（River）是一条大的自然流动的水道，而海（Sea）一般指的是一个庞大的咸水

[1] http://mallet.cs.umass.edu
[2] http://wordnet.princeton.edu/

水体。此处提到的“洪水”、“河流”和“海”可以被归纳总结为一个更一般的语义概念“水（Water）”。最后，每幅图像相应的文本描述都可以表示为上述语义概念的组合。

10.4.2 图像特征表示

一般而言，用于表示图像的特征可划分为底层视觉特征和高层语义特征。由于目前的技术限制，在图像检索中一般是通过底层视觉特征表达图像的高层语义。通常来讲，图像的底层视觉特征又可以分为全局特征（Global Feature）和局部特征（Local Feature）两大类。

10.4.2.1 全局特征

典型的全局特征包括颜色（Color）、纹理（Texture）、边缘（Edge）、形状（Shape）等，以下分别介绍各种特征。

颜色是图像的主要视觉性质之一，在人们对图像的印象中，颜色占有很大的比重。颜色特征由于具备计算简单、性能稳定等优点，现已成为图像检索系统中应用最广泛的特征之一。通常来讲，相似的图像具有相似的颜色或者灰度级分布，该分布对平移、旋转、尺度缩放具有不变性，因此可以通过颜色特征对图像进行检索。计算机通常使用RGB色彩空间描述颜色，然而，在图像检索中，人们通常采用与人类的主观感知更为接近的HSV和Lab色彩空间[4]。常用于图像检索的颜色特征包括：直方图、累积直方图、平均灰度级等，其中，基于累积直方图的图像检索性能最优。

纹理特征是指物体表面共有的内在特性，其包含了物体表面结构组织排列的重要信息及其与周围物体的联系。当检索在粗细和疏密等方面有较大差别的图像时，利用纹理特征是一种行之有效的方法。在过去的几十年中，人们对纹理的分析和研究取得了重大的成果，并在图像检索的研究中使用了各种各样的纹理特征，如：小波变换[2,4]、Tamura纹理[59]、灰度共生矩阵、纹理谱[23]、Gabor变换等。有实验结果表明，Gabor小波能够较好地兼顾信号在时域和频域中的分辨能力，是图像检索中的最佳特征之一[63]。

图像边缘是指图像灰度在空间上发生突变，或在梯度方向上发生突变的像素点的集合，上述突变通常是由图像中景物的物理特性发生变化而引起的。

与颜色特征和纹理特征相比，**形状特征**更接近于目标的语义特征，包含一定的语义信息，可帮助用户忽略不相关的背景或不重要的目标，直接搜索与目标图像相似的图像。通常来讲，形状特征有以下两种表示方法：一是轮廓特征，即目标的外边界；二是区域特征，即整个形状区域。形状特征的表达以对图像中的目标或区域的分割为基础，而图像分割在当前仍是一个尚未完全解决的难题；此外，适用于图像检索的形状特征必须满足对变换、旋转和缩放的不变性，这也给形状相似性的计算带来了一定难度。因此，目前形状特征在图像检索中使用相对较少。

此外，研究者们还常常利用图像的空间位置信息（Spatial Information）来弥补上述特征的不足，从而提高图像检索的性能，达到较好的检索效果。总的来讲，全局特征由于具有计算简单、表示直观等特点，在图像检索的初期得到了广泛的应用，但特征维数较高是其存在的主要不足；并且在某些情况下，如图像视角变化较大、目标被遮挡、目标与复杂背景交错在一起等情况下，利用全局特征进行图像检索的效果也不甚理想。因此，越来越多的图像检索系统趋向于采用局部特征来表征图像。

10.4.2.2 局部特征

图像中存在一些能够描述图像主要内容的像素点（也称为显著点），换句话说，图像中各个部分对表达图像内容的重要性是不同的。因此，使用图像的局部特征比上述全局特征能够更好地反映图像的内容。

近年来，在图像中检测显著点作为局部特征的算法取得了显著进展。Harris通过定义自相关函数检测在水平和垂直方向上信号有变化的位置，大部分为边角区域，并以此确定显著点[22]；Lindeberg提出了尺度空间理论，并利用高斯拉普拉斯（Laplacian of Gaussian, LoG）算子检测图像的显著点[40]；在此基础上，哥伦比亚大学的David Lowe 于1999年提出了一种显著点提取算法——SIFT[41]，并于2004 年进行了进一步的完善和总结[42]，该算法较好地解决了尺度缩放、目标旋转、场景部分遮挡、视点变化引起的图像变形等问题，并已成功应用于目标识别、图像复原、图像拼接等领域。SIFT特征因其卓越的性能和检测速度快的优点而得到了广泛使用，在众多图像局部特征中占有举足轻重的地位。基于此，Sivic等人[56]提出了影像检索框架“Video Google”，该框架利用SIFT算法检测图像显著点，并采用具有视点不变性的SIFT描述子表示图像所包含的对象，从而完成图像检索；Fei-fei Li [33]借鉴文本处理的思想，采用SIFT描述子和BoW 模型实现场景图像的分类。除SIFT以及基于此的各种简化版和和改进版[15,28,47,48]以外，2000 年后出现的另一种有影响力的局部特征是Matas [46] 提出的最大稳定极值区域（Maximally Stable Extremal Regions, MSER）特征，该特征首先检测灰度图像中最稳定的区域，然后对检测区域进行旋转和尺度的归一化，最终得到具有严格意义的仿射不变性的局部特征。

一些研究结果表明：与全局特征相比，大多数局部特征对图像的尺度缩放、目标旋转、仿射变换、光照变化等具有不变性，因此由局部特征表征图像并基于此建立相应的索引，可取得比全局特征更准确的检索结果。然而，局部特征的缺点之一是计算与匹配的时间较长，且不同图像的特征点的数目往往有很大差异，不便于后续进行统一的数据处理，因此常常需要结合其他技术进一步表示图像的局部特征。受文本处理中经典的倒排文档技术（词频-逆向文档频率，Term Frequency - Inverse Document Frequency, TF-IDF）[45]的启发，一种克服上述缺点的方法是将BoW模型与局部特征（如SIFT描述子）相结合，从而有效地表示待检索的图像[33]。

BoW模型最早主要被用于探索特征表示及识别。而那些特征表示和识别都基于典型的纹理元素分布的纹理和材料 [32]。BoW近期被用于描述目标对象及场景，从而对图像建立索引并进行场景分类[65]。然而，在某些情况下，采用BoW模型表示图像局部特征的效果并不理想，其主要原因是BoW模型忽略了词典中的所有视觉词所表示的多种局部模式所对应的原始图像中的图像块或区域之间的空间位置关系和语义信息，简单地说，就是BoW模型存在缺少空间信息和语义信息的不足的问题。为缓解BoW模型缺少空间位置信息的问题，研究者们试图通过在原始图像中划分规则的栅格（Regular Grid）[33]、考虑局部特征和周围其他局部特征之间的空间排列（Spatial Layout）关系[11]、空间金字塔匹配（Spatial Pyramid Matching）[30]，或者事后验证几何关系（Verifying Geometric Relationships）[50]的方法为BoW模型添加必要的空间位置信息；为了缓解其缺少语义信息的问题，近年来的文献试图通过研究高频相邻的图像块对（Frequent Adjacent Patches Pairs）[66]、高频共现模式（Frequently Co-occurring Pattern）[64]、最小支持区域（Minimal Support Region）[67]，或者事先定义语义短语（Defined Meaningful Phrases）[53]的方法，设计比视觉词汇更高层次的视觉表示单元，从而探索词典中视觉词汇之间的语义关系。上述方法在一定程度上提高了BoW模型的性能，但仍然存在一些问题亟待解决，这将是本章10.5.4节的案例所要研究的重点内容之一。

§10.5 数据挖掘在图像检索中的应用

随着数码相机、数码摄像机和具有拍照功能移动终端的普及，作为一种重要的网络信息资源，每天都有数量巨大的数字图像在网络上发布和共享，其数据量正在急剧增长。这些图像信息在给人们的生活带来信息便利的同时，也带来了一个问题：人们要想在网络中快速准确地寻找自己感兴趣的图片变得越来越困难。因此，如何在浩如烟海的多媒体数据库中快速、高效地检索到所需要的图像已经成为一个非常有意义且具有挑战性的课题。利用数据挖掘技术，可以更有效地表示图像内容及其包含的对象，从而有效弥补“语义鸿沟”，提高检索性能，具有重要的应用价值。

10.5.1 应用背景

有关图像检索的研究最早可追溯到20世纪70年代，早期的图像检索主要是基于文本的图像检索（Text-Based Image Retrieval, TBIR），其基本思路是先用文本对图像进行标注和注解，然后利用基于文本的数据库管理系统实现图像的检索。该技术首先将网络中的每幅图像作为数据库中的一个对象，用关键字或自由文本人工地对其进行描述，并由此建立相应的索引，然后基于对该图像相应的文本信息的精确匹配或概率匹配，最终实现图像的查询。这种通过文本标注的方式对图像信息进行检索的方法速度快、技术成熟、系统简单，因而被目前大部分主流的商用搜索引擎所采用。然而，由于该技术匹配图像时，利用的不是图像本身的信息，而是与之相关的文本信息，所以需要事先以关键字或自由文本的方式标注数据库中的每一幅图像，其文本标注的质量将会直接影响到后续图像检索的精度。

从20世纪90年代开始，随着图像信息的迅速增长，基于文本的图像检索系统的上述局限性逐渐暴露出来[6,7,52]。为了缓解上述问题，研究者们纷纷开始探索基于内容的图像检索（Content-Based Image Retrieval, CBIR）技术[4,51,52,57]。其基本思想是基于图像本身的物理内容，首先从每幅图像中自动提取其视觉特征，形成图像特征空间；查询图像时，通过图像特征空间对图像进行相似性匹配，由系统查找出与示例图像在视觉内容上最为相似的若干幅图像，然后将其按相似度大小排序，并返回给用户。由于该技术利用的是图像本身包含的视觉信息，并且视觉特征的提取和相应索引的建立都可以由系统自动完成，这大大减少了人工标注图像的工作量，而且避免了标注文本的主观性。因此，基于内容的图像检索是有望解决上述基于文本的图像检索存在问题的关键技术，目前已经成为非常活跃的研究课题之一。

不难看出，CBIR 技术是从人类的视觉认知着手，利用图像本身固有的属性实现检索需求的。可将其分为三个层次：一是根据图像的底层视觉特征直接进行检索，例如图像的颜色、形状、纹理等特征；二是在利用底层特征识别图像中的对象类别以及对象的拓扑关系从而实现检索；三是利用图像的抽象属性，即高层语义进行检索，例如图像的情感语义、场景语义等。上述三个层次从低到高，依次上升。然而，在CBIR系统中，从图像中直接提取出来的底层视觉特征与图像本身所代表的高层语义之间是存在较大差异的。给定一幅图像，如图10.1所示，人们对其的理解主要是基于图像包含的目标对象所表达的意义，即鲜花；但是对于计算机而言，该图仅仅是一些元数据的集合，比如RGB的像素值，这就是所谓的语义鸿沟（Semantic Gap），其存在的主要原因是底层视觉特征无法完全反映或者匹配用户的检索意图。因此，在图像检索中引入数据挖掘技术，可以得出上述三个层次之间的相互关系，使图像检索逐步地向人类的视觉认知体系靠近，实现基于语义的图像检索。

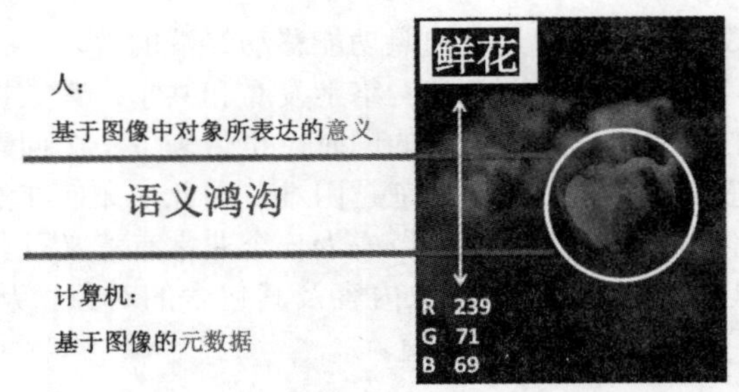

图 10.1 图像检索中语义鸿沟的示意图

目前，CBIR系统通常采用以下两种方法弥补语义鸿沟：

1. 预过滤技术：在预过滤技术中，高层语义抽取是通过预先对图像数据集中的每幅图像作类别标记的方式实现的。该技术在待检索图像到来之前，利用某种能精确分类且鲁棒性较强的分类算法，预先对数据集进行预处理，从而显著地缩小搜索范围，减少查询时间。该技术最典型的应用是著名的美国宾夕法尼亚州立大学的SIMPLIcity检索系统[61]。

2. 相关反馈技术：从本质上讲，造成语义鸿沟的主要原因是底层视觉特征无法正确地反映高层语义概念。因此可以邀请用户参与检索过程，选择他们真正感兴趣的正样例，然后系统据此调整特征表示形式或检索方法，将一次性的检索过程转变成交互式的多次检索的过程，从而使检索结果更符合网络用户真正的需求。使用相关反馈技术，检索结果能更好地接近用户的视觉感知效果，有效提高查询精度。

此外，还可以通过图像分割，建立复杂的分类模型，以及完善图像语义抽取规则知识库等方法弥补语义鸿沟。然而，上述技术都存在有待于进一步完善的地方，例如，上述预过滤技术存在的不足是显而易见的：首先，系统无法处理未预先定义类别的对象；其次，如果在最初的分类阶段出现错误，例如，将苹果错误地划分到动物的类别下，那么之后的检索过程则必然是错误的。因此，为缓解上述预过滤技术的不足，本节将重点讨论如何通过采用有效的图像特征表示模型表征图像内容及其所包含的对象，从而设计出性能好、鲁棒性强且能适用于实际网络真实数据的分类方法，预先对数据集进行预处理，从而显著地缩小搜索范围，提高图像检索的性能。

10.5.2 数据集描述

随着数字图像处理技术的发展，各种用于图像处理算法实验以及研究的图像库/图像数据集相应产生，从而使各种方法有了统一的分析对象和数据源，便于不同的理论方法进行比较，评定优劣。不同的数据集具有不同的特点，其检索方法在这些数据集上的效率也会有差别。因此，建立标准的测试数据集有利于对新的图像检索策略进行评价，也会加速新的、更有效的检索策略产生，同时更有利于研究者之间进行交流。

目前，研究人员和研究机构公开的一些图像数据库介绍如下：

1. Corel 图像集：Corel 图像集是由包含不同类别的图像构成的集合，广泛应用于CBIR领域。Corel 图像库有将近14000 张图片，涉及了10个不同的类别。同一类别中的图像均被认为是相似图像，不同类别的图像被认为是不相关的。通常情况下，选择Corel 图像库的子集进行试验。最常用的是SIMPLIcity 系统中使用的Corel 的子集，含有1000 幅图像。

2. Caltech101和Caltech256：Caltech101图像库是由加利福尼亚理工学院（California Institute of Technology）的Fei-Fei Li 等人于2003 年创建的，主要用于计算机视觉的相关研究。Caltech101包含102 种不同类别的图像，包括101 类前景物体以及一种杂乱背景的图像，总计9146 幅图像。图库中每一幅图像的大小约为3009200，每一类图像包含有40 800 幅图像不等。图像的干净度较高，杂乱或者遮挡部分很少，而且每个类别中的图像大小和感兴趣区域的相对位置基本一致。Caltech256是2007 年加利福尼亚理工学院在原有Caltech 101的基础上扩增形成的一个公用的分类数据集，比后者更为复杂，共有30 607 幅图像，包含256个不同的类别，相当于原来的两倍多。为了平衡不同类别的图像数目，每类图像的最小数目由31 增加到80，还加入了大范围的杂乱背景。Caltech101 和Caltech256 很多情况下应用于图像分类的测试。在检索中，同样是认为同一类别的图像是相似的，以此来判定检索结果的正确性。

3. ImageNet：ImageNet是由斯坦福大学和普林斯顿大学在2009 年联合发布的与WordNet具有相同层次结构的图像库。在WordNet 中，每一个有意义的概念都会尽可能利用多个词语或者词组来表示，称为“同义词（synonym）”或“同义词集（synset）”。在ImageNet中，尽量为每一个synset提供1000个图像对其进行描述，同时给出人工标注。目前，ImageNet 中含有14,197,122 幅图像，21841个词索引。

4. 其他常用的图像数据集：微软亚洲研究院提供的商品图片数据集PI100，包括100种不同类别的图像，其中每一类图像由100 个数据库图像以及20个查询图像组成，所有图片的大小均为1009100。Rob Fergus提供的一个包含7千多万幅图像的Tiny Images Dataset，图像数据以二进制文件形式存储，同时提供了每幅图像的Gist描述子和一个matlab工具箱。James Philbin和Zisserman 提供的The Oxford Buildings Dataset包括5602幅图像，这些图像包含11个不同的地标，全部具有人工标注。

在本节中，为了探讨图像特征表示模型的有效性，我们将其应用到数据集Caltech 256的一个子集上完成视觉对象的分类任务。本节实验所采用的图像是从上述256个类别中任意选择了10个不同的类别，具体包括：AK47, American-flag, Backpack, Binoculars, Bonsai, Bread maker, Buddha, Chess-board, French-horn 和Watch。每类图像任意选择90幅，其中随机选择60幅图像用于训练，其余30幅图像用于测试。

10.5.3 数据挖掘在图像检索中的算法分析

图10.2给出了基于内容的图像检索（CBIR）系统的框架图（不含相关反馈和索引部分）。该系统主要包括两大步骤：首先利用某种图像特征提取算法提取图像库中图像的特

征，并将其保存在特征库中；对于给定的一幅查询图像，利用相同的图像特征提取算法提取查询图像的特征，然后根据某种相似性度量准则与特征库中的特征进行匹配，最终返回图像库中与查询图像相似度较高的图像作为检索结果返回给用户。由此可以看出，目前的CBIR系统把基于内容的图像检索转化为对高维特征空间的特征点的相似性匹配问题。本书将从图像特征表示和图像相似性度量两个方面具体阐述CBIR 系统。关于图像特征的标识请参考本章第10.4节，此处重点介绍图像相似性的度量方法。

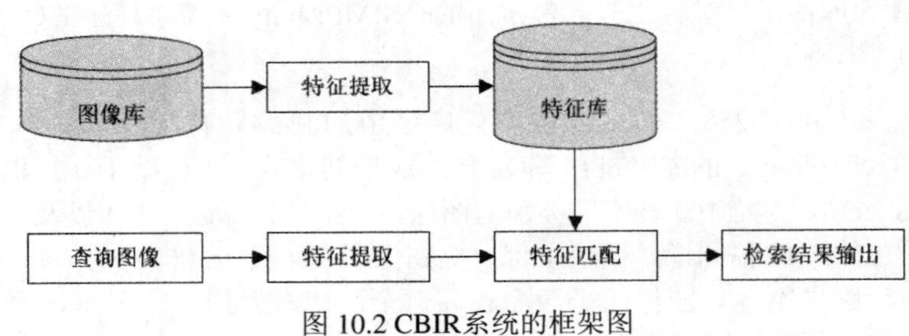

图 10.2 CBIR系统的框架图

由于图像特征大都可以表示为向量形式，因此判断图像之间是否相似通常是将所有图像的特征向量看作向量空间中的点，然后通过计算向量空间中点与点之间的距离衡量图像之间的相似性。如果图像特征的各分量不相关且各维度具有相同的权重，则特征向量两两之间的距离可以用L_1范式、L_2范式，Chebyshev距离和Minkowski距离计算；如果特征向量的各分量间具有相关性或具有不同的权重，采用马氏距离计算特征之间的相似性效果较好[3]。除上述的距离测度外，还可以以特征向量的方向是否相近作为相似性度量的准则，比如余弦距离、相关系数等。

下面给出几种常用的基于向量的相似度计算方法：

1. 欧几里德距离（Euclidean Distance）：欧几里德距离，即欧氏距离，最早用于计算欧式空间中两个点的距离。假设x,y 是n维空间的两个点，它们之间的欧式距离为：
$$d(x,y)=\sqrt{(\sum(x_i-y_i)^2)} \tag{10.1}$$
可以看出，当n=2时，欧式距离就是平面上两个点的距离。当用欧式距离表示相似度时，一般采用以下公式进行转换：
$$sim(x,y)=\frac{1}{1+d(x,y)} \tag{10.2}$$
由此可知：欧式距离越小，相似度越大。

2. 皮尔逊相关系数（Pearson Correlation Coefficient）:皮尔逊相关系数一般用于计算两个变量间联系的紧密程度，其取值在[-1,+1]之间，如下式所示：
$$p(x,y)=\frac{\sum x_iy_i-n\overline{xy}}{(n-1)S_xS_y}=\frac{n\sum x_iy_i-\sum x_i\sum y_i}{\sqrt{n\sum x_i^2-(\sum x_i)^2}\sqrt{n\sum y_i^2-(\sum y_i)^2}} \tag{10.3}$$
其中，$\overline{x}$和$\overline{y}$表示x和y的均值，S_x和S_y是x和y的样本标准偏差。

3. Cosine相似度（Cosine Similarity）Cosine相似度是计算文档数据之间相似性的最常用

的度量准则之一，如下式所示：

$$T(x,y)=\frac{x\cdot y}{\|x\|^2\times\|y\|^2}=\frac{\sum x_iy_i}{\sqrt{\sum x_i^2}\sqrt{\sum y_i^2}} \tag{10.4}$$

4. Tanimoto系数（Tanimoto Coefficient）Tanimoto系数是上述Cosine相似度的扩展，也常用于计算文档数据之间的相似度，如下式所示：

$$T(x,y)=\frac{x\cdot y}{\|x\|^2\times\|y\|^2-x\cdot y}=\frac{\sum x_iy_i}{\sqrt{\sum x_i^2}\sqrt{\sum y_i^2}-\sum x_iy_i} \tag{10.5}$$

此外，直方图相交法（Histogram Intersection）、基于核函数（Kernel Function）的图像相似性度量、流形学习（Manifold Learning）等方法也可用于计算图像之间的相似性。

10.5.4 图像检索案例

如前文所述，原始BoW模型存在缺少空间信息和语义信息的不足的问题。为了缓解这一问题，许多学者纷纷探索BoW模型中视觉词汇之间的空间关系和语义关系，文献 [10]提出了一个两级图像特征表示模型－－短语袋模型（Bag-of-Phrases Model，BoP），该模型不仅能够在BoW 模型中增加空间信息，以及更好的表示图像所包含的语义信息，并且对于背景杂波也有一定的抑制作用，本节将介绍BoP图像特征表示模型的相关内容。

10.5.4.1 概述

在原始的BoW模型中，由于不同的视觉词汇所代表的图像块或区域可能来自于原始图像所包含对象的不同部分，因此单纯依靠视觉词汇来区分不同的目标对象，效果往往不太理想。举个简单的例子，如图10.3所示，由于都具有视觉上较为相似的红白相间的条纹，所以视觉词汇A 无法将美国国旗与条纹T恤和阿迪达斯的运动鞋区分开来。然而，如果将视觉词汇A和视觉词汇B结合起来形成视觉短语AB，那么就能够较容易地将美国国旗与其他两者区分开来。因此，本节介绍一种两级图像特征表示模型——BoP Model，该模型可以同时在词汇级和短语级这两个层次上表示图像，从而有效地解决现有BoW 模型的不足，能够更有效地表示图像的内容及其包含的对象。

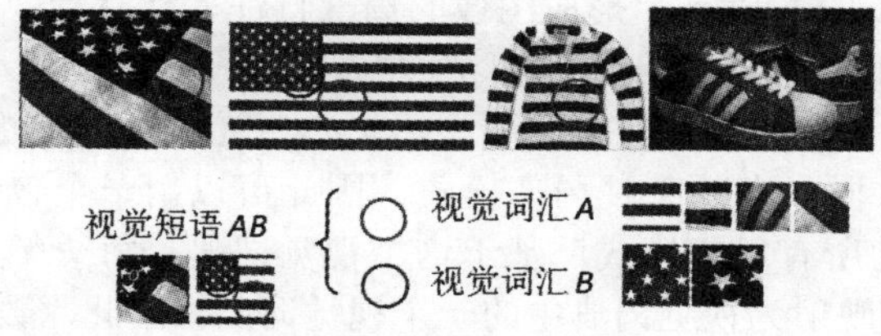

图 10.3 视觉短语的一个简单示例

与原始的BoW模型相比，BoP模型对其的改进主要体现在以下两个方面：一方面，为了获得一个更有效且更高效的视觉词典，采用层次聚类的方法代替K-means聚类算法，从而通过聚类结果的层次关系探索视觉词汇之间的语义关系；另一方面，利用BoP模型，数据集中的每一幅图像可以同时用视觉词汇和视觉短语表示，此处的视觉短语可以通过挖掘视觉词汇的空间位置共现模式（Spatial Co-location Pattern）得到。通过明确地引入视觉短语，图像特征的空间区分能力得以增强。以下部分将简单介绍BoP图像表示模型。

10.5.4.2 BoP图像表示模型

为弥补BoW模型的不足，文献 [10]深入探索视觉词汇之间的空间关系和语义关系，提出了一个更高层次的图像特征表示模型BoP。图10.4给出了BoP模型的流程图。

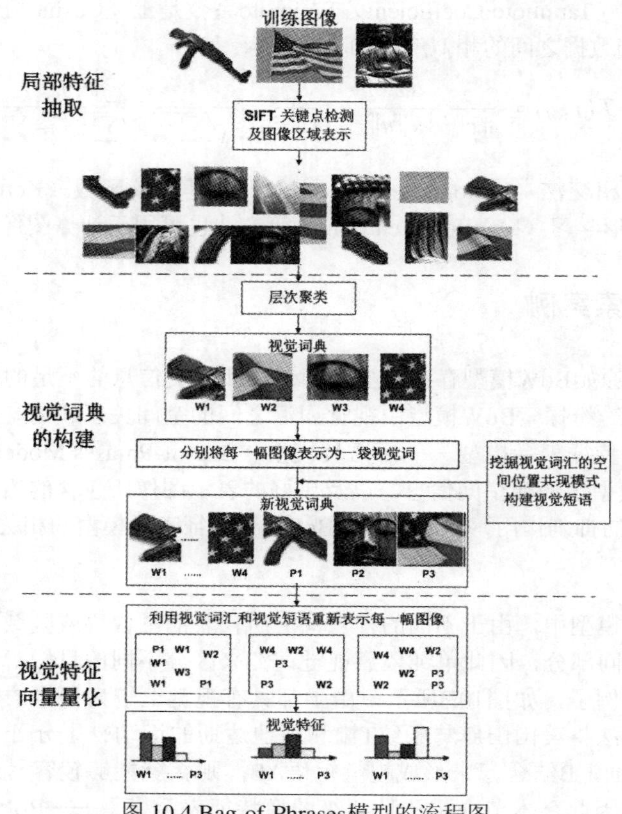

图 10.4 Bag-of-Phrases模型的流程图

如图10.4所示，首先对训练集中的全部图像（图中仅以三种不同的类别，每类一幅图像为例）提取128维的SIFT关键点，形成图像的局部特征库。然后，利用层次聚类算法，将局部特征库中的全部SIFT关键点通过凝聚的方式聚集成指定数目（图中以4为例）的一些簇，每个簇被看作是一个视觉词汇$W_i(i=1,2,3,4)$，该视觉词汇可以用于表示该簇内部的所有SIFT关键点所共同具有的某种局部模式，因此可以用一个包含全部视觉词汇的词典来描述特征空间中的所有局部模式。基于这个视觉词典，每一幅原始图像中检测出来的SIFT关键点都可以被映射为视觉词典中的一个视觉词汇。因此，数据集中的每一幅原始图像都可以表示为“一袋视觉词汇”。接下来，利用一个大小合适的窗口扫描全部训练图像的视觉词汇，挖掘视觉词汇之间的空间位置共现的模式（Spatial Co-location Pattern），从而得到一些在空间位置上经常共同出现的视觉词汇的子集，记做“视觉短语”。之后，将这些视觉短语添加到视觉词典中，将其和词典中的视觉词汇一起作为内容更为丰富的新词典的组成成分，至此，完整的视觉词典构建完毕。词典构建完成以后，就需要用这个同时包含视觉词汇和视觉短语的词典将原始图像中的每一个关键点重新量化和表示，最终通过统计每幅图像中视觉词汇和视觉短语出现的数目，形成图像的特征向量。接下来将分别介绍BoP模型在原始BoW模型上的两个重要改进，即视觉词汇的形成和视觉短语的构建。

10.5.4.3 视觉词汇的形成——层次聚类

在原始BoW模型中，提取局部特征（如SIFT）之后采用K-means聚类算法构建视觉词汇的词典。众所周知，在K-means算法中，所有从训练图像中提取出来的SIFT关键点是以一种相互排斥的方式聚集成若干个簇的。换句话说，如果某个关键点在量化时被分配到了某个特定的簇，那么它将不会被分配到其他的簇。然而，在实际情况下，每个SIFT关键点对应于原始图像中的某个图像块或区域，这些图像块或区域往往相互重叠或者被包含在其他图像块或区域中。由于树状结构可以较好地表现上述包含关系，鉴于此，很自然地想到可以通过层次聚类法探索视觉词汇之间的语义关系。BoP模型通过无监督的凝聚型层次聚类算法（Unsupervised Agglomerative Hierarchical Clustering Algorithm）[1]构建树状的视觉词典，该词汇树中的每个节点表示视觉词典中的一个视觉词汇。

举个简单的例子，视觉词汇“eye”、“nose”和“mouth”在K-means聚类算法中的交集为0，但是这三者之间是有语义联系的，在分层的视觉词汇树中，它们可以共同组成一个更一般化的语义概念“face”。

此外，以这种分层的结构表示图像的局部特征可以实现由粗到精的匹配。例如，当测试图像中不包含第i层中的某个视觉词汇（记作W_ij）时，则无需再计算测试图像中包含的视觉词和词汇树中所有“所属于W_ij的视觉词汇”（也就是词汇树中位于W_ij的分支中的视觉词汇）之间的相似度了，从而有效地提高了图像匹配的效率。

10.5.4.4 视觉短语的构建——视觉词汇的空间位置共现模式

在文本信息检索中，BoW模型假定对于一个文本，忽略其词序、语法和句法，将其仅仅看作是一个词集合，或者说是词的一个组合，文本中每个词的出现都是独立的，不依赖于其他词是否出现；换句话说，当文章的作者在任意一个位置选择一个词汇的时候，都是不受前面句子的影响而独立选择的。与此类似，在图像检索中，原始的BoW模型将一幅图像看作是一个内部相互独立的视觉词汇的集合，即其假定一幅图像中视觉词汇的出现是相互独立的。然而，上述假设是在很多情况下是不合理的，因为某些视觉词汇经常一起出现。根据这一观察，此处将通过挖掘视觉词汇的空间位置共现模式，得到一些在空间位置上经常共同出现的视觉词汇的子集，记作“视觉短语”。

与关联规则（Association Rules）挖掘不同，在空间位置共现模式的挖掘中，没有对应于传统的关联规则中的“条目（item）”和“记录（transaction）”的统一定义[24]。为解决这个问题，首先用一个大小为的窗口扫描全部训练图像，从而获得在空间位置上经常共同出现的高频视觉词对，即在扫描窗口中共同出现的频率超过某个预先设定阈值的那些视觉词对，如图10.5所示。

此处，用于扫描训练图像的滑动窗口定义了空间位置上的近邻关系（Spatial Neighborhoods），相当于关联规则中的“记录”，而视觉词汇相当于关联规则中的“条目”。如果窗口尺寸过小，在挖掘过程中很可能会丢失部分重要的位置共现模式（如图10.5中的1号窗口所示）；但如果窗口过大，又会降低挖掘得到的位置共现模式的精度（如图10.5中的2号窗口所示）。鉴于图像中的视觉短语不同于文本中的短语，对组成短语的视觉词汇的先后次序没有明确的规定，因此对于扫描窗口中出现$n(n > 2)$个视觉词的情况，可将其转化为C_n^2个视觉词对。例如，假设扫描窗口中有3个视觉词汇，分别记为a，b和c，我们就认为窗口中有3个视觉词对，分别是(a, b)，(b, c)和(c, a)。每一个视觉词对都被看作是一个包含两个视觉词的“条目”，但是只有空间位置共同出现的频率超过预先设定阈值的那些视觉词对才能够被定义为由两个视觉词汇组成的视觉短语（2-word Visual Phrase）。最终，这

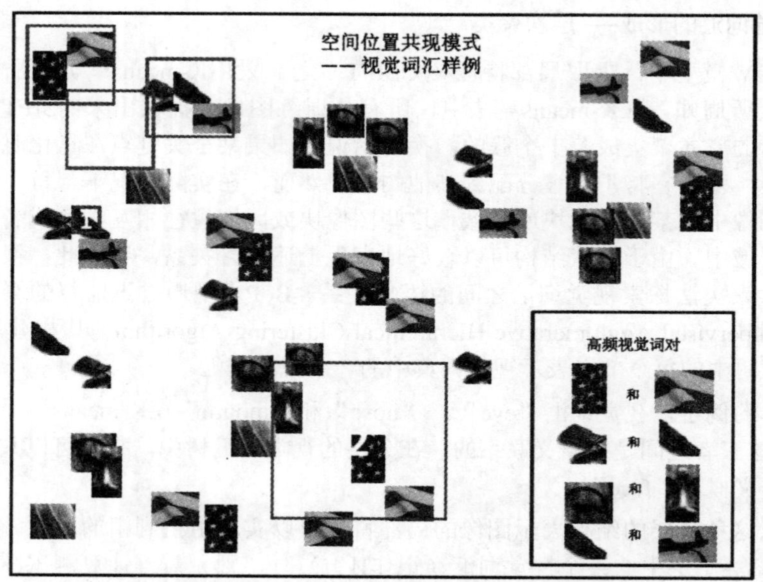

图 10.5 挖掘视觉词汇之间的空间位置共现模式构建视觉短语

些视觉短语将被添加到最初的视觉词典中，和其中的视觉词汇一起作为内容更为丰富的新词典的组成成分，至此，完整的视觉词典构建完毕。

词典构建完成以后，对于一幅待处理的原始图像，首先提取其SIFT关键点，然后用相同尺寸的窗口扫描该图像，分别统计视觉词典中每一个视觉词汇以及视觉短语在该图像中出现的数目，最终通过向量连接的方式形成一个由视觉词汇和视觉短语共同组成的特征向量。为避免高维数据所带来的高时间复杂度和空间复杂度，最后利用主成分分析（Principal Component Analysis, PCA）的方法对上述特征向量的维数进行缩减。

10.5.4.5 图像分类的实验模型建立

实验采用LIBSVM[1]作为基本的分类工具。最优参数的调整通过k-折交叉验证（-fold cross validation）的方式实现。在k-折交叉验证中，整个数据集被分成大小相同的k个子集。SVM分类器需要训练k 次，每次预留1个子集用于测试SVM分类器的正确率，其余$k-1$个子集用于训练相应的分类器。这个过程重复进行，直到每一个子集均已被分别用于训练和测试。

由于训练样本和测试样本选取的随机性，本节中的全部实验过程都分别运行10次，并且将平均分类正确率作为分类实验的性能评价准则。通常来讲，正确率的值越高，则表明分类的性能越好。

BoW模型的重要参数之一是视觉词典的大小，该词典的大小对BoW模型的性能有直接影响。因此，在实验中，分别采用6种不同的视觉词典大小，并在每种视觉词典的大小下，比较了以下6种不同的图像特征表示模型的分类性能：

（1）原始的BoW模型，记做K-means + BoW；

（2）仅利用视觉短语表示图像特征，记做K-means + Phrase；

[1] http://www.csie.ntu.edu.tw/ cjlin/libsvm/

（3）由K-means算法生成视觉词汇，并同时利用视觉词汇和视觉短语表示图像特征，记做K-means + BoP；

（4）在方法（3）的基础上利用PCA降维，记做K-means + BoP + PCA；

（5）由层次聚类算法代替K-means算法生成视觉词汇，并同时利用视觉词汇和视觉短语表示图像特征，记做Hierarchical + BoP；

（6）在方法（5）的基础上利用PCA降维，即本节介绍的Bag-of-Phrases图像特征表示模型，记做Hierarchical + BoP + PCA。

此外，BoP模型的另外两个重要参数是在构建视觉短语时，需要预先设定的视觉词对的频率阈值，以及扫描窗口的大小。由于前一个参数的选择问题较为复杂，涉及到数据挖掘中目前正在研究的热点和难点，还有待于进一步解决。在这里，主要目的是说明视觉短语对有效表示图像特征的帮助，因此上述阈值设定的问题还需要进一步解决。基于实验的评估，此处采用窗口的大小为595（M=5时），且窗口每次滑动2 个像素，同时视觉词对的最小支持阈值（Minimum Support Threshold）为0.2。

在实验部分，我们分别验证了Bag-of-Phrases图像特征表示模型中视觉短语、层次聚类算法和主成分分析的效用，如图10.6 所示。此处，为了使得层次聚类算法和K-means算法的比较具有公平性，需要将由层次聚类算法形成的视觉词汇树修剪到与K-means算法得到的视觉词典相同的大小，然后进行分类性能的比较。

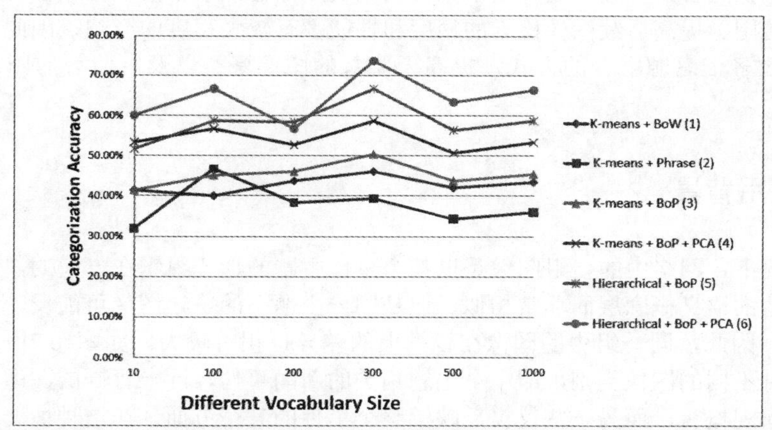

图 10.6 不同大小的视觉词典下，6种不同的图像特征表示模型的分类性能比较

由图10.6中所示的结果，可以得出以下结论：

1. 当视觉词典的大小为300时，几乎所有的特征表示模型均达到了最好的分类性能，这说明300 极有可能是适用于本实验所采用的数据集的最优的词典大小；

2. 仅利用单独的视觉成分（如模型（1）中的视觉词汇或模型（2）中的视觉短语）表示图像特征的模型的最佳分类性能大概只有46%；然而，当同时利用视觉词汇和视觉短语在两个层次上共同表示图像时（如模型（3）-（6）），分类性能都有了一定程度的提高，这说明通过添加视觉短语，图像特征的区分能力有所增强。这说明了BoP模型中的视觉短语的效用；

3. 特征表示模型（5）的整体性能优于模型（3），同时，本节介绍的模型（6）的性能优于模型（4）；其中，本节介绍的BoP 图像特征表示模型达到了73.6667%的最佳分类性能。其性能提高的原因是：通过用层次聚类算法代替K-means聚类算法的方式，特征表示模型（5）和本节介绍的模型（6）增添了视觉词汇之间的语义关系，即上述替换使得相应的分类器从与视觉词汇相关的那些图像块或者区域中获得语义层面的帮助，从而使其分类性能更好。这说明了BoP模型中层次聚类算法的效用；

4. 与特征表示模型（5）相比，本节介绍的模型（6）的分类性能大概提高了7% ~ 8%。性能提高的原因是本节介绍的模型（6）使用了主成分分析，其可以忽略部分冗余的、对分类无用的信息，从而提高其性能。相同的原因，模型（4）的分类性能优于模型（3）。这说明了BoP模型中主成分分析的效用。

§10.6 数据挖掘在多媒体信息融合中的应用

随着网络多媒体数据的日益增多，为进一步提高图像检索的精度及效率，在基于内容的图像检索的基础上，结合网络中与图像相关的其他多种信息源，如文本、语音、视频等，往往可以达到更理想的检索效果。因此，如何利用数据挖掘技术有效地将上述多种可用的信息源结合起来，从而进一步提高图像检索的性能也是近年来出现的一个新的研究方向。在多信息源融合的探索方面，鉴于聚类和分类是图像检索中的关键步骤，对缩小图像搜索的匹配范围、提高后续图像检索的精度和性能都有较大程度的影响，因此本节将重点探索如何通过多信息源融合的方式，提高无监督的图像聚类以及有监督的图像分类的性能。

10.6.1 应用背景

通常情况下，网络中的一组图像是以某个事件主题的形式组织在一起的，虽然这些图像在其所表达的语义概念层面非常相似，但是同一主题下的每幅图像可能反映的是该事件的不同方面，因此，同一组中的图像在视觉上的差异也相对较大。如图10.7所示，图中每一行代表一种不同的图像类别，即一个主题相关的新闻事件，同一行内的图像有些描绘了整个事件的宏观概貌，而另一些仅仅反映了整个事件的某个方面。在这种情况下，人们很难从中提取出共同的、有代表性的图像特征，因此单纯地依靠图像信息对其进行检索，效果并不理想。

换个角度分析这一问题，人们注意到网络中的图像通常会带有由网络用户提供的、描述该图像内容的文本信息等，如图像标题，相关的标签或文字描述。因此，为达到更好的检索效果，研究者开始寻求另一种新的解决方案，即通过整合文本和图像等多种与图像相关的多媒体信息，从而产生一个新的融合后的信息表示空间，该空间能够表达的信息比单一的图像特征空间所能表达的信息更为丰富，从而增强了原有单一特征的区分能力。采用新的特征空间能够更好地实现图像检索中的关键步骤，如图像聚类和图像分类，从而有利于提高后续图像检索的精度。

多种媒体的有机融合效果（如信息量）往往大于单媒体简单叠加效果的总和。本章第10.5 节提到的仅是单媒体（图像）的挖掘，多媒体的挖掘将是在整个挖掘过程的各个阶段，综合利用多媒体的不同特性进行知识发现。例如，在数据准备阶段，多媒体的集成可

(a) 飓风后建筑物倒塌

(b) 飓风引发洪水泛滥

(c) 原油泄漏污染海草

(d) 原油泄漏导致动物死亡

图 10.7 对四种不同的网络图像进行分类的挑战性示例图

以增强自动预处理分析的准确性，解决语义模糊性；在挖掘阶段，各种信息源的元数据可以互补使用，挖掘出更加有价值的信息线索、模式、趋势或关系；在挖掘结果，即知识表达和解释阶段，多种媒体之间的同步和互补呈现使得知识具有可视化和交互接口，从而更加直观、更易于理解。

10.6.2　数据集描述

与上一节图像检索具有许多标准的图像数据集不同，目前还没有统一的网络多媒体数据库，因此目前还没有标准的带有相应文本描述的图像数据集。为验证不同的多信息源融合方法的有效性，本节从CNN News网站上搜集了355个关于“灾难的后果”的真实的网络多媒体目标，包括真实的新闻图像及其相应的文本描述，如图10.8所示。该数据集包含四个不同的新闻主题：（1）飓风后建筑物倒塌（Hurricane_building_collapse）；（2）飓风引发洪水泛滥（Hurricane_flood）；（3）原油泄漏污染海草（Oil_spill_seagrass）；（4）原油泄漏导致动物死亡（Oil_spill_Animal_death）。每个新闻主题分别包含101、101、53和100幅图像及其相应的文本描述。在进行图像聚类的实验中，上述355个多媒体目标将全部被用于聚类。在进行图像分类实验时，整个数据集被划分为两部分：随机地从四个类别中分别选择大约70%的数据（每类分别包含70、70、37 和70个数据，共计247幅图像及其相应的文本描述）用于训练分类器，其余约30%的数据（108个数据）作为测试数据。

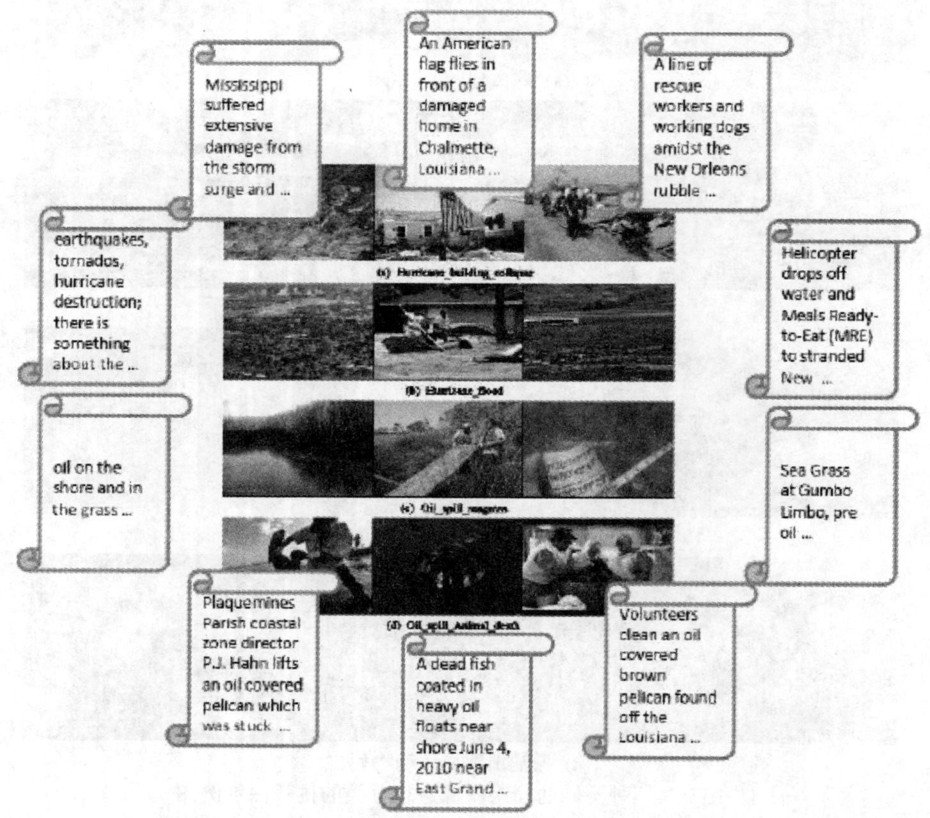

图 10.8 CNN新闻图像及其部分相应的文本描述的示例图

此处值得注意的是，图10.8所示的网络图像数据集与10.4.2节所述的标准的场景分类数据库不同：场景分类的图像主要注重的是视觉上的分类，因此属于同一个类别的多幅图像在视觉上通常具有较高的相似性；而图10.8所示的网络图像通常是以某个事件主题的形式组织在一起的，同一主题下的每幅图像反映的可能是该事件的不同方面，因此，同一组中的图像在视觉上的差异可能会较大，但是这些图像在其所表达的语义概念层面却是非常相似的。

10.6.3 数据挖掘在多媒体信息融合中的算法分析

由于网络数据本身是多模态的，在这个意义上，数据可以由多个特征集合来表示。因此，许多学者开始研究从多种信息源设计多视角的学习算法[12,21,27,68]，即通过融合来自不同信息源的特征，增强单一特征的区分能力，从而更好地对网络图像进行聚类或分类。

一般情况下，从融合的角度看，多视角的学习算法按照不同信息源的使用方式可分为以下三类：

1. 特征级融合（Feature Integration）特征级融合通过增加数据的维数实现对来自不同信息源的所有属性的整合，从而产生一个统一的特征空间。首先将连续的数据类型转化为离散的，然后将全部数据映射到统一的特征空间，之后即可采用标准的计算方法对其进行处理，例如预测所属类别、聚类等。特征级融合的优点在于，统一的特征表示往往包含更丰富的信息，并且可以直接采用许多现有的计算方法对其进行处理；其缺点是数据维数的变大增加了学习的复杂性和难度[62]。

2. 语义级融合（Semantic Integration）语义级融合保持数据的原始形式不变，将计算方法分别应用于每个单独的特征空间，再把在不同的特征空间得到的结果通过投票（Voting）[17]、贝叶斯平均（Bayesian Averaging）[16]或分层的专家系统（Hierarchical expert system）[26]的方法进行合并。语义级融合最大的优点是可以隐式地学习不同的特征集合之间的相关性结构[38,39]。

3. 内核级融合（Kernel Integration）内核级融合也称为相似度融合，是上述特征级融合和语义级融合的折中。其基本思想是保持原始特征空间的形式不变，而在相似度计算或内核级进行融合[29,58]。以两种信息源的内核级融合为例，给定两个目标对象p_i和p_j，它们之间的整体相似度可以表示为$S_{ij} = A_{ij} + B_{ij}$，其中A_{ij}是从一种信息源中得到的相似性，B_{ij}是从另一种信息源中得到的相似性。在计算目标对象之间的整体相似度时，也可以对来自不同的数据源的相似度赋予不同的权重。一旦得到了目标对象的整体相似度，其他各种标准的计算方法都可以应用了。

通常来讲，当数据的局部分布差异较大时，内核级融合的方法更适合；而当训练数据集较小时，语义级融合的性能更稳定[31]。上述三类方法都是首先独立地处理多个信息源的数据，然后在三个不同级别上对多个信息源进行融合，均没有考虑多种信息源之间的相关性以及可能存在的交互关系。

因此，为了提高图像检索的性能从而更好的满足网络用户的检索需求，在文献[35]中，作者首先结合网络中与图像相关的其他信息源（如图像的文本描述），探索了上述三类多视角学习算法对提高图像检索性能的帮助。此外，为了探索不同信息源（如文本信息和图像信息）之间进行相互指导和帮助的可行性，本节在接下来的部分将给出两个多媒体信息融合的实际案例，即分别提出了两种多媒体信息融合算法（动态加权和基于区域的语义概念融合），从而有效提高网络图像分类或聚类的性能，缩小图像搜索的匹配范围，有效弥补语义鸿沟，达到了更好的检索效果。

10.6.4 多媒体信息融合案例

10.6.4.1 案例一：网络图像聚类

网络中的图像数据量巨大，如果每次检索都需要将示例图像与数据库中的每一幅图像进行匹配，不仅计算量相当大，而且搜索的速度和精度根本无法满足用户的需求。为了在浩如烟海的多媒体数据库中快速、高效地检索到用户所需的图像，一种最直观的解决方法是将图像库中海量的数据预先分成若干个不同的簇，然后在此基础上对建立索引，能够有效缩小图像搜索的匹配范围，从而提高图像检索的性能。

如前所述，现有的三类融合多种信息源的多视角学习方法都是首先独立地处理多个信息源的数据，然后在特征级、语义级和内核级这三个不同的级别上对多个信息源进行融合，均没有考虑多种信息源之间的相关性以及可能存在的交互关系。因此，为了更好地实现网络图像的聚类，探索不同信息源（如文本信息和图像信息）之间进行相互指导和帮助的可行性，文献 [43]给出了一种基于多媒体信息融合的图像聚类算法——动态加权聚类（Dynamic Weighted Clustering）。该算法假定不同的图像特征对于表达图像内容的重要性是不同的，然后在相应文本特征的指导和监督下，动态地确定不同图像特征的权重。具体地讲，对表征图像语义有重要作用的图像特征被赋予较大的权重，从而在相似度计算中发挥更重要的作用。通过这种方式，一种加权相似性度量准则可以被用于计算图像对之间的相似度，形成一个图像对之间的加权相似矩阵；在这个加权相似矩阵上进行对称非负矩阵分解（Symmetric Nonnegative Matrix Factorization，SNMF），可以达到较好的聚类效果。以下部分详细介绍动态加权聚类算法的框架及其主要步骤。

1.动态加权聚类的框架

图10.9给出了动态加权聚类算法的框架图。对于给定的某一个网络多媒体目标，即网络图像及其相应的文本描述，首先分别提取图像特征和文本特征；然后在相应文本特征的指导和监督下，通过动态加权方案（Dynamic Weighting Schema）动态地确定不同图像特征的权重；得到该权重之后，当执行聚类任务时，一种加权相似性度量准则将被用于计算图像对之间的加权相似度，形成一个图像对之间的加权相似矩阵（Weighted Similarity Matrix）；最后，基于该矩阵进行对称非负矩阵分解，最终得到聚类的结果。

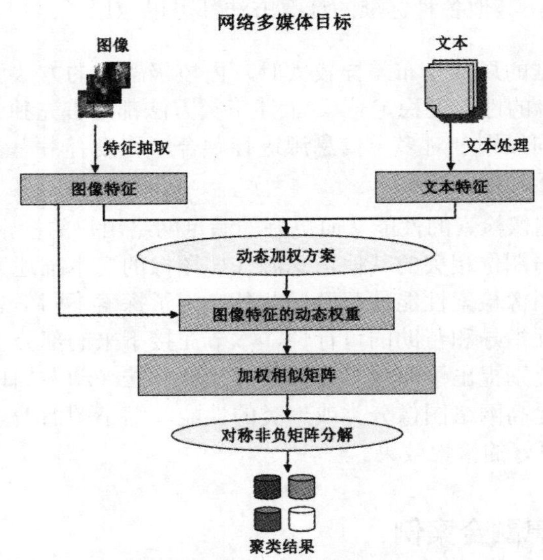

图 10.9 动态加权聚类的框架图

2.动态权重的学习

为了提高图像检索的精度，人们往往会将从图像中提取10.4节中所提到的多种特征进行组合，以便更好的描述图像的内容，这将导致图像特征数量较多、特征向量维数较高的问题。然而，在这些图像特征中，部分特征表征了图像重要的语义信息，而其他特征对于表征图像内容的作用则小得多。举两个简单的例子，当区分太阳和青草时，颜色特征红色和绿色的重要性是大于其他颜色特征的，如黄色、蓝色等；而要区分蓝天和海水时，空间位置特征或者纹理特征的重要性将会大于颜色特征蓝色。

在对图像进行聚类时，人们希望提取的图像特征具有代表性，且能够较好地表征图像所包含的大部分语义信息。动态地为不同的图像特征分配不同的权重，使得对表征图像语义有重要作用的特征能够被赋予较大的权重，从而在聚类中发挥更重要的作用。

在音乐检索中，曾有研究者阐述了如何通过声学特征和用户访问模式之间的相关性学习合适的相似性度量准则[55]。受这篇论文的启发，文献 [35]将动态特征加权（dynamic feature weighting）的概念引入到网络图像聚类的问题中。

在图像聚类中，如果假定人类对于一幅图像的感知可以较好地由其相应的文字描述近似，那么在文本信息的指导下提出来的一个良好的图像特征的加权方案，可以得到一个较好的相似性度量准则，从而获得更好的聚类结果。令$m_i = (f_i, t_i)$表示数据集中的第i幅图像，其中f_i和t_i分别表示第i幅图像的图像特征和文本特征；$S_f(f_i, f_j; w) = \sum_l f_{i,l} f_{j,l} w_l$表示在给定参数权重$w$ 时，第i幅图像与第j幅图像之间基于图像特征的相似性度量准则，其中$f_{i,l}$表示图像特征f_i中的第l维，$f_{j,l}$表示图像特征f_j中的第l维；$S_t(t_i, t_j) = \sum_k t_{i,k} t_{j,k}$表示第$i$幅图像与第$j$幅图像之间基于文本特征（通常是从文本描述中提取的有具体含义的词）的相似性度量准则。此处，对于每一个k，$t_{i,k}$表示第i幅图像的文本描述是否包含第k个词。为了学习到适合于图像特征的权重向量w，可以利用上述两种分别基于图像和基于文本的相似性度量准则，即$S_f(f_i, f_j; w)$和$S_t(t_i, t_j)$ 之间的一致性。上述思想可以转化为求解最优化问题：

$$w^* = argmin \sum_{i \neq j} (S_f(f_i, f_j; w) - S_t(t_i, t_j))^2, s.t.\ w \geq 0 \tag{10.6}$$

令p表示图像特征的维数，公式10.6可以改写为以下形式：

$$\begin{aligned}
&\sum_{i \neq j} (S_f(f_i, f_j; w) - S_t(t_i, t_j))^2 \\
&= \sum_{i \neq j} (f_{i,1} f_{j,1} w_1 + \cdots + f_{i,p} f_{j,p} w_p - \sum_k t_{i,k} t_{j,k})^2 \\
&= \sum_{i \neq j} (f_{i,1} f_{j,1} w_1 + \cdots + f_{i,p} f_{j,p} w_p)^2 \\
&\quad -2(f_{i,1} f_{j,1} w_1 + \cdots + f_{i,p} f_{j,p} w_p) \times (\sum_k t_{i,k} t_{j,k}) + (\sum_k t_{i,k} t_{j,k})^2
\end{aligned} \tag{10.7}$$

令n表示数据集中图像的数目，并令

$$F = \begin{bmatrix} f_{1,1} f_{2,1} & f_{1,2} f_{2,2} & \cdots & f_{1,g} f_{2,g} \\ \cdots & \cdots & \cdots & \cdots \\ f_{n-1,1} f_{n,1} & f_{n-1,2} f_{n,2} & \cdots & f_{n-1,g} f_{n,g} \end{bmatrix} \tag{10.8}$$

$$T = \begin{bmatrix} \sum_{i \neq j} f_{i,1} f_{j,1} (\sum_k t_{i,k} t_{j,k}) \\ \vdots \\ \sum_{i \neq j} f_{i,g} f_{j,g} (\sum_k t_{i,k} t_{j,k}) \end{bmatrix} \tag{10.9}$$

其中，F是一个($\begin{pmatrix} n \\ 2 \end{pmatrix} \times p$) 维的矩阵，T是一个$(p \times 1)$维的列向量。因此，公式10.7相当于：

$$\begin{aligned} w^* &= argmin[\frac{1}{2} \times 2(Fw)^T(Fw) - T^T w] \\ &= argmin[\frac{1}{2}(w^T(2F^T F)w) + (-2T^T)w], s.t. w \geq 0 \end{aligned} \tag{10.10}$$

上述最优化问题可以通过二次规划技术（Quadratic Programming Techniques）[20]得到动态权重的最优解。

3.加权相似矩阵

得到图像特征的最优动态权重之后，当执行聚类任务时，一种加权相似性度量准则可以被用于计算图像对之间的相似度。具体地讲，给定两幅图像，其基于图像的特征分别为f_i和f_j，假设其图像特征对应的最优动态权重为w^*，则上述两幅图像之间的加权相似度可以表示为：

$$Sim(f_i, f_j) = 1 - \sqrt{\sum_l w_l^* \times (f_{i,l} - f_{j,l})^2} \tag{10.11}$$

其中，$f_{i,l}$表示图像特征f_i中的第l维，$f_{j,l}$表示图像特征f_j中的第l维；图像特征f_i和f_j，以及动态权重w^*都需要进行归一化处理，并且动态权重w^*满足$\sum_l w_l^* = 1$。因此，公式10.11中的加权相似度的取值范围介于[0,1] 之间。此处采用欧式距离作为基本的相似性度量准则。

基于公式10.11中的加权相似性度量准则，可以获得一个基于整个图像数据集的、图像对之间相似性的加权相似矩阵（Pairwise Weighted Similarity Matrix）M，该矩阵中的每一个元素M_{ij}表示第i幅图像与第j幅图像之间的加权相似度。很显然，加权相似矩阵M是一个对称矩阵，并且其对角线上的所有元素的值均为1。接下来，将在对称矩阵M的基础上进行对称非负矩阵分解[60]，最终得到聚类的结果。

4.对称非负矩阵分解

当获得图像对的加权相似矩阵之后，就需要利用聚类算法将这些图像聚集成一些不同的簇。然而，大部分基于矩阵的聚类算法处理的都是一般的矩形数据矩阵，例如文本挖掘中的基于文档的矩阵（document-term matrix）、基于语句的矩阵（sentence-term matrix）等等，上述聚类算法并不适用于对称性相似度矩阵的聚类，因此此处采用对称非负矩阵分解算法对图像进行聚类。

在SNMF聚类算法中，给定图像对的加权相似矩阵，目标是找到满足公式10.12的：

$$min_{H \geq 0} J = \|M - HH^T\|^2 \tag{10.12}$$

其中，矩阵范数$\|X\|^2 = \sum_{ij} X_{ij}^2$是Frobenius范数。为了在非负的约束条件$H_{ij} \geq 0$下派生出公式10.12 的更新规则，引入拉格朗日乘子（Lagrangian multipliers）λ_{ij}，并且令$L =$

$J + \sum_{ij} \lambda_{ij} H_{ij}$，则局部极小的一阶Karush - Kuhn - Tucker（KKT）条件是：

$$\frac{\partial L}{\partial H_{ij}} = \frac{\partial J}{\partial H_{ij}} + \lambda_{ij} = 0 \tag{10.13}$$

并且，

$$\lambda_{ij} H_{ij} = 0, \forall i, j \tag{10.14}$$

此处有$\frac{\partial J}{\partial H_{ij}} = -4MH + 4HH^T H$，则上述KKT条件引出了下述定点关系：

$$(-4MH + 4HH^T H)_{ij} H_{ij} = 0 \tag{10.15}$$

由梯度下降法，可得：

$$H_{ij} \leftarrow H_{ij} - \epsilon_{ij} \frac{\partial J}{\partial H_{ij}} \tag{10.16}$$

通过设置$\epsilon_{ij} = \frac{H_{ij}}{(8HH^T H)_{ij}}$，可以得到SNMF的乘法更新规则：

$$H_{ij} \leftarrow \frac{1}{2}[H_{ij}(1 + \frac{(MH)_{ij}}{(HH^T H)_{ij}})] \tag{10.17}$$

定理1：损失函数$\|M - HH^T\|^2$在公式10.17给出的更新规则下是非增的。

上述定理1的证明可以参考文献 [54]中的类似证明过程。基于上述分析，SNMF 算法的过程可以概括为：先给定H 的一个初始值猜想，然后利用公式10.17迭代地更新H，直至收敛。这种梯度下降法将收敛到问题的一个局部极小值。接下来的实验部分将说明上述介绍的动态加权方案对最终聚类结果的影响。

5.网络图像聚类的实验模型建立

为了验证上述动态加权聚类算法的有效性，本节首先调研了目前几种比较常见的聚类算法在不同的特征空间中的聚类效果，然后将其在不同空间中得到的最好的聚类结果与上述介绍的动态加权聚类算法的平均结果进行比较。

(1) 数据预处理

在实验中，我们将利用不同的特征空间表示网络多媒体目标，并将其作为各种聚类算法的输入。对于文本特征的提取，首先分析每幅图像相应的文本描述，然后利用MALLET工具包获得上述文本描述中出现的原始高频词项。对于图像特征的提取，为了更有效地表示图像，此处采用一种较新的特征描述子CEDD[18]，该特征有效地融合了颜色特征和纹理特征。CEDD算法采用一种新颖且有效的方法，将24个柱的颜色直方图和6个柱的纹理直方图最终融合为一个144维的直方图。与其他MPEG-7描述子相比，CEDD特征最重要的特点之一是其提取特征时所需的计算量较低，因此提取特征的速度也较快。关于CEDD算法的详细步骤，请参考文献 [18]，此处不再赘述。

(2) 模型建立

此外，实验中所采用的不同的特征空间包括5种（此处请注意，由于10.6.3节中语义级融合的方法是一类有监督的学习方法，不适用于本案例无监督的聚类过程，因此在本实验中，多信息源融合时只比较特征级融合和内核级融合在各种不同的聚类算法中的结果）：

- 单独的文本特征空间（记作Text）：由于CEDD图像特征是一个144维的特征向量，而利用MALLET工具包从数据集中提取出来的原始文本词项的数目是1788。为了平衡不同特征对最终聚类结果的贡献，此处选择上述1788个词项中出现频率最高的144个词项表示文本特征；

- 单独的图像特征空间（记作Img）：提取数据集中全部图像的144维的CEDD特征作为各种聚类算法的输入；
- 特征级融合的混合特征空间（记作Feat）：通过简单的串联方式，将上述144维的文本特征和144维的图像特征连接形成一个288 维的混合特征向量。由于图像特征向量和文本特征向量的维数通常不在统一的尺度，因此在连接之前需要分别将上述两种不同的特征归一化到[0,1]的范围内；
- 利用PCA对特征级融合进行特征选择（记作PCA）：基于上述特征级融合，利用主成分分析对其进行特征选择，将288维的融合特征向量的维数缩减到144维；
- 内核级融合的混合特征空间（记作Sim）：首先分别计算文本特征和图像特征的成对的相似度，然后将上述两种相似度的加权和作为度量多媒体目标整体相似性的度量准则。基于实验评估，此处采用的权重因子为0.5。

获得了网络多媒体目标在上述不同特征空间的表示，实验比较了目前比较知名并且较常用的几种聚类算法的性能，从而调研上述5种不同的特征表示的功效。由于部分聚类算法的结果具有不确定性，此处将这些算法分别运行10次，并将10次结果的平均值作为最终的聚类结果。此处，聚类的正确率是基于图像对之间的真阳性（true positive）和真阴性（true negative）计算出来的。

(3) 实验结果与分析

表10.1给出了目前比较常见的4种聚类算法：K-means聚类[44]、层次聚类（Hierarchical Clustering）[25]、非负矩阵分解（Non-negative Matrix Factorization）[54]和谱聚类（Spectral Clustering）[49]在上述5种不同的特征空间中的聚类结果。

表 10.1 常用聚类算法在不同特征空间中的性能比较

	K-means	Hierarchical Single	Hierarchical Complete	Hierarchical Average	Hierarchical Ward	NMF	Spectral
Text	0.5211	0.3465	0.5972	**0.6310**	0.5944	0.5963	0.5865
Img	0.3786	0.2901	0.3662	0.3268	0.3268	0.3949	**0.5236**
Feat	0.6268	0.3211	0.6141	0.5746	**0.6648**	0.6321	0.6250
PCA	0.3377	0.3239	0.3211	0.2901	0.5831	0.5921	**0.6310**
Sim	0.5321	0.3268	0.6338	0.5887	**0.6648**	0.6539	0.6253

通过比较表10.1所示的结果，可以得出以下结论：

- 在大多数聚类算法中，使用单独的文本特征空间的聚类性能优于使用单独的图像特征空间的聚类性能；
- 通过将两种信息源以简单的方式融合起来进行聚类，如特征级融合Feat和内核级融合Sim，在大多数情况下聚类的正确率都有所提高，说明文本信息在某种程度上可以对图像聚类提供相应的指导；
- 与其他特征空间相比，利用PCA进行特征选择的平均聚类性能相对较差。直观的解释是：PCA 将融合后的特征空间中的每个特征都当作来自相同的信息源来对待；然而，在计算目标的成对的相似度时，来自多信息源的不同特征在融合的特征版本中的重要性却是不同的，因此对其进行PCA后，其聚类性能反而有所下降。

为了进一步将上述聚类结果与本节介绍的动态加权聚类算法进行比较，实验还探索了利用共识聚类算法（Ensemble Clustering）[37]融合上述4种聚类算法的结果的可行性。首先，本节将共识聚类定义为一个非负矩阵分解的问题，然后每次从上述4 种聚类算法得到的结果中，随机地选择5个不同的结果进行共识聚类。同样地，共识聚类也需要分别运行10次，并将10次聚类结果的平均值作为最终的聚类结果。对于本节介绍的动态加权聚类（记为DyW），此处也将其分别运行10次，并取平均值作为最终的聚类结果。最后，将本节介绍的DyW聚类算法得到的平均聚类正确率，与上述4种常用的聚类算法在上述5种不同的特征空间中得到的最好的聚类结果，以及共识聚类算法（记作Ensm）的平均聚类正确率进行比较，如图10.10所示。

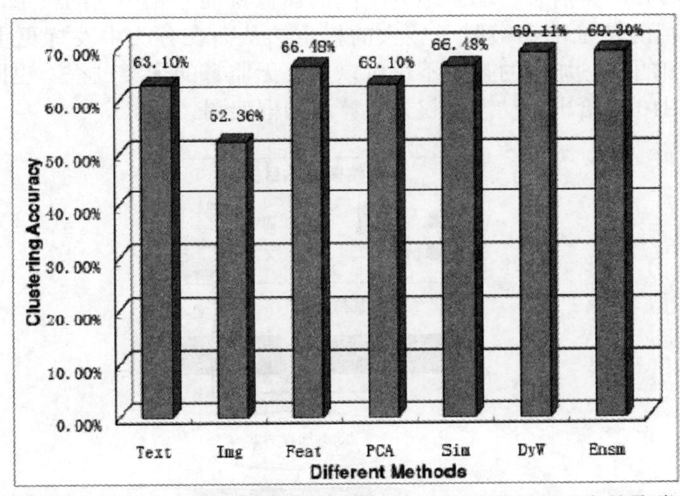

图 10.10 动态加权聚类算法与其他常见聚类算法在不同特征空间中的聚类性能比较

由图10.10所示的聚类结果，可以观察到DyW聚类算法的平均正确率高于4种常用的聚类算法在5种不同的特征空间中得到的最好的聚类结果；同时，DyW的性能接近共识聚类算法的平均聚类正确率。此处，共识聚类算法之所以能够获得相对最优的聚类性能，是因为它可以提高聚类的鲁棒性，处理分布式和异构的数据源，并且利用多种聚类准则，可以看作是多种聚类算法在结果上达成“共识”的一种聚类算法。接下来，此处重点分析本节介绍的动态加权聚类算法优于其他常用聚类算法的原因，其主要包括以下两点：

- 首先，在动态加权聚类算法中，动态权重的学习过程试图利用一种数据源的优点帮助提高另一种数据源的聚类性能。换句话说，DyW算法通过学习的方法，利用基于文本的信息为原始的图像特征找出其最佳的加权方案，从而增强了原始图像特征的区分能力；
- 其次，在动态加权聚类算法中，对称非负矩阵分解所具有的一些良好的特性使得其成为一种强大的聚类工具。其中，最重要的一个特性是SNMF算法所固有的、维持H近正交性（near-orthogonality）的能力，这对于目标聚类是非常重要的。由于精确的正交性表明H的每一行只能有一个非零元素，从而导致目标的“硬聚类（Hard

Clustering）”；而H的非正交性不具有聚类的解释性。因此，SNMF所具有的近正交性允许“软聚类（Soft Clustering）”，即每个待聚类的目标可以属于多个簇，这通常会使得聚类性能有所提高。

10.6.4.2 案例二：网络图像分类

除了案例一提到的无监督的图像聚类，在多信息源融合方式的探索方面，鉴于分类也是图像检索的关键步骤之一，对缩小语义鸿沟，提高后续图像检索的精度和性能都有较大程度的影响，因此本案例将继续探索如何通过多信息源融合的方式，给出了以下两种不同的分类方法以提高有监督的图像分类的性能。

1.动态加权分类算法

在对网络图像进行分类时，我们希望提取的图像特征具有代表性，且能够较好地表征图像所包含的大部分语义信息。动态地为不同的图像特征分配不同的权重，使得对表征图像语义有重要作用的特征能够被赋予较大的权重，从而在分类中发挥更重要的作用。因此，案例一中提出的动态加权的方案不仅可以用于无监督的聚类过程，也同样适用于有监督的分类过程。图10.11给出了动态加权分类算法的框架图。

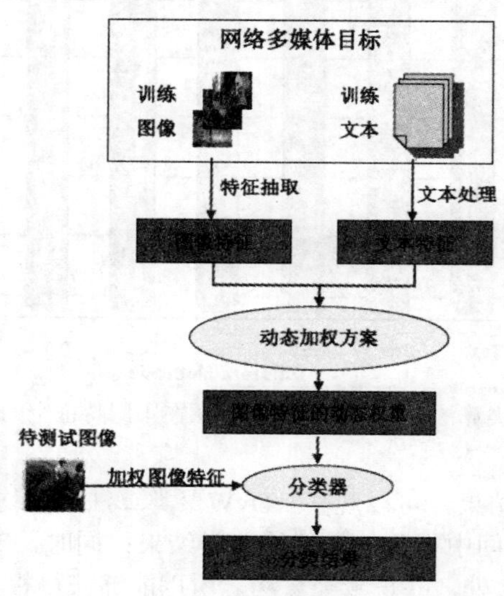

图 10.11 动态加权分类算法的框架图

如图10.11所示，采用与案例一中相同的动态加权方案，可以得到CEDD图像特征的最优动态权重w^*。在分类器的训练阶段，对于训练数据集中的每一幅图像，首先提取其CEDD图像特征，然后利用求得的最优动态权重w^*，将CEDD特征向量中每一维的数值与w^*中相应的权值相乘，得到一个具有权重信息的新的图像特征；最后将全部训练图像加权后的特征用于训练分类器。在测试阶段，对于给定的一幅待分类的图像，首先提取其CEDD图像特征，然后将CEDD图像特征向量中每一维的数值与w^*中相应的权值相乘，得到测试图像加权后的特征作为训练好的分类器的输入，从而得到待测试图像所属的类别。

2.基于图像区域的语义概念融合

在实际应用中，一幅图像通常包含多个语义概念，并且这些概念往往彼此交叉或混合在一起，给语义信息的提取带来了较大的困难。为解决这一问题，此处探索了利用文本信息的基本语义概念作为“指导”，从而帮助图像分类的可行性。首先将原始图像分成若干个区域，然后在此基础上，本节介绍一种基于图像区域语义概念融合的分类方法。图10.12给出了这种方法的框架图，该方法可以分为以下四个步骤：语义概念的抽取（semantic concept extraction）、图像分割（image segmentation）、图像区域的特征提取（feature extraction on each region）和基于区域的语义概念分类（region-based semantic concept classification），下面将分别详细介绍。

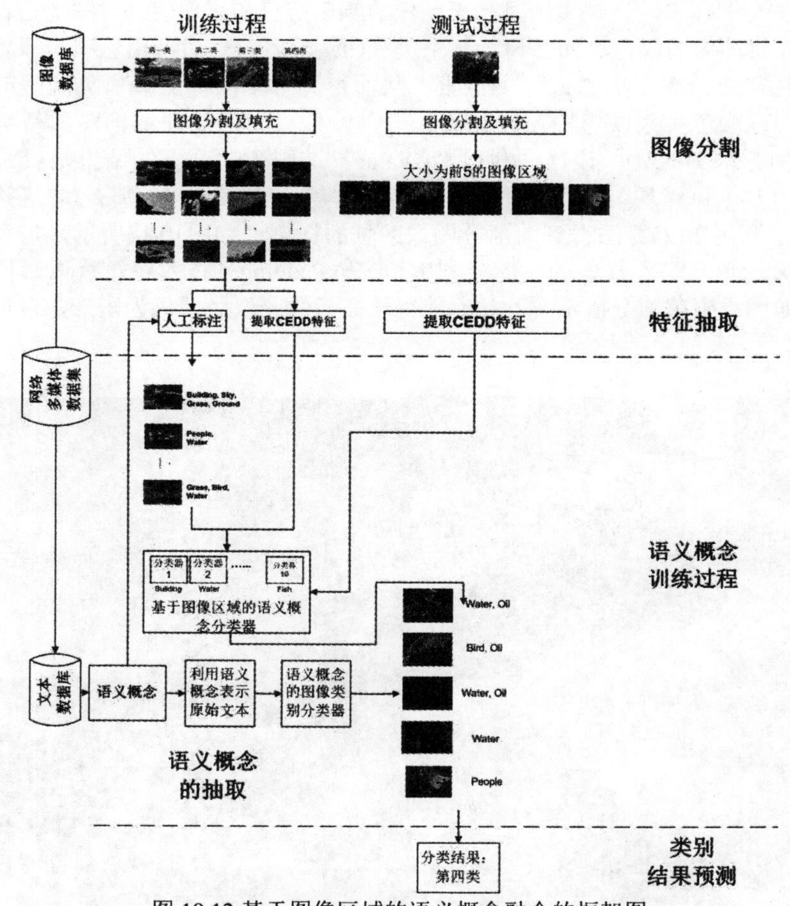

图 10.12 基于图像区域的语义概念融合的框架图

步骤1：语义概念的提取

尽管图像的文本信息可能会由于人工标注的主观性而带来一定程度的偏差或者噪声，但在大多数情况下，人们对图像语义的感知可以较好地由其相应的文本描述近似。为了避免上述偏差和噪声，首先需要在语义层面上找到文本词和图像概念之间达成的“共识”。在这种情况下，采用通用术语（generic term）可以较好地表述各种网络图像的文本描述，具体方法如本章第10.4节中“文本特征抽取”所述。最后，每幅图像相应的文本描述都可以表示为多个语义概念的组合，如“建筑物”、“水”、“天空”、“草”等等。

在训练基于图像区域的语义概念分类器以及语义概念的图像类别分类器（步骤四）

时，上述语义概念将被用于指导图像区域样本的选择，详细描述见步骤4。

步骤2：图像分割

为了将图像与步骤1中提取出来的一般化的语义概念相关联，需要将原始图像分割成若干个区域，使得每个区域与上述一个或少数几个语义概念相关联。理想的情况下，图像分割旨在将原始图像分割成若干个包含且仅包含一个语义概念的区域。然而，由于图像分割技术的局限性，目前还很难实现这种理想的图像分割[13,36]。

在本案例中，图像分割采用经典的联合系统工程聚合（Joint Systems Engineering Group，JSEG）[19]技术，该技术同时基于图像的颜色信息和纹理信息对图像进行分割。具体地讲，首先将图像的颜色空间量化为几个类（Classes），然后利用这些与原始图像相关的颜色类别标号重新表示图像的每个像素，从而得到每幅图像的颜色类别映射图（color class-map）；该颜色类别映射图可以被看作一种特殊类型的纹理结构图，基于此可以实现图像的空间分割。此处，该算法利用“J-Value”准则衡量分割的结果是否合理，即如果一幅图像由几个色泽均匀的区域组成，颜色类别就会彼此分开，那么J的值就会较大。图10.13给出了利用JSEG算法得到的部分图像区域的样例。如图10.13所示，该算法得到的原始图像区域的形状是不规则的，此处利用填充（Padding）技术将没有像素值的部分做补零处理（如图中黑色部分所示），从而使得填充后的图像区域仍为矩形，以便于后续处理。

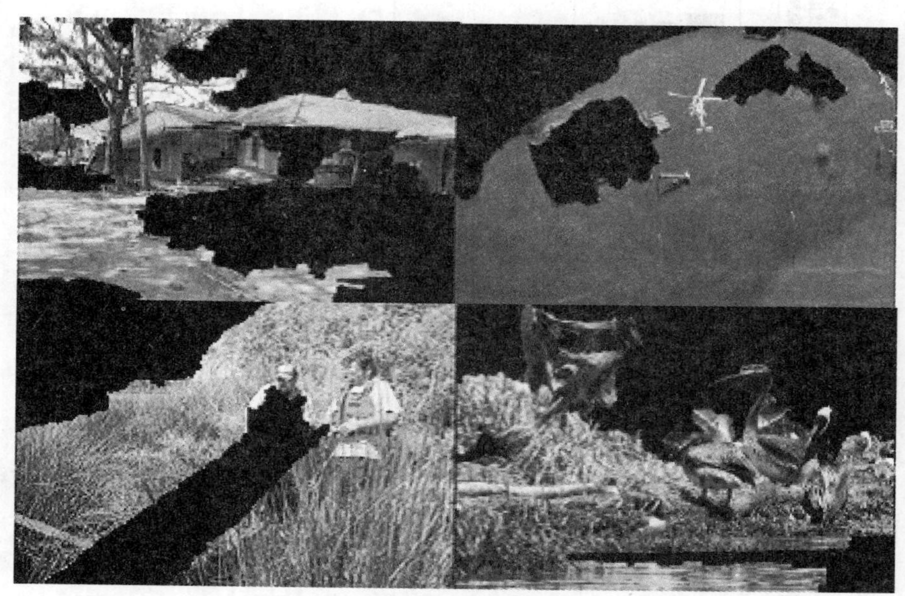

图 10.13 利用JSEG算法分割四类不同的图像后得到的部分区域示例图

步骤3：图像区域的特征提取

将原始图像分割成若干个区域之后，分别提取每个区域的图像特征。由于颜色特征和纹理特征是图像处理领域中最常用的两种全局特征，然而两者都有其各自的优点，因此此处依然采用能够有效地融合颜色特征和纹理特征的CEDD特征[18]。

步骤4：基于区域的语义概念分类

在此部分中，语义概念分类器的设计分为以下两个子步骤：

(1)基于图像区域的语义概念分类器（Semantic Concept Classifiers for Image Regions）

基于上述图像分割和特征提取，我们已经获得了一个图像区域的数据集及其相应的144维的CEDD特征向量集。此时，需要利用这些图像区域分别训练个不同的语义概念分类器，其中表示从图像相应的文本描述中获得的一般化的语义概念的数目（详见步骤1）。

在训练分类器时，首先需要人工地为每个训练图像区域标注一个或多个标签，每个标签表明该区域包含的语义概念。此处需要注意的是，上述N个语义概念分类器均为两类分类器（two-class classifier），每个分类器用于辨认一个待测试的图像区域是否包含上述N个语义概念中的某一个。例如图10.12中所示，1号分类器可以用于辨认一个待测试图像区域是否包含语义概念“建筑物（Building）”，如果该区域包含这个语义概念，那么在该测试区域通过这个分类器之后，就将其标注为“1”，否则将其标注为“0”。因此，对于一个给定的待测试的图像区域，它将分别通过上述N个两类分类器，形成一个N维的特征向量，作为下一步骤语义概念的图像类别分类器的输入。

(2)语义概念的图像类别分类器（Categorization Classifier for Semantic Concept）

如步骤1所述，我们已经从图像相应的文本描述中获得了N个一般化的语义概念，接下来，将基于图像相应的文本信息设计一个多类分类器（multi-class classifier），从而建立上述语义概念和原始图像所属类别之间的关系。

众所周知，原始的SVM分类器只能用于两类目标对象的分类问题，如果要基于SVM实现多类分类器，目前常用的方法主要有两种：One-Against-All （OAA）和One-Against-One（OAO）。其中，OAA 也称为One-Against-Rest或者One-Against-Remaining，该方法是把多个两类分类器组合起来，将其中某个类别与其他所有类别分开，如果有k个不同类别的样本，则总共需要k个原始的两类SVM分类器；而OAO是将随机的两类样本用一个两类分类器分开，因此对于k个不同类别的样本，总共需要$k(k-1)/2$个原始的两类分类器。由于在方法OAA中每个类别的边界条件十分严格，这往往会导致在某些情况下拒绝分类，因此此处采用OAO的方法设计多类分类器。此外，在对目标对象进行多类分类的过程中，采用投票的策略（Voting Strategy），即把每一个两类分类器看作是一个投票者，得票数目最多的类别即为目标对象所属的类别。

以图10.12中所示为例。在训练阶段，通过步骤1，我们已经获得了10个一般化的、通用的语义概念，如“建筑物（Building）”、“水（Water）”、“天空（Sky）”、“草（Grass）”等。此处，每一幅训练图像相应的文本描述需要重新表示为上述10 个语义概念的组合。具体地讲，每一幅图像的文本描述都被表示成一个10维的向量，其中每一维，即“1”或者“0”分别表示该文本描述中是否包含某个语义概念；然后，上述10维的文本特征向量被用于训练一个多类分类器，该分类器基于文本信息建立了上述语义概念与原始图像类别之间的联系，将被用于预测待分类图像所属的类别。在测试阶段，首先利用JSEG算法将一幅待测试的图像分割成若干个图像区域，然后系统将自动选择大小为前M（比如$M=5$）个的图像区域（如果实际分割后的区域数目小于5，则系统采用实际的区域数目），并分别提取其CEDD图像特征；在这些图像区域分别通过上述10个语义概念分类器之后，每个区域都将被赋予一个或多个语义概念标签，并被表示为一个10维的特征向量，其中每一维，即“1”或者“0”分别表示该图像区域中是否包含某个语义概念；之后，将这5个10维的特征向量融合为一个10维的特征向量来表示原始图像是否包含某个语义概念；最后，将这个10 维的图像向量作为上述基于文本信息得到的多类分类器的输入，并最终得到该待测试图像所属的类别。

步骤5：网络图像分类的实验模型建立

1.分类工具及性能评价准则

(1)分类工具

在实验中，我们依然采用LIBSVM作为分类的工具，其最优参数的调整及k-折交叉验证同本章10.5.4节，详细说明请参考其中的实验模型建立部分。

(2)分类性能评价准则

(a) 平均分类正确率

由于训练样本和测试样本选取的随机性，全部实验过程都将分别运行10次，然后将平均分类正确率作为实验的性能评价准则之一。

(b) 查准率（Precision）和查全率（Recall）

查准率和查全率是信息检索中常用的标准评价方法,近年来已经被越来越多的研究者用于图像检索的性能评价当中。查准率和查全率分别定义如下：

$$Precision = \frac{\#TP}{\#TP + \#FP} \tag{10.18}$$

$$Recall = \frac{\#TP}{\#TP + \#FN} \tag{10.19}$$

其中，#号代表数量，TP （True Positive，真阳性）表示被系统标记为相关图像，实际相关的图像；FP （False Positive，假阳性）表示被系统标记为相关的图像，但实际为不相关图像；FN （False Negative，假阴性）表示被系统标记为不相关的图像，但实际为相关图像。

2.数据预处理

在基于图像区域的语义概念融合的分类算法中，从相应的文本描述数据集中生成10个（也就是$N = 10$）一般化的、通用的语义概念，具体包括“建筑物（Building）”、“水（Water）”、“天空（Sky）”、“草（Grass）”、“原油（Oil）”、“鸟（Bird）”、“地面（Ground）”、“人（People）”、“飞机（Helicopter）”和“鱼（Fish）”。在对图像进行分割时，基于实验的评估，此处采用的分割阈值为0.55。表10.2记录了在该阈值下，利用JSEG算法对247幅训练图像进行分割后的图像区域的信息。

表 10.2 CNN News中训练图像分割后的区域信息（分割阈值为0.55）

图像类别	图像数	区域数	区域与图像比值
Topic 1	70	635	9.0714
Topic 2	70	1312	18.7429
Topic 3	37	239	6.4595
Topic 4	70	2946	42.0857
合计	247	5132	20.7773

在上述10个语义概念的指导下，我们从表10.2中所示的区域中选择了1,573个尺寸相对较大、并且包含有意义的目标信息的图像区域，用来训练10个两类的语义概念分类器。在测试阶段，首先利用JSEG算法将108幅待测试的图像分割成若干图像区域，然后系统自动选择大小为前5（即）的共计513个图像区域（如果实际分割后的区域数目小于5，则系统采用实际的区域数目）作为测试图像区域。

3.网络图像分类的实验模型建立

为了验证本节介绍的两种多媒体信息融合的分类算法（动态加权和基于区域的语义概念融合）和基于此提出的一种通用的多媒体信息融合框架的分类功效和效率，我们首先验证了2类单一信息源的算法：基于文本的图像分类（Text-based Classification）和基于图像的图像分类（Image-based Classification），以及本章10.5.4节提到的目前已有的融合多种信息源的3类多视角分类算法：特征级融合、语义级融合和内核级融合的分类性能，然后将其与本节介绍的分类算法的结果进行比较。

在分类算法的实验验证中，此处采用的对比实验的具体方法包括：

- 基于文本的图像分类（记作Text）：（同案例一）
- 基于图像的图像分类（记作Img）：（同案例一）
- 特征级融合（记作Feat）：（同案例一）
- 内核级融合（记作Sim）：（同案例一）
- 语义级融合（记作Sem）。

首先分别基于上述文本特征和图像特征训练两个不同的分类器，然后通过投票的方式将这两个分类器的结果融合在一起。

4.实验结果与分析

图10.14给出了目前已有的5种分类方法以及本节介绍的两种融合多种信息源的分类方法（分别简记作DyW和Reg）在数据集CNN News 上的分类结果的比较。从图中的结果可以观察到：基于单一信息源的两种分类算法由于所含的信息量有限，往往无法达到较高的正确率，其最好性能也低于60%；一旦将两种单独的信息源通过多信息源融合技术结合起来，分类性能就会有较大幅度的提高，其原因是多信息源融合技术可以将两种信息源的“优点”结合起来，从而得到比单一信息源更好的分类性能（此处的“优点”是指某种信息源的特征对最终分类结果的积极的贡献）。此外，与目前已有的5种方法的分类结果相比，本节介绍的两种算法的分类性能优于其他分类算法，其原因是本节介绍的两种分类算法都有一个共同的特性——利用一种数据源的优点增强另一种数据源的性能。换句话说，这两种方法分别利用文本信息找出图像特征的最佳加权方案，或者利用与文本概念相关的图像区域生成语义分类器的方式探索了两种信息源之间的内在联系，从而增强了原始图像特征的区分能力。

我们还进一步比较了本节介绍的两种分类算法在不同新闻主题上的分类性能，如表10.3所示。表中的Topic 1-4 分别表示：（1）飓风后建筑物倒塌；（2）飓风引发洪水泛滥；（3）原油泄漏污染海草；（4）原油泄漏导致动物死亡。

表 10.3 本节介绍的两种分类算法在不同Topic上的分类性能比较

图像类别	动态加权			基于图像区域的语义概念融合		
	Precision	Recall	F1-measure	Precision	Recall	F1-measure
Topic 1	0.4565	0.6774	0.5455	0.6429	0.8710	0.7397
Topic 2	0.6875	0.7097	0.6984	0.7391	0.5484	0.6296
Topic 3	1.0000	0.0625	0.1176	1.0000	0.5000	0.6667
Topic 4	0.9655	0.9333	0.9492	0.8571	1.0000	0.9231

通过比较表10.3所示的实验结果，可以得出以下结论：

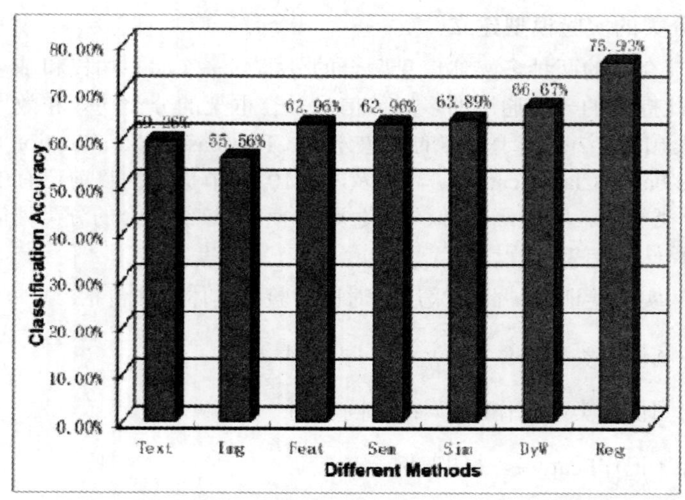

图 10.14 不同分类算法在数据集CNN News上的分类结果比较

- DyW和Reg同时在Topic 4中获得最好的分类性能，在Topic 1和Topic 2上也得到了较合理的分类结果，而在Topic 3 中的分类性能最差；
- 两种分类方法在Topic 1 和Topic 2中的结果略差于在Topic 4 中的结果是由于CNN News数据集本身的原因：Topic 1和Topic 2 中的大多数图像都包含许多“语义干扰噪声”。例如，Topic 1 的关注点是“building”，但“grass”和“water”也同样会出现，这些“干扰噪声”会导致分类器的误分类。即使Reg方法融入了语义信息，并且取得了比DyW更好的结果，但“干扰噪声”在某种程度上依然存在；
- 两种方法在Topic 3上的Recall都相对较低。通过分析，我们发现Topic 3中的图像大多数是关于“grass”的，而几乎每个Topic 的图像中都或多或少包含“grass”，这造成了图像的误分类；
- Reg在Topic 1和Topic 3上的分类性能优于DyW，并且在Topic 2 和Topic4中的性能与DyW接近。Reg的整体性能比DyW 好的原因是Reg探索了隐藏在文本信息中的语义信息并从中受益，而DyW仅利用了粗略的文本信息。

§ 10.7 本章小结

多媒体数据挖掘是多媒体技术和数据挖掘的结合，是一个相对较新的研究方向，许多概念和方法正在形成中，也有很多问题还有待于解决。本章以目前多媒体数据挖掘研究中较热门的图像检索为例，具体介绍如何通过数据挖掘技术提高图像检索的性能，并通过对两个典型的多媒体数据挖掘案例的分析，介绍如何通过有效融合多种不同的信息源（如文本、图像等）的方式提高网络图像聚类和分类的性能，从而进一步提高网络图像检索的性能。尽管目前多媒体数据挖掘仍面临着许多问题和挑战，但它是一个非常有应用价值的研究方向，随着研究的深入，一定会取得更多有价值的成就。此外，关于实时多媒体数据挖掘系统、多种媒体融合的挖掘技术将会是未来多媒体数据挖掘研究的热点方向。

§10.8　中英文对照表

1. 多媒体： Multimedia
2. 基于文本的图像检索： Text-Based Image Retrieval, 简称TBIR
3. 基于内容的图像检索： Content-Based Image Retrieval, 简称CBIR
4. 语义鸿沟： Semantic Gap
5. 全局特征： Global Feature
6. 局部特征： Local Feature
7. 高斯拉普拉斯： Laplacian of Gaussian, 简称LoG
8. 最大稳定极值区域：Maximally Stable Extremal Regions, 简称MSER
9. 词频-逆向文档频率： Term Frequency - Inverse Document Frequency, 简称TF-IDF
10. 欧几里德距离：Euclidean Distance
11. 皮尔逊相关系数： Pearson Correlation Coefficient
12. 直方图相交法： Histogram Intersection
13. 流形学习： Manifold Learning
14. 词袋模型： Bag-of-Words Model，简称BoW
15. 短语袋模型： Bag-of-Phrases Model，简称BoP
16. 空间位置共现模式； Spatial Co-location Pattern
17. 凝聚型层次聚类算法： Agglomerative Hierarchical Clustering Algorithm
18. 主成分分析： Principal Component Analysis, 简称PCA
19. k-折交叉验证： k-fold cross validation
20. 最小支持阈值： Minimum Support Threshold
21. 特征级融合：Feature Integration
22. 语义级融合：Semantic Integration
23. 内核级融合： Kernel Integration
24. 动态加权聚类： Dynamic Weighted Clustering
25. 对称非负矩阵分解： Symmetric Nonnegative Matrix Factorization，简称SNMF
26. 二次规划技术： Quadratic Programming Techniques
27. 拉格朗日乘子： Lagrangian Multipliers

28. 颜色和边缘方向性描述子：Color and Edge Directivity Descriptor，简称CEDD

29. **K-**均值聚类：K-means Clustering

30. 层次聚类：Hierarchical Clustering

31. 非负矩阵分解：Non-negative Matrix Factorization

32. 谱聚类：Spectral Clustering

33. 共识聚类算法：Ensemble Clustering

34. 近正交性：Near-orthogonality

35. 硬聚类：Hard Clustering

36. 软聚类：Soft Clustering

37. 上义词：Hypernyms

38. 联合系统工程聚合：Joint Systems Engineering Group，简称JSEG

39. 两类分类器；Two-class Classifier

40. 多类分类器：Multi-label Classifier

41. 查准率：Precision

42. 查全率：Recall

参考文献

[1] 韩家炜，坎伯等. 数据挖掘: 概念与技术. 北京：机械工业出版社, 2001.

[2] 庄越挺，潘云鹤，吴飞. 网上多媒体信息分析与检索. 清华大学出版社, 2002.

[3] 孙即祥. 现代模式识别. 国防科技大学出版社, 2002.

[4] 章毓晋. 基于内容的视觉信息检索. 科学出版社, 2003.

[5] 徐龙玺. 基于*web*的多媒体数据挖掘的研究，*[R]*，山东师范大学. 2004.

[6] 郭健. 基于内容的图像检索技术研究，*[R]*，贵州大学. 2006.

[7] 刘伟. 图像检索中研究的若干问题，*[R]*，浙江大学. 2007.

[8] 丁贵广，尹亚光. 多媒体技术. 北京：机械工业出版社, 2009.

[9] 尹敬齐. 多媒体技术. 北京：机械工业出版社, 2010.

[10] 陆文婷. 图像检索中的特征表示模型和多信息源融合方式的研究，*[R]*，北京邮电大学. 2012.

[11] 张琳波，王春恒，肖柏华，邵允学. 基于*bag-of-phrases* 的图像表示方法. 自动化学报, 38(001):46∼54, 2012.

[12] S. Amir, I. M. Bilasco, M. H. Sharif, C. Djeraba, et al. *Towards a unified multimedia metadata management solution*. Intelligent Multimedia Databases and Information Retrieval: Advancing Applications and Technologies, IGI Global, 2010.

[13] P. Arbelaez, M. Maire, C. Fowlkes, and J. Malik. *Contour detection and hierarchical image segmentation*. Pattern Analysis and Machine Intelligence, IEEE Transactions on, 33(5):898∼916, 2011.

[14] K. Asanobu. *Data mining for typhoon image collection*. In Proceedings of the 2nd International Workshop on Multimedia Data Mining, pages 68∼77. Citeseer, 2001.

[15] H. Bay, T. Tuytelaars, and L. Van Gool. *Surf: Speeded up robust features*. In Computer Vision–ECCV 2006, pages 404∼417. Springer, 2006.

[16] C. M. Bishop and N. M. Nasrabadi. Pattern recognition and machine learning, volume 1. springer New York, 2006.

[17] R. J. Carter, I. Dubchak, and S. R. Holbrook. *A computational approach to identify genes for functional rnas in genomic sequences*. Nucleic Acids Research, 29(19):3928∼3938, 2001.

[18] S. A. Chatzichristofis and Y. S. Boutalis. *Cedd: color and edge directivity descriptor: a compact descriptor for image indexing and retrieval*. In Computer Vision Systems, pages 312∼322. Springer, 2008.

[19] Y. Deng and B. Manjunath. *Unsupervised segmentation of color-texture regions in images and video*. Pattern Analysis and Machine Intelligence, IEEE Transactions on, 23(8):800∼810, 2001.

[20] P. E. Gill, W. Murray, and M. H. Wright. *Practical optimization*. 1981.

[21] J. S. Hare and P. H. Lewis. *Automatically annotating the mir flickr dataset: Experimental protocols, openly available data and semantic spaces*. In Proceedings of the international conference on Multimedia information retrieval, pages 547∼556. ACM, 2010.

[22] C. Harris and M. Stephens. *A combined corner and edge detector.* In Alvey vision conference, volume 15, page 50. Manchester, UK, 1988.

[23] D.-C. He and L. Wang. *Texture features based on texture spectrum*. Pattern Recognition, 24(5):391∼399, 1991.

[24] Y. Huang, S. Shekhar, and H. Xiong. *Discovering colocation patterns from spatial data sets: a general approach*. Knowledge and Data Engineering, IEEE Transactions on, 16(12):1472∼1485, 2004.

[25] S. C. Johnson. *Hierarchical clustering schemes*. Psychometrika, 32(3):241∼254, 1967.

[26] M. I. Jordan and R. A. Jacobs. *Hierarchical mixtures of experts and the em algorithm*. Neural computation, 6(2):181∼214, 1994.

[27] P. R. Kalva, F. Enembreck, and A. L. Koerich. *Web image classification based on the fusion of image and text classifiers*. In Document Analysis and Recognition, 2007. ICDAR 2007. Ninth International Conference on, volume 1, pages 561∼568. IEEE, 2007.

[28] Y. Ke and R. Sukthankar. *Pca-sift: A more distinctive representation for local image descriptors.* In Computer Vision and Pattern Recognition, 2004. CVPR 2004. Proceedings of the 2004 IEEE Computer Society Conference on, volume 2, pages II~506. IEEE, 2004.

[29] G. R. Lanckriet, N. Cristianini, P. Bartlett, L. E. Ghaoui, and M. I. Jordan. *Learning the kernel matrix with semidefinite programming.* The Journal of Machine Learning Research, 5:27~72, 2004.

[30] S. Lazebnik, C. Schmid, and J. Ponce. *Beyond bags of features: Spatial pyramid matching for recognizing natural scene categories.* In Computer Vision and Pattern Recognition, 2006 IEEE Computer Society Conference on, volume 2, pages 2169~2178. IEEE, 2006.

[31] W.-J. Lee, S. Verzakov, and R. P. Duin. *Kernel combination versus classifier combination.* In Multiple classifier systems, pages 22~31. Springer, 2007.

[32] T. Leung and J. Malik. *Representing and recognizing the visual appearance of materials using three-dimensional textons.* International Journal of Computer Vision, 43(1):29~44, 2001.

[33] F.-F. Li and P. Adviser-Petrona. Visual recognition: computational models and human psychophysics. California Institute of Technology, 2005.

[34] J. Li, B. Shao, T. Li, and M. Ogihara. *Hierarchical co-clustering: a new way to organize the music data.* Multimedia, IEEE Transactions on, 14(2):471~481, 2012.

[35] L. Li, W. Lu, J. Li, T. Li, H. Zhang, and J. Guo. *Exploring interaction between images and texts for web image categorization.* In FLAIRS Conference, 2011.

[36] L.-J. Li, R. Socher, and L. Fei-Fei. *Towards total scene understanding: Classification, annotation and segmentation in an automatic framework.* In Computer Vision and Pattern Recognition, 2009. CVPR 2009. IEEE Conference on, pages 2036~2043. IEEE, 2009.

[37] T. Li, C. Ding, and M. I. Jordan. *Solving consensus and semi-supervised clustering problems using nonnegative matrix factorization.* In Data Mining, 2007. ICDM 2007. Seventh IEEE International Conference on, pages 577~582. IEEE, 2007.

[38] T. Li and L. Li. *Music data mining: An introduction.* 2010.

[39] T. Li and M. Ogihara. *Semisupervised learning from different information sources.* Knowledge and Information Systems, 7(3):289~309, 2005.

[40] T. Lindeberg. *Feature detection with automatic scale selection.* International journal of computer vision, 30(2):79~116, 1998.

[41] D. G. Lowe. *Object recognition from local scale-invariant features.* In Computer vision, 1999. The proceedings of the seventh IEEE international conference on, volume 2, pages 1150~1157. Ieee, 1999.

[42] D. G. Lowe. *Distinctive image features from scale-invariant keypoints.* International journal of computer vision, 60(2):91~110, 2004.

[43] W. Lu, L. Li, T. Li, H. Zhang, and J. Guo. *Web multimedia object clustering via information fusion.* In Document Analysis and Recognition (ICDAR), 2011 International Conference on, pages 319~323. IEEE, 2011.

[44] J. MacQueen et al. *Some methods for classification and analysis of multivariate observations.* In Proceedings of the fifth Berkeley symposium on mathematical statistics and probability, volume 1, page 14. California, USA, 1967.

[45] C. D. Manning, P. Raghavan, and H. Schütze. Introduction to information retrieval, volume 1. Cambridge University Press Cambridge, 2008.

[46] J. Matas, O. Chum, M. Urban, and T. Pajdla. *Robust wide-baseline stereo from maximally stable extremal regions.* Image and vision computing, 22(10):761~767, 2004.

[47] K. Mikolajczyk and C. Schmid. *A performance evaluation of local descriptors.* Pattern Analysis and Machine Intelligence, IEEE Transactions on, 27(10):1615~1630, 2005.

[48] J.-M. Morel and G. Yu. *Asift: A new framework for fully affine invariant image comparison.* SIAM Journal on Imaging Sciences, 2(2):438~469, 2009.

[49] A. Y. Ng, M. I. Jordan, Y. Weiss, et al. *On spectral clustering: Analysis and an algorithm.* Advances in neural information processing systems, 2:849~856, 2002.

[50] K. Palander and S. S. Brandt. *Epipolar geometry and log-polar transform in wide baseline stereo matching*. In Pattern Recognition, 2008. ICPR 2008. 19th International Conference on, pages 1~4. IEEE, 2008.

[51] A. Pentland, R. W. Picard, and S. Sclaroff. *Photobook: Content-based manipulation of image databases*. International Journal of Computer Vision, 18(3):233~254, 1996.

[52] Y. Rui, T. S. Huang, and S. Mehrotra. *Content-based image retrieval with relevance feedback in mars*. In Image Processing, 1997. Proceedings., International Conference on, volume 2, pages 815~818. IEEE, 1997.

[53] M. A. Sadeghi and A. Farhadi. *Recognition using visual phrases*. In Computer Vision and Pattern Recognition (CVPR), 2011 IEEE Conference on, pages 1745~1752. IEEE, 2011.

[54] D. Seung and L. Lee. *Algorithms for non-negative matrix factorization*. Advances in neural information processing systems, 13:556~562, 2001.

[55] B. Shao, M. Ogihara, D. Wang, and T. Li. *Music recommendation based on acoustic features and user access patterns*. Audio, Speech, and Language Processing, IEEE Transactions on, 17(8):1602~1611, 2009.

[56] J. Sivic and A. Zisserman. *Video google: A text retrieval approach to object matching in videos*. In Computer Vision, 2003. Proceedings. Ninth IEEE International Conference on, pages 1470~1477. IEEE, 2003.

[57] J. R. Smith and S.-F. Chang. *Visualseek: a fully automated content-based image query system*. In Proceedings of the fourth ACM international conference on Multimedia, pages 87~98. ACM, 1997.

[58] A. J. Smola et al. Learning with Kernels: Support Vector Machines, Regularization, Optimization and Beyond. MIT press, 2002.

[59] H. Tamura, S. Mori, and T. Yamawaki. *Textural features corresponding to visual perception*. Systems, Man and Cybernetics, IEEE Transactions on, 8(6):460~473, 1978.

[60] D. Wang, T. Li, S. Zhu, and C. Ding. *Multi-document summarization via sentence-level semantic analysis and symmetric matrix factorization*. In Proceedings of the 31st annual international ACM SIGIR conference on Research and development in information retrieval, pages 307~314. ACM, 2008.

[61] J. Z. Wang, J. Li, and G. Wiederhold. *Simplicity: Semantics-sensitive integrated matching for picture libraries*. Pattern Analysis and Machine Intelligence, IEEE Transactions on, 23(9):947~963, 2001.

[62] L. Wu, S. L. Oviatt, and P. R. Cohen. *Multimodal integration-a statistical view*. Multimedia, IEEE Transactions on, 1(4):334~341, 1999.

[63] M. Yang and L. Zhang. *Gabor feature based sparse representation for face recognition with gabor occlusion dictionary*. In Computer Vision–ECCV 2010, pages 448~461. Springer, 2010.

[64] J. Yuan, Y. Wu, and M. Yang. *Discovery of collocation patterns: from visual words to visual phrases*. In Computer Vision and Pattern Recognition, 2007. CVPR'07. IEEE Conference on, pages 1~8. IEEE, 2007.

[65] C. Zhang, J. Liu, J. Wang, Q. Tian, C. Xu, H. Lu, and S. Ma. *Image classification using spatial pyramid coding and visual word reweighting*. In Computer Vision–ACCV 2010, pages 239~249. Springer, 2011.

[66] Q.-F. Zheng, W.-Q. Wang, and W. Gao. *Effective and efficient object-based image retrieval using visual phrases*. In Proceedings of the 14th annual ACM international conference on Multimedia, pages 77~80. ACM, 2006.

[67] Y.-T. Zheng, M. Zhao, S.-Y. Neo, T.-S. Chua, and Q. Tian. *Visual synset: towards a higher-level visual representation*. In Computer Vision and Pattern Recognition, 2008. CVPR 2008. IEEE Conference on, pages 1~8. IEEE, 2008.

[68] Q. Zhu, M.-C. Yeh, and K.-T. Cheng. *Multimodal fusion using learned text concepts for image categorization*. In Proceedings of the 14th annual ACM international conference on Multimedia, pages 211~220. ACM, 2006.

第十一章　空间数据挖掘

§11.1　简介

随着卫星科技的发展及移动设备的普及，获取一个对象实时完整的空间信息变得越来越容易。为了能够从中实时性地获取有用信息，我们需要有效的方法存储这些数据，另一方面，保存的数据并不是全部有价值的，或者价值并不是显而易见，需要我们去挖掘。由此一来，空间数据库和空间数据挖掘应运而生。

空间数据库是一种为更有效存储和查询空间对象而设计的数据库，这些对象包括点、线、多边形。与传统数据库相比，空间数据库提供了更有效的对具有空间特性数据的相关结构和操作。空间数据库的存取索引方式主要有下面几种[29]：把多边形映射到高维空间的点；quadtrees；z-ordering或者其他同属于space filling curves的方法[14,24]；最后就是基于树结构的方法[16,17,38]。

空间数据挖掘是从大型空间数据库里发现有趣，不知道的但非常有价值的模式的一个过程。但由于空间数据类型和空间关系的复杂性，从空间数据库里挖掘有趣和有价值的模式比从传统数据库里去挖掘难度更大。基于空间数据挖掘的任务大致分为三类[50]：空间位置预测（location prediction）、空间异常检测（spatial outlier）、空间同位规则挖掘（spatial co-location rules）。其各种任务的应用大致总结如表11.1所示：

表 11.1 空间数据挖掘任务和应用总结

任务	应用
空间位置预测	犯罪热点分析[54]、自然灾难预测[15]、疾病预防、濒临物种栖息地识别[27]等等
空间异常检测	信用卡欺诈、选举舞弊、天气异常预测、交通异常检测[47]
空间同位规则挖掘	捕食者-猎物及共生模型的分析、化学物质使用与环境、疾病关系[23]（一个空间事物的出现或发生往往伴随着同一空间位置另一个事物的出现或发生）

§11.2　空间数据挖掘特点

空间数据挖掘与传统数据挖掘的区别主要体现在四个方面[50]：输入、统计模型、输出模式和计算过程。

由于点、面、多边形等空间信息的存在，空间数据挖掘的输入比传统数据挖掘的输入要复杂很多。我们把空间数据挖掘的输入数据类型分为两大类：空间数据类型和非空间数据类型。非空间数据类型就是传统数据挖掘上定义的数据类型，如：名字、性别、收入等等；而空间数据类型则用于定义空间位置和空间对象的数据。空间数据又分为两种类型：（1）传统意义的地理位置信息，如经纬度；（2）拓扑结构的地理位置信息，如上、下、相邻等等。通常来说，空间对象一般都会包含相关空间位置信息，如经纬度和海拔等等。

统计模型[9]常常用来表示随机观测到的变量。这些模型可以用来估计，描述和预测。空间数据在统计模型下可以如下表示：$Z(s): s \in D$,其中s为一个空间位置变量，D是一个可能的随机空间集合。实际问题中可能遇到的空间数据挖掘的统计模型一般有三种：点数据模型（空间对象被看作成空间坐标上的点集，如树的位置，鸟的栖息地）；网格模型（空间坐标被划分成可数相邻的空间网格，比如空间自回归模型[50]（Spatial Autoregressive Model）和马尔可夫随机场[27]（Markov Random Fields）都可以被应用到网格数据模型上）；地理统计数据模型（地理统计数据模型一般用来分析空间对象的连续性和弱平稳性[9]）。

统计模型最基本的一个假设是数据样本是独立随机产生的。但对于空间数据来说，其数据样本大部分是高度自相关的（Spatial Autocorrelation,有时也叫空间依赖性Spatial Dependencies）。这是一个如此重要的事实，以至于被归纳为Tober的地理学第一定律：所有的对象都是相关的，相邻的对象尤甚。而空间自回归模型正是建立在这个事实之上的一个扩展的线性回归模型，这也是空间数据挖掘与传统数据挖掘一个较大的区别。

输出模式即指空间数据挖掘的应用，例如下一节将要讲到的三种任务，而计算过程的不同是由于空间数据挖掘是基于空间数据库的。传统的计算方式并不能直接应用到空间数据挖掘或者即使能应用，效率也非常低。所以这方面的专家会对传统的算法进行改进以应用于空间数据库之上，另一种方法就是运用不同的空间数据查询技术提高效率。

§11.3 空间位置预测

空间位置预测在实际生活中有非常广泛的应用，比如说地区经济研究、自然资源分布分析以及生态环境研究[27]。因此这一方向的研究也涉及了许多自然科学、生物甚至犯罪心理学等领域。而作为空间位置预测的特别之处，自相关的度量方式一般有Moran's I[33]最近距离指数（NNI）。对于自相关性的建模，我们将简单介绍一下最主要的两种方式：（1）空间自回归模型（SAR）[42]；（2）马尔可夫随机场模型（MRF）[27]。

11.3.1 自回归模型

在对整个空间数据建模之前，我们首先把整个地理空间按一定原则分成许多地区，每个地区作为一个样本。

针对某个空间位置预测任务，我们有一个分类器$\hat{f}_c$。空间自回归模型（SAR）把分类器$\hat{f}_c$分解成“自回归”和“Logistic变换”两部分。我们用Y表示自回归方程的预测值向量，X表示特征向量。在自回归模型中，第i个地区样本对应的自回归部分的预测值y_i和误差项ξ一同被直接整合到回归方程中。假如各个地区的预测值y_i之间存在相关性，则整个“自回归”部分的方程就可以表示如下：

$$Y = \rho WY + X\beta + \xi \tag{11.1}$$

这里的W表示空间的邻接矩阵，ρ是一个反应待预测地区与空间其他地区预测值关联强度的参数，而β是一个反应待预测地区与自身特征关联强度的参数。我们可以认为误差向量ξ服从传统假设的独立均匀分布（i.i.d）。注意到当$\rho = 0$时，这个模型就变成了经典的回归模型。这个模型的优点有：错误向量的空间相关性很低。如果W选择适当，理论上ξ不会产生系统方差。另一方面是通过不断调节参数ρ，我们可以找到最优的ρ，从而使得模型更好的拟合数据。值得注意的是，在使用自回归模型得到某一地区的y值之后，我们仍需要通过一个"Logistic变换"得到一个二分变量来表达最终的分类结果。

11.3.2 马尔可夫随机场模型

马尔可夫随机场模型（MRF）在图像和文本分类中有着举足轻重的地位，其把变量的自相关性表示成一个无向图。无向图里面的点表示随机变量，边表示其之间的依赖性[34]，然后基于概率图模型（Probabilistic Graphical Models）进行计算。它的优势在于可以表示多种依赖关系并且灵活性高。但马尔可夫随机场只是用来表示自相关关系，通常我们把它与贝叶斯分类器[50]（或者其他分类器）结合起来从而得到空间位置预测模型。

马尔可夫属性中规定一个变量只能依赖于它的邻居变量，不能依赖于其他的变量。在空间位置预测中，l_i表示一个空间分类标签，$f_C(s_i)$表示一个把地区s_i映射到标签l_i的函数。我们可以假设不同地区s_i的类标签$l_i = f_C(s_i)$组成一个MRF。也就是说，对于两个地区s_i和s_j，假如$W(s_i, s_j) = 0$成立，则标签l_i和l_j相互独立。那么对于特征向量为X的地区s_i来说，我们可以通过下面的模型来预测在给定特征向量X，及邻接地区的标签向量L_i（L_i的每一个元素表示一个邻接地区的标签）时，其被分类为l_i的概率：

$$Pr(l_i|X, L_i) = \frac{Pr(X|l_i, L_i)Pr(l_i|L_i)}{Pr(X)} \tag{11.2}$$

其中我们可以从训练样本中去估算$Pr(l_i|L_i)$的值，而$Pr(X|l_i, L_i)$可以利用训练样本的观测值来估算。另一个有用的假设是，s_i所属的标签只由其邻域点来决定，并且各邻域点对其有相同权值的影响。

虽然MRF和SAR使用两个截然不同的方法，但它们都尝试去估计后验概率的分布：$p(l_i|X)$。不过Shekhar 等人在实验中证明基于贝叶斯的MRF效果比SAR效果好[49]。

§ 11.4 空间异常检测

异常数据的识别往往会给我们带来意想不到的，有趣的，有价值的知识。特别地，异常检测对基于GIS和空间数据库的应用有非常大的帮助。其可以应用到包括交通、生态系统、公众安全与卫生[7]、气候等领域。空间数据集的异常数据一般分为三种[47]：

1. 基于集合的异常数据：在不考虑空间属性的情况下，这些数据与集合其他数据存在不一致性。

2. 基于多维空间的异常数据：在空间坐标中，它们与其邻域点在其他属性值上面有非常大的差异。这里的邻域点一般是基于空间距离，如欧几里得距离。

3. 基于图的异常数据：在空间坐标中，它们与其邻域点在其他属性值上面有非常大的差异。这里的邻域点是基于图的连通性来定义的。

从上面的定义我们可以看到，第一种异常检测实为传统的异常检测应用于空间数据上而已。对于后两种异常数据检测，其空间的异常点是具有局部性的，因为它是相对局部邻域点来说的。许多空间异常检测的方法在实际中已经得到广泛的应用[47,48]，但空间异常检测依然存在相当多的挑战。一方面对于异常检测算法测试不仅要考虑到不同地区属性值的分布，而且还要考虑到邻域内的属性值分布。另一方面基于邻域的异常检测算法其算法复杂度非常高，因为它可能会频繁使用到空间数据库的联接运算。

数据异常检测的方法大致分为两类[48]：（1）一维的异常检测方法（1-D outlier detection method，即传统的不考虑空间属性值的检测方法）；（2）多维的考虑空间属性值的异常检测方法（multi-dimensional outiler detection method）。对于多维的异常检测方法又可归为二大类：（1）基于异质多维的方法；（2）基于空间的方法。所谓异质多维的方法就是把数据集所有属性值模型化到一个度量空间，不区别空间属性和非空间属性。然后通过所有属性值来定义邻域空间，最后比较得到结果。比较有代表性的就是Knorr 和Ng提出的基于距离的空间检测方法[30]。对于k-维空间的数据集T来说，假如O的数据集中有比例p的点与O的距离大于D，则O是T中的一个$DB(p, D)$-outlier（Shekhar等人对空间异常点作了一个更广义的定义，被称为S-outlier）。但这个方法并没有考虑邻域点，于是Breunig等人提出“局部”异常点[6]，并且他们定义“孤立度”和“异常度”。再后来就有了基于稠密度的异常点检测方法，那些处于稠密度低的区域点被称为异常点[44]。

异质多维检测法有几个缺陷[48]：（1）趋向于找到全局的异常点；（2）没有区分空间属性和非空间属性；（3）没有利用属性值的先验概率把这些属性统一对待，不过二分多维测试法（Bi-partite multi-dimensional tests）一定程度上就解决了这些问题。二分多维测试法是专门为空间异常检测设计的，它把空间属性和非空间属性区分开来。空间属性用于标识位置、邻域和距离。非空间属性用于进行邻域之间的比较。二分多维测试法又分为两种：基于可视化[5]和基于数值比较[4]。这些方法的主要思想可归纳为先通过空间属性定义邻域点，再在邻域点集合上定义S-outlier。

§11.5 空间同位规则挖掘

空间坐标中的不同类型的对象被称为不同的空间特征。给定一系列的空间特征（有时叫布尔空间特征或叫空间事件），空间同位规则挖掘的目的是找到这个空间特征的一些子集，使得这些子集中的空间特征频繁出现在同一片区域[45]。图 11.1给出了一个同位规则挖掘的例子[45]。

很多生态系统的数据库记录了不同时期地球的栅格式地图,并且收集了很多不同时期一些变量值，如温度，气压和降雨量等。在现实生活中，我们就可以把空间同位规则挖掘技术应用到这些数据上，从而得到一些有趣和有价值的信息，如烟雾悬浮微粒可能降低此地区的降雨可能性。从上面的例子我们可以看出，空间同位规则挖掘与传统的关联规则挖掘非常相似。尽管布尔空间特征类型对应着关联规则挖掘的物品，空间同位规则挖掘所对

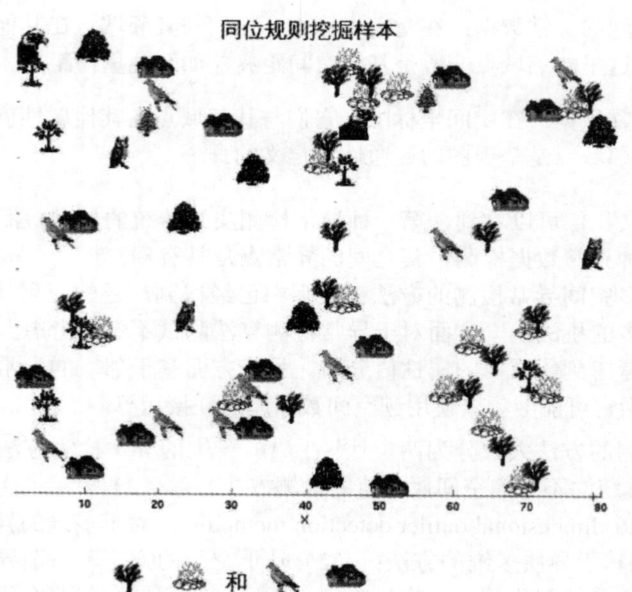

图 11.1 图中空间特征有树、房子、鸟、鸟巢等，当某个特征出现在某个“地方”，我们把这个特征的值设置为1，否则为0。从图中我们可以挖掘出两套规则：树和鸟巢，鸟和房子

应的事务概念（Transaction）并不是那么显而易见。这也使得传统关联分析中的度量方式（support和confidence）在这里变得力不从心。虽然没有明显的事务概念，但可以使用关联分析的方法，因为事务的概念本身就是人为定义的。空间同位规则挖掘的方法大致可以分为两类：（1）基于空间统计[8]；（2）基于关联分析[31]。

基于空间统计的方法通过空间相关性去描述空间特征之间的关系。度量空间相关性的方法包括X^2检验法，相关系数法和回归模型。但由于可能的同位规则数目随着空间特征数目增长而指数增长，所以计算复杂度可能非常高。

对于基于关联分析的方法，我们首先要解决的问题是怎么定义事务这个概念。在定义事务概念后，我们就可以针对不同事务，定义类似于关联分析中的支持度和置信度的度量方式，空间同位规则挖掘中我们称其为流行度和条件概率（prevalence 和conditional probability）。在这里我们介绍三种不同的模型[45]：（1）参照中心特征模型；（2）中心窗口模型；（3）中心事件模型。在开始介绍这三种不同的模型之前，先定义一些基本概念：

- 同位特征集合：所有布尔空间特征的一个子集。
- 同位规则：具有$C_1 \to C_2(p, cp)$ 形式的规则；其中C_1和C_2是同位特征集合，p是一个支持度度量，cp是一个条件概率的度量。这两个变量类似关联分析中的支持度和置信度。

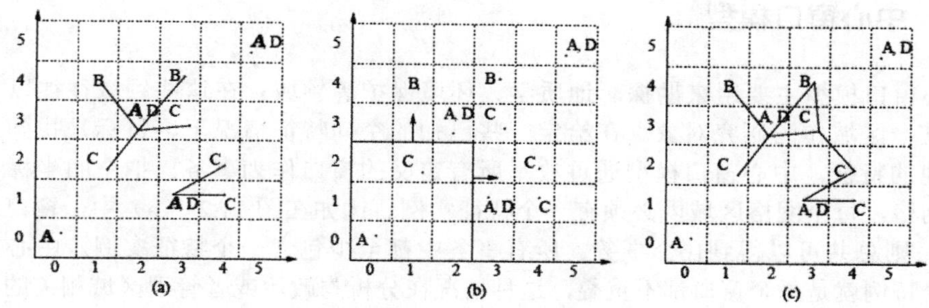

图 11.2 三种不同的同位规则模式

不同的字母表示不同的空间特征类型实例。与l 相邻的9 个网格（包括l）被称为l的领域。（a）参照中心特征模型：空间特征A为中心特征，每个A的实例与其邻域内的B与C通过边相连。（b）中心窗口模型：每一个3×3 的窗口对应一个事务。（c）中心事件模型：相邻的不同空间特征实例相连成一条边。

11.5.1 参照中心特征模型

参照中心特征模型适用于特定的领域，那就是当我们已经知道同位规则中一个确定的布尔空间特征，或者说我们想找的同位规则必须包含某个特定的布尔空间特征。比如说在分析癌症这个布尔空间特征与其他布尔空间特征（身体内其他物质）的关系时，这个领域的专家想知道与癌症这个参照特征相关的一些其他特征所组成的同位规则，例如石棉或者其他物质的分布。这个时候我们不需要去枚举所有可能的同位规则，只需要枚举包含参照特征在内的某一邻域内的空间特征。Koperski等人在论文 [31]中利用空间关联分析给出了一个具体的例子，在这个例子中Koperski等人通过挖掘满足下列断言的同位规则:

X是一个大城市$\wedge$ X与海毗连$\Rightarrow$ X靠近美国边境（置信度80%）

在上面的同位规则中，$\wedge$表示与，$\Rightarrow$ 表示得到，推导出。并且其中所有断言至少有一个必须是包含空间属性的断言。

比如说在图 11.2 （a）中，A为中心特征，与其相关的其他特征为B和C。空间断言集合中有一个叫$close_to(a,b)$的断言，它的定义是：当且只有b是a的邻域点时，$close_to(a,b)$为真。例如：对于坐标为(2,3)的实例A，我们可以得到事务(B,C)。因为对于坐标为(1,4)的B实例与坐标为(1,2)的C实例都$close_to$坐标为(2,3)的实例A。通过这种实例事务的方法，我们就得到表 11.2。

表 11.2 参照中心特征模型：通过与A的实例相关而实例化事务概念

实例A	事务
(0,0)	∅
(2,3)	{B,C}
(3,1)	{C}
(5,5)	∅

从这些事务中，我们可以得到关联规则: $is\_type(i,A)\ \exists j\ is\_type(j,B) \wedge close\_to(j,i) \rightarrow \exists k\ is\_type(k,C) \wedge close\_to(k,i)$。其置信度为100%。

11.5.2 中心窗口模型

中心窗口模型主要用来勘探、地质学、环境保护等领域。在这些领域往往以空间坐标中的某一区域作为研究对象。在给定一些已知的空间特征情况下，目标是找到这一区域内其他的特征。中心窗口模型通过枚举所有定义的窗口作为事务，把空间坐标划分成均等的网格，每个网格区域内必须有一个特征实例。比如在图 11.2（b）中，窗口的大小为3×3，则总共可以得到16个事务。所有事务中都至少包含一个特征实例。中心窗口模型的一个特例就是每个窗口都不重叠，这种情况在分析与政治或者管理区域相关的数据集时有广泛的应用（比如说：国家，省或者根据不同的邮编号定义的区域等等）。中心窗口模型是一个比较局部的模型，因为有时候我们可以把任意形状的区域作为一个窗口（事务）。

11.5.3 中心事件模型

中心事件模型适用于存在很多空间特征的应用，比如生态学。在给定一些空间特征实例的情况下，生态学家希望找到那些可能与这些实例出现在同一个邻域内的空间特征，如生物学的捕食者模型及共生模型。在图 11.2c中,每条边代表实例之间的邻域关系。假设我们想找到在空间特征A 出现时，空间特征B出现的概率。整个数据集有四个A的实例，但只有一个A的邻域内有B 的实例。所以同位规则：空间特征A出现在地点$l \rightarrow$ 空间特征B出现在其邻域的概率是25%。中心事件模型的邻域概念的定义更加广义和灵活。它可以定义于拓朴结构上，也可以根据欧氏距离或者两者结合。为了更好的表达事务概念，我们作如下定义[45]：

- 行实例：$I = \{i_1, \ldots, i_k\}$ 被称为是同位特征集合$C = \{f_1, \ldots, f_k\}$ 的一个行实例，如果对于空间特征$f_j(\forall j \in 1, \ldots, k)$ 都有i_j是f_j的一个实例，并且I是自己的邻域。集合与集合的邻域表示对于集合内任意两个元素，他们之间都存在邻域关系。在图 11.2 c中,同位特征集合$\{A, C\}$的行实例有$\{(3,1),(4,2)\}$和$\{(2,3),(3,3)\}$，其中$(3,1)$表示坐标对应的实例。

其实这里的行实例的定义就是事务概念，这个事务概念与前面不同的是，它是定义在不同的特征实例上的。

前面我们讲到，空间数据的关联分析，不但有类似事务的概念，也有类似用支持度和置信度来表示规则兴趣度量（interest measure）的概念，他们就是流行度和条件概率（prevalence和conditional probability）。表 11.3给出了三种模型关联分析中与传统关联分析中概念的对比定义。

§ 11.6 案例分析

11.6.1 TerryFly GeoCloud系统功能介绍

这里，我们通过介绍佛罗里达国际大学（FIU）的高性能数据研究中心实验室（HPDRC）开发的TerraFly GeoCloud （http://terrafly.fiu.edu/GeoCloud/）系统来展示空间数

表 11.3 不同模型同传统关联分析的对比

模型	商品（item）	事务（transactions）	对$C_1 \rightarrow C_2$的兴趣度量	
			流行度（prevalence）	条件概率
参照中心特征模型	基于参照特征与其他特征的断言	与C_1和C_2相关的实例	包含$C_1 \cup C_2$实例的事务与参照实例的比例	Pr（C_2为真| C_1 为真）
中心窗口模型	布尔特征类型	窗口	包含$C_1 \cup C_2$的窗口比例	Pr（C_2包含于w | C_1包含于w;w 是一个窗口）
中心事件模型	布尔特征类型	特征实例的邻域	参与指数[45]	Pr（C_2 属于C_1的邻域）

据挖掘技术在实际生活中的应用[39,40]。TerraFly GeoCloud是建立在TerraFly系统之上的，支持多种在线空间数据分析的一个平台。图 11.3a和图 11.3b分别描述了TerraFly GeoCloud系统结构图和工作流程图。

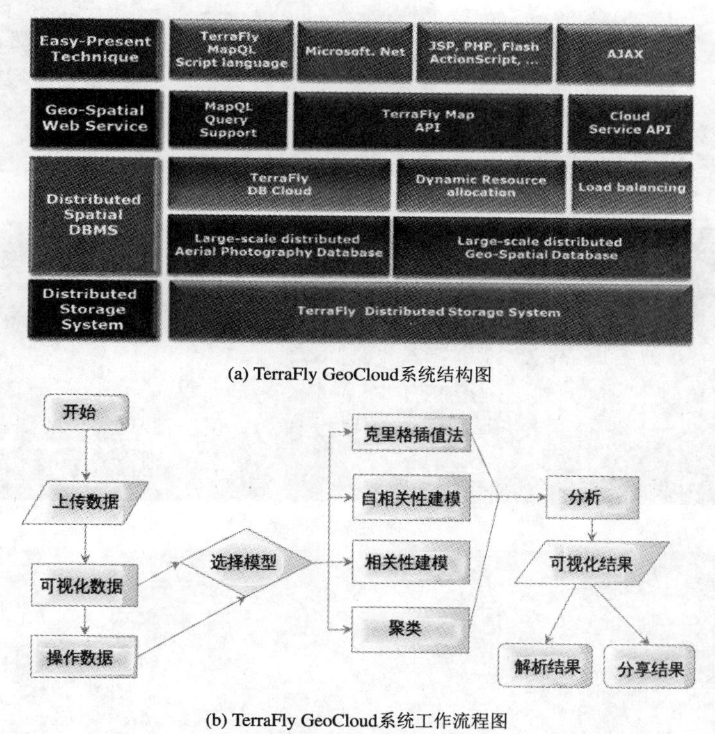

(a) TerraFly GeoCloud系统结构图

(b) TerraFly GeoCloud系统工作流程图

图 11.3 TerraFly GeoCloud系统

首先，TerraFly GeoCloud提供了空间数据自相关的分析功能。其使用Moran's I度量方式挖掘发现空间数据的依赖性，其中包括对局部和全局的分析。Moran's I估计方式如下：

$$I = \frac{n}{\sum_i^n \sum_j^n w_{ij}} \times \frac{\sum_i^n \sum_j^n w_{ij}(y_i - y\prime)(y_j - y\prime)}{sum_i^n (y_i - y\prime)^2} \tag{11.3}$$

其中如果位置i,j互为邻域，则$w_{ij} = 1$，否则$w_{ij} = 0$（位置i不与自身相邻）。y_i 是位置i的值，而$y\prime$是变量的平均值，n是样本数，Moran's I的取值范围为$[-1,1]$。比如，图 11.4a描述了迈阿密不同邮政区域的物业平均价格的自相关性。其中横坐标为平均价格值，

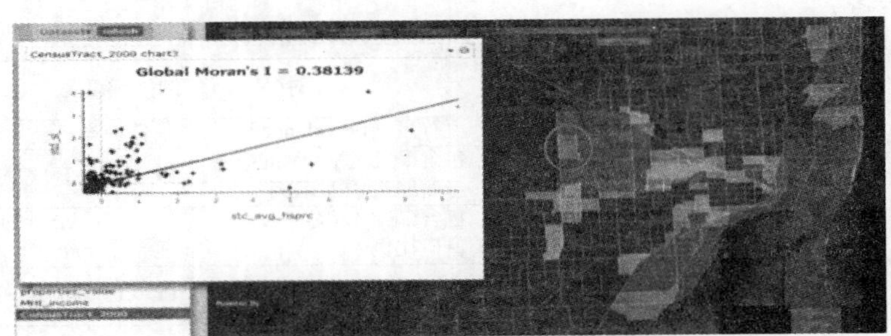

(a) 迈阿密不同邮政区域的物业平均价格

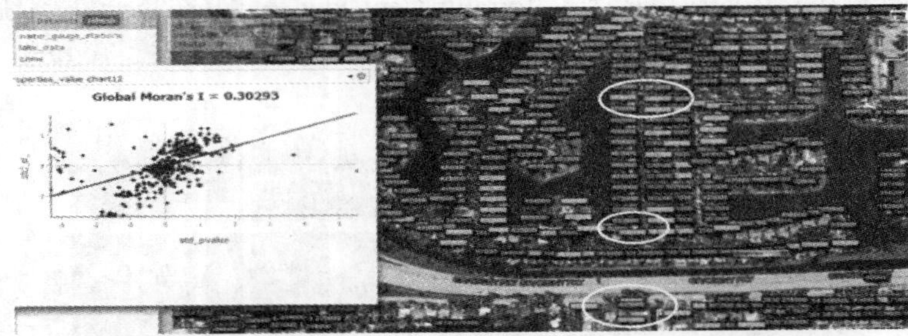

(b) 迈阿密物业价格

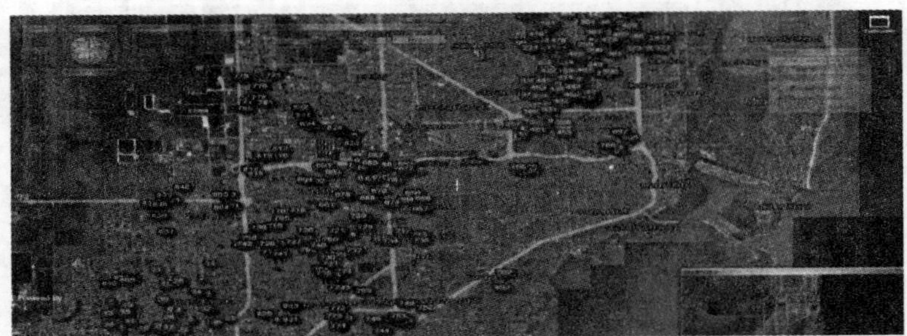

(c) 迈阿密犯罪数据聚类

(d) 克里格插值法预测的佛罗里达水位图

图 11.4 空间数据案例展示

纵坐标为对应点周围物业价格空间滞后值（spatial lag）。对于局部地区，我们仅仅考虑其邻域内的数据值，图 11.4a中每个多边形代表一个观察点；而对于全局，我们把所有观测值都考虑进来，然后通过Moran's I测量方式我们就得到图 11.4a中的坐标图。坐标系的第一，三象限代表正相关，而第二，四象限表示负相关。比如迈阿密海滩地区物业价格比较贵，而其周围地区物业价格也相对比较高，所以其在坐标中对应的点处于第一象限。其中左上角直线斜率即是对全局的空间自相关值的估计。图 11.4b中则呈现了迈阿密单个物业价格之间的自相关分析。正如图所示，靠近公路的物业比较便宜，而靠近湖边的物业则比较贵。

TerraFly GeoCloud也提供了空间数据聚类功能。图 11.4c向我们展示了通过DBSCAN[13]算法得到的迈阿密犯罪图。其中每个标签代表一起当地发生的犯罪事件，标签上数字表示犯罪事件号。通过聚类算法，我们把所有犯罪事件进行聚类。此实例中我们通过地区的犯罪密度来聚类不同的犯罪事件。

图 11.4d展示了通过克里格插值法[51]（Kriging）预测的佛罗里达水位图。克里格插值法是一种通过样本来预测未知观测值的地理统计估计方法。与一般插值方法不同的是：克里格插值法不仅考虑到未知量与观测量之间的关系，也考虑了观测值与地理信息之间的相关性（比如水位高度与经纬度存在一种映射关系），使得插值更准确。图 11.4d显示了佛罗里达中部的水位图，其中不是所有的水位数据都是由水位站测量得到的，图中深色部分的数据是通过克里格插值法得到的。

TerraFly GeoCloud还提供了一种支持类SQL语句的空间数据查询语言MapQL。它不但支持类SQL语句，更重要的是可根据用户的不同要求去渲染查询得到的空间数据。比如FIU周边一定距离内所有的开放住宅、离某条公路一定距离内所有的宾馆、特定地区的交通情况及不同邮政区域的平均收入情况等。MapQL 的实现如图 11.5，其中MapQL语句是整个过程的输入（如图 11.6），输出则是通过MapQL 引擎渲染得到的可视化地图（如图 11.7）。

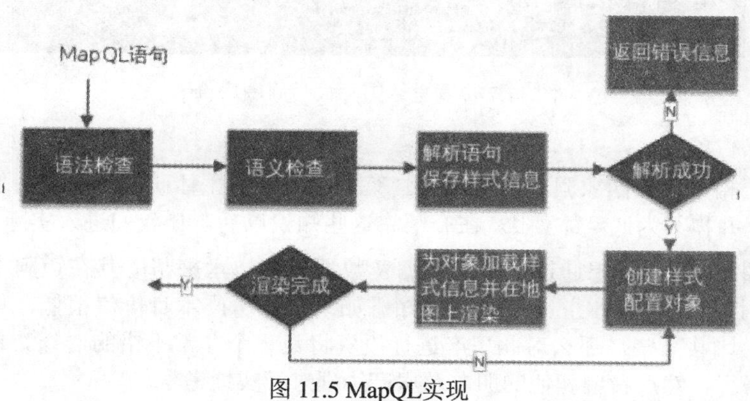

图 11.5 MapQL实现

如图 11.5所示，第一步语法检查保证语法符合语法规则，不出现关键字拼写错误；第二步语义检查确保MapQL 将要访问的数据是正确并存在的。接下来，系统会进行语句解析并把包含样式信息的解析结果存入空间数据库中。样式信息包括“渲染什么”及“在哪渲染”。当所有的样式信息保存入库时，系统就会为接下来的渲染创建样式配置对象。最后，从空间数据库里加载样式信息，并根据样式信息为每个对象进行渲染。比如我们想查询佛罗里达国际大学周围的房价，我们可通过如下MapQL 语句查询：

11.6.2 实际案例分析

这一小节中，我们通过一个详细的案例分析来展示TerraFly GeoCloud的空间数据分析和可视化功能[39,40]。图 11.4a中我们讨论到自相关的结果可以表示在散布图中，其中第一

```
SELECT
   '/var/www/cgi-bin/house.png' AS T_ICON_PATH,
   r.price AS T_LABEL, '15' AS T_LABEL_SIZE,
   r.geo AS GEO FROM realtor_20121116 r WHERE
    ST_Distance(r.geo, GeomFromText('POINT(-80.376283 25.757228)')) <
       0.03;
```

图 11.6 MapQL语句。查询结果如图 11.7如示。其详细语法细节请参考文献 [40]

图 11.7 佛罗里达国际大学周围房价

三象限表示正相关，二四象限表示负相关。第二象限表示主体研究对象的值低，但其周围对象的值高，并称其为低–高象限。在介绍完这些知识以后，让我们进入实际案例分析。

一个名叫Eric的用户想通过已知的数据及数据分析技术来帮助其在迈阿密的房地产投资。通过使用TerryFly GeoCloud系统，他知悉如果一栋房产本身价值很低，但它周围的房产却相对来说比其高些，那么对此房产进行投资将是一个非常不错的选择。首先，他需要找出这样的房产，然后希望和他的朋友及房产经理进行实地考察。

为了实现这个任务，Eric首先需要知道迈阿密不同邮政区域的物业平均价格，如图 11.4 a所示。他发现绿色地区所对应的散布点位于低–高象限，这也意味着这个地区的房产价格比周围的低。在得知这个信息后，Eric 上传了这个特定地区的更详细的空间数据集south_florida_house_price 到TerraFly GeoCloud 系统中 [39,40]，如图 11.8。他对显示图标的颜色进行了个性化，使得其随着房产的价格变化而变化。然后他选择了深色区域的更小的不同区域进行自相关性的分析，于是他得到了图 11.4 b。

最终，他发现图 11.4b中那些所对应的点处于第三象限的地区（圆圈当中）即为所要找的地区。更有趣的发现是：许多靠近路Gratigny Pkwy的房产价格比较低。于是，Eric想查询Gratigny Pkwy路边所有的便宜，但具有很好投资收益的房子。Eric使用了图 11.9的MapQL语句来实现他想要的查询。

查询结果可视化后如图 11.10。最后，Eric把这个地图的URL通过邮件分享给了他的朋友和房产经理，等待他们的回复。图 11.11 展示了整个过程的流程。简而言之，Eric首先查

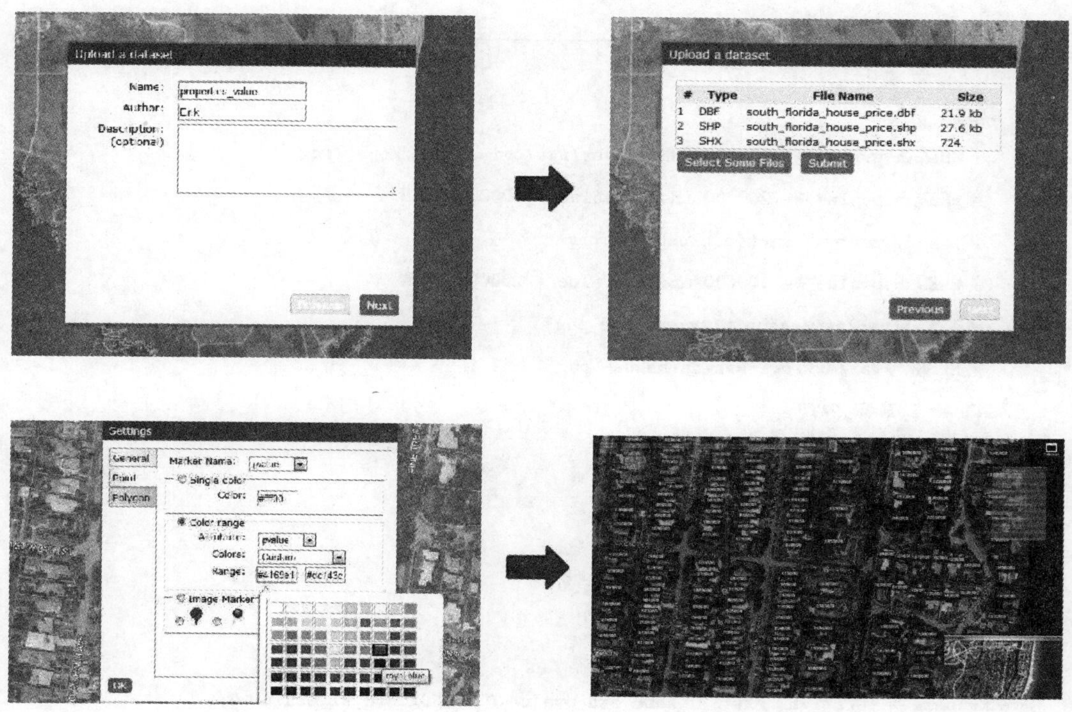

图 11.8 数据上传与可视化

看了系统的内置的数据，进行数据操作，然后找到感兴趣的房产信息，最终通过MapQL语句查询并可视化得到结果，然后分享给朋友。这个案例展示了TerraFly GeoCloud支持空间数据分析和可视化的一体化，并且提供非常友好的用户自定义地图可视化。

§11.7 空间数据挖掘最新研究方向

最新的研究方向主要有两个方面：（1）时空数据挖掘（spatio-temporal DM）；（2）移动对象挖掘（mining moving object）。这两个方向的研究是建立在对时空信息认识和时空数据模型的研究之上的，所以首先介绍一下时空数据模型和索引。

在过去的二十多年里，由于移动通信与无线定位技术的迅速发展促成了大量时空数据的产生，面向移动环境的时空数据挖掘目标就是从这些数据中抽取知识，为基于位置的服务、智能交通系统等提供有效的决策支持。对于移动对象挖掘的目的是从对象行为中去发现一些有趣的知识，如动物习性研究、交通分析管理、气候研究等 [37]。

移动对象相关的数据模型主要有[3]：（1）快照模型（snapshot）：该模型对每一个时间戳保存一份有效的空间对象, 但这种方法数据冗余度高；（2）事件模型：Peuquel [43]等提出一种适用栅格数据的基于事件的数据模型ESTDM （Event-Based Spatiotemporal Data Model）；（3）移动对象时空（MOST）模型是Wolfson [55]等人提出的用于移动对象数据库的模型结构，MOST模型提供随时间连续变化的动态属性，查询结果依赖于查询请求的时刻，可预测移动对象将来的位置。对于数据的索引方式目前也已经有了比较成熟的研

```
SELECT
   CASE
      WHEN h.pvalue >= 400000 THEN '/var/www/cgi-bin/redhouse.png'
      WHEN h.pvalue >= 200000 and h.pvalue < 400000 THEN
          '/var/www/cgi-bin/bluehouse.png'
      WHEN h.pvalue >= 100000 and h.pvalue < 200000 THEN
          '/var/www/cgi-bin/greenhouse.png'
      ELSE '/var/www/cgi-bin/darkhouse.png'
   END AS T_ICON_PATH,
h.geo AS GEO FROM osm_fl o
LEFT
JOIN
south_florida_house_price   h
ON
ST_Distance(o.geo, h.geo) < 0.05
WHEREo.name = 'Gratigny Pkwy'   ANDh.std_pvalue<0   ANDh.std_sl_pvalue>0;
```

图 11.9 MapQL查询语句

图 11.10 MapQL查询结果

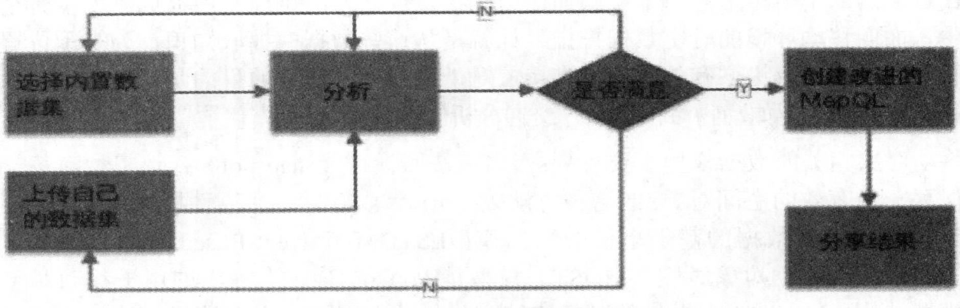

图 11.11 整个Eric案例的流程图

究，有效支持轨迹查询的索引技术包括STR树、TB树、TPR树、MV3R树等。

11.7.1 时空数据挖掘

近年来，时空数据挖掘作为数据挖掘和数据库的一个重要研究方向。许多国际上著名的研究小组（包括University of Illinois at Urbana-Champaign, University of Minnesota, Microsoft Research, University of Toronto等等）近年来都在时空数据挖掘领域开展了一系列有针对性的研究。从2004 年开始，在数据挖掘的国际权威学术会议上（ACM SIGKDD 和IEEE ICDM),每年都有关于时空数据挖掘的专题研讨（见http://www.temporaldatamining.com/ 和www.ornl.gov/sci/knowledgediscovery/sstdm09）。尤其是2009 年，美国计算协会（ACM）新成立了关于研究时间空间数据的专业组织（ACM SIGSPATIAL）（见http://www.sigspatial.org/），进一步掀起了时空数据挖掘的世界性热潮。

时空数据挖掘是多学科、多种技术综合的新领域，综合了机器学习、数据库技术、模型识别、统计、地理信息系统等领域的有关技术，因而其数据挖掘方法比较多样化，如[3]：（1）数学统计方法。该方法先建立一个数学模型或统计模型，然后根据这种模型提取出相关知识。统计方法是时空数据分析的常用方法，但由于这类方法一般假设数据满足不相关假设，而这在多数情况下是难以满足的。（2）归纳方法。即对数据进行概括和综合，归纳出高层次的模式或特征。归纳法一般需要背景知识，常以概念树形式给出。此外，前面讲的空间数据挖掘的许多方法也可以应用到时空数据挖掘上来，如聚类方法、Rough 集方法、云理论、空间分析方法、决策树方法、遗传算法等等。尽管对这领域的研究搞得如火如荼，但由于这领域的研究起步比较晚，所以在应用方面还存在很多的局限性。下面我们介绍二个问题的研究情况。

11.7.1.1 基于关键字的探索式时空数据挖掘

由于关键字搜索的广泛流行，许多空间应用程序允许用户提供关于空间对象（以下简称对象）应包含的关键字列表[10]。这些关键字可以存在于数据对象的说明或其他属性中。越来越多的应用程序要求高效的算法去处理执行满足空间对象属性约束的空间查询，并能对结果按某种约定规则进行显示。

近年来人们提出了很多有效的空间探索式数据挖掘方式[21,22]，但基于关键字的探索式时空数据挖掘方面的研究还处于起步阶段。许多现有的系统将空间查询和关键字查询技术简单的结合起来。例如，先用R树来找到所有的最近邻，然后对每个近邻，用反向索引检查关键字是否包含在内。研究显示这种两步式的查询方法效率很低[10]。目前，很少有工作直接对时间空间关键字进行查询，即同时包含时间，位置和其他关键字的查询 [20,56]。

11.7.1.2 时空同位模式的挖掘

给定一个布尔空间特征集，同位模式挖掘过程能够找到空间特征子集，这些特征的实例满足在空间上的位置经常相邻[23]。但象前面提到的，许多空间数据集中缺乏事先定义的事务以及地理信息中缺乏统一的兴趣度度量，因此同位模式的概念建模具有很大难度。在时空同位模式的挖掘中，对事务和兴趣度量的建模同样是一个难点。为时间同位模式设计兴趣度的一个关键点在于支持“哪里”和“何时”的问题。

时空同位数据挖掘和空间同位数据挖掘存在很多共同点，很多理念和算法经过一定的修改都可以应用到时空同位数据挖掘。但是毕竟时空数据在数据类型上，时间空间数据关系上，以及自相关关系上都比空间数据要复杂。时空数据不仅包含了空间特征，还包含了随时间变化的数据或是以时间为函数的空间位置数据。国内外研究已经提出了一系列的时间数据模式来对时空数据及其操作进行表示[1,2]，但并没有系统研究如何利用这些时空数模型来进行数据挖掘。

11.7.1.3 应用

时空数据挖掘的应用是多方面的。Shekhar[46]等人研究了面向城市智能交通系统数据分析的时空数据挖掘方法，建造了交通流量监测数据的多维数据模型，并实现了关于交通流量监测数据的时空关联规则。IBM东京研究中心的研究人员Morimoto 开展了对LBS日志数据的挖掘研究，实现的功能包括服务类型的时空邻近关系和满足某种准则的热点区域挖掘。Mamoulis[41] 等人研究了人体运动时空模型挖掘，其主要工作是通过对移动轨迹的层次聚类分析，提取不为人知的运动模型，实现异常运动模式的检测。

11.7.2 移动对象数据挖掘与检索

随着GPS、无线网络和智能手机设备的普及，以及移动互联网的兴起，移动对象数据呈现爆炸性的增长，移动对象的挖掘与检索也得到了商业机构以及科研人员的广泛关注。移动对象挖掘与检索有广泛应用前景，例如在智能交通系统中，通过对移动对象的挖掘与检索，可以动态优化道路导航系统。利用移动对象挖掘的聚类以及预测算法，对移动车辆进行实时聚类与预测，利用聚类与预测的结果，可以对道路交通拥堵状况进行实时检测，导航设备结合实时的道路交通信息，可以动态优化行车线路，从而进一步优化道路资源的配置。在移动互联网领域，结合地理信息与社交网络，实现基于地理与个人信息的精确广告推送。利用移动对象索引技术中区间查询与K近邻查询技术，结合个性化推荐技术，向潜在客户推送基于地理位置的广告。研究人员利用动物迁移数据，对动物的迁徙行为进行模式挖掘(Pattern Mining)。利用模式挖掘算法，挖掘动物迁徙的周期性模式，例如挖掘出鸟类迁移的周期，以及迁移的周期性行为[36]。

因为移动对象的时空信息具有频繁更新的特性，所以必须提供高效的更新方法来对移动对象的挖掘与检索提供支持。为了提高效率，应尽量降低更新频率以及更新代价，利用预测的方法，预测移动对象未来的地理位置，可以减少更新的频率。移动对象的预测方法有简单的线性预测,以及更精确的非线性预测方法，利用运动函数以及对移动对象模式的挖掘[52][26]，更精确的预测移动对象的地理位置。另外，也可以利用聚类的方法，对移动对象进行聚类。使用对静态聚类算法改进后的增量DB-SCAN 算法[12] 以及增量OPTICS[32] 算法，找出移动对象的聚类簇，从聚类簇里选取代表对象进行更新，这样可以减少需要更新的移动对象数量，减少了更新代价。

为了支持对移动对象的高效检索，移动对象数据库建立索引的数据结构也对传统空间数据库的索引结构进行改进。移动对象数据库中主要有三大类数据结构，第一种是基于R-Tree的索引结构，例如TPR-Tree[53]；第二种是基于Quad-Tree的数据结构，例如FT-Quadtree[11]；第三种是基于B-tree的数据结构，例如B^x-tree[25]。这些索引结构为移动对象的检索与挖掘提供了高效的检索架构基础。

在移动对象数据挖掘与检索系统中,通常有几种常见的查询类型。第一种查询是K近邻查询，该查询返回某一个指定的移动对象邻近的K个对象，实时的移动对象K近邻查询通过预测及估计该移动对象移动模式的方式来近似处理[35]。区间查询也是一种常见的查询，该实时查询需要针对移动对象查询的特点，高效查询指定区间的移动对象[28]。此外，密度查询是指查询出区间中移动对象密度超过指定阈值的区域[18]，密度查询可以应用在交通堵塞的实时检测与疏导上。

学术界对移动对象数据挖掘算法，包括模式挖掘算法、聚类算法、预测算法、分类算法、异常检测算法也有许多研究成果，请感兴趣的读者自行参考手册《移动对象与交通数据挖掘》[19]。

佛罗里达国际大学（FIU）的高性能数据研究中心实验室(HPDRC）与数据挖掘实验室(KDRG)也着力对移动对象的检索与挖掘进行研究。基于Terrafly在线地理信息服务平台,该科研项目主要在以下几个方向进行研究与探索：

- 对移动对象建立高效的索引机制。
- 支持利用距离、关键字、上下文、语义等对移动对象进行高效检索。
- 利用移动对象的移动轨迹、机械特性等数据，采用数据挖掘的方法，预测移动对象的位置及其轨迹。
- 移动对象的可视化研究。

该项目详情请见网址：http://cake.fiu.edu/MOD/

§ 11.8 本章小结

本章首先介绍了空间数据挖掘的需求由来，然后对空间数据挖掘与传统的数据挖掘进行了比较，阐述了空间数据挖掘与传统数据的不同之处以及难点之所在。之后对空间数据挖掘的典型任务进行了讨论，包括空间位置预测、空间异常检测、空间同位规则挖掘。在每个任务中，本章节给出了相应任务常见难点的解决模型。在这之后，本章节介绍了FIU开发的TerraFly GeoCloud 系统，并给出相应的案例分析。最后，对空间数据挖掘的最新方向进行了简单介绍，以供读者参考。

§ 11.9 中英文对照表

1. 空间邻域： Spatial neighborhood
2. 空间位置预测： Location prediction
3. 空间异常检测：Spatial outlier detection
4. 空间同位规则：Spatial co-location rules
5. 空间自回归模型： Spatial Autoregressive Model
6. 马尔可夫随机场： Markov Random Fields
7. 概率图模型：Probabilistic Graphical Model

8. 异质多维检测法：homogeneous multi-dimensional methods

9. 二分多维测试法： Bi-partite multi-dimensional tests

10. 参照中心特征模型： reference feature centric model

11. 中心窗口模型： window centric model

12. 中心事件模型： event centric model

13. 空间滞后值：spatial lag

参考文献

[1] 郑扣根，谭石禹，潘云鹤. 基于状态和变化的统一时空数据模型. 13(8):1360~1365, 2001.

[2] 孟令奎，赵春宇，林志勇，黄长青. 基于地理事件时变序列的时空数据模型研究与实现. 测绘科学, 28(2):202~207, 2003.

[3] 赵彬彬，李光强，邓敏. 时空数据挖掘综述. 测绘科学, 35(2):62~65, 2010.

[4] L. Anselin. *Exploratory spatial data analysis and geographic information systems*. New tools for spatial analysis, 54, 1994.

[5] L. Anselin. *Local indicators of spatial association—lisa*. Geographical analysis, 27(2):93~115, 1995.

[6] M. M. Breunig, H.-P. Kriegel, R. T. Ng, and J. Sander. *Optics-of: Identifying local outliers*. In Principles of Data Mining and Knowledge Discovery, pages 262~270. Springer, 1999.

[7] H. Brody, M. R. Rip, P. Vinten-Johansen, N. Paneth, and S. Rachman. *Map-making and myth-making in broad street: the london cholera epidemic, 1854*. Lancet (London, England), 356(9223):64~68, 2000.

[8] Y.-H. Chou. *Exploring spatial analysis in geographic information systems*. 1997.

[9] N. Cressie. *Statistics for spatial data*. Terra Nova, 4(5):613~617, 1992.

[10] I. De Felipe, V. Hristidis, and N. Rishe. *Keyword search on spatial databases*. In Data Engineering, 2008. ICDE 2008. IEEE 24th International Conference on, pages 656~665. IEEE, 2008.

[11] R. Ding, X. Meng, and Y. Bai. *Efficient index update for moving objects with future trajectories*. In Proceedings of the Eighth International Conference on Database Systems for Advanced Applications, DASFAA '03, pages 183~, Washington, DC, USA, 2003. IEEE Computer Society.

[12] M. Ester, H.-P. Kriegel, J. Sander, M. Wimmer, and X. Xu. *Incremental clustering for mining in a data warehousing environment*. In Proceedings of the 24rd International Conference on Very Large Data Bases, VLDB '98, pages 323~333, San Francisco, CA, USA, 1998. Morgan Kaufmann Publishers Inc.

[13] M. Ester, H.-P. Kriegel, J. Sander, and X. Xu. *A density-based algorithm for discovering clusters in large spatial databases with noise*. Kdd, 1996.

[14] C. Faloutsos and S. Roseman. *Fractals for secondary key retrieval*. In Proceedings of the eighth ACM SIGACT-SIGMOD-SIGART symposium on Principles of database systems, pages 247~252. ACM, 1989.

[15] P. V. Gorsevski, P. E. Gessler, and P. Jankowski. *A fuzzy k-means classification and a bayesian approach for spatial prediction of landslide hazard*. In Handbook of Applied Spatial Analysis, pages 653~684. Springer, 2010.

[16] O. Günther. The cell tree: an index for geometric data. Electronics Research Laboratory, College of Engineering, University of California, 1986.

[17] A. Guttman. R-trees: a dynamic index structure for spatial searching, volume 14. ACM, 1984.

[18] M. Hadjieleftheriou, G. Kollios, D. Gunopulos, and V. Tsotras. *On-line discovery of dense areas in spatio-temporal databases*. In T. Hadzilacos, Y. Manolopoulos, J. Roddick, and Y. Theodoridis, editors, Advances in Spatial and Temporal Databases, volume 2750 of Lecture Notes in Computer Science, pages 306~324. Springer Berlin Heidelberg, 2003.

[19] J. Han, Z. Li, and L. A. Tang. *Mining Moving Object and Traffic Data*. `http://www.cs.uiuc.edu/homes/hanj/pdf/dasfaa10_han_tuto.pdf/`, 2010. [Online; accessed 2-April-2010].

[20] R. Hariharan, B. Hore, C. Li, and S. Mehrotra. *Processing spatial-keyword (sk) queries in geographic information retrieval (gir) systems*. In Scientific and Statistical Database Management, 2007. SSBDM'07. 19th International Conference on, pages 16~16. IEEE, 2007.

[21] J. M. Hellerstein, P. J. Haas, and H. J. Wang. *Online aggregation*. In ACM SIGMOD Record, volume 26, pages 171~182. ACM, 1997.

[22] G. R. Hjaltason and H. Samet. *Distance browsing in spatial databases*. ACM Transactions on Database Systems (TODS), 24(2):265~318, 1999.

[23] Y. Huang, S. Shekhar, and H. Xiong. *Discovering colocation patterns from spatial data sets: a general approach.* Knowledge and Data Engineering, IEEE Transactions on, 16(12):1472~1485, 2004.

[24] H. Jagadish. *Linear clustering of objects with multiple attributes.* In ACM SIGMOD Record, volume 19, pages 332~342. ACM, 1990.

[25] C. S. Jensen, D. Lin, and B. C. Ooi. *Query and update efficient b+-tree based indexing of moving objects.* In Proceedings of the Thirtieth international conference on Very large data bases - Volume 30, VLDB '04, pages 768~779. VLDB Endowment, 2004.

[26] H. Jeung, Q. Liu, H. T. Shen, and X. Zhou. *A hybrid prediction model for moving objects.* In Data Engineering, 2008. ICDE 2008. IEEE 24th International Conference on, pages 70~79, 2008.

[27] Y. Jhung and P. H. Swain. *Bayesian contextual classification based on modified m-estimates and markov random fields.* Geoscience and Remote Sensing, IEEE Transactions on, 34(1):67~75, 1996.

[28] D. V. Kalashnikov, S. Prabhakar, and S. E. Hambrusch. *Efficient evaluation of continuous range queries on moving objects.* In In DEXA 2002, Proc. of the 13th International Conference and Workshop on Database and Expert Systems Applications, Aix en Provence, pages 731~740, 2002.

[29] I. Kamel and C. Faloutsos. *On packing r-trees.* In Proceedings of the second international conference on Information and knowledge management, pages 490~499. ACM, 1993.

[30] E. M. Knorr and R. T. Ng. *A unified notion of outliers: Properties and computation.* In Proc. KDD, volume 1997, pages 219~222, 1997.

[31] K. Koperski and J. Han. *Discovery of spatial association rules in geographic information databases.* In Advances in spatial databases, pages 47~66. Springer, 1995.

[32] H.-P. Kriegel, P. Krger, and I. Gotlibovich. *Incremental optics: Efficient computation of updates in a hierarchical cluster ordering.* In In 5th Int. Conf. on Data Warehousing and Knowledge Discovery, pages 224~233. Springer, 2003.

[33] H. Li, C. A. Calder, and N. Cressie. *Beyond moran's i: testing for spatial dependence based on the spatial autoregressive model.* Geographical Analysis, 39(4):357~375, 2007.

[34] S. Z. Li. Markov random field modeling in computer vision. Springer-Verlag New York, Inc., 1995.

[35] Y. Li, J. Yang, and J. Han. *Continuous k-nearest neighbor search for moving objects.* In Proceedings of the 16th International Conference on Scientific and Statistical Database Management, SSDBM '04, pages 123~, Washington, DC, USA, 2004. IEEE Computer Society.

[36] Z. Li, J. Han, M. Ji, L.-A. Tang, Y. Yu, B. Ding, J.-G. Lee, and R. Kays. *Movemine: Mining moving object data for discovery of animal movement patterns.* ACM Trans. Intell. Syst. Technol., 2(4):37:1~37:32, July 2011.

[37] Z. Li, M. Ji, J.-G. Lee, L.-A. Tang, Y. Yu, J. Han, and R. Kays. *Movemine: mining moving object databases.* In Proceedings of the 2010 international conference on Management of data, pages 1203~1206. ACM, 2010.

[38] D. B. Lomet and B. Salzberg. *The hb-tree: A multiattribute indexing method with good guaranteed performance.* ACM Transactions on Database Systems (TODS), 15(4):625~658, 1990.

[39] Y. Lu, M. Zhang, T. Li, Y. Guang, E. Edrosa, C. Liu, and N. Rishe. *Terrafly geocloud: Online spatial data analysis system.* In Proceedings of the 22nd ACM Conference on Information and Knowledge Management (CIKM 2013), pages 2457~2460, 2013.

[40] Y. Lu, M. Zhang, T. Li, Y. Guang, and N. Rishe. *Online spatial data analysis and visualization system.* In SIGKDD 2013 Workshop on Interactive Data Exploration and Analytics, 2013.

[41] N. Mamoulis, H. Cao, G. Kollios, M. Hadjieleftheriou, Y. Tao, and D. W. Cheung. *Mining, indexing, and querying historical spatiotemporal data.* In Proceedings of the tenth ACM SIGKDD international conference on Knowledge discovery and data mining, pages 236~245. ACM, 2004.

[42] R. B. Morton. Methods and models. Cambridge University Press, 1999.

[43] D. J. Peuquet and N. Duan. *An event-based spatiotemporal data model (estdm) for temporal analysis of geographical data.* International journal of geographical information systems, 9(1):7~24, 1995.

[44] I. Ruts and P. J. Rousseeuw. *Computing depth contours of bivariate point clouds*. Computational Statistics & Data Analysis, 23(1):153~168, 1996.

[45] S. Shekhar and Y. Huang. *Discovering spatial co-location patterns: A summary of results*. In Advances in Spatial and Temporal Databases, pages 236~256. Springer, 2001.

[46] S. Shekhar, C. Lu, S. Chawla, and P. Zhang. *Data mining and visualization of twin-cities traffic data*, 2000.

[47] S. Shekhar, C.-T. Lu, and P. Zhang. *Detecting graph-based spatial outliers: algorithms and applications (a summary of results)*. In Proceedings of the seventh ACM SIGKDD international conference on Knowledge discovery and data mining, pages 371~376. ACM, 2001.

[48] S. Shekhar, C.-T. Lu, and P. Zhang. *A unified approach to detecting spatial outliers*. GeoInformatica, 7(2):139~166, 2003.

[49] S. Shekhar, P. R. Schrater, R. R. Vatsavai, W. Wu, and S. Chawla. *Spatial contextual classification and prediction models for mining geospatial data*. Multimedia, IEEE Transactions on, 4(2):174~188, 2002.

[50] S. Shekhar, P. Zhang, Y. Huang, and R. R. Vatsavai. *Trends in spatial data mining*. Data mining: Next generation challenges and future directions, pages 357~380, 2003.

[51] M. L. Stein. Interpolation of spatial data: some theory for kriging. Springer Verlag, 1999.

[52] Y. Tao, C. Faloutsos, D. Papadias, and B. Liu. *Prediction and indexing of moving objects with unknown motion patterns*. In Proceedings of the 2004 ACM SIGMOD international conference on Management of data, SIGMOD '04, pages 611~622, New York, NY, USA, 2004. ACM.

[53] S. Šaltenis, C. S. Jensen, S. T. Leutenegger, and M. A. Lopez. *Indexing the positions of continuously moving objects*. In Proceedings of the 2000 ACM SIGMOD international conference on Management of data, SIGMOD '00, pages 331~342, New York, NY, USA, 2000. ACM.

[54] D. Wang, W. Ding, H. Lo, T. Stepinski, J. Salazar, and M. Morabito. *Crime hotspot mapping using the crime related factors—a spatial data mining approach*. Applied Intelligence, pages 1~10, 2012.

[55] O. Wolfson, B. Xu, S. Chamberlain, and L. Jiang. *Moving objects databases: Issues and solutions*. In Scientific and Statistical Database Management, 1998. Proceedings. Tenth International Conference on, pages 111~122. IEEE, 1998.

[56] D. Zhang, Y. M. Chee, A. Mondal, A. Tung, and M. Kitsuregawa. *Keyword search in spatial databases: Towards searching by document*. In Data Engineering, 2009. ICDE'09. IEEE 25th International Conference on, pages 688~699. IEEE, 2009.

第十二章 生物信息学和健康医疗

§12.1 摘要

数据挖掘和机器学习在生物数据分析和健康相关数据分析中有着广泛的应用。由于生物数据的高通量和高噪声，加之生物系统本身的复杂性，尤其需要通过数据挖掘技术探究隐藏在海量数据中的生物分子间的相互关系。近年来，随着信息技术和网络技术的深入发展，与生物数据相关的健康数据积累得越来越多。庞大的健康数据为数据挖掘提供了另一个广阔的应用领域。本章主要介绍数据挖掘在生物信息学和健康信息学研究中的应用概况，并通过案例具体介绍相关技术的应用。

§12.2 生物学背景知识概述

生物学研究随着分子生物学技术的引入和发展而不断深入。DNA（脱氧核糖核酸），mRNA（信使RNA，又称信使核糖核酸）和蛋白质是生物体内的三大功能物质。

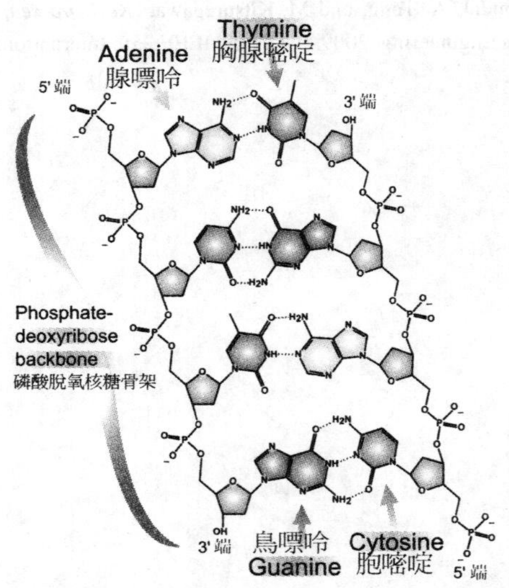

图 12.1 脱氧核糖核酸（DNA）的化学结构

DNA分子是一种由核苷酸重复排列组成的长链聚合物，是细胞内的遗传物质。遗传信息就保存在核苷酸序列中。核苷酸是核苷和磷酸结合的化学物质。核苷则是含氮有机碱

（称碱基）和糖类分子（五碳糖）的结合物。DNA分子的骨架由（上一个核苷酸的）糖分子与（下一个核苷酸的）磷酸分子借由酯键相连。组成DNA分子的核苷酸有四种，包括腺嘌呤脱氧核苷酸（A），鸟嘌呤脱氧核苷酸（G），胞嘧啶脱氧核苷酸（C），和胸腺嘧啶脱氧核苷酸（T）（图12.1）。四种核苷酸的区别在于组成成分之一的碱基的不同，分别用字母A，G，C，T（四种碱基的首字母缩写）表示。每个糖分子都与四种碱基里的其中一种相接，这些碱基沿着DNA长链所排列而成的序列（称为DNA序列），可组成遗传密码，是蛋白质氨基酸序列合成的依据。读取密码的过程称为转录，是根据DNA序列复制出一段称为信使核糖核酸(mRNA)的核酸分子。转录之后的过程称为翻译，是根据mRNA所带有的合成蛋白质的讯息指导蛋白质的合成。蛋白质是生命的物质基础。机体中的每一个细胞和所有重要组成部分都有蛋白质参与。蛋白质同时也是细胞生命活动（如细胞信号传导，免疫反应，细胞黏附，细胞周期调控和物质代谢等）的参与者。遗传信息在生物大分子（DNA，RNA，和蛋白质）之间传递的顺序和过程在生物学上可以用中心法则来概述（图12.2）。

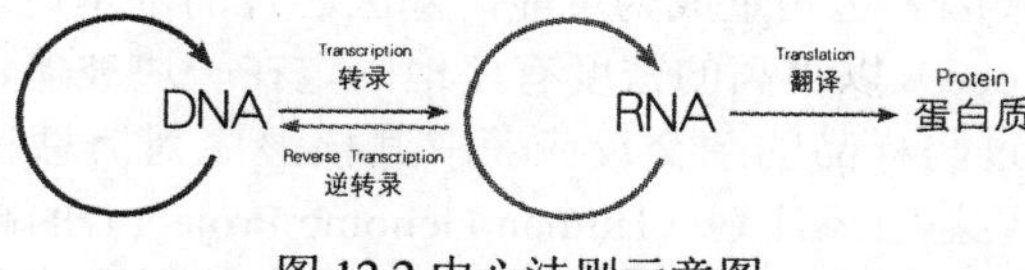

图 12.2 中心法则示意图

在生物体内，DNA分子并非单一长链，而是由两条长链相互配对，紧密结合而呈双螺旋结构。组成DNA 双螺旋的两条DNA长链依据A-T，C-G的碱基互补配对原则而杂交在一起。根据碱基互补配对原则，很容易从DNA分子的一条长链的碱基序列信息，推导出另一条长链的序列。因此，通常情况下，我们只需纪录DNA分子双链中的一条序列信息。同时，DNA长链是有方向的。DNA长链的方向是由DNA分子两末端糖分子的碳原子决定的。其中一端叫做5’端（5号碳原子），另一端则称3’端（3号碳原子）。DNA双螺旋结构中的两条核苷酸长链互以相反方向排列, 即其中一条链的方向是5’端到3’端，另一条链的方向是3’端到5’端。默认情况下，我们只记录DNA分子5’端到3’端长链的碱基序列信息。

一个生物体的基因组是指包含在该生物的DNA中的全部遗传信息。基因，简单来说，就是DNA分子中携带遗传信息的特定核苷酸序列片段（即DNA的一段区域）。根据中心法则，这些特定核苷酸序列片段（基因）将最终被翻译成蛋白质。生物体能够通过复制把遗传信息传递给下一代，使后代出现与亲代相似的性状。许多物种的基因组都只有一小部分可最终翻译成蛋白质。例如，人类基因组中只有大约1.5%含有编码蛋白质的信息。其他大量的非编码DNA，虽然不直接产生蛋白质，却蕴含着调控基因表达的丰富信息。基因表达的主要过程是基因的转录和信使核糖核酸(mRNA)的翻译。基因调控可以是DNA 水平上的调控，也可以发生在转录控制和翻译控制。转录水平上的基因调控将导致一个基因DNA拷贝，可能合成不同拷贝数的mRNA，继而导致蛋白质合成种类和数量的不同。作为细胞中的活性大分子，蛋白质是与疾病相关的主要分子。蛋白质种类和数量的变化与疾病、药物作用或毒素作用直接相关。通常情况下，对生物体内蛋白质的定量要比对DNA和mRNA的定量困难和复杂得多。而对DNA的定量并不能反映基因表达水平。因此，对mRNA的定量就成为测量基因表达水平的重要技术。

mRNA是从DNA转录合成的带有遗传信息的一类单链RNA。它作为蛋白质合成的模板，决定着蛋白质的氨基酸排列顺序。mRNA与DNA有类似的结构，所不同的是，在mRNA分子中，构成核苷酸的碱基之一胸腺嘧啶（T）被尿嘧啶（U）取代。两条mRNA长链依据A-U，C-G的碱基互补配对原则，也可以形成双链结构。甚至一条DNA长链和一条mRNA长链也可以依据A-U，C-G的碱基互补配对原则杂交而形成双链结构。转录就是细胞以DNA分子为模版，遵循碱基互补配对原则合成mRNA的过程。因为mRNA没有胸腺嘧啶（T），所以DNA模版中只要出现腺嘌呤（A）时，都由尿嘧啶(U)代替。由于基因调控的原因，一个基因DNA分子可能转录合成多个mRNA分子。如果在转录过程中，掺入荧光标记的碱基，这些荧光标记的碱基就会作为mRNA的组成成分出现在mRNA分子中。继而可以通过测定mRNA荧光信号的强度得知mRNA的数量（浓度）。通常情况下，mRNA的多寡被用于表针基因表达水平的高低。一个基因的mRNA合成数量多，表明该基因的表达水平高。

早期的基因表达定量技术需要分离每一个基因相对应的mRNA，然后分别测量其荧光信号。随着基因芯片（又称微阵列, Microarray）技术在上个世纪（20世纪）90年代的发展，大规模全基因组的基因表达测量成为可能。基因芯片的基本原理是将特定序列的寡核苷酸片段（称为探针, Probe）以很高的密度有序地固定在一块玻璃、硅等固体片基上，作为核酸信息的载体，通过与样品的杂交反应获取其核酸序列信息和数量信息。基因芯片技术的出现和发展和人类基因组计划（Human Genome Project）的顺利完成有着紧密的联系[31]。正是因为全基因组测序的完成，才有可能设计全基因组基因探针。而探针设计是基因芯片的重要步骤之一。所谓探针，就是基因特有的序列片段。探针序列一般来自于已知基因的DNA序列信息。设计时探针序列的特异性应放在首要位置，以保证与待测目的基因的特异结合。对于同一目的基因可设计多个序列不相重复的探针，使最终的数据更为可靠。

§ 12.3 数据挖掘在基因芯片数据处理中的应用

12.3.1 基因芯片技术概述

基因芯片的基本原理是利用杂交的原理，即DNA根据碱基配对原则，在常温下和中性条件下形成双链DNA分子，但在高温、碱性或有机溶剂等条件下，双螺旋之间的氢键断裂，双螺旋解开，形成单链分子(称为DNA变性，DNA变性时的温度称Tm值)。当消除变性条件后，变性DNA两条互补链可以重新结合，恢复原来的双螺旋结构，这一过程称为复性。利用DNA这一重要理化特性，将两个以上不同来源的多核苷酸链之间由于互补性而使它们在复性过程中形成异源杂合分子的过程称为杂交(hybridization)。杂交体中的分子不是来自同一个二聚体分子。由于温度比其他变性方法更容易控制，当双链的核酸在高于其变性温度(Tm值)时，解螺旋成单链分子；当温度降到低于Tm值时，单链分子根据碱基的配对原则再度复性成双链分子。因此通常利用温度的变化使DNA在变性和复性的过程中进行核酸杂交。分子杂交可在DNA与DNA、RNA与RNA或RNA与DNA的两条单链之间。利用分子杂交这一特性，先将杂交链中的一条（探针）固化在片基上，再与另一已标记（如荧光标记）的核酸(待测样本)单链进行分子杂交，然后对待测核酸序列进行定性或定量检测，分析待测样本中是否存在该基因或该基因的表达有无变化。利用基因芯片高通量的特点，可以将成千上万的探针分子固化在芯片上，样本的核酸靶标进行标记后与芯片进行杂交。

这样的优点是同时可以研究成千上万的靶标甚至全基因组作为靶序列。

基因芯片主要技术流程包括：芯片的设计与制备；靶基因的标记；芯片杂交与杂交信号检测。其中芯片的设计与制备需要获知全部基因的序列信息，以便设计特异性探针。杂交反应后的芯片上各个反应点的荧光位置、荧光强弱经过芯片扫描仪和相关软件可以分析图像，将荧光转换成数据，即可以获得有关生物信息。

12.3.2 基因芯片的应用概述

基因芯片技术自诞生以来，已经在生物科学以及医学研究等众多领域中得到广泛应用。这些应用主要包括全基因组基因表达检测，全基因组突变扫描，基因组多态分析和基因文库作图以及杂交测序等方面。基因芯片的广泛应用大大推进了生物科学研究在各方面的进步，具体包括疾病诊断和治疗，药物毒性研究和开发，农作物优育优选，司法鉴定，食品卫生监督，环境检测等。所有这些应用大致可以归属于两类检测：DNA结构及组成的检测和RNA水平的大规模基因表达谱的研究。基因芯片可以从不同的方面对DNA进行检测，如DNA的测序和再测序、DNA的甲基化检测、基于芯片的比较基因组杂合（Comparative Genomic Hybridization , CGH）技术等。其中最基本的是利用基因芯片的杂交测序原理，基于芯片的CGH技术与表达谱基因芯片类似，只是CGH是研究基因组的拷贝数改变代替了基因表达丰度的改变。基因表达谱芯片的应用最为广泛，技术上也最成熟。这种芯片可以检测整个基因组范围内众多基因在mRNA表达水平的变化。它能对来源于不同个体、不同组织、不同细胞周期、不同发育阶段、不同分化阶段、不同生理病理、不同外界刺激和处理条件下的细胞内基因表达情况进行对比分析。从而对基因群在个体特异性、组织特异性、发育特异性、分化特异性、疾病特异性、刺激特异性的变化特征和规律进行描述，进一步阐明基因的相互协同、抑制、互为因果等关系。有助于理解基因及其编码的蛋白质的生物学功能。同时，还可在基因水平上解释疾病的发病机理，为疾病诊断、药效跟踪、用药选择等提供有效手段。

由于基因芯片在固定介质和标记染料方面的优势，可以实现同一张芯片上多种荧光标记。利用双色荧光系统，可以在一张芯片上实现待测样本和对照样本靶序列的同时检测。基因芯片对于基因表达谱的研究就是利用了这一性质。将待测及对照两种组织的mRNA通过逆转录分别用两种不同的荧光（如Cy3和Cy5）标记到两种组织的cDNA上，混合后与基因芯片进行杂交，两种不同标记的靶序列与芯片上同一个点上的探针竞争性杂交，通过芯片扫描仪扫描及计算机处理就能确定芯片上每个点上的两种荧光信号强弱。信号强弱的比值理论上反映了该基因在实验组和对照组中表达丰度的比值，即在两种组织中表达改变的情况。因此，通过基因芯片就能对成千上万的基因高通量平行性地进行表达谱研究。

12.3.3 基因表达谱芯片数据的采集与预处理

芯片实验完成后，芯片就可以放入商品化的生物芯片扫描仪中进行扫描、识别、提取和分析。扫描仪得到图像后，必须对数据进行提取，才能进行后续的数据分析。图像处理和数据提取是基因芯片数据分析的前期处理技术之一。通常这一步骤可以根据芯片提供商提供的自带软件完成，也可以用第三方开发的一些商业化或免费软件（如R语言中的Bioconductor工具包）完成。通常情况下，一个基因在芯片上会有多个代表它的探针。数据提取的一个重要任务就是如何处理多个探针的荧光强度信号以获得它们所共同代表的基因的强度信号，这一步骤称为汇总（summarization）。例如，MAS5 (Bioconductor 中的一个工具包)可应用来对Affymetrix公司的进行芯片数据预处理以获得基因表达数据[25]。dChip是一个可以实现和MAS5类似功能的第三方软件[17]。其他类似方法包括RMA（Robust Multi-array Average）[11]、GC-RMA（GC Robust Multi-array Average）[35]和FARMS（Factor Analysis for Robust Microarray Summarization）[9]。RMA、GC-RMA和FARMS 在Bioconductor工具包都有实现。本节以表达谱芯片为例，介绍原始数据提取后生物信息学的相关内容，并假设芯片数据已经过预处理。这里所说的预处理包括图像处理、背景校正、芯片内数据均一化、多探针数据平均（summarization）以及对数转化。这里特别要提到的是对数转化。对数转化的目的是使每片芯片的数据呈高斯分布，这是很多后续分析的默认假定。

12.3.4 数据挖掘应用算法概述

12.3.4.1 数据均一化（Normalization）

通常情况下，一张芯片的原始数据是芯片上所有探针所代表的基因在某一种试验条件下样品的基因表达情况。如果要比较样品在不同条件下的基因表达差异，就需要进行使用多张芯片进行多次芯片杂交实验。假设芯片上的探针代表n个基因，我们要比较样品在p个条件下的基因表达情况，我们就要进行p次芯片实验。最后得到的数据可以用一个$n \times p$的矩阵表示。很多后续的数据挖掘工作都需要以这个矩阵为基础。但是，由于基因芯片实验结果与探针质量、芯片制作质量、样本质量以及实验条件(杂交、清洗、标记、扫描等条件)等因素相关，即使是同一条件下处理的同一样品，在不同批次的芯片实验中，也不可能获得完全相同的原始基因表达数据。这就是所谓的芯片实验的系统误差。数据均一化的目的就是要消除芯片实验中的系统误差，使得不同批次的芯片实验结果可比较。也就是说，均一化的目标是要使得芯片数据间的差异是真正的生物学差异，而不是由于实验的系统误差。

均一化方法有很多种，通常有三类：1. 用两种荧光信号的总量校正，即全基因组法；2. 外参照方法，即在两种RNA中加入等量的不同来源的单一基因的mRNA；3. 内参照的方法，选择一个或多个管家基因，计算其平均的比值，从而进行校正。因为第一类方法不需要额外的参照而最为常用。即使是同类方法，由于所用的算法不同，也有不同的方法。例如，全基因组法种类中又有所谓的基线芯片法（baseline array）[1]、LOESS回归法（LOESS regression）[1]和位数均一化法（quantile normalization）[1]。

需要说明的是，本小节所讨论的是芯片间的均一化。芯片内的数据在探针水平也要进行均一化（见12.3.3）。

12.3.4.2 特征选择和识别模型建立

基因表达谱芯片的数据分析的一个重要目标是寻找所谓的生物标记。生物标记也称特征基因。例如利用基因表达谱芯片，可以发现某些基因的表达水平在正常细胞和癌细胞中有显著差异。这些有显著差异的基因一旦被找到，就可以作为癌症的生物标记。生物标记的作用之一是可以用于未知样品的分类识别。例如利用癌症的生物标记基因确定癌症标本的分型。

几乎数据挖掘中所有的特征选择方法都可以用于基因表达谱芯片的数据分析[28,48]。特征选择的目的是找到一个最佳的特征基因群，用于建立分类模型。因此特征选择在基因表达谱芯片数据上的应用又称为基因选择（gene selection）[19]。而寻找最佳特征基因群是一个NP困难（NP-hard）问题。现有的方法都采用近似策略。基因选择的目的在于：（1）提高模型的准确度，避免过拟合问题（over fitting）；（2）便于找到更快、更有效的模型；（3）获知更深层次的生物学关联知识。基因选择的成功与否通常通过检验分类模型的预测效果来评价。依据是否独立于后续的学习算法，基因选择方法通常有三类[28]：过滤法（filter methods）、封装法（wrapper methods）和嵌入法（embedded methods）。过滤法与后续学习算法无关一般直接利用所有训练数据的统计性能评估特征, 速度快，但过滤法忽略特征基因之间的依赖性，同时也不考虑特征基因与后续学习算法的相互影响，因此评估与后续学习算法的性能偏差较大。过滤法的典型算法包括χ^2 - 统计(χ^2- statistic)、t- 统计(t-statistic)、方差分析（ANOVA）、ReliefF[27,46,47]、mRMR[23,46,47]、马尔可夫毯（Markov blankets）[28]、信噪比评价指标（signal to noise ratio, SNR）等[28]。封装法直接利用后续学习算法的训练准确率评估特征子集，偏差小，但计算量大，不适合大数据集。封装法考虑了特征集与后续学习算法的相互影响，从而间接地考虑了特征基因之间的依赖关系。封装法的缺点是有可能导致避免过拟合（over fitting）和局部优化（local optimum）问题，并且选出的特征基因的效果严重依赖后续学习算法。典型的封装法包括基于顺序搜索（sequential search）的方法SVM-RFE[8]、和遗传算法（genetic algorithms）[10]等，嵌入法在后续学习算法的训练过程中包含了特征选择功能，优点是分类准确率较高，时间复杂度比封装法低，缺点是特征选择的结果依赖于后续学习算法的选择。对于嵌入法, 典型的方法有随机森林/决策树（random forest / decision tree）[26,45]、支持向量机法（support vector machine，SVM）[8]、人工神经网络（artificial neural network, ANN）[50]等。

近年来，集成特征选择（ensemble feature selection）被广泛应用于特征选择方法中[22]。由于特征选择问题是一个NP困难（NP-hard）问题，现有的方法都是近似方法，不同的特征选择方法可能选择不同的特征子集，而达到相同或近似的机器学习性能。也就是说，特征选择的稳定性是一个重要问题。为了提高特征选择的稳定性，方法之一是利用集成特征选择。所谓集成特征选择，就是对不同的特征选择结果进行集成。不同的特征选择结果可以来自于不同的特征选择方法。集成的方法有多种，如可以采用加权投票等。前文提到的嵌入法特征选择的方法之一随机森林（random forest）也可以用于集成。随机森林其实是大量决策树的集合。随机森林中的每个决策树都产生一个特征集，随机森林然后对所有决策树的特征选择结果进行集成而获得相对一致的特征选择结果。因此，由随机森林产生的特征选择结果一般都比较稳定，而且有很好的机器学习性能。

通过特征选择得到的特征子集需要进行评价。子集评价方法是判断子集好坏的系统。最常用的评价系统是分类器。前文提到的随机森林既是一种特征选择方法（嵌入法特征选择的一种），又是一种分类器（一种基于决策树的分类算法）。其他在生物芯片数据中得到广泛应用的分类算法还包括贝叶斯分类器（Bayes classifier）[7]和支持向量机（Support Vector Machine，SVM）[8]。贝叶斯分类器的分类原理是通过某对象的先验概率，利用贝叶斯公式计算出其后验概率，即该对象属于某一类的概率，选择具有最大后验概率的类作为该对象所属的类。贝叶斯分类器中常用的一种叫朴素贝叶斯分类器（Naive Bayes classifier）[14]。朴素贝叶斯分类器基于一个简单的假定：给定目标值时属性之间相互条件独立。SVM是一种基于统计的学习方法，它是对结构化风险最小归纳原则的近似，其理论基础是统计学习理论。为了最小化期望风险的上界，SVM在固定学习机经验风险的条件下最小化VC 置信度。支持向量机通过某种事先选择的非线性映射(核函数)将输入向量映射到一个高维特征空间，在这个空间中构造最优分类超平面。

用分类器进行特征子集评价时，通常将数据分割为训练样本和测试样本。训练样本用于训练分类器，而测试样本用于测试分类器的学习效果。分类器学习效果的测试通常通过k折交叉验证（k-fold cross validation，k-CV）评估。所谓k折交叉验证，就是将数据集分成k个子集，每个子集均做一次测试集，其余的作为训练集。交叉验证重复k次，每次选择一个子集作为测试集，并将k次的平均交叉验证结果作为最终评价。k折交叉验证的优点是所有的样本都被作为了训练集和测试集，每个样本都被验证一次。最常用的k折交叉验证包括5折交叉验证和10折交叉验证。

目前，分类器性能评价标准很多，其中比较常用的主要有准确率（accuracy）、查全率（recall）、查准率（precision）和F1值等。为了方便介绍这些评价标准，必须先介绍所谓的混合矩阵（confusion matrix）。在运用分类器对测试集进行分类时,有些实例被正确分类,有些实例被错误分类,这些信息可以通过混合矩阵反映出来。表12.1是一个两类问题下混合矩阵的例子。

表 12.1 混合矩阵（confusion matrix）

		预测类别	预测类别
		+	-
实际类别	+	正确的正例TP	错误的负例FN
实际类别	-	错误的正例FP	正确的负例TN

在混合矩阵中，主对角线上分别是被正确分类的正例个数（TP个）和被正确分类的负例的个数（TN 个），次对角线上依次是被错误分类的负例的个数（FN 个）和被错误分类的正例个数（FP 个）。那么，实际正例数（P）= TP + FN，实际负例数（N）= FP + TN，实例总数（C）= P + N。根据混合矩阵，常用的评价标准有如下定义。

1. 准确率（Accuracy）定义为正确分类的测试实例个数占测试实例总数的比例，

$$Accuracy = \frac{TP + TN}{TP + FN + FP + TN} \tag{12.1}$$

2. 查准率（Precision）定义为正确分类的正例个数占分类为正例的实例个数的比例，

$$Precision = \frac{TP}{TP + FP} \tag{12.2}$$

3. 查全率（Recall）定义为正确分类的正例个数占实际正例个数的比例，

$$Recall = \frac{TP}{TP + FN} \tag{12.3}$$

4. F1值即是查全率与查准率的调和平均数，

$$F_1 = \frac{2Recall \times Precision}{Recall + Precision} \tag{12.4}$$

使用这些评价标准可以对分类器进行评估，尤其是其中的准确率，是比较常用的分类器性能评价标准。但是，所有这些性能评价标准都只在一个操作点有效，这个操作点即是选择使得错误概率最小的点。而且，其中大部分评价标准都有一个共同的弱点，即它们对于类的分布的改变显得不够强壮。当测试集中正例和负例的比例改变时,它们可能不再具有良好的性能。一个简单的例子是，假如测试样本中90%的样本为正例。则存在这样一个分类器，不通过任何学习，直接将所有的测试样本预测为正例而得到很高的准确率

（90%）。由此可见，在数据不平衡的情况下，即数据的类别分布比例相差很大时，正确率并不能准确表达分类器的性能，即很高的正确率并不能够充分说明分类器性能的好坏。在越来越多的应用中，需要有些分类器能够提供分类的可靠性，相似度或者对每个样例分类质量的数值估计。也就是说不仅希望模型为每个样例预测出一个类别，而且希望它能为每次预测提供一个可靠性估计。近年来，ROC（受试者操作特征）曲线分析方法越来越多的应用到数据挖掘与机器学习中，成为分析和预测机器学习算法的一个有效工具[2]。理论证明，基于ROC分析的AUC（ROC 曲线下方图面积，area under the ROC curve）方法是一种优于准确率的分类器评估方法[2]。因此ROC 分析技术在最近几年越来越多的应用到机器学习领域中用于全面度量分类算法的性能[33,42–44]。

12.3.4.3 特征变换

特征选择应用于表达谱芯片数据分析可以快速方便地获得特征基因。这些特征基因一旦获得，就可以进行生物实验验证并获得生物学上的解释。例如，通过比较分析肿瘤组织和正常组织的的基因表达芯片数据，就有可能获得与癌变相关的特征基因。除了特征选择，数据挖掘中的另一类方法也在基因表达谱芯片数据分析中被广泛应用。这就是所谓的特征变换，如主成分分析（Principal Component Analysis, PCA）[38]、独立成分分析（Independent Component Analysis, ICA）[16]和小波变换（Wavelet Transformation，WT）[18]等。通过特征变换，基因表达谱芯片数据由矩阵（*n*为基因数，*p*为样品数）转换为$m \times p$（*m*为特征变换后的新特征数，*p*为样品数）。例如，通过主成分分析，就有可能将一个样品的基因表达数据由原来的基因向量（*x1, x2 ⋯, xn*）替换为主成分向量（*y1, y2 ⋯, ym*）。特征变换选出的特征集不要求是原特征集的子集，新特征一般是原特征集的组合或变换。特征变换的优点是可以达到降维的作用。一般情况下，新特征数（*m*）要比原基因数（*n*）小得多。特征变换的另一个优点是通过转换，消除了数据之间的冗余和相关性，这样便于发现数据的内在联系和模式。然而，由于新特征是原特征集（即基因集）的组合或变换，新特征的在生物学上解释能力差，难以通过生物实验验证。尽管如此，特征变换仍不失为一种强大的复杂数据分析方法，尤其适用于非监督类的机器学习的一种前期数据处理。

12.3.5 下一代测序技术

生物芯片技术在上世纪末和本世纪初显示出强大的应用前景。然而，生物技术的发展日新月异。尤其随着生物学科与其他学科如物理，电子等的交叉融合，新技术、新方法不断涌现。例如，最近出现的所谓下一代测序技术（next-generation sequencing）[20,21]，就有可能在很大程度上取代基因芯片技术。前文已经介绍，基因芯片的基本原理是核酸杂交。这一原理规定了基因芯片制备的前提是基因组序列必须提前获知。而且核酸杂交的噪音比较大，导致芯片数据信噪比低。而下一代测序技术通过对待测样品直接大规模平行测序，既不需要提前获知基因组信息，也不需要通过核酸杂交，因而显示出强大的生命力，在生物医药研究中得到越来越广泛的应用。

目前市场上流行的下一代测序仪产品包括Roche公司的454基因组测序仪、Illumina公司开发的Illumina测序仪、Applied Biosystems公司的SOLiD测序仪以及Ion Torrent 公司（已被Applied Biosystems公司收购）开发的Ion Torrent测序仪等。此外，所谓新的下一代（也称第三代）测序仪也有望大规模上市，例如Pacific Biosciences 公司开发的实时单分子序列

表 12.2 多源生物数据网络资源

数据类型	网络资源
序列数据	美国国立卫生研究院（NIH）： http://www.ncbi.nlm.nih.gov/nuccore (核苷酸序列) http://www.ncbi.nlm.nih.gov/protein（蛋白质序列） http://www.ncbi.nlm.nih.gov/gene（基因序列） 欧洲生物信息学研究所 http://www.ebi.ac.uk http://www.ebi.ac.uk/uniprot (UniProtKB/Swiss-Prot 蛋白质数据库) Sanger 研究所 http://www.sanger.ac.uk J. Craig Venter 研究所 http://www.jcvi.org/cms/home
蛋白质相互作用	http://mips.helmholtz-muenchen.de/proj/ppi (哺乳动物蛋白质相互作用数据库) http://string-db.org http://thebiogrid.org http://www.hprd.org (人蛋白质相互作用数据库)
基因本体数据	http://www.geneontology.org
转录因子结合位点数据	http://www.gene-regulation.com/pub/databases.html (TRANSFAC) http://jaspar.genereg.net/cgi-bin/jaspar_db.pl (JASPAR) http://www.factorbook.org/mediawiki/index.php/Welcome_to_factorbook (Factorbook)
文献数据	http://www.ncbi.nlm.nih.gov/pubmed (NCBI PubMed)

测序仪。下一代测序技术的优势明显。目前主要的缺陷在于读长（read length）和价格。然而，测序领域的快速发展使得对各类测序方法的价格及读长的评估在很短时间内便失去意义。各大测序公司目前都在不断推出新的产品，以提高读长，降低成本。由于测序成本的不断降低，预计个体基因组测序的费用将会降低到1,000美元甚至更低。个人基因组时代马上就要到来了。将来我们每个人都有可能拥有自己的基因组序列，从而为实现个体化医疗提供基础。

依赖于下一代测序技术的强大优势，很多生物学问题都有可能借助测序平台而取代原先的技术。下一代测序技术不仅可以用于DNA的测序，也可以直接用于mRNA的测序。下一代测序技术应用于mRNA的技术称为RNA-Seq [34]。RNA-Seq不仅可以对mRNA定性（即那些基因表达了），还可以对mRNA定量（即基因的表达丰度）。市场上不同RNA-Seq平台的测序长度不同，从36bp到400bp不等。因此RNA-Seq 测序前必须对样品进行片段化。如果某一基因在样品中的表达丰度高（也即mRNA拷贝数高），片段化后其对应的片段数就多。理论上，每一个片段都会被测序而产生读段（read）。基因的表达丰度就与最后所有该基因的读段数呈正比，测序后，就可以用基因的读段数来表示基因的表达丰度。因此，基于RNA-Seq技术的基因表达谱数据又称为数字基因表达谱（digital gene expression）。当然，基因的读段数还和基因的长度有关，最后的基因表达数据还要对基因长度作归一化。

RNA-Seq数据的处理是一个复杂的过程 [24,29]。但处理后的数据格式却与基因芯片的表达谱数据类似，即都可以用一个$n \times p$ 矩阵表示。在基因芯片的表达谱矩阵表示中，矩阵中的数据是归一化后的芯片上基因对应探针的荧光强度。而RNA-Seq的表达谱矩阵中，则是归一化后的基因对应的读段计数。因此本章所述的数据挖掘方法独立于数据产生平台，对RNA-Seq 和基因芯片的表达谱数据都可适用。

12.3.6 多源生物数据融合

生物系统是一个庞大而复杂但却有序的系统。任何现有的生物技术都只能记录生物系统在某一时刻，某一方面的表现。例如，前文所述的基因表达谱数据只是记录基因在一定条件下的表达情况。而一个生物系统的维持包括了各种生物大分子和小分子的相互作用，从而形成一个复杂的基因表达调控网络。生物学研究的目的之一就是要揭示这些调控关系。为了达到这个目的，仅仅依靠基因表达谱数据是远远不够的。实际上，除了基因表达谱数据，生物学研究还产生其它多种多样的数据。例如序列数据（sequence data）、蛋白质相互作用（protein-protein interaction，PPI）、基因本体数据（gene ontology，GO）、转录因子结合位点数据（transcription factor binding sites，TFBS）、甚至文献数据（literature）。表12.2概括了一些主要的生物数据及其网络资源。为了揭示细胞活动的全貌，有必要将这些多源生物数据融合，进行系统分析（图12.3）[32,36,37,39–41,49]。然而，困难在于这些多源数据的异质性，表现在数据记录的对象不同、数据格式不一、大小相差悬殊等方面。根据数据在不同的信息层次上出现，可对多源生物数据进行数据层融合（data level fusion）、特征层融合（feature level fusion）和决策层融合（decision level fusion）[36,37,40]。关于数据融合的具体细节，请参考相关文章的详细阐述。

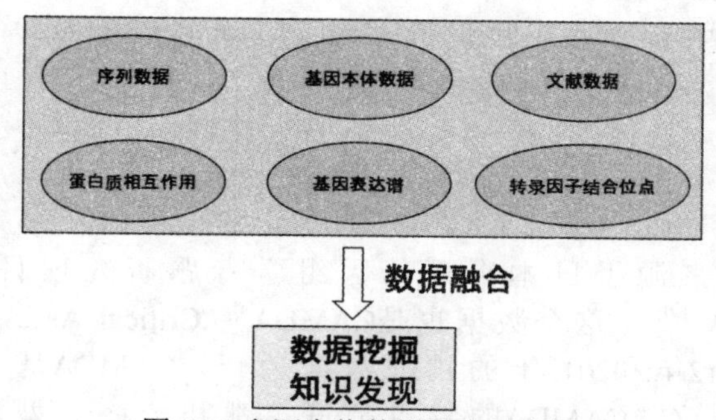

图 12.3 多源生物数据融合示意图

依据所研究的问题的不同，哪些数据需要融合也是要考虑的因素之一。例如，我们曾经研究过文献数据与基因表达谱数据的融合，发现这两类数据的融合有助于非监督机器学习（unsupervised machine learning）算法找到生物学上更有意义的基因聚类（gene cluster）[36,40]。我们也研究过将蛋白质相互作用和基因表达谱数据融合，用于基因模块（gene module）的发现。研究结果显示，数据融合后提高了发现有生物学意义的基因模块发现的概率[32,49]。

多源数据的另一个用途是可以用于数据挖掘结果的相互验证。例如，非监督机器学习算法可以应用于基因表达谱数据以获得基因聚类；而基因本体数据常用于检验从非监督机器学习算法中获得的基因聚类是否有生物学意义。这种检验通常通过统计分析，检测是否有基因本体术语（GO term）在基因聚类中富集[36,37,40]。

§12.4 案例分析
——基因表达谱数据挖掘在药物毒理研究的应用

本节将以基因表达谱数据挖掘在药物毒理研究中的应用为例，介绍数据挖掘技术，尤其是特征选择和识别模式的实现[43]。

12.4.1 药物毒理研究简介

过去的几十年中，只有很少的新药上市。其中的一个重要原因是很多在初期研究中很有希望的药物在I期临床时被淘汰（大约80%），主要是由于在早期研究中未被发现的药物毒性。因此，风险评估尤其是药物毒性测试成为药物开发早期的一个重要步骤[30]。传统的药物毒理研究采用动物模型，比较给药组和对照组的生理和化学指标而确定药物是否有毒性。然而，大约有40% 左右的药物性肝损伤（drug-induced liver injury，DILI）在传统的动物药物毒理试验中不能被检测到[3,30]。而且有些动物模型的药物毒理试验数据与后期的人临床试验数据差异较大。为了解决这一矛盾，所谓的“组学”（基因组学，转录组学，蛋白组学等）技术包括高通量的芯片技术和下一代测序技术被应用到药物毒理学研究中。由于组学技术能够在基因组层面捕捉到药物对生物体的影响，因而比传统的生化指标更直接，更敏感。基于基因组学而诞生的毒理基因组学（toxicogenomics）成为药物研发阶段的重要手段。

12.4.2 数据来源

本案例的数据来源于日本毒理基因组学专题研究项目（Japanese toxicogenomics project，TGP）[30]。这个数据也是CAMDA （Critical Assessment of Massive Data Analysis） 会议2012年和2013年的挑战数据之一。CAMDA是一个专注于生物大数据分析的专业会议。CAMDA的特点是每年都和一些大型的科研机构合作，提供真实可靠的生物大数据，然后邀请全世界的研究者针对同一数据提供算法分析，生物解释等(http://dokuwiki.bioinf.jku.at/doku.php)[1] [12]。CAMDA 2012和2013年提供的日本毒理基因组学研究项目（TGP）数据包括了大于21000个基因芯片数据(http://dokuwiki.bioinf.jku.at/doku.php)。这些芯片数据纪录了大鼠和人细胞基因表达谱在131种药物作用下的变化。TGP同时还提供了这些药物的药物性肝损伤（DILI）数据和实验大鼠在药物作用下的各项生化数据。表12.3 综述了TGP数据内容。

注意：*M/L/N = most DILI concern, less DILI concern and no DILI concern

通过对这些数据的分析和数据挖掘，我们试图回答以下问题：(1)是否可以用体外实验取代动物模型？现阶段的药物毒理实验严重依赖动物模型。动物模型虽然有用，但缺点也很明显，例如耗时、成本高、费力等。动物模型大量使用活体动物也有违日益增长的善待动物的呼吁。TGP数据既包含了动物体内实验数据，又包含了体外实验数据（即细胞培养）。通过比较两类数据，可以得知是否两者具有替代性。(2)是否可以通过毒理基因组学研究数据（体内或体外）预测人的药物性肝损伤？药物性肝损伤通常需要通过临床试验

[1]Editorial feature (2008). Going for algorithm gold, Nature Methods 5, 569

表 12.3 TGP 药理基因组学数据概览

	人（human）	大鼠（rat）		
	体外（in vitro）	体外（in vitro）	体内（in vivo）	
剂量类型（Dose type）	Single	Single	Single	Daily repeated
剂量（Dose concentration）	low, middle, and high (1:5:25)	low, middle, and high (1:5:25)	low, middle, and high (mainly 1:3:10)	low, middle, and high (mainly 1:3:10)
取样时间点（Sampling time）	2h, 8h and 24h	2h, 8h and 24h	3h, 6h, 9h and 24h	3 day, 7 day, 14 day and 28 day
理化数据（Histological and clinic chemistry data）	NA	NA	Histopathology; body/organ weight; food consumption; hematology and blood chemistry	
芯片数量（# array）	2004	3140	6264	6249
药物数量（#compound）	119	131	131	131
药物对人的药物性肝损伤（Human DILI potential Annotated by NCTR）	93 (M/L/N=40/45/8)	101 (M/L/N=41/52/8)	101 (M/L/N=41/52/8)	101 (M/L/N=41/52/8)

获得的理化数据确定。而传统的理化指标只能检测到大约60%左右的药物性肝损伤。通过对TGP提供的药物基因组学数据的数据挖掘，有可能找到与药物性肝损伤有关的基因生物标记（genomic biomarkers），从而为在基因水平上预测药物性肝损伤打下基础。

12.4.3　数据预处理

基因芯片数据预处理通常包括汇总（summarization）及均一化（normalization）等。然而，由于受细胞培养等方面因素的强烈影响，常规的芯片预处理方法不足以消除这些影响（图12.4，上）。为了消除这些影响，Clevert等提出以下预处理步骤[4]。(1) 探针水平的芯片数据均一化；(2) 药物批次校正（batch correction）；(3) 重新定义基因所属的探针组并在探针水平采用FARMS方法获得基因表达数据；(4) 采用FARMS方法去除非有效基因。通过这一系列的数据预处理步骤，批次效应（batch effects）的影响明显消除，同时保留了因药物引起的基因表达水平的变化（图12.4下）。本案例中，我们将直接采用经过这些步骤预处理后的数据。

12.4.4　特征选择与识别模式建立

在131种药物中，101种有DILI分类级别，分属于“重度DILI”（most DILI concern）、“轻度DILI”（less DILI concern）及“无DILI”（no DILI concern）。进一步的研究发现由“重度DILI”药物处理的芯片和“轻度DILI”药物处理的芯片所得到的基因表达谱数据相似度很高。因此在本案例中，我们合并了属于“重度DILI”和“轻度DILI”的药物，而一律标记为“有DILI”。这样基因芯片就被分为两类。一类为经“有DILI”的药物处理，另一类为经“无DILI”的药物处理。且每片芯片包含或者12088个基因（大鼠），或

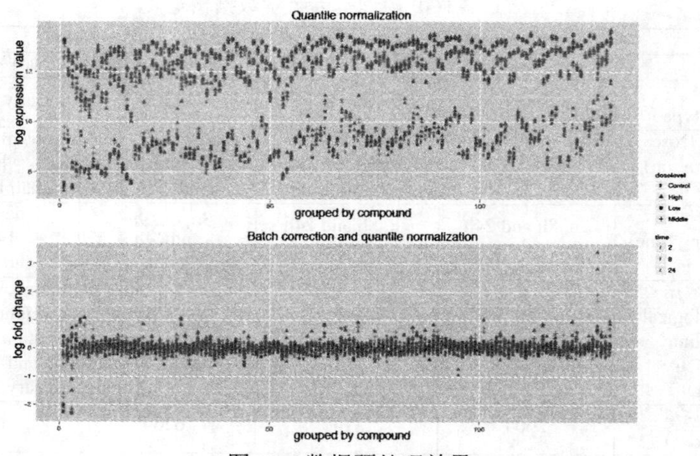

图 12.4 数据预处理效果

者18988个基因（人）。TGP数据还提供了大鼠肝细胞的理化数据。我们选取了5种最完全也最常用的理化数据用于分类模型的建立。这5种理化数据包括肝肥大（hypertrophy）、肝坏死（necrosis）、肝细胞浸润（cellular infiltration）、微肉芽肿（microgranuloma）及肝细胞变性（cellular change）。因为这5种理化数据都只有两类分类标记，所以可以采用二类分类模型。本案例中，我们选择随机森林作为监督学习的分类算法。随机森林是一种集成分类方法。最终的分类预测是基于许多决策树机器学习加权投票的结果。前文已经介绍，随机森林同时也是嵌入法特征选择的方法之一。因此随机森林应用于分类器模式识别，给予分类预测的同时，还对每个基因在分类过程中的重要性给予排序。

12.4.4.1 给药剂量和取样时间对DILI分类预测的影响

如表12.2所示，TGP芯片数据包含了大鼠体内、体外实验。每个实验又在不同的给药剂量（高、中、低）和不同的取样时间点（给药后2小时、8小时、24小时）上重复。除了药物本身对基因表达谱的影响，我们首先要确认是否不同的给药剂量和取样时间组合会对基因表达谱产生影响。更重要的是，不同的给药剂量和取样时间组合是否会对DILI 分类产生影响。图12.5给出了随机森林应用于大鼠体外数据DILI分类预测的ROC曲线和对应的AUC（5折交叉验证后的平均值）。图12.5 中的结果显示，给药剂量和取样时间的不同组合对DILI分类的影响有限，尤其对于中高给药剂量情况下和时间的不同组合。

12.4.4.2 体内实验和体外实验相互替代性的评估

评估体内实验和体外实验相互替代的可能性的方法可有两种。一种是在特征基因层面，另一种是在DILI分类预测层面。

特征基因层面的评估方法是分别对体内实验和体外实验数据进行特征基因选择，然后比较两组特征基因的重合度。重合度高，则意味着体内实验和体外实验可以相互替换；反之，则不能。随机森林算法应用于特征基因选择过程，就是对全部基因的排序过程。随机森林算法计算每个基因的变量重要性（variable importance，VIM），最后根据基因的VIM排序。对每个实验（体内和体外），我们选取所有VIM大于0的基因作为该实验的特征子集。图12.6是两个特征子集的Venn图。从图12.6可以看出，两个子集的重合度比较小（26.88%），预示这从特征子集的角度，体内实验和体外实验不可以相互替代。

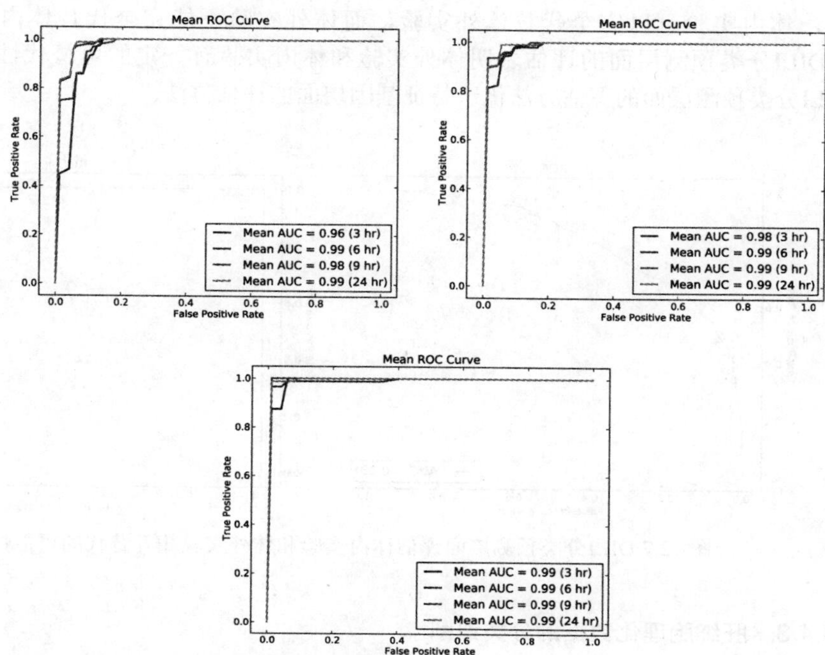

图 12.5 大鼠体外数据用于DILI分类的ROC曲线

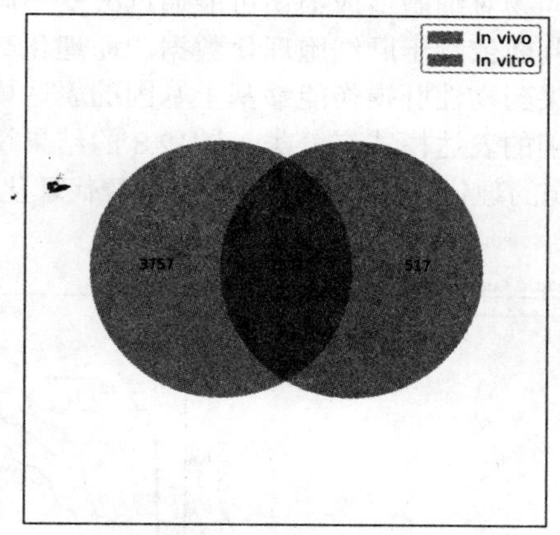

图 12.6 大鼠体内和体外特征子集的Venn图

但特征子集不是我们的最终目的。我们的最终目的是要预测药物的DILI。为此我们也考察了在DILI分类预测层面评估体内实验和体外实验相互替代的可能性（图12.7）。DILI分类预测层面的评估方法的基本思想是：从体内（或体外）实验获得的特征基因，是否可以很好地用于体外（或体内）实验的DILI预测。从图12.7可以看出，从体内实验提取的特征基因，可以很好地预测体外实验的DILI（图12.7左，AUC＝1.00）；而体外实验的特征基因，对体内实验DILI的预测稍差些（图12.7右，AUC＝0.83）。也就是说，体内实验可以完全代替体外实验，而体外实验不能完全代替体内实验。尽管如此，DILI分类预测层面的评估表明体外实验和体内实验有一定的可替代性。这一结论显示DILI分类预测层面的评估方法优于特征基因层面的评估方法。

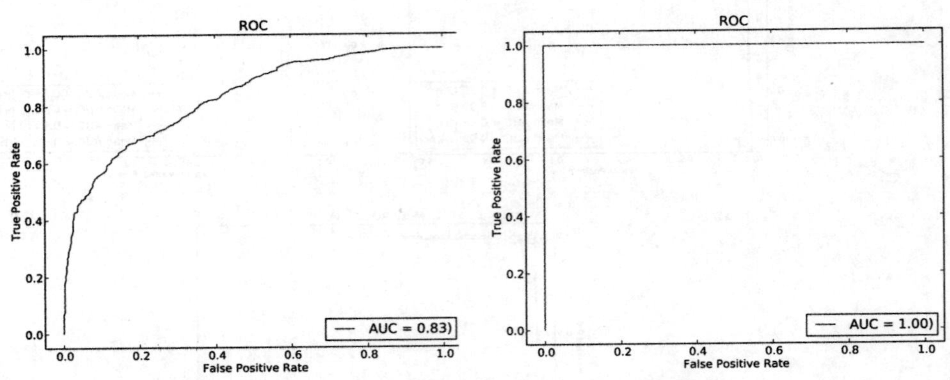

图 12.7 DILI分类预测层面评估体内实验和体外实验相互替代的可能性

12.4.4.3 肝细胞理化数据的分类识别

体内实验和体外实验相互替代性研究的结论表明，细胞对药物的反应在体内实验和体外实验中是不一样的，尤其表现在特征基因的不同。但是，药物对细胞的损伤在两组实验中是一致的，并且可以用特征基因的表达模式（expression pattern）对药物是否对细胞有伤害进行分类识别。这表明药物对细胞造成损伤可能通过改变不同特征基因的表达模式而实现。传统的药物性肝损伤判断依赖于肝细胞理化数据。而理化数据的改变不过是基因表达模式改变的外在表现。如果药物性肝损伤能够基于基因的表达模式而被识别，则反应肝损伤的理化数据也可以用基因的表达模式来分类。图12.8 的结果说明，体内实验的特征基因的表达模式更能反应肝损伤的理化指标，几乎可以完全替代理化指标。

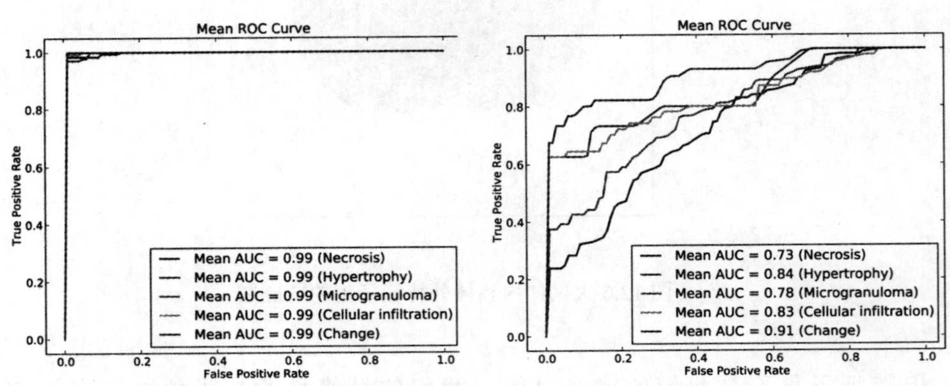

图 12.8 药物性肝损伤理化数据的分类预测效果

12.4.4.4 大鼠实验和人体外实验的可替代性

本案例中另一个需要回答的问题是：是否可以用动物模型取代人体外实验。和研究大鼠体内实验和体外实验相互替代性的思想一致，要回答是否可以用动物模型取代人体外实验（人细胞培养），我们就需要考察从动物模型中（大鼠体内或体外实验）提取的特征基因，是否可以预测人体外实验的DILI分类。因为人基因组和大鼠的基因组是不一样的。为了比较大鼠体外实验和人体外实验，首先必须将人基因和大鼠基因建立一一对应的关系，即所谓的同源比对（ortholog mapping）。根据基因芯片的注释信息（annotation information），我们首先获得了9947对人和大鼠的同源基因。然后利用大鼠实验（9947个基因）数据训练的随机森林模型，预测人体外实验（9947个基因）的DILI。图12.9的结果显示，完全可以用动物模型替代人体外实验。

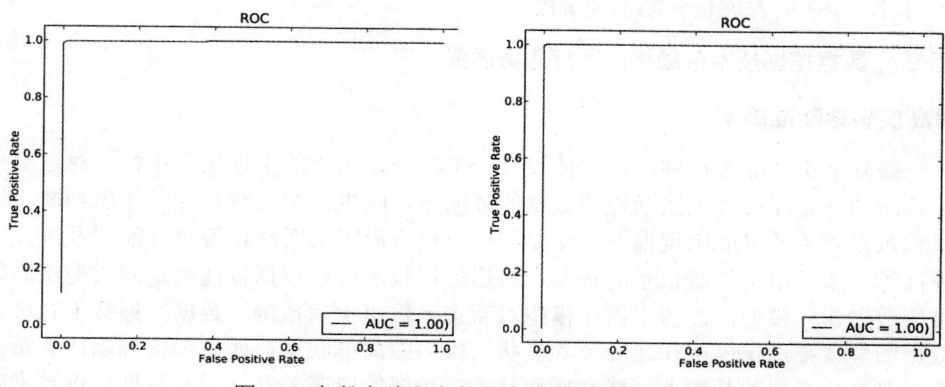

图 12.9 大鼠实验和人体外实验的可替代性

§12.5　数据挖掘在健康数据分析中的应用

随着信息技术在医疗系统的应用，特别是电子健康记录（Electronic Health Record，EHR）和电子医疗记录（Electronic Medical Record，EMR）的普遍应用，使得健康医疗机构积累了海量的与健康有关的数据（包括EHR和EMR）[5]。如何利用数据挖掘技术深度分析这些健康数据，并利用数据挖掘的结果指导诸如诊断、治疗及预后评估等医疗实践中的各环节，成为健康数据挖掘的主要任务。本小节对数据挖掘技术在健康数据分析中的应用作一综述，并就将来可能研究的方向进行展望。

12.5.1　健康数据的异质性

和生物大数据类似，健康数据也存在着多源，异质的特点。具体表现在：（1）数据噪声高，有些数据甚至不完全、不确定（特别是一些问卷调查数据）；（2）数据形式和格式多种多样，如数据格式把括文本、表格和图像等；（3）数据变量多、专业性强，特别是一些临床检测数据，包含大量与疾病相关的属性变量。健康数据的所有这些特点表明自动化，大规模的数据挖掘工具对深度解读蕴藏在这些数据后的新知识非常必要。这些通过数据挖掘获得的新知识将有力地支撑医疗实践各环节的决策和判定。同时，数据挖掘对与医疗保健相关的企业也有着举足轻重的作用。例如，健康数据挖掘的结果将有助于这些企业在以下方面的决策起作用：（1）企业和员工规模；（2）医疗保险产品开发；（3）质量控制；（4）市场开发。

12.5.2 数据挖掘应用于医疗实践的各个方面

医疗健康领域产生海量的数据，但和其它领域相比，相应的数据挖掘工具却显得严重滞后。为提高医疗健康水平，医疗健康界需要找到一个能够有效处理大数据的方法[6,13,15]。数据挖掘技术在医疗健康数据上的应用正是一条正确的途径。实际上，数据挖掘技术可以在医疗实践的各个方面发挥作用。需要指出的是，数据挖掘技术在医疗实践中的应用是一个过程，而不是一个一次性的任务。因为随着时间的推移，健康数据会越积越多。同时，疾病的发展也分为不同阶段。

12.5.2.1 数据挖掘技术帮助提高医疗服务质量

1.提高疾病诊断准确率

一些复杂疾病的医疗判断，往往没有一个单一、明确的生理化学指标。对这类疾病的临床诊断通常是在很多项医学检验数据的辅助下，医生根据直觉和经验作出判断。这种诊断过程难以避免地可能出现偏差、错误和过渡检查而影响医疗资源合理配置及医疗服务质量提高等。随着电子健康记录的普及，数据挖掘技术可以根据以往大量同类型疾病的健康和临床数据建立模型，然后根据此模型对新患者作出疾病预测。数据挖掘技术对健康和临床数据的解读不仅仅停留在建立患者症状与疾病的简单联系，而是在挖掘以往大量病历和患者现有临床表现的基础上，建立疾病与大量数据的内在关系。因此数据挖掘技术的引入可以大大地降低医疗判断错误，提高患者安全保障，同时还可以减低相同病例在不同医疗机构由于人员水平差异而导致的诊断差异，从而提高治疗效果。

2.提高治疗效果和预后评估准确率

复杂疾病如糖尿病和癌症等的治疗是一个漫长的过程，于此相关的数据可以看作是一个时序数据。在这个时序数据中，存在着若干个关键的节点。在每个节点，医疗机构需要对下一步的治疗方案包括使用何种药物（或手术）、给药剂量和用药时间等作出判断。和疾病诊断类似，这个判断过程参杂着人力因素。数据挖掘技术的介入，可以根据成千上万患者的病历和治疗历史，建立模型，然后依据患者的目前状态，给出最佳的治疗意见。这种最佳治疗方法的推荐，是通过对海量历史数据和患者现有临床数据挖掘做出的综合判断。

与提高疾病诊断准确率和提高治疗效果类似，数据挖掘技术也可以用以提高预后评估准确率。基本思想和实现方法也和前两者相似，即先用海量历史数据建立模型，然后应用此模型，结合患者现有数据对预后做出趋势预测。

12.5.2.2 数据挖掘技术在远程医疗中的应用

远程医疗系统是利用网络通讯系统进行异地诊断和治疗的系统。随着生物传感器技术的发展，信号处理和通讯技术的广泛应用，远程医疗系统从概念和功能上都有了新的定义和扩展。新型远程医疗系统应该能够在缺乏医疗资源的落后地区使用，能够在没有专业医护人员的情况下完成对使用者的一些常规和特殊健康诊断。新型远程医疗系统还可以深入家庭和社区，使得广大居民可以足不出户就可以进行健康检测，病情数据采集，无须到医院进行频繁的就诊，大大地降低社会运行成本，缓解就医难的状况。新型远程医疗系统使得普通患者可以方便地享受到专家的诊断和建议。由于远程医疗系统不受空间距离的限制，各方专家都可以加入到该系统的运行中。专家的经验和资源可以得到最充分的利用。

新型远程医疗系统的一些技术可以应用于针对独立生活老人的紧急呼叫系统。一个比较典型的新型远程医疗系统是smart home概念。Smart home本质上是一个安装在家里的传感器网络。其主要作用是用于监控老年人的活动，以确保监控对象是出于一个正常的活动状态。当前中国60岁以上老年达到了1.45亿，其中有大约67%的老年人居住在农村。农村和城市中独立生活的老人的比例已占到大约三分之一到一半之间。据调查，当这些人身体发生意外状况时，如果能够得到有效和及时的救护，则50% 的人都可以获得生命延长的机会。新型远程医疗系统结合现代通讯技术可以实现对老人的身体状态的实时监控，一旦血压、脉搏、体温等触发条件，系统可以自动发出警报，监护中心即可接受警报，从而对老人实行救护。新型远程医疗系统的建设对未来我国即将进入4.5亿的老年人社会具有极大的现实意义。

数据挖掘是实现新型远程医疗系统的一个关键技术。数据挖掘在远程医疗的具体应用中有多种不同的表现形式，它们通常都可以归纳为以下三类：

1. 预警分析: 对突发性和危险性的疾病（如心脏疾病）进行远程监控，采集和分析病人的生理参数（如心电图（ECG）信号和血压），对危险状态进行报警。

2. 预测: 主要用于根据历史数据和现在观察的状况，推测病人在近期或者中远期的状态。

3. 智能诊断: 当病人出现病症或者不舒服时，根据历史病历和监护数据，分析在哪个环节或部位出现了问题。

显然对于数据挖掘，预警分析、预测和智能诊断都不是新问题。在远程医疗中，由于数据的特性不同，导致挖掘和建模的方式和传统的方法有很大的差异。

12.5.2.3 数据挖掘技术在健康数据库管理中的应用

数据挖掘技术在提高医疗服务质量中的应用需要处理多种多样的健康医疗数据，前文提到，这些数据的最大特点是异质性。因此，对这些数据的挖掘必须建立在有效的数据收集、记录和保存的基础上。数据库挖掘是数据挖掘技术的重要组成部分。健康数据的复杂性使得开发新的与数据库相关的挖掘技术成为一个紧急任务。

12.5.2.4 数据挖掘技术在医疗健康相关企业中的应用

数据挖掘技术在医疗健康相关企业中的应用可以帮助企业规避风险，提高效率。例如医疗保险企业可以通过数据挖掘开发更有效的医疗保险产品。同时数据挖掘技术还被医疗保险企业用于筛分保险索赔，以发现欺诈索赔。

综上所述, 数据挖掘技术在健康数据和医疗上的应用虽然有着广阔的前景，但也面临着挑战：（1）由于用健康数据挖掘的结果指导医疗实践是直接跟人命相关的，所以需要更高的预测精度开发更准确的算法；（2）面临不断扩展的大数据；（3）面临不断变化的大数据；（4）界面友好、全自动化和统一的挖掘工具的开发；（5）数据安全和隐私保护的问题。总之，数据挖掘技术在健康数据和医疗上应用还处在起步期，如能解决应用过程中的各种挑战，将为人类健康事业做出积极贡献。

§ 12.6 本章小结

通过案例分析，本章对数据挖掘方法在生物信息学的应用进行了详细阐述。同时，本章还综述了数据挖掘技术在健康医疗实践中的应用和发展。生物数据和健康数据的异质性对数据挖掘算法提出了更高的要求。也正是生物数据和健康数据高通量以及低信噪比的特性，决定了必须应用数据挖掘技术，才有可能发现隐藏在海量数据后的内在规律和趋势。生物数据和健康数据的多源性特点，也给数据融合提出了难题，但同时也提供了机会。多源数据可以在不同的水平融合，从而提高数据挖掘算法的效果。本章虽然分两部分分别介绍数据挖掘技术在生物信息学和健康医疗中的应用，但是这两部分其实有着天然的内在联系。例如，在医疗实践中，对肿瘤患者进行的诊断，治疗和预后评估是一个复杂的系统和过程。数据挖掘技术通过分析与医疗实践相关的健康数据包括就诊记录，药物使用及效果记录，患者各项医疗检查结果等，以期提高诊断正确率，帮助找到更好的治疗途径和药物。在整个医疗实践过程中，新的生物技术和仪器设备都有可能介入，从而产生大量的与疾病及药物作用相关的生物数据。任何对健康数据的挖掘，必须融合对这些生物数据的挖掘结果，才能达到最佳的挖掘效果。

§ 12.7 中英文对照表

1. 脱氧核糖核酸：DNA
2. 核糖核酸：RNA
3. 信使核糖核酸：Messenger RNA, mRNA
4. 蛋白质：Protein
5. 人类基因组计划：Human Genome Project，HGP
6. 杂交：Hybridization
7. 探针：Probe
8. 基因表达：Gene Expression
9. 基因表达模式：Gene Expression Pattern
10. 比较基因组杂合：Comparative Genomic Hybridization，CGH
11. 均一化：Normalization
12. 位数均一化法：Quantile Normalization
13. 随机森林：Random Forest
14. 贝叶斯分类器：Bayes Classifier）
15. 朴素贝叶斯分类器：Na?ve Bayes Classifier
16. 支持向量机：Support Vector Machine，SVM

17. 人工神经网络：Artificial Neural Network, ANN

18. 基因选择：Gene Selection

19. 特征选择：Feature Selection

20. 集成特征选择：Ensemble Feature Selection

21. 过拟合：Over Fitting

22. NP困难：NP－hard

23. 过滤法：Filter Methods

24. 封装法：Wrapper Methods

25. 嵌入法：Embedded Methods

26. 马尔可夫毯：Markov Blankets

27. 信噪比评价指标：Signal to Noise Ratio, SNR

28. 局部优化：Local Optimum

29. 交叉验证：Cross Validation，CV

30. k折交叉验证：k-fold Cross Validation，k-CV

31. 查全率：Recall

32. 查准率：Precision

33. 混合矩阵：Confusion Matrix

34. 受试者操作特征曲线：Receiver Operating Characteristic Curve，ROC Curve

35. ROC 曲线下方图面积：Area Under the ROC Curve，AUC

36. 主成分分析：Principal Component Analysis, PCA

37. 独立成分分析：Independent Component Analysis, ICA

38. 小波变换：Wavelet Transformation，WT

39. 下一代测序技术：Next-generation Sequencing

40. 读段：Read

41. 读长：Read Length

42. 数字基因表达谱：Digital Gene Expression

43. 序列数据：Sequence Data

44. 蛋白质相互作用：Protein-Protein Interaction，PPI

45. 基因本体数据：Gene Ontology，GO

46. 基因本体术语：GO term

47. 转录因子结合位点数据：Transcription Factor Binding Sites，TFBS

48. 数据层融合：Data Level Fusion

49. 特征层融合：Feature Level Fusion

50. 决策层融合：Decision Level Fusion

51. 基因聚类：Gene Cluster

52. 基因模块：Gene Module

53. 药物性肝损伤：Drug-Induced Liver Injury，DILI

54. 毒理基因组学：Toxicogenomics

55. 生物标记：Biomarker

56. 批次校正：Batch Correction

57. 批次效应：Batch Effect

58. 肥大：Hypertrophy

59. 坏死：Necrosis

60. 细胞浸润：Cellular Infiltration

61. 微肉芽肿：Microgranuloma

62. 细胞变性：Cellular Change

63. 变量重要性：Variable Importance，VIM

64. 同源比对：Ortholog Mapping

65. 电子健康记录：Electronic Health Record，HER

66. 电子医疗记录：Electronic Medical Record，EMR

参考文献

[1] B. M. Bolstad, R. A. Irizarry, M. Åstrand, and T. P. Speed. *A comparison of normalization methods for high density oligonucleotide array data based on variance and bias*. Bioinformatics, 19(2):185~193, 2003.

[2] A. P. Bradley. *The use of the area under the roc curve in the evaluation of machine learning algorithms*. Pattern recognition, 30(7):1145~1159, 1997.

[3] M. Chen, V. Vijay, Q. Shi, Z. Liu, H. Fang, and W. Tong. *Fda-approved drug labeling for the study of drug-induced liver injury*. Drug discovery today, 16(15):697~703, 2011.

[4] D.-A. Clevert, M. Heusel, A. Mitterecker, W. Talloen, H. Göhlmann, J. Wegner, A. Mayr, G. Klambauer, and S. Hochreiter. *Exploiting the japanese toxicogenomics project for predictive modelling of drug toxicity*, 2012.

[5] C. M. DesRoches, E. G. Campbell, S. R. Rao, K. Donelan, T. G. Ferris, A. Jha, R. Kaushal, D. E. Levy, S. Rosenbaum, A. E. Shields, et al. *Electronic health records in ambulatory care—a national survey of physicians*. New England Journal of Medicine, 359(1):50~60, 2008.

[6] S. H. El-Sappagh, S. El-Masri, A. M. Riad, and M. Elmogy. *Data mining and knowledge discovery: Applications,techniques, challenges and process models in healthcare*. Engineering Research and Applications (IJERA), 3(3), 2013.

[7] N. Friedman, D. Geiger, and M. Goldszmidt. *Bayesian network classifiers*. Machine learning, 29(2-3):131~163, 1997.

[8] I. Guyon, J. Weston, S. Barnhill, and V. Vapnik. *Gene selection for cancer classification using support vector machines*. Machine learning, 46(1-3):389~422, 2002.

[9] S. Hochreiter, D.-A. Clevert, and K. Obermayer. *A new summarization method for affymetrix probe level data*. Bioinformatics, 22(8):943~949, 2006.

[10] J. H. Holland. Adaptation in natural and artificial systems: An introductory analysis with applications to biology, control, and artificial intelligence. U Michigan Press, 1975.

[11] R. A. Irizarry, B. Hobbs, F. Collin, Y. D. Beazer-Barclay, K. J. Antonellis, U. Scherf, and T. P. Speed. *Exploration, normalization, and summaries of high density oligonucleotide array probe level data*. Biostatistics, 4(2):249~264, 2003.

[12] K. Johnson and S. Lin. *Call to work together on microarray data analysis*. Nature, 411(6840):885~885, 2001.

[13] H. C. Koh, G. Tan, et al. *Data mining applications in healthcare*. Journal of Healthcare Information Management—Vol, 19(2):65, 2011.

[14] P. Langley, W. Iba, and K. Thompson. *An analysis of bayesian classifiers*. In AAAI, volume 90, pages 223~228, 1992.

[15] I. N. Lee, S. C. Liao, and M. Embrechts. *Data mining techniques applied to medical information*. Informatics for Health and Social Care, 25(2):81~102, 2000.

[16] S.-I. Lee, S. Batzoglou, et al. *Application of independent component analysis to microarrays*. Genome biology, 4(11):R76~R76, 2003.

[17] C. Li and W. H. Wong. *Model-based analysis of oligonucleotide arrays: expression index computation and outlier detection*. Proceedings of the National Academy of Sciences, 98(1):31~36, 2001.

[18] T. Li, Q. Li, S. Zhu, and M. Ogihara. *A survey on wavelet applications in data mining*. ACM SIGKDD Explorations Newsletter, 4(2):49~68, 2002.

[19] T. Li, C. Zhang, and M. Ogihara. *A comparative study of feature selection and multiclass classification methods for tissue classification based on gene expression*. Bioinformatics, 20(15):2429~2437, 2004.

[20] E. R. Mardis. *Next-generation dna sequencing methods*. Annu. Rev. Genomics Hum. Genet., 9:387~402, 2008.

[21] M. L. Metzker. *Sequencing technologies—the next generation*. Nature Reviews Genetics, 11(1):31~46, 2009.

[22] D. W. Opitz. *Feature selection for ensembles*. In AAAI/IAAI, pages 379~384, 1999.

[23] H. Peng, F. Long, and C. Ding. *Feature selection based on mutual information criteria of max-dependency, max-relevance, and min-redundancy*. Pattern Analysis and Machine Intelligence, IEEE Transactions on, 27(8):1226~1238, 2005.

[24] S. Pepke, B. Wold, and A. Mortazavi. *Computation for chip-seq and rna-seq studies*. Nature methods, 6:S22~S32, 2009.

[25] S. D. Pepper, E. K. Saunders, L. E. Edwards, C. L. Wilson, and C. J. Miller. *The utility of mas5 expression summary and detection call algorithms*. BMC bioinformatics, 8(1):273, 2007.

[26] A. Prinzie and D. Van den Poel. *Random forests for multiclass classification: Random multinomial logit*. Expert systems with Applications, 34(3):1721~1732, 2008.

[27] M. Robnik-Šikonja and I. Kononenko. *Theoretical and empirical analysis of relieff and rrelieff*. Machine learning, 53(1-2):23~69, 2003.

[28] Y. Saeys, I. Inza, and P. Larrañaga. *A review of feature selection techniques in bioinformatics*. bioinformatics, 23(19):2507~2517, 2007.

[29] C. Trapnell, D. G. Hendrickson, M. Sauvageau, L. Goff, J. L. Rinn, and L. Pachter. *Differential analysis of gene regulation at transcript resolution with rna-seq*. Nature biotechnology, 31(1):46~53, 2012.

[30] T. Uehara, A. Ono, T. Maruyama, I. Kato, H. Yamada, Y. Ohno, and T. Urushidani. *The japanese toxicogenomics project: application of toxicogenomics*. Molecular nutrition & food research, 54(2):218~227, 2010.

[31] J. C. Venter, M. D. Adams, E. W. Myers, P. W. Li, R. J. Mural, G. G. Sutton, H. O. Smith, M. Yandell, C. A. Evans, R. A. Holt, et al. *The sequence of the human genome*. science, 291(5507):1304~1351, 2001.

[32] D. Wang, M. Ogihara, E. Zeng, and T. Li. *Combining gene expression profiles and protein-protein interactions for identifying functional modules*. In Machine Learning and Applications (ICMLA), 2012 11th International Conference on, volume 1, pages 114~119. IEEE, 2012.

[33] R. Wang and K. Tang. *Feature selection for maximizing the area under the roc curve*. In Data Mining Workshops, 2009. ICDMW'09. IEEE International Conference on, pages 400~405. IEEE, 2009.

[34] Z. Wang, M. Gerstein, and M. Snyder. *Rna-seq: a revolutionary tool for transcriptomics*. Nature Reviews Genetics, 10(1):57~63, 2009.

[35] Z. Wu and R. A. Irizarry. *Preprocessing of oligonucleotide array data*. Nature biotechnology, 22(6):656~658, 2004.

[36] C. Yang, E. Zeng, T. Li, and G. Narasimhan. *Clustering genes using gene expression and text literature data*. In Computational Systems Bioinformatics Conference, 2005. Proceedings. 2005 IEEE, pages 329~340. IEEE, 2005.

[37] C. Yang, E. Zeng, T. Li, and G. Narasimhan. *A knowledge-driven method to evaluate multi-source clustering*. In Parallel and Distributed Processing and Applications-ISPA 2005 Workshops, pages 196~202. Springer, 2005.

[38] K. Y. Yeung and W. L. Ruzzo. *Principal component analysis for clustering gene expression data*. Bioinformatics, 17(9):763~774, 2001.

[39] E. Zeng, G. Narasimhan, L. Schneper, and K. Mathee. *A functional network of yeast genes using gene ontology information*. In Bioinformatics and Biomedicine, 2008. BIBM'08. IEEE International Conference on, pages 343~346. IEEE, 2008.

[40] E. Zeng, C. Yang, T. Li, and G. Narasimhan. *On the effectiveness of constraints sets in clustering genes*. In Bioinformatics and Bioengineering, 2007. BIBE 2007. Proceedings of the 7th IEEE International Conference on, pages 79~86. IEEE, 2007.

[41] E. Zeng, C. Yang, T. Li, and G. Narasimhan. *Clustering genes using heterogeneous data sources*. International Journal of Knowledge Discovery in Bioinformatics (IJKDB), 1(2):12~28, 2010.

[42] W. Zhang, S. Emrich, and E. Zeng. *A two-stage machine learning approach for pathway analysis*. In Bioinformatics and Biomedicine (BIBM), 2010 IEEE International Conference on, pages 274~279. IEEE, 2010.

[43] W. Zhang, S. Emrich, and E. Zeng. *Assess genomic biomarkers of toxicity in drug development*. In Proceedings of CAMDA' 13: the Critical Assessment of Massive Data Analysis, 2013.

[44] W. Zhang, E. Zeng, D. Liu, S. Jones, and S. Emrich. *A machine learning framework for trait based genomics*. In Computational Advances in Bio and Medical Sciences (ICCABS), 2012 IEEE 2nd International Conference on, pages 1~6. IEEE, 2012.

[45] W. Zhang, E. Zeng, J. Livermore, D. Liu, S. Jones, and S. Emrich. *Predicting bacterial functional traits from whole genome sequences using random forest.* In Proceedings of ICCABS'13: the IEEE International Conference on Computational Advances in Bio and Medical Sciences, to appear. IEEE, 2013.

[46] Y. Zhang, C. Ding, and T. Li. *A two-stage gene selection algorithm by combining relieff and mrmr.* In Bioinformatics and Bioengineering, 2007. BIBE 2007. Proceedings of the 7th IEEE International Conference on, pages 164~171. IEEE, 2007.

[47] Y. Zhang, C. Ding, and T. Li. *Gene selection algorithm by combining relieff and mrmr.* BMC genomics, 9(Suppl 2):S27, 2008.

[48] Y. Zhang, D. Wang, and T. Li. *Libgs: A matlab software package for gene selection.* International journal of data mining and bioinformatics, 4(3):348~355, 2010.

[49] Y. Zhang, E. Zeng, T. Li, and G. Narasimhan. *Weighted consensus clustering for identifying functional modules in protein-protein interaction networks.* In Machine Learning and Applications, 2009. ICMLA'09. International Conference on, pages 539~544. IEEE, 2009.

[50] G. Zheng, E. O. George, and G. Narasimhan. *Microarray data analysis using neural network classifiers and gene selection methods.* In Methods of Microarray Data Analysis, pages 207~222. Springer, 2005.

第十三章　数据挖掘在建筑业中的应用

§13.1　摘要

建筑业是国民经济的重要物质生产部门，与社会经济发展和人民生活改善有着密切的关系。目前，我国正处于城市化建设加速发展时期，城市建筑密度逐年增加，而与此相应的建筑能耗、建筑安全和建筑环境影响等问题也日益突出。另一方面，建筑业领域已经积累了大量数据，如建筑健康监测数据、建筑能耗监测数据、建筑施工数据等，引入数据挖掘技术，可以有效处理和分析数据、挖掘数据中所蕴含的知识，从而提高建筑的可靠性，评估建筑对环境影响等，具有重要意义和很高的应用价值。本章首先介绍数据挖掘在建筑业的应用概貌，接下来以两个建筑业中的重要问题——建筑结构损伤识别和建筑环境影响评价为例，具体介绍数据挖掘相关技术的应用流程和要点。

§13.2　数据挖掘在建筑业的应用概述

随着检测技术水平的不断提高以及数据库管理系统的广泛应用，建筑行业积累的各类数据越来越多，如建筑健康监测数据、建筑能耗监测数据、建筑施工数据等。这些数据背后往往隐藏着许多重要的信息。数据挖掘技术具有处理海量数据以及发现潜在的、有用知识的强大数据分析能力，为人们认识蕴藏在建筑业数据中的信息和知识提供了一条途径，并在许多应用中获得了令人瞩目的成功[29]。

数据挖掘是推进建筑业信息化的关键技术之一。由于建筑结构具有设计复杂且形态各异、施工工序繁复及使用周期长等特点，与之相关的数据往往呈现“高维”、“非平衡”、“异构”和“动态变化”等特点。传统的统计学方法不能有效地处理这些数据，而常规的数据挖掘和机器学习模型，在应对高维非平衡等数据时也面临处理对象的特征、结构和分布过于复杂的困难，导致这些方法的通用性下降，计算效率低下。因此，针对上述建筑业各种分析数据中出现的特点，如何开发新的数据挖掘方法，解决各种难题，成为建筑业和数据挖掘领域共同的研究目标。

目前，采用数据挖掘方法解决的典型建筑业问题包括：建筑施工信息化、结构工作反映分析、结构可靠性分析、建筑能耗分析和建筑环境影响评价等，主要可以分为以下几个方面。

1.建筑结构分析

在建筑结构分析中，常用的经验公式以及有限元分析技术，都是建立在一定的假设基础之上，当结构发生变异时很难得到与实验结果相一致的预测结果。聚类和关联分析等数据挖掘技术用来对现有的试验数据进行分析，从中提取出有价值的信息，使实验模型的建立能够更加准确、全面地符合结构真实的工作性能。例如，在砌体墙板结构分析中，可以利用关联分析发现未知板与已知板的类似区域，然后，利用聚类分析建立类似区域的匹配准则，从而修正有限元模型，再利用神经网络等方法，预测结构可能出现的破坏模式及发展趋势等[35]。

2.公共建筑能耗分析

公共建筑是指除住宅外其他用于各类公共活动的民用建筑，包括办公建筑、商业建筑、旅游建筑、科教文卫建筑、通信建筑以及交通运输用房。我国大型公共建筑能耗巨大，开展能源管理是达到节能和提高生产过程运行效率目标的第一步，也是最重要的一步。在建筑用能设备系统的运行能耗计量过程中，积累了大量的实时能耗数据。这些数据具有数量巨大、特征（属性）维数高的特点，且往往包含着噪音、数据缺失等不确定因素。常规分析方法难以发现和总结这些数据中所蕴涵的知识。可以通过对数据的预处理及特征降维等操作，提高数据质量，减少数据处理时间。在此基础上，利用数据挖掘技术，建立能耗分析模型。公共建筑能耗分析的数据挖掘应用主要包括：能耗预测、基准评价及运行优化等方面。如，利用聚类技术识别建筑运行能耗模式，建立能耗监测模型；利用关联规则从建筑实体数据中发现规律或规则，形成训练数据集；利用分类技术建立基准评价模型[10]。

3.结构健康监测

结构健康监测指利用现场的无损传感技术，通过包括结构响应在内的结构系统特性分析，达到检测结构损伤或退化的目的。大型结构如大跨度桥梁及高耸建筑物等，从建造当刻便开始不断退化。结构一旦发生损伤，其耐久性及正常的承载能力就会受到严重的影响，危及正常的生产和生活秩序，甚至产生严重后果，并造成极坏的社会影响[19]。因此，在建筑物的使用周期内诊断和监测其结构健康对建筑物的安全使用十分重要。结构健康监测技术已经成为土木工程领域研究的热点。当前的建筑结构监测方法分为人工检测的方法和自动识别方法，这些方法一般都存在检测费用高、效率低和灵敏度不够等问题。利用数据挖掘方法建立的智能诊断系统，具有快速大容量的信息采集、传输和处理能力，能够满足结构实时在线监测与预测预报的要求，并实现数据的网络共享等关键技术。

目前，智能诊断技术已在一些重要的结构健康监测中发挥作用。例如，桥梁监测中，运用聚类分析监测桥梁数据的异常情况；运用关联模型发现桥梁结构或环境参数之间的关联规则；运用时间序列分析模型观察桥梁监测数据的变化趋势，比较各参数值的变化情况。随着结构健康监测的应用从大型桥梁逐步扩展到高层建筑、大型复杂结构、重要历史建筑等，数据挖掘技术将在该领域发挥更重要的作用。

4.建筑可持续发展

随着我国可持续发展战略目标的提出，建筑企业正面临着调整转型、可持续发展的重要课题。数据挖掘在该领域的应用尚处于探索阶段，主要有如下几个方面：绿色建筑概念设计中多目标优化方法的选择、建筑生命周期评价中建筑材料、功能单元等与环境之间的关系挖掘、大规模环境影响评估中建筑物属性选择与规模约减等问题。

数据挖掘在可持续发展领域的研究虽然刚刚起步，却已引起国内外的广泛关注。近年来，国际上计算机科学领域的研究者们已经开始组织专门面向可持续发展的会议专题，如，AAAI Special Track on Computational Sustainability and Artificial Intelligence，IJCAI AI and Computational Sustainability Track等，其主旨就是通过解决可持续发展给人工智能和机器学习领域带来的新的挑战，促进人工智能与可持续发展交叉学科的理论和应用研究。其中，建筑可持续发展是本章探讨的内容之一，关于数据挖掘在其他可持续发展领域的应用可参考本书第十四章。

此外，数据挖掘方法在建筑业的其他方面，如建筑企业信用评价、建筑工程造价分析等问题中也发挥了重要作用。

上述研究中，结构健康监测是土木工程领域极为重要但又相对困难的研究内容，建筑生命周期评估是建筑生态学中前沿的研究领域。本章将对数据挖掘技术在这两方面的应用做详细介绍，并通过案例具体介绍相关技术的应用。

§13.3 数据挖掘在建筑结构损伤识别中的应用

随着土木工程和材料科学的发展，现代建筑设施的建设规模越来越庞大，设计更加复杂，投入使用的楼房、桥梁等数量也不断增加。这些建筑结构给人们的日常生活和工作带来了极大便利，但同时也存在安全隐患。为保证结构的安全使用，需要对大量的监测数据进行分析。数据挖掘技术可以帮助实现大容量的信息采集、传输和处理能力，分析结构损伤情况、实现在线监测等。

13.3.1 应用背景

结构健康监测是针对工程结构的损伤识别及其特征化的策略和过程。结构健康监测是保证建筑物安全使用，避免重大事故发生的有效手段。随着科技的发展和人类需求的不断增长，现代空间结构正在向着大型化、复杂化方向发展。这些结构在长期服役过程中，经历老化或受地震、台风等因素的影响，导致结构损伤积累、抗力衰减，严重威胁到人民的生命财产安全，甚至酿成重大的灾难性事故。国内外发生的结构失效破坏事故，不但造成了重大的人员伤亡和经济损失，而且产生了极坏的社会影响。因此，结构健康监测已经成为全世界建筑工程学者的关注焦点。

损伤识别是结构健康监测系统的核心技术之一。从使用的技术手段上看，可分为局部和整体的损伤识别方法。局部法包括染色法、发射光谱法、声发射法、红外线法、磁粒子法、涡流法以及超声波识别等方法[5]。这些方法需要安装昂贵的监测仪器，对建筑等大型复杂的结构需要进行繁重的作业，而且容易受现场环境条件的影响。基于振动理论的损伤识别方法综合运用了结构振动理论、振动测试技术和信息处理技术等跨学科技术[3]，通过各种传感器、数据采集与通信系统，获取结构的各种实际状态信号，然后通过损伤识别技术对结构的状态信息进行分析计算，从而完成对结构损伤状况的识别和评估（如图13.1所示），被认为是最有前途的结构整体损伤识别方法。

在处理建筑结构损伤数据时，人工神经网络（Artificial Neural Networks，ANN）、遗传算法(Genetic Algorithm，GA)、支持向量机（Support Vector Machine，SVM）等技术得到了广泛应用，并取得了良好的效果。这些方法主要用于损伤位置和损伤程度的检测。

上世纪90年代初，就有学者利用人工神经网络实现结构自动检测及评估[33]。但是神经网络结构的选择尚无一种统一而完整的理论指导，一般只能由经验选定。此外，神经网络具有极易收敛于局部极小点与过拟合等缺点。

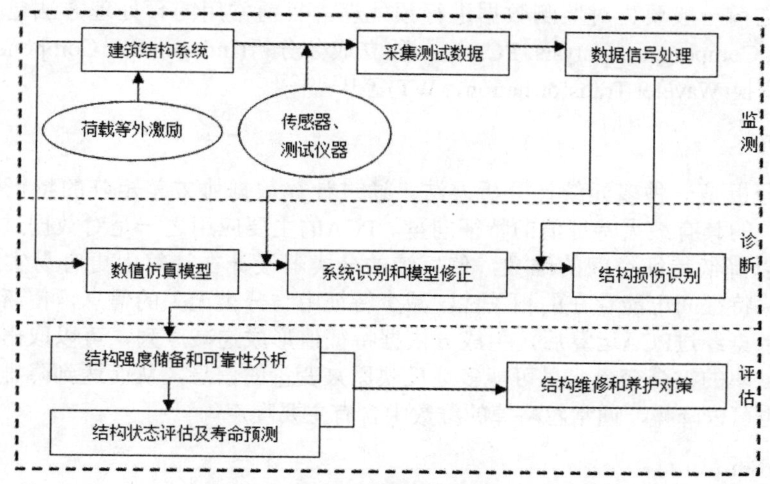

图 13.1 结构健康监测系统(摘自文献 [6])

遗传算法应用于结构损伤识别的基本思想是：将结构的损伤识别归结为目标函数优化问题，然后利用遗传算法进行求解。如将损伤模拟为单元刚度的下降，基于模态频率和振型建立残余力和值两个目标函数，运用遗传算法优化搜索得到结构的损伤位置和程度。基于遗传算法识别结构损伤的有效性很大程度上取决于优化目标函数和算法的稳定性，考虑到遗传算法在多参数优化搜索上的能力，基于多信息融合的目标函数能在一定程度上增加损伤识别的效果[7]。

利用支持向量机进行损伤识别研究，首先是从机械损伤识别开始的。近年来，也有些学者将该技术引入到结构损伤识别中[4][32]。支持向量机针对小样本学习问题的优良泛化能力，在结构损伤识别领域取得了较好效果。

此外，随机森林（Random Forest，RF）作为一种组合分类器算法，具有好的泛化能力和预测稳定性，目前已开始应用在结构健康监测领域[14]。

13.3.2　数据采集与预处理

根据结构动力学理论可知，结构损伤的存在必然会影响到结构本身的动态特性，通过分析损伤对结构动力学参数(包括模态参数和结构参数)的改变就可以识别损伤。结构运营期间的状态信号是结构损伤信息的唯一载体，而结构损伤信息可以用特征参数表征，特征参数提取是从监测状态信号中提取与结构损伤有关的特征信息。在实际应用中，损伤与征兆之间往往并不是简单的一一对应关系，一种损伤可能对应着多种征兆，反之一种征兆也可能是由多种损伤所致。因此，必须借助信号处理、数据挖掘等手段从原始数据中加工出特征信息，提取特征量，从而保证有效、准确地进行结构损伤和健康诊断。

利用传感器采集的振动加速度信号是一个时间序列，可直接作为数据挖掘方法进行结构损伤识别的输入。但是，现实中的结构由于受到周围环境和运营条件（如温度、噪声、荷载情况）变化影响而引起数据特征的变化，经常会掩盖由结构损伤而引起的数据特征的变化。因此，如何从健康监测数据中，准确地获取与结构损伤特征密切相关的信息，是损伤识别的一个重要的问题。为了提高数据分析和损伤识别的可靠性及精确性，在对结构进行损伤识别之前一般要先对监测数据进行预处理。目前常用的预处理方法包括主成分分析（Principal Component Analysis, PCA）、独立成分分析(Independent Component Analysis, ICA)和小波变换(Wavelet Transformation，WT)等[13,16,25]。

1.主成分分析

主成分分析是一种多元统计分析方法。通过计算数据协方差矩阵的特征值和特征向量，保留相关的具有最大特征值的特征向量。PCA的主要应用之一是对数据进行预处理，一方面，可以降低特征空间的维数，使后续的分类器设计在计算上更容易实现；另一方面，可以消除特征间可能存在的相关性，减少特征中与分类无关的信息，使新的特征更有利于分类。数据经过PCA运算后，主成分依据特征值形成递减序列，可以取出较少的达到一定累计贡献率的综合变量，尽可能多地反映原来变量的信息，从而达到降维的作用。通过数据降维也可以降噪，通常忽略掉的维数中含有主要噪声。

2.独立成分分析

独立成分分析是一种利用统计原理进行计算的方法。它通过一种线性变换，把数据或信号分离成统计独立的非高斯的信号源的线性组合。PCA 是基于信号二阶统计特性的分析方法，其目的是用于去除各分量之间的相关性。而ICA是基于信号高阶统计特性的分析方法，其目的是将观测信号分解成统计独立的分量。信号的高阶统计特性往往包含更重要的特征信息。当多维随机变量是由一些彼此独立的成分线性组合而成时，只有当变量是高斯分布时，PCA方法才是有效的。但实际上真正满足高斯分布的随机变量是很少的，绝大部分随机变量都不满足高斯分布，这种情况下就可以采用基于高阶统计特性的ICA方法。

由于独立分量分析方法分解出的各信号分量之间是相互独立的，其在信号分离、冗余消除和降噪方面的优越性能已经受到了广泛的关注。ICA在语音处理、图像处理、电子通讯等方面都有着非常重要的应用，是近年来国际信号处理领域的研究热点之一。

3.小波变换

结构发生损伤后，引起固有频率、振型、阻尼等模态参数发生变化。检测到的加速度、振动频率等响应信号中包含有非平稳成分，这些非平稳成分可以反映出丰富的损伤信息，而传统的信号处理方法难以有效地提取信号损伤特征[2]。

小波分析是一种时频分析方法，对非平稳信号具有宽频响应的特点。小波变换在高频部分具有较高的时间分辨率，在低频处具有较高的频率分辨率，适合分析非平稳信号，能有效地从信号中提取信息[34]。振动信号经小波变换后分解成不同频带，这些分解频带信号都具有一定的能量，不同损伤的频带能量分布不同，所以能量的相对变换可以反映损伤类型。此外，小波变换还可以起到数据压缩和消除噪音的作用。小波包分解技术是在小波分析的基础上，将频带进行多层次划分，对多分辨分析没有细分的高频部分进一步分解，从而对信号进行更加细致的分析和重构。小波包分析在信号处理、损伤识别、图像分析等领域得到广泛的应用。

13.3.3 数据挖掘应用算法分析

根据结构损伤识别问题不同层次和不同阶段的需求，将使用不同的数据挖掘技术来解决不同的问题，这里只讨论基于振动的智能结构损伤识别方法，重点介绍特征提取与信息融合、损伤识别模型构建、在线结构损伤识别、带置信度的损伤识别等。

1.信息融合与特征提取

信息融合技术，就是通过对多传感器及观测信息的合理支配和使用，把多传感器在空间或时间上的冗余或互补信息依据某种准则进行组合，以获得被测对象的一致性解释或描述。信息融合可划分为数据层融合（Data-Level Fusion）、特征层融合（Feature-Level Fusion）和决策层融合（Decision-Level Fusion）[12]。

数据层融合是指将多个传感器测得的原始数据直接进行融合，然后对融合的数据进行统一特征提取和状态描述，其原理如图13.2所示。数据层融合所得到的精度依赖于被测量的物理模型的精度，能保持尽可能多的现场数据，但所要处理的数据量巨大、处理时间长。算术平均法和加权平均法是最简单的数据层融合方法，此外，利用互相关函数进行信息融合，可以消除测量过程中的一些特定的噪声，并且比单个传感器得到的加速度响应信号有更强的损伤表达能力[11]。

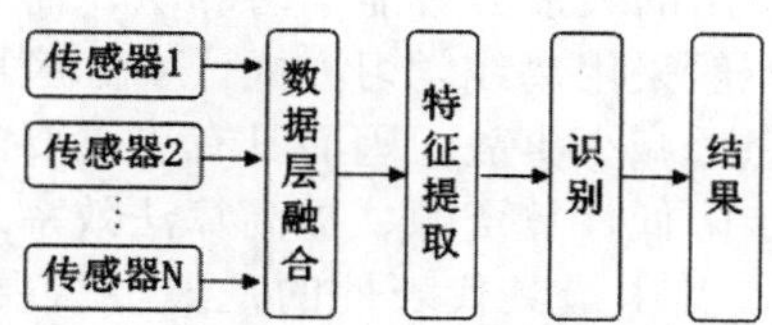

图 13.2 数据层融合原理图

特征层融合，首先对各个传感器测量的数据采用信号处理方法进行预处理，变换成统一的数据表达形式，构成特征向量，然后对提取的特征进行关联处理，其原理如图13.3所示。多传感器特征融合技术，不仅能够充分利用各传感器提供的冗余信息，而且能大大提高损伤诊断的精度。目前使用的主要方法有参量模板法、特征压缩和聚类分析、神经网络及基于知识的技术等[36]。

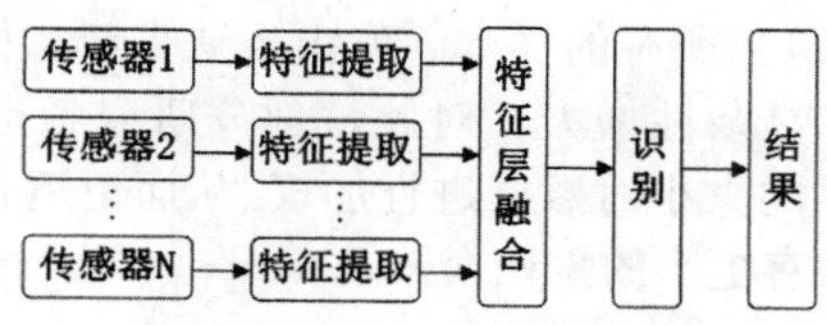

图 13.3 特征层融合原理图

决策层融合，由每个传感器先进行特征提取并做出局部判决，再在决策层上采用信息融合技术获得全局决策，如图13.4所示。其优点是能有效地反映监测目标的不同类型的信息，抗干扰能力强、容错性好、灵活性高。目前主要方法有贝叶斯推断、DemPster-Shafer证据理论、模糊集理论和集成学习等。

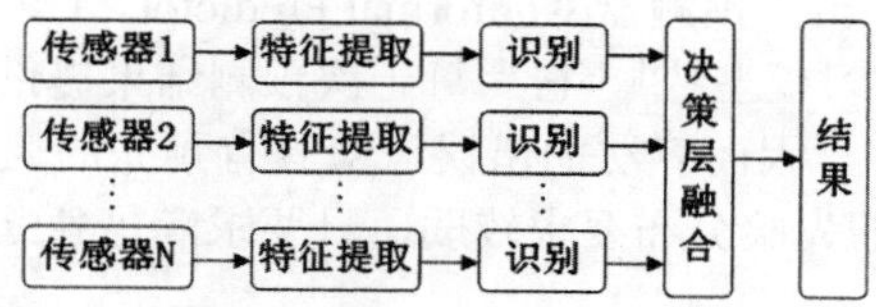

图 13.4 决策层融合原理图

特征提取包括上述主成分分析、独立成分分析、小波变换等方法。为了进一步降低结构健康监测的成本并提高识别准确率及分析速度，在特征提取的基础上可进一步进行特征选择。目前应用较为广泛的特征选择方法是过滤法，即根据数据集选择一个度量去计算每个特征对分类的重要性，然后按此进行排序，选出排名前列的若干特征作为特征子集。

2.智能损伤识别技术

结构损伤识别本质上属于模式识别问题。目前的损伤诊断方法面临的主要问题是，样本获取较难以及如何提取对损伤敏感的特征。从最初的人工神经网络在结构损伤识别领域的成功应用，数据挖掘技术在该领域的应用已越来越广泛。决策树、支持向量机、随机森林等方法已用来建立各种损伤识别模型。由于支持向量机方法在样本量较少的情况下亦能获得好的学习效果，而且避免了人工神经网络等方法的网络结构难以确定、过学习、欠学习以及局部极小化等问题，成为近年的研究热点。

迄今为止，损伤识别中所用的大多数智能学习算法，需要大量的、有代表性的训练数据，用于构建问题模型，一般采用离线学习方式。实际应用中，实时在线的监测和评估能够更及时的发现损伤隐患，减少事故，因而具有更重要的价值。为使得数据挖掘技术适合在线诊断，需要进一步降低计算资源、提高算法效率，为此研究者们提出了许多改进的支持向量机训练算法，其中最具代表性的是最小二乘支持向量机（Least-Squares Support Vector Machines, LS-SVM）[27]。LS-SVM通过使用等式约束和二次损失函数，将标准SVM方法的二次规划问题求解转化为线性方程组的求解，从而大大提高了SVM的训练速度。但是，LS-SVM方法失去了标准SVM方法的稀疏性，即解中包含的支持向量的个数很多，甚至包括全部训练样本。在此基础上，出现了最小二乘支持向量机的增量式学习算法和在线学习算法。

增量式学习方法中，样本集的容量是递增的，即随着时间的递进训练样本集合不断增大。增量式学习可以用在在线学习中，也可以用在离线学习中。当作为离线学习方法时，它并不像批量式学习方法那样一次注入所有的训练样本，而是在每次迭代过程中增加一个样本，在最后一次迭代中才包括所有的样本。但由于缺少遗忘机制，当用于在线学习时，随着样本数目的增加，计算复杂性增大。对此，部分研究者提出加权最小二乘支持向量机[15]，根据训练数据贡献量的大小对数据进行加权,从而更适合于对结构的时变参数进行在线识别,同时较增量式算法有更小的累积误差。

3.损伤识别的置信度问题

健康监测系统的错误代价日益高昂，因此各种判决需要高的可靠性。损伤识别算法应该能够对判断结果进行置信度评估，使得用户可以确定算法出错的风险，这也是其它识别算法所忽略的特性。

常用的置信度有基于预测强度的置信方法，及基于重采样的置信方法。这些方法一般依据训练数据或先验样本的分布，采用交叉验证(Cross Validation，CV)等方法估计一个有偏的、方差较大的置信度。相符预测器(Conformal Predictor，CP)也称为一致性预测器，是最近发展起来的一种置信学习模型[18]。它为每一次预测结果提供精确可控的置信度，具有理论保证的、严格的校准性，因而算法的错误风险具有预先的、完全的可控性。与贝叶斯方法相比，CP 算法对数据的先验分布要求较弱，只要求满足独立同分布条件，因而适用范围广泛。

CP 是一种基于Kolmogorov 算法随机性理论的直推式(Transductive Inference)学习机器，

即对包括待测样本和已知样本的样本序列进行随机性检验，给出序列符合假设分布（独立同分布）的量化估计，这个估计值就是待测数据被正确分类的置信度[30]。预先指定一个置信度水平，算法把所有大于该置信度的分类作为预测结果，实现域预测(Region Prediction)，而不是传统机器学习算法输出的点预测(Point Prediction)。此外，CP 算法在本质上是在线的，即测试样本依序出现，每一个测试样本在下一个测试样本到来前获得真实类别，并被加入到训练样本集中，因此特别适合结构损伤的在线检测[8]。

13.3.4 结构损伤系统实现案例

本节将给出两种利用数据挖掘技术在Benchmark模型上实现损伤识别的系统方法。

Benchmark模型简介：Benchmark模型结构如图13.5a所示[1]。Benchmark模型由Ventura 等在UBC（University of British Columbia）建造，该模型为1/3缩尺的4层2×2跨钢框架结构，每层平面尺寸为2.5m×2.5m，层高0.9m，每层各有8根斜撑，根据各层楼板处放置的钢板位置及质量，结构体系可分为对称和非对称两类。图13.5b 显示了传感器的安放位置。

(a) Benchmark结构

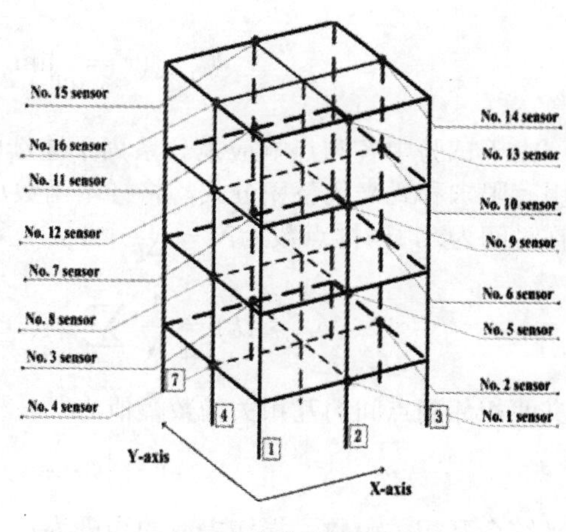

(b) 传感器位置

图 13.5 Benchmark模型(取自文献 [1])

13.3.4.1 基于SVM与互相关函数的结构损伤识别

1. 数据采集

本例采用上述Benchmark结构模型第II阶段的研究作为实验的损伤数据，损伤情况如表13.1所示，共7种损伤模式，对每种损伤模式采集9个损伤样本，共计63 个样本。

2. 损伤特征提取

互相关函数（Cross-Correlation Functions，CCF）描述了随机振动过程中两个样本函数，在不同瞬时幅值之间的依赖关系，它可以反映两条随机振动信号波形随时间坐标移动时，相互关联的紧密性。结构在随机振动下（如地震、风作用、交通荷载及其它随机激励），两相邻测点的响应可视为两个实平稳随机过程 x_1 和x_2，它们之间的互相关函数

表 13.1 第Ⅱ阶段各种损伤模式位置及程度

损伤模式	损伤情况
RB	完全斜撑框架、无损伤
DP1B	完全斜撑框架、第一层框架在x方向上的两道斜撑各缺失一根斜撑杆，该层x方向斜撑提供的侧向刚度损失50%
DP2B	损伤位置与DP1B相同，但仅其中一道斜撑缺失一根斜撑杆，该层x方向斜撑提供的侧向刚度损失25%
DP3B	同DP1B，另外第三层中x方向上的其中一道斜撑缺失一根斜撑杆，该层x方向斜撑提供的侧向刚度损失25%
RU	完全无斜撑框架、无损伤
DP1U	x方向上的两榀框架中第一层的3个梁柱节点和第2层的2个梁柱节点发生转动刚度减小的损伤
DP2U	x方向上的两榀框架中第一层的2个梁柱节点发生转动刚度减小的损伤

为[11]：

$$\phi_{x_1,x_2}(\tau)=E[x_1(t)x_2(t+\tau)]=\int_{-\infty}^{\infty}\int_{-\infty}^{\infty}x_1x_2p(x_1,x_2)dx_1dx_2 \tag{13.1}$$

假定随机振动响应满足各态历经性，互相关函数可用单个样本的时间历程来平均，即：

$$\phi_{x_1,x_2}(\tau)=\lim_{T\to\infty}\frac{1}{T}x_1(t)x_2(t+\tau)dt \tag{13.2}$$

由于试验中各测点响应是一系列不连续的时间序列，相关函数不能用数学式表达，因此用有限求和式来代替积分式，将样本函数用时间间隔Δt 分成一系列不连续的离散值，设采样时间为T，则样点数为$N=\frac{T}{\Delta t}+1$，互相关函数可以表示为：

$$\phi_{x_1,x_2}(k)=\frac{1}{N}\sum_{i=1}^{N-k}x_1(i)x_2(i+k),(k=0,1,\cdots,N) \tag{13.3}$$

定义两相邻测点间的互相关函数幅值为：

$$r_{i,i+1}=\left|\phi_{x_i,x_{i+1}}(\tau)\right|=\left|\phi_{x_i,x_{i+1}}(k)\right| \tag{13.4}$$

结合互相关函数，损伤提取的步骤为：

（1）利用互相关函数计算同一柱上两相邻传感器所得到的加速度响应信号的幅值。例如传感器1和传感器5为同一柱上相邻的两个传感器，传感器2和传感器6为同一柱上相邻的两个传感器等。由此方法可将16个原始信号转换为12个新的互相关信号。依次编号1（1，5），2（2，6），3（3，7），4（4，8），5（5，9），6（6，10），7（7，11），8（8，12），9（9，13）10（10，14），11（11，15），12（12，16），其中1（1，5）指的是传感器1 和传感器5进行互相关后得到的信号。以“RB”这种损伤模式的加速度响应信号为例，其在传感器1和传感器5上的原始信号分别如图13.6a、13.6b) 所示，经过互相关运算进行融合后的信号如图13.6c 所示。

（2）利用D4小波为小波基函数，将第一步得到的互相关信号进行4层小波包分解，分别得到从低频到高频16个频带成分的信号特征。

（3）计算各频带的能量，利用各频带的能量为元素构造一个特征向量S：$S=[E_{40},E_{41},\cdots,E_{4j},\cdots,E_{415}]$。由传感器1和传感器5 得到的互相关信号的7种损伤的小波包能量分布如图13.7 所示。

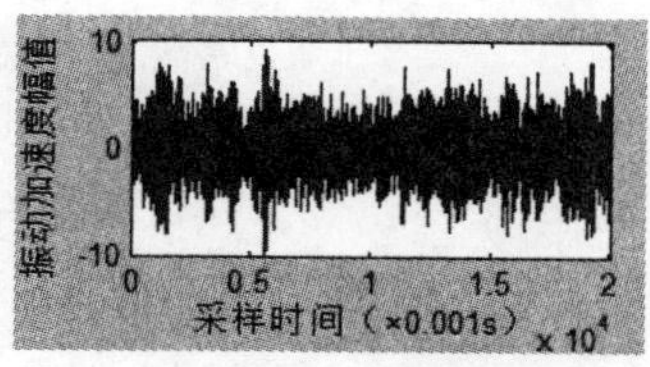

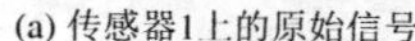
(a) 传感器1上的原始信号

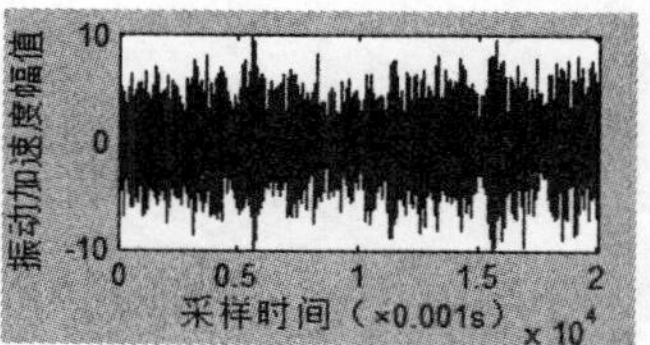

(b) 传感器5上的原始信号

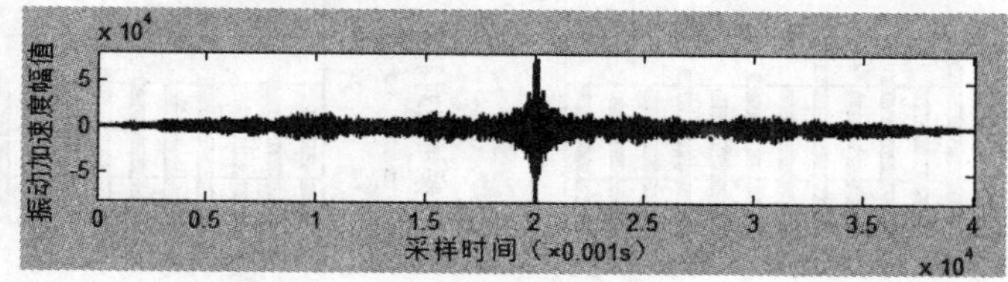

(c) 信号融合示意图

图 13.6 信号融合示意图

（4）分别对每一个互相关信号数据得到的特征向量进行归一化处理，作为训练和测试分类器性能的损伤样本。

3. 结构损伤识别模型建立

采用适合小样本情况的支持向量机作为预测模型。每一个互相关信号的能量特征向量有63个样本，包含7种损伤情况，每种损伤有9个样本。实验时，对每一个互相关数据，每次随机选取每种损伤情况的6个样本，作为训练SVM的数据，剩下的3个作为测试数据。在SVM中，核函数采用高斯径向基核函数，惩罚系数C和核函数参数gamma通过5折交叉验证获得。对12个互相关信号全部做训练和测试，测试准确率取10次的平均值。图13.8显示了7类损伤的平均准确率。

由上述结果可以看出，1（1，5），3（3，7），5（5，9），7（7，11），9（9，13），11（11，15）六个信号上的准确率比2（2，6），4（4，8），6（6，10），8（8，12），10（10，14），12（12，16）六个信号上的准确率高出很多。这是由于所有的损伤类别都发生在X轴方向上，并且传感器1，3，5，7，9，11，13，15是安置在*X*轴方向的柱上，因此，它们对损伤更加敏感，这些传感器得到的加速度响应，在不同类别的损伤之间有着更大的差异，这样就更加容易进行识别分类。根据上述分析，对于这个模型仅需要选择*X*轴方向的信号来进行损伤识别，识别准确率如表13.2所示。

表 13.2 *X*轴方向的识别准确率

损伤类别	1(1 5)	3(3 7)	5(5 9)	7(7 11)	9(9 13)	11(11 15)	平均准确率(%)
RB	100	100	100	100	100	100	100
DP1B	95	95	100	100	100	95	97.5
DP2B	96.7	96.7	96.7	100	100	96.7	97.8
DP3B	97.5	97.5	95	100	100	97.5	97.9
RU	96.7	98.0	92	97.3	94.7	95.3	95.7
DP1U	97.2	98.3	93.3	96.1	95.6	96.1	96.1
DP2U	94.3	95.2	92.9	96.7	96.2	96.7	95.3

此外，本案例中应用的方法，与其他常用的基于SVM的识别方法进行比较，结果如图13.9所示。其中，PCA+SVM 表示使用主成分分析从原始的加速度响应里提取特征向量，作为支持向量机的输入。WPD+SVM表示使用小波包分解提取特征向量，作为支持向

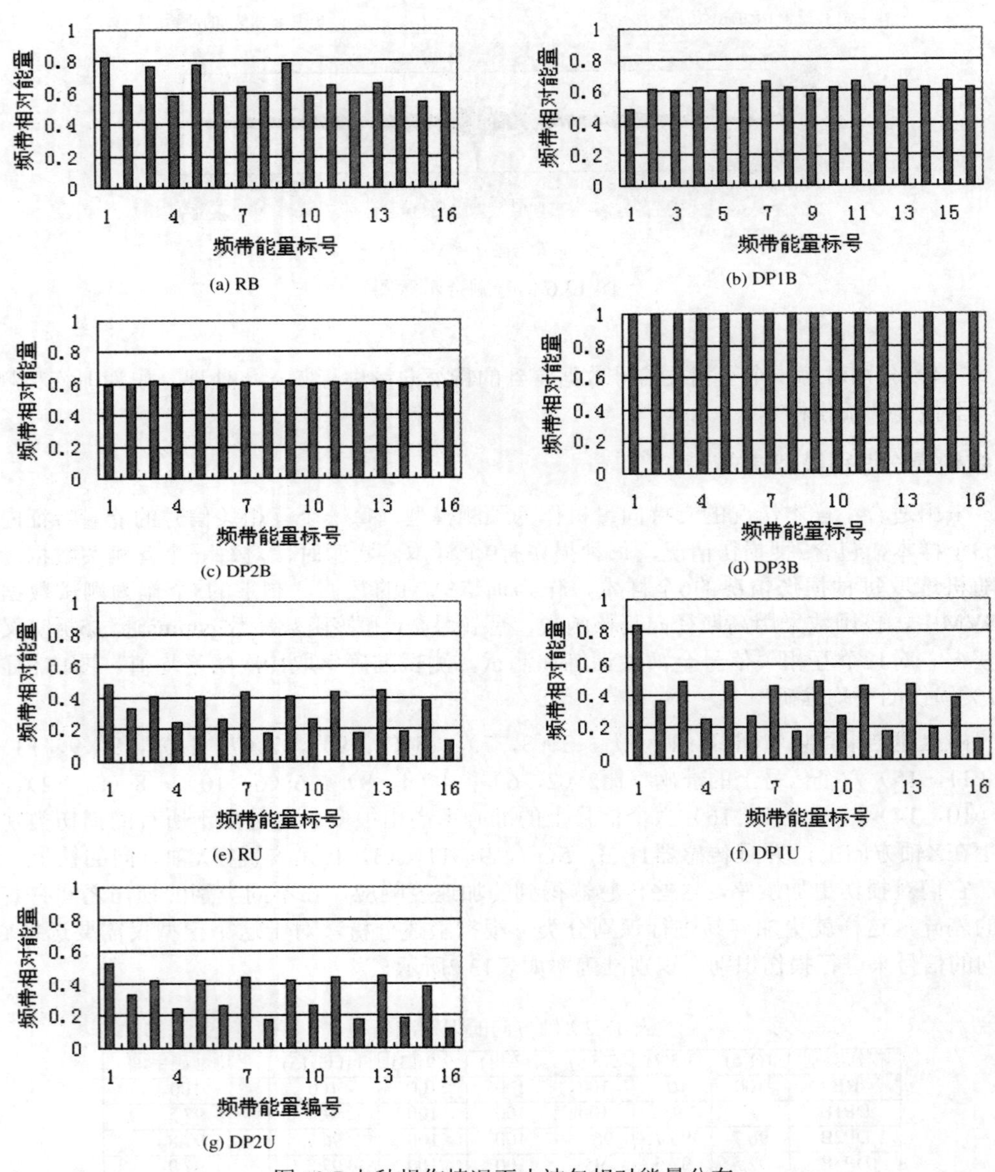

图 13.7 七种损伤情况下小波包相对能量分布

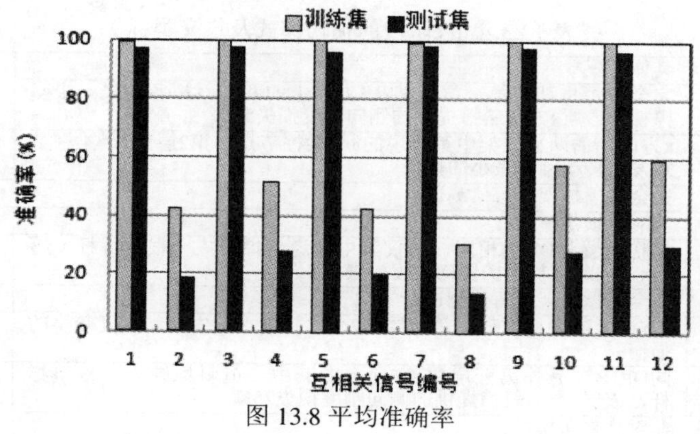

图 13.8 平均准确率

量机的输入。CCF+WPD+SVM表示上述用互相关方法进行识别。

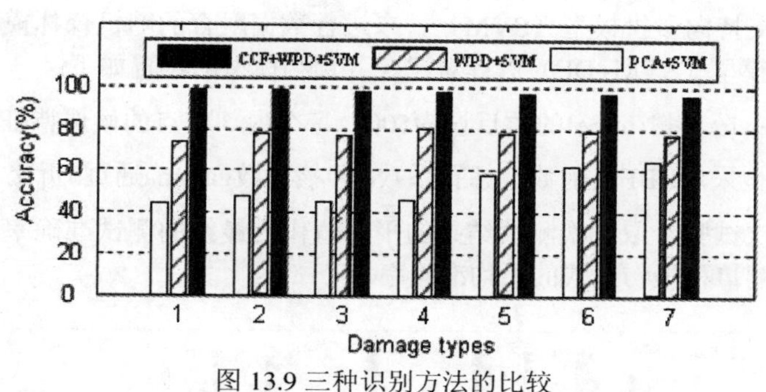

图 13.9 三种识别方法的比较

本例的实验结果表明，利用互相关函数，可以有效提取对损伤敏感的特征，并取得了比原始数据直接作为输入以及PCA处理方法更好的损伤识别效果。

13.3.4.2 基于随机森林和特征层数据融合的结构损伤识别

1.数据采集

本例采用的数据来自上述Benchmark结构模型研究的第Ⅱe阶段，第Ⅱe阶段是在第Ⅱ阶段的基础上，又增加了两种非对称损伤模式和两个盲性测试，即由原来的7种损伤模式增加到11种损伤模式，如表13.3所示，每种损伤模式各采集9个样本，则共计99个样本。

2.特征提取和特征融合

由于Benchmark结构模型的损伤均发生在轴方向上，本节只考虑轴方向上的8个传感器（测点详见图13.5b），采用db4小波对轴方向上的8个传感器所测得的振动加速度响应信号进行5层小波包分解，各得到32个频带能量，将轴方向上的8个传感器信号的频带能量进行特征层融合（参考图13.3 所示的特征层融合原理），则得到256维的特征向量。

3.结构损伤识别模型建立及实验对比

采用随机森林和特征层数据融合构建损伤预测模型。随机森林是Breiman 提出的一种基于CART决策树的组合分类器[14]。本例中随机森林采用R语言软件包来实现[28]，并与未

表 13.3 第Ⅱe阶段的损伤模式及定义类标

损伤类型	具体情况	定义类标
DP1B	完全斜撑框架、第一层框架在x方向上的两道斜撑各缺失一根斜撑杆，该层x方向斜撑提供的侧向刚度损失50%	1
DP1U	x方向上的两榀框架中第一层的3个梁柱节点和第2层的2个梁柱节点发生转动刚度减小的损伤	2
DP–1B	完全斜撑框架的盲信测试1	3
DP1Uu	非对称损伤模式1	4
DP2B	损伤位置与DP1B相同，但仅其中一道斜撑缺失一根斜撑杆，该层x方向斜撑提供的侧向刚度损失25%	5
DP–2B	完全斜撑框架的盲信测试2	6
DP2U	x方向上的两榀框架中第一层的2个梁柱节点发生转动刚度减小的损伤	7
DP3B	同DP1B，另外第三层中x方向上的其中一道斜撑缺失一根斜撑杆，该层x方向斜撑提供的侧向刚度损失25%	8
DP3Bu	非对称损伤模式2	9
RB	完全斜撑框架、无损伤	10
RU	完全无斜撑框架、无损伤	11

进行数据融合的支持向量机模型（SVM）、未进行数据融合的随机森林模型（RF）和经过数据融合的SVM模型（SVM+DF）进行对比。各预测模型的设置如下：

RF预测模型：分类树(ntree)的数目设为500，每个内部节点的候选特征数(mtry)取8。

SVM预测模型采用RBF核函数，惩罚系数C和核参数gamma通过5折交叉验证获得。

随机进行10次试验，取10次测试结果的平均值作为最终的测试准确率。图13.10显示了四种方法分别检测11种损伤模式的平均准确率。

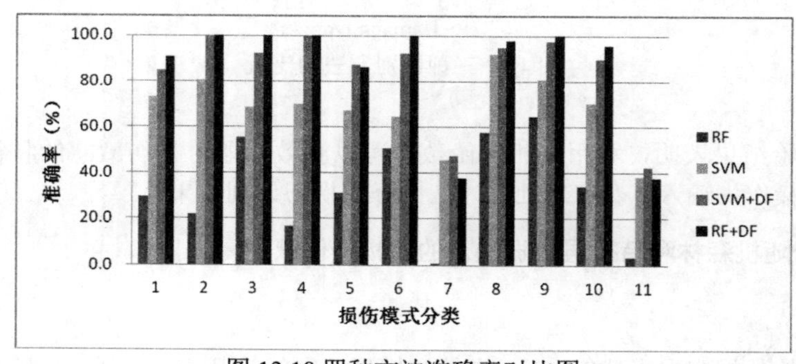

图 13.10 四种方法准确率对比图

图13.11和表13.4显示了四种方法分别进行10次实验在各类损伤情况下的平均标准差和总体的平均标准差。

表 13.4 四种方法总体标准差的平均值

方法	RF	SVM	SVM+DF	RF+DF
标准差（$*10^{-2}$）	1.20	7.56	6.18	0.94

上述结果表明，将多传感器测得的信号进行小波包分解后的频带能量进行特征层数据融合，能有效弥补单一检测点损伤信息表征不完整的不足，使损伤特征更加明显，从而提高检测系统的鲁棒性和识别精度。同时实验也表明，本例中基于随机森林的损伤识别方法能取得比基于支持向量机方法更好的识别稳定性。

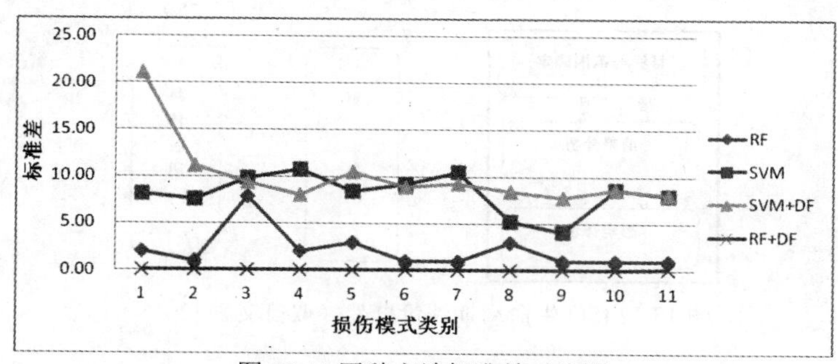

图 13.11 四种方法标准差对比图

§13.4 数据挖掘在建筑环境影响评价中的应用

建筑环境影响评价是随着建筑行业的快速发展和人类可持续发展理念的进步，而提出的一项前沿的研究内容。与其他评价对象（产品、处理过程或活动）相比，建筑环境影响评价涉及的评价过程复杂、环境影响因子众多。利用数据挖掘方法，可以实现自动化的清单分析及影响评价，挖掘建筑材料及过程与环境污染之间的复杂关系，从而给出更精确、更稳健的建筑生命周期评价。数据挖掘方法在该领域具有广泛的应用前景和重要的应用价值。

13.4.1 应用背景

全球性生态环境的迅速恶化是21世纪人类生存和发展所面临的重大问题。其中，全球气候变化所带来的危机，已成为国际社会普遍关注的焦点之一。气候变化造成的海平面上升、粮食减产、淡水资源耗竭等为人类及生态系统带来巨大的灾难。气候变化与环境污染的首要因素是温室气体（Green House Gases，GHG)的排放，而建筑物是产生GHG的主要来源。建筑施工行业消耗的材料占全球经济的40%，其产生的GHG和酸雨占全球排放量的40-50%。因此，必须采取有效的建筑适应策略，从而减缓对未来的环境影响。

生命周期评价（Life Cycle Assessment，LCA）是目前国际广泛采用的环境影响评估方法。LCA可以对单个产品从生产到报废的整个生命周期对环境的影响进行评价。作为新的环境管理工具和预防性的环境保护手段，LCA目前逐渐成为各国政府、科学界以及企业界高度重视的领域[24]。ISO 14000系列提供了一个执行LCA 的标准框架，其中包括四个步骤，目标与范围确定、生命周期清单分析、生命周期影响评价和解释[20]（如图13.12所示）。

（1）目标和范围的确定：该部分用以说明开展LCA研究的目的，划定研究的系统边界，并对功能单元、数据要求、假设条件等进行阐述，确保研究的深度、广度、精度与要求的目标一致。

（2）清单分析：生命周期清单（Life Cycle Inventory，LCI）分析是对所研究的产品系统整个生命周期过程中的输入输出项目进行编目和量化的过程，包括数据收集和计算。

（3）影响评价：生命周期影响评价（Life Cycle Impact Assessment，LCIA）是对清单分析中所辨识出来的环境负荷的影响，作定量或定性的描述和评价。

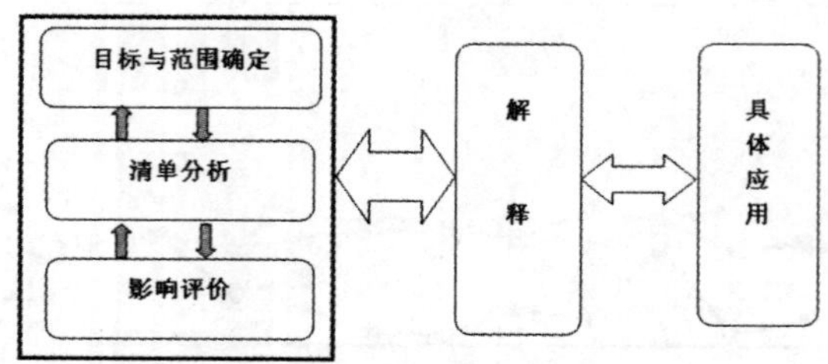

图 13.12 ISO 生命周期评价框架（取自文献 [20]）

（4）解释：该部分是按照研究目标和范围的规定，对LCI和LCIA的研究结果进行识别、判定、检查，并加以表述形成结论，其中包括重大问题识别、完整性检查、敏感性检查、一致性检查等要素。

LCA方法涉及众多指标的权衡和价值的判断。由于建筑结构本身设计复杂、生命周期长、历经的变化大及所涉及的环境影响因子众多，使得建筑生命周期评价成为LCA中一个重要但困难的研究领域。例如，据估计，一个较完整的建筑LCA需要几十万个基础数据，完成一种产品的生命周期评价的成本在15,000～300,000美元之间，完成一个建筑LCA项目一般要半年到一年的时间[9]。目前已有的LCA方法和工具都无法对建筑结构的完整生命周期做出合理评价。

此外，LCA仅仅是一个环境管理和决策支持工具，无论是理论上，还是实践方法上都有其局限性。理论方面，LCA主要考虑的是潜在的生态环境影响。目前还没有考虑区位因子的影响，无法对实际影响做出评估。LCA的结果所提供的信息只是一个简单的指导，掩盖了很多重要的信息，如数据质量对评价的影响、研究的时效性问题、指导措施的经济性等。此外，在整个LCA中存在着大量的主观判断，常常缺乏足够的科学、技术数据支持。在实践方面，目前的研究受到时间、经费、数据及方法的限制，往往只是进行从“摇篮到大门”的研究，而且缺乏透明性和可比性。所使用的方法对一项产品的整个系统或一系列工艺过程，进行全面评价还十分困难。因此，通常将研究问题简化成静态线性的。如，环境过程和自然生态系统是随时空变化的，而生命周期影响评价不考虑时空特性，认为排放、废物和资源消耗信息，是一段时间内不同地方特性的一种组合；其次，环境过程或自然生态系统可能存在一种非线性的剂量-反应关系，而现有的评价方法往往假设系统负荷与环境之间存在一种简单的线性关系。

面对巨大的挑战，各国的研究人员正在寻求解决方法，努力提高将LCA作为设计阶段的一个重要决策支持工具的可能性。随着数据挖掘方法的广泛应用，国际上已开展积极的研究与探索，意图利用数据挖掘方法强大的学习能力，实现自动化的清单分析及影响评价，从而给出更精确、更稳健的生命周期评价，同时克服传统的标准化分析方法往往不能挖掘出数据中潜在的关系，所给出的结果是局部的、不稳健的等缺点。如，美国自然科学基金委、欧盟环境部长委员会均设“信息驱动的可持续发展研究”等专项研究项目开展研究。应用数据挖掘技术，可以解决建筑生命周期评价问题中，仅从建筑生态学角度无法解决的难题。作为一个新的、交叉学科问题，数据挖掘技术在该领域具有广阔的应用前景。

13.4.2 数据采集与预处理

清单分析主要包括数据的收集及计算过程，是LCA中重要的步骤，因为数据质量的好坏直接影响到后续分析的准确性。由于建筑结构复杂，生命周期长，建筑清单分析是一个非常耗时的过程。数据收集包括所有与数据相关的能量的输入输出，对空气、水及陆地等的消耗量及对环境影响的排放量等。

目前，可用的建筑生命周期评价数据集主要包括四个种类：公共数据库、学校、商业及工业数据库。Khasreen等人[21]总结了LCA在建筑业的应用，他们的研究包括1995年至2007年欧洲和美国的25项LCA研究，这些研究都是针对材料、产品或单一建筑物的。表13.5列出了国际上已使用和开发的部分建筑生命周期评价数据库及软件工具。

表 13.5 部分建筑生命周期评价数据库及软件工具（摘自文献 [21]）

名称	国家	功能	类型	用途	软件	网址
Athena	加拿大	数据库及分析工具	学术研究	设计决策	Eco Calculator	www.athenaSMI.ca
Bath data	英国	数据库	学术研究	产品比较	——	people.bath.ac.uk/cj219/
BEE	芬兰	分析工具	学术研究	设计决策	BEE 1.0	——
BEES	美国	分析工具	商用	设计决策	BEES	www.bfrl.nist.gov/oae/
BRE	英国	数据库及分析工具	公用	生命周期评价	——	www.bre.co.uk
Boustead	英国	数据库及分析工具	学术研究	产品比较	——	www.boustead-consulting.co.uk
DBRI-database	丹麦	数据库	公用	——	——	www.en.sbi.dk
Ecoinvent	荷兰	数据库	商用	产品比较	——	ww.pre.nl/ecoinvent
ECO-it	荷兰	分析工具	商用	设计决策	ECO-it	www.pre.nl
ECO methods	法国	分析工具	商用	设计决策	——	www.ecomethods.com
Eco-Quantum	荷兰	分析工具	学术研究	设计决策	Eco-Quantum	www.ecoquantum.nl
Envest	英国	分析工具	商用	设计决策	Envest	envestv2.bre.co.uk
Gabi	德国	数据库及分析工具	商用	产品比较	Gabi	www.gabi-software.com
IO-database	丹麦	数据库	学术研究	产品比较	——	——
IVAM	荷兰	数据库	商用	产品比较	——	www.ivam.uva.nl
KCL-ECO	芬兰	分析工具	商用	产品比较	KCL-ECO 4.1	www.kcl.fi/eco
LCAiT	瑞典	分析工具	商用	产品比较	LCAiT	www.ekologik.cit.chalmers.se
LISA	澳大利亚	分析工具	公用	设计决策	LISA	www.lisa.au.com
Optimize	加拿大	数据库及分析工具	——	设计决策	——	——
PEMS	英国	分析工具	公用	产品比较	Web	——
SEDA	澳大利亚	分析工具	公用	生命周期评价	SEDA	——
Simapro	荷兰	数据库及分析工具	商用	产品比较	Simapro	www.pre.nl
Spin	瑞典	数据库	公用	产品比较	——	195.215.251.229/Dotnetnuke

由于数据集的收集和使用受到数据来源（如不同国家、地域）、范围定义、能量供给假设、能量源假设、产品规格、制造差异及经济活动等多因素的影响，已有的清单数据往往存在较高的噪音和大量缺失值，而数据的完整性及可靠性对后续分析有很大的影响。因此，去噪和缺失值补充是数据预处理的一个重要内容。研究者建议采用三种方法来克服数据问题：基于过程的分析、投入产出分析和混合分析的方法[23]。过程分析涉及每个生产过程中直接和间接的能量输入。过程分析通常从最终产品开始追溯到原材料的获取阶段。投入产出分析基于投入产出表，输入一般包括能量等自然资源，输出包括CO_2及其它排放物。这两种方法各有其优缺点。混合分析是基于过程的分析和投入产出分析两种方法的组合，能产生更好质量的数据清单。数据收集是建筑生命周期评价中关键的步骤，采用合适的方法对数据进行预处理，是实现整个生命周期评价的基础工作。

13.4.3 数据挖掘方法应用与算法分析

数据挖掘技术在生命周期评价问题中的应用尚处于探索阶段，但已初露其优势。部分学者将LCA过程看作一个多目标规划(Multi-Objective Programming，MOP)问题，采用多目标线性规划、模糊线性规划等方法求解。如图13.13所示，给定决策变量（建筑材料、构件、能量等），在约束条件（材料及能量的平衡关系）下求多个目标（经济、环境等）的极值。但如何求得最终的一个Pareto 最优解或支配解集，仍是一个问题。

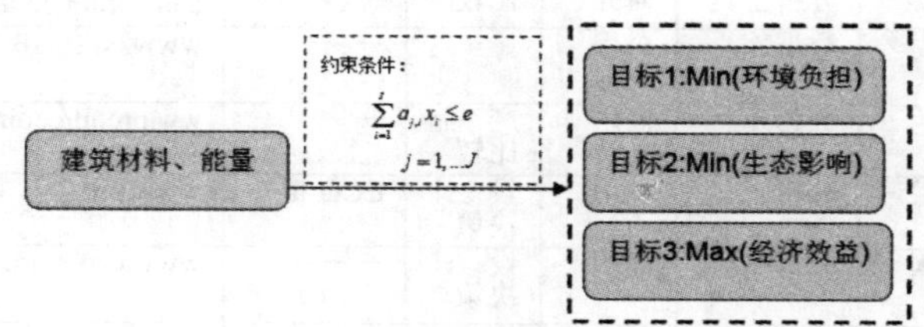

图 13.13 求解LCA的MOP示意图

此外，随着人们对建筑环保问题认识的不断深入，目前的研究方向主要集中在数据预处理、评价方法优化、大规模数据约减等方面。

1.缺失值补充

由于数据采集的复杂性，在建筑生命周期评价中所用的数据集一般都具有大量的缺失数据、无效数据或不可用数据。缺失值对评价结果有很大影响。建筑环境影响评价，涉及众多功能模块和环境影响因子，人工填充这些缺失值代价高，而且缺乏统一的标准。因此，采用数据挖掘方法自动估计这些缺失值，可以减少评估代价，提高评估可靠性。为了更容易利用数据挖掘方法解决建筑生命周期评价问题，将数据集看作如下一个二维矩阵，如表13.6所示。

表 13.6 生命周期评价数据集

	影响因子I_1	影响因子I_2	···	影响因子I_m
功能模块1	$I_{1,1}$	I1,2	···	$I_{1,m}$
功能模块2	$I_{2,1}$	I2,2	···	$I_{2,m}$
···	···	···	···	···
功能模块n	$I_{n,1}$	$I_{n,2}$	···	$I_{n,m}$

目前常用的有三种方法重构缺失值[26]。(1) 均值插补。数据的属性分为定距型和非定距型。如果缺失值是定距型的，就以该属性存在值的平均值来插补缺失的值；如果缺失值是非定距型的，就根据统计学中的众数原理，用该属性的众数(即出现频率最高的值)来补齐缺失的值。(2) 采用K近邻方法（K-Nearest Neighbors，KNN）。首先，寻找每个功能模块的K个近邻，然后利用这K个近邻的中值作为填充值。(3) 极大似然估计（Max Likelihood ,ML）。在缺失类型为随机缺失的条件下，假设模型对于完整的样本是正确的，那么通过观测数据的边际分布，可以对未知参数进行极大似然估计，这种方法适用于样本数目较大的情况。此外，还有研究者提出采用聚类迭代的方法。首先随机初始化缺失值，利用K-means按某一给定数目将功能模块聚类，然后，在当前聚类中选取到其它所有点的距离之和最小的点（称为medoid点）代替缺失值。重复这个迭代过程，直到算法收敛或达到最大迭代次数。

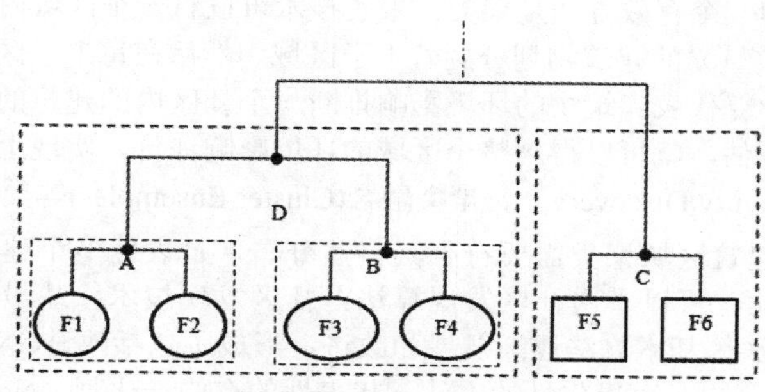

图 13.14 属性间显式相关性

2.属性选择

建筑生命周期评价涉及的属性数量大，分析层次多。如一个完整的建筑生命周期评价需要考虑地基、建筑结构、屋顶、外墙等建筑材料；建造施工阶段的能源、设备、运输等；使用阶段的水、电、热消耗等；维护阶段的各种耗材及最终拆毁阶段的建造垃圾等众多属性对环境的影响。这些属性之间又具有极为复杂的关系，需要从多层次考虑属性的选择。同时，特征的选择还需要从实际出发，考虑其经济性、稀缺性等条件。这使得属性与环境之间的影响关系变得非常复杂。从众多的属性（特征）中选择与环境影响最相关的一组属性，实际上就是特征选择问题。特征选择能剔除不相关或冗余的特征，从而达到减少特征个数，提高模型精确度，减少运行时间的目的。另一方面，选取出真正相关的特征简化了模型，使研究人员易于理解数据产生的过程。

现有的特征选择研究，以预测准确率及相关形式指标，评价学习机器的泛化性能。从特征评价准则和搜索方法两方面，不断改进或提出新的算法，尽可能地提升学习机器在所选特征子集上的预测准确率。准确率越高，则认为其所选出的特征子集越有效。然而，在建筑生命周期评价属性选择问题中，准确率高不能完全代表所选属性越有效。一个高准确率的属性集可能完全不符合建筑要求。建筑属性选择还需要考虑材料的经济性、易获取性及材料之间的条件相关性等特点。因此，建筑属性选择需要考虑条件相关特征选择，该问题可以描述如下。

不同的属性或属性组之间存在相关性。如图13.14所示，特征F1，F2属于同一构件A，特征F3，F4属于同一构件B，特征F5，F6属于同一构件C，而构件A 和B又属于同一建筑物品D等关系。可以看出属性之间具有显式相关性，即数据挖掘中具有‘must-link’约束的特征选择问题。因此，建筑生命周期评价的特征选择问题，需要研究满足特征之间最小冗余的最大条件相关性，主要包括，相关冗余指标的度量和搜索策略的设计。

3.大规模建筑区域评价

随着我国各类开发活动进入到成片统一开发的阶段和可持续发展战略的实施，开展建筑区域环评的必要性和迫切性日益突出。然而，目前的环境影响评估方法还主要是针对单个项目（建筑物、产品等），极少有针对区域（如学校、开发区、城市等）等大规模群体的研究。单个建筑物的环评已是一个成本高、耗时长的工作，一个区域包含的建筑物成百上千，且几乎每一个建筑物都不相同。对每一个建筑物都建立一个优化模型，无论是时间上还是代价上都是不可能的。因此，如何利用数据挖掘技术，减少大规模建筑区域评估数量，是一个重要的研究方向。

减少评估数量的一个有效方法是聚类。聚类技术可以将一个区域内具有相似环境影响（如相似的GHG排放量）的建筑物划分到若干子区域。然后在每个子区域选择少量具有代表性的建筑。通过计算代表建筑物的环境影响推断一个社区内的建筑的环境影响。最后，通过集成子区域的评估，就可以得到整个区域的环境影响评价。实现上述聚类过程可以利用社区发现（Community Discovery）、聚类融合(Cluster Ensembles)等数据挖掘技术。

(1)社区发现。建筑区域聚类需要符合其自然分布，且表达多个建筑个体具有类似的环境影响特性。因此，可以采用社区发现算法。社区发现技术，从最初的图分割方法、层次聚类法、GN算法等基本算法逐渐发展和改进，形成了包括改进GN算法、局部社区算法和web社区发现等，更具可操作性的方法。代表性的有归一化割（Normalized Cut），基于Modularity 值（通常也叫Q值）的社区发现，及将社区发现问题转换为矩阵逼近（Matrix Approximation）的优化问题等。现有的社区发现算法大都只利用潜在目标的结构或地理性质，即社会或地域关系，忽略了可用的语义内容的信息，即对象的特质信息。建筑社区不仅是地理上接近，而且是属性、语义相关的，这需要扩展现有的社区发现算法，同时利用地理信息和建筑属性信息，建立异构聚类算法。

(2) 聚类融合。为提高聚类的稳定性和准确性，自2002年Strehl和Ghosh提出聚类融合的概念后，许多学者开展了这方面的研究。聚类融合是指将多个对一组对象进行划分的不同结果进行合并，从而得到比单一聚类更好的效果。聚类融合的原理如图13.15所示[17]。给定一个数据集$X = x_1, x_2, \cdots, x_n$，用m 次聚类算法得到m 个聚类结果，称之为聚类成员，$H = h_1, h_2, \cdots, h_m$，其中$h_k \in H$ 为第k次算法得到的聚类结果。设计一种共识函数Γ，对这m 个聚类成员的聚类结果进行合并，得到一个最终的聚类结果h'。

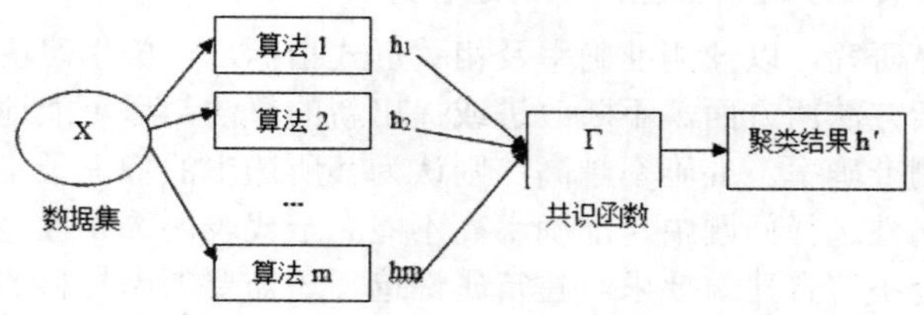

图 13.15 聚类融合算法示意图

目前的研究主要集中在聚类成员产生的有效性和差异性研究，及共识函数设计方面。事实上，任何聚类算法都对数据集本身有一定的预先假设。根据“No Free Lunch”理论，如果数据集本身的分布并不符合预先的假设，则算法的结果将毫无意义，甚至可以说该结果只是给数据集强加了一个虚构的分布。因此，面对特定的应用问题，如何用有限的先验知识或背景信息指导聚类具有重要意义。目前基于约束的半监督聚类已逐渐引起一些学者的重视[22] [31]，这些研究，主要是将约束内嵌到聚类的过程中。如结合了约束信息的COP-KMeans方法。采用有标签的数据产生一个种子集的Seeded-Kmeans方法。这些方法都是利用约束条件指导聚类成员的生成。

在区域规划等问题中，专家知识或先验信息在不同的评估方案中可能具有较大差异，采用已有的半监督聚类融合方法，就必须重构聚类成员。此外，迁移学习、多任务学习等问题在不同条件或任务需求下，先验或背景信息也往往会发生改变，重新应用基于约束的聚类带来昂贵的计算代价。因此，在建筑生命周期评价问题中，利用先验或背景知识，构建更具有普遍意义和实际应用效果的聚类融合方法，对提高半监督聚类融合的可移植性，和聚类成员的可重用性等问题具有重要的研究意义。

建筑生命周期评价是实现人类可持续发展必须考虑的问题，在未来的经济和社会发展中占有重要的地位。数据挖掘技术在该领域的应用，已逐渐成为信息学科一个重要的研究方向。近几年，计算机学科在国际上已经开始组织专门面向可持续发展的各种会议及专题。这些活动的主旨就是通过解决可持续发展为人工智能领域带来的新的挑战，促进人工智能与可持续发展交叉学科的理论和应用研究，同时，也可以丰富和拓展人工智能的研究内容。因此，数据挖掘技术在建筑环境影响评估领域具有广泛的应用前景。

§ 13.5 本章小结

本章对数据挖掘方法在建筑行业的应用进行概述。重点介绍了结构损伤识别和建筑环境影响评价中的数据挖掘方法，包括信息融合、特征提取、在线损伤识别、带置信度的损伤识别、基于条件相关性的特征选择及基于约束的聚类融合等数据挖掘技术。在结构健康监测与可持续发展的重要性和必要性日益突出，建筑结构越来越复杂，评价过程越来越困难的今天，以上技术在复杂建筑结构数据挖掘中扮演着重要角色。

建筑结构损伤识别与建筑环境影响评价，是涉及人类自身安全及改善生态环境的重要措施。目前，已有的土木工程及建筑生态学方法在这些领域遇到了极大的困难，数据挖掘技术具有强大的信息处理能力可以为这些难题的解决提供技术支持。同时，这些问题的出现，也为数据挖掘方法提出了新的挑战，必须发展出新的算法及模型。这也是应用数据挖掘技术解决实际问题必要的过程。

结构健康监测与建筑环境影响评价等问题中应用的数据挖掘覆盖范围广泛，涉及方法也多种多样，这里只是为相关技术提供基础的学习内容，进一步的深入研究可以查看相关的文献资料。

§ 13.6 术语解释

1. **结构健康监测（Structural Health Monitoring）**：是指针对工程结构的损伤识别及其特征化的策略和过程。
2. **结构损伤（Structural Damage）**：指的是结构材料参数及其几何特征的改变。

3. **刚度（Stiffness）：** 施力与所产生变形量的比值，表示材料或结构抵抗变形的能力。

4. **小波变换（Wavelet Transformation）：** 是一种信号在空间（时间）和频率的局部变换。以某些特殊函数为基，将数据过程或数据系列变换为级数系列，以发现它的类似频谱的特征，从而实现数据处理。

5. **生命周期评价（Life Cycle Assessment）：** 是一种评价产品、工艺或活动，从原材料采集，到产品生产、运输、销售、使用、回用、维护和最终处置整个生命周期阶段有关的环境负荷的过程。

6. **清单分析（Life Cycle Inventory）：** 生命周期评价中的清单分析是对产品，工艺过程或活动等研究系统整个生命周期阶段，资源和能源的使用及向环境排放废物进行定量的技术过程。

参考文献

[1] *Benchmark*模型结构. http://www.ca.cityu.edu.hk/asce.shm/.

[2] 何正嘉，孟庆丰，赵纪元. 机械设备非平稳信号的故障诊断原理及应用. 科学出版社, 2001.

[3] 韩大建，王文东. 基于振动的结构损伤识别方法的近期研究进展. 华南理工大学学报(自然科学版), 31(1):91~96, 2003.

[4] 刘龙，孟光. 支持向量回归算法在梁结构损伤诊断中的应用研究. 振动与冲击, 25(3):99~100, 2006.

[5] 黄天立. 结构系统和损伤识别的若干方法研究[D]. PhD thesis, 上海: 同济大学, 2007.

[6] 张茂雨. 支持向量机方法在结构损伤识别中的应用[D]. PhD thesis, 上海: 同济大学, 2007.

[7] 胡国庆. 基于核主元分析的结构振动信号特征提取研究. Master's thesis, 武汉理工大学, 2009.

[8] 杨帆，罗键，王华珍，彭彦卿，米红. 基于核函数优化的相符预测器在故障检测中的应用. 天津大学学报, 42(7):612~621, 2009.

[9] 赵薇. 基于准动态生态效率分析的可持续城市生活垃圾管理. PhD thesis, 天津大学, 2009.

[10] 刘文凤. 数据挖掘在公共建筑能耗分析中的应用研究. Master's thesis, 重庆大学, 2010.

[11] 雷家艳，姚谦峰，雷鹰，刘朝. 基于随机振动响应互相关函数的结构损伤识别试验分析. 2011.

[12] 周青青. 基于数据融合的结构损伤识别方法研究. Master's thesis, 2013.

[13] A. Bellino, A. Fasana, L. Garibaldi, and S. Marchesiello. *Pca-based detection of damage in time-varying systems*. Mechanical Systems and Signal Processing, 24(7):2250~2260, 2010.

[14] L. Breiman. *Random forests*. Machine learning, 45(1):5~32, 2001.

[15] 薛松涛，张茂雨，唐和生，陈镕. 加权特征向量*ls－svm* 在线结构损伤识别. 四川建筑科学研究, 33(3):62~66, 2007.

[16] 赵学风，段晨东，刘义艳，韩旻. 基于小波包变换的支持向量机损伤诊断方法. 振动. 测试与诊断, 28(2):104~107, 2008.

[17] X. Z. Fern and W. Lin. *Cluster ensemble selection*. Statistical Analysis and Data Mining, 1(3):128~141, 2008.

[18] A. Gammerman and V. Vovk. *Hedging predictions in machine learning the second computer journal lecture*. The Computer Journal, 50(2):151~163, 2007.

[19] H.S.Sohn, C.R.Farrar, F.M.Hemez, et al. *A review of structural health monitoring literature: 1996~2001*. 2003.

[20] ISO. *14040 environmental management-life cycle assessment-principles and framework*. London: British Standards Institution, 2006.

[21] M. M. Khasreen, P. F. Banfill, and G. F. Menzies. *Life-cycle assessment and the environmental impact of buildings: a review*. Sustainability, 1(3):674~701, 2009.

[22] T. Li and C. Ding. *Weighted consensus clustering*. proceedings of 2008 SIAM International Conference on Data Mining, pages 798~809, 2008.

[23] J.-H. Park and K.-K. Seo. *A knowledge-based approximate life cycle assessment system for evaluating environmental impacts of product design alternatives in a collaborative design environment*. Advanced Engineering Informatics, 20(2):147~154, 2006.

[24] J. Reap, F. Roman, S. Duncan, and B. Bras. *A survey of unresolved problems in life cycle assessment*. The International Journal of Life Cycle Assessment, 13(5):374~388, 2008.

[25] H. Song, L. Zhong, and B. Han. *Structural damage detection by integrating independent component analysis and support vector machine*. In Advanced Data Mining and Applications, pages 670~677. Springer, 2005.

[26] N. Sundaravaradan, M. Marwah, A. Shah, and N. Ramakrishnan. *Data mining approaches for life cycle assessment*. In Sustainable Systems and Technology (ISSST), 2011 IEEE International Symposium on, pages 1~6. IEEE, 2011.

[27] J. A. Suykens and J. Vandewalle. *Least squares support vector machine classifiers*. Neural processing letters, 9(3):293~300, 1999.

[28] V. Svetnik, A. Liaw, C. Tong, J. C. Culberson, R. P. Sheridan, and B. P. Feuston. *Random forest: a classification and regression tool for compound classification and qsar modeling*. Journal of chemical information and computer sciences, 43(6):1947~1958, 2003.

[29] P.-N. Tan, M. Steinbach, and V. Kumar. 数据挖掘导论. 人民邮电出版社, 2006.

[30] V. Vovk. *A universal well-calibrated algorithm for on-line classification*. The Journal of Machine Learning Research, 5:575~604, 2004.

[31] F. Wang, X. Wang, and T. Li. *Generalized cluster aggregation*. In IJCAI, pages 1279~1284, 2009.

[32] K. Worden and A. Lane. *Damage identification using support vector machines*. Smart Materials and Structures, 10(3):540, 2001.

[33] X. Wu, J. Ghaboussi, and J. H. Garrett. *Use of neural networks in detection of structural damage*. Computers & Structures, 42(4):649~659, 1992.

[34] Z. Ye, B. Wu, and A. Sadeghian. *Signature analysis of induction motor mechanical faults by wavelet packet decomposition*. In Applied Power Electronics Conference and Exposition, 2001. APEC 2001. Sixteenth Annual IEEE, volume 2, pages 1022~1029. IEEE, 2001.

[35] Y. Zhang, G. Zhou, Y. Xiong, and M. Rafiq. *Techniques for predicting cracking pattern of masonry wallet using artificial neural networks and cellular automata*. Journal of Computing in Civil Engineering, 24(2):161~172, 2010.

[36] Q. Zhou, Y. Ning, Q. Zhou, L. Luo, and J. Lei. *Structural damage detection method based on random forests and data fusion*. Structural Health Monitoring, 12(1):48~58, 2013.

第十四章　数据挖掘在高端制造业的应用

§14.1　摘要

随着工艺、装备和信息技术的不断发展，现代制造业(特别是高端制造业)产生和积累了大量生产过程的历史数据。这些数据中蕴含有对生产和管理有很高价值的知识和信息。然而，如何有效的利用这些数据优化生产过程、提升生产效率，成为了企业关注的焦点。因此，制造企业需要一种高效可靠的分析方法及工具，把隐藏在海量数据中有用的深层次的知识和信息挖掘出来，以提升高端制造业在控制、优化、调度、管理等各个层面分析和解决问题的能力。数据挖掘技术是解决制造业海量信息数据处理的关键技术之一。本章介绍数据挖掘技术在高端制造业的应用，重点从制造业生产流程数据的特点出发，突出过程控制的实际需求，阐明该领域数据挖掘的关键任务，并以实际的等离子屏制造数据分析和针对高端制造业海量数据分析平台设计为案例，说明数据挖掘在实际应用中的关键技术及价值。

§14.2　引言

14.2.1　制造业发展

制造业是指大规模地把原材料加工成成品的工业生产过程。高端制造业是指制造业中新出现的具有高技术含量、高附加值、强竞争力的产业。典型的高端制造业包括电子半导体生产、精密仪器制造、生物制药等。这些制造领域往往涉及到严密的工程设计、精确的过程控制和材料的严格规范。产量和品质极大地依赖流程管控和优化决策。因此，制造企业不遗余力地采用各种措施优化生产流程、调优控制参数、提高产品品质和产量，从而提高企业的竞争力。

随着计算机、微处理器、传感器、数模信号转换器等电子技术的发展，采集数据的能力也变得更加的强大。高端制造企业利用这些技术能够更好地收集和管理生产流程数据，也使得企业累积的相关数据在日益增多的同时也变得更加丰富、完备、准确。

这些采集的数据来源于实际生产，并与生产设计、机器设备、原材料、环境条件等生产要素信息高度相关。通常分析人员很难察觉的参数间关联模式和影响品质的重要生产要素等信息，通过数据分析能被有效挖掘并转换成有价值的生产制造知识，从而能够在实际应用中改进产品品质、提升产品性能和生产效率，最终达到提高企业行业竞争力的目的。

然而，高端制造业的数据特点使得数据分析面临很多挑战:

1. 7×24的自动化生产方式和新数据采集工具的使用使得数据量急剧增长，需要强大的数据分析能力来支撑；
2. 大量过程控制参数造成的数据高维特性对数据分析效率和分析结果的准确性提出了更高要求；
3. 产生和收集数据的方式不同造成数据的多样性。因而，有效的集成数据并保证数据的一致性也变得更加的困难。

基于以上数据特点，从海量数据中依靠传统信息系统进行查询和报警或单纯利用专家经验来分析和发现潜在有价值的信息已经变得不太现实。因此，企业需要利用数据分析技术、工具或平台智能地从大量复杂的生产原始数据中发现新的模式和知识做为改善生产过程的决策依据，系统性地提高生产效率。

14.2.2 高端制造业中的数据挖掘

数据挖掘是数据分析的核心技术和工具。数据挖掘技术在诸如互联网、零售、广告投放等服务类行业得到广泛的应用，但是在国内，用于大规模的工业制造还处在研究和起步阶段。海量高端制造业数据的积累，已经使设计和开发基于制造业数据的挖掘分析和知识发现工具及平台成为了必然趋势。一方面，从庞大的生产数据中挖掘出的信息被充分运用以指导生产过程、协助生产决策，成为了提升高端制造业产能和效率的突破口。另一方面，清晰理解数据挖掘在制造过程中的应用流程[10]和重要的应用节点，能帮助分析人员更有条理的整理生产数据、使用分析工具和更快地提取有价值的知识（见图14.1）。数据挖掘流程描述如下：

图 14.1 制造业中数据挖掘流程

1.任务定义

任务定义阶段主要是明确应用数据挖掘技术要解决的生产问题和要达到的目标。从实际问题出发对分析任务进行充分的定义，筛选掉与问题不相关的大量无用数据，将使得后续的数据选择和数据预处理更有效。同时，任务定义阶段需要明确如何使用挖掘的结果。通常情况下，挖掘结果有如下两类用途：

(1)干预或预测 挖掘结果能用于调整参数、改善流程、优化制造系统。

(2)描述或加深理解 挖掘结果的有效展示能帮助制造业分析人员对复杂的生产过程有更深的理解。

2.领域专家知识管理

领域专家知识管理能将经验性的信息结合进数据挖掘过程，从而能辅助挖掘过程产生符合领域规范并且可行性高的分析结果。这些分析结果通过实际的运用和验证转化为新的领域知识并被有效管理。

3.数据选择

数据选择根据具体的分析任务从原始生产数据中整理和挑选出可能与目标相关的数据集合。数据选择的本质是缩小后续步骤寻找相关结果信息的搜索空间、减少无关因素的影响、提高数据分析的效率。

4.数据预处理

数据预处理通过转换数据格式、合并相关要素、并结合领域专家知识产生统一的待分析数据集，为数据挖掘算法和工具提供合理的输入。

5.数据分析

数据分析是利用算法进行实际数据挖掘的阶段。数据分析旨在从输入数据中建立联系、寻找模式、发掘价值。运用数据挖掘技术是数据分析阶段的核心工作，根据不同的分析任务和目标可以选用不同的数据挖掘技术。典型的数据挖掘技术包括：回归分析、分类、聚类、离群点检测、关联分析和序列模式提取等。

6.报告和可视化

数据分析的输出结果通过报告的形式展示给用户。报告将数据挖掘方法的输出结果以行业用户能够理解的方式表达出信息。通常以量化的结论和可视化的图形作为信息载体，能更有效地帮助用户理解分析结果。

7.应用知识于生产

对数据挖掘结果进行验证归纳后形成知识。并能丰富知识库的同时，应用于生产，提高产品品质。

总之，数据挖掘通过各个阶段的数据处理和方法运用，以一个迭代的过程逐步对数据中的信息进行提炼、对方法进行修正，最终收敛产生有价值的知识。

14.2.3 相关工作

数据挖掘技术应用于制造业可以追溯到1990s [26] [20] [35]。Piatesky-Shapiro 等 [35]认为数据挖掘应用于工业界的时代已经到来，但数据挖掘技术在制造业中的运用却相对较少，还存在很大的发展空间 [24]。近些年，随着数据挖掘技术研究的发展和应用，数据挖掘也越来越受到制造业的青睐。制造业利用数据挖掘，从生产过程中的数据中分析并提炼出隐藏的数据模式，这些模式用于生产并提升效益。至今，数据挖掘已经成为用于解决制造业中包括质量保障、生产成本控制、生产过程优化、生产过程监控、以及决策支持等核心过程的有效技术手段。如表14.1所示，制造业中数据挖掘研究总结如下：

表 14.1 制造业数据挖掘相关工作

任务分类	相关研究
质量保障	信息模糊网络 [25], rule-structuring算法 [21],异构数据源提炼规则 [12]
生产成本控制	基于规则的决策系统（RBDSS）[7],CAQ [39] 算法,决策树方法GID3 [20],决策树和神经网络的算法 [15],主成分分析和模糊的C-Means聚类算法 [37]
生产过程优化	线性回归 [16],专家系统、神经网络和概率推理 [34]
生产过程监控	关联规则 [38]，智能系统 [29,30]，聚类与神经网络结合 [32]
决策支持	模糊逻辑 [17]，粗糙集理论 [23]，决策系统和OLAP技术结合 [9]

数据挖掘技术有助于产品的质量保障。Last和Kandel [25]采用信息模糊网络来完成质量保障，主要通过从模型中提炼出规则来检测产品质量。Kusiak [21]提出的一种rule-structuring算法能从不同的数据源提炼规则，并应用在半导体制造业。这个算法的核心是形成相关的元数据结构以加强知识提取的能力。Dabbas 和Chen [12] 的工作主要是集成不同的半导体制造数据源，并整合进入同一个数据库。基于这个整合的数据库生成产品制造报告。同时能进一步的利用数据挖掘在这些报告或数据上抽取出更加有意义的规则来提高对生产质量的保障。

数据挖掘技术能被及时有效地运用于生产成本的控制。这些技术包括: 基于规则的决策系统（RBDSS）[7]能同时处理连续值和离散值的CAQ [39] 算法，以及能进行错误诊断的决策树方法GID3 [20] 等。Gardener和Bieker [15]利用决策树和神经网络算法解决晶片制造过程中的产量问题，从而节约了生产的成本。Sebzalli和Wang [37]利用主成分分析和模糊的C-Means 聚类算法来提炼出操作策略，提升合格产品的产量，减少制造过程中不合格产品所带来的损失。数据挖掘同样成功的应用于集成电路生产过程中 [31]。文 [14]成功的应用朴素贝叶斯支持决策，并优化测试集成电路的制造。采用该方法极大地减少了测试代价，从整体上减少了生产集成电路的成本。

制造业中，另一个重要的研究方向是如何利用数据挖掘算法来帮助生产过程的优化，并有效减少自动化生产带来的批量性生产失误和产品缺陷。Park和Kim [34]调研了不同的技术，包括建立基于知识的专家系统、利用神经网络和概率推理等方法来决定数控机的最优参数选择。Gertosio和Dussaychoy [16]利用线性回归来建立测试参数和卡车引擎性能间的关系，减少了25%的测试处理时间。Yin [27]等通过将这些方法用于组装之前，减少了各个组件的测试时间。另一个成功案例是 [13] 通过线性回归成功预测刻痕的性能与刻痕工具的质量间的关系。

生产过程利用数据挖掘模型进行有效管控。Shahbaz [38]等使用关联规则挖掘帮助产品设计。同时，也利用监督关联规则挖掘方法控制产品维度，减少生产过程控制变量。Maki [29,30]等开发了一个智能系统，利用数据挖掘技术对在线数据进行分析。这个系统通过自动数据挖掘引擎，利用规则归纳算法提取潜在规则。数据挖掘模型同样适用于对原材料的管控上。Chen [11]等利用数据挖掘技术，在高维空间中鉴别生产材料的特性。他们利用MasterMiner技术建立高维空间的数据挖掘模型。这个技术的主要思路是通过选择n个要素（即最相关的变量）建立数学模型。基于n维空间的数学模型建立要素与材料的关系。Mere [32]等则通过聚类和神经网络来控制钢铁锻造的最优机械性质。

利用数据挖掘技术提炼出的知识有助于生产决策。Grabot [17]利用模糊逻辑来辅助决策系统进行调度策略制定。Kusiak提出利用数据挖掘来辅助决策过程 [22]和采用粗糙集理论来决定生产过程中的控制参数与产品质量间的关系规则 [23]。这些由数据挖掘算法产生的规则集合，可以用于优化控制生产过程和进一步指导后续的生产。Bolloju [9]等提出通过集成决策支持系统和知识管理过程来帮助决策制定。知识管理通过在线事务分析（OLAP）来组织实现，使数据挖掘技术能更有效地进行决策支持。

然而，以上相关工作主要聚焦在生产过程中某一个节点，专注于将数据挖掘技术应用到制造过程的某一层面，工具的系统性和过程的完整性不够，缺少专门针对制造业数据分析进行支撑的平台研究。接下来，我们将通过等离子屏制造过程数据分析应用案例来全面阐述数据挖掘在制造业中的应用。案例介绍由应用背景、数据特点、数据分析的挑战、任务定义、数据挖掘技术以及基于分布式集群的大规模数据挖掘系统平台组成。

§ 14.3 从数据挖掘到生产实践

14.3.1 应用背景

等离子显示器：等离子显示器(Plasma Display Panel，PDP)是一种利用气体等离子效应放出紫外线，从而激发三原色发光体独立发光，达到显示不同颜色和控制亮度的高端图像显示器。它具有亮度高，色彩多，面积大，视角广，图像清晰众多优势，是大面积显示需求（如家庭影院，电子广告墙）的首选显示器。

等离子显示屏生产：等离子显示屏制造过程因设计、工艺、设备、环境、物料、检测和员工素质以及管理等各种要素交织、叠加，使产品良品率和生产效率改善难度很大。传统方式是通过产品设计阶段和爬坡期的试验设计方法来确定过程品质管控参数。随着生产规模的扩大与7×24 小时不间断生产，继续采用传统的试验设计方法将浪费大量的资源成本，同时还需要停线进行试验参数管控的调试设计。因此，应用传统方法一方面降低了生产效率、耗费大量的资源成本。同时，对全线几十个关键工序，每个工序几十到几百个工艺参数的逐一进行工艺测试在实际操作上并不可能实现。因此一种全新的方法来动态全局地进行制造过程参数管控成为了必要。

“等离子显示屏制造过程数据挖掘技术的研究和应用项目”就是在这样的应用需求背景下展开，该项目旨在综合运用人工智能、计算智能、模式识别、数理统计等最新的数据挖掘研究成果和技术，挖掘出等离子显示屏最终品质特性与制造过程参数之间的关联关系，建立面向等离子显示屏制造过程的数据挖掘应用模型。运用有效的挖掘成果，指导相关人员快速解决品质问题、提高对策效率、缩短对策时间，达到聚焦资源、集中精力解决主要矛盾和主要问题，从而尽快提升产品品质和生产效率、降低成本，进而提升企业整体经营业绩；另外，通过评估、验证和不断完善，建立、完善等离子显示屏制造过程特有的数据挖掘平台，最终使数据挖掘指导生产过程。

PDP制造现状：以国内最大的等离子生产公司的产线为例，在等离子显示屏制造过程中，每张PDP屏的生产过程需要经过10个以上工序的加工。每个工序包含多个工位。而每一个工位对应一台设备。每一台设备有多个可调节的过程控制参数。单台产品涉及的过程参数超过1.1万个。因而，大量参数导致无法通过人工去逐一检测并调整参数设置来提高生产质量。另一方面，PDP 生产过程中每天被有效记录的数据达到8–10 G。在生产工序复杂、设备参数众多、数据量大的背景下，人为分析PDP生产过程，以期达到提高生产质量的效果几乎是无法实现的。因此，迫切需要研究基于等离子显示屏制造过程的自动化流程和产品优化工具，从而提升制造过程参数管控能力和产品品质。

表14.2详细地罗列出了具体的技术难点和可能的技术解决方案，使用等离子屏制造过程数据挖掘系统对前台使用人员的要求大大降低，可以使得操作人员能够将精力聚焦到快速发现问题和解决问题上，如图14.2。

将数据挖掘分析技术应用到等离子屏制造这样的高端制造领域具有很高的创新性和应用前景：

1. 制造过程中大数据的应用创新：对大数据时代的高端制造做出新的诠释，建立起由数据驱动的分析结果转化为现实生产力的流程和规范，开创了信息技术在制造业的新应用方向；

数据挖掘技术	评价标准	数据准备	流程配置	操作执行
传统数据挖掘技术工具库	评价内容	实现数据加载和存储流程	程序实现各个分析模块的依赖关系和调度顺序	实现监控模块，人工控制和检测失败任务
	时间成本	若干小时	若干天	若干天
	人力成本	需要具备在分布式环境下编程的数据分析人员		
等离子显示屏数据挖掘技术	评价内容	使用定制的用户界面加载和存储数据	通过后台程序来配置任务，对用户透明	监控任务的执行，支持失败任务诊断
	时间成本	简单点击配置	任务的自动调度和配置，若干分钟	简单点击查看若干小时
	人力成本	对业务人员不需要编程背景，具备基本的数据分析知识		

图 14.2 挖掘平台先进性

表 14.2 PDP数据挖掘难点

序	技术难点	描述和分析	技术解决方案
1	制造过程复杂性	生产线制造包含20个大工序、151个小工序，由1000多台设备串联，涉及2225个物流单元，全长6000m，产品制造时间长达约76个小时。	完善制造信息系统，以制造过程数据流直观制造线体的复杂性。
2	制造工艺复杂性	制造设备先进程序、精密程度和自动化程度非常高，涉及14种主要工艺大类，超过100种主辅材料，其加工精度要求极高，全封闭洁净间生产。	通过完善工艺参数与产品ID的关联性数据，形成工艺参数与产品品质的相关数据集，进行数据挖掘。
3	海量数据量处理	制造过程中，单一产品所涉及11725个参数，7类制造过程环境参数、56类过程测量及检查参数。每月将有3-5亿笔制造过程记录、240G-300G的数据增量。	采用Hadoop集成平台的数据仓库形式存储数据。
4	数据整合和预处理	面向制造过程不同的设备及信息数据采集源，针对异构的数据结果，为了对数据进行有效的关联分析，需要整合数据源。针对不同的挖掘方法需要不同的整合和预处理。	集成了数据对齐，缺失值处理，噪声删除，抽样，归一化等多种数据转换手段。
5	非常规的数据挖掘方法	传统的数据挖掘方法针对等离子显示屏制造过程的数据挖掘的适用性不高，基于等离子显示屏制造过程数据挖掘应用的独特性和挑战性、海量数据集和超高维属性，需要进行非常规的数据挖掘方法的研究。	采用Hadoop集成平台的分布式数据挖掘算法。特别定制的集成特征抽取方法和统计对比方法。
6	数据挖掘结果解释和使用	针对研究出来的数据挖掘模型产生的结果如何展示？如何将数据挖掘结果用于对重要工艺参数的有效管控？将直接影响数据挖掘的效果。	建立完善的数据挖掘结果记录，分析报告管理，反馈收集和结果验证机制。

2. 制造信息系统的集成创新：将电子信息乃至其他制造行业的信息化管理系统提升到一个新的台阶。开启了制造业面对海量过程数据的信息化应用的新思路；

3. 基于动态数据挖掘技术的试验创新：基于信息化和数据挖掘技术，实现了由传统离散型的试验设计方法到数据挖掘模型来进行制造过程参数管控的动态在线分析处理方法，降低了制造过程品质管控的试验成本，减少了过程响应时间；

4. 数据分析辅助生产的实践创新：开发了满足单工序/全线工序的参数管控的主要数据挖掘模型。通过挖掘成果的应用，提升了等离子显示屏的制造良品率和生产效率。利用数据挖掘技术改变了单纯靠工艺技术、材料技术来提升产品品质的方法。

在市场应用前景方面，数据挖掘技术在等离子显示屏制造过程中的研究与应用具备鲜明的创新型技术特点。在实际应用中也证明了技术的先进性和有效性。平板产业是国民经济和社会发展规划重点发展产业，除了等离子显示屏以外，国内液晶及有机电激光显示（Organic Electroluminesence Display，OLED）面板生产线众多，对数据挖掘技术在制造过程品质提升的应用同样存在巨大需求。因此，应用数据挖掘技术不仅在等离子显示屏制造上获得成功，其思想、方法亦可移植于液晶面板、OLED 面板等其他平板显示领域。目前，等离子显示屏数据挖掘分析平台已成功研发并实际应用，具备了向整个平板行业推广的基础，前景广阔，社会及经济效益巨大。通过应用数据挖掘分析结果，能够更深入地了解在平板显示器的制造过程品质控制领域的核心关键技术，从而推动平板显示器制造过程品质控制水平的提升，使企业在平板显示器相关产品的制造成本、制造效率等方面得到进一步的提升。

下面的章节将针对等离子屏制造数据分析中的具体目标和任务，从数据出发来阐述数据挖掘过程和平台搭建。

14.3.2 数据挖掘方法

PDP数据挖掘任务及目标：应用数据挖掘技术，结合PDP工厂制造执行系统的数据，综合运用人工智能、计算智能、模式识别、数理统计等先进技术，将数据挖掘技术应用于复杂PDP制造过程，对积累的大量生产数据进行挖掘，找到产品质量和生产参数的模型关系，对生产过程进行优化，提高产品质量、过程质量控制及工艺创新。所采用的数据挖掘方法包括：特征排序、差异分析、关联分析、预测分析、分布分析。特征排序主要用于对工艺参数的重要性进行评估。差异分析主要对导致不同产品品质的工艺参数进行对比分析。关联分析技术用于分析不良品质特性与主要工艺参数、设备环境参数间的潜在的关联关系。预测分析通过建立挖掘模型来分析工艺参数的变化对产品品质测量值的对应关系。分布分析则更侧重对产品品质的分布与工序，参数设定的关系。

在PDP制造数据的分析的案例中，主要从**数据预处理**、**重要参数挖掘**、**稳定参数选择**、**重要环境参数挖掘**、**重要参数组合挖掘**、**异常参数检测**这几个方面来分析PDP 数据，挖掘出对PDP 生产有指导性的知识。

14.3.2.1 PDP生产数据

本文案例采用基于PDP制造过程中30天的生产数据对数据挖掘方法和系统进行介绍。在30天的数据中，原始数据记录大约为9千万条(平均每天3百万条记录)所以，针对实际应用中更大时间跨度和更全面的流程分析需求，数据挖掘算法的设计和应用要充分考虑大数据背景下的算法效率和信息展示。通过有效利用分布式集群来搭建数据处理平台，有效的支撑海量数据挖掘。

图14.3 展示了存储在Oracle数据库中的一个生产数据片段，包含了7个属性。属性描述见表14.3。

表 14.3 PDP数据字段描述

字段名	描述
PanelID	唯一的标识生产过程中的一张等离子屏。屏集合是需要分析的对象。
FlowID	标识PDP生产过程中的一道工序。每张屏的加工需要经过多道工序。
OperID	用于标识工位。每道工序由多个工位组成。每张屏经过不同工位进行加工。
EquipID	标识了设备的编号。每个工位对应一台设备。
CharID	参数的标识。每个设备包含很多的参数，这个字段能唯一确定一个设备参数。
CharValue	参数的值。每个参数值记录了一张屏在生产过程中的某个设备生产状态。
Grade	屏板的等级。数据集经过处理将屏标注为两个等级，G (Good)和S (Scrap)。

PanelID	FlowID	OperID	EquipID	CharID	CharValue	Grade
Panel_100001	Flow_340	Oper_3550	Equip_100101	Char_100101-006	0.0004	G
Panel_100001	Flow_340	Oper_3460	Equip_040101	Char_040101-006	0.0003	G
Panel_100001	Flow_340	Oper_3470	Equip_050101	Char_050101-088	90	G
Panel_100001	Flow_340	Oper_3470	Equip_050101	Char_050101-085	90	G
Panel_100001	Flow_340	Oper_3470	Equip_050101	Char_050101-082	100	G
Panel_100001	Flow_340	Oper_3470	Equip_050101	Char_050101-089	90	G
Panel_100001	Flow_340	Oper_3470	Equip_050101	Char_050101-086	89	G
⋮	⋮	⋮	⋮	⋮	⋮	⋮
Panel_300003	Flow_340	Oper_3550	Equip_100101	Char_100101-044		G
Panel_400430	Flow_340	Oper_3430	Equip_030101	Char_030101-001	50	S
⋮	⋮	⋮	⋮	⋮	⋮	⋮

图 14.3 数据集片段

14.3.2.2 数据预处理

(1)数据集成

由于生产过程中获取数据的方式不同，数据由不同载体进行存储，如文本、MSExcel电子表格、MS Access 数据库、Oracle 数据库、MySQL 数据库等。因此为了便于数据分析，需要把这些来自不同数据源的数据集成起来。比如将所有数据都集成到MySQL 数据库中，利用MySQL建立PDP数据仓库。通过在PDP数据仓库中关联不同的维度，对数据进行多角度，多粒度的整合，从而构建数据挖掘算法的数据输入。

(2)数据转换

图14.3展示了原始数据表的记录方式，每对不同的屏标识符和参数标识符形成了一条记录。从数据管理的角度出发，这种方式能有效地满足数据库范式。然而，进行数据挖掘分析前，需要将与一张屏相关的所有参数整合成一条记录，最终构成屏集合作为数据挖掘算法输入。如图14.4，对屏ID“Panel_100001”，表(a)是转换前的数据格式，表(b)是转换后的数据格式。

图14.4表示的数据转换过程需要表的多次自关联。鉴于每个屏板所关联的参数个数不同，用常规的SQL语句来实现很困难，需要依赖存储过程完成。数据转换算法逻辑见算

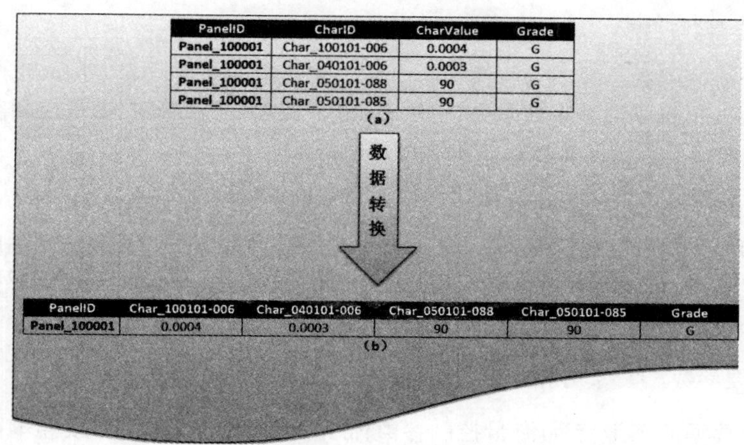

PanelID	CharID	CharValue	Grade
Panel_100001	Char_100101-006	0.0004	G
Panel_100001	Char_040101-006	0.0003	G
Panel_100001	Char_050101-088	90	G
Panel_100001	Char_050101-085	90	G

(a)

PanelID	Char_100101-006	Char_040101-006	Char_050101-088	Char_050101-085	Grade
Panel_100001	0.0004	0.0003	90	90	G

(b)

图 14.4 数据转换

法3。另外，通过HDFS分布式文件系统存储数据，在Hadoop分布式计算环境下，可以改适当修改算法，通过Map/Reduce框架来进行数据转换(提示：改变参数的HashMap统计和扫描转换分别用两个Map/Reduce 过程实现）。

Algorithm 3 数据转换

```
procedure TRANSFORM(D)                                   ▷ D 是最初的这个数据集
  ▷ 把所有参数存入一个HashMap里面
    ParamMap = new HashMap < ParamName, Index > ()
    index = 0
    for each r in D do
        if r.CharId not in ParamMap then
            ParamMap.put(r.CharID,index)
            index = index + 1
        end if
    end for
  ▷ 扫描D 得到转换后的数据集NewD
    NewD = new HashMap < PanelID, ArrayList < CharValue >> ()
    for each r in D do
        NewR = NewD.get(r.PanelID)
        if NewR is null then                             ▷ 如果不存在，创建一个新的记录
            NewR = new ArrayList < CharValue > ()
        end if
        NewR[0] = r.PanelID
        NewR[1] = r.Grade
        NewR[ParamMap.get(r.CharID) + 2] = r.CharValue
        NewD.put(r.PanelID, NewR)
    end for
    Get all the values in NewD as a new data set and return it
end procedure
```

(3)其他数据预处理

数据清理通过填写空缺值、平滑噪声数据、识别、删除孤立点，并解决“不一致”来清理数据，从而增强数据挖掘结果的质量。

14.3.2.3 重要参数挖掘

高维和非线性问题已经成为当今国际上数理统计学的重要研究方向，也成为计算机科学中数据挖掘、机器学习和模式识别的热点问题。PDP生产数据中海量控制参数的特点为高维数据空间中进行重要参数挖掘提供了应用空间。

在PDP生产数据分析中，挖掘重要参数的意义体现在以下两个方面：

1. 由于每张屏的生产过程都会涉及上万个参数。通过挖掘出少量与产品品质关联较大的参数，生产人员就可以对这些重要参数加强关注和控制，及时发现敏感要素，从而有效地提升产品品质，减少生产人员的分析负担。

2. 聚焦重要参数，去掉冗余参数，有利于提高数据挖掘算法的性能。

PDP生产数据的高维特性(海量控制参数)带来的“维数灾难”导致样本在高维特征空间中分布稀疏。同时，特征之间又存在高度冗余和相关。这都对高维特征选择造成巨大挑战。

特征选择方法是根据某个特征评价准则，在原始特征集合中进行启发式搜索，选出一个最优或次优的特征子集。特征抽取不仅能使分析模型产生较好的分类和预测性能，更能获得易于被分析研究者人员和使用者理解的数据分析结果。

高维数据特征选择普遍被视为一个启发式的搜索问题，即根据某个评价准则在高维特征空间中搜索一个具体的特征子集。因此，研究者主要着眼于构建性能优越的评价准则和快速高效的搜索技术这两大方面。特征选择方法可划分成以下三大类：

1. 过滤法(Filter Method)：过滤法关注数据分布的内在性质和特点，其特征的选取与学习过程无关，采用的评价准则有t统计量、F统计量、信息增益(Information Gain)，Relief-F，Markov Blanke和FCBF等。过滤法计算简单，在计算效率上更适用于高维数据，其将特征选择和学习机器的训练过程分开，因此在预测准确率上较弱，不同的过滤法往往依据某种理论，各自假定不同的统计量或指标作为特征评价准则，因此必然不可能适用于所有实际问题中的数据分布情况，对于高维数据而言更是如此。

2. 封装法（Wrapper Method）：封装法将特征选择的过程封装在学习机器的训练之中，通过某种搜索技术寻找能够最大化学习机器的某个泛化性指标的特征子集。封装法不对数据分布做出假设，因而对于具体研究对象具有更强的适应性。所选特征与学习机器能够较好地耦合，使学习机器取得更佳的性能。封装法所选择的特征评价准则——泛化性指标通常采用预测误差的留一法估计（LOO）、k折交叉验证估计或ROC曲线下AUC值等指标，在搜索过程中需不断重复训练学习机器，计算复杂性远远高于过滤法，所选择的特征倾向于适应所选择的学习算法，有较大的依赖性，容易过拟合。

3. 内嵌法（Embedded Method）：内嵌法将特征选择嵌入到学习机器的训练过程中，在特征空间和假设空间的联合空间中进行搜索。某些学习机器在对实际问题的学习过程中能够天然给出特征的重要性评价，从这个意义上说，当学习机器的泛化性能良好时，可以“信任”其对特征的评价，将其作为特征评价准则。内嵌法是目前特征选择的研究热点，其最大的特点是特征选择过程与学习机器内部某些参数有关。性能优越，其计算效率高于封装法，特别适用于高维数据特征选择。目前最具代表性的有SVM-RFE和LASSO。

PDP生产数据分析采样第一类过滤法，评判标准则选择信息增益。信息增益基于信息学中信息熵来定义。

给定一个随机变量X,其可能有n种取值,并且分别以概率$p_1, p_2, ..., p_n$取到对应的值$x_1, x_2, ..., x_n$。那么X 的信息熵则定义为：

$$H(X) = -\sum_{i=1}^{n} p_i \times \log p_i \tag{14.1}$$

当$p_1 = p_2 = ... = p_n$时，$H(X)$取得最大值。能有效的反映当X的取值越随机，信息熵越大；相反，如果取值越确定，信息熵越小，比如X取得x_1的概率为1，其他取值概率为0,信息熵为最小值0。

在分类挖掘中，类别C是一个随机变量，可能取值为$C_1, C_2, ..., C_n$,且对应的概率为$P(C_1), P(C_2), ..., P(C_n)$，其中$n$是类别的数量。因此整个分类系统的信息熵可表示为：

$$H(C) = -\sum_{i=1}^{n} P(C_i) \times \log P(C_i) \tag{14.2}$$

在分类过程中，如果某个特征确定，此时的分类系统信息熵就称为条件熵。给定某个特征随机变量X的n 个可能的取值$x_1, x_2, ..., x_n$，对应的概率为$p_1, p_2, ..., p_n$，则条件信息熵表示为：

$$H(C|X) = \sum_{i=1}^{n} p_1 \times H(C|X = x_1) \tag{14.3}$$

其中$H(C|X = x_1)$是当特征变量X取值x_1后，分类系统的信息熵。

而信息增益则定义为当选定某个特性属性X做为判定信息前后，分类系统的信息熵的变化情况。

$$InfoGain(X) = H(C) - H(C|X) \tag{14.4}$$

当特征变量X的信息增益越大，其更能影响分类判定，也就是说该特征对系统的分类作用越大。在PDP特征抽取过程中，可以把产品的等级作为分类属性，所有其他设备参数作为特性。我们的目标便是通过信息增益来选取那些最能确定产品级别的设备参数，这些参数对产品的良率有着重要的影响。

PDP生产数据有超过1万个参数，但我们也发现大部分参数都没有变动。根据信息熵定义，这些参数在数据集中比较确定，信息熵为0，因此从训练数据集中去掉这些参数。表14.4给出了部分PDP生产数据通过去掉零信息熵后的一个结果，参数个数下降到1339个。

表 14.4 部分PDP生产数据（N天）去掉零信息熵的结果

时间段	参数数量	屏板数量	良品(G)	次品(S)
$Day_1 \sim Day_N$	1339	12013	12711	302

针对PDP生产数据，我们同样发现数据具有严重倾斜性（见表14.4，即数据的类分布不平衡。这是因为PDP数据的合格率已达到90% 以上，因此大部分的数据的类别都是G。为了能进一步挖掘出与不合格产品相关的重要参数，需要对倾斜数据进行处理。常用

的方法是对少数类进行重复抽样，构建更多的不合格屏，使两类产品的分布趋于平衡。在PDP重要参数提取过程中，我们采用了重复抽样方法。抽样结果片段见图14.5.

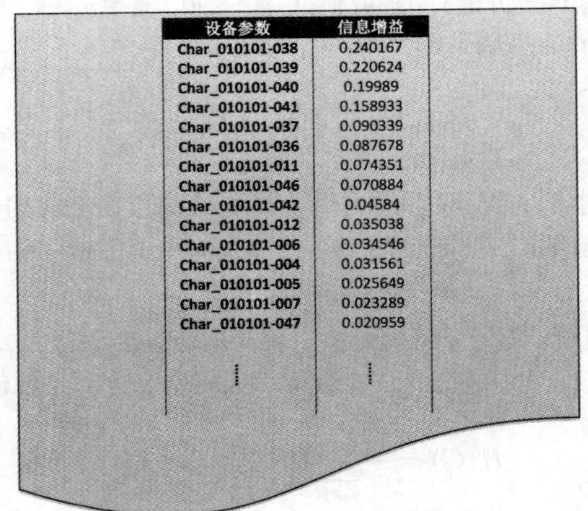

设备参数	信息增益
Char_010101-038	0.240167
Char_010101-039	0.220624
Char_010101-040	0.19989
Char_010101-041	0.158933
Char_010101-037	0.090339
Char_010101-036	0.087678
Char_010101-011	0.074351
Char_010101-046	0.070884
Char_010101-042	0.04584
Char_010101-012	0.035038
Char_010101-006	0.034546
Char_010101-004	0.031561
Char_010101-005	0.025649
Char_010101-007	0.023289
Char_010101-047	0.020959
⋮	⋮

图 14.5 利用信息增益进行特征抽取的结果

14.3.2.4 稳定参数选择

在PDP重要参数挖掘过程中，我们使用不同的特征选择算法，包括信息增益（Information Gain）、信息增益比(Gain Ratio)、Relief-F 等。由于特征选择算法有着不同的评估标准，所产生的重要特征子集也是不同的，我们称这种现象为特征选择的不稳定性。下面是一个对PDP生产数据进行特征选择的例子。我们采用以上提到的三种特征选择的算法来对某一PDP数据集进行特征抽取，其结果如下：

Information gain(top10)	Gain ratio(top10)	Relief-F(top10)
Char_110101-004	Char_020101-016	Char_110101-004
Char_110101-003	Char_020101-004	Char_110101-003
Char_110101-005	Char_020101-008	Char_100102-079
Char_110101-002	Char_020101-009	Char_100101-199
Char_110101-006	Char_020101-010	Char_100101-208
Char_110101-001	Char_020101-007	Char_100101-212
Char_020101-002	Char_020101-006	Char_100102-013
Char_020101-017	Char_020101-003	Char_100101-213
Char_100101-168	Char_020101-014	Char_100102-081
Char_020101-013	Char_020101-013	Char_020101-008
⋮	⋮	⋮

图 14.6 PDP生产数据特征选择示例

在图14.6中，我们列出了三种不同的特征选择算法的结果（包括前10个特征）。我们可以看出，三种算法的公共特征只包含“Char_020101-008”，我们很难从其中找出其他相对重要的特征。由于三种算法在进行特征选择时所遵循的标准不同，其特征选择的结果存在着一定的差异。而在生产过程中，我们需要对生产参数进行严格的控制。为此，我们必须从多种特征选择的算法结果中选择相对重要的特征进行分析，这就涉及到了特征选择的稳定性问题。通常情况下，导致在特征选择过程中出现不稳定特征的主要因素包括[2,5]：

1. 数据本身的扰动。主要包括训练样本与数据实际分布间的差异，以及数据中噪声特征较多等因素；

2. 数据特征冗余。一般情况下冗余特征间的关联性较强，导致大部分算法所选择的特征子集均包含近似特征，从而影响了特征选择的稳定性；

3. 算法缺乏稳定机制。大多数算法在设计特征选择评价标准时通常以分类或者聚类的效果为前提，而忽略了特征稳定性的标准；

4. 高维训练样本。高维样本，如基因数据和制造业中的数据，所包含的体现特征的样本量较小，很难从中选择相应特征，从而加大了特征选择的偏差[6]。

特征选择的稳定性可通过对所选择的特征子集间的相似性来进行度量。它主要研究当样本或者算法自身的参数有变化时，特征选择算法的鲁棒性[5]。一般说来，特征选择结果之间的相似度越大，即可认为特征选择的稳定性越高，特征选择算法的鲁棒性也就越好。特征选择的稳定性可通过计算所有特征选择结果的相似度之和的平均值得到，即

$$\text{Robust}(\mathcal{D}) = \frac{2\sum_{i,j,i\neq j} sim(d_i, d_j)}{|\mathcal{D}| \times |\mathcal{D} - 1|} \tag{14.5}$$

其中，$\mathcal{D}$为特征选择或者特征排序的集合，包含所有的特征选择的结果。d_i, d_j表示两个不同的特征选择结果。$sim(\cdot,\cdot)$ 代表某种相似度的度量标准，例如皮尔逊相关系数和Kendall's tau 距离，这两种度量方法均为数学统计中常用的系数，用来描述两个序列的相关系数。如果两个序列完全一致，则其值为1，两个毫不相关的序列的相似度为0，而两个互逆的序列的系数为-1.

为了有效地提高特征选择结果的稳定性，研究者提出了多种稳定特征选择的算法，包括集成特征选择[36]和特征群组的方法[28,40]。

集成特征选择与集成学习相类似，包含两个必不可少的步骤[5]：（1）产生多个不同的基特征选择器；（2）将所有基特征选择器的特征选择结果进行集成。对步骤（1）而言，可采用不同的特征选择方法来获得特征选择结果，或通过对不同的训练样本进行特征选择来得到所需结果。对步骤（2）而言，常用的结果集成方法包括加权投票等。例如，在PDP数据分析过程中，我们获得了m组不同的特征排序结果，对每一特征f，我们可通过加权投票的方法来计算其排序的重要性，即

$$r^f = \sum_{i=1}^{m} w(r_i^f) \tag{14.6}$$

式中r_i^f表示特征f在第i个特征结果中的排序值，$w(\cdot)$表示加权函数，r^f表示特征f的最终排序值。加权函数可以是均匀分布的，即特征在不同子集中的权重均为1，此时每个特征的最终排序值即为其在所有特征选择结果中的排序值之和；也可以是非均匀分布的，即通过对某些特征选择结果设置较高的权重，来进行加权。

特征群组方法的代表性文献包括文献 [40]。此文献提出了一种新型的稳定特征选择的算法，被称为密集相关属性组选择器。由于在不同的特征选择结果中存在着冗余特征，因此在选择最优特征子集的过程中，对冗余特征的不同删除方法可以得到不同的特征子集，

而实际上被删除的冗余特征在很大程度上是与类别相关的，即有可能是关键特征。基于这一现象，文献 [40]提出了特征组的概念，把互相冗余的特征尽量视为一个特征组，再从每个特征组中选择出具有代表性的特征组成最优特征子集，来进行分类。这一算法将所有特征聚成多个密集特征组，并将每一特征组视为稳定性度量的基本单位。很显然，与单个特征比较，密集特征组的稳定性得到了很大的提升。此算法的过程可简单描述为：

1. 在特征选择结果中找密集特征组（Dense Group Finder, DGF）；
2. 分析密集特征组的类别相关性，找出关键特征子集；
3. 从每一关键特征子集中选出一个有代表性的特征组成新的特征子集，并将之视为稳定特征子集，用于分类任务。

总结以上两种特征选择方法，各有优缺点，如表14.5所示[3]。

表 14.5 稳定特征选择的算法特点汇总

算法	描述	优点	缺点
集成特征选择	对特征在不同结果中的排序进行加权。	简单易懂，容易实现。	未去除噪声特征；未考虑特征间的相关性。
特征群组	特征聚成密集相关特征组，并从中提取关键特征；特征组是稳定特征选择的基本单元。	特征群组概念；保证分类准确并尽量提高稳定性。	特征聚类前未去除噪声特征。

针对以上算法中存在的问题，结合特征选择算法的基本步骤，我们在进行相关特征聚类前首先去除了不相关特征，如图14.7所示。

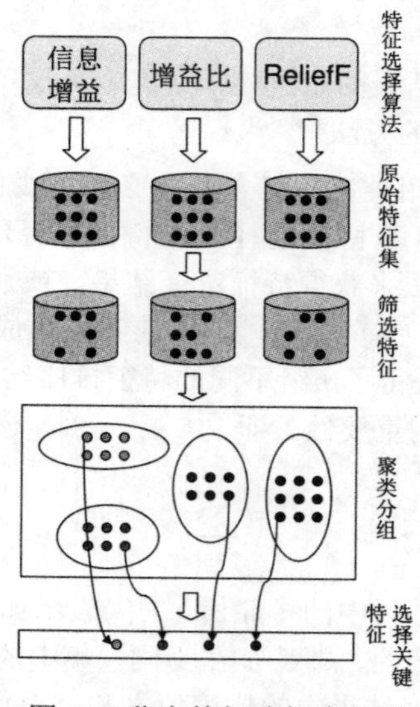

图 14.7 稳定特征选择流程图

为了使得特征选择结果比较稳定，在得到由多个特征选择算法所产生的特征集之后，我们首先对每组特征集进行筛选，去除掉一些不相关的特征，这对特征选择的稳定性而言有一定的帮助，这一步是后面特征聚类分组的基础。这里，我们直接采用过滤式的特征选择算法，来选择相关的特征集合。一般说来，过滤式特征选择算法根据数据集的内在属性评估特征，具有通用性强、算法复杂性低、易于扩展到高维等特点。过滤式的特征选择算法考虑特征间的依赖关系[4]，能够提供质量较高的依赖特征子集。在对特征集进行筛选之后，我们通过聚类的方法显示地得出特征间的依赖关系，并根据此依赖关系对特征进行分组。因此，相互关联的特征会被分配到同一特征组中，而每一特征组代表了特征集合的不同特点。通过对每一特征组的关键特征进行选择，我们便可以得出相对稳定的特征子集。我们将改进后的算法应用到了PDP生产数据分析过程中，并且取得了良好的分析效果。

14.3.2.5 重要环境参数挖掘

等离子屏的品质取决于制造过程中多方面的因素，这些因素主要包括生产原材料、设备参数控制、环境因素控制等。为了分析环境因素对产品品质的影响，在生产车间的各个区域部署有环境数据采集设备，每隔4小时采集一次。主要的环境因素包括温度、湿度、气压三个方面，因此每个区域每天有6组温度、湿度、气压采样记录。

下面以30天数据中某工序的环境数据为例来说明环境因素的一种分析方式。该工序涉及4个生产区域和19台设备。每个区域的设备具有相同环境参数采样值。

数据准备：为了分析设备的环境因素和产品品质的关系，首先以天为单位统计出每天由相应设备设备加工的屏的品质分布。同时计算出设备对应区域当天的平均温度、平均湿度、平均气压。除平均温度外，还统计出温度标准差、湿度标准差、气压标准差总共六个环境因素相关的统计参数。其数据片段如：

日期	设备	良率	平均温度	温度方差	平均湿度	湿度方差	平均气压	气压方差
Day1	Equip_010101	0.966408	24.25	0.00916	44.4833	0.21183	16.4333	0.11888
Day2	Equip_010101	0.985559	24.30	0.01333	45.5333	1.46888	16.8499	0.31916
Day3	Equip_010101	0.981558	24.21	0.00138	46.7999	0.16333	17.0666	0.81888
Day4	Equip_010101	0.981337	23.31	0.06138	44.5666	0.68555	16.4666	0.05555
⋮	⋮	⋮	⋮	⋮	⋮	⋮	⋮	⋮
DayN	Equip_020101	0.980330	23.36	0.06140	44.6666	0.68575	16.4006	0.05055
⋮	⋮	⋮	⋮	⋮	⋮	⋮	⋮	⋮

图 14.8 环境良率关系片段

环境分析目标：通过设备和区域的对应关系把环境和PDP屏的品质关联，分析出六个统计参数对品质的影响。

环境分析方法：通过假设其他环境以外的因素对品质的影响为一个足够大的常量C, 我们利用线性回归方法建立温度、湿度、气压的统计参数影响品质的关系模型。本文采用良率[1]来对产品品质进行度量。

线性回归是利用数理统计中的回归分析，来确定两种或两种以上变量间相互依赖的定量关系的一种统计分析方法之一。令$x_1, x_2, ..., x_n$ 是自变量向量，y 是因变量。线性回归是为了学习系数$\theta_0, \theta_1, \theta_2, ..., \theta_n$, 使得$\hat{y}$逼近真实的$y$, 其中$\hat{y}$满足：

$$\hat{y} = \theta_0 + \theta_1 x_1 + \theta_2 x_2 + ... + \theta_n x_n \tag{14.7}$$

[1]良率定义为合格产品数量与总的产品数量的比值

在环境数据中如图14.8，用y表示因变量良率，$x=(x_1,x_2,x_3,x_4,x_5,x_6)$表示自变量的特征向量，其中$x_1,x_2,x_3,x_4,x_5,x_6$ 分别表示平均温度，温度方差，平均湿度，湿度方差，平均气压，气压方差。用x^i表示第i个数据实例的特征向量，y^i表示第i 个数据实例对应的因变量（即良率）。数学模型如下：

$$\hat{Y}=X\Theta \tag{14.8}$$

其中$\hat{Y}=\begin{pmatrix}\hat{y}^1\\ \hat{y}^2\\ ...\\ \hat{y}^n\end{pmatrix}$，$Y=\begin{pmatrix}y^1\\ y^2\\ ...\\ y^n\end{pmatrix}$，$\Theta=\begin{pmatrix}\theta_0\\ \theta_1\\ ...\\ \theta_n\end{pmatrix}$，$X=\begin{pmatrix}1 & x_1^1 & x_2^1 & x_3^1 & x_4^1 & x_5^1 & x_6^1\\ 1 & x_1^2 & x_2^2 & x_3^2 & x_4^2 & x_5^2 & x_6^2\\ ... & ... & ... & ... & ... & ... & ...\\ 1 & x_1^n & x_2^n & x_3^n & x_4^n & x_5^n & x_6^n\end{pmatrix}$。

使得Y和$\hat{Y}$逼近，即最小化

$$SSE=\sum_{1}^{n}(y^i-\hat{y}^i)^2 \tag{14.9}$$

从而求解Θ.

通过每个特征变量的相关系数Θ，可以知道该特征对良率的影响程度。如果系数的绝对值越大，该特征的影响越大，反之，便越小。同时利用系数的符号，可以判断该特征的属性值增长是正面提高良率，还是降低良率。

通过上述的分析，把以上的线性回归应用于环境数据（以设备号为Equip_120101为例）。由于温度、湿度、气压的取值范围不一样，所以先正规化到相同的区间（比如$[0,1]$）。正规化后，得到如下的回归函数：

$$y=-0.3599*x_4-0.2415*x_5-0.2797*x_6+0.6866 \tag{14.10}$$

学习到:

$$\Theta=\begin{pmatrix}0.6866\\ 0\\ 0\\ 0\\ -0.3599\\ -0.2415\\ -0.2797\end{pmatrix} \tag{14.11}$$

通过在时间轴上展示环境因素与良率的关系来对线性回归模型进行验证，如图14.9,14.10,14.11所示，可以得到如下结论：

1. 对该设备而言，温度在标准范围内变化对良率的影响不显著。图14.9显示，温度在允许的范围(平均温度23.3623) 上下波动，良率并不随温度变化有而一致变化。

2. 湿度的变化的系数绝对值较大，说明其对良率的影响较显著。从良率和湿度的平均关系看，湿度较高，良率反而有所下降。从良率和湿度的方差关系上看，湿度的变化越

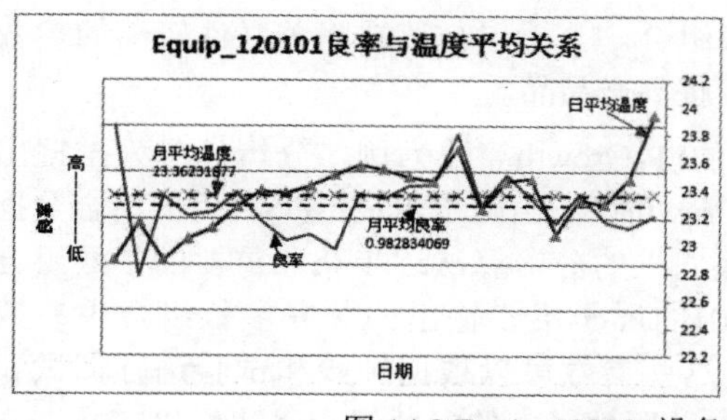

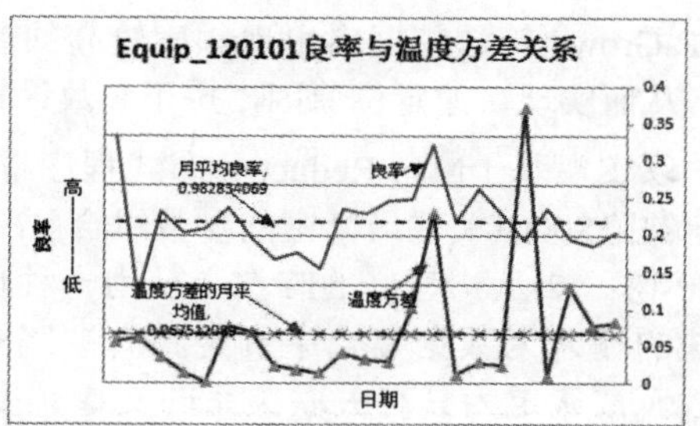

图 14.9 Equip_120101设备,温度与良率关系分布图

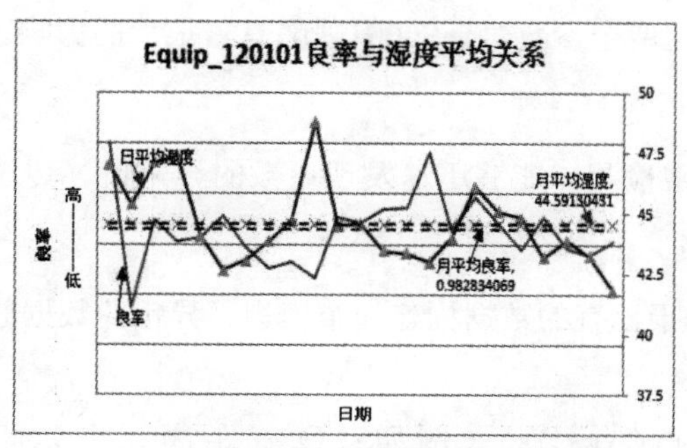

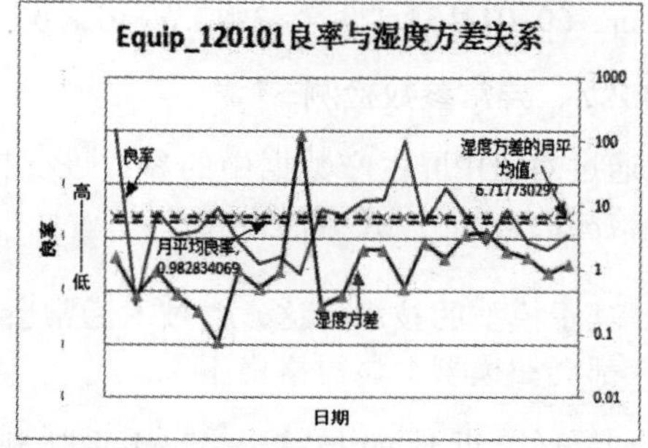

图 14.10 Equip_120101设备,湿度与良率关系分布图

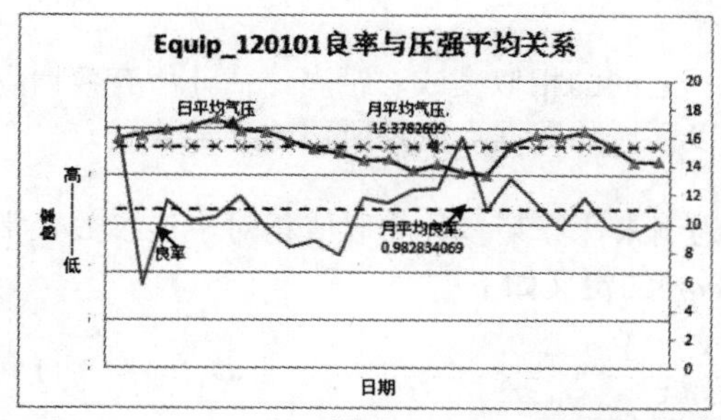

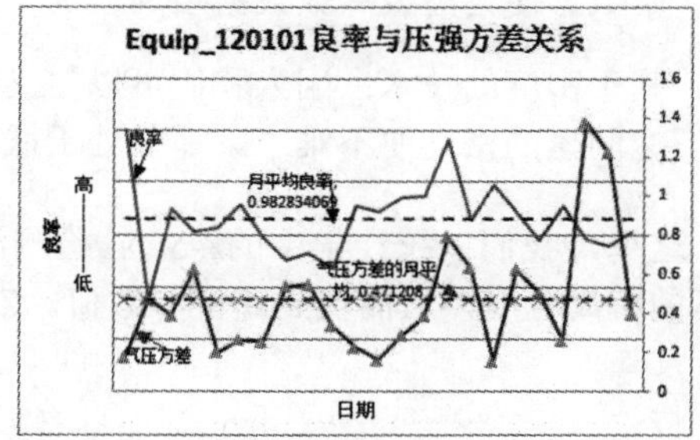

图 14.11 Equip_120101设备,气压与良率关系分布图

小良率越高。图14.10显示，湿度的变化在1度的变化范围内，湿度区间在42.5 和44.59之间良率较高。

3. 从良率和气压的平均关系看，气压值和良率的高低是负相关关系。气压变化越小，良率越高。图14.11所示，气压最好能控制在13到15之间较合理。

14.3.2.6 重要参数组合挖掘

挖掘参数相关性的目的是发现在某个屏集合中频繁出现的参数(值)组合。屏集合可以是某一个等级的屏或者具有某类缺陷的屏的集合，由分析的目标来进行组织。不同于重要参数挖掘任务，参数相关性挖掘旨在分析多个参数的参数值与产品品质的关联。这种关联关系体现为参数值组合在某个屏集合中出现的频率。频率越高表示关联越紧密。一些经典的挖掘频繁特征集合的算法适用于挖掘重要参数组合，比如Apriori算法[8]、FP-Growth算法[18]等。通过把不合格产品按缺陷类型分成针对产品缺陷的屏集合。从某类缺陷出发，应用FP-Growth算法挖掘出出现频度较高的参数组合。分析出与该缺陷关联性较高的参数组合，从而实现快速定位原因，矫正参数设置，提高产品品质。

以实现基于Map-Reduce分布式程序框架的FP-Growth算法为例，分析任务为挖掘出与特定缺陷S0001关联最紧密的参数组合。FP-Growth算法由两步组成：(1)利用屏集合数据构建FP 树；(2)从构建好的FP树上使用一种自底向上的分治算法逐步获取重要的参数组合。算法的输入为数据集合中判定具有缺陷S0001的屏子集、输出的关联参数组合中参数的个数、被认定为具有关联关系的支撑频度。这些参数可以根据经验和试验进行调试和优化。我们使用FP-Growth算法挖掘出了与S0001关联性最大的参数组合。我们以在数据集中的出现频率对这些组合进行排序后发现，排名最高的4个组合均包含有Char_160101-152或者Char_160101-153这两个参数。换句话说，这两个参数对于S0001缺陷有着很大的影响。

14.3.2.7　异常参数检测

通过对PDP屏生产数据中的参数进行异常检测，能够迅速发现参数的异常值。传统的异常检测的办法分为三种[33]：

1. 基于模型的技术：这一类技术通常会基于已有的数据构建一个模型。异常的数据通常都会在模型中显得格格不入。
2. 基于接近性的技术：我们可以利用现有技术（例如：欧式距离、余弦相似度、Jacard指数、皮尔森相关系数等等）定义数据之间的接近性或者相似度。异常数据便会离大多数数据距离较远。
3. 基于密度的技术：因为我们可以定义数据之间的相似度或者距离，估计所有数据点在空间里的密度便不难了。那些处于低密度区域的数据点便是所谓的异常数据。

这里，我们以统计学中的*Z-Score*检测法为例来计算某参数的取值相对于该参数正常状况下的偏离程度，从而找到离群参数值。*Z-Score*的定义如下：

$$Z_i = \frac{Y_i - \bar{Y}}{s} \tag{14.12}$$

其中Z_i表示参数Y在取值i上的*Z-score*取值，Y_i表示参数Y的取值i，$\bar{Y}$表示参数Y在集合中的均值，s表示参数Y在集合中的标准差。

由于*Z-score*的最大值是$(n-1)/\sqrt{n}$，Iglewicz和Hoaglin推荐使用公式(14.13)计算的*Z-score*来进行离群点检测[19]。

$$M_i = \frac{0.6745(y_i - \bar{y})}{MAD} \tag{14.13}$$

其中MAD表示中位绝对方差，$\bar{y}$表示中位数。如果M_i的值大于3.5，那么判定该参数为异常。

表14.6展现了对某个不良类型的异常参数检测结果。通过*Z-score*计算，我们得到异常度排名最高的前5个参数。这些参数在良品屏和次品屏划上的取值差异明显。比如：参数Char_180101-056在所有记录上的均值是48.877，而异常产品在这个参数上的均值是0.1。

表 14.6 全工序异常检测结果

参数	受到影响的记录参数均值	所有记录参数均值
Char_180101-058	87.2	79.6682
Char_180101-059	80.9	75.8298
Char_180101-060	75	86.4604
Char_070101-007	23	10.4887
Char_180101-056	0.1	48.877

14.3.3 制造业数据挖掘平台

14.3.3.1 数据挖掘平台架构

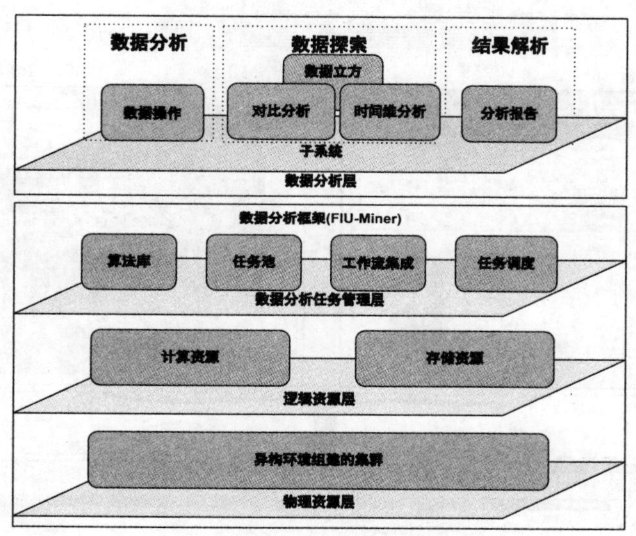

图 14.12 挖掘平台架构

等离子屏数据挖掘平台架构如图14.12所示。平台由物理资源层、逻辑资源层、数据分析任务管理层和数据分析层组成。这种分层架构充分考虑了海量数据的分布式存储、不同数据挖掘算法的集成、多种分析任务的配置、以及系统和用户的交互功能。

1. 物理资源层：物理层主要包括底层的物理设备。这些物理设备能有效地支撑数据存储和扩展。

2. 逻辑资源层：逻辑资源层包括存储和计算资源。存储资源是建立在物理设备的基础上，包括传统数据库、本地文件系统、分布式文件系统（比如HDFS分布式文件系统）等。计算资源是逻辑上的计算单元。平台的计算能力依赖计算单元的数量。通过扩展配置计算单元的数量能有效地支撑上层的数据挖掘任务。

3. 数据分析任务管理层：该层是平台的核心，它有效的连接了分析功能与后台集群。合理的平台设计需要具备以下任务管理能力:易于算法扩展、支持任务流和任务间依赖关系的配置、任务调度、计算和存储资源分配。等离子屏数据挖掘平台通过数据分析框架FIU-Miner [1,41]来有效支撑数据分析任务管理。

4. 数据分析层：数据分析层提供具体分析任务的用户执行接口。以等离子屏数据挖掘系统为例，数据分析任务主要包括数据立方、对比分析、时间维分析、操作平台、结果展示和报告管理。

14.3.3.2 数据分析任务

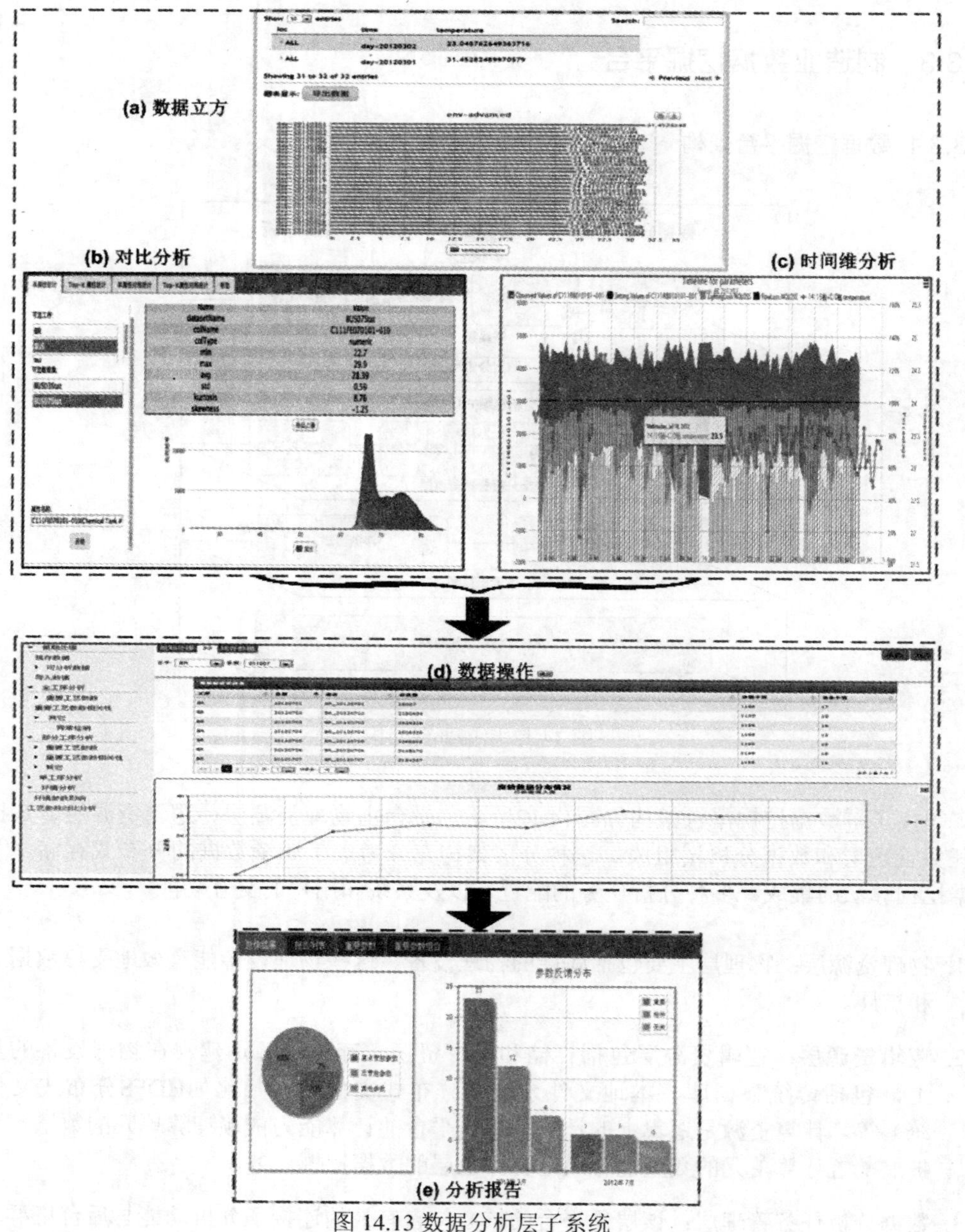

图 14.13 数据分析层子系统

图14.13以一个典型的使用流程展示了等离子屏数据挖掘平台中数据分析层的各个分析任务。操作人员先通过数据立方、对比分析、时间维分析三个子系统对数据进行探索性分

析，总结出数据的分布特性。然后通过数据操作子系统实施数据挖掘任务。挖掘结果通过图形和报表等可视化手段形成分析报告，为优化流程和参数控制提供依据。

数据立方（如图14.13a所示），使分析人员能够对数据进行宏观理解和快速预览。数据立方子系统可以通过OLAP技术建立数据立方来帮助分析人员大致掌握数据特性。通过选择维度和建立测度来对数据集进行分析。通过数据立方操作（下钻，上卷等）实现对数据的多粒度，多角度的理解。

对比分析子系统（见图14.13b），能快速发现敏感参数和验证重要参数，因此，在PDP生产系统中显得特别重要。对比分析通过比较参数在不同时期取值的统计特性，有效发现异常参数值，从而定位敏感设备或数据集。

时间维分析子系统（见图14.13c），重点关注在不同时期和时间粒度上，工艺参数分布、设备环境因素的变化情况。通过时间维度分析能有效验证设备对参数设置和环境因素变化的敏感程度。

数据操作子系统（见图14.13d）主要负责集成数据挖掘算法，提供业务操作接口。由于该系统面向领域的操作人员并聚焦到具体的分析业务，因此，数据挖掘算法被合理封装到各个业务中，对操作人员透明。

分析报告系统（见图14.13e）基于业务分析结果，产生分析报告。这些分析报告可以直接给决策者提供决策依据。同时报告系统也为领域专家提供收集反馈的接口。领域专家知识的引入对优化模型、改进算法具有很大的指导意义。

§14.4 本章小结

本章节从制造业对数据分析的需求出发，详细阐述了数据挖掘在高端制造业中的应用。从质量保障、过程优化、决策支持等角度出发，系统性地介绍了在高端制造行业中，以数据为驱动应用数据挖掘技术的思想和步骤。另一方面，在制造业大数据背景下，本章节提出了一整套平台方案，用以支撑数据挖掘对制造过程数据的分析。

§14.5 中英文对照表

1. 制造业中数据挖掘应用：Data Mining Application in Manufacturing
2. 基于知识的专家系统：Knowledge-based Expert System
3. 基于规则的决策系统： Rule-based Decision Support System
4. 线性回归： Linear Regression
5. 特征抽取： Feature Extraction
6. 稳定特征抽取： Stable Feature Selection
7. 异常检测： Anomaly Detection
8. 分布式计算框架： Map/Reduce

9. 数据操作平台：Data Operation Panel

10. 数据探索系统：Data Explorer System

11. 参数对比分析系统： Parameter Comparator System

12. 报告管理系统：Report Manager System

参考文献

[1] *FIU-Miner*. http://datamining-node08.cs.fiu.edu/FIU-Miner/.

[2] 田启川，刘正光，潘泉，李临生. 基于稳定特征的虹膜分类算法. 电子学报, 36(4):760~766, 2008.

[3] 饶淑琴. 特征选择算法研究及稳定性分析. Master's thesis, 中山大学, 2009.

[4] 蒋盛益，王连喜. 基于特征相关性的特征选择. 计算机工程与应用, 46(20):153~156, 2010.

[5] 李云. 稳定的特征选择研究. 微型机与应用, 31(15):1~2, 2012.

[6] 鲍捷. 基于高维数据的特征选择方法及其稳定性研究. Master's thesis, 南京师范大学, 2012.

[7] T. Adachi, J. J Talavage, and C. L Moodie. *A rule-based control method for a multi-loop production system*. Artificial Intelligence in Engineering, 4(3):115~125, 1989.

[8] R. Agrawal, H. Mannila, R. Srikant, H. Toivonen, A. I. Verkamo, et al. *Fast discovery of association rules*. Advances in knowledge discovery and data mining, 12:307~328, 1996.

[9] N. Bolloju, M. Khalifa, and E. Turban. *Integrating knowledge management into enterprise environments for the next generation decision support*. Decision Support Systems, 33(2):163~176, 2002.

[10] D. Braha. Data mining for design and manufacturing: methods and applications. Kluwer academic publishers, 2001.

[11] N. Chen, D. D. Zhu, and W. Wang. *Intelligent materials processing by hyperspace data mining*. Engineering Applications of Artificial Intelligence, 13(5):527~532, 2000.

[12] R. M. Dabbas and H.-N. Chen. *Mining semiconductor manufacturing data for productivity improvement—an integrated relational database approach*. Computers in Industry, 45(1):29~44, 2001.

[13] C.-X. J. Feng and X.-F. Wang. *Data mining techniques applied to predictive modeling of the knurling process*. Iie Transactions, 36(3):253~263, 2004.

[14] T. Fountain, T. Dietterich, and B. Sudyka. *Data mining for manufacturing control: an application in optimizing ic tests*. In Exploring artificial intelligence in the new millennium, pages 381~400. Morgan Kaufmann Publishers Inc., 2003.

[15] M. Gardner and J. Bieker. *Data mining solves tough semiconductor manufacturing problems*. In Proceedings of the sixth ACM SIGKDD international conference on Knowledge discovery and data mining, pages 376~383. ACM, 2000.

[16] C. Gertosio and A. Dussauchoy. *Knowledge discovery from industrial databases*. Journal of Intelligent Manufacturing, 15(1):29~37, 2004.

[17] B. Grabot, J.-C. Blanc, and C. Binda. *A decision support system for production activity control*. Decision Support Systems, 16(2):87~101, 1996.

[18] J. Han, J. Pei, and Y. Yin. *Mining frequent patterns without candidate generation*. In ACM SIGMOD Record, volume 29, pages 1~12. ACM, 2000.

[19] B. Iglewicz and D. C. Hoaglin. How to detect and handle outliers. ASQC Quality Press Milwaukee (Wisconsin), 1993.

[20] K. B. Irani, J. Cheng, U. M. Fayyad, and Z. Qian. *Applying machine learning to semiconductor manufacturing*. iEEE Expert, 8(1):41~47, 1993.

[21] A. Kusiak. *Rough set theory: a data mining tool for semiconductor manufacturing*. Electronics Packaging Manufacturing, IEEE Transactions on, 24(1):44~50, 2001.

[22] A. Kusiak. *Data mining and decision making*. In SPIE Conference on Data Mining and Knowledge Discovery: Theory, Tools and Technology IV, pages 155~165, 2002.

[23] A. Kusiak. *A data mining approach for generation of control signatures*. Transactions-American Society of Mechanical Engineers Journal of Manufacturing Science and Engineering, 124(4):923~926, 2002.

[24] A. Kusiak. *Data mining in manufacturing: a review*. Journal of Manufacturing Science and Engineering, 128(4):969~976, 2006.

[25] M. Last and A. Kandel. *Data mining for process and quality control in the semiconductor industry*. In Data mining for design and manufacturing, pages 207~234. Springer, 2001.

[26] M. Lee. *The knowledge-based factory*. Artificial intelligence in Engineering, 8(2):109~125, 1993.

[27] Z. Lian-Yin, K. Li-Pheng, and F. Sai-Cheong. *Derivation of decision rules for the evaluation of product performance using genetic algorithms and rough set theory*. In Data mining for design and manufacturing, pages 337~353. Springer, 2001.

[28] S. Loscalzo, L. Yu, and C. Ding. *Consensus group stable feature selection*. In Proceedings of the 15th ACM SIGKDD international conference on Knowledge discovery and data mining, pages 567~576. ACM, 2009.

[29] H. Maki, A. Maeda, T. Morita, and H. Akimori. *Applying data mining to data analysis in manufacturing*. In International conference on Advances in production management systems, pages 324~331, 1999.

[30] H. Maki and Y. Teranishi. *Development of automated data mining system for quality control in manufacturing*. In Data Warehousing and Knowledge Discovery, pages 93~100. Springer, 2001.

[31] C. J. McDonald. *New tools for yield improvement in integrated circuit manufacturing: can they be applied to reliability?* Microelectronics Reliability, 39(6):731~739, 1999.

[32] J. Ordieres Meré, A. González Marcos, J. González, and V. Lobato Rubio. *Estimation of mechanical properties of steel strip in hot dip galvanising lines*. Ironmaking & steelmaking, 31(1):43~50, 2004.

[33] T. Pang-Ning, M. Steinbach, and V. Kumar. *Introduction to data mining*. In Library of Congress, 2006.

[34] K. S. Park and S. H. Kim. *Artificial intelligence approaches to determination of cnc machining parameters in manufacturing: a review*. Artificial intelligence in engineering, 12(1):127~134, 1998.

[35] G. Piatetsky-Shapiro. *The data-mining industry coming of age*. Intelligent Systems and their Applications, IEEE, 14(6):32~34, 1999.

[36] Y. Saeys, T. Abeel, and Y. Van de Peer. *Robust feature selection using ensemble feature selection techniques*. In Machine Learning and Knowledge Discovery in Databases, pages 313~325. 2008.

[37] Y. Sebzalli and X. Wang. *Knowledge discovery from process operational data using pca and fuzzy clustering*. Engineering Applications of Artificial Intelligence, 14(5):607~616, 2001.

[38] M. Shahbaz, M. Srinivas, J. Harding, and M. Turner. *Product design and manufacturing process improvement using association rules*. Proceedings of the Institution of Mechanical Engineers, Part B: Journal of Engineering Manufacture, 220(2):243~254, 2006.

[39] B. Whitehall, S.-Y. Lu, and R. Stepp. *Caq: A machine learning tool for engineering*. Artificial Intelligence in Engineering, 5(4):189~198, 1990.

[40] L. Yu, C. Ding, and S. Loscalzo. *Stable feature selection via dense feature groups*. In Proceedings of the 14th ACM SIGKDD international conference on Knowledge discovery and data mining, pages 803~811. ACM, 2008.

[41] C. Zeng, Y. Jiang, L. Zheng, J. Li, L. Li, H. Li, C. Shen, W. Zhou, T. Li, B. Duan, M. Lei, and P. Wang. *FIU-Miner: A Fast, Integrated, and User-Friendly System for Data Mining in Distributed Environment*. In Proceedings of the nineteenth ACM SIGKDD international conference on Knowledge discovery and data mining, 2013.

第十五章　数据挖掘在可持续发展的应用

§15.1　摘要

在国际上，数据挖掘技术已经被广泛地应用于可持续发展中，各种会议和研讨会正在持续热烈地举行。不仅仅是因为我们现在可以搜集到大规模的地球监测数据，更重要的是，数据挖掘技术给相关学科提供了一种以数据为驱动的全新的研究方式，极大促进了学科的发展，给人们观察地球提供了一种全新的视角。人们可以通过这些技术精确把握生态环境的变化，并且做出应对策略。但是在国内这方面的研究仍旧处于起步阶段。本章就数据挖掘技术在可持续发展中的运用进行广泛的介绍，例如在气象、生态环境和智能电网等方面，并提供案例研究，最后给出在网络上公开的可持续发展的数据。

§15.2　概述

随着社会和经济飞速发展，我们面临着自然资源日渐枯竭、物种加速灭绝、生态环境破坏等等严重问题。这些问题不仅是当代人类社会面临的难题，也直接影响到人类后代的发展。1987年世界环境和发展委员会在报告《我们共同的未来》中明确地提出可持续发展："既能满足当代人的需要，又不对后代人满足其需要的能力构成危害的发展"。可持续发展意味着我们需要平衡环境、社会和经济三方面因素。在满足社会和经济发展的需要的同时，科学合理地利用资源保护环境。

可持续发展涉及到很多学科：气象、能源、生态、经济、环境等等。在这些领域中，越来越多的研究方法依赖于大数据。首先我们需要得到大量的观测数据细致刻画出当前的环境事件。随着卫星技术、传感器技术的日新月异，我们可以每天采集到的环境数据无时无刻不在增加。但是信息爆炸不等于知识爆炸。为了挖掘隐藏在信息背后的模式，我们首先需要了解这些可持续发展领域中数据的特点，处理数据的难点以及如何运用数据挖掘技术。这是数据挖掘领域的挑战和机遇。我们需要设计新的数据平台、新的数据模型分析来预测环境问题并优化决策。

在本节中可持续发展中的数据挖掘任务总结如表 15.1：

§15.3　可持续发展中的数据挖掘任务

可持续发展的研究涉及了地球科学中的很多学科，例如地质学、气象、生物科学等等。这些学科的专业知识是研究可持续发展的前提条件。地球科学领域已经有很多模拟自

表 15.1 数据挖掘任务在不同可持续发展领域中的总结

可持续发展中的数据挖掘任务一览	
气象	分布式气候数据异常值检测[2]，时空数据异常值检测[7]，高维数据聚类分析[10]，时空数据聚类跟踪[15]，气象数据处理[22]，基于隐马尔科夫模型的气候模型跟踪[24]，干旱灾难的时空关联分析[36]，海洋气候数据的聚类分析和跟踪[37,38,38,40]，飓风强度预测等等[41]。
生态保护	物种分布估计[11]，保护区的资源规划[12,21]，基于回归树的物种分部估计[18]，多物种分布估计[19]，环境检测和水资源中的模式发掘[26]，用马尔科夫模型对鸟类迁徙建模[34]
农业和土地	土地覆盖监测[4]，水资源管理[9]，森林野火管理[23]
智能电网	光伏输出功率预测[5]，太阳能发电功率预测[17]，电器的负载估计[14,20,27]，电力检修事件预测[28,31,32]，电网可靠性评估[45]，

然现象的数学模型，比如对台风预测、地震预测、环流研究等等。由数据驱动的数据挖掘和机器学习则提供了新的研究方法。Dietterich等人[8]提出了生态系统信息学（Ecosystem informatics）概念强调现在的生态学也可以用类似生物信息学的方法来研究。通过收集大量数据来学习分析预测模型。与传统的地球科学的研究方式相比，生态系统信息学更加强调数据计算方面。以下粗略地把可持续发展的计算任务划分为几个方面。

- 气象：气象预报预测已经有很长的历史。气象预报对农业生产和人类生活都有很重要的影响。在这方面的数据挖掘任务主要包括异常天气的发现。
- 生物：自然保护地的建立，濒危物种的分布估计是保护生物多样性的重要任务。
- 灾害管理：对海啸、地震、火山喷发等灾害造成的破坏估计。
- 资源能源：智能电网、绿色计算等通过工程方面的研究也是通过节约能源的方式来实现可持续发展。

15.3.1 气象

2001年，明尼苏达大学Kumar等人[22]较早用数据挖掘技术开始对地球的生态数据的研究。生态数据比如湿度、温度、降雨量、海平面高度等变量同时具有时间和空间属性。从时间这个维度来看，这些数据又具有周期变化特征，比如海平面高度数据每年随着季节变化而周期变化。厄尔尼诺现象、温室效应等气候异常现象是偏离正常周期变化的异常特征，而这些异常总是会被正常周期变化掩盖。所以这篇文章在做数据预处理时，用了很多种方法去除正常周期变化，比如奇异特征值分解SVD、离散傅里叶变换DFT和移动平均数。作者研究了同一个地点的多个变量的时间序列。对这些生态数据中每一个变量，把偏移正常范围的值作为一个事件编制出一系列类似于数据库中的事务。如同对数据库系统的事务进行关联分析，来找出这些气候变量之间的依赖关系。最后，通过聚类方法把数据相似的地区连接起来，找出大范围的气象特征。

地球科学中各种各样的气候指标基本都是手工制定的，比如NINO1+2指标的异常是影响全球气候的厄尔尼诺现象出现的重要标志。NINO1+2指标是根据秘鲁海岸平均海水表面温度制定的。但是非地球科学的研究者不会想到这个指标同非洲和东亚的地区的气候有关。随着卫星观测数据的日益丰富，人们开始从大量的数据中发现其他相关的气候指标。但是传统方法如PCA（Principal Component Analysis[43]）、SVD（Singular Value Decomposition[43]）只能找出特征最强的几个互相正交的变量。一些互相关联的特征较弱的指标被遗漏掉了。比如用SVD分解海平面高度的数据，最强烈的信号就是年周期变化信号。Steinbach等人[37]提出了SNN（Shared Nearest Neighbor）聚类方法。因为强烈的天气事件一般广泛地发生在一个区域之内。聚类技术可以找出这种具有数据一致性的区域。SNN方法的聚类结果中每个聚类中心就是一个区域的海洋大气运动的时间序列。实验表明SNN不要求这些指标互相正交，这样所得到的结果更加容易解释，并且能发掘出强度较弱的指标。SNN在海水表面温度数据集上找到的指标中有些是已知的，证明了这个方法的有效性，而且结果中有些则是已知指标的变体但具有更好的环境描述能力。

在很多气候数据挖掘的工作中，仅仅使用了单个变量而没有充分考虑世界气候在地点上所形成的复杂关系。Steinhaeuser等人[10,38]使用了经典的NCEP/NCAR数据集，在50年720多个世界地点上使用了多个气候指标，如气温、湿度、降雨量等。在一个基于统计相关的空间上计算物理地点之间的气候相似性。这样不仅把时间和空间维度考虑了进去，也同时利用了多个气候指标。Steinhaeuser等人[40]又运用复杂网络中基于随机游走的WalkTrap算法，得到了世界上有相似气候特征的区域。对于这些相似的区域或者说是聚类结果，还能跟踪它们随时间的变化情况。比如一个聚类集合有可能随着时间在空间位置上发生了偏移，或者随着时间强度发生了变化。Steinhaeuser等人[15,38]在相邻的两个时间片上，做了基于共同数据点的聚类跟踪。Gunnemann等人[15]考虑了在数据子空间上的聚类跟踪情况，因为一个区域的气候异常有可能只表现在部分数据维度上。

Das等人[7]分析了从1950年到1999年全球1万多个地点上气温和降雨量的时空数据，从数据中找出异常值来发现天气异常事件。在基于距离的异常值检测的方法中，一个点到它几个近邻的数据的距离之和越高，那么这个点异常的可能性越大。其次，一个地点的天气情况必然要受到它周围地区的天气影响。用这种空间上的依赖关系改进的K 近邻算法先找出每个时间上的空间异常值，再计算连续的时间段内是否也是时间上的异常值。实验结果检测出了受到厄尔尼诺和拉尼娜现象影响的同时在时间和空间上的异常点。

Bhaduri等人[2]研究了如何从PB级别的高维度数据中寻找离群值。NASA（National Aeronautics and Space Administration）的“特拉”和“阿卡”卫星（Terra、Aqua）升空，收集到的数据从几百TB上升到了几十个PB数量级。而且这些数据是分布式地存储在不同地方，比如NASA的分布式主动存储中心。研究者只能研究数据集的一小部分，或者把所有的数据汇集到一起。但是后一种方法不仅受到数据大小的限制而且由不同的研究队伍完成。文章设计了一个基于ν-SVM（one class SVM）的分布式模型用来寻找MODIS（Moderate Resolution Imaging Spectroradiometer）卫星数据中的离群值。ν-SVM[33]只使用正样本数据来计算分类超平面。首先在各个节点计算用ν-SVM计算异常值，然后汇总起来建立一个全局的探测异常值模型。用这个思路使得数据传送的消耗大大减小了。实验表明这个方法不仅精确度达到了99%，而且只需要很少的带宽传送分布式数据。

15.3.2 生态保护

大量的森林砍伐、农业生产、城市化建设、水电建设导致自然栖息地的破坏和细碎化，加剧了物种灭绝。自然保护区和国家公园的建立可以有效保护自然生态系统但是也大量消耗政府有限的财政预算。有生物学家提出如何在有限的财政预算内，有效地在多个保护区之间建立保护廊道来保护环境和野生动物。Conrad等人[6]用组合优化中的连接子图研究了在美国落基山脉三个保护区之间建立灰熊廊道课题。他们提出的带约束条件的混合整数优化模型把预算作为一类约束带入了优化问题。结果显示最优解可以大幅减少建立保护廊道的支出，并同时达到最大利用率。

估计物种分布是生态学中的基本问题。Ferrier等人[11]使用标准的物种数据去评估传统模型和最近发展的统计模型和机器学习模型。他们所使用的数据覆盖了世界范围的六个区域，包括了两百多种生物。他们提供了非常详实的多种模型比较结果。传统的估计模型如包络模型族（Envelop model）中的BIOCLIM、DOMAIN和LIVES。统计学习中的广义线性模型GLM（Generalized Linear Models[16]）、广义可加模型GAM（Generalized Additive Models[16]）、多元自适应样条回归MARS（Multivariate Adaptive Regression Splines[16]）、最大熵模型等及其16个变种。多个实验结果从多个标准，如ROC曲线（Receiver operating characteristic）中的AUC（Area Under Curve）指标，充分显示新近发展的统计学习模型远远优于传统模型。

目前除了大量的传感器和卫星数据之外，还有很多数据是通过人力得到的，比如康奈尔大学的鸟类实验室ebird项目（www.ebird.org [18]）。在这个项目中，志愿者在野外观察到鸟类活动时提交报告，详细记录了鸟的活动地点时间等信息。有了这些手工记录的数据后，估计物种的分布就是去学习能够判断某个地点是否会出现鸟的模型。人工采集的数据给分析带了很多困难。数据不仅存在很大的抽样偏差，而且有些鸟类不容易被观察到，志愿者的专业知识水平也有很大差别。直接从这些数据中估计鸟类的分布是一个在高维度空间推测概率密度的难题。康奈尔大学研究小组提出的方法回避了这个难点，转而去估计已有的概率密度同需要的概率密度的比值。他们在传统的模型上把回归树模型（regression tree）和Logistic回归模型（logistic regression）通过boosting的方式结合在一起，得到了非常好的预测结果。

ebird项目另外一个课题是用ebird数据模拟整个大陆上的鸟类迁徙。大规模的鸟类迁徙大部分发生在晚上，而且不容易被观察到。直接的想法是在大陆的每一网格上学习一个隐马尔科夫模型HMM（Hidden Markov Model[3]）。但是标准的H隐马尔科夫模型要对每一只鸟建模。如果有十亿只鸟的话，这是不可行的。Sheldon等人[34]提出了CHMM模型不必对每只鸟都建模，而是对每一网格上的鸟的数量建模，避免了传统模型的大量的状态空间。

15.3.3 农业和土地

Ekasingh等人[9]用决策树模拟了如何在泰国北部地区选择作物种植来达到环境效益和经济利益的平衡。IWRAM（Integrated Water Resource Assessment and Management）项目同时从经济、环境、社会多个角度出发研究如何管理自然资源。这个项目用问卷调查的方式收集了三个流域上的耕地、生产费用、作物的经济效益和农民劳动力信息。为了科学合理利用水土资源，他们同时收集了农学家的建议。基于这些信息，他们用C4.5算法分别为雨季和旱季建立了不同的决策树，用于指导作物的种植。

Boriah等人[4]展示了如何从大量高维的生态数据中监测土地覆盖变化。通过监测土地表面变迁可以掌握森林砍伐、城市化进程、农业集约化对自然植被的破坏程度。这种土地覆盖变化直接影响到当地和全球气候。他们提出的分析方法利用了数据中时间空间之间的关系，可以处理大规模高分辨率的地球科学数据。作者用美国航空航天局NASA的地球观测系统Earth Observation System（EOS）卫星数据的中分辨率成像光谱仪MODIS得到增强植被指数EVI（Enhanced Vegetation Index）。这个指标衡量了土地的绿色植被覆盖程度。观察这些数据集得出一小部分的土地会经历明显的土地覆盖变化，而且具有显著的季节变化特征。所以，如果一个地点没有明显土地覆盖变化，那么每年的季节变化应该非常相似；否则可以根据季节变化计算一个衡量变化程度的数值来确定是否发生了明显的土地覆盖变化。在加利福尼亚湾区的土地覆盖变化的分析中，EVI数据包含了从2000年2月到2006年5月之间38万多地点的数据，找出了高尔夫球场建筑工地，农田开垦，森林大火等事件。

在森林野火的管理方面，烟雾进入大气层的高度是导致野火顺风蔓延的主要因素。Mazzoni等人[23]利用Terra卫星上的多角度成像光谱仪MISR（Multi-angle Imaging SpectroRadiometer）和中分辨率成像光谱仪MODIS在阿拉斯加和毗邻的加拿大Yukon地区约4个月的观测数据，建立了一个基于SVM的从云层和气溶胶粒子中分辨出野火烟羽、测量烟雾高度等数据的原型系统。为了解烟雾高度同野火和本地气候提供了自动化工具。

15.3.4 智能电网

智能电网、智能交通和绿色计算等工程方法目标是要实现化石燃料等不可再生能源的科学合理的利用，延缓消耗速度和匮乏趋势，避免对这些资源的开采造成的生态破坏，减少碳排放，以及对可再生能源的充分有效利用。据估计化石燃料的开采将在未来20年以内达到顶峰，有可能导致能源危机。而更加严格的温室气体排放标准迫使化石燃料驱动的汽车过渡到电动汽车。未来对电力的需要将大幅增加。而现有陈旧的电网还远远没有准备好面对这些挑战。首先现有电网是围绕着少量的化石发电厂集中式发电，通过高压电网远距离输送到用户。陈旧的通信网络无法实时监测电网的运行情况，形成稳定的受端电网和送端电网。其次，风能、太阳能、潮汐能、地热能等等可再生资源的发电厂对外界自然因素的影响敏感，如风速、云层、海洋条件，所以在发电功率，电网中的电力流向和幅度随时都在变化。最后，整个发电网不再是由几个大电厂集中配电，而是由各个发电系统分布式发电。未来可能有成千上万的各种可再生能源的发电机组分布在电网的各个角落。为了避免连锁故障，需要新的电网调控措施。美国能源部把智能电网定义为：一个完全自动化的电力输送网络。它能够监视和控制每个用户和每个电网节点，并且保证电厂和终端用户以及整个输配电过程中所有节点之间的信息和电能的双向流动。智能电网对各种工程领域提出了挑战，也对数据挖掘人工智能提出了新的挑战[25]。

目前，电网的最大挑战是陈旧的电网设施结构。频繁发生的电力故障表明陈旧的电网基础设施导致电网达不到可靠性要求。根据美国能源部的资料显示，美国大部分电网已经有至少120年的历史，电力缺口达到一百兆瓦，五万人受到影响[1]。在数据挖掘和机器学习领域上，MIT的Rudin等人和爱迪生联合电器公司（Consolidated Edsion）合作开发了智能挖掘学习系统NOVA（Neutral Online Visualization-aided Autonomic Evaluation Framework）[28, 31, 32, 45]来挖掘历史电网数据，预测电网有可能出现故障的设备，从而指导电网公司的维护维修工作。这样电力设备可以在故障之前得到保养维修，避免发生级联式的电力中断。这个系统所使用的数据非常粗糙，其中通过检查并报告的问题完全是由文字构成。所以数据清理和整合也是系统的关键部分。NOVA系统借鉴了信息检索领域的排序技术，对已经可能发生故障的概率对馈线、电缆、变压器等等设备进行排名。该系统使用了支持向量机回归方法[35]对设备的故障平均时间MTBF（Mean Time Between Failure）的估计，并且对挖掘结果使用了ROC曲线中的AUC标准来度量。不仅如此，系统还对电力公司使用改进的方法检修电力设备后所得到的电网改进进行了评估。

§15.4 案例研究

我们现在给出一个用数据挖掘方法分析气候数据的例子。我们使用了著名的NCEP/NCAR Reanalysis数据来重现文献[40]部分实验。

首先我们从NOAA网站上下载了海水月平均表面温度数据集（Skin Temperature）http://www.esrl.noaa.gov/psd/data/gridded/data.ncep.reanalysis.derived.surfaceflux.html。海水的表面温度可以通过应用陆地和海洋的模板得到。这个数据集合使用地球高斯网格面把地球表面均匀分割成192 × 94个网格。在时间上覆盖了从1948年1月到现在的所有的月份。当然，我们还可以使用各种其他数据，比如海平面气压（sea level pressure），相对湿度（relative humidity）等。

这类的气候数据在时间上具有很强的周期性特征，比如纽约的表面温度如图15.1a。从1948年到现在随着年份周期变化。

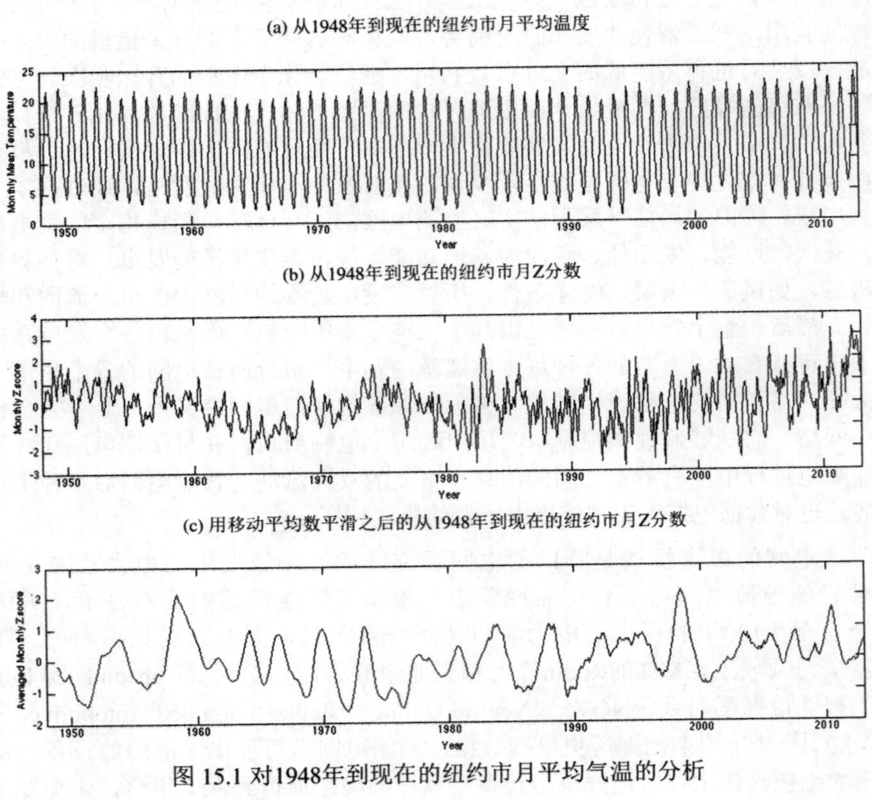

图 15.1 对1948年到现在的纽约市月平均气温的分析

从图中我们可以看到季节性的周期变化占据了整个数据，而我们想要得到除去这种变化之后温度的真正变化。我们可以用各种数据预处理手段。比如用离散傅里叶变换去掉季节周期变化信号，或者用SVD分解，或者用以下Z分数和移动平均数方法[22]。设某地$\mathbf{x}$的第i年的j个月份的温度值是$\mathbf{x}_{i,j}$，其中$i \in \{1, 2, \ldots, 12\}$，$j \in \{1948, 1949, \ldots, 2012\}$。我们计算它每一个月从1948年到2012年65个数据的平均值$\boldsymbol{\mu}_i = \frac{1}{65}\sum_j \mathbf{x}_{i,j}$和标准差$\sigma_i =$

$\sqrt{\frac{1}{65-1}\sum_j(\mathbf{x}_{i,j}-\boldsymbol{\mu}_i)^2}$。那么这个地点上的每一个月平均气温Z分数就可以用以下的公式

$$\mathbf{x}'_{i,j}=\frac{\mathbf{x}_{i,j}-\boldsymbol{\mu}_i}{\sigma_i} \tag{15.1}$$

这样我们得到了图15.1b。

Z分数就是把变量减去平均值并除以标准差。但是图15.1b中有很多高频率的波动，因为我们只是平滑了每一个月份的数据，数据中还存在相对年平均气温的波动。移动平均数方法则可以计算数据偏离年平均气温的幅度。移动平均数方法。把这个地点的时间数据$\mathbf{x}_{i,j}$用单一的下标来表示$\mathbf{x}_k$。最终的预处理结果如图15.1c。

$$\bar{\mathbf{x}}_k=\frac{\sum_{i=0}^{11}\mathbf{x}'_{k_i}}{12} \tag{15.2}$$

气象数据上的一个典型的数据挖掘应用是找出地球上具有相同气候变化的区域和远距离地区之间的气候关联。数据挖掘中的聚类分析可以自动分割出这些区域。聚类使得在同一个区域中的数据之间相似，不同区域之间的数据尽量不同。我们用最基本的K-means方法来聚类。每一个地点上都有一组随时间变化的表面温度数据。两个地点$\mathbf{x}$和$\mathbf{y}$之间的相似度可以通过相关性得到：

$$r(\mathbf{x},\mathbf{y})=\frac{\sum_i(\mathbf{x}_i-\bar{\mathbf{x}})(\mathbf{y}_i-\bar{\mathbf{y}})}{\sqrt{\sum_i(\mathbf{x}_i-\bar{\mathbf{x}})^2\sum_i(\mathbf{y}_i-\bar{\mathbf{y}})^2}} \tag{15.3}$$

按照文献 [13]我们计算所有每一个地点对其他所有地点的相关性和P值，并且选取那些P值小于1×10^{-10}。一个很小的P值意味着这个相关性是个小概率事件具有统计意义。在Matlab中我们用K-means方法对海洋区域进行聚类，因为陆地和海洋的表面温度有较大的差异。我们选择聚类的个数参数为$K=7$。

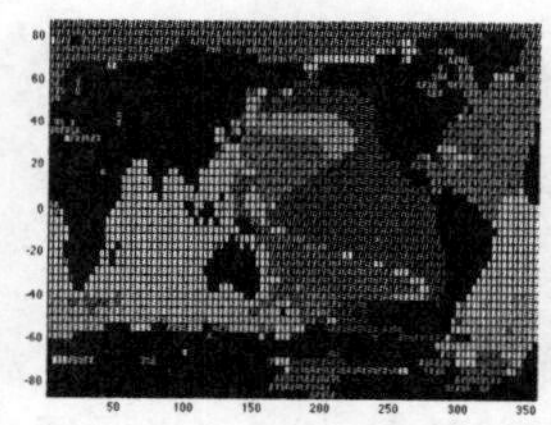

(a) 表面温度变量聚类的结果

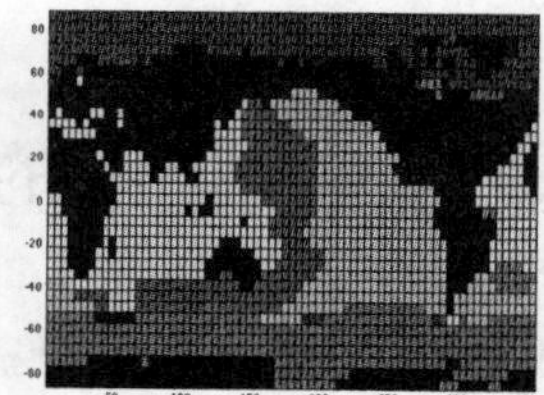

(b) 气压变量聚类的结果

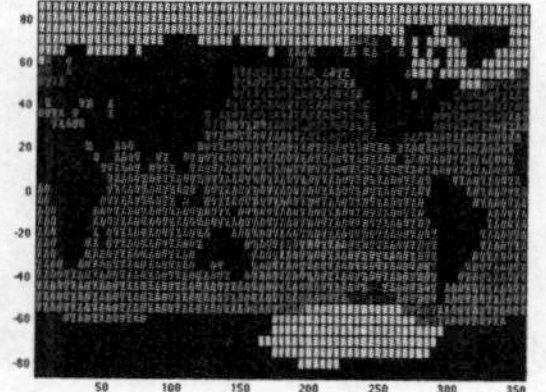

(c) 位势高度变量聚类的结果

图 15.2 使用kmeans对海洋区域聚类的结果

图15.2中除了用深色表示陆地之外，每一个不同颜色区域表示同一个聚类区域。从图15.2a中我们可以看到东太平洋赤道附近的赤道洋流构成的区域，大西洋的墨西哥湾暖流影响的北大西洋区域等等。我们还可以用其他聚类方法或者社交网络算法中的探索社交区域的算法Walktrap算法 [30]来找出更加合理的分割方式。位势高度取决于气压数值，图15.2b和图15.2c显示出一定的相似性。大部分的类的形状都是沿着经度的带状区域。位势高度显示出由气压形成的几条带状区域，表明了风带构成大气环流。文献[40]的实验结果表明Walktrap算法把印度洋和秘鲁西面海洋的海水表面温度聚类在同一个区域中。这恰恰反映了厄尔尼诺-南方涛动现象。

海洋的动态活动同全球气候有非常深刻的关联，但是这种关联对于人们来说不是一直

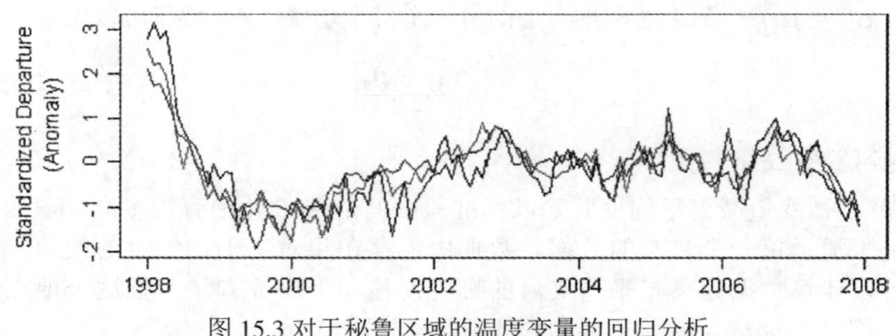

图 15.3 对于秘鲁区域的温度变量的回归分析

非常清楚。Steinhaeuser等人[40]在聚类的基础上进一步用回归模型分析了海洋气候指标对陆地气候的影响。他们从NCEP/NCAR数据中选取了从1948年到2007年月平均海水表面温度、降水量甚至风速风向等6个海洋指标，以及陆地上的9个具有代表性的区域的温度和降水量，如美国东部西部、欧洲、印度、秘鲁等，总共600个月的数据。先用Walktrap算法对每个海洋气候变量构造了6个网络，所有的网络加起来有78个聚类。对于一个回归分析来说自变量是就是600 × 78的矩阵，而应变量是每个目标区域的每个变量，总共18个因变量。Steinhaeuser对这18个变量分别用了不同的方法做了回归分析。Steinhaeuser[39]尝试了多种聚类方法K-Means、K-Medoids、Spectral clustering、Expectation-Maximization等[3,44]，和多种回归模型如线性回归、神经网络、回归树、支持向量机回归。在测试阶段中，作者只用了1998年到2007年120个月78个类的数据，用来预测这120个月中18个应变量的变化情况。实验结果显示，支持向量机回归误差最小。

图15.3中的三条线分别表示实际观察值，用所有的聚类结果做的预测值，只选择了部分聚类结果。显而易见，预测结果符合实际结果，说明了可以从海洋数据中制定一些气候指标来表征陆地气候的某些数值。

§ 15.5 可持续计算的数据

随着越来越多的监测设备投入使用，比如安装在卫星和地面上的地震传感器、温度湿度传感器、各种分子检测器等等。我们能收集到的数据越来越多也越来越多样。通过传感器收集到的数据每时每秒都在记录着地球的变化。收集的数据对数据挖掘提出很多挑战。不仅数据量上达到了天文数字，而且数据通常具有时间空间和异质特性[29,42]。

- 海量数据：随着大数据时代的到来，可持续发展中所使用的数据也有达到PB级别的。如何利用这些大量的数据要求给数据挖掘中的算法具有良好的伸缩性。

- 异质数据：对于同一个可持续计算的问题来说，可以利用到的数据类型多种多样。有时候数据来自多种传感器类型，有时候数据有不同的观测粒度，有时候观测数据分布在不同的时间段。

- 时空数据：很多地球科学的观测数据具有非常典型的时空特征。数据分析的模型和算法必须充分考虑在时间和空间上的联系。

- 实时数据：观测数据具有时效性，每时每刻都需要处理，特别是在灾害管理上。这就需要建立实时的分析模型，比如基于流式的数据处理系统。

• 分布式数据：从各种卫星和传感器收集的数据存储分布在世界各地，单一的存储在一个数据节点上受限于数据的海量规模和通信带宽。

第三届SensorKDD研讨会（3rd International Workshop on Knowledge Discovery from Sensor Data，http://www.ornl.gov/sci/knowledgediscovery/SensorKDD -2009/）提供了50年近两万个地点的气温和降水量时空数据。数据量达到了几个GB。这届研讨会中的挑战比赛旨在利用日益普遍的传感器，急剧增加的监测数据，寻找出气候上的突变或者缓慢的偏移。

明尼苏达大学气候研究小组（http://climatechange.cs.umn.edu/）的Expeditions研究项目一直在使用数据挖掘的方法研究气候变化。他们从数据中发现气候的微小变化，改善传统大气科学的模拟模型，提供了了解复杂生态系统的新途径。他们使用的卫星和地面传感器数据多种多样。美国国家海洋与大气管理局NOAA（National Oceanic and Atmopheric Administration）下的地球系统研究实验室（Earth System Research Laboratory）公布了数百个数据集。物理科学分部Physical Sciences Division （http://www.esrl.noaa.gov/psd/data/gridded/），全球监测分部Global Monitoring Division（http://www.esrl.noaa.gov/gmd/dv/data/），化学科学分部Chemical Sciences Division（http://www.esrl.noaa.gov/csd/datasets.html），全球系统分部Global Systems Division（http://www.esrl.noaa.gov/gsd/data/）。例如，比较常用的数据集NCEP/NCAR Reanalysis 1包括了192 × 94格点从1948年至今的气压、气温、降水量等遥感数据。MODIS中分辨率光谱成像仪数据（http://modis.gsfc.nasa.gov/data/）是从美国航空航天局NASA的Terra和Aqua卫星上得到。这两颗卫星每1-2天观测地球，从多个不同的分辨率下收集36大类的数据。同时，这些数据再被转换成为多种遥感指数数据。前文提到的增强植被指数可以从土地过程分布式活动数据中心（Land Process Distributed Active Archive Center `https://lpdaac.usgs.gov/products/modis_products_table`）得到。这些数据非常有助于研究陆地海洋的动态变化。

地面观测和预报项目TOPS（Terrestrial Observation and Prediction System http://ecocast.arc.nasa.gov/）目标是建立一个对各种传感器数据的异构数据分析处理的统一基础框架，并且建立短时预报和预测系统。传感器数据可以来自卫星、数据、地面传感器等等。所使用的数据存储在NASA的Earth Exchange网站（NEX https://c3.nasa.gov/nex/resources/）。不仅包括了MODIS卫星数据还包括了地面探测器的数据如生物量、碳存储等观测数据。

哥伦比亚大学国际气候和社会研究所（IRI International Research Institute for Climate and Society）的IRI/LDEO Climate Data Libaray提供了300多个地球和气候观测数据（http://iridl.ldeo.columbia.edu/index.html）。比如最新公布的NOAA NCEP-DOE Reanalisys II数据，GPCC气候降水量数据产品。IRI研究所致力于通过科学途径让社会特别是发展中国家了解天气的影响，改善人群居住环境。IRI的项目包括气候项目、环境监测项目、非洲项目等等。

日本地球模拟中心Earth Simulator Center公布的从模拟研究中得到的数据（http://www.jamstec.go.jp/esc/download/index.en.html）。OFES数据集收集了地球模拟器的高分辨率海洋信息，包括速度、温度、盐度和海平面高度。德国马克思普朗克气候研究所也同时提供观测和模拟数据（Max Planck Institute for Meteorology http://www.mpimet.mpg.de/en/wissenschaft/datensaetze.html）。

§15.6 本章小结

生态学将会同现在生物信息科学一样，人们不仅用实验去验证各种各样的模型和假设，而且也用数据驱动的研究方法让数据说话。在本章中总结了几类数据挖掘在气候、生态环境、农业生产和智能电网等领域的应用，并且给出了一些可持续领域中的数据。这些数据可以提供给任何人研究。数据挖掘的的方法给传统方法提供了全新的思路和解决问题的方法。

§15.7 术语解释

1. **ν支持向量机（ν-SVM）**：一个可以通过ν参数控制支持向量数量的支持向量机。
2. **离散傅里叶变换（Discrete Fourier transform）**：离散形式的傅里叶变换把信号的时域采样转换成频率采样。
3. **包络模型（Envelop Model）**：一类基于物种分布同环境变量的统计关系来确定物种耐性的模型。
4. **最大期望算法（Expectation-Maximization）**：在概率模型中的参数最大似然估计算法。
5. **广义可加模型（Generalized Additive Models）**：推广形式的可加模型。
6. **广义线性模型（Generalized Linear Models）**：推广形式的多元线性回归。
7. **隐马尔科夫模型（Hidden Markov Model）**：一种含有未知参数的马尔科夫过程的统计模型。
8. **多元自适应样条回归（Multivariate Adaptive Regression Splines）**：一种用分段线性函数作为基函数的回归模型。
9. **回归树（Regression tree）**：输出是连续实数的分类树。
10. **ROC曲线（Receiver operating characteristic curve）**：一种描述模型灵敏度的图像。
11. **共享最近邻聚类法（Shared Nearest Neighbor）**：一种改进的最近邻算法。
12. **谱聚类法（Spectral clustering）**：一种通过对相似度矩阵进行谱分析的聚类算法。

参考文献

[1] S. Amin. *U.S. grid gets less reliable*. IEEE Spectrum, 48(1):80~80, Jan. 2011.

[2] K. Bhaduri, K. Das, and P. Votava. *Distributed anomaly detection using satellite data from multiple modalities*. In NASA Conference on Intelligent Data Understanding, pages 109~123, 2010.

[3] C. M. Bishop et al. Pattern recognition and machine learning, volume 1. springer New York, 2006.

[4] S. Boriah, V. Kumar, and M. Steinbach. *Land cover change detection: a case study*. In Proceedings of the 14th ACM SIGKDD international conference on Knowledge discovery and data mining, pages 857~865, 2008.

[5] P. Chakraborty and M. Marwah. *Fine-grained Photovoltaic Output Prediction using a Bayesian Ensemble*. In 26th AAAI Conference on Artificial Intelligence, 2012.

[6] J. Conrad and C. Gomes. *Connections in Networks : Hardness of Feasibility versus Optimality*. In Proceedings of the 5th international conference on Integration of AI and OR techniques in constraint programming for combinatorial optimization problems, pages 303~307, 2008.

[7] M. Das. *Anomaly Detection and Spatio-Temporal Analysis of*. In Proceedings of the Third International Workshop on Knowledge Discovery from Sensor Data, pages 142~150, 2009.

[8] T. G. Dietterich. *Machine learning in ecosystem informatics and sustainability*. In Proceedings of the 21st international jont conference on Artifical intelligence, pages 8~13, 2009.

[9] B. Ekasingh, K. Ngamsomsuke, R. a. Letcher, and J. Spate. *A data mining approach to simulating farmers' crop choices for integrated water resources management*. Journal of environmental management, 77(4):315~25, Dec. 2005.

[10] L. Ertöz, M. Steinbach, and V. Kumar. *Finding clusters of different sizes, shapes, and densities in noisy, high dimensional data*. In SIAM International Conf. on Data Mining (SDM 2003), 2003.

[11] S. Ferrier, A. Guisan, J. Elith, C. H. Graham, R. P. Anderson, M. Dud?, R. J. Hijmans, F. Huettmann, J. R. Leathwick, A. Lehmann, J. Li, L. G. Lohmann, B. A. Loiselle, G. Manion, C. Moritz, M. Nakamura, Y. Nakazawa, J. M. Overton, A. T. Peterson, S. J. Phillips, K. Richardson, R. Scachetti-pereira, R. E. Schapire, S. Williams, M. S. Wisz, and N. E. Zimmermann. *Novel methods improve prediction of species ' distributions from occurrence data*. Ecography, 2(January), 2006.

[12] D. Golovin, A. Krause, and B. Gardner. *Dynamic resource allocation in conservation planning*. In Proceedings of the 25th Conference on Artificial Intelligence, pages 1331~1336, 2011.

[13] C. Gomes. *Computational sustainability*. The Bridge, National Academy of Engineering, 2009.

[14] H. Goncalves and A. Ocneanu. *Unsupervised disaggregation of appliances using aggregated consumption data*. In The 1st KDD Workshop on Data Mining Applications in Sustainability (SustKDD), 2011.

[15] S. Günnemann, H. Kremer, C. Laufkötter, and T. Seidl. *Tracing Evolving Subspace Clusters in Temporal Climate Data*. Data Mining and Knowledge Discovery, 24(2):387~410, Sept. 2011.

[16] T. J. Hastie, R. J. Tibshirani, and J. J. H. Friedman. The Elements of Statistical Learning. Springer, 2009.

[17] H. Huang, S. Yoo, D. Yu, D. Huang, and H. Qin. *Cloud Motion Detection for Short Term Solar Power Prediction*. In ICML 2011 Workshop on Machine Learning for Global Challenges, 2011.

[18] R. Hutchinson, L. Liu, and T. Dietterich. *Incorporating boosted regression trees into ecological latent variable models*. In Twenty-Fifth AAAI Conference on Artificial Intelligence, pages 1343~1348, 2011.

[19] Y. Jun, W. Weng-keen, D. Tom, J. Julia, B. Matthew, F. Sarah, S. Susan, and M. White. *Multi-label Classification for Species Distribution Modeling*. In 28th International Conference on Machine Learning, 2011.

[20] J. Kolter, S. Batra, and A. Ng. *Energy disaggregation via discriminative sparse coding*. In Neural Information Processing Systems, pages 1~9, 2010.

[21] A. Kumar, X. Wu, and S. Zilberstein. *Lagrangian Relaxation Techniques for Scalable Spatial Conservation Planning*. In 26th AAAI Conference on Artificial Intelligence, 2012.

[22] V. Kumar, M. Steinbach, and P. Tan. *Mining scientific data: Discovery of patterns in the global climate system*. In Proceedings of the Annual Meeting of the American Statistical Association, pages 1~10, 2001.

[23] D. Mazzoni, J. a. Logan, D. Diner, R. Kahn, L. Tong, and Q. Li. *A data-mining approach to associating MISR smoke plume heights with MODIS fire measurements*. Remote Sensing of Environment, 107(1-2):138~148, Mar. 2007.

[24] C. Monteleoni, G. Schmidt, and S. Saroha. *Tracking climate models*. Statistical Analysis and Data Mining, 4(4):372~392, 2011.

[25] U. of Energy200. *"GRID 2030" A NATIONAL VISION FOR ELECTRICITY' S SECOND 100 YEARS — Department of Energy*.

[26] M. Osborne, R. Garnett, and K. Swersky. *A Machine Learning Approach to Pattern Detection and Prediction for Environmental Monitoring and Water Sustainability*. In ICML 2011 Workshop on Machine Learning for Global Challenges, 2011.

[27] O. Parson, S. Ghosh, M. Weal, and A. Rogers. *Non-intrusive load monitoring using prior models of general appliance types*. In 26th AAAI Conference on Artificial Intelligence, pages 356~362, 2012.

[28] R. Passonneau, C. Rudin, A. Radeva, A. Tomar, and B. Xie. *Treatment Effect of Repairs to an Electrical Grid: Leveraging a Machine Learned Model of Structure Vulnerability*. In Proceedings of the KDD Workshop on Data Mining Applications in Sustainability (SustKDD), 17th Annual ACM SIGKDD Conference on Knowledge Discovery and Data Mining, 2011.

[29] N. Piatkowski, S. Lee, and K. Morik. *Spatio-temporal models for sustainability*. In ACM SIGKDD Workshop on Data Mining Applications In Sustainability, in conjunction with the 18th SIGKDD Conf. Knowledge Discovery and Data Mining, 2012.

[30] P. Pons and M. Latapy. Computing communities in large networks using random walks. Springer, 2005.

[31] C. Rudin, R. J. Passonneau, A. Radeva, H. Dutta, S. Ierome, and D. Isaac. *A process for predicting manhole events in Manhattan*. Machine Learning, 80(1):1~31, Jan. 2010.

[32] C. Rudin, D. Waltz, R. N. Anderson, A. Boulanger, A. Salleb-Aouissi, M. Chow, H. Dutta, P. N. Gross, B. Huang, S. Ierome, D. F. Isaac, A. Kressner, R. J. Passonneau, A. Radeva, and L. Wu. *Machine learning for the New York City power grid*. IEEE transactions on pattern analysis and machine intelligence, 34(2):328~45, Feb. 2012.

[33] B. Schölkopf, J. C. Platt, J. Shawe-Taylor, A. J. Smola, and R. C. Williamson. *Estimating the support of a high-dimensional distribution*. Neural computation, 13(7):1443~71, July 2001.

[34] D. Sheldon, M. Elmohamed, and D. Kozen. *Collective inference on Markov models for modeling bird migration*. In Advances in Neural Information Processing Systems (NIPS'07), pages 1~8, 2007.

[35] P. K. Shivaswamy, W. Chu, and M. Jansche. *A Support Vector Approach to Censored Targets*. In Seventh IEEE International Conference on Data Mining (ICDM 2007), pages 655~660. IEEE, Oct. 2007.

[36] K. Sravanthi and N. West. *Mining Spatial Co-occurrence of Drought Events from Climate Data of India*. In Data Mining Workshops (ICDMW), 2010 IEEE International Conference on, pages 106~112, 2010.

[37] M. Steinbach, P. Tan, and V. Kumar. *Discovery of climate indices using clustering*. Proceedings of the ninth ACM SIGKDD international conference on Knowledge discovery and data mining, pages 446~455, 2003.

[38] K. Steinhaeuser, N. V. Chawla, and A. R. Ganguly. *An exploration of climate data using complex networks*. ACM SIGKDD Explorations Newsletter, 12(1):25, Nov. 2010.

[39] K. Steinhaeuser, N. V. Chawla, and A. R. Ganguly. *Comparing predictive power in climate data: clustering matters*. In SSTD'11 Proceedings of the 12th international conference on Advances in spatial and temporal databases, pages 39~55, Aug. 2011.

[40] K. Steinhaeuser, N. V. Chawla, and A. R. Ganguly. *Complex networks as a unified framework for descriptive analysis and predictive modeling in climate science*. Statistical Analysis and Data Mining, 4(5):497~511, Oct. 2011.

[41] Y. Su, S. Chelluboina, M. Hahsler, and M. H. Dunham. *A New Data Mining Model for Hurricane Intensity Prediction*. In Data Mining Workshops (ICDMW), 2010 IEEE International Conference on, pages 98~105, 2010.

[42] P.-n. Tan, C. Potter, and M. Steinbach. *Finding Spatio-Temporal Patterns in Earth Science Data*. In Proceeding of KDD Workshop on Temporal Data Mining, 2001.

[43] P.-N. Tan, M. Steinbach, and V. Kumar. Introduction to Data Mining, (First Edition). Addison-Wesley Longman Publishing Co., Inc., Boston, MA, USA, 2005.

[44] U. Von Luxburg. *A tutorial on spectral clustering*. Statistics and computing, 17(4):395~416, 2007.

[45] L. Wu, G. Kaiser, and C. Rudin. *Evaluating machine learning for improving power grid reliability*. In Proceedings of the ICML 2011 workshop on Machine Learning for Global Challenges, International Conference on Machine Learning, 2011.

第十六章　数据挖掘在专利领域中的应用

§16.1　摘要

专利文献可以为企业提供有价值的信息，避免重复投资与研发，促进产业发展。目前全世界约有八千万件专利，平均每年有一百万件以上的专利文献出版，仅欧洲每年就出版了30万件的专利文献。专利文献包含重要的研究成果、丰富的技术细节和实验数据，同时具有巨大的商业与科研价值。专利文献的检索、分类、分析、挖掘、发现与利用，已经逐步成为企业获取信息、维持发展、增大影响力与竞争力的重要措施。然而专利数量众多，篇幅庞大，技术与法律用语并存，用词生僻，人工阅读、分析耗时耗力。如何设计一种能协助专利工程师、分析师或专利律师自动分析专利文件的工具，成为业内急需研究解决的问题。本章节介绍如何运用数据挖掘的技术方法优化专利分析的步骤、减少专利分析的工作量、甚至自动完成整个分析流程。

§16.2　绪论

21世纪，随着不同领域的科学技术的高速发展，知识产权保护和应用已经构成人们经济活动中的重要内容。我国政府现在实行创新驱动的发展战略，把自主创新作为调整经济结构、转变经济增长方式、提高国家综合国力的核心环节。而专利作为知识产权中含金量最高的重要组成部分，对于知识产权战略实施有着重大的意义和深远的影响。越来越多的企业和研究机构通过专利布局、管理和运用来保护其核心技术，跑马圈地占领市场，保证其在市场的核心竞争力。同时，随着信息化数字化的普及，专利文献也由原来的收费纸质查询发展到现在的网络免费公开检索，人们可以方便快速地查询各类专利文件和获取专利技术。

统计资料表明，专利文献是当今世界上最大的技术信息源，包含了世界科技信息的90%。根据国际经济暨发展组织[1]（Organization for Economic Cooperation and Development：OECD）的统计结果，专利文献包含了80%以上的科技知识，而大部分这类技术并没有被刊登在其他的发行刊物。同时，专利文献所披露的技术方案在各专业行业均具有前瞻性。

专利文献对企业决策者、企业研发人员、专利分析师、专利律师、科学研究者、甚至是经济学家都具有重大的研究价值。通过对专利文献进行深度挖掘与缜密剖析，形成具有较高技术与商业价值的专利情报，可以挖掘出潜藏的信息和知识，比如技术发展趋势、热

[1]http://www.oecd.org.

点技术分析、商业模式发掘、决策支持等等。但长期以来，人们对专利信息资源的价值认识非常狭隘，专利资源的挖掘极其不足，专利信息在企业经营中的功能尚未显现；与此同时，一些企业也常常因为不知道如何开发新产品，不了解当前世界热门技术，而丧失了市场竞争的主动权。因此，研究国内外的专利文献对于企业的技术创新、产品创新、经营创新以及做出重大战略决策有着非凡的意义。

然而专利文献由于其特殊性为人工分析带来很多难题。首先，专利文献的主要内容为专利申请文件，而通常情况下申请人在撰写专利申请文件时，为了保证其发明创造的权利获得最大限度的保障，会在专利申请文件中运用大量的技术术语和法律名词来隐藏其核心技术，以至于人们需要花费大量的时间及精力去阅读剖析一篇专利文件。

其次，随着科技技术的日新月异，近年来专利申请数量成指数级增长。图16.1是从世界知识产权组织（World Intellectual Property Organization, WIPO）[1]获得的从2001 年到2011 年专利申请的统计数据。如图所示，仅仅2011 年，美国专利商标局[2] 就收到406,021 件专利申请，而中华人民共和国国家知识产权局[3] 全年申请量超过美国55,905 件，占全球总申请量的28.16%，位居世界第一。从2002 年到2011 年的十年间，全球申请量由2002 年的1,190,600 到2011年的1,640,200，增长率达42.75%，而中国2011 年的专利申请量是十年前的7 倍，增长率高达702.03% 。面对海量的专利文献，如何有效地从纷繁复杂的专利文献中获得有价值的信息，也是专利分析另一个难点。

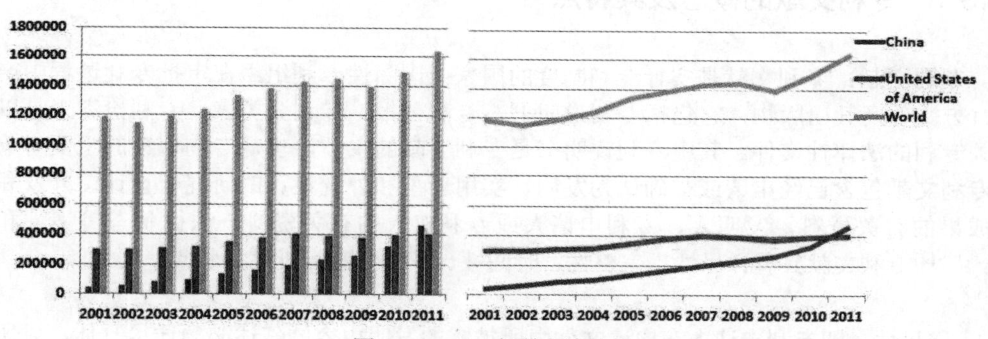

图 16.1 WIPO专利申请统计

此外专利分析还要求分析师具备技术、法律、统计、信息、金融等多方面的相关知识，这样跨学科的高素质人才数量有限，因此企业对自动分析专利文献的需求也愈来愈迫切。

本章介绍如何运用数据挖掘的技术方法优化专利分析的步骤、减少专利分析的工作量、甚至自动完成整个分析流程。为了让读者更好的理解数据挖掘在专利领域中的应用，在第二节背景知识中，我们简单介绍了专利的相关概念。其后的第三、四节，分别介绍了专利检索、专利分类和专利分析的内容、标准、方法与数据挖掘技术在上述方面的应用。

[1]http://www.wipo.int.
[2]http://www.uspto.org.
[3]http://www.sipo.gov.cn.

§16.3 背景知识

韩国三星公司与美国苹果公司的专利世界大战一直是网络上的热门话题，官司的判决过程也是跌宕起伏。2012年秋季美国联邦地方法院判决三星公司赔偿苹果公司10亿美元的罚款，峰回路转，2013年夏季美国国际贸促会禁止苹果IPhone 4和IPad 2在美国销售。如此赔偿金额上亿的专利官司屡见不鲜。专利是什么，专利为什么会引起如此大的纷争？专利是专利权的简称，它是由国家或国际性组织按照其专利法授予申请人在一定时间内对其发明创造成果所享有的独占、使用和处分的权利。专利法是一个国家为保护发明创造人的合法权利，协调发明人、专利权人及发明创造使用人之间的各种法律关系的法律规范的总和[3]。

专利制度是一种利用法律、行政和经济手段保护发明创造的专利权，鼓励人们进行发明创造活动，促进科学技术进步与创新，推动发明创造的推广应用和经济发展的知识产权保护制度[4]。专利制度的主要特征表现为：一是以法律的手段实现对技术实施的垄断,依法保护专利权人的收益权；二是以书面公开的方式实现对技术信息及技术权利状态的公开，保证社会公众的知情权。

16.3.1 专利文献的概念及其特点

专利文献：专利文献是实行专利制度的国家或国际性专利组织在审批专利过程中产生的官方文件及其出版物，它包括专利说明书、专利公报、专利分类表、专利检索工具以及有关专利的法律性文件。其中专利说明书是专利文献的主体，也是专利检索的主要对象。“专利文献包含已经申请或被确认为发明、实用新型和外观设计的研究、设计、开发和试验成果的有关资料，发明人、专利申请人或专利权人的有关资料，法律状态等文件和信息。”[2]专利文献具有详尽性、完整性、时间性、权威性和标准性等特点。

1. 详尽性，即专利申请人在申请文件中所披露的发明内容的叙述必须详尽具体，以所属技术领域的普通专业人员能够重复实现为准。专利的保护范围由专利的权利要求书记载的范围为主。

2. 完整性，是指发明人或申请人为了达到技术垄断的目的，谋求对新技术、新产品、新设备新材料发明的各项细节的专利保护，在专利说明书上尽可能完整地展示发明的细节，所以通过对一系列专利说明书的查找可以获得完整反映某个技术领域状况的信息。

3. 时间性，是指专利文献所披露的发明成果迅速、及时是其他科技文献无法比拟的。首先，多数国家采用先申请制原则，即两个以上申请人分别就同样的发明创造申请专利时，专利权授予最先申请的人，致使申请人通常在发明完成之后尽早提交申请，以防他人捷足先登；其次，由于新颖性是专利性的首要条件，因此，发明创造多以专利文献而非其他科技文献形式公布于众。

4. 权威性，是指专利文献是世界上最大的技术信息源，据实证统计分析，专利包含了世界上80%的科技信息。

5. 标准性，是指各个国家对专利说明书格式、符号代码、内容的前后顺序一致均有统一规定，各国出版的专利说明书文件结构均包括扉页、权利要求、说明书、附图等几部分内容。扉页采用国际通用的ID代码标识著录项目，引导读者迅速了解和寻找发明人、申请人、请求保护的国家专利权的授予等有关信息；权利要求说明技术特征，表述请求保护的范围；说明书清楚完整地描述发明创造内容；附图补充说明文字内容。为便于检索，专利文献均采用或标注国际专利分类划分发明所属技术领域，从而使各国的发明创造融为一体。

16.3.2　专利文献的分类标准

专利文献分类：专利文献分类是指由于专利文献数量庞大，为了利于公众进行专利检索，为了层次式管理专利技术内容，便于资料整理、归档，因而将专利文献按照一定的分类标准进行分类。

常用的专利文档分类标准有世界知识产权局的国际专利分类（IPC），美国专利局的美国专利分类（USPC），欧洲专利局的欧洲专利分类（EPC），日本专利局的日本专利分类（F-Term）和汤姆孙路透的德温特分类等。其中使用面最广的是IPC，现今有超过100个国家使用。

国际专利分类体系（以下简称IPC）诞生于1971年，根据关于国际专利分类史特拉斯堡协定（Strasbourg Agreement Concerning the International Patent Classification）[1]而建立，由世界知识产权组织颁布。以功能型分类为主，为专利文献提供一个严谨的、一致的、详尽的分类制度。如图16.2所示，由“部”，“主类”，“副类”，“大组”和“小组”组成，有8大部，大于70000分支。

例如图16.3的IPC分类号“H04L 12/56”，表示H部（电学），04主类（电通信技术），L副类（数字信息传输）以及12大组（数据交换网络）和56小组（分组交换系统）。

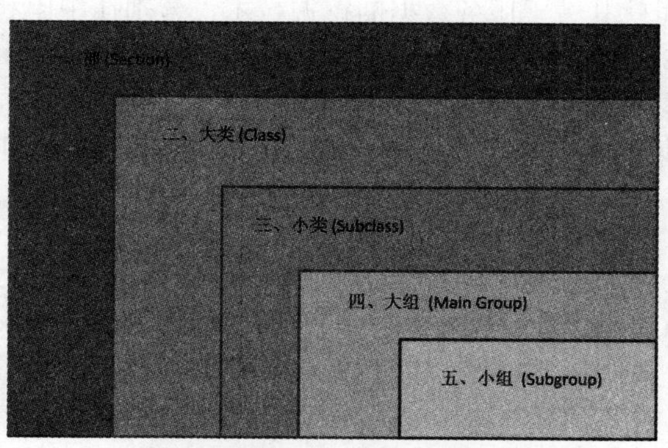

图 16.2 国际专利分类层次结构

美国专利分类体系（以下简称USPC）依据技术主题将所有从属于该技术主美国专利文献及其他技术文献编排整理，形成一定数量范围的文献集合。USPC中有大类和小类，各大类描述不同的技术主题，而小类描述大类所含技术主题的工艺过程、结构特征、功能特征，大类超过450个，小类超过150000个。

“大类/小类”的组合成为完整的分类号，同样以图 16.3为例，其USPC分类号为“370/392”，大类370（多重通信），小类392（处理地址头的交换路由）。

16.3.3 专利文献的组成部分

专利文献主要包括专利申请文件，专利授权文件，专利的著录事项，专利实施许可合同的备案，专利实施的强制许可，专利权的转移，专利权的无效宣告，专利权的终止、恢复等等。其中以专利申请文件和专利授权文件为主。它们一般包括：扉页、权利要求书、摘要和说明书。

1. 扉页，包含结构化的数据和非结构化的内容。其中，结构化的数据主要指专利的著录项内容，例如：发明人、申请人、申请日、申请（专利）号、优先权、申请人地址、主分类号、分类号等。非结构化的内容主要指：专利的摘要（和摘要附图）。
2. 专利说明书，其主要作用是清楚、完整地公开创造发明，以所属技术领域的技术人员能实现为准，包括发明或实用新型专利名称，所属技术领域，背景技术，所要解决的技术问题，采用的技术方案，达到的有益效果，并可以结合附图做的进一步说明具体的实施方式等。
3. 权利要求书，以专利说明书为依据，清楚、简要地说明专利保护的范围。专利的保护范围以专利要求书上记载的内容为准，分为独立权利要求和从属权利要求。所谓独立权利要求即能从整体上反映发明内容的技术方案，记载解决问题的必要技术特征；从属权利要求通过附加的技术特征对主权项进一步限定。
4. 说明书附图，主要包括：机械领域发明创造的各种反映产品形状和结构的视图；电器领域发明创造的电路图、框图、示意图；化学领域发明创造的化学结构；方法发明，表示该方法各步骤的工艺流程图等。

图16.3是微软公司就其关于服务数据的挖掘技术，分别在中国和美国申请的专利，上图为美国专利申请US2007/0237149 A1 的扉页；下图为中国专利申请CN101421728A 的扉页。其中中国专利申请是美国专利申请的同族专利申请。所谓同族专利即同一申请人为了其专利布局需要，就同一技术方案在不同国家多次申请、公布或批准的内容相同或基本相同的一系列专利文献。

§ 16.4 数据挖掘在专利检索的应用

浩瀚的专利文献中隐含有丰富的金矿，可供人挖掘、使用。专利检索又称为专利搜索，是信息检索的一个子域，其数据源以专利数据库为主。专利检索即是专利分析必不可少的一部分，又是可独立于专利分析的一个实际应用。由于专利文献的特有结构和专利检索的一些特殊需求，专利检索和传统的网页搜索有很大的不同，例如专利检索的检索式一般要远远长于传统网页检索，不同的专利检索任务对系统有不同的要求等等。

依据检索目的的不同，可以将专利检索任务分为如下六种类型：专题检索、专利性检索、证据检索、侵权风险检索、企业战略检索和状态检索 [20,22,35]。

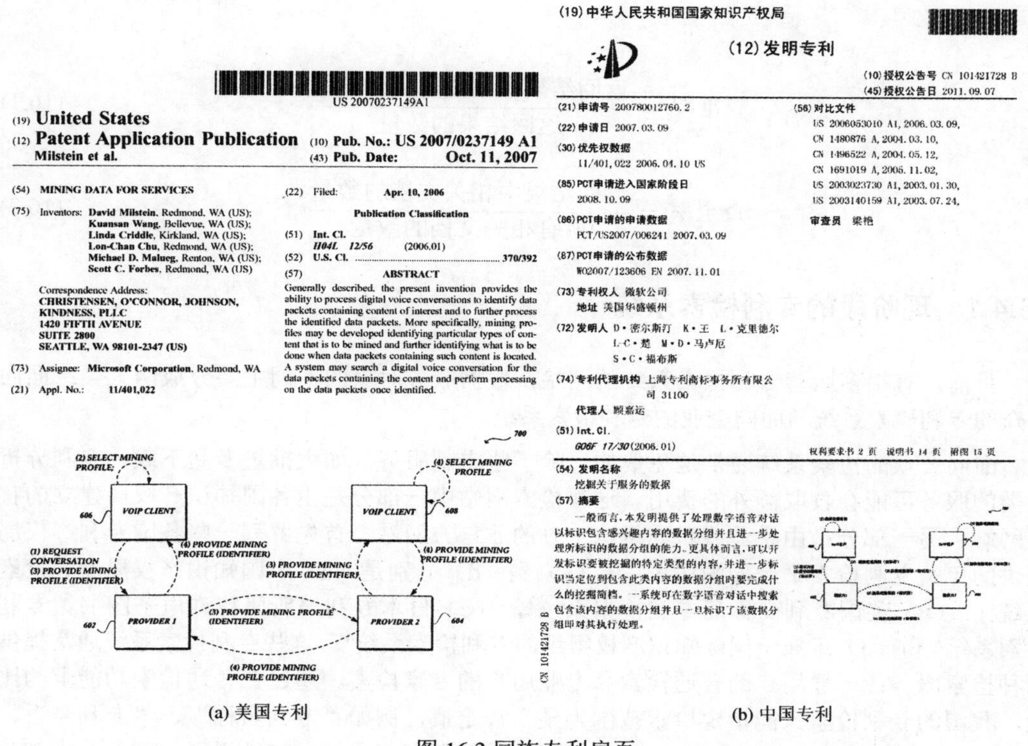

US 20070237149A1

(19) United States
(12) Patent Application Publication (10) Pub. No.: US 2007/0237149 A1
Milstein et al. (43) Pub. Date: Oct. 11, 2007

(54) MINING DATA FOR SERVICES

(75) Inventors: David Milstein, Redmond, WA (US); Kuansan Wang, Bellevue, WA (US); Linda Criddle, Kirkland, WA (US); Lon-Chan Chu, Redmond, WA (US); Michael D. Malueg, Renton, WA (US); Scott C. Forbes, Redmond, WA (US)

Correspondence Address:
CHRISTENSEN, O'CONNOR, JOHNSON, KINDNESS, PLLC
1420 FIFTH AVENUE
SUITE 2800
SEATTLE, WA 98101-2347 (US)

(73) Assignee: Microsoft Corporation, Redmond, WA

(21) Appl. No.: 11/401,022

(22) Filed: Apr. 10, 2006

Publication Classification

(51) Int. Cl.
H04L 12/56 (2006.01)
(52) U.S. Cl. 370/392

(57) ABSTRACT

Generally described, the present invention provides the ability to process digital voice conversations to identify data packets containing content of interest and to further process the identified data packets. More specifically, mining profiles may be developed identifying particular types of content that is to be mined and further identifying what is to be done when data packets containing such content is located. A system may search a digital voice conversation for the data packets containing the content and perform processing on the data packets once identified.

(19) 中华人民共和国国家知识产权局

(12) 发明专利

(10) 授权公告号 CN 101421728 B
(45) 授权公告日 2011.09.07

(21) 申请号 200780012760.2
(22) 申请日 2007.03.09
(30) 优先权数据
11/401,022 2006.04.10 US
(85) PCT申请进入国家阶段日
2008.10.09
(86) PCT申请的申请数据
PCT/US2007/006241 2007.03.09
(87) PCT申请的公布数据
WO2007/123606 EN 2007.11.01
(73) 专利权人 微软公司
地址 美国华盛顿州
(72) 发明人 D·密尔斯汀 K·王 L·克里德尔 L-C·楚 M·D·马卢厄 S·C·福布斯
(74) 专利代理机构 上海专利商标事务所有限公司 31100
代理人 顾嘉运
(51) Int. Cl.
G06F 17/30 (2006.01)

(56) 对比文件
US 2006053010 A1, 2006.03.09,
CN 1480876 A, 2004.03.10,
CN 1496522 A, 2004.05.12,
CN 1691019 A, 2005.11.02,
US 2003023730 A1, 2003.01.30,
US 2003140159 A1, 2003.07.24,

审查员 梁艳

权利要求书 2 页 说明书 14 页 附图 15 页

(54) 发明名称
挖掘关于服务的数据
(57) 摘要
一般而言，本发明提供了处理数字语音对话以标识包含感兴趣内容的数据分组并且进一步处理所标识的数据分组的能力。更具体而言，可以开发标识要被挖掘的特定类型的内容，并进一步标识当定位到包含此类内容的数据分组时要完成什么的挖掘简档。一系统可在数字语音对话中搜索包含该内容的数据分组并且一旦标识了该数据分组即对其执行处理。

CN 101421728 B

(a) 美国专利 (b) 中国专利

图 16.3 同族专利扉页

1. 专利性检索。从专利申请日之前的公开文献中检索可能破坏专利申请文件的专利性的文件。

2. 证据检索。类似专利性检索，其目的是找出符合专利法相关条款的、能破坏专利文件专利性的文件（证据）。

3. 侵权风险检索。检索产品、设备或方法所涵盖的所有技术的专利文件，从而确定是否有侵犯有关专利权。

4. 状态检索。检索专利文献的当前法律状态，如果只针对无效状态，又称为免费使用检索。

5. 专题检索。检索出某个的技术或领域中的所有有关专利文件，又称为技术调研。

6. 企业战略检索。针对某个公司、机构或企业，检索旗下所有专利从而确定其研究方向和战略布局。

不同的专利检索任务着眼点也不同，比如专利性检索着重于查全率（Recall）（见公式16.2），由于专利巨大的经济价值，通常漏检任何一个相关专利文献可能会导致专利侵权。而证据检索则与之相反，着重于查准率（Precision）（见公式16.1），因为只有找出一篇能破坏原专利文献专利性的文件即可。而专题检索、企业战略检索是专利分析的一部分。

$$查准率 = \frac{返回结果中相关文档的数量}{返回结果的数量} \tag{16.1}$$

$$查全率 = \frac{返回结果中相关文档的数量}{所有相关文档的数量} \tag{16.2}$$

16.4.1 现阶段的专利检索系统

目前，有很多运营专利检索系统的网站，根据服务对象的不同主要分成两大类：面向公众的专利检索系统与面向企业的专利检索系统。

面向公众的检索系统通常是免费的，除了些定制服务，如大批量专利下载、专利分析之类的服务可能会收取额外的费用。这些检索网站中一部分是由各国知识产权局建立的官方网站。另一部分是由企业或研究机构主办的非官方网站。首先罗列一些各国专利产权局提供的免费专利检索平台如图16.4，从（a）到（d）分别是（a）中国知识产权局专利检索系统[1]，（b）美国专利商标局专利检索系统[2]，（c）日本专利局所属特许电子图书馆专利检索系统[3] 和（d）隶属于国际知识产权组织的专利检索系统[4]。这些专利检索系统通常提供两种检索服务：一般用户的普通检索和专业用户的专家检索。通过在普通检索功能上的比较，我国的专利检索只能指定检索范围为某个特定值，例如“专利名称”、“专利号”、“摘要”等等；其他国家知识产权局可以指定为“所有范围”。在结果展示部分，大部分国家官方检索通常倾向于只显示检索出专利文献的专利号与专利名，国际局则额外展示专利的摘要并对检索词高亮显示。此外日本专利局还允许用户对初次检索结果二步检索。在专家检索功能方面，我国能从16个检索字段中构建检索式，而美国专利局可以选取高达22个检索字段。由企业提供的免费专利检索服务与由官方机构提供的相比优势在于使用更加简便，查询速度更加迅速并且对检索结果提供些额外的分析功能。缺点在于专利数据不够完整全面，除了部分公司的数据由官方提供的以外，更多的是通过其他渠道获得的专利数据，可信度不高。例如：在google patent[5] 中，以“数据挖掘”作为检索词，得到相关专利163件，而通过国家专利局的网站我们能检索到相关的171 件发明专利和11件实用新型专利。此外专家检索功能的欠缺或者删减，例如google patent只能从8个检索字段中进行选择，soopatent[6] 也只能从11个检索字段中进行选择。

面向企业的商用专利检索系统，其主要代表是Thomson Reuters公司[7]。与面向公众的免费检索系统相比主要有三大优势：1. 数据全面，不仅有各国专利局的官方专利数据，甚至还有自己公司标引的专利数据。例如德温特索引，德温特索引从1963年开始收录了迄今超过40多个国家的1100件发明专利文献，这些专利文献都经过德温特的专家进行过深度加工分析。2. 更全面的检索策略，例如可以随意指定数据源，可以对检索结果进行多次筛选与任意组合等等。3. 可以定制个性化服务，例如对检索结果绘制专利地图、专利预警、保留

[1] http://www.sipo.gov.cn/.
[2] http://patft.uspto.gov/netahtml/PTO/search-bool.html
[3] http://www2.ipdl.inpit.go.jp
[4] http://patentscope.wipo.int/search/en/search.jsf
[5] https://www.google.com/?tbm=pts
[6] http://www.soopat.com
[7] http://thomsonreuters.com/

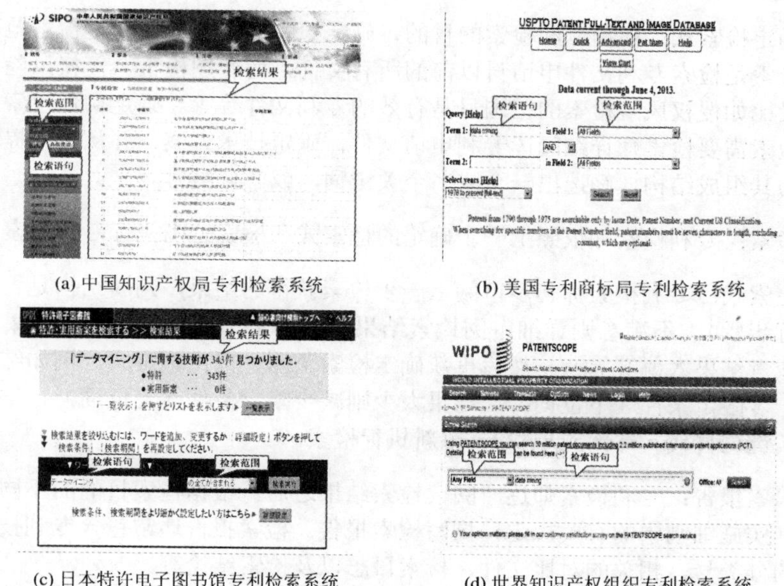

(a) 中国知识产权局专利检索系统　　(b) 美国专利商标局专利检索系统

(c) 日本特许电子图书馆专利检索系统　　(d) 世界知识产权组织专利检索系统

图 16.4 各国官方专利检索平台

检索日志、共享检索式等等。虽然与面向公众的检索系统相比具有很多的优势，但其昂贵的使用费用通常让人望而却步。

16.4.2　专利检索步骤

虽然专利检索种类不同，但所有专利检索活动如图16.5所示，可以被大致分为如下四个步骤，即：（1）初步确定检索式，（2）执行检索，（3）优化检索式，（4）撰写检索报告。

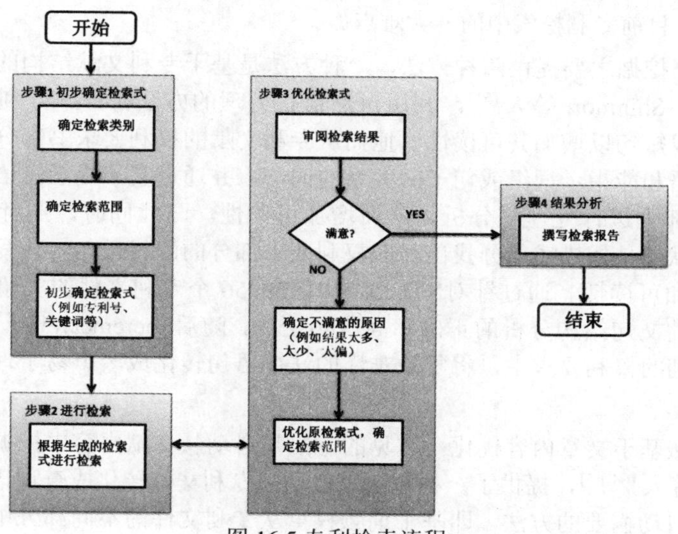

图 16.5 专利检索流程

1. 初步确定检索式：根据专利检索的目的，确定检索类别。其次确定检索范围，例如专利性检索是检索专利文件申请日以前的所有文件，而专题检索、侵权风险检索则不尽然；又比如侵权风险检索的范围只是有效的专利文件等等。确定初步检索式，例如专利性检索需要检索师详细阅读专利申请文件，确定技术方案，并从文中提取关键的元器件与其组成结构，筛选出一个或多个关键词，或者分类号。

2. 执行检索：专利检索师依照上一步确定的检索式和检索范围执行专利检索。

3. 优化检索式：专利检索师初步审阅上一步检索获得的结果，判断结构是否满意。满意则进行步骤4。不满意则详细审阅检索结果从而确定不满意的因素（结果太多、结果太少或者结果太偏等等）。然后重新确定检索范围、优化检索式。例如结果太多则增加进一步限定条件（下位词），结果太少则减少限定条件（上位词），结果太偏则用新的关键词替代。并回到步骤2，重新执行检索。

4. 撰写检索报告：专利检索师逐一阅读检索结果之后，根据检索目的的不同，依照专利法及其实施细则中的有关规定，撰写检索报告。检索报告通常包含专利技术的概括，专利的分类号，相关的对比文件，检索日志以及检索结论等。

16.4.3 专利检索优化

在上小一节中针对专利检索流程和方法作了详细介绍。通常情况下专利检索是个学习过程，即一个通过审阅检索结果来循环优化检索式的过程。而这个过程非常的耗时耗力，并要求专利分析师有很深厚的技术背景、甚至语言能力。在本小节中，将介绍如何应用现有的数据挖掘技术来辅助专利检索师进行专利检索。

16.4.3.1 专利文献可读性优化

在背景技术中我们已经介绍了专利文献的特点。为了保证该专利的新颖性、创造性和实用性。专利文献篇幅长、句子长并且全文充斥着大量的法律、专业名称，使得可读性非常差。即使这个领域的专家去阅读理解一篇专利文献也要花费较长的时间，因此如何提高专利的可读性是目前专利检索中的一大难点。

现今的数据挖掘主要提供两种方法，一种方法是基于专利文献结构的优化。可以增加文献的可读性。Shinmori 等人[51]，利用自然语言处理的方法在日本专利的权利要求书部分，将长句断成短句以增加其可读性。他们从专利文献的权利要求书部分收集能给予长句分割提示的短语和能指示词组或句子间关系的词语，并通过基于提示短语的方法对专利文献的权利要求部分进行处理与分析，从而增加可读性。与此同时，还针对专利文献的内容，从专利文献的具体描述部分找出对应权利要求部分的解释语句，改写原权利要求有关部分，从而增加可读性。通过针对NTCIR-3中的59956 个专利文件的实验表明，使用其方法对权利要求的文句结构分析的正确率高达80.85%。随后Sheremetyeva [50], 采用了类似的方法在美国专利的权利要求中，将复杂难懂的法律语句转化成多个易于理解的短句，从而增加其可读性。

另一种方法基于文章内容优化，常见的方法是自动从文献内容中挖掘文章的主题和技术内容。Xue 等人[64,65]，提供了一种方法来自动把专利文件转化成查询语句。核心思想在于利用多文本自动摘要的方法，即基于词频权重从专利文件的不同部分中提取权重高的词语来构成专利查询语句。他们将该方法应用于美国专利商标局的专利数据库，实验结果表明自动抽取出查询词语也能起到令人满意的查询正确率。Benno 等人[53]则从另一方面来优化文献内容。他们研究拼写错误对专利检索结果的影响。其实验结果表明，在专利文件中专利权人的姓名经常会出现拼写错误（平均错误率5%）。如果修正拼写错误，查全率能提升至少3.7%。

16.4.3.2 检索语句优化

专利检索是一个循环优化的过程，不可能一蹴而就。需要通过不断分析反馈的查询结果，并对查询语句持续优化。或增加新的限定条件从而减少查询结果，或使用上文概念词来扩大查询范围等等。这样纯人工去优化查询语句，通常专利专家需要花费几个小时、甚至几天时间。因此可以通过应用文本挖掘的方法，采用查询扩展（Query Expansion）技术，提高检索的效率。常见的优化方法一般为两类：

1. 全局方法：针对查询语句，引入部分或全部词语的同类词、同义词或上位词等等来自专利文件中或外部资源的单词和词组来扩展优化原有的查询语句。
2. 局部方法：根据调整查询的反馈结果对原查询语句进行优化，比如相关反馈等。

全局方法。在日本的Konishi的研究中[28]，认为专利要求中出现的词语在发明书正文中一定存在相关的详细解释。利用基于最长公共子串（LCS）长度的方法来提取“解释句子”，从而对查询语句进行扩展。Magdy提供了一个方法，采用字对字的翻译模型来创建一个同义词查询扩展库，从而对查询语句进行扩展。Mahdabi等人[38]，实现一种词语概念重要性估计模型来评价一个词语的重要性，从文章中选择重要性更高的词语来替换原查询语句中重要性低的词语。Khanh等人[43]，提出了一种查询扩展方法，提取关键字的依赖关系和语义标签。应用自然语言处理的方法，分析专利文献结构、词语之间的联系和语法结构，并进一步构建“问题/方法/效果”的三维模型结构来描述专利技术，从而对查询语句进行扩展。

虽然基于专利文件库的扩展方法效果显著，但如果通过进一步引入外部资源可以取得更好的性能，查询效果会进一步改善。现今有很多应用WordNet[1]的语料库来扩展查询语句，得以实现更好的检索效果的研究。但是应用于专利领域的却很少，Magdy 等人[36]，通过引入WordNet的语料库中的同义词和同位词信息，来扩展查询语句。然而他们的发现不仅大大降低了查询的效率，而且也没有显著的改善查询的效果，尤其是当有些词汇具有大量的同义词的时候。因此Wolfgand等人 [56]，反其道而行之。通过研究了美国专利商标局的专利审查员们日常进行检索的日志，从而期望能通过对日志分析来挖掘出查询语句扩展、优化的模式。他们通过对检索日志的分析，找出了部分审查员人工扩展检索语句的模式，指出审查员偏爱那些包含引用标签的词汇。同时也提出一个设想，通过对同族专利分析，构建基于行业的专利翻译辞典。虽然在其研究中没有提供拥有其方法的查询效果对比试验，但审查员检索日志的引入，为专利查询优化的领域研究注入了全新的血液。

虽然全局方法对查询语句的优化起到了很好的作用，但是依赖于外部资源的引入，局部方法则不然。常用的局部方法有相关性反馈（RF）方法。其首先出现在文本数据挖掘中，核心的思想是在检索过程中利用用户对检索结果相关与否的反馈，以改善最终的结果集。但在现实生活中，很难获得真正的来自用户在搜索过程中对文档相关性判断的反馈，尤其是在专利检索中。因此，研究人员通常使用间接的证据来源来确定相关性反馈，也就

[1] http://wordnet.princeton.edu.

是通常称为的**伪相关反馈（PRF）**，又称为盲目相关反馈。伪相关反馈是检索引擎常用的技术之一，通常假设检索文档前K个反馈文档都是与查询语句相关的文档，从而在搜索查询的结果集中获取额外的信息。

日本的NACSIS Test Collections for IR（NTCIR）[1]组织是著名的信息检索研究组织，由日本国家科学情报中心创办，为多项信息挖掘研究提供测试数据集，同样也是著名的专利数据挖掘领域研讨会。在其举办的第三届研讨会中，Kishida 等人 [26]首次将相关性反馈于专利检索中，他们比较了两种相关性的算法，即Rocchio 方法和其自主设计的基于Taylor 公式的线性检索方法（相关性反馈用反馈等级值替换原布尔值）。其中Rocchio算法是相关性反馈的经典算法之一，于1971 年由Rocchio 提出，并在Salton的SMART系统中使用 [48]，其基本思想是提供一种将相关性反馈信息融入向量空间模型方法。Rocchio用向量空间模型对文档进行排序，用下面的公式从原始检索向量$\vec{q_0}$ 生成新的检索向量$\vec{q_m}$：

$$\vec{q_m} = \alpha\vec{q_0} + \beta\frac{1}{|D_r|}\sum_{\vec{d_j}\in D_r}\vec{d_j} - \gamma\frac{1}{|D_{nr}|}\sum_{\vec{d_j}\in D_{nr}}\vec{d_j} \tag{16.3}$$

式中

$\vec{q_0}$	原始检索向量
D_r	已知的相关文档
D_{nr}	已知的不相关文档
α, β, γ	分别为上述三者的权重
$\vec{q_m}$	新的检索向量

Rocchio算法通常能同时提高检索的查全率和查准率，然而Kishida 等人的实验表明引入伪相关性反馈机制并不能改善检索效果，甚至有时候效果更差。随后的第四和第五届研讨会上，又有几组研究人员尝试利用伪相关性反馈机制不同的机制来实现查询扩展，以提高检索的有效性，但结果依然不如人意。实验表明由于专利文件构词的复习性、严谨性、奇异性，使得其不同于其他的检索领域，在其文章构成中重要的词附件充斥着大量的不想管“噪声”，因此在检索过程中贸然引入伪相关性反馈，将引入大量的歧义词、无关词，从而使得检索结果偏离原主题。

直到后来的Parvaz等人 [38,39]，他们利用回归的方法设计了反馈文档有效性预测模型来判断是否应用该文档扩展查询，以此来改善伪相关性反馈在专利检索中的应用。在 [39]，为了从前K个反馈文件中找出确实有用的文件，他们从文献中抽取出一系列的能帮助体现反馈文件效果的特征：文档（D）的相关性分数，基于反馈文档集（$\mathbb{D}$）的文档（D）的相关性分数（$\delta(\mathbb{D}, D)$），文档（D）的清晰度（Clarity），基于国际专利分类（IPC）的文档（D）的清晰度（Topical Clarity），基于国际专利分类（IPC）的反馈文档集（$\mathbb{D}$）的清晰度（IPC-based Clarity）等等。

$$\operatorname*{argmin}_{\Phi}\sum_{Q\in T}\sum_{D\in\mathbb{D}}\|\Phi(F(D)) - AP(D)\|^2 \tag{16.4}$$

[1] http://research.nii.ac.jp/ntcir/.

式中

T 测试集
$\mathbb{D}$ 前100个反馈文档
F 反馈文档D对特征空间的映射
AP 平均查准率

通过上述式子来预测每一个反馈文档的贡献度–平均查全率，并引入决策树（Decision Tree）来对预测变量和平均查全率之间的关系建模。在之后的研究中[38]，他们赋予短语重要性分数、抽取重要的词语或词组，并通过计算查询清晰度和查询分数来判断是否从该反馈文档中抽取扩展词以及抽取哪些扩展词。此外他们还设计了一种预测模型，来判断名词短语扩展是否提高了检索的有效性。

除此之外，另一个常用的局部方法是通过利用向前引用关系（citation），来模拟真实反馈（而非K 个最接近反馈结果）。Fuji等人的研究表明通过使用引证反馈技术来实现查询扩展，可以提高检索效率[14]。在其后2010年由维也纳理工大学主办的CLEF-IP 专利检索任务中[37]，最好的两个队伍都采用了引证关系来优化他们的系统。但这个方法在实际操作中有很大的局限性，因为不是每种专利查询任务都有引证关系，也不是每篇专利文件都有引证关系，同时也不是每个引证关系都是正确的。

§16.5 数据挖掘在专利分析的应用

随着世界技术竞争的愈演愈烈，各国企业纷纷开展专利战略研究，而其核心就是专利分析。专利分析是指对各种专利信息进行加工组合，并利用某些统计方法和技术手段形成相应分析结果的多元数据分析方法，从而为企业的技术、产品及服务开发中的决策提供支持。专利分析不仅为企业发展保驾护航，更是启迪企业未来技术发展的走向，还为评估竞争对手提供有用的情报。

专利分析方法起源于1949年，Seidel[16]首次在Shephard引用规则（1873年）的基础上，提出应用专利引文分析专利文献的重要性和影响力。虽然Seidel 打开了专利分析的大门，但由于当时人们的不重视和技术的局限性，他的设想直到90年代初才被人采纳。随着信息技术发展，数字化得普及，专利分析法也正式步入人的眼帘，随着其方法体系的不断建立和完善，各式各样的分析法也如雨后春笋一般相继涌出。

在本节中首先介绍专利分析的任务、流程与方法；随后介绍数据挖掘方法在专利分析的应用实例，其中着重探讨了专利评估与专利推荐；最后提供了一个专利分析的实例。

16.5.1 专利分析的内容、流程与方法

16.5.1.1 专利分析的内容

专利文献作为世界上最大的技术信息源，无论是对企业决策者，还是对企业研发人员、专利分析师、专利律师或科学研究者甚至是对经济学家来说都具有重大的研究价值。

专利文献上具有一定意义和内涵的、可表达专利文献结构信息和内容信息的特征项都可以作为专利信息分析的对象，主要包括: (1) 结构化专利信息特征项，即表示专利文献

信息特征的数据项，这类数据项具有特地的结构特征，这些数据的标记和数据域不是专利文献的作者创建的，而是专利文献标准已经规定的数据规范。特征项包括：文献号（专利号）、专利分类、国家代码、申请号、申请日期、申请人、发明人等等。（2）非结构化专利内容特征项，即表示专利文献内容特征的数据项，这类数据项属于无结构数据，也称为文本数据。内容特征项包括：发明名称、关键词、摘要、专利权利要求书、专利说明书等等。

专利分析的任务是通过对专利文献分解、加工、标引、统计、解析、整合和转化等信息化手段处理之后，得到多种与专利有关的情报。这些情报可分为以下五种[2]：

1. 技术情报：在专利说明书、权利要求书、附图和摘要等专利文献中披露的与该发明创造技术内容有关的信息，以及通过专利文献所附的检索报告或相关文献间接提供的与发明创造相关的技术信息。
2. 法律情报：在权利要求书、专利公报及专利登记簿等专利文献中记载的与权利保护范围和权利有效性有关的信息。
3. 经济情报：在专利文献中存在着一些与国家、行业或企业经济活动密切相关的信息，这些信息反映出专利申请人或专利权人的经济利益趋向和市场占有欲。
4. 著录情报：与专利文献中的著录项目有关的信息。
5. 战略情报：经过对上述四种信息进行检索、统计、解析、整合而产生的具有战略性特征的技术信息和经济信息。

16.5.1.2 专利分析的流程

专利分析的流程如图16.6所示，主要包括三大部分：前期部分（又称为数据预处理部分），中期部分（又称为数据分析部分），后期部分（又称为知识发现部分）。

前期部分。前期部分又称为数据预处理部分，主要包括确立分析目的、专利数据收集和专利数据清洗。其中专利数据收集的主要部分即上一节介绍的专利检索，依据分析目的确定检索式、检索范围、检索数据、检索系统等等，从而收集足够的与分析任务有关的专利文献数据。专利数据清洗是专利数据预处理中不可缺少的部分，主要包括数据修正与数据增加两部分。数据修正，正如前文中提到专利文献中存在大量的拼写错误、翻译错误等等，需要修正这些错误，否则其可能间接或直接影响分析结果。数据增加指分析专家添加新的属性到数据中，这种方式将有助于提升专利分析的效果。

中期部分。中期部分又称数据分析部分，主要包括专利定量分析、专利定性分析与专利混合分析。这一部分是通过应用数据挖掘与文本挖掘的方法，从收集处理好的专利文献数据挖掘出与分析任务有关信息的过程。在下一小节中，将详细介绍相关分析方法。

后期部分。后期部分又称为知识发现过程，主要包括专利可视化与分析报告生成。专利可视化是将数据分析得到的信息通过数据挖掘的方法可视化的展示给用户，从而可直观的发现、挖掘出的隐含在专利文献数据中的知识，例如技术趋势、专利引文分析、决策支持等等，也是下一步分析报告生成的先决条件。专利可视化作为专利分析不可或缺的一部分，通常是现阶段很多数据分析与挖掘公司研发的重点。图16.7专利号为“US5758147”的引证分析图，该专利标题为“并行数据挖掘的高效信息收集方法”，是与“数据挖掘”相关的有记载的最早的专利申请，与1995 年由IBM公司。图中中心圆圈表示原专利，其他分

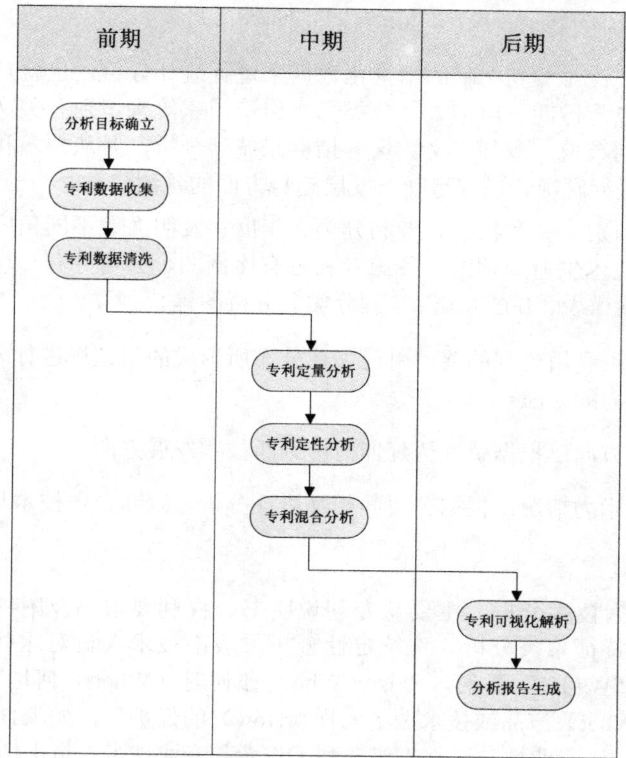

图 16.6 专利分析流程图

别表示归属IBM公司、微软公司，或表示来自于学术圈。左图“在先申请”指的是该专利所引用独到的在先申请，右图“在后申请”指的是引用该专利的在后申请。

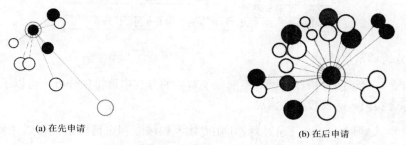

图 16.7 US5758147的引证关系分析

16.5.1.3 专利分析的方法

专利分析方法分为定量分析和定性分析两大类。其中定量分析又称统计分析，主要分析专利文献中的外部信息特征；定性分析也称为技术分析，主要分析专利文献的内容特征。通常情况下，在进行专利分析时，需要将定量分析与定性分析结合起来使用，也就是将信息特征及内容特征结合起来进行分析，是获取有价值的技术、经济、法律等信息的有效途径，能够达到更好的分析效果。

1.定量分析方法

定量分析主要是针对专利文献的结构化数据来进行统计分析，也就是专利文献上固有的信息特征项，如申请日期、申请人、分类号、申请国家等来识别有关文献。然后依照如专利数量、同族专利数量、专利引文数量等指标来统计分析，并从技术和经济的角度对有关统计数据的变化进行解释，以取得动态发展趋势方面的预测信息。

定量分析可按国别、专利权人、专利分类、年度、发明人等不同角度进行。通常包括历年专利动向图、技术生命周期图、各国专利占有比例图、公司专利平均年龄图、专利排行榜表、专利引用族谱表、IPC（国际专利分类）分析图等。

- 专利引证分析：利用专利的前后引证关系分布所形成的引证树进行分析，用来判断技术质量和影响力的方法。
- 追踪技术发展方向：根据引证树延伸情况判断技术发展方向。
- 判断公司间技术力情况：根据公司间相互引证分析，判断公司技术从属和独立性。

2.定性分析方法

定性分析也称为技术分析，主要从专利说明书、权利要求书及附图等内容中识别专利技术，并按技术特征聚类分析。传统定性分析一般由技术人员对这些专利文献一一解读，找出其中的“5W+1H”要素，“谁（Who）在何时（When）何地（Where）为什么（Why）就什么（What）产品或技术做了怎样（How）的保护”，如表1所示。由于定性分析具有很强的技术性、专业性，通常需要专利工作者与专业技术人员密切配合来完成。

表 16.1 专利分析要素“5W+1H”

Who	专利申请人、发明人
When	优先权日、申请日、公开日、公告日、登记日
Where	申请人国家、申请国、指定国
Why	发明名称、摘要、专利全文
What	国际专利分类、美国专利分类、欧洲专利分类
How	权利要求
Others	引用专利、同族专利、相关专利、代理人

定性分析通常包括：

- 针对竞争对手的分析：通过对不同竞争对手的专利申请排序分析，可以了解竞争对手的综合实力、研发投入等情况。
- 针对技术领域的分析：通过对不同IPC技术领域专利申请分析，可以了解到IPC技术申请热点。
- 技术/功效矩阵分析：通过对专利数据深度加工标引，将技术手段种类和功效种类构成矩阵，从中可以看出技术密集区、空白区。

3.混合分析方法

混合分析将定性分析与定量分析系统有机的结合在一起，从而既涵盖宏观技术趋势，又不丢失微观技术概念；既包括宏观申请策略，又不失微观申请细节；既囊括宏观国家科技发展战略，又不失个体创新发展领域。

混合分析通常包括：

- 针对技术发展趋势的分析：通过对特定技术领域的专利申请趋势分析，可以了解技术发展的总体趋势。
- 针对保护地域的分析：通过对选定地域的专利申请趋势分析，可以了解不同地域的技术衍变过程和变化周期。
- 挖掘核心技术布局：通过分析企业申请领域中的引证树，可以挖掘该企业的核心专利技术。

16.5.2 数据挖掘在专利分析的应用

互联网技术的迅猛发展将我们带入了信息爆炸的时代，接入互联网的服务器数量与网络上的网页数量均呈现几何级数的增长态势。正如前文所提到的，专利文献的分析存在着三大难点：

其一，专利文献作为企业保护其知识产权的主流手段，通常篇幅较长、用词生僻、囊括大量的法律词汇从而保护其发明创造的方方面面，以至于人工阅读理解耗时耗力。

其二，专利文献数量巨大，在前文已经介绍过，目前全世界约有八千万件专利，平均每年有一百万件以上的专利文献出版，仅欧洲每年就出版了30万件的专利文献。仅以“数据挖掘”为例，从2000年以后，与其相关的专利文献就超过一万件。

其三，专利分析是一门跨学科的技术，如何从海量的数据中获取到有用的知识，挖掘出对决策者有用的情报、对研发者有启迪的技术、对专利律师有价值的证据等，依赖于分析师具备多学科技术。

纯人工分析在这个信息超载的大时代下是不现实的，通过引入数据挖掘技术来克服上述难题。现今，数据挖掘早已应用于专利分析的方方面面。数据挖掘在专利分析的应用，根据目的不同主要有5大类：1. 专利评估，2. 专利自动分类，3.专利推荐，4.专利预测（新技术预测），5.专利可视化。表16.2是部分当今数据挖掘在专利分析应用方面的参考文献，有兴趣的读者可以详细阅读。

表 16.2 专利分析

编号	类别	参考文献
1	专利评估	[34], [52], [62], [21], [44], [7], [19]
2	专利分类	[57], [30], [31], [12], [13], [23], [10]
3	专利推荐	[19], [63], [5], [59]
4	专利预测（新技术预测）	[11], [45]
5	专利可视化	[66], [6], [32], [60], [25], [55]

16.5.2.1 专利评估

如何评价一个文档的好坏在信息检索和数据挖掘领域是非常有意义的一个研究方向，主要是通过分析超链接或者引用关系。其中HITS算法 [27] 和Page-Rank[46]算法在确定有用的文档方面非常成功。但是，这类方法并不完全适合于评价专利文档的好坏。原因有三：1、专利文献用词模糊；2、专利引用关系不一定正确；3、专利领域性强。因此为了评价专利文档，来自IBM Almaden研究中心的学者们[17]，设计了名为COA（Claim Originality Analysis）的系统。通过评价专利文件中的权利要求部分出现的“关键词”的“年龄”和“影响力”来分析这个专利文件的质量。他们认为如果一个专利文件的权利要求部分出现许多“年轻”的和“影响力大”的“关键词”，那么这个专利就有价值，反之则这个专利价值不高。

关键词（Key Word） 是指从专利文件中权利要求部分抽取出来的词语（T）。

词的年龄（age-in-day） 词语从首次出现在同一类别[1]中的专利文档到现在（或者特定日期，比如专利文献的申请日）的时间。

影响力（Support） 词语在随后的、同一类别的专利文献中出现的频率。

贡献度（Contribution） 结合词的年龄和影响力来计算词语的重要性。

$$\text{Contribution(T)} = max\left(\frac{support(T)-2}{age-in-days(T)+1}, 0\right) \tag{16.5}$$

通过公式16.5来衡量一个词语的贡献度，而如果一篇专利文献含有大量贡献度高的词语则认为该专利质量很高，反之则不然。

之后，维也纳大学的Shariq和Andreas[7]，提出了“可检索性”的概念，他们提出由于专利文献的特殊的写作技法，使得有些文件很容易被检索出，而有些文件很难被检索出。因此他们设计一种机制来降低那些容易被检索出来的文件的“可检索性”，提供那些不容易被检索出的文件的“可检索性”，从而提供检索的准确度。此外，IBM日本研究院和日本东京大学的学者 [52]提出了“专利性”的概念，主要用来预测这个专利申请是否会被审查员审核通过而授予专利权。他们把这个问题定义成一个布尔分类问题，即标签‘+1’代表该文献会被授权，‘0’则不会授权。以1989 年到1998 年日本的专利申请为训练集，结合“结构化”，“语义复杂度”，“词的年龄”等特征来训练分类器。实验部分用1993年到2007年的日本专利申请来验证，通过其分类器来判断一个专利文献的授权前景的正确率超过0.6。

近年来，清华大学学生学者们[19]，在COA的基础上，结合Topic-model相关技术，提出一种挖掘特定领域“核心”专利的方法。并且他们认为传统方法评价专利的“新颖度”(Novelty)、“影响度”(Influence)是有失公平的。比如一篇早期专利文献，自然而然没有太多类似的专利出现在其之前，而必然有类似的专利出现在其后。反之，一个刚刚出现的专利文献，必然有很多专利在其之前出版，而很少专利再其后出现。这样老的专利的“新颖度”、“影响度”评价过高，而新专利评价过低，所以“核心”专利应该是时间敏感的，评价其核心程度应在这个领域技术发展的基础上。因此他们设计了衰减因子（decay factor）用来现在专利文献的范围，通过两种传统时间窗口的方法实现它，分别是矩形窗口（Rectangle window）（见公式16.6）和高斯窗口(Gaussian windos)（见公式16.7）：

$$F(\Delta t) = \begin{cases} 1 & \text{if } |\Delta t| \le \sigma \\ 0 & \text{otherwise} \end{cases} \tag{16.6}$$

$$F(\Delta t) = e^{\frac{-\Delta t^2}{2\sigma^2}} \tag{16.7}$$

其中Δt 是两个时间点之间的差异，例如两篇专利的申请时间差值，而2σ是窗口的尺寸。随后在计算“新颖度”、“影响度”中引入衰减因子，从而计算一篇专利文献总的得分，$Score(d) = Novelty(d) * Influence(d)$，最终通过排序获得该领域的核心专利。

[1]这里的同一类别指的是美国专利分类中的同一大类

16.5.2.2 专利文献自动分类

专利文献的正确分类能够加快检索速度，改善检索效果并合理的维护和管理专利文档。然而为了保证分类的正确，迄今为止，各国专利局仍然采用人工分类的方法。正如我们之前介绍的，专利分类标准的庞大性、复杂性和全面性，使得人工分类耗时，耗力且难度大，迫切需要应用数据挖掘的有关方法分析专利文献，从而实现专利文献的自动分类。

文献自动分类从1960年以来，一直是数据文本挖掘和自然语言处理里的一个巨大的挑战[40]。随着文献数量逐年递增，处理这些大量的非结构化的文本内容，主要采用文档索引化的方法，以倒排索引和特征文件为主。通常情况下，词的数目（T）和文档的数目（D）导致"Curse of Dimensionality"（维度灾难）。因此学者们通过研究，提出了诸如：Latent Semantic Indexing（潜在语义索引）、Probabilistic Latent Semantic Analysis（概率潜在语义分析）和Locality Preserving Indexing（保持局部性标引）等降维技术。

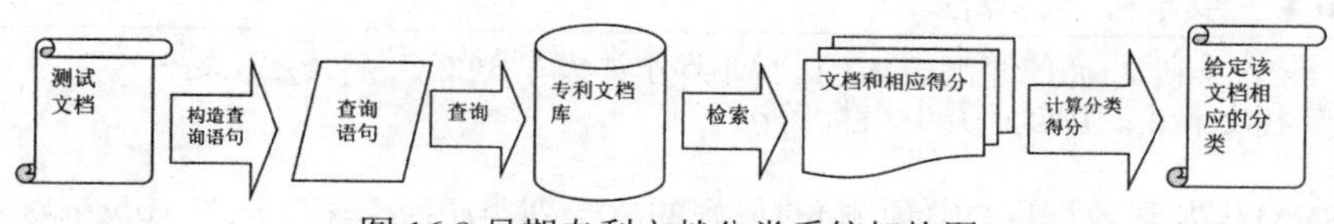

图 16.8 早期专利文献分类系统架构图

在专利文献自动分类中，常用的分类技术有：K最近邻算法（KNN）、朴素贝叶斯、支持向量机（SVM）、决策树等等。

图16.8是早期专利文献分类系统架构图，该系统是现今UPSTO专利检索系统的早期版本，于1999 年由美国马萨诸塞大学的Leah[31] 提出。该系统采用了K 最近邻算法，即通过给定的检验元组与和它相似的训练元组进行比较来学习。首先从测试文档中抽取查询语句，由于专利文献通常篇幅较长，因此从专利文献的不同部分抽出经常出现的词，并根据来源给以不同权值；然后进行检索，检索采用了基于贝叶斯网络为基础的概率信息检索系统，返回为一系列的文档和得分；最后，通过计算不同类别的检索的得分总数，给予测试文档相应的分类。

2003年Fall等人[12,13]为了测试自动专利分类，收集提交到国际知识产权组织的专利申请并构建了测试数据集（也就是专利领域大名鼎鼎的WIPO-alpha数据集），并将其公开于国际知识产权组织的官方网站上。与Leah不同的是，Fall 等人的研究是根据IPC国际专利分类对文档进行分类，同样也没有用全文来进行训练，而是从不同的部分抽取前300 字。在其实验部分，应用朴素贝叶斯算法、K 最近邻算法、支持向量机算法以及稀疏网络模型（Sparse Network of Winnows）等分类方法，针对专利文献进行一级（主类）和二级（副类）自动分类对比实验。其实验结果表明支持向量机算法达到的分类效果最好。

布朗大学的Lijuan和Thomas[9]实验发现传统分类方法由于不考虑分类的层次结构，因而影响其分类结果。于是在传统SVM的分类算法的基础上结合了分类类别的判别函数，实现了层次支持向量机（Hierarchical Support Vector Machine）分类方法。

在NTCIR专利数据研讨会中，从第五届开始专门设立了专利文件自动分类的任务。在第五届、第六届都有许多队伍参与进来，表3是NTCIR专利分类的总结，其中Akinori等人基于最大熵的朴素贝叶斯分类方法的平均分类正确率最高。

虽然专利自动分类已经取得可人成果，然而至今没有把专利分类到具体组（小组）的相关研究报道。直到2005，Tikk等人[58]，提出的层次文本分类算法（Hierarchical

表 16.3 NTCIR专利分类概括

算法	来源
K最近邻	[61], [24], [41], [42], [29]
朴素贝叶斯	[15]
支持向量机	[54] , [33], [47]
卡方统计	[18]

Text Categorization Method），可以将专利文献自动分类到IPC标准中的具体大组（约7200个）。其后2011 年Chen 等人[10]，提出的专利文献三步分类算法，详见算法4，更进一步将专利文件自动分类到IPC 标准中的具体小组（约70000 个）。虽然他们分类的准确度只有35% 左右，但他们的研究填补专利分类深度的空白，也为专利分类研究开启了一个新的方向。

Algorithm 4 三步专利分类算法

Require: 一个专利文献d; 词汇表WLT，副类分类模型SCCC; k_1,k_2,k_3,k_4;
Ensure: 专利文献d 的IPC分类小组标签g_d

1: 应用SVM从专利数据库D中预测d的最好的k_1个副类tk_1sc_i=$\{Top_1 - subclass - ID_i, \ldots, Top_{k_1} - subclass - ID_i\}$ ▷ 步骤1
2: 对于所有属于副类tk_1sc_i的训练文档d_j, 从词汇表中抽取相关信息通过TF-IDF 公式重新计算权重。
3: 通过TF-IDF公式选出具有区别性的副类的特征集合$SF2 = \{f_1, f_2, ..., f_m\}$, 其中m={副类在$tk_1sc_i$的数目}*p, $p \in N$
4: 对于从2生成的训练向量d_i, 移除不在特征集合SF2的特征，应用SVM算法生成副组分类模型（SGCM）
5: 为输入文档d_i生成向量d_k,根据副组分类模型来选择出最好的k_2 个副组tk_2sg_i=$\{Top_2 - subgroup - ID_i, \ldots, Top_{k_2} - subgroup - ID_i\}$ ▷ 步骤2
6: 对于所有属于副组tk_2sg_i的训练文档d_j, 从词汇表中抽取相关信息通过TF-IDF 公式重新计算权重。
7: 通过TF-IDF公式选出具有区别性的副组的特征集合$SF3 = \{f_1, f_2, ..., f_n\}$, 其中n=$k_2 * q$, $q \in N$
8: 对于从2生成的训练向量集, 移除其不在特征集合SF3的特征，应用k-means算法为每个副组生成k_3个簇聚
9: 应用KNN算法，其中$K = k_4$，为输入专利文献d 选择出最合适的副组标签g_d ▷ 步骤3
return g_d

16.5.2.3 专利推荐

推荐系统，作为一种信息过滤的重要技术和手段，被认为是当前可解决信息超载问题的非常有效的工具。其与检索系统的区间在于：（1）推荐系统根据用户出发，（2）推荐系统由系统引导用户发现有价值或感兴趣的信息。关于推荐系统参见本书第六章，“推荐系统”。

由于推荐系统是在信息爆炸这个大环境下诞生的，推荐系统在专利方面的应用最近几年才渐渐兴起。主流的推荐应用分成两大类：（1）专利文献推荐与（2）合作伙伴推荐。清华大学的唐教授旗下课题组常年从事于专利挖掘的研究，其设计的PatentMiner[1]通过分析企业的研发领域、研发时间、研发内容从而实现竞争对手的挖掘与合作伙伴的推荐[63]。Amy等人[59]实现了一个基于创新合作关系的专利推荐系统。该系统基于用户检索

[1] http://pminer.org/

行为，通过用户聚类的方法，并以其设计的合作关系过滤算法为支撑，从而为用户推荐其感兴趣的专利，节省用户检索时间的同时增加检索的准确度。辛阳等人[5]设计的专利推荐软件则基于专利文件之间相识性为检索用户推荐一系列与输入检索词相关的专利集合。

然而基于检索系统的专利推荐系统，源于检索系统且仅服务于检索系统，服务用户局限性强、实际应该价值不高。如何将专利推荐技术服务于民？如何将专利推荐系统应用于人民的日常生活中？科技的日新月异，人们往往希望通过阅读新闻来掌握技术发展的脉络。在阅读科技新闻中，通常会遇到些生僻、专业、难懂的词语，这些词汇通常来自于科技文献。如果能提供些额外的知识来解释这些词语，可以有助于人们更好的理解这些科技新闻。我们自主设计研发的一套专利推荐系统，其目的在于通过推荐专利来解释这些科技类词语，从而辅助人们在日常生活中能高效地阅读理解这些科技类新闻。

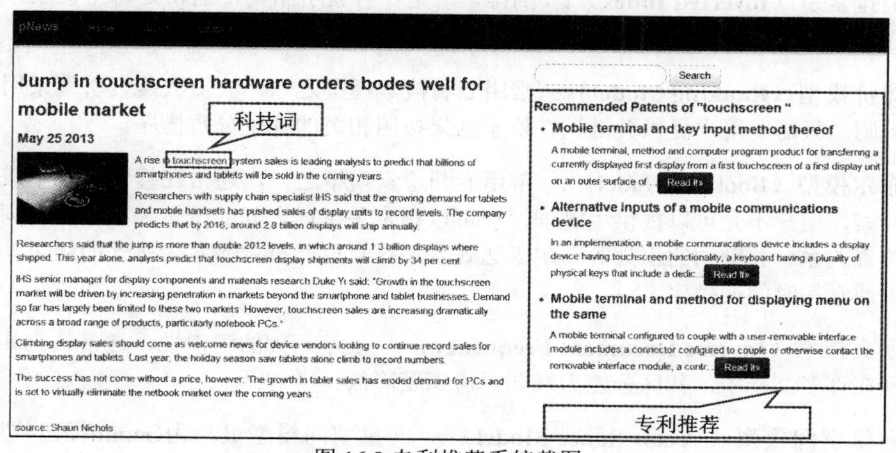

图 16.9 专利推荐系统截图

主要包括两大模块：线下科技词自动抽取模块和在线专利推荐模块。与传统的推荐方法相比，其优点在于其融合了主题元素：例如针对一篇讲“大数据”的新闻，传统方法推荐的专利文献通常只含有“大数据”，而我们的系统还推荐包含“数据挖掘”、“hadoop”、“分布式计算”等与大数据有关词汇的专利文献来解释它。我们从USPTO收集大量的专利数据，超过1847255件专利文献和他们的引用关系。在这些专利文献的基础上我们构建了科技词库和基于LDA的主题模型[8]。

通过一个实例来介绍该推荐系统，这篇科技新闻的名字是“Jump in touchscreen hardware orders bodes well for mobile market”。该文章主要是介绍：在手机中引入触摸屏技术，可以大大增加手机的销售数量。如果用户进一步了解手机触摸屏，只需要点击“触摸屏”的超链接，屏幕的右侧将显示推荐的专利列表如图16.9所示。与传统方法相比，传统推荐的结果还包括诸如“一种病床上的触摸屏控制设备”之类专利文献，而我们推荐的专利更锁定在“一种移动设备的输入方法”这个主题，与文章的内容更贴切。

§ 16.6　本章小结

本章主要介绍如何利用数据挖掘的技术从世界上最大的技术信息源中挖掘有用的模式、信息和知识。通过对专利文献背景知识的介绍，清晰地描绘专利文献的组成、价值和特性。接着引入专利检索系统，专利检索任务，专利检索方法以及如何应用数据挖掘技术，对现有专利检索系统进行优化和概括，对检索结果进行比较和展示。实践表明，数据挖掘在专利检索应用十分重要，对其深入研究与探索具有非常显著的研究意义与价值。本章最后介绍了专利分析的内容，定性和定量分析方法，研究如何利用数据挖掘技术，在专利评估和文档自动分类中的应用。

§16.7 术语解释

1. **倒排索引（Inverted Index）**： 倒排索引是一种索引结构，通常是每个检索系统的核心数据结构，包括两个部分：词典和文档表（位置表）。

2. **评价模型（Ranking Model）**：常用专利检索模型之一，大多数搜索引擎采用的检索机制。只需要用户提供关键词，检索结果按照相关的评价分数排序。

3. **布尔模型（Boolean Model）**： 常用专利检索模型之一，通常在搜索引擎中成为高级检索，用户不光可以提供关键词，还可以指定关键词之间的逻辑关系、关键词之间的位置关系、关键词的出处等布尔表达式。系统只返回符合布尔表达式的结果，显示结果通常按时间逆排序。

4. **逆文档率（Inverse Document Frequency）**： 表示词W的辨识性，通常认为如果W出现在许多文档中，其区分能力减弱，辨识度降低。

5. **向量空间模型（Vector Space Model）**： 向量空间模型最早由Gerard提出[49]。在此模型中，一篇专利文献(Document) 被描述成由t个关键词(Term)组成的t维向量。

6. **概率模型（Probability Model）**： 常用专利检索模型之一，其基本思想是判断专利文献与查询相关联的概率是多少，并对所有文献根据其关联概率进行排序。

7. **K Nearest Neighbour（K最近邻，KNN）算法**：常用专利分类方法之一，其核心思想在于找出输入专利文献d 最接近的k 篇专利文献，通过公式16.8（或变形）来计算专利文献d 所属的分类c。

$$c_d = \underset{c}{argmax} \sum_{d_i \in D_k} I(c = d_i) \tag{16.8}$$

式中

c_d	专利文献d的所属分类c
D_k	文档d的k个近邻
c	专利文献分类c
$I(c = d_i$	指示函数当d_i所属类别为c是值等于1，反之值等于0

8. **Naive Bayes (朴素贝叶斯算法，NB)**： 常用专利分类方法之一，通过公式16.9（或变形）来计算专利文献d 属于分类c 的概率。

$$P(c|d) \propto P(c) \prod_{1 \le k \le n_d} P(t_k|c) \tag{16.9}$$

式中

t_k	专利文献d中的词汇
$P(t_k\|c)$	t_k出现在分类c中的条件概率
$P(c)$	专利文献属于分类c的先验概率
$P(c\|d)$	专利文献d属于分类c的后验概率
AP	平均查准率

参考文献

[1] 史特拉斯堡协定: *Strasbourg agreement concerning the international patent classification*. 1971.

[2] 世界知识产权组织. 知识产权教程. 1988.

[3] 中华人民共和国专利法. 2008.

[4] 中华人民共和国专利法实施细则. 2010.

[5] 辛阳，文益民，曾德森，彭文乐，申孟杰，刘文华. 一种专利智能推荐算法设计与软件实现. 计算机系统应用, (1):70∼73, 2013.

[6] H. Atsushi and T. YUKAWA. *Patent map generation using concept-based vector space model*. working notes of NTCIR-4, Tokyo, pages 2∼4, 2004.

[7] S. Bashir and A. Rauber. *Improving retrievability of patents in prior-art search*. In Advances in Information Retrieval, pages 457∼470. Springer, 2010.

[8] D. M. Blei, A. Y. Ng, and M. I. Jordan. *Latent dirichlet allocation*. the Journal of machine Learning research, 3:993∼1022, 2003.

[9] L. Cai and T. Hofmann. *Hierarchical document categorization with support vector machines*. In Proceedings of the thirteenth ACM international conference on Information and knowledge management, pages 78∼87. ACM, 2004.

[10] Y.-L. Chen and Y.-C. Chang. *A three-phase method for patent classification*. Information Processing and Management: an International Journal, 48(6):1017∼1030, 2012.

[11] P. Érdi, K. Makovi, Z. Somogyvári, K. Strandburg, J. Tobochnik, P. Volf, and L. Zalányi. *Prediction of emerging technologies based on analysis of the us patent citation network*. Scientometrics, pages 1∼18, 2012.

[12] C. Fall, A. Torcsvari, K. Benzineb, and G. Karetka. *Automated categorization in the international patent classification*. In ACM SIGIR Forum, volume 37, pages 10∼25, 2003.

[13] C. Fall, A. Törcsvári, P. Fievet, and G. Karetka. *Automated categorization of german-language patent documents*. Expert Systems with Applications, 26(2):269∼277, 2004.

[14] A. Fujii. *Enhancing patent retrieval by citation analysis*. In SIGIR, pages 793∼–794, 2007.

[15] A. Fujino and H. Isozaki. *Multi-label patent classification at ntt communication science laboratories*. Training, 1:1, 2007.

[16] H. C. Hart and E. H. Goldsmith. *Re: Citation system for patent office/back to nature*. J. Pat. & Trademark Off. Soc'y, 31:714, 1949.

[17] M. A. Hasan, W. S. Spangler, T. Griffin, and A. Alba. *Coa: Finding novel patents through text analysis*. In Proceedings of the 15th ACM SIGKDD international conference on Knowledge discovery and data mining, pages 1175∼1184. ACM, 2009.

[18] K. Hashimoto and T. Yukawa. *Term weighting classification system using the chi-square statistic for the classification subtask at ntcir-6 patent retrieval task*. In Proceedings of the 6th NTCIR Workshop Meeting on Evaluation of Information Access Technologies: Information Retrieval, Question Answering and Cross-Lingual Information Access (NTCIR'07), pages 385∼389, 2007.

[19] P. Hu, M. Huang, P. Xu, W. Li, A. K. Usadi, and X. Zhu. *Finding nuggets in ip portfolios: core patent mining through textual temporal analysis*. In Proceedings of the 21st ACM international conference on Information and knowledge management, pages 1819∼1823. ACM, 2012.

[20] D. Hunt, L. Nguyen, and M. Rodgers. Patent searching: tools & techniques. Wiley, 2007.

[21] A. Jaffe and M. Trajtenberg. Patents, citations, and innovations: A window on the knowledge economy. MIT press, 2005.

[22] H. Joho, L. Azzopardi, and W. Vanderbauwhede. *A survey of patent users: an analysis of tasks, behavior, search functionality and system requirements*. In Proceedings of the third symposium on Information interaction in context, pages 13∼24. ACM, 2010.

[23] J. Kim and K. Choi. *Patent document categorization based on semantic structural information.* Information processing & management, 43(5):1200~1215, 2007.

[24] J.-H. Kim, J.-X. Huang, H.-Y. Jung, and K.-S. Choi. *Patent document retrieval and classification at kaist.* In Proc. of NTCIR-5 Workshop Meeting, 2005.

[25] Y. Kim, J. Suh, and S. Park. *Visualization of patent analysis for emerging technology.* Expert Systems with Applications, 34(3):1804~1812, 2008.

[26] K. Kishida. *Experiment on pseudo relevance feedback method using taylor formula at ntcir-3 patent retrieval task.* In Proceedings of the Third NTCIR Workshop on Research in Information Retrieval, Automatic Text Summarization and Question Answering, NII, Tokyo. http://research. nii. ac. jp/ntcir. Citeseer, 2003.

[27] J. M. Kleinberg. *Authoritative sources in a hyperlinked environment.* Journal of the ACM (JACM), 46(5):604~632, 1999.

[28] K. Konishi. *Query terms extraction from patent document for invalidity search.* In Proc. of NTCIR, volume 5, 2005.

[29] K. KONISHI and T. TAKAKI. *F-term classification system using k-nearest neighbor method.* In Proceedings of NTCIR-6 Workshop, Japan, 2007.

[30] L. Larkey. Some issues in the automatic classification of US patents. Massachusetts univ amherst Department of computer Science, 1997.

[31] L. Larkey. *A patent search and classification system.* In International Conference on Digital Libraries: Proceedings of the fourth ACM conference on Digital libraries, volume 11, pages 179~187, 1999.

[32] S. Lee, B. Yoon, and Y. Park. *An approach to discovering new technology opportunities: Keyword-based patent map approach.* Technovation, 29(6):481~497, 2009.

[33] Y. Li, K. Bontcheva, and H. Cunningham. *Svm based learning system for f-term patent classification.* In In Proceedings of the Sixth NTCIR Workshop Meeting on Evaluation of Information Access Technologies: Information Retrieval, Question Answering and CrossLingual Information Access. Citeseer, 2007.

[34] Y. Liu, P. Hseuh, R. Lawrence, S. Meliksetian, C. Perlich, and A. Veen. *Latent graphical models for quantifying and predicting patent quality.* In Proceedings of the 17th ACM SIGKDD international conference on Knowledge discovery and data mining, pages 1145~1153. ACM, 2011.

[35] M. Lupu, K. Mayer, J. Tait, and A. Trippe. Current challenges in patent information retrieval, volume 29. Springer, 2011.

[36] W. Magdy and G. Jones. *A study on query expansion methods for patent retrieval.* In Proceedings of the 4th workshop on Patent information retrieval, pages 19~24. ACM, 2011.

[37] W. Magdy, P. Lopez, and G. Jones. *Simple vs. sophisticated approaches for patent prior-art search.* Advances in Information Retrieval, pages 725~728, 2011.

[38] P. Mahdabi, L. Andersson, M. Keikha, and F. Crestani. *Automatic refinement of patent queries using concept importance predictors.* In SIGIR, pages 505~514, 2012.

[39] P. Mahdabi and F. Crestani. *Learning-based pseudo-relevance feedback for patent retrieval.* In IRFC, pages 1~11, 2012.

[40] C. Manning, P. Raghavan, and H. Schütze. Introduction to information retrieval, volume 1. Cambridge University Press Cambridge, 2008.

[41] M. Murata, T. Kanamaru, T. Shirado, and H. Isahara. *Using the k nearest neighbor method and bm25 in the patent document categorization subtask at ntcir-5.* In Proc. of NTCIR-5 Workshop Meeting, 2005.

[42] M. Murata, T. Kanamaru, T. Shirado, and H. Isahara. *Using the k-nearest neighbor method and smart weighting in the patent document categorization subtask at ntcir-6.* In Proc. NTCIR-6 Workshop Meeting, Tokyo, Japan, 2007.

[43] K.-L. Nguyen and S.-H. Myaeng. *Query enhancement for patent prior-art-search based on keyterm dependency relations and semantic tags.* In Multidisciplinary Information Retrieval, pages 28~42. Springer, 2012.

[44] S. Oh, Z. Lei, P. Mitra, and J. Yen. *Evaluating and ranking patents using weighted citations.* In Proceedings of the 12th ACM/IEEE-CS joint conference on Digital Libraries, pages 281~284. ACM, 2012.

[45] K. OuYang and C. Weng. *A new comprehensive patent analysis approach for new product design in mechanical engineering*. Technological Forecasting and Social Change, 78(7):1183~1199, 2011.

[46] L. Page, S. Brin, R. Motwani, and T. Winograd. *The pagerank citation ranking: bringing order to the web*. 1999.

[47] M. Rikitoku. *F-term classification experiments at ntcir-6 for justsytems*. In Proceedings of the 6th NTCIR Workshop Meeting on Evaluation of Information Access Technologies: Information Retrieval, Question Answering and Cross-Lingual Information Access (NTCIR'07), 2007.

[48] J. J. Rocchio. *Relevance feedback in information retrieval*. 1971.

[49] G. Salton, A. Wong, and C.-S. Yang. *A vector space model for automatic indexing*. Communications of the ACM, 18(11):613~620, 1975.

[50] S. Sheremetyeva. *Natural language analysis of patent claims*. In Proceedings of the ACL-2003 workshop on Patent corpus processing-Volume 20, pages 66~73. Association for Computational Linguistics, 2003.

[51] A. Shinmori, I. Web, M. OKUMURA, Y. MARUKAWA, and M. IWAYAMA. *Patent claim processing for readability*. In Proceedings of ACL 2003 Workshop on Patent Corpus Processing Workshop, 2003.

[52] H. Shohei, S. Shoko, N. Risa, I. Takashi, T. Rikiya, N. Tetsuya, I. Tsuyoshi, K. Yusuke, Y. Rinju, U. Takeshi, et al. *Modeling patent quality: A system for large-scale patentability analysis using text mining*. 情報処理学会論文誌, 53(5), 2012.

[53] B. Stein, D. Hoppe, and T. Gollub. *The impact of spelling errors on patent search*. In Proceedings of the 13th Conference of the European Chapter of the Association for Computational Linguistics, pages 570~579. Association for Computational Linguistics, 2012.

[54] T. M. TakashiNAKAGAWA. *Justsystem at ntcir-5 patent classification*.

[55] J. Tang, B. Wang, Y. Yang, P. Hu, Y. Zhao, X. Yan, B. Gao, M. Huang, P. Xu, W. Li, et al. *Patentminer: topic-driven patent analysis and mining*. In Proceedings of the 18th ACM SIGKDD international conference on Knowledge discovery and data mining, pages 1366~1374. ACM, 2012.

[56] W. Tannebaum and A. Rauber. *Analyzing query logs of uspto examiners to identify useful query terms in patent documents for query expansion in patent searching: A preliminary study*. In IRFC, pages 127~136, 2012.

[57] D. Teodoro, J. Gobeill, E. Pasche, D. Vishnyakova, P. Ruch, and C. Lovis. *Automatic prior art searching and patent encoding at clef-ip '10*. In CLEF (Notebook Papers/LABs/Workshops), 2010.

[58] D. Tikk, G. Biró, and J. D. Yang. *Experiment with a hierarchical text categorization method on wipo patent collections*. In Applied Research in Uncertainty Modeling and Analysis, pages 283~302. Springer, 2005.

[59] A. J. Trappey, C. V. Trappey, C.-Y. Wu, C. Y. Fan, and Y.-L. Lin. *Intelligent patent recommendation system for innovative design collaboration*. Journal of Network and Computer Applications, 2013.

[60] Y. Tseng. *Text mining for patent map analysis*. Catalyst, 5424054(5780101):6333016, 2005.

[61] Y.-H. Tseng, D.-W. Juang, and C.-J. Lin. *Automatic categorization of japanese patents based on surrogate texts*. In Proceedings of the Fifth NTCIR Workshop on Evaluation of Information Access Technologies: Information Retrieval, Question Answering, and Cross-Lingual Information Access, pages 348~354, 2005.

[62] N. Van Zeebroeck. *The puzzle of patent value indicators*. Economics of Innovation and New Technology, 20(1):33~62, 2011.

[63] S. Wu, J. Sun, and J. Tang. *Patent partner recommendation in enterprise social networks*. In Proceedings of the sixth ACM international conference on Web search and data mining, pages 43~52. ACM, 2013.

[64] X. Xue and W. Croft. *Automatic query generation for patent search*. In Proceedings of the 18th ACM conference on Information and knowledge management, pages 2037~2040. ACM, 2009.

[65] X. Xue and W. Croft. *Transforming patents into prior-art queries*. In Proceedings of the 32nd international ACM SIGIR conference on Research and development in information retrieval, pages 808~809. ACM, 2009.

[66] B. Yoon and Y. Park. *A text-mining-based patent network: Analytical tool for high-technology trend*. The Journal of High Technology Management Research, 15(1):37~50, 2004.

图书在版编目(CIP)数据

数据挖掘的应用与实践:大数据时代的案例分析/李涛等著.—厦门:厦门大学出版社,2013.10(2014.7 重印)
ISBN 978-7-5615-4294-1

Ⅰ.①数… Ⅱ.①李… Ⅲ.①数据采集 Ⅳ.①TP274

中国版本图书馆 CIP 数据核字(2012)第 101326 号

厦门大学出版社出版发行
(地址:厦门市软件园二期望海路 39 号 邮编:361008)
http://www.xmupress.com
xmup @ xmupress.com
厦门市明亮彩印有限公司印刷
2013 年 10 月第 1 版 2014 年 7 月第 2 次印刷
开本:787×1092 1/16 印张:27.25 插页:2
字数:736 千字 印数:2 001～4 000 册
定价:49.00 元

Disaster
Manufacturing
Health
Malware
Mining
Theory
Analysis
Advanced
Study
Text
Sustainability
Case
Multi-Media
Cloud
Medication
Patent
Management
System
Recommender
Spatio-Temporal
Computational
Security
Practice
Bioinformatics
Big
Data
Advertising
Computing
Social
Network